国家科学技术学术著作出版基金资助出版

Liquid Chromatographic Separation Material
The Preparation and Application

液相色谱分离材料
——制备与应用

欧俊杰　邹汉法　等编著

化学工业出版社
·北京·

本书以固定相分类，系统介绍了各种液相色谱分离材料和整体柱的制备及应用技术，内容包括：球形硅胶微球固定相、有机聚合物微球固定相、金属氧化物微球固定相、有机聚合物整体材料、硅胶整体柱、有机-无机杂化整体柱、金属氧化物整体柱、硼亲和色谱固定相、手性固定相、限进介质固定相、介孔材料固定相等；最后介绍了这些分离材料在生物样品分析中的应用。

本书是作者们结合自己的研究成果对液相色谱分离材料领域近年的研究和应用进展进行的深度总结，可供科研院所从事色谱基础和应用技术研究的科研人员、色谱及相关学科的硕士及博士研究生、分析测试领域的技术人员、色谱仪器开发及经营单位的有关人员阅读。

图书在版编目（CIP）数据

液相色谱分离材料——制备与应用/欧俊杰，邹汉法
等编著. —北京：化学工业出版社，2016.2
ISBN 978-7-122-25967-7

Ⅰ.①液… Ⅱ.①欧…②邹… Ⅲ.①液相色谱-分离
Ⅳ.①O657.7

中国版本图书馆 CIP 数据核字（2016）第 000015 号

责任编辑：傅聪智 　　　　　　　　　　　　文字编辑：王 琪
责任校对：蒋 宇 　　　　　　　　　　　　装帧设计：刘丽华

出版发行：化学工业出版社（北京市东城区青年湖南街 13 号　邮政编码 100011）
印　　装：北京虎彩文化传播有限公司
787mm×1092mm　1/16　印张 24¼　字数 601 千字　2016 年 5 月北京第 1 版第 1 次印刷

购书咨询：010-64518888 　　　　　　　　　售后服务：010-64518899
网　　址：http://www.cip.com.cn
凡购买本书，如有缺损质量问题，本社销售中心负责调换。

定　　价：128.00 元

前 言

FOREWORD >>>

色谱作为一种分离技术与方法，已有100年的历史，在20世纪从技术到理论建立了多种分离模式，并在多个科学领域应用，得到了突飞猛进的发展，现在已经成为分析化学学科的一个重要分支。在进入21世纪后，人类面临着在生命科学、材料科学和环境科学等领域的快速发展的挑战，液相色谱（HPLC）与质谱（MS）等检测技术的联用为复杂样品的分析提供了更丰富的鉴定信息，成为当今蛋白质组学、多肽组学和代谢组学研究的理想工具，正获得越来越广泛的应用。人们一向把色谱柱比喻成色谱的"心脏"，其最关键部分是填充在色谱柱内的分离材料，色谱填料的发展是色谱分析的关键，是各种HPLC分离模式赖以建立和发展的基础。本书主要介绍液相色谱分离材料的最新研究进展，包括无机硅胶、有机聚合物和金属氧化物等球形填料及新一代的整体材料，及其在生命科学等领域的应用。

全书共分为13章。第1章概括介绍了HPLC的发展以及色谱固定相的类型等，由欧俊杰副研究员撰写。第2章介绍了目前应用最广泛的球形硅胶微球的制备和应用，由王超展副教授和卫引茂教授撰写了硅胶微球基质的制备新方法，由黄明贤教授撰写了硅胶微球表面修饰新技术。第3章介绍了有机聚合物微球固定相的制备及其在液相色谱中的应用，由黄忠平博士和朱岩教授撰写。第4章介绍了氧化铝、氧化锆和氧化钛等金属氧化物微球固定相的制备和应用，由梁晓静副研究员和蒋生祥研究员撰写。第5章介绍了有机聚合物整体材料的制备及其在色谱分离分析中的应用，由董靖副研究员撰写。第6章介绍了硅胶整体柱的制备和应用，由刘海燕博士和杨更亮教授撰写。第7章介绍了有机-无机杂化整体柱的制备和应用，由林辉博士和欧俊杰副研究员撰写。第8章介绍了氧化钛、氧化锆和氧化铝等金属氧化物整体柱的制备过程和应用，由杨俊佼副教授撰写。硼亲和色谱技术已发展成为分离与富集核苷酸、糖蛋白和糖肽等重要顺式二羟基化合物的有力工具，第9章特意介绍了硼亲和色谱固定相的制备及其在色谱分离和样品处理中的应用，该章由刘震教授撰写。高效液相色谱技术已成为研究和开发手性药物不可或缺的手段，第10章全面介绍了当前广泛应用的多糖类、刷型（或 Pirkle 型）、蛋白质类、环糊精类、冠醚类、配体交换类、离子交换型、大环抗生素类和合成聚合物类手性固定相，由唐守万副教授撰写。限进介质也被称为限进材料（restricted access material，RAM），是一种具有排阻蛋白和保留小分子双重功能的色谱分离材料，广泛用于生物样品分离分析中，第 11 章特别介绍了限进色谱固定相的制备和应用，由林深副教授和董襄朝教授撰写。有序介孔材料具有比表面积大、孔径可调、传质快和吸附量大等优点，作为色谱固定相在色谱分离中也具有良好的应用前景，第 12 章介绍了二氧化硅、氧化锆、氧化钛和金属-有机骨架材料（MOFs）等固定相及其在色谱分离中的应用，由杨成雄博士和严秀平教授撰写。第 13 章主要介绍了新型色谱分离材料在蛋白质组特别是翻译后修饰蛋白质组分析中的应用，由王方军副研究员和秦洪强副研究员撰写。全书由欧俊杰副研究员统稿，最后由邹汉法研究员审阅全稿。

在这里要衷心感谢张玉奎院士对本书编写的支持和鼓励！在编写过程中也得到中国科学院分离分析化学重点实验室多位老师以及林辉、黄光、刘哲益、刘忠山、王红卫、陈连芳和张海洋等研究生的帮助，在此也表示感谢！许多有关液相色谱分离材料的研究项目获得国家自然科学基金委员会、科技部和中国科学院等资助，在此表示感谢！本书由大连市人民政府资助出版，同时获得了国家科学技术学术著作出版基金的资助，在此深表感谢！

谨以此书缅怀蒋生祥研究员和杨更亮教授！

由于编著者的水平有限，本书中存在的纰漏、不妥甚至错误之处，敬请专家和读者批评指正，在此表示诚挚的谢意！

编著者
2015 年 10 月

目 录

C O N T E N T S ▶▶▶

第1章　概述 ………………………………………………………………… 1

1.1　液相色谱的发展 ……………………………………………………… 1

1.2　液相色谱的分离模式 ………………………………………………… 2

1.2.1　反相色谱 ………………………………………………………… 2

1.2.2　正相色谱 ………………………………………………………… 3

1.2.3　亲水作用色谱 …………………………………………………… 3

1.2.4　离子交换色谱 …………………………………………………… 4

1.2.5　疏水作用色谱 …………………………………………………… 4

1.2.6　尺寸排阻色谱 …………………………………………………… 5

1.2.7　亲和色谱 ………………………………………………………… 5

1.3　液相色谱固定相的发展 ……………………………………………… 6

1.3.1　微球固定相 ……………………………………………………… 6

1.3.2　整体固定相 ……………………………………………………… 8

1.3.3　特殊结构的固定相 ……………………………………………… 10

1.4　液相色谱的应用 ……………………………………………………… 11

参考文献 …………………………………………………………………… 12

第2章　硅胶微球固定相 …………………………………………………… 14

2.1　新型硅胶微球基质的制备 …………………………………………… 14

2.1.1　硅胶色谱填料 …………………………………………………… 14

2.1.2　色谱填料物理结构设计的理论依据 …………………………… 15

2.1.3　球形硅胶的制备技术 …………………………………………… 17

2.1.4　其他类型多孔硅胶的制备 ……………………………………… 27

2.1.5　填料的扩孔 ……………………………………………………… 27

2.1.6　填料结构表征与评价 …………………………………………… 29

2.2　硅胶微球的表面修饰和功能化 ……………………………………… 29

2.2.1　概述 ……………………………………………………………… 29

2.2.2　硅胶基质的选择 ………………………………………………… 30

2.2.3　硅胶微球键合固定相 …………………………………………… 31

2.2.4　聚合物涂覆固定相 ……………………………………………… 35

2.2.5　硅胶微球表面接枝聚合反应 …………………………………… 36

 2.2.6 硅胶微球的特殊表面修饰和功能化方法 ……………………………………… 38

 2.2.7 发展趋势 ……………………………………………………………………… 41

 参考文献 …………………………………………………………………………… 42

第3章 聚合物微球固定相 ……………………………………………………… 47

3.1 概述 ………………………………………………………………………………… 47

3.2 聚合物微球固定相的制备 ………………………………………………………… 47

 3.2.1 聚合物微球原料 ………………………………………………………………… 47

 3.2.2 聚合物微球的制备方法 ………………………………………………………… 49

3.3 聚合物微球固定相在液相色谱中的应用 ………………………………………… 53

 3.3.1 亲和色谱 ………………………………………………………………………… 53

 3.3.2 分子印迹色谱固定相 …………………………………………………………… 56

 3.3.3 手性色谱 ………………………………………………………………………… 63

 3.3.4 离子色谱 ………………………………………………………………………… 68

3.4 新型聚合物液相色谱固定相 ……………………………………………………… 72

 参考文献 …………………………………………………………………………… 74

第4章 金属氧化物微球固定相 ………………………………………………… 79

4.1 概述 ………………………………………………………………………………… 79

4.2 氧化铝微球固定相 ………………………………………………………………… 79

 4.2.1 氧化铝的表面性质 ……………………………………………………………… 79

 4.2.2 氧化铝微球固定相的制备 ……………………………………………………… 80

 4.2.3 氧化铝微球固定相在正相色谱中的应用 ……………………………………… 81

 4.2.4 氧化铝微球固定相在离子色谱中的应用 ……………………………………… 81

 4.2.5 氧化铝微球固定相的表面修饰及在反相色谱中的应用 ……………………… 83

4.3 氧化锆微球固定相 ………………………………………………………………… 87

 4.3.1 氧化锆的表面性质 ……………………………………………………………… 87

 4.3.2 氧化锆微球固定相的制备 ……………………………………………………… 88

 4.3.3 氧化锆微球固定相在正相色谱中的应用 ……………………………………… 91

 4.3.4 氧化锆微球固定相的化学修饰及其在反相色谱中的应用 …………………… 91

4.4 氧化钛微球固定相 ………………………………………………………………… 100

 4.4.1 氧化钛的表面性质 ……………………………………………………………… 100

 4.4.2 氧化钛微球固定相的制备 ……………………………………………………… 101

 4.4.3 氧化钛微球固定相在正相色谱中的应用 ……………………………………… 103

 4.4.4 氧化钛微球固定相在离子色谱中的应用 ……………………………………… 104

 4.4.5 氧化钛微球固定相的化学修饰及其在反相色谱中的应用 …………………… 105

 4.4.6 氧化钛微球固定相在生物样品分离富集中的应用 …………………………… 107

4.5 复合金属氧化物微球固定相 ……………………………………………………… 108

 4.5.1 掺杂型复合金属氧化物微球固定相 …………………………………………… 108

 4.5.2 包覆型复合金属氧化物微球固定相 …………………………………………… 110

4.6 展望 ………………………………………………………………………………… 112

参考文献 ……………………………………………………………………………………… 112

第5章　有机聚合物整体柱 ………………………………………………………… 117

5.1　概述 ………………………………………………………………………………… 117
5.2　有机整体柱制备 …………………………………………………………………… 117
5.2.1　有机整体柱的制备条件 ……………………………………………………… 117
5.2.2　有机整体柱种类 ………………………………………………………………… 122
5.2.3　新型有机整体柱的制备方法 ………………………………………………… 126
5.3　有机聚合物整体柱的改性技术 ………………………………………………… 132
5.3.1　聚合物整体柱表面的衍生改性技术 ………………………………………… 132
5.3.2　纳米材料与有机整体柱结合的改性技术 …………………………………… 133
5.4　展望 ………………………………………………………………………………… 134
参考文献 ……………………………………………………………………………………… 134

第6章　硅胶整体柱 ………………………………………………………………… 138

6.1　概述 ………………………………………………………………………………… 138
6.2　硅胶整体柱的制备 ………………………………………………………………… 140
6.2.1　溶胶-凝胶法 ……………………………………………………………………… 140
6.2.2　硅胶整体柱的制备方法 ………………………………………………………… 140
6.2.3　硅胶整体柱制备机理 …………………………………………………………… 142
6.2.4　影响硅胶整体柱制备的因素 ………………………………………………… 143
6.2.5　硅胶整体柱的包覆 ……………………………………………………………… 145
6.2.6　硅胶整体柱的活化 ……………………………………………………………… 145
6.2.7　硅胶整体柱的衍生化和封尾 ………………………………………………… 146
6.2.8　整体柱的结构表征 ……………………………………………………………… 146
6.3　硅胶整体柱的特性 ………………………………………………………………… 148
6.3.1　渗透性 …………………………………………………………………………… 148
6.3.2　柱效 ……………………………………………………………………………… 149
6.3.3　柱压降 …………………………………………………………………………… 149
6.4　硅胶整体柱的应用 ………………………………………………………………… 150
6.4.1　药物分析 ………………………………………………………………………… 150
6.4.2　手性分离 ………………………………………………………………………… 150
6.4.3　复杂生物样品中药物的分析 ………………………………………………… 151
6.4.4　天然药物分离 …………………………………………………………………… 152
参考文献 ……………………………………………………………………………………… 153

第7章　有机-无机杂化整体柱 …………………………………………………… 156

7.1　概述 ………………………………………………………………………………… 156
7.2　有机-硅胶杂化整体柱的制备方法 ……………………………………………… 157
7.2.1　常规溶胶-凝胶法制备杂化整体柱 …………………………………………… 157
7.2.2　"一锅法"制备有机-硅胶杂化整体柱 ……………………………………… 167

7.2.3 其他聚合方法制备杂化整体柱 …………………………………………… 173

7.3 其他类型的有机-无机杂化整体柱 ………………………………………… 181

7.4 总结 ……………………………………………………………………………… 183

参考文献 ……………………………………………………………………………… 184

第8章 金属氧化物整体柱 ………………………………………………… 187

8.1 概述 ……………………………………………………………………………… 187

8.2 金属氧化物整体柱基质的制备 ……………………………………………… 187

8.2.1 氧化锆整体柱 ……………………………………………………………… 188

8.2.2 氧化钛整体柱 ……………………………………………………………… 192

8.2.3 氧化铝整体柱 ……………………………………………………………… 196

8.2.4 其他氧化物整体柱 ………………………………………………………… 199

8.3 金属氧化物整体柱与硅胶整体柱的比较 …………………………………… 200

参考文献 ……………………………………………………………………………… 201

第9章 硼亲和色谱固定相 ………………………………………………… 203

9.1 概述 ……………………………………………………………………………… 203

9.2 硼亲和色谱的概念、原理和特点 …………………………………………… 203

9.2.1 硼亲和色谱的概念和原理 ………………………………………………… 203

9.2.2 硼亲和色谱的特点 ………………………………………………………… 204

9.3 常规硼亲和色谱固定相 ……………………………………………………… 204

9.4 硼亲和色谱整体柱 …………………………………………………………… 209

9.4.1 硼亲和有机聚合物整体柱 ………………………………………………… 209

9.4.2 硼亲和无机-有机杂化整体柱 …………………………………………… 216

9.5 其他硼亲和分离富集介质 …………………………………………………… 219

9.5.1 硼亲和分子印迹整体柱 …………………………………………………… 219

9.5.2 硼亲和介孔硅 ……………………………………………………………… 221

9.5.3 硼亲和磁性纳米材料 ……………………………………………………… 223

9.6 总结与展望 ……………………………………………………………………… 224

参考文献 ……………………………………………………………………………… 224

第10章 手性固定相 ……………………………………………………… 227

10.1 概述 …………………………………………………………………………… 227

10.2 多糖类手性固定相 …………………………………………………………… 228

10.2.1 纤维素和淀粉酯类衍生物 ……………………………………………… 229

10.2.2 纤维素和淀粉的苯基氨基甲酸酯类衍生物 …………………………… 230

10.2.3 其他纤维素及淀粉氨基酸酯类衍生物 ………………………………… 231

10.2.4 区域选择性修饰多糖类衍生物 ………………………………………… 232

10.2.5 复合型多糖类手性固定相 ……………………………………………… 234

10.2.6 键合型多糖类手性固定相 ……………………………………………… 234

10.2.7 多糖类衍生物的手性识别机理 ………………………………………… 241

10.3 环糊精类手性固定相 ……………………………………………… 241
  10.3.1 制备方法 ……………………………………………………… 242
  10.3.2 物理涂覆型环糊精手性固定相 ……………………………… 244
  10.3.3 化学键合型环糊精手性固定相 ……………………………… 244
10.4 刷型手性固定相 ………………………………………………… 250
  10.4.1 第一代刷型手性固定相 ……………………………………… 250
  10.4.2 第二代刷型手性固定相 ……………………………………… 251
  10.4.3 第三代刷型手性固定相 ……………………………………… 251
  10.4.4 其他刷型 CSPs ………………………………………………… 251
10.5 蛋白质类手性固定相 …………………………………………… 253
  10.5.1 蛋白质类手性固定相的制备方法 …………………………… 254
  10.5.2 蛋白质类手性固定相的分类 ………………………………… 256
10.6 冠醚类手性固定相 ……………………………………………… 260
  10.6.1 基于含手性 1,1′-联萘单元手性冠醚的手性固定相 ……… 260
  10.6.2 基于含四羧酸单元的手性冠醚 CSPs ……………………… 261
10.7 配体交换类手性固定相 ………………………………………… 263
  10.7.1 涂覆型配体交换 CSPs ………………………………………… 263
  10.7.2 键合型配体交换手性固定相 ………………………………… 264
10.8 离子交换型手性固定相 ………………………………………… 265
10.9 大环抗生素类手性固定相 ……………………………………… 266
  10.9.1 大环抗生素的结构特点 ……………………………………… 267
  10.9.2 大环抗生素类 CSPs 的制备及应用 ………………………… 268
10.10 合成聚合物类手性固定相 ……………………………………… 269
  10.10.1 分子印迹型手性固定相 ……………………………………… 269
  10.10.2 聚（甲基）丙烯酰胺类手性固定相 ………………………… 270
  10.10.3 聚甲基丙烯酸酯类手性固定相 ……………………………… 270
  10.10.4 聚酰胺类手性固定相 ………………………………………… 271
  10.10.5 其他聚合物类手性固定相 …………………………………… 272
10.11 其他新发展的手性固定相 ……………………………………… 272
10.12 展望 ……………………………………………………………… 273
参考文献 ………………………………………………………………… 273

第 11 章 限进介质固定相 …………………………………… 284

11.1 概述 ……………………………………………………………… 284
11.2 限进介质的类型及制备方法 …………………………………… 285
  11.2.1 限进介质的结构特点及分类 ………………………………… 285
  11.2.2 常规限进介质 ………………………………………………… 285
  11.2.3 手性限进分离介质 …………………………………………… 295
  11.2.4 介孔限进材料 ………………………………………………… 296
  11.2.5 限进分子印迹材料 …………………………………………… 300
  11.2.6 磁性限进材料 ………………………………………………… 303

11.3　限进介质的应用 ……………………………………………………………… 305
　11.3.1　限进介质在色谱分析中的应用模式 …………………………………… 305
　11.3.2　限进介质应用中的条件优化 …………………………………………… 309
　11.3.3　限进介质应用于生物样品中的药物分析 ……………………………… 311
　11.3.4　生物样品中的低分子量蛋白质和多肽的富集应用 …………………… 313
　11.3.5　环境分析应用 ……………………………………………………………… 313
　11.3.6　食品分析应用 ……………………………………………………………… 315
　参考文献 …………………………………………………………………………… 315

第 12 章　介孔材料固定相 …………………………………………………… 319
12.1　概述 …………………………………………………………………………… 319
12.2　硅基介孔材料固定相 ………………………………………………………… 320
　12.2.1　纯硅基介孔材料固定相 ………………………………………………… 320
　12.2.2　改性硅基介孔材料固定相 ……………………………………………… 323
12.3　非硅基介孔材料固定相 ……………………………………………………… 328
　12.3.1　过渡金属氧化物介孔材料固定相 ……………………………………… 328
　12.3.2　金属-有机骨架介孔材料固定相 ………………………………………… 329
　参考文献 …………………………………………………………………………… 338

第 13 章　色谱分离材料在生物样品分析中的应用 ……………………… 341
13.1　概述 …………………………………………………………………………… 341
13.2　新型色谱分离材料在蛋白质组样品分析中的应用 ………………………… 342
　13.2.1　细粒径填料、超高效液相色谱和多维色谱 …………………………… 342
　13.2.2　新型毛细管整体柱液相色谱 …………………………………………… 343
13.3　新型色谱分离材料在翻译后修饰蛋白质组分析中的应用 ………………… 347
　13.3.1　新型色谱分离材料在磷酸化蛋白质组分析中的应用 ………………… 347
　13.3.2　新型色谱分离材料在糖基化蛋白质组分析中的应用 ………………… 354
13.4　介孔材料在蛋白质组学中的应用 …………………………………………… 360
　13.4.1　介孔材料富集低丰度蛋白质/肽段 …………………………………… 361
　13.4.2　介孔材料富集修饰蛋白质或肽段 ……………………………………… 363
13.5　总结 …………………………………………………………………………… 367
　参考文献 …………………………………………………………………………… 368

索引 ………………………………………………………………………………… 374

概述

1.1 液相色谱的发展

色谱法的最早应用是分离植物色素。该方法是首先在一支玻璃管中放入碳酸钙，将含有植物色素（植物叶的提取液）的石油醚倒入管中，此时玻璃管的上端立即出现几种颜色的混合谱带；然后用纯石油醚冲洗，随着石油醚的加入，谱带不断地向下移动，并逐渐分开成几个不同颜色的谱带；继续冲洗就可以分别接收到各种颜色的色素，并对其分别进行鉴定[1]。色谱法由此而得名，也称层析法，是一种高效的物理分离技术，将它与适当的检测手段联用，就发展成为色谱分析法。

在色谱分离过程中存在两相：一相是固定不动的，叫作固定相（stationary phase）；另一相则不断流过固定相，叫作流动相（mobile phase）。色谱法的分离原理就是利用各种待分离的物质在两相中的分配系数、吸附能力等亲和能力的不同进行分离。在外力的驱动下使含有样品的流动相（气体、液体）通过固定于柱中或平板上、与流动相互不相溶的固定相表面。当流动相中携带的混合物流经固定相时，混合物中的各组分与固定相发生相互作用。由于各组分在性质和结构上的差异，与固定相之间产生作用力的大小、强弱不同，随着流动相的移动，混合物在两相间经过反复多次的分配平衡，使得各组分被固定相保留的时间不同，从而按一定次序由固定相中先后流出，最终实现混合物中各组分的分离与检测[2,3]。

色谱分析法的种类很多，从不同的角度出发可以有不同的分类方法。按照两相的状态分类，色谱法中的流动相可以是气体，也可以是液体，由此可分为气相色谱法（gas chromatography，GC）和液相色谱法（liquid chromatography，LC）。固定相既可以是固体，也可以是涂覆在固体上的液体，由此又可将 GC 和 LC 分为气-液色谱、气-固色谱、液-固色谱、液-液色谱。另外，还有一种超临界流体色谱法（supercritical fluid chromatography，SFC），它是采用超临界流体作流动相，以固体吸附剂（如硅胶）或键合到载体（或毛细管壁）上的高聚物为固定相的色谱法。超临界流体是在高于临界压力和临界温度时的一种物质状态，它既不是气体也不是液体，但兼有气体和液体的某些性质[4]。

高效液相色谱（high performance liquid chromatography，HPLC）是 20 世纪 70 年代初期在 GC 和经典 LC 的基础上发展起来的一种以液体作流动相的色谱新技术[5]。HPLC 和经典 LC 没有本质的区别，不同点仅仅是 HPLC 比经典 LC 具有更高的分离效率，并实现了自动化操作。经典 LC 的流动相在常压下输送，所用的固定相柱效低，分析周期长。而 HPLC 引用了 GC 的理论，流动相改为高压输送（最高输送压力可达 40MPa 以上），色谱柱是采用特殊的方法将小粒径的填料填充到不锈钢管，从而使柱效达到几万塔板每米或几十万塔板每米，远远高于经典 LC；同时色谱柱后连接高灵敏度的检测器，可对流出物进行连续检测。因此，HPLC 具有分析速度快、分离效能高、自动化等特点[6]。HPLC 系统主要由进样系统、输液系统、分离系统、检测系统和数据处理系统等组成，其中高压输液泵、色谱柱、检测器是关键部件。

微柱液相色谱（micro-column liquid chromatography，μLC）是对常规 HPLC 色谱柱进行微型化处理的过程中发展起来的一种微分离技术[7]。由于使用了新型固定相和微型精密加工制备技术，使色谱柱的柱效大大提高，并且消耗的样品和流动相大大减少，同时使其易于与质谱（MS）等检测系统联用，也非常有利于与其他色谱柱联用构建二维或多维 HPLC 分离系统[8]。因此，近些年来 μLC-MS 与 HPLC-MS 等技术受到越来越广泛的关注。

1.2　液相色谱的分离模式

按照 HPLC 的分离机理的不同，可以划分为反相色谱、正相色谱、亲水作用色谱、凝胶过滤色谱、离子交换色谱、亲和色谱和疏水作用色谱等。反相色谱是 HPLC 中使用最广泛的模式。据统计，约有 60％以上的分离是在反相模式下进行。

1.2.1　反相色谱

反相高效液相色谱（reversed-phase liquid chromatography，RPLC）是化学键合相色谱法的一种，是为了解决在液-液色谱分离过程中吸附在载体上的固定液的流失问题而发展出来的一种新方法。键合相色谱法是将不同的有机官能团通过化学反应共价键合到硅胶等载体表面上而生成化学键合固定相，对各种溶剂具有良好的化学稳定性和热稳定性[9,10]。根据键合固定相和流动相相对极性的强弱，可以将键合相色谱法分为正相键合色谱法和反相键合色谱法，后者即 RPLC。RPLC 中键合固定相的极性小于流动相的极性，一般是表面具有烷基链（C_4、C_8 和 C_{18} 等）或苯基的官能团，适用于分离非极性、极性或离子型化合物，其应用范围也比正相键合相色谱法更广泛。由于水是极性最强的溶剂，也是 RPLC 中最弱的溶剂，因此 RPLC 流动相通常是可以与水混溶的有机溶剂，主要有甲醇和乙腈。此外，乙醇、四氢呋喃、异丙醇和二氧六环也常被用作 RPLC 中流动相的添加剂。

一般认为 RPLC 的分离机理是根据溶质在固定相上的疏水作用的不同进行分离，在 HPLC 中又被称为疏溶剂作用。根据疏溶剂理论，当溶质分子进入极性流动相后，即占据流动相中相应的空间而排挤一部分溶剂分子。当溶质分子被流动相推动与固定相接触时，溶质分子的非极性部分会将非极性固定相上附着的溶剂膜排挤开，而直接与非极性固定相上的烷基官能团相结合（吸附）形成缔合络合物，构成单分子吸附层。这种疏溶剂的吸附作用是可逆的，当流动相极性减少时，这种疏溶剂斥力下降，会发生解离，并将溶质分子解放而被洗脱下来。因此疏水性越强的化合物越容易从流动相中挤出去，在色谱柱中滞留时间也长，所以 RPLC 中不同的化合物根据它们的疏水特性得到分离，非常适合于分离带有不同疏水基团的化合物，即非极性化合物。此外，通过改变流动相的溶剂及其组成和 pH 来影响溶质分子与流动相之间的相互作用，RPLC 还可用于分离弱极性和中等极性的化合物。

1.2.2　正相色谱

正相高效液相色谱（normal phase liquid chromatography，NPLC）与 RPLC 相类似，一般使用的键合固定相的极性大于流动相的极性，在所有 HPLC 分离应用中，NPLC 约占了 20%，在实际应用中具有不可替代的作用。在 NPLC 中常常采用极性固定相[11]，如聚乙二醇、氨基与氰基键合固定相，流动相为相对非极性的烷烃类疏水性溶剂，如正己烷和环己烷等，常加入乙醇、异丙醇、四氢呋喃、三氯甲烷等调节组分的保留时间。NPLC 适用于分离中等极性和极性较强的化合物，如酚类、胺类、羰基类及氨基酸类等。

1.2.3　亲水作用色谱

由于 RPLC 的固定相是非极性，所以极性化合物难以被很好地保留和分离。尽管理论上强极性化合物可以通过采用极性固定相的 NPLC 实现分离，但由于其流动相为非极性溶剂（如正己烷、氯仿、二氯甲烷等），极性化合物很难在流动相中溶解，并且与质谱不兼容，限制了 NPLC 的应用。亲水作用色谱（hydrophilic interaction chromatography，HILIC）应运而生。它是 1990 年由 Alpert 提出并命名[12]。与 NPLC 相同，HILIC 的固定相也是极性基团，对极性化合物产生强的保留，同时使用极性流动相，如水-水溶性有机溶剂（主要为乙腈，含量大于 60%），为强极性和离子型化合物包括氨基酸、碳水化合物、极性药物、多肽、天然产物等的分离分析提供了一个很好的选择[13]。总而言之，HILIC 采用 NPLC 的固定相、RPLC 的流动相体系，其关系图如图 1-1 所示，这不仅克服了 NPLC 和 RPLC 在极性化合物分离过程中的不足，而且能够提供与 RPLC 不一样的分离选择性。此外，由于其流动相中的有机溶剂含量大于 70%，可以极大地提高电喷雾离子源质谱的离子化效率，从而有效地提高检测的灵敏度，表现出与质谱良好的兼容性。因此，HILIC 已被广泛应用到蛋白质组学、糖组学、环境科学和食品分析等研究领域[14,15]。

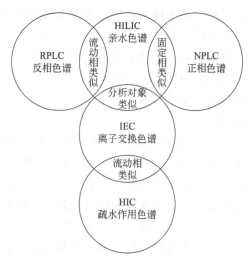

图 1-1　多种色谱分离模式的关系图

1.2.4　离子交换色谱

离子交换色谱法（lon-exchange chromatography，IEC）出现在 20 世纪 70 年代，并于 80 年代迅速发展起来，是一种分析离子的 HPLC 方法，特别以无机阴离子混合物为主要分析对象[16]。IEC 一般以离子交换树脂为固定相，树脂分子结构中存在许多可以电离的活性中心，当流动相带着分析物中组分生成的离子通过离子交换树脂时，组分离子与可交换的活性中心（离子基团）发生离子交换，形成离子交换平衡，从而在流动相与固定相之间形成分配，固定相的固有离子与待分离组分中的离子之间相互争夺固定相中的离子交换中心，并随着流动相的运动而运动，最终实现分离[17]。

按表面基团的不同，离子交换树脂可分为阳离子交换树脂和阴离子交换树脂。阳离子交换树脂表面上含有与分析物中阳离子发生交换的基团，又可以分为强酸性树脂和弱酸性树脂。阴离子交换树脂表面上含有与样品中阴离子交换的基团，也可分为强碱性树脂和弱碱性树脂。IEC 的流动相最常使用水缓冲溶液，有时也使用有机溶剂（如甲醇或乙醇）与水缓冲溶液混合使用，以提供特殊的选择性，并改善样品的溶解度。被分离组分在离子交换柱中的保留时间不但与组分离子和树脂上的离子交换基团作用强弱密切相关，而且受流动相的 pH 和离子强度影响。pH 可以改变化合物的解离程度，进而影响其与固定相的作用。流动相的盐浓度大，则离子强度高，不利于样品的解离，导致样品较快流出[18]。IEC 主要是用来分离离子或可离解的化合物，不仅广泛地应用于无机离子的分离，而且广泛地应用于氨基酸、核酸、蛋白质等生物分子的分离[19]。

1.2.5　疏水作用色谱

疏水作用色谱法（hydrophobic interaction chromatography，HIC）是采用具有适度疏水性的固定相，以含盐的水溶液作为流动相，借助于溶质与固定相间的疏水相互作用实现分离的色谱方法。由于蛋白质表面多由亲水性基团组成，也有一些由疏水性较强的氨基酸（如亮氨酸、缬氨酸和苯丙氨酸等）组成的疏水性区域，因此不同蛋白质的表面疏水性区域多少不同，疏水性强弱也不同。另外，对于同一种蛋白质在不同介质中的疏水性区域（裂隙）伸缩程度也不同，从而使疏水性基团暴露的程度呈现出一定的差异。HIC 正是利用盐-水体系中蛋白质的疏水性基团和色谱填料的疏水性配基相互作用力的差异，使蛋白质迁移速度不同而达到分离[20]。与 RPLC 相比较，HIC 方法的最大特点是既可以避免使用含有大量有机溶剂的淋洗体系，也能有效地保持被分离物质（蛋白质等）的生物活性，因此 HIC 特别适合蛋白质类活性生物产品的分离。

常见的商品化 HIC 填料，一般是在硅胶微球或高分子聚合物微球表面键合一层亲水性的有机层，然后连接上具有一定疏水性的基团，如羟丙基、甲基、丙基、丁基、苯基、戊基、苯甲基等，其疏水性强弱程度依次为苯基＞辛基＞丁基＞异丙基＞醚链。蛋白质在这类填料上的保留时间基本上按照键合基团疏水性的递增而延长。疏水性基团的结构和密度是影响生物样品色谱保留值和负载量的主要因素。从淋洗方式来看，HIC 与 IEC 正好相反，虽然两种色谱技术都是在缓冲液体系中进行，但前者对样品的分离是高盐浓度吸附，低盐浓度洗脱。在 HIC 中常用的盐有 $(NH_4)_2SO_4$、NH_4Ac、$NaCl$ 和磷酸盐等，其中 $(NH_4)_2SO_4$ 因其溶解度大、对蛋白质的活性影响小、盐析能力强而被最为广泛地使用。

1.2.6 尺寸排阻色谱

尺寸排阻色谱法（size exclusion chromatography，SEC），又称空间排阻色谱法，是按分子大小顺序进行分离的一种色谱方法。其固定相为化学惰性的多孔物质——凝胶（gel），具有一定大小的孔穴，仅允许直径小于孔径的组分进入，这些孔对于溶剂分子来说是相当大的，以致溶剂分子可以自由地扩散出入。样品中的大分子不能进入凝胶孔洞而完全被排阻，只能沿多孔凝胶粒子之间的空隙通过色谱柱，首先从柱中被流动相洗脱出来；中等大小的分子能够进入凝胶中适当大小的孔洞，但不能进入更小的微孔，在色谱柱中受到滞留，较慢地从色谱柱洗脱出来；小分子则可以进入凝胶中绝大部分孔洞，在色谱柱中受到更强的滞留，会更慢地被洗脱出来；溶解样品的溶剂分子，其分子量最小，可以进入凝胶的所有孔洞，最后从色谱柱中流出，从而实现具有不同分子大小样品的完全分离[21]。因此，SEC 分离过程中样品分子与固定相之间不存在相互作用，而且溶解样品的溶剂分子最后从色谱柱中流出，这一点明显不同于其他 HPLC。

SEC 又称凝胶色谱法，按照流动相的不同可以分为凝胶过滤色谱法（gel filtration chromatography，GFC）和凝胶渗透色谱法（gel permeation chromatography，GPC）。前者采用水溶液或具有不同 pH 的缓冲液作为流动相，后者常采用四氢呋喃和三氯乙烷等有机溶剂作为流动相[22]。SEC 的固定相一般为多孔凝胶，按机械强度可以分为软质凝胶（葡聚糖凝胶、琼脂糖凝胶和聚丙烯酰胺凝胶）、半刚性凝胶（苯乙烯-二乙烯基苯共聚物）和刚性凝胶（高交联度苯乙烯-二乙烯基苯共聚物、多孔球形硅胶和羟基化聚醚多孔微球）；按化学性质可以分为有机凝胶（均匀凝胶、半均匀凝胶和非均匀凝胶）和无机凝胶（非均匀凝胶）。SEC 适用于对未知样品的探索分离，能够迅速提供样品按分子大小组成的全面情况，并迅速判断样品是简单的还是复杂的混合物，并提供样品中各组分的近似分子量。这种分离方法常用于分离高分子聚合物，以及多肽、蛋白质和核酸等生物大分子，不适用于分子大小组成相似或大小仅差 10% 的组分分析，如同分异构体的分离。

1.2.7 亲和色谱

在生物体内许多大分子具有与某些相对应的专一分子可逆结合的特性，例如抗原和抗体、酶和底物及辅酶、激素和受体、RNA 和其互补的 DNA 等。生物分子之间这种特异的结合能力称为亲和力，根据生物分子间亲和吸附和解离的原理建立起来的色谱法称为亲和色谱法（affinity chromatography，AC）。它是将相互间具有高度特异亲和性的两种物质之一作为配基（也称配体），与具有大孔径、亲水性的固相载体相偶联，制备成专一的亲和吸附剂，然后将其作为固定相填充色谱柱，当含有被分离物质的混合物随着流动相流经色谱柱时，亲和吸附剂上的配基就有选择地吸附能够与其结合的物质，而其他的物质或杂质不被吸附，从色谱柱中直接流出，最后采用适当的缓冲液使被吸附的物质与配基解吸附，从而获得纯化的目标产物[23]。AC 的具体操作过程是：①配基固定化，将与纯化对象具有专一亲和性的物质连接在水不溶性载体上，制备成亲和吸附剂后装填色谱柱；②亲和吸附，将含有待纯化目标物的混合物通过亲和色谱柱，目标物质吸附在色谱柱上，而其他物质流出色谱柱；③解吸附，采用某种缓冲液或溶液通过亲和色谱柱，将吸附在色谱柱上的目标物质洗脱出来。AC 的用途非常广泛，可以从细胞提取物中分离纯化核酸、蛋白，还可以从血浆中分离抗体、过滤性病毒和细胞[24]。

1.3 液相色谱固定相的发展

随着 HPLC 技术的发展，特别是对复杂样品的高选择性、高灵敏度和高通量分离分析要求的不断提高，极大地推动了新型色谱填料（固定相）的开发，其原因是 HPLC 的核心是色谱固定相，分离效果的好坏与固定相的结构、化学物理等特性密切相关，所以研究和制备高效的色谱固定相是提高色谱分离效率的关键。色谱固定相新产品的不断开发和制备工艺不断改进，极大地提高了分离材料的性能，使其具备了高通透性、高机械强度、良好的生物相容性和分离效率。

色谱固定相的发展经历了如下几个阶段：在 20 世纪早期经典的 LC 色谱柱中，通常使用粒径在 $100\mu m$ 以上的无定形硅胶颗粒，其传质速率慢、柱效低；60 年代薄壳型填料被引入 HPLC，它是在直径为 $30\sim40\mu m$ 的玻璃珠表面涂布一层 $1\sim2\mu m$ 厚的硅胶微粒层而制备的具有孔径均一、渗透性好、溶质扩散快的固定相，结合低流速往复泵和在线检测器，使液相色谱实现了高效和快速分离，其效率提高了一个数量级；但由于薄壳型固定相对样品的负载量低，70 年代后迅速发展了全多孔球形硅胶固定相（$5\sim10\mu m$），并且发展高压匀浆技术解决了 HPLC 固定相的填充问题，使得液相色谱实现了高速、高效和更大样品容量的分离分析，同时以稳定化学键合固定相代替传统的液液色谱，极大地扩充了 HPLC 方法的应用范围。因此，迄今全多孔球形硅胶微粒固定相已成为 HPLC 填料的主体。80 年代，针对生命科学领域分离和制备设计的生物色谱填料为生命科学的发展做出了巨大贡献，同时也为 HPLC 在生命科学研究领域的地位奠定了坚实基础；90 年代，随着生物医药研究与开发的迅猛发展，各种类型的高通量色谱柱及手性色谱柱纷纷出现，同时针对环境、化学等领域的特殊需求的专用色谱柱也使得 HPLC 能够应用于几乎所有的领域。在 21 世纪初期，为适应超快速的分离要求，出现了粒径小于 $2\mu m$ 的填料以及多孔的连续整体材料（整体柱）[25]。

迄今已成功制备出多种色谱固定相，具体如图 1-2 所示。根据材料性质的不同，色谱填料可以分为天然高分子材料、人工合成高分子材料、无机材料和有机-无机杂化材料等。按照不同的色谱分离模式和机理，色谱填料可以分为正相、反相、亲水、离子交换以及亲和色谱等多种固定相。根据材料骨架结构的不同，目前色谱固定相主要有两种形态：球形固定相和整体柱（连续床）固定相。球形固定相包括超细微球、磁球、微孔球及大孔球等，而整体柱固定相包括有机整体柱、硅胶等无机整体柱以及有机-无机杂化整体柱等。

尽管目前市场上已有多种商品化的色谱固定相，但是研制柱效高、机械强度好、使用寿命长的新型色谱柱填料仍然是当前色谱领域的研究热点之一。本书将介绍微球固定相和新一代整体柱固定相的最新研究进展，包括无机硅胶、有机聚合物和金属氧化物为基质的球形填料和整体材料，以及特殊结构的色谱固定相的发展和应用。

1.3.1 微球固定相

1.3.1.1 硅胶微球固定相

由于硅胶表面上存在大量具有反应活性的硅醇基，同时硅胶基质具有强度好、多孔结构

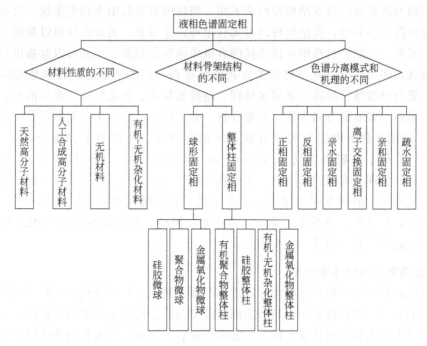

图 1-2 液相色谱固定相的种类

和较好的化学稳定性等优点，因而是一种比较理想的色谱固定相基质材料。硅胶微球固定相不仅具有高效、高选择性的特点，而且具有比表面积大、较好的色谱性能[26]。因此，硅胶微球固定相是目前应用最广泛的液相色谱填料，尤其是针对有机小分子的高效分离分析，并且占据绝大多数市场份额（大约占 90%）。然而硅胶基质化学稳定性较低，一般只能在 pH 为 2～8 范围内操作，否则会发生水解，降低色谱柱的使用寿命，并且由于残存硅羟基表现出所谓第二效应，特别是会使碱性化合物的峰形拖尾，一定程度上限制了硅胶微球固定相在碱性化合物分析中的应用[27,28]。

2004 年 Waters 公司推出超高效液相色谱（ultra-high performance liquid chromatography，UPLC）仪器和技术，以其快速、高分离度和高灵敏度的优势得到了广泛的应用。该技术的核心是基于亚 $2\mu m$ 小粒径硅胶微球填料。当填料颗粒小于 $2\mu m$ 时，不仅柱效明显提高，而且随着流速的增加，分离效率并不降低。采用高流速可将分离速度和峰容量扩展到一个新的极限，但同时柱压也显著升高[29]。小粒径填料需要使用压力更高的超高效液相色谱仪系统，对色谱柱的生产工艺也有更高的要求，必须解决色谱柱的装填难度大、柱头容易漏液、填料容易堵塞等问题。目前，除了国际知名色谱仪器和色谱柱公司（如 Waters、Agilent 和 Phenomenex 等）生产 UPLC 色谱柱外，国内的色谱柱厂家也陆续推出此类产品。

1.3.1.2 聚合物微球固定相

虽然硅胶固定相具有柱效高、分离性能好等优点，仍然是目前商品色谱柱的主流，但此类填料存在两个明显缺点：①流动相适用范围窄，只能在 pH 为 2～8 范围内使用；②表面残余的硅醇基导致碱性物质分离时效果不佳。具有足够机械强度的有机聚合物微球（polymeric microspheres）可以克服硅胶填料的上述缺点，同时因具有较好的生物相容性，更适合于生命科学等领域的应用，成为色谱固定相研究热点之一[30]。聚合物微球的制备方法多样,不同方法制备的微球结构和性质不同,微球的直径从纳米到毫米级,尺寸分布可以是单分散也可以是多分散,孔结构可以是无孔也可以是多孔,表面性质可以是疏水性也可以是亲水性。另外,在制备过程中可供选择的有机单体种类繁多,因此可以制备出具有多种功能基团的微球,还可以通过化学修饰的方式使其带有不同的功能基团以满足实际应用的需求。目前,聚合物微球已经在工业废水处理、超纯水制备、催化反应、湿法冶金、天然产物分离提取、蛋白及多肽的分离富集、色谱分析、血液净化、食品工业及制药等领域得到广泛应用[31,32]。适用于色谱固定相的聚合物微球的制备方法主要有悬浮聚合法(suspension polymerization)、种子溶胀聚合法(seed-swelling polymerization)和沉淀聚合法(precipitation polymerization),分别具有不同的特点。迄今聚合物微球固定相已取得重大发展,部分已有相当高的商品化水平,但该类固定相仍有一些不足,如机械强度不高、易于溶胀、传质阻力大、柱效低等,在某些方面的应用受到一定限制。因此,聚合物基质在 HPLC 中的更广泛应用还有待于高分子科学的进一步发展。

1.3.1.3 金属氧化物微球固定相

为了克服硅胶固定相和聚合物微球固定相的固有缺点,研究者仍在不断开发新的基质材料。氧化铝的分离机理比较复杂,目前表面覆盖型与表面键合正丁基型氧化铝已经应用于色谱分析,而且表现出良好的性能,但仍不能取代硅胶。氧化锆及改性氧化锆同时具有硅胶基质的高机械强度和聚合物基质的优良化学稳定性,因此氧化锆作为 HPLC 填料的研究已引起了色谱学领域的极大兴趣,其原因是氧化锆耐碱性好,pH 使用范围可达 1~14[33],同时还具有其他优点:①机械强度高,耐高温;②粒径、孔径可控,适用于生物工程产品的分离;③在正相色谱中,由于对氨基等碱性基团无吸附而具有较好的峰对称性[34];④作为离子交换色谱填料时不需要键合[35]。当氧化锆直接用作色谱填料时分离机理为阳离子、阴离子及配基交换同时存在的混合分离模式。这些优点使其成为将来最可能通用的色谱材料。然而,以氧化锆作为色谱固定相材料的研究与应用中也存在亟待解决的问题。由于磷酸根与氧化锆表面 Lewis 酸点间的酸碱作用相当强,磷酸根被紧密地结合于氧化锆表面[36],很难被其他离子或化合物置换下来。目前采用常规修饰方法在氧化锆表面可以制备反相固定相,但其表面覆盖并不完全,那些未被覆盖的表面仍有机会与流动相中 Lewis 碱发生作用而影响分离效率。

1.3.2 整体固定相

整体柱(monolithic column)又称整体固定相(monolithic stationary phase)、棒柱(rod)和连续床(continuous bed)等,是以色谱柱为模具,在柱内原位聚合或固定化形成连续多孔的整体结构,可以根据需要对整体材料的表面进行相应的衍生化,是一种新型的应用于分离分析或作为反应器的多孔材料。与传统的固体颗粒填充柱相比,整体柱具有以下显著的优点:①制备简单、重现性好、操作方便,色谱性能稳定,将传统的介质合成与柱装填两步合二为一,避免了微球合成、筛选、装填等复杂操作,降低了成本;②微球填充柱的空间占用率低,理想单分散微球的空间占用率最大不超过 74%,实际上由于微球的不均匀性及装填技术等因素影响,最好的填充柱仍有约 40% 的空体积,而整体柱可以填充整个色谱柱空间,柱内的空隙体积可以降至最小,可以大大提高空间利用率;③整体柱内部具有相互贯通的大孔,含有溶质的流动相可以在这些大孔内对流通过,大大降低了流动相流经色谱柱时产生的柱压降，提高传质速度，可以实现快速、高效的分离。因此，整体柱在 RPLC、IEC、HILIC、HIC、SEC 以及 AC 中均获得了应用，成功实现了脱氧核糖核酸、肽、蛋白质、氨基酸和低聚核苷酸等生物分子[37]，以及芳烃、苯胺类、类固醇、酚类等有机小分子的分离，被誉为继多聚糖、交联与涂渍、单分散固定相之后的第四代色谱固定相，已有数家公司推出了商品化的整体柱，例如无机硅胶整体柱 Silica ROD™、Prep RODs™ 和 Chromolith™，以及有机聚合物整体柱 CIM™。根据整体材料的性质，整体柱主要分为有机聚合物整体柱、硅胶等无机整体柱和有机-无机杂化整体柱。尽管整体柱种类较多，但其应用范围主要取决于表面化学。因此，采取不同的制备方法和引入不同的基质材料来控制整体柱表面的化学性质已成为当前研究的热点。

1. 3. 2. 1　有机聚合物整体柱

有机聚合物整体柱具有生物相容性好、pH 适用范围宽等优点，而且其制备过程非常简单[38]。具体过程是：首先将有机功能单体、交联剂、致孔剂以及引发剂的混合溶液注入到不锈钢柱管或毛细管中，然后采用热引发、紫外线或 γ 射线等引发方式在柱管内聚合，最后采用合适的溶剂除去致孔剂和柱内残余的单体。在制备过程中可以通过调节致孔剂的配比来调整所制备整体柱的通透性及孔径。不过有机整体柱也存在着对有机溶剂耐受性差、机械强度较低以及受热易变形等缺点。制备有机整体柱时可以选择的有机单体种类非常丰富，根据选用单体和交联剂的不同可以将其分为三类。

（1）聚丙烯酰胺类整体柱　该类整体柱采用的功能单体有丙烯酰胺、甲基丙烯酰胺、二甲基丙烯酰胺、N-异丙基丙烯酰胺和 N-烯丙基二甲胺，交联剂为亚甲基二丙烯酰胺和二丙烯酰哌嗪。为满足不同的色谱选择性需求，可以在聚合混合物中加入特定功能单体，或聚合后进行修饰[39]。对于电色谱整体柱，一般在聚合混合物中加入产生电渗流的功能单体进行聚合。

（2）聚丙烯酸酯类整体柱[40]　该类整体柱可以获得多种色谱选择性，满足不同的色谱分离需求，并且在 pH 2～12 范围内均具有良好的稳定性。采用的功能单体有丙烯酸酯、甲基丙烯酸酯和甲基丙烯酸缩水甘油酯等，交联剂为亚乙基二甲基丙烯酸酯和聚乙二醇二丙烯酸酯等。由于具有环氧活性官能团，以甲基丙烯酸缩水甘油酯为功能单体制备的聚甲基丙烯酸酯整体柱是应用最为广泛的有机整体柱，它易于改性，可以进行表面修饰后制备出多种固定相。

（3）聚苯乙烯类整体柱　制备该类整体柱所使用的单体为苯乙烯或氯甲基苯乙烯，交联剂为二乙烯基苯[41]。由于聚苯乙烯表面具有较强的疏水性，因此可以直接用于小分子、肽、生物大分子的反相色谱分离。

1. 3. 2. 2　硅胶整体柱

虽然有机聚合物整体柱具有制备简单、pH 适用范围广等优点，但是也存在着机械强度低、稳定性差、在有机溶剂中易溶胀等不足。1996 年，Tanaka 等[42]首次采用溶胶-凝胶法（sol-gel）制备了硅胶整体柱。它具有理想的机械强度、比表面积大、在孔结构控制方面表现出明显优势，同时具有大孔和中孔结构，孔隙率＞80％，非常适合分离小分子混合物，其缺点是适用的 pH 范围较窄（pH 2～8）。采用溶胶-凝胶技术制备硅胶整体柱的流程比较烦琐，一般需要经过水解、缩合、老化、氨水处理、干燥、灼烧等多个步骤，制备周期较长，而且硅胶整体柱还需要经过烦琐的后续衍生处理使其表面带上相应的功能基团后才能应用于色谱分离。这些步骤都会对整体柱的骨架结构造成不同程度的破坏，因此制备硅胶整体柱需要对实验条件进行比较严格的控制，对制备人员的技术要求也较高，目前仅少数几个课题组能制备出具有高柱效的硅胶整体柱。在硅胶整体柱的制备中，诸如原料、反应温度、催化剂和表面活性剂等因素都会对其形貌产生重要影响。四甲氧基硅烷（TMOS）和四乙氧基硅烷（TEOS）是常用的前驱体。由于 TMOS 的水解速率大于 TEOS，而且以 TMOS 作为前驱体，容易产生孔径分布窄、比表面积大的结构，因此 TMOS 被广泛用于硅胶整体柱的制备[43,44]。另外，聚乙二醇（PEG）作为最常用的一种致孔剂，对硅胶整体柱内部通孔的形成起着至关重要的作用[45]。通过改变 PEG 和硅烷化试剂的比例可以调节通孔的尺寸。采用介孔模板剂制备的硅胶整体柱基质具有更多、更加均匀的介孔，其比表面积也更高，通常可达 $300m^2/g$，远远高于常规有机整体柱 $30\sim80m^2/g$ 的比表面积。因此，硅胶整体柱的柱容量更高，色谱分离能力也普遍优于有机聚合物整体柱，最高柱效可达到 100000 塔板/m 以上。目前商品化的硅胶整体柱已经涵盖了常规尺寸的分析柱（4.6mm I.D.×1～10cm）、毛细管柱（50～200μm I.D.×15～30cm）以及制备柱（25mm I.D.×10cm）。

1.3.2.3　有机-无机杂化整体柱

由于有机整体柱和硅胶整体柱均有其明显的优缺点，为结合有机整体柱及硅胶整体柱的一些优点，并在一定程度上避免各自的缺点，越来越多的研究者将目标投向了有机-硅胶杂化整体柱。2000 年，Malik 等[46]首次以 N-十八烷基二甲基 [3-(三甲氧基硅基)丙基] 氯化铵为有机单体，以 TMOS 为交联剂，采用溶胶-凝胶法制备了 C_{18}-硅胶杂化整体柱。随着制备技术的不断改进，目前常规溶胶-凝胶法已成为制备有机-硅胶杂化整体柱的常用方法之一。该方法一般采用两种硅烷化试剂为原料：一种是四烷氧基硅烷，其中应用最广泛的是 TMOS 和 TEOS；另一种通常是含一个有机功能基团的三烷氧基硅烷 $R'Si(OR)_3$。在酸性、碱性或者先酸后碱两步催化的条件下，硅烷化试剂发生水解和缩聚反应形成硅胶骨架。在这一过程中有机功能基团 R' 不参与水解或缩聚反应，而是直接被引入到硅胶骨架表面制备成有机-硅胶杂化整体柱，从而免去了硅胶整体柱的后修饰步骤。因此，杂化整体柱结合了有机整体柱和硅胶整体柱的优势，具有制备简单、通透性好、机械强度高等优点[47]。经过多年的研究和发展，迄今已经发展出多种有机-硅胶杂化整体柱的制备方法，主要有溶胶-凝胶法、一锅法和其他制备方法，具体将在本书的第 7 章中介绍。

1.3.2.4　金属氧化物整体柱

如前所述，金属氧化物基质（如氧化铝、氧化钛和氧化锆等）比硅胶基质具有更好的耐酸碱、耐高温及耐氧化剂等特点而受到了众多的关注，并且在球形固定相的制备和应用方面取得了一定的进展。近十年来金属氧化物整体柱（包括氧化铝、氧化铪及氧化锆等）的制备和应用也取得了发展[48]。一般采用溶胶-凝胶法制备氧化锆和氧化铪整体柱的方法，并且可以在金属氧化物整体柱进行修饰和功能化。因为这些基质表面不像硅胶基质那样容易进行化学修饰，所以硅胶整体材料表面的修饰方法并不能很好地应用于金属氧化物整体柱的修饰，这可能导致该类整体柱的实际应用受到了极大的限制。

1.3.3　特殊结构的固定相

纳米材料是指在三维空间中至少有一维处于纳米尺度范围（1～100nm）或由它们作为基本单元构成的材料，这大约相当于 10～1000 个原子紧密排列在一起的尺度，其中平均粒径为 20～100nm 的材料称为超细粉，平均粒径小于 20nm 的材料称为超微粉。由于纳米材料尺寸很小，其几何特点之一是比表面积很大。其次，由于颗粒尺寸已进入纳米级，有相当大的相界面面积，因此具有宏观物体所不具备的一些物理、化学等特殊效应，如尺寸效应、量子效应、表面及界面效应和宏观量子隧道效应等。近年来纳米材料和纳米颗粒，如碳纳米管（carbon nanotubes，CNTs）等在 GC 和 LC 等分析领域，以及复杂样品的预处理等方面已有广泛的应用，其巨大的比表面积可以为色谱分离带来更高的柱效和更快的分离速度[49,50]。根据 van Deemter 方程式，固定相颗粒度越小，柱效越高，更小的颗粒度使最佳流速向高端移动。当使用 1.7μm 的颗粒作为色谱固定相时，柱效比 5μm 颗粒提高 3 倍，分离度提高超过 70%，同时色谱柱背压超过 130MPa。采用小颗粒固定相导致的高柱压与最佳流速之间的矛盾催生出超高压液相色谱（UHPLC）。当球形固定相颗粒尺寸进一步减小时对色谱泵的要求更高，给色谱柱的填装和色谱应用带来极大的困难。因此，这是纳米级固定相目前未能在色谱分离中得到应用的直接原因。传统的控制整体柱表面基团的方式是通过引入不同基团的功能单体或接枝功能聚合物对整体柱表面进行改性，而纳米粒子在整体柱中的使用为整体柱的发展提供了一条新的思路，同时也扩大了纳米材料在色谱固定相中的应用范围。目前，将纳米材料与整体柱结合的方式主要是采用物理吸附对整体固定相表面进行修饰，或采用原位反应将其固定在整体柱骨架中。

　　根据国际纯粹和应用化学联合会（IUPAC）的定义，多孔材料按孔径的大小分为三类：微孔材料（小于 2nm）、介孔材料（2～50nm）和大孔材料（大于 50nm）。有序介孔材料是孔径介于 2～50nm 的多孔材料，与其他多孔材料（如微孔材料、大孔材料）相比，介孔材料具有较大的比表面积和孔体积、均一的且在纳米尺度上连续可调的孔径、从一维到三维规则有序的孔道结构、可控的形貌（如膜、片、球等）以及表面功能化等优点，在生物大分子的吸附和分离、化学传感和催化等领域具有广阔的应用前景。目前商品化固定相载体的比表面积一般都小于 300m²/g，而有序介孔氧化硅材料（如 MCM 和 SBA 等）具有 2～3 倍以上的比表面积（＞1000m²/g）、规则排列的孔道，以及较窄的孔径分布，非常适宜作为色谱固定相，已经在手性色谱分离等方面展现出一定的分离效果。

1.4　液相色谱的应用

　　色谱技术经过 100 多年的发展，从曾经鲜为人知的实验技术发展成为既能"顶天"又能"立地"的一门科学，取得了辉煌的成就。1952 年马丁（Martin）和辛格（Synge）因分配色谱获得了诺贝尔化学奖。此外，色谱作为核心或关键研究工具为多位科学家摘取诺贝尔奖桂冠立下了汗马功劳，如斯特恩与摩尔（1972 年）、莱夫科维茨与克比尔卡因（2012 年）等[51]。色谱法已成为石油化工、有机合成、生理生化、医药卫生、环境保护、食品安全乃至空间探索等领域中的重要工具。色谱技术在我国具有良好的研究工作基础，尤其在色谱基础理论和色谱专家系统研究、色谱固定相制备、联用技术等方面都取得了很大的成果；同时色谱技术和方法在许多领域如石油化工、环境科学和中药等领域都获得十分广泛的应用。尤为可喜的是，中国的色谱研究在最近十几年取得了显著的进步，年发表论文总数已经于 2010 年跃居世界第一[52]。

　　由于 HPLC 适用于分析分子量大、高沸点、不易挥发、受热易分解的有机化合物和高分子聚合物，以及具有生物活性的天然产物和生物分子，如蛋白质、核酸和氨基酸等，因此，HPLC已成为分析化学中复杂体系样品分离和分析的强有力工具。对于复杂样品的分离，使用一种分离模式往往不能提供足够的分辨率，而组合不同的分离模式构建多维系统是解决这一问题的有效途径[52,53]。自1984年Giddings提出多维分离的概念以来，随着控制和微加工技术的发展，多维HPLC技术得到较快的发展，并在生命科学和生物医学中发挥着越来越重要的作用。

近年来人类对复杂生命体的认识循着从器官到组织、细胞到基因的方式，现在又回到了以整体性研究为特点的系统生物学（system biology）时代，其鲜明的特征是各种组学（-omics)研究的兴起和快速发展，包括基因组学（genomics）、转录组学（transcriptomics）、蛋白质组学（proteomics）、多肽组学（peptidomics）和代谢组学（metabonomics）等。这些组学特别是蛋白质组学、多肽组学和代谢组学以人体、动物、植物和微生物的细胞、细胞器、组织（体液）、器官或个体在不同生理、病理条件下的所有蛋白质（分子量大于10kDa）、多肽（分子量在$1\sim10$kDa之间）以及代谢产物（分子量小于1kDa）为对象进行规模化定性和定量分析，全景式地揭示这些分子在特定时间和空间里的组成、修饰、定位和相互作用以及动态变化。生物样品的极端复杂性以及对分析系统本身在准确性、灵敏性、选择性、重现性以及高通量分析方面越来越高的要求，给色谱分离分析提出了十分巨大的挑战。本书将主要针对蛋白质组学复杂样品HPLC分离分析的研究进展进行介绍。

参 考 文 献

[1] Abraham M H. J Chromatogr A, 2004, 1061: 113-114.

[2] 邹汉法，张玉奎，卢佩章. 高效液相色谱法. 北京：科学出版社，1998.

[3] 卢佩章，戴朝政，张祥民. 色谱基础理论. 北京：科学出版社，1997.

[4] 韩志兴. 超临界流体萃取分离技术. 北京：中国石化出版社，2012.

[5] Ettre L S. Chromatrgr, 2000, 51: 7-17.

[6] 吴宁生，顾光华. 高效液相色谱. 合肥：中国科学技术大学出版社，1989.

[7] 王玉红，张庆合，苏立强，等. 现代科学仪器，2004，4：13-17.

[8] 陈令新，关亚风，马继平. 化学进展，2003，2：107-116.

[9] Claessens H A, van Straten M A. J Chromatogr A, 2004, 1060: 23-41.

[10] Jal P K, Patel S, Mishra B K. Talanta, 2004, 62: 1005-1028.

[11] 蒋生祥，刘霞. 色谱，2007，25：163-173.

[12] Alpert J. J Chromatogr, 1990, 499: 177.

[13] Hemstrom P, Irgum K. J Sep Sci, 2006, 29: 1784-1821.

[14] Boersema P J. Mohammed S, Heck A J. Anal Bioanal Chem, 2008, 391: 151-159.

[15] 沈爱金，郭志谋，梁鑫森. 化学进展，2014，26（10）：10-18.

[16] Fritz J S. J Chromatogr A, 2004, 1039: 3-12.

[17] 丁明玉，田松柏. 离子色谱原理与应用. 北京：清华大学出版社，2000.

[18] 牟世芬，刘克纳，丁晓静. 离子色谱方法及应用. 北京：化学工业出版社，2005.

[19] Sarzanini C. J Chromatogr A, 2002, 956: 3-13.

[20] 耿信笃. 现代分离科学理论导引. 北京：高等教育出版社，2001.

[21] 施良和. 凝胶色谱法. 北京：科学出版社，1985.

[22] 傅若农. 色谱分析概论. 北京：化学工业出版社，2008.

[23] 于世林. 亲和色谱方法及应用. 北京：化学工业出版社，2008.

[24] Hage D S. Clin Chem, 1999, 45: 593-615.

[25] Chester T L. Anal Chem, 2013, 85: 579-589.

[26] Stella C，Rudaz S，Veuthey J L，et al. Chromatogr，2001，53：S113-S131.

[27] Engelhardt H，Blay C，Saar J. Chromatogr，2005，62：S19-S29.

[28] Wyndham K D，O'Gara J E，Walter T H，et al. Anal Chem，2003，75：6781-6788.

[29] Gritti F，Leonardis I，Shock D，et al. J Chromatogr A，2010，1217：1589-1603.

[30] Davankov W，Tsyurupa M，Ilyin M，et al. J Chromatogr A，2002，965：65-73.

[31] 张成江，潘加亮，张卓旻，等. 色谱，2014，32（10）：1034-1042.

[32] Huck C W，Bonn G K. Chem Eng Technol，2005，28（12）：1457-1472.

[33] Rigney M P，Funkenbusch E F，Carr P W. J Chromatogr，1990，49：291-304.

[34] Grün M，Kurganov A A，Schacht S，et al. J Chromatogr A，1996，740（1）：1-9.

[35] Blackwell J A，Carr P W. J Chromatogr，1992，596（1）：27-41.

[36] Schafer W A，Carr P W，Funkenbusch E F，et al. J Chromatogr，1991，587（2）：137-147.

[37] Svec F，Lv Y. Anal Chem，2015，87：250-273.

[38] Liu Z S，Ou J J，Lin H，et al. Anal Chem，2014，86：12334-12340.

[39] Wu S B，Zhang L，Yang K G，et al. Anal Bioanal Chem，2012，402：703-710.

[40] Urban J，Jandera P. J Sep Sci，2008，31：2521-2540.

[41] Jin W H，Fu H J，Huang X D，et al. Eletrophoresis，2003，24：3172-3180.

[42] Minakuchi H，Nakanishi K，Soga N，et al. Anal Chem，1996，68（19）：3498-3501.

[43] Ou J J，Liu Z S，Wang H W，et al. Eletrophoresis，2015，36：62-75.

[44] Wu M H，Wu R A，Zhang Z B，et al. Electrophoresis，2011，32：105-115.

[45] Tanaka N，Kobayashi H，Ishizuka N. J Chromatogr A，2002，965（1/2）：35-49.

[46] Hayes J D，Malik A. Anal Chem，2000，72：4090-4099.

[47] Wu M H，Wu R A，Li R B，et al. Anal Chem，2010，82：5447-5454.

[48] Walsh Z，Paull B，Macka M. Anal Chim Acta，2012，750：28-47.

[49] 何世伟，黄忠平，朱岩. 色谱，2013，31（12）：1146-1153.

[50] Herrea-Herrera A V，Gonzalez-Curbelo M A，Hernandez-Borges J，et al. Anal Chim Acta，2012，734：1-30.

[51] 刘震. 色谱，2013，31（9）：819-820.

[52] 张祥民，张丽华，张玉奎. 色谱，2012，30：222-231.

[53] Yang Y，Geng X D. J Chromatogr A，2011，1218：8813-8825.

硅胶微球固定相

2.1 新型硅胶微球基质的制备

2.1.1 硅胶色谱填料

高效和快速分离分析始终是色谱工作者追求的目标。色谱技术发展历史表明，高性能色谱柱填料是实现这一目标的关键。一个大家公认的事实是，色谱分离从常压色谱，到高效液相色谱（HPLC），再到超高效液相色谱技术，分析时间从一个多小时缩短到几十分钟，再到几分钟甚至数秒钟的飞跃式发展，实质上是色谱填料颗粒从大到小变化推动的结果。另外，色谱填料表面的化学组成构成了各种 HPLC 分离模式赖以建立和发展的基础。因此，高性能液相色谱柱填料制备技术一直是色谱研究中最丰富、最有活力、最富于创造性的部分。

现代液相色谱柱填料可分为有机基质和无机基质两大类。有机基质通常是高分子有机聚合物微球，无机基质则有硅胶、羟基磷灰石、石墨化碳以及氧化铝、氧化钛、氧化锆等金属氧化物微球。一般来说，理想的色谱柱填料应满足以下条件：第一，填料基质为球形结构，粒度分布均匀；第二，具有合适的物理参数，有较高的比表面积，孔径在中孔范围，且孔径分布范围窄，孔结构理想，孔体积适宜；第三，填料基质的机械强度好；第四，化学稳定性好，不受酸、碱和盐流动相的腐蚀以及不在有机溶剂中溶胀和收缩；第五，与溶质不发生非特异性吸附，传质速率快；第六，易于进行表面化学修饰，引入各种官能团以满足各种选择性的需要。

根据理想色谱填料的概念，硅胶几乎是一种理想的材料。这是由于硅胶除了具有良好的机械强度、容易控制的孔结构和比表面积、较好的化学稳定性和热稳定性等优点外，还有一个突出的优点就是其表面含有丰富的硅羟基，非常容易进行各种表面化学修饰，为在基质表面引入所需功能团奠定了基础。因此，硅胶成为开发最早、研究最为深入、应用最为广泛的液相色谱填料。我国学者刘国诠教授曾经于 2005 年在其著作中详细介绍了硅胶微球的制备及应用[1]，本章则重点介绍近年来发展的硅胶微球制备新技术。

　　20 世纪 60～70 年代，伴随着高效液相色谱仪的出现，色谱柱技术发展很快。到了 1975～2000 年间，色谱填料已经形成了 $10\mu m$ 或 $5\mu m$ 球形颗粒填料占主导地位，自制色谱柱被商品色谱柱所代替的局面。以这种粒子（$5\mu m$）装填的商品色谱柱的最小塔板高度大约为 $12\mu m$（比塔板高度 h 在 2.3 左右）[2]。在此期间，虽然出现了 $1.5～2\mu m$ 的多孔微球[3,4]，但未进入商品化。大约从 2000 年开始，色谱柱技术又经历了一个快速发展时期。快速发展的第一个标志是硅胶整体柱的制备及应用研究[5,6]。整体柱内的分离介质是一个整体型材料，其中包含两种孔结构：一种是孔径为 $2\mu m$ 的大孔，供流动相通过；另一种是孔径大约为 $13nm$ 的小孔，它提供了分离所需的高比表面积。整体柱的结构不仅具有良好的渗透性，同时能有效降低传质阻力，分析时间比直径为 $5～10\mu m$ 微球填充柱显著缩短，适合于高通量分析。但遗憾的是整体柱的涡流扩散较大，其最小塔板高度为 $8～15\mu m$，特别是对于小分子溶质而言，整体柱的柱效没有明显提高[7,8]。这种色谱柱曾经引起了科学家的极大兴趣，但是分析工作者对其兴趣较小。与此同时，多孔球形填料也在取得进展。颗粒从 $5\mu m$ 左右向亚微米发展（$1\mu m$ 左右）。为了解决因填料颗粒变细而导致的渗透性变差的问题，色谱工作者研究开发了耐高压的色谱泵（$1000bar$❶），这样超高压液相色谱仪于 2004 年诞生了，与之配套的是细而短的色谱柱（$50mm\times2.1mm$ I.D.）。使用细颗粒填料，取得了极高的柱效。例如，以 $2\mu m$ 硅胶装填的色谱柱的最小塔板高度降至 $3.5\mu m$ 左右。如果将柱长 $15cm\times4.6mm$ I.D. 的整体柱与柱长 $7cm\times4.6mm$ I.D. 的色谱柱（颗粒为 $2\mu m$）相比，前者的分辨率不及后者的二分之一[9]。这也就解释了分析工作者对整体柱兴趣小的原因。色谱柱技术进展的第二个标志是商品化 Halo（Advanced Material Technologies，DE，USA）、Kinetex（Phenomenex，Torrance，CA，USA）和 Poroshell（Agilent，Little River，DE，USA）核壳填料[10]以及由一些课题组研究的核壳填料的出现[11]。由于核壳填料具有较低的涡流扩散、分子纵向扩散和传质阻力，因此其分离柱效比相同大小的多孔填料高出很多。这样，在快速分离条件下，以相对大的颗粒装填的色谱柱也能够取得与极细颗粒多孔填料相似的分离效果。例如，使用 $2.7\mu m$ Halo 填料色谱柱的最小 HETP 仅为 3.4，与 $2\mu m$ 多孔粒子装填的色谱柱的柱效基本相同，但是，其渗透性却远高于 $2\mu m$ 多孔粒子，而且可以显著减小摩擦热效应[12]。可以看出，核壳型填料的出现，使在传统高效液相色谱仪上进行快速高效分离成为可能[13,14]。目前，高效液相色谱依然是应用的主流，所以应用最多的依然是直径为 $5～10\mu m$ 的多孔硅胶。为实现快速分离，超高效液相色谱逐步得到应用，$1～2\mu m$ 颗粒的应用会逐渐增多。同时，在传统液相色谱仪上，采用核壳型填料进行快速高效分析将是一个研究方向。

2.1.2　色谱填料物理结构设计的理论依据

　　色谱分离是一个非常复杂的过程，它是色谱体系热力学过程和动力学过程的综合表现。热力学过程是与组分在体系中分配系数相关的过程；动力学过程是组分在该体系两相间扩散和传质的过程，是影响柱效的主要因素。1956 年，荷兰化学工程师 van Deemter 吸收了塔板理论中的板高 H 概念，考虑了组分在两相间的扩散和传质过程，提出了速率理论。该理论将发生在色谱柱中的谱带展宽效应分为 4 种，即涡流扩散、分子纵向扩散、流动相传质阻

---

❶　$1bar=10^5 Pa$，下同。

力和固定相传质阻力，并建立了描述填充色谱柱理论塔板高度的 van Deemter 方程：

$$H = 2\lambda d_p + \frac{2\gamma D_m}{u} + \frac{\omega d_p u}{D_m} + \frac{qk'd_f^2 u}{(1+k')^2 D_s} \tag{2-1}$$

H 为塔板高度，是评价色谱柱的柱效的一个指标。H 越小，色谱峰越窄，表明柱效越高。λ 为填充不规则因子；d_p 为颗粒直径；γ 为弯曲因子；D_m 为组分在流动相中的扩散系数；u 为流动相线流速；ω 是由柱填充性质决定的因子；q 是与固定相性质、构型有关的因子；k' 为分配比；d_f 为有效平均液膜厚度。当使用多孔固定相时，d_f 可用 d_p 代替；D_s 为组分在固定液中的扩散系数。当除 u 以外的实验参数都视作常数时，van Deemter 方程可简写为：

$$H = A + \frac{B}{u} + C_m u + C_s u = A + \frac{B}{u} + Cu \tag{2-2}$$

式中，A 为涡流扩散项系数；B 为分子纵向扩散项系数；C 为流动相传质阻力项系数和固定相传质阻力项系数之和。

由该式可知，流动相线流速 u 一定时，仅在 A、B、C 较小时，塔板高度 H 才能较小，柱效才较高；反之，柱效较低，色谱峰将展宽。van Deemter 方程对于选择色谱最佳分离条件具有普遍指导意义，它表明了色谱柱填充的均匀程度，载体粒度的大小，流动相的种类和线流速，固定相液膜厚度及柱温等对柱效的影响，为固定相物理结构设计和制备指明了研究方向。对该理论进行分析，可以得出以下结论：第一，减小颗粒直径，可以提高柱效。固定相颗粒减小，涡流扩散和传质阻力减小。从液相色谱出现至今，颗粒直径从 $100\mu m$ 左右减小到 $5\sim10\mu m$，再减小到 $1\sim2\mu m$，柱效由数十塔板每米已提高到 3.2×10^5 塔板/m[15]。颗粒的减小也引起了仪器的变革，仪器从常压色谱到高效液相色谱，再发展到超高效液相色谱。第二，颗粒越均匀，越有利于减小涡流扩散项和传质阻力项。固定相从无定形发展到球形，球形由多分散型发展为单分散型。第三，孔结构设计。对于物质的分离而言，比表面积越大，分辨率越高，所以，固定相常用多孔颗粒。多孔硅胶可分为微孔硅胶、中孔硅胶和大孔硅胶。一般来说，将孔径小于 2nm 的称为微孔硅胶，$2\sim50nm$ 的称为中孔硅胶，超过 50nm 的称为大孔硅胶[1]。对于小分子化合物的分离，使用孔径为 $6\sim12nm$ 的硅胶即可，这样既可保证大的比表面积，同时又不至于影响化合物在固定相中的扩散。但是，对于生物大分子来说，由于其分子量很大，扩散系数较小，一般仅为小分子的几十分之一，所以生物大分子在固定相的传质阻力是影响柱效的重要因素。为减小生物大分子的传质阻力，宜采用大孔硅胶。目前，30nm 的大孔硅胶最为常用。此外，利用无孔硅胶也是解决传质阻力的一种有效途径。无孔填料提供了低的传质阻力和高柱效，但是其比表面积小，导致柱负载量较小。Wu 等研究表明，$1.5\mu m$ 无孔 Micra C18 填料的负载量仅是 $1.7\mu m$ 的多孔 Acquity C18 填料的1/16[16]。另一个问题是，溶质在无孔填料上的保留时间远少于多孔填料，所以无孔填料更适合于强保留组分的分离。

当颗粒直径减小到 $2\mu m$ 及以下时，可实现快速分离，因此色谱被称为快速液相色谱。一般而言，粒子直径越小，柱效越高，分离速度越快。但是，研究发现，颗粒直径 $1.5\mu m$、$1.7\mu m$ 和 $2.1\mu m$ 硅胶装填的色谱柱实际上显示了几乎相同的柱效[17]。原因是，流动相穿过颗粒时的热摩擦和因颗粒过小装填不均匀而引起的对塔板高度的额外贡献。Guiochon 考虑了高压力下的摩擦热对塔板高度的贡献，将 van Deemter 方程修正为[18,19]：

$$H = A + \frac{B}{u} + C_m u + C_s u + h_{heat} \tag{2-3}$$

方程第五项是摩擦热以及由此而形成的径向温度梯度对峰展宽的贡献。对于细颗粒填料，一般使用内径比较细且比较短的色谱柱[20]。另外，使用细颗粒以及细内径色谱柱，存在的一个问题是色谱柱装填的质量。颗粒越细，均匀装填的难度越大。

总之，为满足不同分离目的和分离对象的要求，设计和改进色谱填料的结构是提高分离柱效的重要途径，因而依然是今后液相色谱研究的活跃领域。

2.1.3　球形硅胶的制备技术

从 van Deemter 方程看出，柱效主要取决于填料的物理结构，亦即颗粒大小及其分布、孔径及其分布、总孔容、比表面积等。在设计和制备硅胶填料时，除了考虑分离柱效和分析速度外，还应考虑填料在高压下的机械强度，制备工艺的难易和复杂程度。综合考虑这些因素，目前已推出了各种大小、多种孔结构的硅胶填料制备技术，包括全多孔型硅胶、核壳型硅胶、介孔型硅胶、灌注色谱硅胶以及整体柱制备技术。从应用角度看，全多孔硅胶依然在色谱分析中占主流地位，核壳型填料应用发展迅速，大有替代全多孔硅胶的趋势，介孔硅胶虽然在实际分析中应用较少，但它是近年来色谱研究的一个重要领域，所以下面重点介绍球形多孔硅胶、核壳硅胶和介孔硅胶的制备技术，同时简要介绍灌注色谱填料的研究状况。

2.1.3.1　全多孔硅胶微球

目前，应用于 HPLC 的硅胶主要为 $5\sim10\mu m$ 全多孔球形硅胶。由于 HPLC 在色谱分离中占主导地位，因此，$5\sim10\mu m$ 全多孔球形硅胶需求量最大。一般来说，全多孔球形硅胶的制备工艺通常是按照反应→凝胶→老化→洗涤→浸泡→干燥→焙烧的流程进行的。根据硅胶制备的不同技术原理，可将制备方法分为四类：堆砌硅珠法、溶胶-凝胶法、喷雾干燥法和生物囊法等。虽然方法较多，但通常总要先制备稳定的硅溶胶以作为起始原料。胶体粒子的大小和均匀性对最终填料物理结构有重要影响，故制备出稳定且胶体粒子均一的硅溶胶非常重要。

(1) 硅溶胶的制备　目前硅溶胶的前驱体主要有硅酸盐和有机硅氧烷，包括水溶性硅酸盐、$SiCl_4$、$(RO)_4Si$ 或单质 Si 等，用于制备硅溶胶。但在生产中，多采用硅酸盐酸化法和 $(RO)_4Si$ 水解法。

硅酸盐酸化法是将可溶性硅酸盐在酸性条件下水解，生成单硅酸。单硅酸分子间极易发生缩聚反应形成多聚硅酸。通过控制 pH、硅酸盐浓度、盐浓度以及温度，能够控制反应平衡，从而制备出不同类型的硅溶胶。其中，pH 对多聚硅酸的缩聚反应有很大影响。在 pH 2.0~4.0 的酸性条件下，硅酸盐水解速率大于缩聚速率，生成多聚硅酸。在酸性条件下，多聚硅酸尚未达到平衡而不稳定。随着 pH 增加，缩聚速率加快，当在碱性条件下，多聚硅酸凝聚并生成稳定的硅溶胶。另一方面，由于胶体硅胶的等电点为 pH 在 3.0 左右，所以，在碱性条件下的胶体表面带负电荷，这样溶胶颗粒与溶液中的抗衡阳离子能够形成双电层，有利于硅溶胶的稳定。因此，碱性物质，如碱、氨水等均可作为常用的稳定剂。该双电层的稳定性不仅与 pH 有关，而且会受到溶液中电解质浓度的影响。增加电解质的浓度，可减小扩散层的厚度，导致溶胶凝胶化。

$(RO)_4Si$ 水解法是在酸性条件下，使有机硅烷在水中发生水解反应，水解产物缩聚生成溶胶。可水解的有机硅烷种类很多，但在硅胶制备中常用四乙氧基硅烷（TEOS）。水解反应操作简单，一般是在 TEOS 的乙醇溶液中加入适量的 HCl，搅拌一定时间即得到硅溶胶。在酸性条件下，TEOS 首先生成 $(C_2H_5OH)_3SiOH$，然后分子之间脱水缩合为 $(C_2H_5OH)_3SiOSi(C_2H_5OH)_3$，进一步缩聚为链状聚合物聚乙氧基硅烷（PES）[21]。反应式如下：

$$Si(OC_2H_5)_4 + H_2O \longrightarrow PES + C_2H_5OH$$

在该反应中，水和乙醇的量是影响缩聚产物 PES 形成的关键。由反应式可知，1.0mol 的 TEOS 完全水解需要 2.0mol 水。当 $n(H_2O)/n(TEOS) < 2$ 时，TEOS 不能完全水解，需要初期生成的硅羟基脱水缩合产生水以继续水解，水成为水解缩聚反应的制约因素。实验研究发现，缩聚产物 PES 的黏度随水量增加而增大[21]。Hohenesche 等发现，PES 黏度是影响硅胶微球的重要因素[22]，因此，精确控制水量是制备硅溶胶的关键。从反应平衡角度来讲，乙醇在水解缩聚反应中承担双重角色：一方面，乙醇是 TEOS、PES 的良好溶剂，在反应过程中充当分散剂，起着稀释反应物、降低反应速率的作用；另一方面，乙醇还是水解缩聚反应的产物，一定程度上抑制水解缩聚反应向脱醇方向进行。因此，两方面共同作用影响着硅溶胶胶粒大小。相较之下，乙醇主要起促进水解缩聚反应的作用，乙醇量增加而微球粒径增大。

硅酸盐和有机硅氧烷是制备硅胶填料的常用硅源。但是，这两种前驱体使用氢氧化钠或氨水为催化剂，因此，不可避免地会引入金属杂质（钠、铝、铁）。这些金属杂质不仅对硅胶的结构和化学特性产生显著影响，而且某些金属可能成为小的活性中心或催化点，从而导致填料具有催化性质和非特异性吸附特性。另外，利用硅溶胶制备多孔硅胶时，如果硅溶胶中含有较多钠离子杂质，那么，最终得到的硅胶微球在高温焙烧过程中因钠离子与二氧化硅的玻璃化会导致硅胶孔结构发生崩塌和阻塞[23]。因此，为减少硅溶胶中的杂质离子，可使用透析、离子交换法除去硅溶胶中的杂质[24]。另外，单质硅溶解法也是一种制备高纯硅溶胶的方法[25]。

(2) 溶胶-凝胶法制备多孔硅胶　溶胶-凝胶法是制备硅胶微球的常用方法。通常在酸性或碱性条件下使硅源水解缩聚得到硅胶微球。在酸性条件下，硅源水解速率大于其缩聚速率，易形成多孔性结构；而在 pH 7～9 的弱碱性条件下，硅源缩聚速率大于其水解速率，并最终形成无孔的凝胶状结构[26]。传统的溶胶-凝胶法制备的微球通常为微米级或亚微米级的无孔硅胶微球[26]。Unger 等首次采用二次催化的溶胶-凝胶法制备出了大颗粒多孔硅胶[27]。该方法主要分为两步：第一步，在酸性条件下将正硅酸乙酯（TEOS）催化水解，获得一定分子量的聚乙氧基硅烷（PES）溶胶；第二步，在碱性条件下将 PES 完全水解，静置老化形成二氧化硅凝胶球。

在第一步中，在一定量的 TEOS、乙醇溶剂和盐酸催化剂体系中，不断搅拌下缓慢滴加水，继续搅拌一定时间，使 TEOS 反应水解，便得到一定分子量的 PES 溶胶，也就是前面所述的硅溶胶制备。PES 溶胶性质，如黏度、胶体粒度和浓度，对第二步制备的硅胶微球粒度有很大影响[28]。通过用凝胶渗透色谱[29]、基质辅助激光解吸电离飞行时间质谱法监控中间产物 PES 分子量[30]，可实现硅溶胶制备的重现性。

在第二步中，利用旋转蒸发仪将 PES 溶胶中的乙醇和盐酸等物质蒸发除去，向 PES 中加入水、异丙醇和模板物质，高速搅拌以形成 O/W 型乳状液，然后加入氨水以引发二次水解缩聚反应。氨水催化剂与水分子通过渗透进入分散相 PES 液滴内，PES 继续水解为硅溶胶，并缓慢变成二氧化硅凝胶。显然，乳状液中分散相液滴大小初步决定了硅胶微球的粒径。随着搅拌速度的增加，乳状液在机械力作用下分散为小液滴，经后续二次水解缩聚反应，最终得到小粒径的硅胶微球。反应完成后，静置。将下层白色沉淀抽滤，洗涤，烘干，煅烧，得到多孔硅胶微球。

在溶胶-凝胶法中，硅源种类、反应物浓度、pH、温度、搅拌速度等条件对硅胶粒度和结构有重要影响。除此而外，在乳状液中加入微量电解质，通过对乳状液的形成、分散液滴粒径的影响也可以调整硅胶微球粒径；在二次催化水解过程中加入添加剂，如 DMF[22]、环己烷[30]、聚环氧乙烷和聚环氧丙烷[31]等作为模板物质，则可以调控硅胶的孔结构。通过对制备工艺中的各种参数进行优化，就可以制备出粒度均匀、孔结构均一的硅胶微球。

(3) 堆砌硅珠法 堆砌硅珠法设备简单，操作方便，原理清楚，技术要求不苛刻，许多研究者多采用此方法。该方法所依据的一个主要化学反应是尿素-甲醛，或三聚氰胺-甲醛的缩聚反应。其原理是：在含有一定粒径的硅溶胶中加入尿素和甲醛，在酸催化下，尿素和甲醛发生聚合反应，生成的低聚合物吸附在胶体分子的表面，并进一步缩合成脲醛树脂。在反应体系中，聚合物分子充当连接胶体分子的桥梁，通过氢键和分子间吸附力将胶体粒子连接起来，成为树脂与硅微球的复合球[32]。收集这种复合球，加热煅烧使有机树脂分解并逸出，得到硅胶微球。其生产流程如图2-1所示[33]。

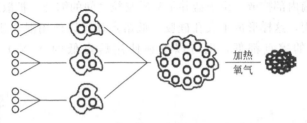

图 2-1 堆砌硅珠法合成硅胶示意图

以脲醛树脂的生成为例，当尿素和甲醛的摩尔比接近于1∶1时，基本上生成线型脲醛树脂；当甲醛比例较高时，则会生成交联或支化的脲醛树脂。酸和碱均可催化该反应，但是在酸性条件下生成高分子量聚合物。将硅溶胶、甲醛和尿素按一定比例配成水溶液，其中，硅溶胶（以 SiO_2 含量为准）与尿素的比例大致保持1∶1。调节溶液的 pH 为酸性并缓慢搅拌，聚合反应开始。聚合反应初期，由于分子量低，聚合体系为均相。随着反应进行，聚合物分子量逐步增大，聚合物开始沉淀，出现相分离现象。在脲醛树脂的形成和沉淀过程中，体系中的硅溶胶胶粒与脲醛树脂以脲醛树脂复合微球的形式析出。反应结束后，收集这种复合微球，经过洗涤、干燥后，在近300℃下煅烧，微球中的脲醛树脂热裂解挥发逸出，残留 SiO_2 胶粒物理堆积成硅胶微球，此时微球的机械强度小。为提高微球的机械强度，将该微球置于 600～900℃ 高温炉中煅烧，令微球内 SiO_2 胶粒之间发生缩合反应形成结实的三维空间骨架结构。煅烧温度不宜过高，否则容易发生烧结现象，造成孔结构的破坏。用这种方法，可以制备 3～8μm 微球，而且微球比较均匀，不用筛分可以直接使用。微球中的孔结构是由胶粒堆积起来而形成的微粒间隙，因此，孔大小取决于硅溶胶胶粒的大小。在一般情况下，如果采用市售 20nm 左右的硅溶胶，则可形成 8～10nm 孔径，即孔径约为胶粒直径的二分之一。如果需要制备直径更大的硅胶，则可以采用相同的体系，重复上述操作。

(4) 喷雾干燥法 喷雾合成是制备单分散颗粒的简便方法。该方法的基本原理是将反应混合液形成雾状，每个液滴成为一个小型反应器。当液滴内物质聚合固化后，就形成了与液滴直径大小相当的微球。如果在前驱体溶液中加入模板试剂，得到的便是多孔微球。该方法所使用的仪器是专用的超声喷雾干燥系统[34]。在制备硅胶微球时，将一定浓度的无机盐和硅溶胶混合液，加入超声喷雾干燥系统中，溶液经过超声分散。然后，该前驱体溶液以雾状

被 N_2 气流以一定流速喷射进入石英炉中，悬浮在 N_2 气体中的雾滴与热空气接触后瞬间将大部分水分除去，在石英炉中固化成颗粒，形成的颗粒随即被气流带入至水槽中进行收集。经过洗涤除去模板盐，就得到了多孔微球。在该方法中，硅溶胶特性（黏度、胶粒大小）、反应混合液浓度、超声喷雾工艺参数、石英炉温度等决定硅胶颗粒的大小，而盐种类则是调控微球孔结构的关键因素，只有低熔点盐才能形成大孔结构。如图 2-2 所示，如果前驱体溶液中不包含无机盐的话，雾滴进入加热炉后，其表面首先被加热，雾滴界面上的水首先被蒸发。然后，热传导至雾滴核内，随着热传递的进行，水从核内扩散至雾滴表面继续蒸发。最后，硅溶胶胶粒之间再脱水形成密实的球形颗粒，获得的是无孔硅胶。当高熔点盐存在时，随着表面水分的蒸发，雾滴内的水和溶解的盐向表面扩散，导致雾滴与气体界面上盐浓度升高，最终因盐析产生相分离，形成盐包覆的微球。当清洗后，所得到的微球实质上与前驱体溶液中不存在盐时得到的粒子结构类似，均为密实的由乳胶粒堆积而成的微球。但是，当在前驱体溶液中加入低熔点无机盐时，所得微球却具有多孔结构。由于盐的熔点低，当表面上的水在接近于盐熔点温度蒸发的时候，盐变成了一种熔体，充当溶剂，反过来以一定浓度梯度从雾滴表面向液滴内部扩散。由于盐并不阻碍胶粒之间的缩合，扩散到雾滴内的盐实质上充当了致孔剂的作用，这样形成了大孔硅胶。低熔点盐可以使用混合盐[34]，因为混合盐的熔点比其中任何盐的熔点都低，也可以单独使用熔点低的 $NaNO_3$（308℃）或 $LiNO_3$（255℃）等盐[35,36]。

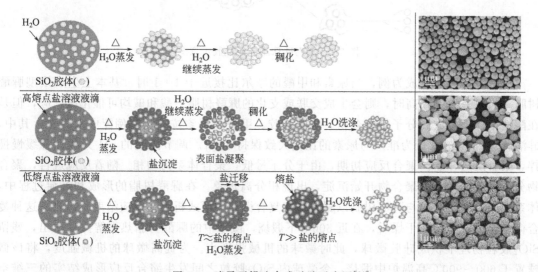

图 2-2 喷雾干燥法合成硅胶示意图[34]

除了上述的制备方法外，生物微囊法也是一种制备多孔硅胶的新方法。该方法是由我国学者刘国诠教授提出的，其原理和方法见其专著《色谱柱技术》[1]。总之，从已经报道的多孔硅胶制备方法看，多孔硅胶的一个极大优点是可以通过不同的方法和工艺，在很宽的范围内控制孔径的大小和分布。例如，其孔径可以由 1nm 至 $1\mu m$，甚至达 $2\mu m$。孔体系可以在颗粒形成过程中形成，也可以根据需要在后处理中得到（扩孔法，见下面介绍）。故孔结构参数既可由化学反应类型来控制，又可由实验条件来控制，或两种方法兼而有之。

2.1.3.2 核壳型硅胶填料

核壳型硅胶微球的结构由 Horvath 等于 1969 年提出[37,38]。随后，Dupont、Merck 和

Waters 公司相继开发了 Zipax、Perisorb、Corasil 品牌的第一代核壳型硅胶微球，直径大约为 $40\mu m$，壳厚度大约为 $1\mu m$。尽管核壳型硅胶微球在分离中比同样大小的多孔填料显示了明显的优越性，但是在 20 世纪 70 年代，由于小颗粒多孔色谱填料的快速发展，核壳型硅胶微球的优点并未受到应有的重视，因此并没有获得商业上的推广应用。直到最近，由于多孔型填料的固有缺陷以及科学发展中对快速高效分离的要求，核壳型填料又引起了大家的重视。

（1）核壳型硅胶的结构和性能　典型的核壳型填料结构如图 2-3 所示[39]。这种填料颗粒由超纯实心硅胶核以及外层组装了一定厚度的多孔层组成。大量实验和理论分析表明，核壳型填料的独特结构能显著减小 van Deemter 方程中的 A、B、C 项，因此能给出很高的柱效。由于与传统多孔粒子的制备方法不同，核壳粒子一般较均匀（标准偏差 $5\%\sim7\%$），所以，涡流扩散项 A 较低；实心核的存在，使填料孔体积减小，因而核壳型填料能减小 van Deemter 方程中的 B 项；由于小分子扩散系数大，固液传质阻力项可以忽略，因而核壳型填料在减小传质阻力方面并没有明显的优势[40]。所以，使用核壳型填料分析小分子，观察到的高柱效主要来源于涡流扩散项的降低（40%左右），其次是分子纵向扩散项减小的贡献（25%左右）[41,42]。相反，生物大分子具有小的扩散系数，传质阻力项是影响柱效的主要因素。核壳型填料减小了溶质的扩散距离，能够有效降低传质阻力项 C，所以特别有利于生物大分子的快速分离。在溶质的色谱保留方面，核壳型填料的柱相比较小，因而能够使物质在较低的有机浓度下被洗脱，有利于强疏水性组分的分离。与无孔硅胶比较，核壳型填料具有高的比表面积，因此柱容量较高[43]。

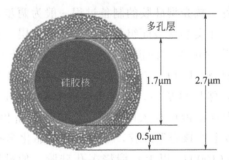

图 2-3　HALO C18 品牌核壳型填料结构示意图[39]

核壳型硅胶的直径等于实心核内径和核壳层厚度之和。实心核内径和核壳层厚度可以根据需要进行调控。根据核壳型硅胶大小，Guiochon 等将核壳型填料的发展分为三代[41]。第一代核壳型硅胶微球，直径大约为 $40\ \mu m$，壳厚度大约为 $1\mu m$，第二代核壳型硅胶微球实心直径为 $5\sim7\mu m$，厚度为 $0.5\sim1\mu m$，现代或称第三代核壳型硅胶微球实心直径在 $2\mu m$ 左右且粒度更加均匀，厚度为 $0.5\sim1\mu m$。从理论上讲，厚度越小，越有利于传质（主要减小了 C 项），柱效越高[44]。但是薄的核壳层厚度会导致粒子比表面积减小，使物质的保留降低，样品负载量减小[44]。因此，核壳层厚度的选择应在柱效和负载量之间取得平衡。除了厚度的设计外，针对不同生物大分子，还需要调控核壳层的孔径大小[45]。孔径大小控制方法与多孔硅胶制备方法基本相同，即在制备过程中加入致孔剂、采用粒度较大的硅溶胶、在硅胶后处理中采用扩孔等方法。现代核壳粒子从粒子大小及均匀性、厚度、孔结构等方面进行了系统优化，更加适合于高效和快速分析的需要。商品化的核壳型填料以 Poroshell、Halo、Kinetex 等品牌为代表，柱效一般都很高，如 2009 年上市的 $2.5\mu m$ Kinetex 填料的比板高仅为 1.1 左右，比 $2.0\mu m$ 多孔硅胶柱效高很多[46]。采用这种硅胶装填的色谱柱在 HPLC 上也能够获得超高效液相色谱的分离效果，如图 2-4 所示。

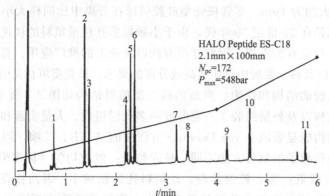

图 2-4　11 种合成肽在 HALO C18 品牌核壳型填料上的快速分离图[39]

色谱柱：2.1mm×100mm HALO Peptide ES-C18

流速：1.25mL/min

温度：45℃

梯度：10%～54% B，0～4min，54%～100% B，4～6min；A，H_2O/0.1% TFA；B，80/20 HCN/H_2O/0.1%TFA

进样量：15μL

检测波长：215nm

被分析物：1—天冬氨酰-苯丙氨酸；2—酪氨酰酪氨酰酪氨酰酪氨酸；3—血管紧张素胺；4—血管舒缓激肽；5—亮氨酸脑啡肽；6—血管紧张素Ⅱ；7—血管紧张素Ⅰ；8—内啡肽；9—蛙皮降压肽；10—蜂毒素；11—合成肽

　　（2）核壳型硅胶的制备　核壳型硅胶的制备过程一般为两步。第一步，制备超纯实心核（无孔球形硅胶）；第二步，在实心核表面组装一定厚度的壳层。在第一步中，无孔球形硅胶的直径根据需要选择。对于 2μm 左右的核壳型硅胶，一般选择 Stöber 方法制备单分散性的无孔硅胶[47]。Stöber 方法是将 TEOS 或 TEOS 与有机硅烷如 3-氨丙基三乙氧基硅烷混合物在水/醇/氨水溶液中水解，然后再烧结，即可得到直径在 1μm 左右的单分散粒子。目前，通过调节各物质的比例以及在溶液中加入电解质，已能够制备出粒径在 3μm 左右的无孔硅胶[48]。对于制备 3.0μm 以上的核壳型硅胶，一般采用商品化多孔硅胶作为起始原料制备无孔硅胶。首先，在高温下（1000℃ 以上）煅烧多孔硅胶，使硅胶产生烧结，孔结构塌陷，产生 Si—O—Si 网络形成无孔小球。生成的无孔硅胶直径一般小于原多孔硅胶。比如，6.7μm 多孔硅胶经过高温煅烧，最终产生直径为 5μm 的无孔硅胶[40]。原多孔硅胶直径越大，形成的无孔硅胶越大。由于无孔硅胶直径在烧结过程中可能会发生变化，所以为得到大小均匀的硅胶微球，烧结后的无孔硅胶还需要用淘析技术分级处理。

　　第二步，在无孔硅胶表面组装核壳层。目前常用的组装方法有层层组装法、沉积法和喷雾干燥法。

　　层层组装（layer-by-layer self-assembly）技术被成功地用于胶体颗粒表面上纳米涂层的制备，所制备的材料被称为核壳粒子或核壳复合物。基于这种技术，可制备以硅胶为核，以其他纳米惰性无机材料为壳的核壳型色谱填料。目前，层层组装法已成为核壳型硅胶的常用制备方法[49,50]。其基本原理是：带负电的硅胶能够吸附带正电的聚电解质，聚电解质层再通过静电吸附带负电荷的硅溶胶，这样就在硅胶表面形成了电解质层和硅溶胶层交替的结构。具体工艺为[41,51,52]：首先，将酸化过的无孔 SiO_2 球浸入到十六烷基三甲基氯化铵（CTMAB）、聚二烯丙基二甲基氯化铵、聚烯丙胺盐酸盐或聚乙烯亚胺等表面活性剂溶液中，待在 SiO_2 球表面组装一层有机单分子膜后取出，洗去表面物理吸附成分，干燥，形成有机膜/SiO₂硅胶微球。其次，将有机膜/SiO₂硅胶小球放入硅溶胶中，磁力搅拌后分离，用乙醇洗涤，干燥。重复进行以上步骤多次。最后，将制备的 SiO₂/有机膜/ SiO₂球在一定温度下焙烧，得到 SiO₂/SiO₂核壳型硅胶，制备工艺如图 2-5 所示。核壳型硅胶大小及均匀程度、核壳层厚度和孔径等与聚电解质种类和分子量、硅溶胶的胶粒大小以及溶液 pH、硅溶胶与无孔硅胶比例、组装次数、干燥温度等参数有关[53~55]。该方法操作简单，所得硅胶无须分级处理就可以直接使用。但是，该方法费时较长。用层层组装法，也可以在硅胶表面组装 ZrO₂、TiO₂层，形成 ZrO₂/SiO₂或 TiO₂/SiO₂核壳型微球[56]。用类似于层层组装法的原理和工艺，同样可以硅胶表面组装介孔层，制备介孔型核壳材料[50]。

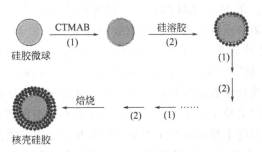

图 2-5　层层组装法制备核壳硅胶的原理示意图

沉积法其原理与制备多孔硅胶所采用的堆砌硅珠法原理基本相同。具体工艺为：首先，硅胶微球和硅溶胶混合，再加入一定量的尿素和甲醛，调节溶液 pH，反应一定时间得到复合微球[43,57]。在反应体系中，尿素和甲醛发生聚合反应生成的低聚合物吸附在胶体粒子表面，并沉积在硅胶小球表面形成薄膜。薄膜厚度可以通过控制硅溶胶浓度以及硅溶胶与尿素-甲醛的比例进行调控。收集这种复合微球，加热使有机树脂分解并逸出，然后煅烧增强硅胶微球的机械强度，并减少不必要的微孔。重新水解硅胶，使其表面产生自由硅羟基。最后，用液体淘析技术进行分级处理，除去在制备过程中产生的细小颗粒和黏结的大颗粒。在层层组装法和沉积法中，外层核壳中的孔径大小均取决于硅溶胶胶粒的大小。硅溶胶胶粒越大，孔径就越大。一般来说，核壳层的孔径约为溶胶胶粒直径的二分之一[58]。在对比实验中，相同厚度、直径接近的由沉积法和层层组装法制备的粒子具有非常相似的色谱性能，从孔径看，沉积法适合于小孔径填料的制备，而层层组装法适合于大孔径填料的制备[43]。

采用喷雾干燥法制备核壳硅胶与多孔硅胶所采用的喷雾干燥法原理和技术基本相同。将无孔硅胶和硅溶胶混合，经过喷雾干燥装置，将混合物以雾状被 N₂气流以一定流速喷射进入高温石英炉中，悬浮在 N₂气体中的雾滴与热空气接触后瞬间将大部分水分除去，使硅溶胶被固化在无孔硅胶表面，生成多孔层[40]。形成的颗粒随即被气流带入旋风分离器中收集。核壳层厚度及孔径与硅溶胶胶粒大小、硅溶胶浓度、无孔硅胶与硅溶胶混合比例以及喷雾工艺参数有关。然后，将从喷雾干燥装置收集的微球在 500℃左右煅烧一定时间除去有机物，再在高温下烧结以便增强核壳层的强度，最后就得到了核壳型硅胶。如果要增加核壳层的厚度，只需要将制备的核壳硅胶再与硅溶胶混合，重复喷雾干燥操作，就可以制备出核壳层更厚的粒子。最后将粒子水解，用水淘析技术分级处理，筛分出一定粒径范围的颗粒。早期安捷伦公司的 Poroshell 填料就是用该方法生产的。但是，该方法有一个固有缺陷，那就是在最终产物中，有一些颗粒是由没有包含无孔硅胶的雾滴固化而成，实质上是由纯粹的胶粒组成的多孔微球。即使经过淘析技术分级，该多孔微球也难以从相同大小的核壳硅胶中分离出来，也就是说，最终核壳硅胶混有多孔型硅胶。

最近，Zhang 等报道了一种纳米粒子镶嵌于硅胶微球表面的色谱填料（spheres-on-spheres，SOS），其结构如图 2-6 所示。硅胶微球表面的纳米粒子提供了溶质作用的表面，纳米粒子之间的间隙形成分离所需的孔结构[59]。从色谱动力学特征看，SOS 微球具有核壳硅胶的结构特征和传质性能，适合于快速分离。该填料的制备方法比较简单。通常做法是：在一定体积和浓度的聚乙烯醇（PVA）和溴化十六烷基三甲铵（CTAB）溶液中，搅拌下加入甲醇以及氨水。搅拌一定时间后，快速滴加（3-巯基丙基）三甲氧基硅烷，在室温下搅拌反应一定时间。离心收集微球，真空干燥后，在 600℃ 下煅烧除去有机物，就得到了纳米粒子镶嵌型硅胶微球。在 SOS 微球制备中，硅源选择是关键。一般来说，只有使用带有巯基的前驱体、巯基前驱体或其他前驱体的混合物才能制备出 SOS 微球，而使用未带巯基的前驱体实质上是一种改进的 Stöber 制备方法，得到的是单分散无孔或多孔型硅胶微球[60]。该方法属于"一锅"合成法，比层层组装法简单。硅源、搅拌方式和速度、反应温度对微球大小和分布以及粒子表面形貌有重要影响。随着搅拌速度提高，硅胶表面镶嵌的纳米粒子数量增多，但是纳米粒子大小不变，同时微球大小分布得到改善。由于温度能够影响胶粒的成核速率，所以温度也是影响粒子大小及其分布以及表面纳米粒子数量和大小的重要因素[61]。正相色谱、亲水色谱、反相色谱实验结果表明，SOS 微球具有高柱效、低柱压，能够应用于快速分离[59]，如图 2-7 所示。

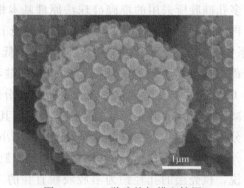

图 2-6　SOS 微球的扫描电镜图

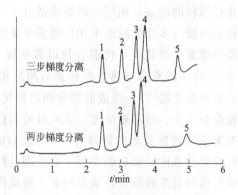

图 2-7　C$_8$-SOS 柱快速分离混合蛋白

流动相：0.1％TFA 水溶液与 0.1％TFA 乙腈溶液混合

流速：1.75 mL/min

紫外检测波长：220nm

被分析物：1—核糖核酸酶 A；2—细胞色素 C；3—溶菌酶；4—胰蛋白酶；5—牛血清白蛋白

2.1.3.3　介孔硅胶

介孔材料是一类孔径介于 2～50nm 之间的多孔材料，它具有较大的孔容、高的比表面积、有序且可调的孔道结构。自 1992 年 Kresge 和 Beck 等[62,63]报道了一类以硅铝酸盐为基质的有序介孔硅胶材料——M41S 后，介孔硅胶开始成为材料科学研究的热点。作为介孔材料的一个应用领域，球形介孔硅胶作为液相色谱固定相的研究逐渐受到重视。

介孔的独特孔结构使其显示了与其他硅胶填料所不同的色谱性能。介孔硅胶高的比表面积增强了溶质在固定相上的保留，可使弱保留物质得到分离[64]；介孔硅胶的有序孔道使得溶质分子在固定相中的扩散均一化，使得色谱柱在高流速下仍然具有较高的柱效[64]。目前，球形介孔硅胶已经被证明可以作为毛细管气相色谱、排阻色谱、高效液相色谱和超高效液相色谱的固定相，但是其在实际分析上的应用还较少。

介孔硅胶合成是基于无机硅源与超分子模板之间的自组装原理。无机硅源与超分子模板之间通过离子键、氢键和共价键等相互作用形成有机-无机复合物，在一定反应条件下形成包裹模板剂分子的聚合物材料，经煅烧去除模板剂即得到介孔硅胶。关于介孔硅胶形成的详细机理，可参考文献［65,66］。目前，研究和应用最多的介孔硅胶有 MCM 系列（the mobile composition material）、SBA 系列（University of California，Santa Barbara）和 MSU 系列（Michigan State University）等。

（1）改进 Stöber 法　Stöber 法是以正硅酸乙酯（TEOS）作为硅源，氨水作为碱性催化剂，乙醇作为助溶剂，制备纳米或亚微米单分散无孔硅胶的一种传统方法。1997 年，Unger 课题组[67]在 Stöber 反应体系中引入模板剂十六烷基三甲基溴化铵（CTAB）或十六烷基氯化吡啶，建立了一种介孔硅胶微球的制备方法（被称为改进的 Stöber 法）。该方法制备的颗粒粒径较小，并不适合用于高效液相色谱的固定相。为了增大硅胶颗粒的粒径，Unger 等[68]采用如图 2-8 所示的合成路线，制备了 0.2～2μm 范围内，平均孔径通常为 2～5nm 的介孔硅胶。在该方法中，室温下将一定量十六烷基胺溶解在异丙醇水溶液中，超声处理确保烷基胺全部溶解然后加入适量氨水溶液，再加入 TEOS，室温下反应一定时间。得到的产物过滤后煅烧除去模板剂最终得到单分散介孔硅胶。反应混合物中的水/TEOS 摩尔比、反应温度和模板剂的碳链长度等条件对颗粒的粒径有重要影响[68～70]，而反应时间、氨水和模板剂种类和用量则影响颗粒的孔径和孔结构[68,71]。

图 2-8　球形介孔硅胶合成示意图[76]

在改进的 Stöber 法中，除了阳离子表面活性剂和长链胺可以作为模板剂外，还可用嵌段共聚物和阳离子表面活性剂作为共模板。Zhao 等采用聚氧乙烯-聚氧丙烯-聚氧乙烯三嵌段共聚物 P123 （$EO_{20}PO_{70}EO_{20}$）为模板，CTAB 为辅助模板，TEOS 为硅源，在酸性条件下制备了粒径为 $2\mu m$、孔径为 8.1nm、比表面积为 $800m^2/g$ 的球形介孔硅胶 SBA-15[72]，将其用于反相色谱固定相成功地分离了蛋白质和多肽混合物[73]。如果在此反应体系加入乙醇作为助溶剂，并且采用高压釜进行反应，就能得到粒径为 $3\sim6\mu m$、孔径为 $6.6\sim9.8nm$、比表面积为 $660\sim713m^2/g$ 的球形 SBA-15[51]。此外，还可选用三嵌段共聚物 F127 （EO_{106} $PO_{70}EO_{106}$）为模板[74,75]。该方法的优点是可以制备大颗粒、大孔径的材料。采用共模板剂法制备的介孔硅胶用作超高效液相色谱固定相时，色谱柱背压较低，具有高的柱容量，并且传质速率快[74]。

（2）喷雾干燥法　喷雾干燥法制备介孔硅胶的原理和所使用的设备与制备多孔硅胶基本相同。所不同的是在前驱体溶液中需要加入模板试剂。Ide 等[77]将一定量溴化十六烷基三甲铵（CTAB）、水、TEOS 和盐酸与正丁醇按适当的比例混合，加入喷雾干燥系统中，将混合物前驱体溶液以雾状被 N_2 气流以一定流速喷射进入高温石英炉中，悬浮在 N_2 气体中的雾滴与热空气接触后瞬间将大部分水分除去，在石英炉中固化，形成的颗粒随即被气流带入旋风分离器中收集。经过洗涤，高温煅烧，就合成了 $1.8\mu m$ 的球形介孔硅胶 MCM-41。随着 CTAB/TEOS 比例增大，比表面积增大，而孔径则略有减小。以该硅胶制备的反相色谱填料具有很好的稳定性，对溶质具有强的保留能力，适用于强极性物质的分离。

喷雾干燥法也能够制备大颗粒介孔硅胶[78]。将改进 Stöber 法制备的球形 MCM-41 颗粒或球形 MCM-48 颗粒作为一级粒子超声分散在水中，采用喷雾干燥技术，就能得到粒径为 $10\sim25\mu m$ 的球形介孔硅胶。这些介孔硅胶实质上是由小颗粒介孔硅胶聚集而成的，它具有多级孔结构，即粒子本身的介孔和粒子之间堆积形成的大孔。大孔提供了流动相从填料颗粒内部直接贯穿而过的通道，溶质在固定相上的传质过程可由扩散传质变为对流传质，从而可以提高柱效。但是，用这种方法制备的介孔硅胶粒径分布较宽，所以在用作填料之前，应先进行筛分。

（3）"假晶合成法"　"假晶合成法"（pseudomorphic synthesis）是以多孔硅胶为支持体，在超分子模板介导下，将无机硅源自组装于多孔硅胶的孔内部，形成具有介孔结构的制备方法。一般来说，将一定量的商品化硅胶微球（如 LiChrospher 100）加入含有溴化十六烷基三甲铵（CTAB）和 NaOH 的水溶液中，使 $SiO_2/NaOH/CTAB/H_2O$ 的摩尔比为 1：0.25：0.1：20。室温下搅拌一定时间，再将混合物转入高压釜中加热进行晶化一定时间，然后过滤、洗涤、干燥得到硅胶。所得产物保持了原微球的外形和大小，但内部的孔径和孔道结构已转化为典型的 MCM-41 或 MCM-48 球形介孔硅胶[79,80]。在该方法中，每一个颗粒就像一个微反应器，硅胶被碱性溶液所溶解，所溶解的硅酸根物种与表面活性剂作用形成有序介孔相。母体硅胶的孔体积、溶液的碱度、反应时间和溶胀剂对颗粒形貌和孔结构有重要影响[79,81]。此外，最终颗粒大小取决于多孔硅胶的直径。所使用的多孔硅胶粒径越大，则介孔硅胶粒径越大，所以，"假晶合成法"一个突出的优点是解决了其他方法获得硅胶颗粒过小的问题。

（4）两步合成法　两步合成法包括组装阶段和缩合阶段[82~86]。第一个阶段，是将 TEOS 和表面活性剂溶液乳化，即把摩尔比为（6~10）：1 的 TEOS 与非离子型表面活性剂混合，再进行酸化后，使乳浊液很快形成稳定的微乳液。第二个阶段，在所得乳浊液中加入少量氟化钠溶液恒温振荡适当时间，诱导 TEOS 水解缩合。产物经过滤、干燥、煅烧，得到 MSU-X 介孔硅胶。采用该法所得介孔硅胶的粒径通常为 $3\sim8\mu m$，孔径为 $2\sim4nm$，比表

面积为 $700\sim1000 \mathrm{m}^2/\mathrm{g}$，表面光滑、大小均匀，其孔道结构为有序的蠕虫形。如果在第一个阶段采用硅酸钠和胶体硅作为硅源，也可以得到 MSU-X 介孔硅胶[87]。通过加入溶胀剂 1, 3,5-三甲基苯（TMB）或异丙醇、改变表面活性剂疏水链长度、NaF 用量等因素可以调控介孔硅胶的孔径和孔结构[82,84,86,88,89]。由于将反应分为两步，增加了操作的可控性，从而增加了结果的重现性。

2.1.4　其他类型多孔硅胶的制备

据 van Deemter 方程的理论预计，传质阻力是影响生物大分子分离柱效的重要因素。除了无孔硅胶、核壳型硅胶能减小传质阻力外，文献还报道了一些能提高柱效的硅胶微球填料。贯流色谱（perfusion chromatography）填料就是其中的一个代表，它是 20 世纪 80 年代末至 90 年代初发展起来的一种特殊结构的分离介质[90]。在这种填料颗粒中，有贯穿整个颗粒的，孔径 $600\sim800\mathrm{nm}$ 超大孔存在，同时又有通常的微孔或大孔，例如 $50\sim150\mathrm{nm}$ 的微孔。贯穿孔提供了流动相从填料颗粒内部直接贯穿而过的通道[91]，溶质在固定相上的传质过程已由扩散传质变为对流传质。此时，描述谱带展宽过程的范第姆特方程，已经与流动相线速度无关，理论塔板高度 H 已不随线速度 u 而改变并趋于一个定值。这意味着，在一定范围内，即使提高流动相流速，也不会降低色谱柱的分离效率。由于填料上同时还存在通常的多孔结构，其比表面积并未随贯穿孔的出现而大幅降低。因此，在这种填料上的样品负载量也不随流速的增加而减小。再者，填料上的贯穿孔，极大地增加了色谱柱的通透性，使得这种色谱柱即使在很高的流速下，其操作压力也不需要很高。所以，这种贯流色谱柱可以同时具有高流速、高效率、高样品负载量和低操作压力的特点。这种填料由 PerSeptive Biosystem 公司以 Poros 的名称推向市场。在最初的产品中，贯流色谱填料几乎都是有机聚合物微球，但现在已推出了硅胶为基质的 Poros 反相填料。然而，贯流色谱填料制备方法是厂家的不传之秘，至今仍未公开报道。

最近，武汉大学施治国等[92,93]详细报道了一种贯流硅胶微球制备方法。该方法是将 TEOS、盐酸和聚环氧乙烷混合物，或是将 TEOS、过硫酸钾、盐酸和甲基丙烯酸钠的水解缩聚产物，在高速搅拌下分散于石蜡油中，形成油/水乳液，控制反应温度进行溶胶-凝胶化转变，形成小球。由于小球是由水相液滴发生溶胶-凝胶化反应形成的，故颗粒大小与液滴大小有关，实际上取决于乳液的乳化程度。产物经过洗涤、加热干燥除去有机物和煅烧步骤，得到了贯流硅胶微球。最后，用淘析技术对微球进行分级，就可以得到相对均匀的微球。微球的结构见图 2-9（a）。可以看出，骨架和大孔交织分布于微球表面。为验证贯穿孔的存在，作者采用复制技术[94]将微球作为模板制备成碳复制品。因为只有存在贯穿孔时，才可得到球形碳复制品。所以，图 2-9（b）给出的碳复制品是硅胶微球内部存在贯穿孔的一个证据。这种填料可以应用于快速分离（图 2-10），在相同流速下，柱压低于同样大小的多孔填料。但是，实验也发现，随流速增大，物质分辨率有所降低。

2.1.5　填料的扩孔

以上方法中，有些方法只能制备小孔或中孔硅胶。对于生物大分子的分离，孔径是重要的影响因素。传统的填料孔径为 $8\sim10\mathrm{nm}$，不能使生物大分子进入，但当孔径大于 $50\mathrm{nm}$ 时，又因溶剂滞留而使溶质扩散降低。因此，分离生物大分子需要大孔硅胶，填料的孔径以

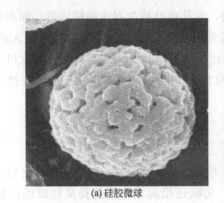

(a) 硅胶微球　　　　　　　　　(b) 碳微球

图 2-9　可穿透大孔硅胶微球结构的扫描电镜图像[92]

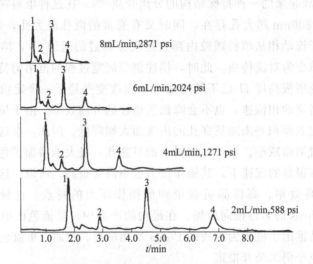

图 2-10　可穿透大孔硅胶不同流速下分离维生素 E 混合物[92]（1psi＝6894.76Pa）
色谱柱：ODS 柱（150mm×4.6mm）
流动相：己烷/异丙醇＝100：0.6（体积比）
进样量：20μL
被分析物：1—α-维生素 E；2—β-维生素 E；3—γ-维生素 E；4—δ-维生素 E

20～50nm 为宜，尤以 30nm 左右为佳。对于大孔硅胶的制备，通常是将小孔或中孔硅胶扩孔，使之变成大孔硅胶。扩孔方法常用无机盐浸渍法[95]和水热法[96]。

无机盐浸渍法一般采用无机盐溶液浸泡硅胶，然后于高温下灼烧扩孔。一些高价金属离子在硅胶结构中的存在，如 Al^{3+}、Ca^{2+}、Mg^{2+}、Zn^{2+} 等，或多或少具有阻止硅胶溶解的作用，但是，Li^+、Na^+ 和 K^+ 则不同于这些离子，它们的存在可以浸蚀硅胶的孔壁。这种作用可以被用于硅胶的扩孔。一般做法是：首先将小孔或中孔硅胶浸入 Li、Na 或 K 盐的溶液，或者复盐（NaCl-LiCl-KNO₃）溶液中[97]，利用旋转蒸发除去水分，烘干硅胶，得到 Na、Li、K 盐均匀分布于其中的多孔硅胶，再于程序控制升温炉中进行煅烧处理，处理温度一般不超过 700℃，以水将盐洗净，在空气中干燥，即得到大孔硅胶。调整无机盐的种类、成分和比例，选择适当的热处理温度、时间和程序，便可以制备出所需要孔径的大孔硅胶。这种方法由于需要高温处理，对硅胶的结构有一定影响，易发生烧结现象。通常多孔硅胶热处理至 400～500℃ 基本上不会影响其孔结构参数。高于 700℃，依所含不同杂质的影响而有可能变成无孔。在 200～400℃范围内，主要是表面邻位硅羟基的缩合，形成 Si—O—Si 键，高于 500℃，粒子内的自由 Si—OH 缩合，导致硅胶内粒子重排产生更稳定的结构。大约 800℃时，产生 Si—O—Si 网络。而用高压水热处理进行扩孔，即在高压釜内通过高压水蒸气使硅胶达到扩孔的目的，可以避免烧结现象。

2.1.6　填料结构表征与评价

从分离的动力学和热力学角度看，填料粒径及分布、孔径及其分布、比表面积对色谱分离柱效有重要影响。因此，对于制备的填料，均需要表征其结构，明确其结构并进一步研究结构与性能的关系，为制备符合设计要求的填料提供理论指导。

填料的粒径及粒径分布，可用光学显微镜和扫描电镜测定。对于填料粒径比较大的粒子（＞2μm），用光学显微镜测定，而对于小于 2μm 的颗粒，则用扫描电镜。粒径大小及分布，可以从显微镜和电镜照片上直接测量后，用统计方法计算得出。扫描电镜不仅可以测定颗粒大小，也可以观察颗粒形貌以及表面孔径形状。此外，用离心沉降或粒度分析仪或压汞仪，也可以直接测得颗粒粒径及其分布。

孔径及其分布的测定，一般用吸附法、气相色谱法和压汞法。通常根据孔平均半径的大小将孔分为三类：孔径≤2nm 为微孔，孔径在 2～50nm 范围为中孔，孔径≥50nm 为大孔。大孔一般采用压汞法测定，中孔和微孔采用气体吸附法测定。气体吸附法是测量材料比表面积和孔径分布的常用方法。其原理是依据气体在固体表面的吸附特征，在一定的压力下，被测样品表面在超低温下对气体分子可逆物理吸附作用，通过测定出一定压力下的平衡吸附量，利用理论模型求出被测样品的比表面积和孔径分布等与物理吸附有关的物理量。其中氮气低温吸附法是测量材料比表面积和孔径分布比较成熟且广泛采用的方法。压汞法，又称汞孔隙率法，是测定部分中孔和大孔孔径分布的方法。基本原理是：汞对一般固体不润湿，欲使汞进入孔需施加外压，外压越大，汞能进入的孔半径越小。测量不同外压下进入孔中汞的量即可知相应孔大小的孔体积。目前所用压汞仪使用压力最大约 200MPa，可测孔半径范围为 3.75～750nm。有时，利用尺寸排阻色谱法也可以测定孔径分布[98]。采用四氢呋喃为流动相，苯为小分子标准品，不同分子量的标准聚苯乙烯为样品，测定它们在所研究的填料装填的色谱柱上的尺寸排阻洗脱曲线，即可测出该填料的孔径分布。

色谱填料由基质及其表面修饰的功能团组成。相应地，色谱填料制备包括基质制备和化学修饰两个方面。本节主要介绍了目前常用的多孔硅胶以及近年来发展的新型硅胶制备方法，而对于硅胶表面的化学修饰及应用将在下面进行详细介绍。

2.2　硅胶微球的表面修饰和功能化

2.2.1　概述

液相色谱经过半个多世纪的发展，已经广泛地应用在化学工业、药物开发、生命科学、食品安全、环境保护等领域。由于液相色谱分离主要是通过被分析物分子与色谱固定相之间的相互作用而实现的，形形色色的色谱柱填料对液相色谱的发展和应用起到了决定性的推动作用。这些填料的基质主要是硅胶和聚合物两大类，球形硅胶是液相色谱中最主要被使用的基质材料。人们所熟知的基于 $3\sim10\mu m$（特别是 $5\mu m$）粒径的硅胶微球高效液相色谱柱和近年来发展起来的亚 $2\mu m$ 小粒径硅胶微球超高压液相色谱柱为液相色谱取得高效、快速、准确和灵敏的分析提供了保证。硅胶微球基质的优势体现在其刚性、结构（比表面积和孔径等）稳定性以及表面易修饰性等方面。硅胶微球的表面修饰和功能化为液相色谱应用和发展奠定了坚实的基础。

虽然硅胶基质本身也可以被直接用作正相色谱的固定相，但是一些极性键合固定相（如氨基、氰基、二醇基等）提供了比硅胶本身更好的分离选择性；亲水作用色谱的应用开发，使硅胶极性键合固定相更丰富起来。实际上，液相色谱中最广泛使用的色谱模式还是反相色谱，其中的色谱柱填料更是以硅胶键合固定相为主。针对复杂样品特别是生物样品的分离分析，一方面硅胶键合固定相自身的缺陷需要克服以满足解决实际问题的需要，另一方面硅胶表面固定相制备上的不断创新和突破往往成为解决一些疑难色谱分析问题的最有效途径。所以，硅胶微球的表面修饰和功能化研究一直受到广大色谱工作者的青睐和重视。

蒋生祥课题组在 2009 年和 2011 年分别发表过硅胶基质高效液相色谱固定相的综述文章[99,100]。钱小红课题组在 2010 年阐述了硅胶基质高效液相色谱填料的研究进展[101]。Unger 等从历史和发展的角度概述了高压液相色谱填料的制备方法[102]。Kirkland 等总结了他们长期以来在反相色谱固定相领域的研究成果及其商业化进程[103]。Agilent 公司的 Ronald Majors 一直在"LC·GC"杂志上跟踪和揭示液相色谱柱的学术研究状况和商业化进展[104]。近几十年来高效硅胶化学键合固定相的发展历程概括起来主要集中在以下几个方面：①在普通硅烷键合法制备硅胶填料的基础上，减少硅胶基质剩余硅羟基的吸附作用，改善硅胶键合固定相在酸碱条件下的稳定性；②通过键合、吸附、涂覆等多种方式对硅胶表面进行修饰，并引入各种官能团和功能化结构，增加色谱柱填料的多样性和提高其对复杂样品和特殊异构体的分离能力；③引进和吸收先进的有机合成方法和高分子化学方法，发展新型色谱固定相，进一步拓宽液相色谱应用范围。迄今为止，硅胶微球键合固定相已经在正相色谱、反相色谱、手性分离、离子交换色谱、排阻色谱、亲和色谱、亲水作用色谱等不同色谱模式中发挥重要作用。硅胶微球的表面修饰也从简单的硅胶表面的硅烷化反应发展到当前先进的聚合物接枝聚合反应、前沿的有机合成反应以及日益精确的生物分子嫁接方案等。

本节通过描述典型的硅胶微球色谱柱填料的制备方法，探讨其表面修饰和功能化的发展历程和发展方向。这些方法和知识对那些从事色谱固定相制备研究领域中的工作者有一定的参考价值；并且对那些利用色谱解决分析问题的工作者在色谱柱的选择和液相色谱分析方法的建立上会有一些启示。另外，对那些在材料科学研究领域需要做表面修饰工作的科技工作者也有一定的借鉴作用。本节不追求全面地包括所有硅胶表面修饰的方法和实践，而是选择典型的例子做分析，并且避开那些在其他章节描述过的内容，如手性固定相等。

2.2.2 硅胶基质的选择

色谱分析的一个重要指标就是分离效率，由色谱柱的柱效和分离度决定[105]。而这两个方面都与固定相基质的颗粒粒径、比表面积和孔径等密切相关。硅胶微球粒径是决定色谱柱的柱效的主要因素，颗粒粒径越小，柱效越高。硅胶微球的孔径和比表面积决定了其表面的固定相的键合含量，从而决定了色谱柱的分离度。一般来说，高比表面积和小孔径（6～

12nm）的硅胶固定相适合于小分子的分离，而低比表面积和大孔径硅胶固定相则适合于大分子的分离。全多孔硅胶的孔隙度接近 0.8，随着孔隙度的增加，硅胶的刚性和耐压性降低。因此，对于高压液相色谱来说，硅胶基质的耐压性也是一个需要考虑的因素，譬如高比表面积和大孔径硅胶的机械强度相对较差一些，这类硅胶固定相更适合于中低压液相色谱。

当前常用的硅胶微球主要有实心无孔微球、全多孔微球以及表层多孔微球（包括近年来热门的核壳型微球[106,107]）等，高纯硅胶几乎是当前的唯一选择，当然，改善硅胶稳定性的二氧化锆或二氧化钛表面修饰硅胶微球也有使用[108]。在液相色谱的早期，硅胶微球是通过硅胶胶体颗粒聚集而形成的，它们含有一些金属杂质，表面硅羟基酸性比较强（Acidic，A 型），基于这种类型硅胶的色谱柱往往会对一些极性化合物，尤其是碱性化合物，产生不利的吸附作用，造成色谱峰拖尾。后来发展的高纯度硅胶微球（表面硅羟基酸性相对来说比较弱，Basic，B 型）是通过四乙氧基硅烷水解和缩合反应而形成的超纯硅胶，一般比表面积比较大，并且表面键合量高，色谱峰形比较对称。另外，硅胶微球虽然刚性很好，但与聚合物微球相比，硅胶微球的最大缺点就是其在 pH 大于 8 的碱性条件下不稳定，会慢慢水解。

近年出现的甲基三乙氧基硅烷或双亚甲基六乙氧基二硅烷代替部分四乙氧基硅烷形成的杂化硅胶微球，经键合后的色谱柱可使用的 pH 范围能增加到 1～12[109,110]。

硅胶表面的硅羟基基团（图 2-11）是硅胶表面修饰的基础。这些硅羟基大致可分为三类，分别是自由型、孪生型和毗邻型或氢键型。

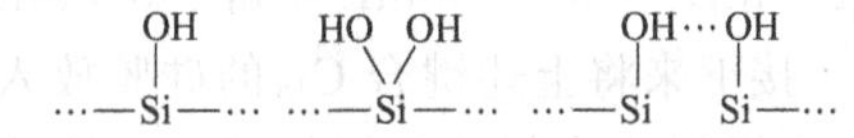

图 2-11　硅胶表面的硅羟基基团

这些硅羟基的特点是它们很容易通过氢键作用与水分子结合，并且呈不同强度的酸性，由此产生不同的表面吸附作用。硅胶表面的硅羟基浓度在 $8\mu mol/m^2$ 左右[111]，由于硅羟基本身的特性和空间位阻作用，可表面键合的固定相的浓度往往会低于这个值，一般 C_{18} 硅烷的键合量范围在 $3\sim6\mu mol/m^2$，取决于硅胶基质的性质和键合反应条件。

总之，硅胶基质的选择是决定硅胶键合固定相的性能和质量以及色谱柱分离效率的重要因素。硅胶微球制备的批间重复性，绝不是一件简单的任务，所以国际上硅胶微球基质的供应商也只有几家，远没有色谱柱供应商那么多。

2.2.3　硅胶微球键合固定相

硅胶微球键合固定相一般都是通过硅烷化试剂与硅胶表面的硅羟基进行缩合反应而制备的。这种方法通过 Si—O—Si—C 键在硅胶微球表面形成一个薄层固定相，具有传质快、耐溶剂、无流失、可重复等优点。常用的硅烷化试剂包括烷基氯硅烷或烷基四氧基硅烷和烷基乙氧基硅烷，可供选择的硅烷很多，也很容易从试剂公司购买到。硅胶表面的典型硅烷化反应如图 2-12 所示。

以上 R 可以是 C_{18} 烷基、C_8 烷基、苯基、氨丙基和氰乙基等。氯硅烷键合的时候需要加碱性化合物作为催化剂以除掉生成的 HCl，甲氧基硅烷和乙氧基硅烷需要先水解成硅羟基，再与硅胶表面的硅羟基发生脱水反应。以上反应通常是在甲苯溶剂中加热回流 12h 以上。由于多功能团的硅烷化试剂本身相互之间还会发生交联反应，使表面键合反应复杂化。制备固定相的重现性是色谱分析的基础，除前面提到的硅胶基质本身特性（粒径、孔径和比

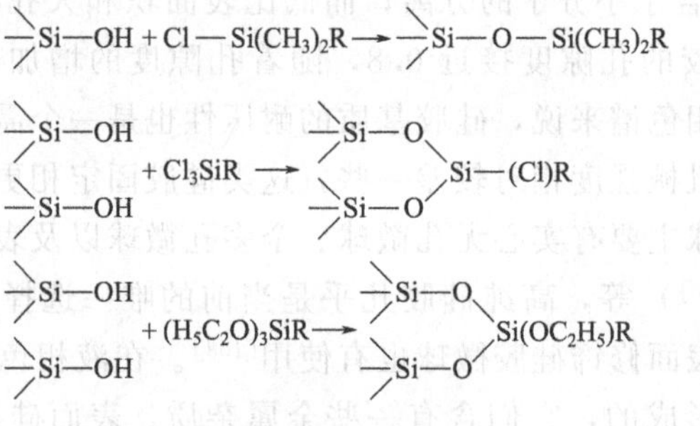

$$\equiv Si-OH + Cl-Si(CH_3)_2R \longrightarrow \equiv Si-O-Si(CH_3)_2R$$

$$\begin{array}{c} \equiv Si-OH \\ \equiv Si-OH \end{array} + Cl_3SiR \longrightarrow \begin{array}{c} \equiv Si-O \\ \equiv Si-O \end{array} Si-(Cl)R$$

$$\begin{array}{c} \equiv Si-OH \\ \equiv Si-OH \end{array} + (H_5C_2O)_3SiR \longrightarrow \begin{array}{c} \equiv Si-O \\ \equiv Si-O \end{array} Si(OC_2H_5)R$$

图 2-12 硅胶表面硅烷键合示意图[103]

表面积等）外，硅烷化试剂的选择和反应条件的控制也是保证色谱填料重现性的关键，所以单功能团硅烷，特别是十八烷基二甲基氯硅烷的键合反应相对比较容易控制，也是最常用的色谱固定相制备方法。这种色谱键合固定相的标准操作程序如下[112]。

取 100g 硅胶微球，在 120℃干燥 12h 以上，放入 1000mL 三颈圆底烧瓶中，置烧瓶于油浴加热锅中，接含干燥剂的冷凝管和搅拌器，然后在搅拌下用 500mL 滴液漏斗加入 400mL 干燥甲苯；油浴加热至 120℃左右使甲苯回流，然后加入 16.4g 咪唑（也可以用吡啶或三乙胺等碱性化合物），搅拌 10min 后用滴液漏斗在 15min 内加入由 86.4g 十八烷基二甲基氯硅烷和 200mL 甲苯的混合溶液；继续回流搅拌悬浮液 8h，然后冷却至室温。用玻璃砂式过滤器去掉溶剂，依次用 200mL 甲苯、300mL 甲醇、300mL 甲醇/水（1:1，体积比）混合溶剂和 250mL 甲醇冲洗。接下来将上述键合 C_{18} 的硅胶放入 1000mL 三颈圆底烧瓶中，置烧瓶于油浴加热锅中，接含干燥剂的冷凝管和搅拌器，在搅拌下用 500mL 滴液漏斗加入 400mL 四氢呋喃，油浴加热至 80℃左右回流 1h；然后趁热用玻璃砂式过滤器去掉溶剂，用 300mL 四氢呋喃和 300mL 甲醇依次冲洗；最后在真空下 60℃干燥 12h 得到键合 C_{18} 的硅胶固定相。

由于空间位阻效应，硅胶表面的硅羟基不可能全部与硅烷化试剂反应，未反应的残留硅羟基基团的吸附作用会造成极性化合物特别是碱性化合物的色谱峰拖尾。解决这一问题最常用的方法就是硅胶键合固定相的"封端"或"封尾"。常用的封端试剂是三甲基氯硅烷和六甲基二硅氮烷，因为它们的体积相对 C_{18} 硅烷来说要小很多，比较容易克服空间位阻效应。这些键合的小硅烷也有缺点，就是它们在 pH 小于 2 的酸性条件下不稳定。Kirkland 等[113,114]使用异丙基或异丁基代替 C_{18} 硅烷中的甲基（图 2-13），因为前者体积较大，它们可以较好地覆盖残余硅羟基，从而减少不利吸附；更重要的是这种具有空间位阻的硅烷键合固定相还增加了色谱柱的稳定性，pH 使用范围增加到 1~10。基于这种键合方法制备的商业化的产品有 Zorbax StableBond 系列，至今仍被广泛使用。

另一种减少硅胶键合固定相的不利吸附作用的方法就是利用极性基团嵌入（polar embedded）的方式制备反相键合固定相[115,116]。在接近 C_{18} 链长度的硅烷化试剂中嵌入极性酰胺或酰胺酯，这类固定相中嵌入的极性基团可以在硅胶表面形成一个水分子层或其他极性化合物的吸附层，还可以与硅胶表面的残余硅羟基发生氢键作用，从而减少残余硅羟基的不利吸附作用。另外，这类键合固定相亲水性相对较强，可以在 100%水相条件下使用。一般 C_{18} 固定相在接近 100%水移动相的时候会发生倒伏现象，这种倒伏还有一定的滞留效应，从而导致色谱分析中保留时间的不稳定性。Supleco 早期推出的 Supelcosil-ABZ[117] 和 Waters 后来推出的 Symmetry 色谱柱（图 2-14），均采用这种键合方式制备获得。

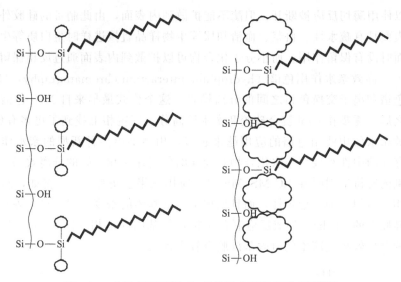

图 2-13　硅胶表面不同 C_{18} 硅烷键合固定相示意图[103]

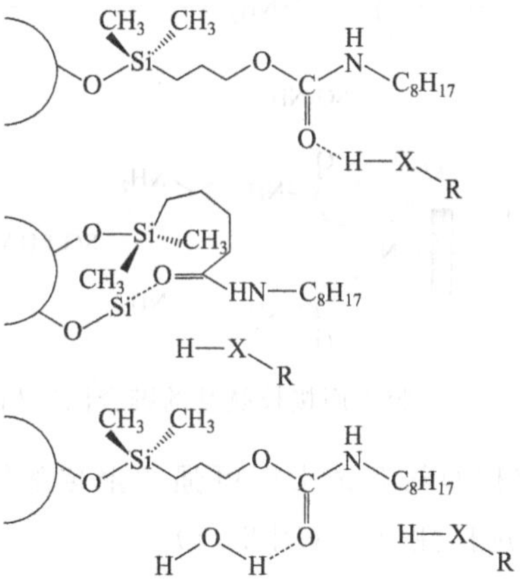

图 2-14　Waters 公司制备的 Symmetry Shield 键合固定相

在液相色谱固定相的稳定性研究方面，一般认为 Si—O—Si 键是硅胶表面键合固定相水解的根源，所以有人采用硅胶表面的 Si—C 键合模式取代常用的 Si—O—Si—C 键合模式[118~120]。具体过程是把硅胶表面硅羟基转化为硅氯键，再与 Grignard 试剂或烷基锂试剂反应，制备成更稳定的键合固定相。研究发现，具有双齿结构的硅烷键合模式也同样产生更稳定的色谱固定相[121]。Pesek 等[122~124]发展了一系列基于硅氢键加成反应制备硅胶色谱固定相的方法。由于烷基链也是通过 Si—C 键接到硅胶表面，而不是通常的 Si—O—Si 键，所制备的色谱柱耐酸碱性得到显著提高。具体操作方法包括将硅羟基转换成硅氯键，再用 $LiAlH_4$ 还原得到 Si—H 键；在铂催化剂作用下或自由基引发下，含双键的烷基链可以链接到硅胶表面。实际上，硅氢键与含烯键或炔键的化合物在铂催化剂或其他方式作用下发生的加成反应在硅化学中占有重要地位[125]，应用也很广泛。

随着高效液相色谱应用范围的不断扩展，硅胶微球的表面修饰也随着液相色谱实际应用的需要而改变。一个典型的例子就是制备限进介质（restricted access media）[126]。该方法是首先制备 Diol 键合相，然后通过酯化或酰脂化反应嵌入疏水性烷基链。硅胶外表面的酯或酰脂链可以使用酶切反应被断开，但酶不能扩散到内表面，由此制备的硅胶外表面具有亲水性，而内表面具有疏水性。血浆、血清和尿等生物样品直接进样时蛋白质等生物大分子通过亲水外表面时没有保留作用，而小分子化合物可以扩散到内表面通过反相保留作用最后被洗脱出来[127]。高效亲水作用色谱（hydrophilic interaction chromatography，HILIC）是一个介于反相色谱和离子交换色谱之间的分离模式。这个模式最早来自 NH$_2$ 色谱柱的糖分析应用。在此之后，逐步在 Diol 键合硅胶和亲水性高分子固定相上找到了更多有价值的应用。近年来，高效亲水作用液相色谱的应用越来越多，相继推出多种新型的亲水作用色谱固定相，对广泛存在的中性和极性亲水化合物有较强的色谱保留和良好的分离效果，以及流动相中含有高比例的有机溶剂时在 LC-MS/MS 中的应用效果会更好[128]。譬如，新型的氨基硅胶微球固定相，不但增加其稳定性，而且增加了氨基基团的密度。Chen[129] 等利用丙烯酸甲酯在氨丙基硅胶上的 Michael 加成反应制备了接枝氨基的固定相（图 2-15），这种固定相对酸性化合物的分离效果比简单的氨丙基硅胶有较大提高。

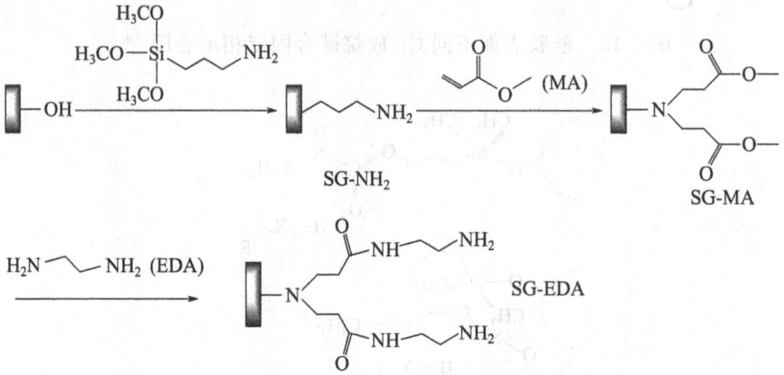

图 2-15　硅胶表面接枝氨基的键合固定相[129]

　　同样，取代一般 Diol 固定相的新型亲水性更强的聚多醇键合固定相显示了更好的硅胶表面覆盖能力和更优异的分离选择性[130]（图 2-16）。

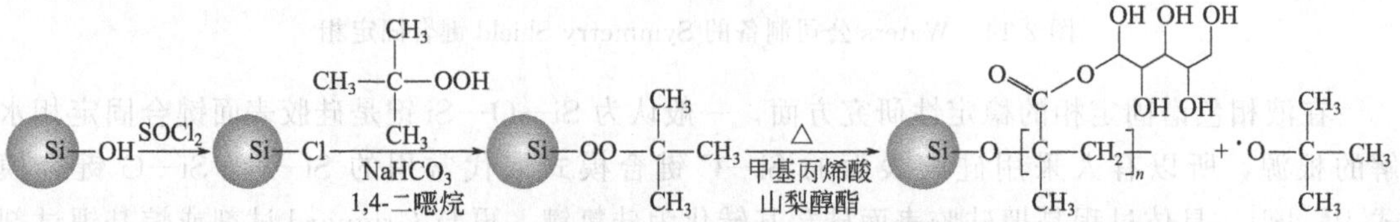

图 2-16　硅胶表面键合聚多醇固定相[130]

　　两性离子固定相也是一种比较有特色的亲水作用色谱固定相，Jiang 等[131] 使用 2-甲基丙烯酰氧基乙基磷酰胆碱单体在硅胶表面形成一亲水聚合层。由于带负电荷的磷酸基团和带正电荷的季铵盐基团毗邻，在相当宽的 pH 范围内，净电荷接近零。采用亲水色谱模式在这种固定相上有效地分离了多肽样品（图 2-17）。

　　硅胶表面键合离子交换基团用于离子色谱分析，尤其是有机离子化合物的分析，避免了聚合物离子交换材料带来的疏水作用而引起的色谱峰拖尾现象。以硅胶微球为基质的离子交换固定相一般由现成的含离子基团的硅烷化试剂直接键合得到，也可以先键合一种硅烷，再接着通过衍生化反应获得离子基团。例如，先键合苯基硅烷，再通过苯环上的氯磺酸化反应得到阳离子交换材料[118]；或者先用氯丙基硅烷或氨丙基硅烷与硅胶微球表面的硅羟基反

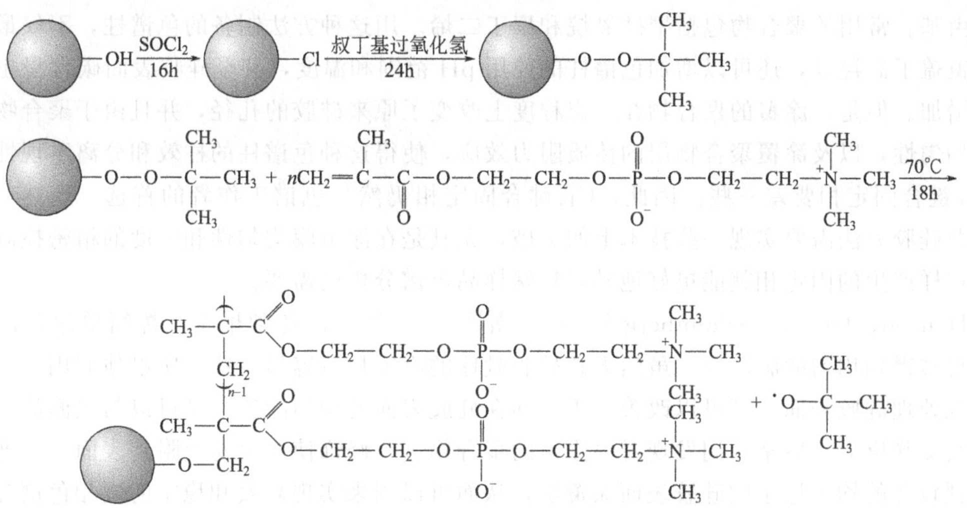

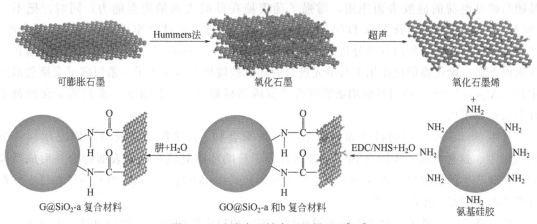

图 2-17 硅胶表面键合双性离子聚合物固定相[131]

应，再通过季铵化反应获得阴离子交换填料[132]。

石墨烯由于其优越的物理化学性质正成为人们研究的热点，把石墨烯键合到硅胶表面用作色谱固定相也有报道。Zhang 等[133]把氧化石墨烯通过羧基活化键合到氨丙基处理的硅胶表面，再用肼还原未反应的羧基得到石墨烯键合固定相（图 2-18），这种固定相比普通 C_{18} 键合固定相具有更强的 π-π 作用。

图 2-18 硅胶表面键合石墨烯过程[133]
EDC—1-(3-二甲氨基丙基)-3-乙基碳二亚胺；NHS—N-羟基琥珀酰亚胺

2.2.4 聚合物涂覆固定相

硅烷化试剂直接键合的硅胶固定相对碱性化合物的色谱分析总是出现色谱峰拖尾、柱效降低和回收率低等现象。产生这些现象的原因还是硅胶表面没有反应完全的残留硅羟基。虽然"封尾"技术和极性基团嵌入技术有一定的帮助，但长时间地使用后，上述问题又会重新出现。多层聚合物涂覆的硅胶固定相可以完全覆盖硅胶表面的活性基团，从而彻底解决硅胶表面的不利吸附作用。聚合物涂覆方法与气相色谱中毛细管表面涂覆固定相的方法有相似之处。一般是采用表面键合预处理，再聚合物涂覆，然后与自由基交联反应相结合的方法。自由基交联反应既可以用过氧化物的热分解产生的自由基，也可以用 γ 射线（ ^{60}Co ）辐射产生的自由基。常用的聚合物包括聚硅氧烷和聚丁二烯。用这种方法制备的色谱柱，不仅最大程度地覆盖了硅羟基，还可以增加色谱柱的使用 pH 范围和温度，甚至硅胶表面碳含量也可以显著增加。但是，涂覆的聚合物在一定程度上改变了原来硅胶的孔径，并且由于聚合物涂覆的不均匀性，以及涂覆聚合物层的传质阻力效应，使得这种色谱柱的柱效和分离重现性比一般 C_{18} 键合固定相要差一些。因此，C_{18} 键合固定相仍然是色谱工作者的首选。当然，聚合物涂覆硅胶方法需要实现一些技术上的突破，尤其是在涂覆膜均匀性和厚度的精密控制等方面，这样产生的固定相就能更好地满足特殊样品色谱分析的需要。

Hanson、Unger、Schomberg 和 Bayer 等[134~137]早就注意到聚丁二烯简单涂覆的多孔硅胶很难得到均匀的膜涂层，虽然无孔硅胶微球的涂覆相对容易一些。所以他们用含乙烯基的硅烷处理硅胶表面，既可以改善聚丁二烯在硅胶表面的均匀涂覆，又可以与表面的乙烯基产生共交联反应。后来人们发现对要涂覆的聚合物进行修饰使之更易吸附到表面，再通过交联得到较薄的均匀稳定的硅胶表面涂覆层，从而可以用来实现高效和稳定的液相色谱分析。

Petro 和 Berek[138]综述了有机聚合物在硅胶表面的涂覆以及在硅胶孔内填充的方法。表面涂覆层必须很薄才不至于影响硅胶的孔结构；而填充硅胶孔的方法中硅胶只是提供一个骨架，孔中的聚合物才提供分离作用。有机聚合物固定在硅胶表面的方法包括物理和化学吸附、共价键连接以及聚合物交联等。典型的有机聚合物除了前面提到的聚硅氧烷和聚丁二烯，还包括聚丙烯酸酯[139]、纤维素衍生物[140,141]、蛋白质[142]和葡聚糖[143,144]等。为了把葡聚糖更均匀地涂覆在硅胶表面，可以将二乙胺乙基（DEAE）接到葡聚糖分子上，DEAE 基团与带负电荷的硅胶表面作用，增强了葡聚糖在硅胶表面的覆盖能力；同时，把不含 DEAE 基团的葡聚糖再涂覆在 DEAE 葡聚糖之上，通过交联使其牢固地固载到硅胶表面，产生惰性的可适用于蛋白分离分析的尺寸排阻色谱柱。Regnier 等[145]利用环氧化合物在硅胶表面上在三氟化硼催化作用下与事先键合的环氧硅烷聚合，制备了一系列离子交换色谱固定相。Alpert[146,147]利用聚琥珀亚胺键合到氨丙基硅胶表面，制备了一系列离子交换色谱柱和亲水作用色谱柱。

日本 Shiseido 公司的科学家们发展了一种聚合物 C_{18} 涂覆的硅胶微球固定相制备方法[148,149]。这种方法首先用含 Si—H 键的低分子量的环硅氧烷在硅胶表面键合并形成低聚物，由此产生的氢化聚硅氧烷与 1-十八烯在铂催化剂作用下反应，从而得到惰性和稳定性都有很大改善的 C_{18} 色谱固定相。

Carr 等[150]报道了一种新颖的能增加硅胶固定相稳定性的方法。他们使对氯甲基苯乙基三氯硅烷在硅胶表面进行自组装，然后在 $AlCl_3$ 催化作用下利用 Friedel-Crafts 反应把含苯环的聚合物交联到硅胶表面，形成一层非常致密的聚合物涂层，这种方法极大地提高了色谱固定相的稳定性。

2.2.5 硅胶微球表面接枝聚合反应

在硅胶微球表面上有效地形成均匀且厚度可控的有机聚合物薄膜的方法应该是表面接枝共聚。当然，不同的接枝共聚方法产生的效果会有差异。表面接枝共聚一般有两种方式："接枝到（grafting to）"法和"从接枝起（grafting from）"法，前者是把具有反应性端基官能团的聚合物化学键合到硅胶表面，与前面所述的一般硅胶表面键合方法类似，只不过这里是用高分子量聚合物代替一般低分子量化合物；后者则是通过硅胶表面键合的引发剂引发的聚合反应（surface initiated polymerization，SIP）来实现。接枝共聚当然也可以通过与表面键合的不饱和键共聚来实现，这个方法与前面提到的一般聚合物涂覆方法一致。"grafting to"法存在与一般硅胶键合固定相一样的问题，就是空间位阻效应引起的键合量限制以及残余硅羟基的吸附问题。"grafting from"法利用小体积单体分子在硅胶表面活性位点逐渐增长的方式使聚合物链不断伸展，从而产生接枝密度高、分布均匀、表面覆盖度高的聚合物涂覆薄膜，这层薄膜的厚度取决于单体的用量，并且在引入交联剂的情况下，可以形成更致密的交联聚合物层。

N-异丙基丙烯酰胺聚合物可在硅胶微球表面形成热敏涂覆层，从而可以通过调节温度来控制色谱分离效果。N-异丙基丙烯酰胺可以在 3-巯基丙酸存在下用 AIBN 引发聚合，得到含末端羧基的聚合物，然后可以把这个聚合物固载到由氨丙基硅烷键合的硅胶微球表面[151]。N-异丙基丙烯酰胺聚合物固载于硅胶微球表面的另一个方法就是通过 4,4′-偶氮（4-氰基戊酸）与氨丙基硅烷键合的硅胶微球反应所形成的表面自由基引发剂，引发 N-异丙基丙烯酰胺聚合[152]。如果在硅胶微球上先键合含不饱和双键的硅烷，再用自由基引发 N-异丙基丙烯酰胺在硅胶微球表面的共聚，同样可以得到 N-异丙基丙烯酰胺聚合物热敏涂覆层[153]，但是这种方法对表面涂层的控制比前两个方法要差一些，因为单体在溶液中也会聚合，并且溶液中的聚合程度往往会超过硅胶表面上的聚合程度，更不能接受的是溶液中形成的聚合物与表面上键合的聚合物会发生缠绕作用，制备的色谱柱填料的重现性比一般 C_{18} 键合固定相差很多。

近年来深受热捧的表面引发活性自由基聚合反应，可在固体表面形成可控的刷型聚合物链结构[154]，使硅胶表面涂覆聚合物的分子量大小的控制和嵌段式聚合涂覆变为可能，打开了硅胶表面聚合物修饰的新局面。表面引发活性自由基聚合反应主要包括表面引发原子转移自由基（ATRP）聚合反应和可逆加成裂解链转移（RAFT）聚合反应。在 ATRP 过程中，一种含氯或溴原子的引发剂被键合到硅胶表面，常见的 ATRP 引发剂结构如图 2-19 所示。

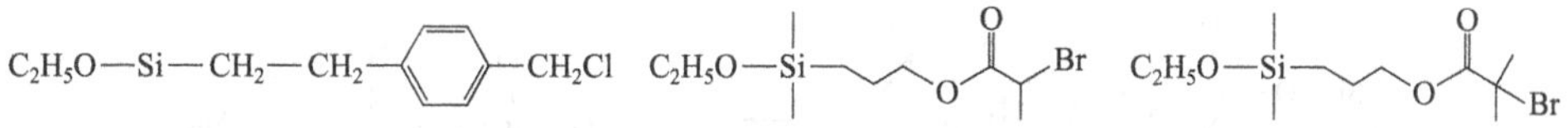

图 2-19　常见的 ATRP 引发剂结构

在铜和亚铜离子的组合以及有机胺碱的催化作用下，单体在不受空间位阻效应影响下从硅胶表面开始聚合。ATRP 技术作为一种可控、活性自由基聚合方法已用于高分子材料合成，通过 ATRP 法在硅胶载体表面已成功地合成了嵌段、接枝聚合物[155~157]。在硅胶表面可以通过 ATRP 得到高分子量和均匀链长的刷型聚合物固定相，并且接枝度比较高。但是所得到的色谱柱填料的柱效比一般 C_{18} 键合固定相低。Huang 和 Wirth[158] 报道了用表面引发的活性自由基聚合反应在多孔硅胶微球表面制备聚丙烯酰胺涂覆膜的方法。在这种方法中，聚合物膜厚度可以控制到既保证硅胶表面的完全覆盖，又不至于堵塞硅胶微球中的孔，采用此方法制备的尺寸排阻色谱填料可以分离分析蛋白质。最近，Zhang[159] 等利用 ATRP 方法制备了刷型聚丙烯酰胺亲水作用色谱固定相；Wang[160] 等把 C_{18} 硅烷和氯甲基苯硅烷同时键合到硅胶表面，然后利用 ATRP 通过氯甲基引发甲基丙烯酸缩水甘油酯聚合，最后水解环氧官能团得到新型限制进入材料（restricted-access materials，RAMs）（图 2-20）。

在 RAFT 过程中，首先要在硅胶表面键合双硫酯、三硫酯或二硫酰胺酯等链转移剂，然后在光照或加热条件下引发表面聚合反应，一般反应体系中除单体外还需加入自由基引发

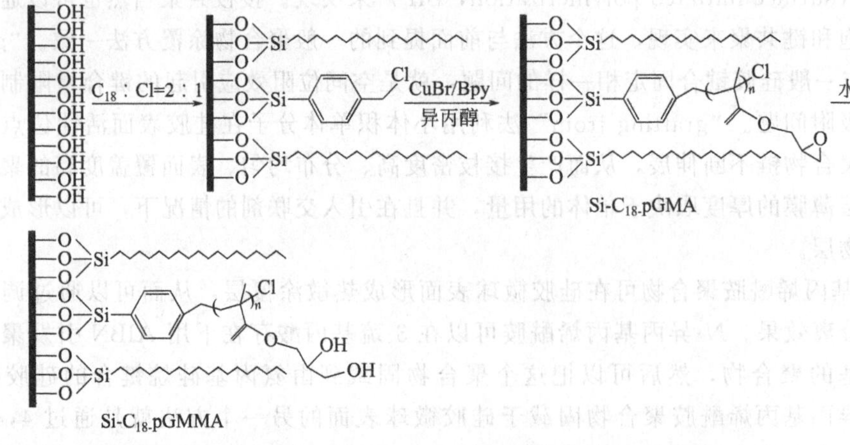

图 2-20　硅胶表面 ATRP 法制备限制进入材料[160]

剂以增加聚合效果。RAFT 聚合反应的原理和应用可参考一些相关的综述文章[164,165]，RAFT 聚合反应已经广泛应用于硅胶微纳米颗粒的表面修饰[163~165]。RAFT 方法的优点是可供聚合使用的单体范围广且不需要使用金属催化剂引发聚合反应；可以很好地控制聚合过程，得到的聚合物刷型链的分子量分布非常窄，这个特点在高效液相色谱固定相的制备上更容易满足重复性的要求[166~168]（图 2-21）。但是，RAFT 方法在硅胶微球表面产生的键合或接枝密度并不高，这也是需要以后的研究工作加以改进的地方。

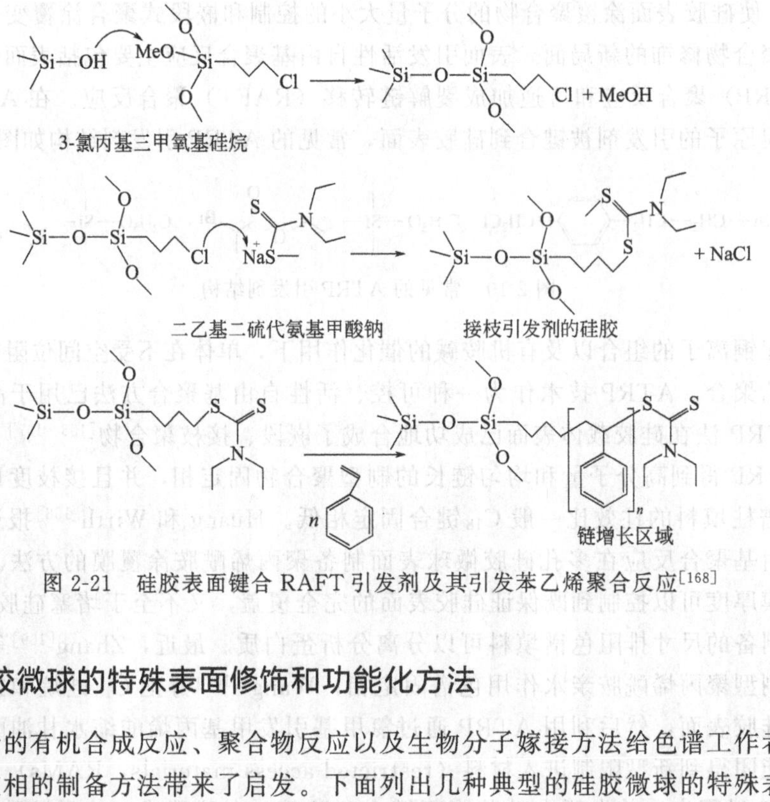

图 2-21　硅胶表面键合 RAFT 引发剂及其引发苯乙烯聚合反应[168]

2.2.6　硅胶微球的特殊表面修饰和功能化方法

一些前沿的有机合成反应、聚合物反应以及生物分子嫁接方法给色谱工作者不断地探索新的色谱固定相的制备方法带来了启发。下面列出几种典型的硅胶微球的特殊表面修饰和功能化方法及其应用。

2001 年，Sharpless 等提出了"click chemistry"（点击化学）的概念[169]。点击化学通过简单可靠和高选择性的化学转变来实现分子间的链接，开创了快速、有效甚至是 100％可靠、高选择性地制造各类新化合物的合成化学新领域。目前，它已在有机合成、新材料制备、化合物库的合成、生物大分子可控键合等领域获得广泛应用。

点击化学中最广为人知、最受重视的一类反应应该是铜催化的叠氮-炔基 Husigen 环加成反应（copper-catalyzed azide-alkyne cycloaddition）（图 2-22）。Rostovtsev 等[170]发现，在 Cu（I）催化下，叠氮化物-炔类的反应速率可增加大约 10^6 倍，几乎定量、选择性地生成 1,4-取代的 1,2,3-三唑，反应能在各种溶剂中进行，甚至在纯水中反应也能很好地进行。在这类反应中，Cu（I）只对端基炔起催化作用。该反应有以下特点：①室温下反应进行得很快；②反应条件简单；③反应产率高，无副产物，易纯化；④反应过程模块化，应用范围宽；⑤原料对生物分子和生命体系的反应条件表现出惰性；⑥反应具有几乎 100％的可靠性。

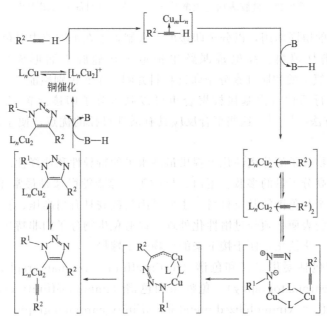

图 2-22　铜催化的叠氮-炔基 Husigen 环加成反应[170]

目前，上述点击化学反应已成功用于硅胶表面修饰[171]。基于点击化学原理，梁鑫淼等[172~174]实现了糖基官能团在硅胶表面的固载，合成了一系列糖基修饰的 HILIC 固定相。

硫醇与烯之间也发生点击化学反应（thiol-ene click chemistry），并被用来合成硅胶键合固定相，例如 Yao[175]等合成的阳离子环糊精固定相（图 2-23）和 Cheng[176]等合成的磷酸酯固定相。

分子印迹聚合物（molecularly imprinted polymer，MIP）通过模板分子在三维交联的聚合物网络中产生一种带有记忆性的作用部位，可以用来选择性地保留目标化合物。一般 MIP 都是制备成聚合物颗粒，但是，硅胶表面也可以通过前面章节所述的聚合物涂覆方法结合模板分子生成分子印迹涂覆层。这样形成的分子印迹填料在结构和形貌上更易控制，色谱分离的传质速率更快，在高效液相色谱中性能更优越。表面分子印迹手性色谱填料充分显示了这一方法的潜力[177,178]。Qin[179]等利用硅胶表面键合的 β-环糊精（β-CD）和表面引发

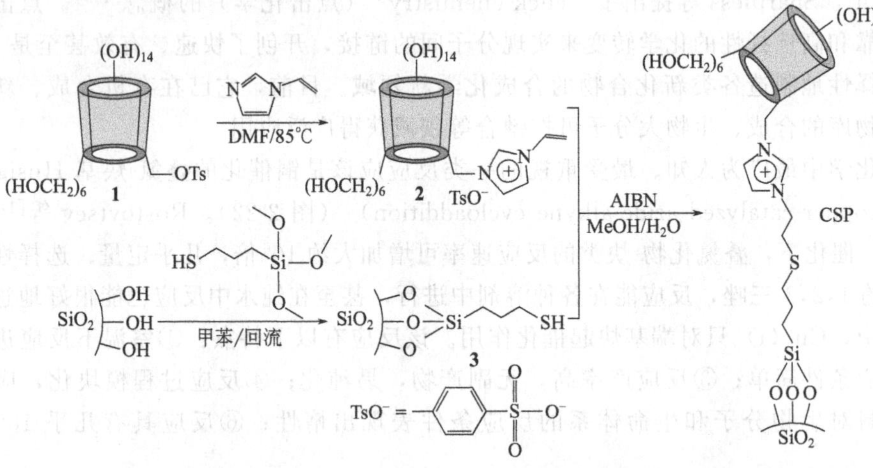

图 2-23　硅胶表面色氨酸分子印迹填料的制备示意图[175]

聚合的聚丙烯酰胺的协同作用，以分子印迹的方式制备了在水溶液中对色氨酸及其对映异构体有选择性的色谱柱填料。高保娇课题组报道了在硅胶表面形成分子印迹涂层的研究[180,181]，制备了氨基酸和胆红素分子印迹材料并测试了其识别性能。

在硅胶表面进行活性自由基接枝聚合也可以制备分子印迹涂覆层，比如前面提到的ATRP 和 RAFT 方法[182,183]。这些聚合反应具有活性可控的优点，便于调节分子印迹涂覆层的特性和厚度。

亲和色谱在生物分子的分离纯化上提供最高水平的特异性和选择性。这些生物分子包括低分子量的分子，高分子量的多肽、蛋白、核酸等。琼脂糖微球是最常用的亲和色谱基质，硅胶微球也被用作亲和色谱的基质材料，主要是因为硅胶具有耐高压、孔径可控和表面易修饰等特点。但是硅胶表面必须经过惰性化处理，以避免生物分子的非特异性吸附，并且这个惰性涂覆层还可进一步活化，便于接下来的生物分子嫁接。

亲和色谱主要包括凝集素亲和色谱（lectin affinity chromatography）、硼酸亲和色谱（boronate affinity chromatography）、免疫亲和色谱（immunoaffinity chromatography）和固定金属离子亲和色谱（immobilized metal ion affinity chromatography，IMAC）等。在这里我们仅描述 IMAC 和免疫亲和色谱。IMAC 的原理是利用蛋白质表面的一些氨基酸（如组氨酸）能与多种过渡金属离子 Cu^{2+}、Zn^{2+}、Ni^{2+}、Co^{2+}、Fe^{3+} 发生特殊的相互作用，利用这个原理可以吸附富含这类氨基酸的蛋白质，从而达到分离的目的。例如当含多个组氨酸标签（His-Tag）的融合蛋白（fusion protein）通过镍离子固定化的填料时，镍离子空出的配位键与 His-Tag 结合使融合蛋白留在填料上；经过洗涤步骤后，再以高浓度的咪唑与His-Tag 竞争镍离子的配位键，并使融合蛋白脱离填料，从而完成蛋白质纯化。在 His-Tag纯化系统中通常是在琼脂糖或硅胶表面键合 IDA、NTA 和 TED，这些含多齿配位键的螯合剂再与镍离子（Ni^{2+}）作用，形成固定金属离子亲和色谱填料[184]（图 2-24）。

免疫亲和色谱主要是依据 Protein A 和 G 能与免疫球蛋白和抗体发生特异性的亲和作用，把 Protein A 和 G 固载到硅胶表面，可以制备纯化这些免疫球蛋白和抗体的色谱柱填料[185,186]。由于蛋白质分子量比较大，它们的体积也比较大，所以硅胶孔径大小是需要考虑的一个重要因素。一般经验是孔径必须是蛋白质体积的 3～5 倍，再大的孔径反而使蛋白质的固载量降低。常用的固载化方法是先在硅胶表面键合一层 Diol，再用高碘酸钠氧化 Diol 生成醛基，醛基与蛋白质分子上的氨基反应生成 Schiff 碱，最后还原 Schiff 碱生成稳定的 C—N 键。一般来说，生物分子之间的特异性结合需要一个合适的环境，并且要保持生物分子相互作用的构象，所以不同的生物分子需要用不同的表面嫁接方法以期达到最大的生物活性和亲和效果。硅胶表面的生物分子嫁接方法有很多，生物分子的有效嫁接和其活性的保持是选择表面功能化的方法的基础。Hermanson 在 Bioconjugate Techniques[187]一书中详细地描述了载体基质的活化、各种功能团的反应机理以及各种生物分子的嫁接方案，在实际操作上很有参考价值。

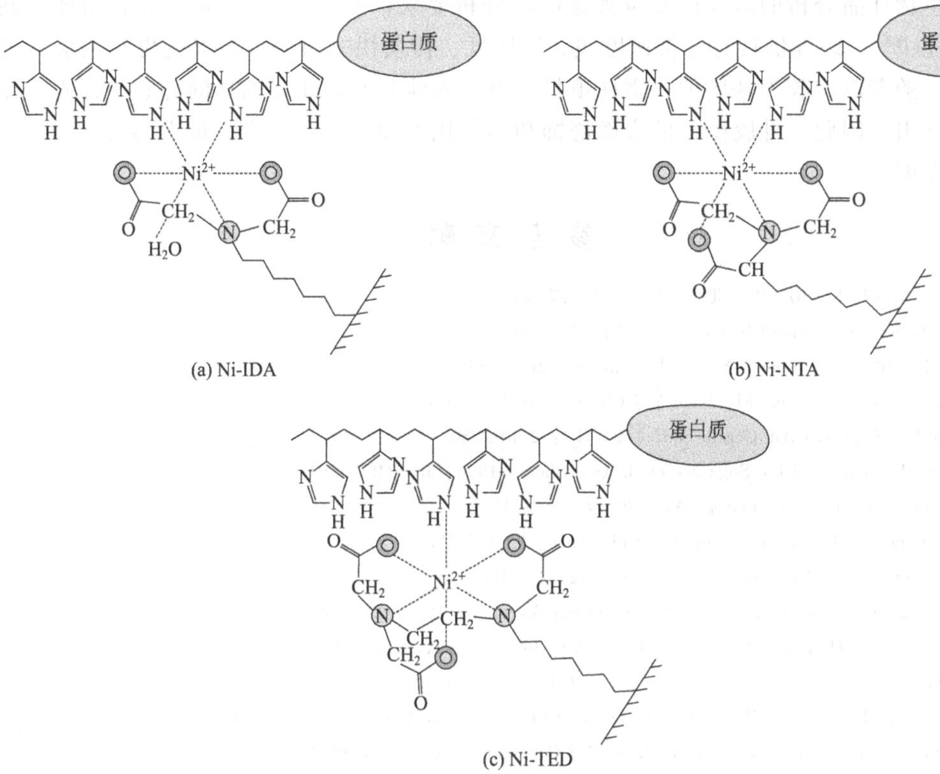

图 2-24　含 His-Tag 蛋白质与 Ni-IDA、Ni-NTA 和 Ni-TED 作用示意图[184]

2.2.7　发展趋势

硅胶微球的表面修饰和功能化综合了无机化学、有机化学、高分子化学甚至生物化学等多学科的知识和技术，为不断地拓宽液相色谱的应用范围奠定了坚实的基础。在实际色谱分析中选择色谱柱的标准应该是选择性好、柱效高、pH 使用范围宽、重现性好以及分离速度快等。当然，在液相色谱柱填料的制备上还需要考虑制备过程的简便性、重复性、耐用性和低成本等因素。柱子的选择性也很关键，主要是通过针对分离对象选择相匹配的固定相来达到分离要求；基质的特性和其表面的固定相的化学结构决定了被分离物质的分离效率。值得指出的是，液相色谱的一大特点就是也可以通过改变移动相的组成实现高效分离的目的，这一点是液相色谱优于气相色谱的地方，因为气相色谱里的载气提供非常有限的分离选择性的作用。可以想象液相色谱柱填料的发展和不同色谱模式的选择，必将使液相色谱成为更有效的分离分析手段。

在当前药物研发和生物检测应用的大力推动下，在液相色谱-质谱联用技术迅速普及以及超高效液相色谱（UPLC）技术出现的影响下，液相色谱硅胶基质填料当前的主要发展趋势表现在以下几方面：①具有选择性和惰性表面的高纯度硅胶，以适应大量极性药物分析的需要；②耐酸碱、耐高温、低流失的色谱固定相，以适应液质应用的需要；③高效和稳定的高水相反相填料（100％水移动相匹配）和正相亲水色谱填料，以适应强极性组分分离的需要；④高强度、超微粒径液相色谱柱填料，以适应超高效、快速和高灵敏度的应用需求；⑤新型生物大分子分离分析色谱柱填料（离子交换、亲和、疏水、凝胶渗透等），以适应越来越复杂的生物样品分析的需要以及越来越高的分析要求；⑥亚 $3\mu m$ 核壳型硅胶微球和新型硅胶整体柱[188]，以提供具有分析速度快、柱压低、传质快、简便等特点的更好的液相色谱分析方法。随着以硅胶为基质的色谱柱填料的更深入地开发，相应的新的硅胶键合固定相还会不断地推出，因此，硅胶微球的表面修饰和功能化方面的研究将进一步推动液相色谱向更深的层次发展。

参 考 文 献

[1] 刘国诠. 色谱柱技术. 第 2 版. 北京：化学工业出版社，2006.

[2] Gritti F, Guiochon G. Anal Chem, 2006, 78：5329-5347.

[3] Unger K K, Jilge G, Kinkel J N, et al. J Chromatogr, 1986, 359：61-72.

[4] Moriyama K K, Anegayama M, Kato Y. J Chromatogr A, 1995, 691：81-89.

[5] Nakanishi K, Soga N. J Am Ceram Soc, 1991, 74：2518-2530.

[6] Minakuchi H, Nakanishi K, Soga N, et al. Anal Chem, 1996, 68：3498-3501.

[7] Kele M, Guiochon G. J Chromatogr A, 2002, 960：19-49.

[8] Gritti F, Guiochon G. J Chromatogr A, 2011, 1218：5216-5227.

[9] Gritti F, Guiochon G. J Chromatogr A, 2012, 1228：2-19.

[10] Gritti F, Leonardis I, Abia J, et al. J Chromatogr A, 2010, 1217：3819-3843.

[11] Omamogho J O, Hanrahan J P, Tobin J, et al. J Chromatogr A, 2011, 1218：1942-1953.

[12] Gritti F, Guiochon G. J Chromatogr A, 2010, 1217：5069-5083.

[13] Schuster S A, Boyes B E, Wagner B M, et al. J Chromatogr A, 2012, 1228：232-241.

[14] Wagner B M, Schuster S A, Boyes B E, et al. J Chromatogr A, 2012, 1264：22-30.

[15] Oláh Erzsébet, Fekete Szabolcs, Fekete Jenö, et al. J Chromatogr A, 2010, 1217：3642 -3653.

[16] Wu N, Liu Y, Lee M L. J Chromatogr A, 2006, 1131：142-150.

[17] Fekete S, Ganzler K, Fekete J. J Pharm Biomed Anal, 2010, 51：56-64.

[18] Gritti F, Guiochon G. Anal Chem, 2009, 81：2723-2736.

[19] Kaczmarski K, Gritti F, Kostka J, et al. J Chromatogr A, 2009, 1216：6575-6586.

[20] Fekete S, Olah E, Fekete J. J Chromatogr A, 2012, 1228：57-71.

[21] 赵贝贝，许婵婵，唐涛，等. 无机材料学报，2011, 26（10）：1090-1094.

[22] Hohenesche C F, Ehwald V, Unger K K. J Chromatogr A, 2004, 1025（2）：177-187.

[23] Vial J, Thiébaut D, Marty F, et al. J Chromatogr A, 2011, 1218：3262-3266.

[24] 王晓娟，殷明志，宋绍忠，等. 离子交换与吸附，2009, 25（5）：433-441.

[25] 杨俊佟，张硕. 高等学校化学学报，2012, 33（4）：689-694.

[26] Titulaer M K, Jansen J B H, Geus J W. J Non Cryst Solids, 1994, 168（1/2）：1-13.

[27] Unger K, Jurgen S K, Krebs K F. J Chromatogr, 1973, 83：5-9.

[28] 赵贝贝，许婵婵，唐涛，等. 分析化学，2011, 39（8）：1243-1246.

[29] 杨辉，丁子上，江仲华，等. J Chin Ceramic Soc, 1989, 17（3）：204-209.

[30] 杨新立，王俊德. CN1318514. 2001-10-24.

[31] Choi D G, Yang S M. J Colloid and Interface Sci, 2003, 26（1）：127-132.

[32] Zhao Li，Yu Jia Guo，Guo Rui，et al. Key Engineering Materials，2005，280-283：1153-1156.

[33] 蒋生祥，刘霞. 色谱，2007，25（2）：163-173.

[34] Peterson Amanda K，Morgan David Gene，Skrabalak E Sara. Langmuir，2010，26（11）：8804-8809.

[35] Mann B F，Mann A K P，Skrabalak S E，et al. Anal Chem，2013，8（3）：1905-1912.

[36] Bergna H E，Kirkland J J. US 4477492. 1984-12-16.

[37] Horvath C，Lipsky S R. J Chromatogr Sci，1969，7：109-116.

[38] Horvath C G，Preiss B A，Lipsky S R. Anal Chem，1967，39：1422-1428.

[39] Schuster S A，Boyes B E，Wagner B M，et al. J Chromatogr A，2012，1228：232-241.

[40] Kirkland J J. Anal Chem，1992，64：1239-1245.

[41] Guiochon G，Gritti F. J Chromatogr A，2011，1218：1915-1938.

[42] Gritti F，Horvath K，Guiochon G. J Chromatogr A，2012，1263：84-98.

[43] Kirkland J J，Truszkowski F A，Dilks Jr C H，et al. J Chromatogr A，2000，890：3-13.

[44] Horvath K，Gritti F，Fairchild J N，et al. J Chromatogr A，2010，1217：6373-6381.

[45] Gritti F，Guiochon G. J Chromatogr A，2010，1217：8167-8180.

[46] Gritti F，Leonardis I，Shock D，et al. J Chromatogr A，2010，1217：1589-1603.

[47] Stöber W，Fink A，Bohn E. J Colloid Interface Sci，1968，26：62-69.

[48] Unger K K，Giesche H. Eur 0216278B1. 1986.

[49] Yoon S B，Kim J Y，Kim J H，et al. J Mater Chem，2007，17：1758-1761.

[50] Kim J H，Yoon S B，Kim J Y，et al. Colloid Surf A：Physicochem Eng Aspects，2008，313-314：77-81.

[51] Ma Y，Qi L，Ma J，et al. Colloids Surf A：Physicochem Eng Aspects，2003，229：1-8.

[52] 刘芹，张红丽，张志欣，等. 分析实验室，2011，20（9）：1-5.

[53] Blue L E，Jorgenson J W. J Chromatogr A，2011，1218：7989-7995.

[54] Chen W，Wei T C. US 7846337. 2010.

[55] Brice R W，Zhang X，Colon L A. J Sep Sci，2009，32：2723-2731.

[56] Duan H，Zhang W，Wei Y，et al，Chen L Anal Chem，2004，76：5016-5023.

[57] Kirkland J J，Kohler J. US 4874518. 1989.

[58] Kirkland J J. J Chromatogr，1976，125：231-250.

[59] Ahmed A，Abdelmagid W，Ritchie H，et al. J Chromatogr A，2012，1270：194-203.

[60] Ahmed A，Clowes R，Willneff E，et al. Ind Eng Chem Res，2010，49：602-608.

[61] Ahmed A，Ritchie H，Myers P，et al. Adv Mater，2012，24：6042-6048.

[62] Kresge C T，Leonowicz M E，Roth W J，et al. Nature，1992，359：710-712.

[63] Beck J S，Vatuli J C，Roth W J，et al. J Am Chem Soc，1992，114：10834-10843.

[64] Martin T，Galarneau A，Renzo F Di，et al. Chem Mater，2004，16：1725-1731.

[65] Huo Q，Margolese D I，Ciesla U，et al. Nature，1994，368：317-321.

[66] Huo Q，Margolese D I，Ciesla U，et al. Chem Mater，1994，6：1176-1191.

[67] Grun M，Lauer I，Unger K K. Adv Mater，1997，9：254-257.

[68] Buchel G，Grun M，Unger K K，et al. Supramol Sci，1998，5：253-259.

[69] Yano K，Fukushima Y. J Mater Chem，2003，13：2577-2581.

[70] Yano K，Fukushima Y. J Mater Chem，2004，14：1579-1584.

[71] Liu S，Lu L，Yang Z，et al. Materials Chemistry and Physics，2006，97：203-206.

[72] Zhao D，Sun J，Li Q，et al. Chem Mater，2000，12：275-279.

[73] Zhao J W，Gao F，Fu Y L，et al. Chem Commun，2002，7：752-753.

[74] Ai F，Li L，Ng S C，et al. J Chromatogr A，2010，1217：7502-7506.

[75] Mesa M，Sierra L，Patarin J，et al. Solid State Sciences，2005，7：990-997.

[76] Unger K K，Kumar D，Grun M，et al. J Chromatogr A，2000，892：47-55.

[77] Ide M，Wallaert E，Driessche I V，et al. Microporous Mesoporous Mater，2011，142：282-291.

[78] Lind A，von Hohenesche C D，Smatt J H，et al. Microporous Mesoporous Mater，2003，66：219-227.

[79] Martin T, Galarneau A, Renzo F D, et al. Angew Chem Int Ed, 2002, 41: 2590-2592.

[80] Petitto C, Galarneau A, Driole M F, et al. Chem Mater, 2005, 17: 2120-2130.

[81] Desplantier Giscard D, Galarneau A, Renzo F D, et al. Stud Surf Sci Catal, 2001, 135: 1105-1112.

[82] Prouzet E, Pinnavaia T J. Angew Chem Int Ed, 1997, 36: 516-518.

[83] Boissiere C, van der Lee A, Mansouri A E, et al. Chem Commun, 1999, 20: 2047-2048.

[84] Boissiere C, Larbot A, van der Lee A, et al. Chem Mater, 2000, 12: 2902-2913.

[85] Boissiere C, Kummel M, Persin M, et al. Adv Funct Mater, 2001, 11: 129-135.

[86] Boissiere C, Martines M A U, Tokumoto M, et al. Chem Mater, 2003, 15: 509-515.

[87] Boissiere C, Larbot A, Prouzet E. Chem Mater, 2000, 12: 1937-1940.

[88] Martines M A U, Yeong E, Larbot A, et al. Microporous Mesoporous Mater, 2004, 74: 213-220.

[89] Teng Z, Lu Z, Li J, et al. Colloids and Surfaces A: Physicochem Eng Aspects, 2011, 384: 200-204.

[90] Regnier F E, et al. Nature, 1991, 350: 634-635.

[91] Afeyan N, et al. J Chromatogr, 1990, 519: 1-29.

[92] Wei Jun Xia, Shi Zhi Guo, Chen Fei, et al. J Chromatogr A, 2009, 1216: 7388-7393.

[93] 施治国, 冯玉锜. 分析化学, 2009, 37 (5): 695-697.

[94] Ryoo R, Joo S H, Kruk M, et al. Adv Mater, 2001, 13: 677-681.

[95] 柴志宽, 陈一泓, 蒋文辉, 等. 化学通报, 1978, 5: 20-22.

[96] 张华, 王俊德. 分析实验室, 1998, 17 (4): 91-93.

[97] 孟庆涛, 张勇. 应用科技, 2000, (3): 30-31.

[98] Knox J H, Ritchie H J. J Chromatogr, 1987, 387: 65-84.

[99] 蒋生祥, 刘霞. 中国科学 B辑: 化学, 2009, 39: 687-710.

[100] Qiu H, Liang X, Sun M, et al. Anal Bioanal Chem, 2011, 399: 3307-3322.

[101] 佟巍, 张养军, 秦伟捷, 等. 色谱, 2010, 28: 915-922.

[102] Unger K K, Skudas R, Schul M M. J Chromatogr A, 2008, 1184: 393-415.

[103] Kirkland J J. J Chromatogr A, 2004, 1060: 9-21.

[104] Majors R E. LC-GC North America, 2006, 24: 248-266.

[105] Neue U D. HPLC Columns. New York: Wiley-VCH, 1997.

[106] DeStefano J J, Langlois T J, Kirkland J J. J Chromatogr Sci, 2008, 46: 254-260.

[107] Gritti F, Leonardi I, Abia J, et al. J Chromatogr A, 2010, 1217: 3819-3843.

[108] Barbosa Silva R, Collins K E, Collins C H. J Chromatogr A, 2000, 869: 137-141.

[109] Wyndham K D, O'Gara J E, Walter T H, et al. Anal Chem, 2003, 75: 6781-6788.

[110] Walter T H, Ding J, Kele M, et al. US 7250214. 2007-07-31.

[111] Unger K K. Angew Chem, 1972, 84: 331-343.

[112] Hohenesche C, Ehwald V, Unger K K. J Chromatogr A, 2004, 1025: 177-187.

[113] Glajch J L, Kirkland J J. US 4705725. 1987-11-10.

[114] Kirkland J J, Dilks Jr C H, Henderson J E. LC-GC, 1993, 11: 290-297.

[115] Ascah T L, Feibush B. J Chromatogr, 1990, 506: 357-369.

[116] O'Gara J E, Alden B A, Walter T H, et al. Anal Chem, 1995, 67: 3809-3813.

[117] Ascah T L, Kallury K M L, Szafranski C A, et al. Liq Chromatogr Rel Technol, 1996, 19: 3049-3073.

[118] Locke D C, Schmermund J T, Banner B. Anal Chem, 1972, 44: 90-92.

[119] Angloher S, Kecht J, Bein T. Chem Mater, 2007, 19: 3568-3574.

[120] Brust D E, Sebastian I, Halasz I. J Chromatogr, 1973, 83: 15-24.

[121] Kirkland J J, Adams J B, Straten M A, et al. Anal Chem, 1998, 70: 4344-4352.

[122] Sandoval J E, Pesek J J. Anal Chem, 1991, 63: 2634-2641.

[123] Chu C, Jonsson E, Auninen M, et al. Anal Chem, 1993, 65: 808-816.

[124] Pesek J J, Matyska M T, Williamsen E J, et al. J Chromatogr A, 1997, 786: 219-228.

[125] Marciniec B. Hydrosilylation: A comprehensive Review on Recent Advances. Berlin: Springer, 2009.

[126] Nimura N，Itoh H，Kinoshita T. J Chromatogr A，1995，689：203-210.

[127] Cass Q B，Degani A L G，Cassiano N M，et al. J Chromatogr B，2002，766：153-160.

[128] Lakso H，Appelblad P，Schneede J. Clin Chem，2008，54：2028-2035.

[129] Chen M，Ma Q，Feng Y Q. J Liq Chromatogr Relat Technol，2009，32：2164-2175.

[130] Persson J，Hemstrom P，et al. J Sep Sci，2008，31：1504-1510.

[131] Jiang W，Fischer G，Girmay Y，et al. J Chromatogr A，2006，1127：82-91.

[132] Liu X，Jiang S X，Chen L R，et al. J Chromatogr A，1997，789：569-573.

[133] Zhang X，Chen S，Han Q，et al. J Chromatgr A，2013，1307：135-143.

[134] Schomburg G，Kohler J，Figge H，et al. Chromatographia，1984，18：265-274.

[135] Hansom M，Unger K K，Schomburg G. J Chromatogr，1990，517：269-284.

[136] Hanson M，Eray B，Unger K，et al. Chromatographia，1993，35：403-409.

[137] Kurganov A，Davanov V，Isajeva T，et al. J Chromatogr A，1994，660：97-111.

[138] Petro M，Berek D. Chromatographia，1993，37：549-561.

[139] Takafuji M，Fukui M，Ansarian H R，et al. Anal Sci，2004，20：1681-1685.

[140] Okamoto Y，Aburatani R，Fukumoto T，et al. Chem Lett，1987，1857-1860.

[141] Liu Y，Zou H. J Chromatogr A，2008，1178：118-125.

[142] Xuan H，Hage D S. Anal Biochem，2005，346：300-310.

[143] Matthijs G，Schacht E. J Chromatogr A，1996，755：1-10.

[144] Zhou F L，Muller D，Jozefonvicz J. J Chromatogr A，1990，510：71-81.

[145] Chang S，Noel R，Regnier F E. Anal Chem，1976，48：1839-1845.

[146] Alpert A J. J Chromatogr，1983，266：23-37.

[147] Alpert A J，Andrews P C. J Chromatogr，1988，443：85-96.

[148] Kanda T，Shirota O，Ohtsu Y，et al. J Chromatogr A，1996，722：115-121.

[149] Kobayashi S，Tanaka I，Shirota O，et al. J Chromatogr A，1998，828：75-81.

[150] Trammel B C，Ma L，Luo H，et al. Anal Chem，2002，74：4634-4639.

[151] Gewehr M，Nakamura K，Ise N，et al. Makromol Chem，1992，193：249-256.

[152] Kanazawa H，Sunamoto T，Ayano E，et al. Anal Sci，2002，18：45-48.

[153] 朱毅，倪才华，邵丹，等. 高分子学报，2007，8：765-769.

[154] Barbey R，Lavanant L，Paripovic D，et al. Chem Rev，2009，109：5437-5527.

[155] Pyun J，Jia S，Kowalewski T，et al. Macromolecules，2003，36：5094-5104.

[156] Morinaga T，Ohkura M，Ohno K，et al. Macromolecules，2006，40：1159-1164.

[157] Mu B，Wang T M，Liu P. Ind Eng Chem Res，2007，46：3069-3072.

[158] Huang X，Wirth M. Anal Chem，1997，69：4577-4580.

[159] Zhang Z，Wu Z，Wirth M J. J Chromatgr A，2013，1301：156-161.

[160] Wang C，Li M，Xu H，et al. J Chromatogr A，2014，1343：195-199.

[161] Favier A，Charreyre M. Macromol Rapid Comm，2006，27：653-692.

[162] Perrier S，Takolpuckdee P. J Polym Sci Pt A：Polym Chem，2005，43：5347-5393.

[163] Li C，Han J，Ryu C Y，et al. Macromolecules，2006，39：3175-3183.

[164] Ohno K，Ma Y，Huang Y，et al. Macromolecules，2011，44：8944-8953.

[165] Liu J L，Zhang L E，Shi S P，et al. Langmuir，2010，26：14806-14813.

[166] Kim S S，Cheong W J. Bull Korean Chem Soc，2009，30：722-725.

[167] Hwang D G，Zaidi A A，Cheong W J. Bull Korean Chem Soc，2009，30：3127-3130.

[168] Ali F，Cheong W J，Alothman Z A，et al. J Chromatogr A，2013，1303：9-17.

[169] Kolb H C，Finn M G，Sharpless K B. Angew Chem Int Edit，2001，40：2005-2021.

[170] Rostovtsev V V，Green L G，Fokin V V，et al. Angew Chem Int Ed Engl，2002，41：2596-2599.

[171] Lummerstorfer T，Hoffmann H. J Phys Chem B，2004，108：3963-3966.

[172] Guo Z，Lei A，Liang X，et al. Chem Commun，2006，4512-4514.

[173] Guo Z M，Lei A W，Zhang Y P，et al. Chem Commun，2007，2491-2493.

[174] Guo Z M，Jin Y，Liang T，et al. J Chromatogr A，2009，1216：257-263.

[175] Yao X，Tan T，Wang Y. J Chromatogr A，2014，1326：80-88.

[176] Cheng X D，Peng X T，Yu Q W，et al. J Chromatogr A，2013，1302：81-87.

[177] Sulitzky C，Rückert B，Hall A J，et al. Macromolecules，2002，35：79-91.

[178] Gao B J，An F Q，Zhu Y. Polymer，2007，48：2288-2297.

[179] Qin L，He X W，Li W Y，et al. J Chromatogr A，2008，1187：94-102.

[180] 郭建峰，高保娇，张正国. 化工学报，2011，62：3207-3214.

[181] 陈志萍，高保娇，杨晓峰，等. 过程工程学报，2009，9：387-392.

[182] Wang H J，Zhou W H，Yin X F，et al. J Am Chem Soc，2006，128：15954-15955.

[183] Lu C H，Zhou W H，Han B，et al. Anal Chem，2007，79：5457-5461.

[184] Block H，Maertens B，Spriestersbach A，et al. Methods in Enzymology，2009，463：439-473.

[185] Hage D S，Anguizola J A，Bi C，et al. Pharm Biomed Anal，2012，69：93-105.

[186] Jackson A J，Karle E M，Hage D S. Anal Biochem，2010，406：235-237.

[187] Hermanson G T. Bioconjugate Techniques. 3rd Edition. Waltham：Academic Press，2013.

[188] Nunez O，Nakanishi K，Tanaka N. J Chromatogr A，2008，1191：231-252.

聚合物微球固定相

3.1 概述

固定相一直被誉为色谱的核心，其发展是影响色谱技术发展的关键问题之一。通常而言，色谱仪器的差异不大，主要根据样品性质选择固定相，并对流动相进行优化，实现不同类型化合物的分离。因此，在高效液相色谱仪器商品化之后，固定相的发展显得尤为重要，对固定相的研究源源不绝且日新月异。同时，每一次材料科学的重大发展以及合成手段的提高都会给固定相的开发带来新的契机。此外，随着科技的不断发展，新的分析对象层出不穷，需要的色谱技术也在不断改进。

在材料科学发展以后，有机高分子物质也被广泛用于液相色谱填料中。相较于无机基质填料，有机基质填料具有以下突出的优点：①材料来源广泛，所使用的高分子材料可以是天然的多糖，也可以是高分子聚合物；②材料表面容易修饰和改性，不易产生非特异性吸附，适合用作生物样品分离；③具有可调节的孔径和柱容量，适合作为制备色谱；④物理化学稳定性好，对 pH 的耐受范围宽，再生方便。但是该类填料也带有不少与生俱来的缺点，最大的问题就是材料的刚性不足，在高压力下容易变形或破碎，造成柱效下降；热稳定性也不如无机基质稳定[1]。因此，目前有机聚合物基质还需要继续改进，以适应分析的要求。

3.2 聚合物微球固定相的制备

3.2.1 聚合物微球原料

3.2.1.1 天然多糖材料

天然的多糖材料主要包括葡聚糖和琼脂糖。葡聚糖又称右旋糖酐，它是由多个葡萄糖分子聚合而成的低聚糖，一般按照单糖数分为葡聚糖 2 万、葡聚糖 10 万等系列聚合物。琼脂糖则是从琼脂中提取的，由不同类型吡喃半乳糖聚合而成的多糖，具有特殊的凝胶性质。这些天然多糖色谱固定相一般是软质凝胶，机械强度不高，而且粒径分布也较宽，但是由于这些天然材料生物亲和性好，亲水性也较强，因此在传统上一直用作生物样品的分离材料，最常用的是分离生物大分子类化合物，早期的商品化的凝胶基质包括 Sephadax[2,3] 和 Sepharose[4] 系列，曾广泛用于生物分析领域。

为了克服这些天然凝胶过于质软的缺点，将这些基体与偶联试剂反应，得到交联高分子凝胶，例如将葡聚糖与丙烯酰胺偶联，琼脂糖与二溴丙醇偶联，都可制备高交联度的多糖凝胶[5]。这些微球亲水性很好，对水溶性生物分子有很好的兼容性，具有较高的机械强度和化学稳定性，主要用于各种生物样品的分离和制备，包括蛋白质、多糖、核苷酸和质粒等[6~8]。为了增加检测的特异性，将脂质体固定到 Sephacryl 凝胶上制备成有机杂化材料，可以批量检测卵磷脂及其衍生物[9,10]。

相对于天然的多糖基质，人工合成的聚合物固定相的力学性能和化学稳定性均明显超过它。并且合成高聚物填料的单体选择性很广，常见的单体包括苯乙烯、甲基丙烯酸酯、丙烯酰胺、丙烯酸、乙烯醇和苯乙烯吡啶等，可以通过调控单体的含量和反应条件改变固定相的结构和组成，从而应用于不同类型化合物的分离分析。

3.2.1.2 苯乙烯-二乙烯基苯聚合物微球

苯乙烯-二乙烯基苯的交联共聚物（PS-DVB）微球，是各类液相色谱技术中应用最为广泛的基质树脂之一，其骨架如图 3-1 所示。由于 PS-DVB 微球具有良好的颗粒刚性、均匀的粒度和适宜的孔径大小与分布，所以适用于作高效液相色谱填料的基质材料。其主要由三部分组成：一是无功能基的苯乙烯单体；二是二乙烯基苯交联剂，通过控制交联剂的含量可控制树脂的交联度，从而控制树脂的含水量；三是功能基部分，它提供用于分离目标分析物的活性位点。功能基可直接键合到基体上。

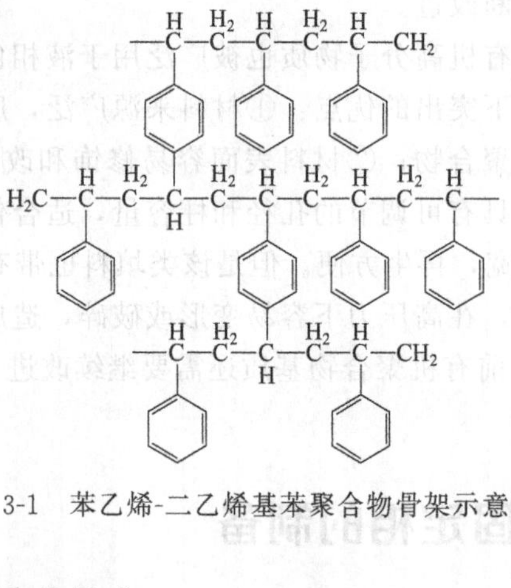

图 3-1 苯乙烯-二乙烯基苯聚合物骨架示意图

3.2.1.3 甲基丙烯酸酯类聚合物微球

以甲基丙烯酸的甲酯、丁酯、羟基乙酯、环氧丙酯等化合物为单体，使用与单体结构相近的二甲基丙烯酸乙二醇酯或者二乙烯基苯及其他双烯类化合物为交联剂也可以制备出多种类型的高交联度聚合物微球。这些树脂无论是疏水性，还是亲水性，都可以作为色谱填料的基质材料，部分树脂也可直接用于色谱分离。由捷克 Lachema 公司制备的 Spheron 系列凝胶，是基于甲基丙烯酸羟基乙酯和二甲基丙烯酸乙二醇酯的交联共聚物微球生产的。此类凝胶具有良好的亲水性和颗粒刚性，并按其孔径大小而成系列。将其作为高效的凝胶过滤色谱填料和将其作为基质材料进行衍生制备的高效离子交换填料和亲和色谱填料，均得到了广泛应用。

颗粒单分散的多孔（或非多孔）型交联聚甲基丙烯酸环氧丙酯微球，作为性能优异的活性基质材料已有报道，其骨架如图 3-2 所示。这类树脂具有良好的化学反应性，在温和的条件下能够方便地衍生制备成各种色谱分离材料。例如，将其环氧基水解开环，就变成亲水性树脂；将其与不同类型的离子化试剂反应，就可制得相应的强弱阴阳离子交换剂以及螯合树脂；将其与生物亲和配基反应，就可制成相应的亲和树脂等。

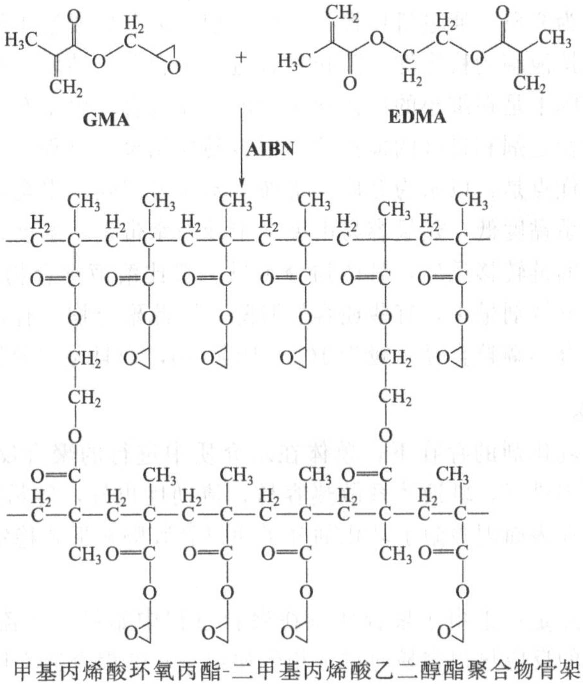

图 3-2 甲基丙烯酸环氧丙酯-二甲基丙烯酸乙二醇酯聚合物骨架示意图

3.2.1.4 其他类型聚合物微球

由日本 Toyosoda 公司生产的亲水性凝胶 TSKgel PW 系列，是一种交联高聚物，含有—CH$_2$—CH$_2$(OH)—CH$_2$—O—链段，即羟基化的聚醚树脂。该系列凝胶的颗粒刚性好，粒度分布窄，按其孔径大小有多种型号产品。它们无论作为填料还是基质材料，均有优异的性能，直接用于凝胶过滤色谱，可在水相体系中分离多种水溶性高分子。

此外，多孔结构的交联聚乙烯醇树脂，如 Asahipad GS 系列、Toyopearl 系列、多孔型的交联聚丙烯酰胺类树脂，如 Trisacryl 等，都是性能良好的亲水性凝胶。交联聚苯乙烯吡啶树脂，因其所含吡啶环而呈现弱碱性，可直接用作弱阴离子交换填料；将树脂季铵化，可制备成强阴离子交换填料。

3.2.2 聚合物微球的制备方法

合成高聚物微球的方法有很多，但在聚合物生产的历史上，长期以来自由基聚合法一直占领先地位，目前仍然占较大的比例。应用于色谱固定相的自由基聚合主要有本体聚合、悬浮聚合、乳液聚合、分散聚合及种子溶胀法等，以下将从聚合体系的概念、优点、缺点以及应用四个方面给予简单的介绍。

3.2.2.1 本体聚合法

这是一种最常用的方法，首先将单体与交联剂混合，经过热引发或者光引发，合成呈块状的聚合物，然后经过反复的研磨和筛分，选择粒径小于 $25\mu m$ 的颗粒应用于色谱研究。这种固定相已广泛应用于高效液相色谱柱的研究中，尤其是分子印迹聚合物固定相的制备。本体聚合的方法简单，优化合成条件比较直接；但反复研磨和筛分费时、费力、产率低，所得颗粒为无定形，粒径是高度分散，因此色谱柱的柱效一般不高。

3.2.2.2 悬浮聚合法

悬浮聚合是以水为介质，通过机械搅拌作用，把单体分散成细小的液滴悬浮在水中，然后引发聚合。为了保持液滴的稳定性，防止聚合过程中合并、结块，通常需要加入悬浮稳定剂。这种聚合方法实际上是在细小的单体液滴中的本体聚合。由于有水作介质，散热比较容易。只要选择合适的稳定剂和良好的搅拌器，很容易控制聚合过程。

悬浮聚合方法的优点是：以水为介质，价廉，不需要回收，安全，产物容易分离，生产成本低；悬浮聚合体系黏度低，热量容易由夹套中冷却水带走，温度容易控制，产品质量稳定。由于没有向溶剂的链转移反应，其产物分子量一般比溶液聚合物高。与乳液聚合相比，悬浮聚合物上吸附的分散剂量少，有些还容易脱除，因此聚合物含有较少的杂质。但是采用悬浮聚合法制备的聚合物颗粒直径一般为 $100\sim1000\mu m$，而且是多分散的颗粒。

3.2.2.3 乳液聚合法

乳液聚合是指在乳化剂的存在下，单体在水介质中进行的聚合反应。由于使用了乳化剂，聚合反应在乳液中进行，乳液体系散热容易，流动性也好，容易操作，工艺性能良好。聚合结束后，聚合物在表面因吸附了乳化剂分子而以乳胶颗粒形式稳定地分散在水相中成为乳胶。

乳液聚合法的优点是：①由于聚合体系在聚合过程中始终处于流动性良好的状态，因此，自由基聚合放出的反应热很容易通过水相传递出去；②聚合速率比通常的本体聚合高得多；③聚合产物的分子量比本体聚合或溶液聚合的产物高很多；④聚合产物以乳胶形式生成，因而操作容易，而且若产物直接以乳胶形式使用，则其优点更加显而易见；⑤通过加入链转移剂来控制产物分子量，从而控制最终产物的性质；⑥聚合过程和产物乳胶均以水为介质，因此安全和环境问题较少。其缺点是：采用单步的乳液聚合只能制备 $1\mu m$ 以下的单分散微球。曾有报道称在太空中成功地合成了直径达 $5\mu m$ 的单分散聚合物微球[11]，并认为太空中没有重力的条件极为有利。通常认为在地球上不可能通过简单的乳液聚合制备直径大于 $3\mu m$ 的单分散微球。

3.2.2.4 分散聚合法

分散聚合法是 20 世纪 70 年代初由英国 ICI 公司的研究者提出的一种制备单分散微球的聚合方法[12]，最初主要用于开发非水分散涂料、黏合剂、表面处理剂等。近十几年来单分散大粒径聚合微球已广泛应用于生物医学、免疫学技术、固相载体高效液相色谱等技术领域[13]。分散聚合体系中主要组分为单体、分散介质稳定剂和引发剂。聚合反应开始前，整个体系呈均相。但反应所生成的聚合物不溶于介质，在达到临界长度后从介质中沉淀出来，聚结成小颗粒，并借助于稳定剂悬浮在介质中，形成类似于聚合物乳液的稳定分散体系。单体可以是油溶性和水溶性，极性和非极性，乙烯基和非乙烯基，以及功能性和非功能性各种类别的单体。其中研究较为深入的是苯乙烯和甲基丙烯酸（MMA）。极性介质一般选低级醇，而非极性介质一般选烷烃；常用的稳定剂有聚乙烯吡咯烷酮（PVP）、羟丙基纤维素（HPC）、聚丙烯酸、聚乙二醇（PEG）及糊精等；分散聚合中大都采用油溶性的引发剂，应用最多的是过氧化苯甲酰（BPO）与偶氮二异丁腈（AIBN）。

分散聚合法主要应用于如下领域：①纯净的单分散微球可以用于不同测量仪器和技术校正的标准粒子，如电子显微镜、光散射仪、超重分析和库尔特计数器等；②滤纸及生物膜孔径的测量；③乳液聚合及乳液成膜动力学和机理的研究；④采用粒度较大、均匀的高聚物微球作为高效液相色谱柱填料、离子色谱柱填料，可以降低柱压、提高柱效和改善分离效果[14]。

分散聚合法工艺简单，可适用于各种单体，能制备出不同粒径的单分散聚合物微球，而且粒径分布较窄，适应于工业化发展。但分散聚合法不能制备交联度大于 6% 的微球[15]。这是由于单体和交联剂聚合速率的差异使得当交联剂的加入量大于 6% 时，制备的交联聚合微球发生变形而不呈球状，而对于 HPLC 填料来讲交联度要求大于 8%[16]。

3.2.2.5 种子溶胀法

种子溶胀法是一种先利用低皂或无皂乳液聚合或分散聚合等方法制成小粒径单分散高聚物的粒子为种子，用单体、交联剂以及惰性组分进行溶胀，使颗粒变大，然后再进行聚合，从而得到较小粒径单分散高聚物的方法[17]。

合成工艺分为三步：溶胀、共聚、稀释剂的除去。采用单分散聚苯乙烯种子胶体作为惰性稀释物来制备大孔聚合物微球的尝试已获得成功[18~20]。Cheng 等[21]对孔状结构的形成机理进行了研究，他们发现孔隙是由于稀释剂存在下发生相分离的结果。在共聚过程中孔状结构的产生可分为两个阶段：第一步是形成高度交联的微球并凝聚成聚合物胶粒；第二步是微球和凝聚物的结合以及稍后的结构固定[22]。根据具体实施方法的不同，种子溶胀法可以分为常规溶胀法、逐步溶胀法、两步溶胀法、动力学溶胀法、单步溶胀法等。

（1）常规溶胀法　Okubo 等[23,24]率先采用常规溶胀法制成了大粒径单分散聚合物微球。他们首先通过分散聚合制成直径为 2μm 的单分散聚苯乙烯颗粒，然后在 0℃ 下用苯乙烯、二乙烯基苯或苯乙烯、氯甲基苯乙烯单体混合物溶胀 24h，最后进行聚合反应，制成了粒径约 3μm 的单分散微球。但常规溶胀法微球吸收单体有限，溶胀后聚合物粒径增长也小，所以目前已经很少人使用常规溶胀法。

（2）逐步溶胀法　逐步溶胀法是指把种子颗粒进行多次溶胀、多次聚合，最终制得聚合物颗粒的方法[25~27]。通过 Morton 分散颗粒热力学方程，可以计算出种子颗粒被单体溶胀后体积将增大 2 倍，粒径将增大 1.4 倍。反复溶胀、反复聚合即可得到大粒子。从理论上讲，小粒子增长速率大于大粒子，经过一连串溶胀聚合步骤以后，粒度分布应当趋于变窄，但若控制不好，每一步都有可能产生新的小颗粒，故逐步溶胀法很难得到单分散的微球。另外，这种方法需要很长时间，这样会造成颗粒间相互碰撞而导致聚结，使体系稳定性变差。虽然在聚合体系中加入大量的乳化剂可提高稳定性，但是这同时也有利于在水相中生成新胶粒使得粒径的粒度分布变宽。

（3）两步溶胀法　Ugelstad 等[28~30]首先使用一种极难溶于水的有机溶剂对单分散聚合物、聚合物-低聚物胶粒进行溶胀，并控制溶胀条件使其向胶体扩散而胶粒中的物质不能向外扩散；然后加入水和乳化剂，最后加入单体混合物，并控制条件使单体易于通过水相向胶粒扩散而其则不能向外扩散。这种两步溶胀法已经被用于直径在 1~100μm 范围内的微球的制备，而且制得的微球的分散性小于 2%。因此这种制备方法已经被广泛地应用于单分散性的有机高聚物的制备。但是这种制备过程很复杂，而且制备过程花费的时间也很长。

（4）动力学溶胀法 动力学溶胀方法（DSM）是 Okubo 等[31]提出的一种一步溶胀法。DSM 中不需要溶胀就能制备出直径大于 $5\mu m$ 的单分散聚合物微球。其具体的步骤如下：首先在 65℃下将单分散聚苯乙烯微球分散在含有苯乙烯单体、引发剂过氧化苯甲酰和分散剂聚乙烯醇的乙醇-水溶液中，然后以 1℃/min 的降温速度将体系冷却到 −5℃，向体系中加入水防止溶入胶粒的苯乙烯重新回到连续相，并加入亚硝酸钠，防止可能引起再次成核的水相聚合，最后升温聚合制备具有高度单分散性的聚苯乙烯球。在动力学溶胀法中加水的目的是为了降低单体在介质中的溶解度，其技术关键是如何使水缓慢而均匀地进入体系，而不至于出现水的局部过浓。为达到此目的，可以采用半透膜加水；或把水结合在某种物质如交联聚合物或微胶囊中，让水在溶胀过程中逐渐释放出来；或采用水蒸气加水等方式。要降低单体在介质中的溶解度，还可以采取降低温度、蒸发溶剂或用某种物质来吸收溶剂等方法。所以动力学溶胀法的应用范围是很广的。

优点：动力学溶胀法适用于各种疏水性单体的聚合；可用甲醇、乙醇、异丙醇、乙二醇及丙二醇等水溶性溶剂作介质，可采用 PVA、甲基纤维素、PAA、PAM 及聚乙二醇等作稳定剂，可采用 BPO 及 AIBN 等油溶性引发剂。

缺点：技术难度大，每次加水速度的不同均会引起粒径的差别。

（5）单步溶胀法 Ogino 等[32]于 1995 年提出了一种新的溶胀技术，即首先将合成的种子颗粒分散在稳定剂体系中；然后将按一定的比例加入单体、交联剂、引发剂、致孔剂、乳化剂和稳定剂的混合液置于超声装置中进行乳化；最后将乳化液倒入种子的分散体系中。等单体充分被种子吸收后升高温度，在引发剂作用下反应 24h 即可得到单分散大粒径的颗粒，称为"单步溶胀聚合法"。控制有机相与种子的比例即可得到不同粒径的微球。在合成过程中充当致孔剂的化合物也可以在反应完成之后去除，得到多孔性的大粒径微球。控制致孔剂与单体的比例即可得到不同孔径的微球。而在国内 Chai 等[33]亦成功地用单步溶胀法合成了聚合物微球，他们还从溶胀比、交联剂含量、致孔剂、温度等方面对苯乙烯/二乙烯基苯微球的孔径大小的影响进行了详尽的研究。Kedem 等[34]利用单步溶胀法以苯乙烯/氯甲基苯乙烯为单体制备了氯甲基为功能基的功能性聚合物微球，并从交联剂类型和含量、氯甲基苯乙烯含量、溶胀剂含量等反应因素对微球的分子量、大小、粒径分布、形状、表观状态和分解温度等方面的影响进行了讨论。

优点：与其他聚合物微球相比，单步种子溶胀聚合法生产工艺简单，适用于各种单体。通过选择适当的反应条件可以方便地制备得到 $1\sim15\mu m$ 的单分散聚合物微球[35,36]。使用单分散的大孔微球有助于提高色谱分离度，降低色谱柱的背景压力[37]。

有机高分子聚合物基质的优点是：①基质的填料可以选择各种天然的多糖为原料来制备，也可以广泛地使用各种合成的单体和交联剂来制备，这些高分子材料一般容易进行化学改性处理，所制备的填料具有良好的色谱选择性；②对被分离的样品具有较强的负载能力和较高的色谱容量，这对于不同规模的制备色谱柱来说尤为适宜；③基质微球具有良好的耐酸、耐碱和耐溶剂处理的化学稳定性，可以在广泛的 pH 范围内使用，并且有较长的柱子寿命和较好的再生能力；④不易产生不可逆的非特异性吸附作用，特别是对于生物大分子的分离具有较好的相容性，能有效地保持样品的生物活性。这些优点决定了有机高分子类型填料广阔的应用发展前景，尤其是对于分离纯化生化物质所表现出的良好性能，已经越来越受到研究者和应用者的重视。

3.3　聚合物微球固定相在液相色谱中的应用

3.3.1　亲和色谱

聚合物基质固定相常用的一个领域就是亲和色谱（affinity chromatography，AC）固定相。亲和色谱是一种基于生物活性物质与其他分子之间可逆的特异性相互作用的色谱分离技术，为生物大分子的分离纯化开辟了一个新的领域[38,39]。其基本原理可以表示为：首先将具有特异性识别能力的分子（配体，ligand）固定于适当的不溶性载体上，得到亲和吸附剂，然后在有利于吸附的条件下，通过含有目标蛋白的料液，目标蛋白和配体之间通过亲和作用而被吸附在吸附剂上，而杂蛋白不与吸附剂结合，最后通过调整 pH、离子强度、温度或者加入更具有竞争性的配体等方式，将纯化后的目标蛋白洗脱下来。亲和色谱作用过程如图 3-3 所示[40]。

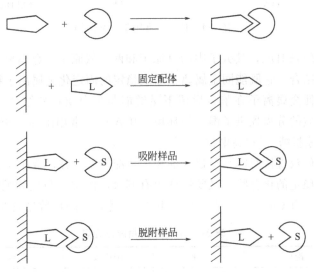

图 3-3　亲和色谱作用过程示意图

亲和色谱固定相的有机基质材料主要为多糖类和高聚物类。两者相比较，高聚物微球的机械强度和粒径的均匀性均优于多糖类基质，但是其亲水性和生物兼容性不如多糖类好，因此需要通过化学修饰引入间隔臂和偶联配体。常见的配体种类包括金属螯合物配体[41]、天然物配体[42]和染料类配体[43]等。目前广泛采用的载体材料包括琼脂糖、葡聚糖、聚丙烯酰胺、聚甲基丙烯酸和纤维素等。这些载体材料包含相当数量的羟基、氨基和醛基等活性基团，很容易对其进行化学改性，从而达到与亲和配体结合的目的。由于聚合物单体种类繁多，因此修饰比较容易，对这方面的研究和应用也比较丰富。

3.3.1.1　金属螯合物配体

以金属离子作为配体的亲和色谱称为固定化金属离子亲和色谱（immobilized metal ion affinity chromatography，IMAC）。它是基于蛋白质表面所含有的供电基团（主要是组氨酸残基上的咪唑基或半胱氨酸残基上的巯基）与过渡金属离子在一定条件下通过多位点螯合而形成螯合物，由于不同蛋白质侧链上所含氨基酸的种类和数量不同，从而与金属离子之间的亲和力不同，当用洗脱剂进行洗脱时，就可以实现不同蛋白质之间的分离[44,45]。

（1）常用的螯合剂和金属离子　IMAC选择螯合剂时需要综合考虑螯合剂的配位原子和金属离子的配位数，螯合剂分子中至少应该具备两个配位原子。螯合剂分子中的配位原子数越多，形成的螯合物也越稳定。常用的螯合剂有亚氨基二乙酸（IDA）、三羧甲基乙二胺（TED）、羧甲基天门冬氨酸（CM-ASP）、四亚乙基五胺（TEPA）、次氮基三乙酸（NTA）和羧甲基-α,β-二氨基丁二酸（CM-DASA），它们的结构见图3-4[46]。

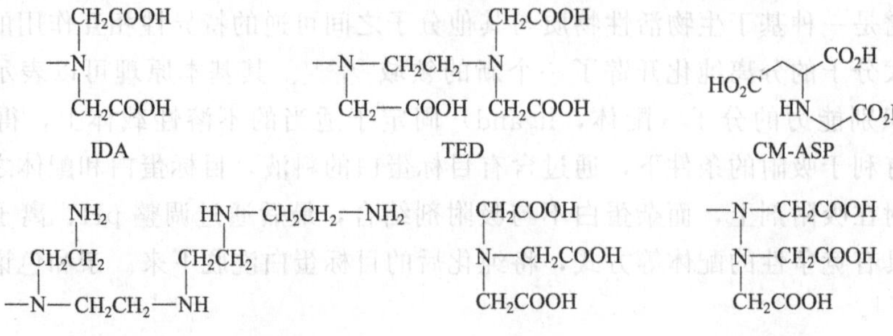

图 3-4　IMAC常用螯合剂结构

其中最常使用的是IDA，其分子中的氮原子和两个氧原子与金属离子螯合后，还剩余三个空轨道与蛋白质结合，它既能同金属离子形成稳定的固定化金属离子物，防止色谱过程金属离子的泄漏，又使金属离子在螯合后留下足够能与蛋白质强烈结合的配位点。IDA适中的亲水性也为蛋白质的分离提供了温和的环境。IDA作为常用配体已被键合到不同载体上，包括硅胶[47~49]、琼脂糖[50]和高聚物[51]等。

金属离子的配位数直接影响其与螯合剂和生物配体的结合，金属离子的配位数既要保证能够与螯合剂形成稳定的化合物，又要保证含有剩余的配位点与生物配体发生作用。IMAC常用的配位金属离子有Cu^{2+}、Zn^{2+}、Ni^{2+}和Co^{2+}等，其配位数见表3-1。

表 3-1　IMAC常用配位金属

中间酸	配位数	软酸	配位数	硬酸	配位数
Cu^{2+}	6,4	Ag^+	2,3,4	Ca^{2+}	6,>6
Ni^{2+}	6,4	Cd^{2+}	4	Mg^{2+}	6
Fe^{2+}	6	Pt^+	2	Mn^{2+}	6
Zn^{2+}	4	Hg^{2+}	4	Cr^{3+}	6
Co^{2+}	6,4				

对于Cu^{2+}、Zn^{2+}和Ni^{2+}等中间酸离子，使用得最多的螯合剂是IDA，还有TED、NTA和TEPA等，它们的共同点是分子结构中都含有可以提供孤对电子的N、O原子，每个分子上至少含有三个配位原子。螯合剂与金属离子螯合时一般形成五元环或六元环，结构比简单的络合物稳定，并且环的数目越多，结构就越稳定。

（2）IMAC在蛋白质分离中的应用　IMAC技术作为一种分离蛋白质的新方法一开始就发展很快，许多关于其应用的文章纷纷发表，所用金属离子主要为中间酸（intermediate metal ions）。随着研究的进一步深化，硬酸金属离子（hard metal ions）也被作为研究对象进行了较为系统的研究。首次将硬酸金属离子用于纯化蛋白质的是 Porath，他用螯合 Fe^{3+} 的亲和色谱法来分离和纯化血清蛋白[52,53]。Andcrson[54]用对 Al^{3+} 螯合金属亲和色谱来确认蛋白中的磷酸化侧链。Borrebaeck[55,56] 及同事以 Ca^{2+} 螯合亲和色谱纯化植物种子血凝素。

1982 年，Sulkowski[57,58]等开始系统地研究氨基酸支链与过渡金属离子的亲和力的关系，其他许多实验室在这方面的研究也陆续被报道：Cu^{2+} 可以与表面裸露组氨酸的蛋白质吸附；Ni^{2+} 和 Zn^{2+} 可与表面有相近两个组氨酸的蛋白质吸附；Co^{2+} 与蛋白质结合时蛋白质须有两个以上组氨酸为相邻的。1986 年研究者普遍认为，在硬酸金属离子与蛋白质的结合过程中，蛋白质的磷酸化的侧链起到了至关重要的作用[59]。1992 年，Muszynska[60] 提出含有羧基的氨基酸侧链和酪氨酸的存在有助于蛋白质和多肽在硬酸金属离子固定化的载体上的吸附。经过 20 多年的发展，IMAC 已经成为纯化蛋白质的一种非常有效的手段，已经成功地应用于各种蛋白质的纯化。

3.3.1.2　天然配体及应用

与金属和染料相比，天然配体包括碳水化合物结合配体和蛋白质配体，具有较高的特异性，通常是无毒害。自然界中糖缀合物包括糖、多糖、糖脂、核苷和核苷酸、蛋白聚糖、糖蛋白、酶、抗体、受体、激素、多肽等形式，其分子中均存在碳水化合物成分。多肽具有与蛋白质相似的结构，因此它们的作用通常是温和的，因此在分离过程中采取温和的洗脱条件，可以避免蛋白质的变性。植物凝集素和硼酸盐对目标分子中碳水化合物有亲和力，因而可用于亲和纯化。如伴刀豆蛋白 A，由于可与 α-D-甘露糖和 α-D-葡萄糖残基结合，已被成功用于半乳糖转移酶同工酶、牛乳糖蛋白等的分离。此外，单糖也可用于亲和配体，固定于环氧琼脂糖的乳糖已成功用于相思子种子中毒素和凝集素的分离[61]。蛋白 A 和蛋白 G 分别为金黄色葡萄球菌和 G 群链球菌细胞壁蛋白，蛋白 A 和蛋白 G 在中性 pH 与免疫球蛋白牢固结合，在低 pH 缓冲液中解离。Schuler 等[62]应用蛋白 A 从杂交瘤上清液中纯化出鼠 IgG1 单抗。Coleman 等[63]报道了一种新的交联多孔疏水反应性支持物，其流通性及柱床稳定性高，可用于直接固定蛋白 A。

反义肽可以作为正链编码的肽或蛋白的亲和配体。通过反义肽亲和色谱已分离纯化出哺乳动物细胞表达的重组人干扰素[64]。针对靶酶特异识别序列的数个氨基酸、合成的多聚氨基酸以及寡聚肽，已广泛应用于蛋白质分离。多肽的抗体也可用作亲和配体，可用于分离纯化多种蛋白酶。

核苷酸及核苷酸辅酶已成功用于一些酶的分离纯化。Inoue 等[65]利用在同一核苷酸吸附剂上的果糖-6-磷酸-2-激酶，从果蝇中纯化出膜相关的二酰甘油激酶。Egi 等[66]利用固定化的磷酸硫胺素从人血液中纯化出硫胺素焦磷酸激酶和腺苷酸激酶。

然而，自然界中存在的与蛋白质等生物大分子有天然亲和性的多肽种类非常有限。因此，必须找到并得到合适的特异性多肽。组合化学的进一步发展将为这一发展方向开辟道路[67]。

3.3.1.3　染料类配体及应用

染料亲和配体可能是最具有应用前景的一类特异性亲和配体，可用于蛋白质的大规模分离纯化。染料配体通过模拟底物、辅助因子或结合因子与蛋白及酶的活性位点作用。染料配体价格低廉，易于合成，能通过共价键牢固地结合到亲和载体上，与蛋白质的结合容量高，化学性质稳定，不易为生物降解。其经济性、安全性、稳定性、高吸附容量及固定的简易性等优点使其越来越多地取代天然配体，成为最具应用前景的一类亲和配体。

应用于亲和色谱中的染料配体主要是染纺上所用的一些活性染料。这些活性染料一般由一个载色体（如偶氮分子或蒽醌分子等）连接一个活性基团（如单氯或双氯三嗪环等）组成，可称为染料母体和染料活性基，它们通常通过连接基相连，也可以直接相连。在母体染料中一般具有 1~3 个磺酸基作为水溶性基团，有些活性基本身也具有磺酸基或硫酸酯基作为水溶性基团。这些染料分子有些同时还带有羧基、氨基或金属螯合等基团，有助于提高染料分子的亲水性能。活性染料通常可分为三嗪型、卤代嘧啶活性基类、乙烯砜活性基类、其他活性基类（例如膦酸基型、α-卤代丙烯酰胺型）和双活性基型活性染料等，如图 3-5 所示。

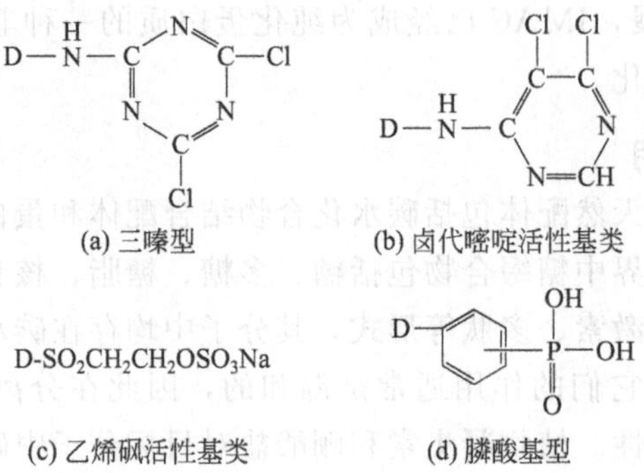

(a) 三嗪型 (b) 卤代嘧啶活性基类

D-SO₂CH₂CH₂OSO₃Na

(c) 乙烯砜活性基类 (d) 膦酸基型

图 3-5 活性染料

染料配基与蛋白质的作用机理是非常复杂的。通常可归结为以下两点：一为染料分子模仿天然生物配体（如 NADH、NADPH、NAD⁺、NADP⁺、ATP 和 GTP 等）的形状、芳香性及电荷分配等，在这些作用位置上与蛋白质形成竞争性吸附；二为染料分子与蛋白质之间存在静电作用、疏水作用、氢键及电荷转移作用等非特异性吸附[68]。当染料与蛋白质主要以特异性作用结合时，吸附作用强，需要用天然配体进行洗脱；当染料与蛋白质主要以强的非特异性作用结合时，不需要用亲和配体进行洗脱。

3.3.2 分子印迹色谱固定相

分子印迹，又称分子烙印（molecular imprinting，MIP），是源于高分子化学、材料化学、生物化学等学科，在分子识别理论基础上发展起来的一门交叉学科技术。1972 年 Wulff 小组[69]首次成功地制备了分子印迹聚合物。20 世纪 80 年代 Mosbach 及其同事[70]提出利用非共价键作用合成印迹聚合物。由于该方法适用范围宽，制备过程相对简单，因此成为分子印迹技术研究的主要手段。也有采用共价作用与非共价作用相结合的方法制备分子印迹聚合物的研究[71]。分子印迹技术是因聚合物中形成了与模板分子结构相匹配的孔穴，这些孔穴有很强的"记忆功能"，对模板分子具有特异的亲和作用，因此可将 MIP 作为色谱固定相或固相吸附剂用于混合物的分离和纯化。MIP 对目标分子有很强的选择性，已在许多方面（如光学异构体分离[72,73]、临床药物分析[74,75]、环境监测[76,77]、仿生传感器[78,79]及活性组分提取[80,81]等方面）显示了广阔的应用前景，成为目前活跃的研究领域之一。目前，全世界至少包括瑞典、日本、德国、美国、中国、澳大利亚、法国在内的几十个国家、上百个学术机构和企事业团队在从事分子印迹聚合物（molecular imprinting polymers，MIPs）的研究和开发[82]。分子印迹技术发展如此迅速，主要因为它有三大特点：构效预定性、特异识别性和广泛应用性[83]。本节主要介绍聚合物固定相在分子印迹技术中的应用。

3.3.2.1　分子印迹技术的基本原理

分子印迹技术原理如图 3-6 所示。当模板分子（印迹分子）与聚合物单体接触时会形成多重作用点，通过聚合过程这种作用就会被记忆下来，当模板分子去除后，聚合物中就形成了与模板分子空间构型相匹配的、具有多重作用点的空穴，这样的空穴将对模板分子及其类似物具有选择识别特性。

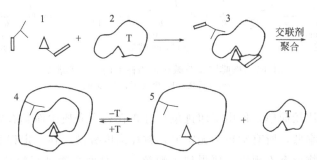

图 3-6　分子印迹技术原理[84]

1—功能性单体；2—模板分子；3—模板-聚合物单体；

4—模板聚合物母体；5—模板聚合物

MIPs 的制备过程主要由以下三步构成：①印迹分子与功能单体通过共价键作用相互结合，形成主客体配合物；②通过功能单体与交联剂共聚，将该主客体配合物进行固定；③洗脱印迹分子，得到印迹聚合物，其中含有与印迹分子形状和功能基团排列相匹配的空穴。因此 MIPs 对印迹分子有"记忆"功能，对其具有高度的选择性。

3.3.2.2　分子印迹固定相制备方法

（1）本体聚合　本体聚合属于包埋法，是一种最常用的方法。它是将功能单体在溶液中重新排列在印迹分子周围，交联干燥后将其研磨、破碎、筛分得到一定粒径的分子印迹介质，最后洗脱除去模板分子[85]。这种固定相已用于高效液相色谱（HPLC）、薄层色谱（TLC）和毛细管电泳（CE）的研究中。

苏立强等[86]将茶碱、甲基丙烯酸溶解于适量氯仿中，放置过夜，使烙印分子与功能单体充分作用，加入交联剂乙二醇二甲基丙烯酸酯（EDMA），在引发剂 AIBN 及 366nm 紫外灯照射下反应 48h，得到坚硬的固体聚合物。粉碎，过筛，用索氏提取器抽提 20h，溶剂为甲醇/乙酸（体积比 90：10），以去除烙印分子。用乙腈反复沉降以除去细小颗粒，得到粒径小于 $30\mu m$ 的无定形颗粒。聚合物固定相分散于乙腈中，用乙醇作顶替剂，在 10MPa 压力下，装入 150mm×4mm 不锈钢柱中，用于 HPLC 分析。

比较图 3-7（a）（无烙印分子）和（b）（烙印咖啡因）可见，烙印咖啡因柱与空白柱的分离结果没有明显的差别，模板分子咖啡因在咖啡因烙印柱和空白柱上的峰形相近，均无明显拖尾，说明咖啡因烙印柱对咖啡因没有特异性吸附。但与图 3-7（c）（烙印茶碱）相比，尽管在空白柱及烙印咖啡因柱上，咖啡因和茶碱能够分离，两峰都很对称，但分离度较小，而在烙印茶碱柱上，茶碱分子有明显的拖尾，峰形展宽，且分离度增大，咖啡因峰形及出峰时间无明显变化，说明该固定相只对茶碱分子产生特征性的吸附作用。茶碱分子之所以能与相应的分子烙印聚合物产生较强的相互作用，是与分子烙印聚合物骨架中形成了一些大小、形状和化学功能与茶碱分子互补的烙印空穴，即识别位点有关。这些识别位点来于功能单体甲基丙烯酸的羧基与茶碱分子形成了稳定的相互作用，使其保留时间明显加长，造成了色谱峰的严重拖尾。

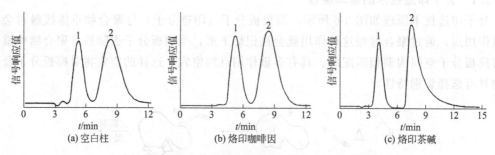

图 3-7　咖啡因及茶碱在色谱柱上的分离色谱图[86]

被分析物：1—咖啡因；2—茶碱

尽管本体聚合比较简单，但由于印迹位点分布在整个介质中而具有如下弊端：①反复研磨费时、费力、产率低，所有颗粒为无定形，粒径高度分散，在一定程度上限制了它的效率和分辨率；②聚合物形态不规则，要得到小颗粒，需对聚合物进行粉碎、过筛等附加程序，经筛分后获得的合格粒子一般低于制备总量的 50%，导致明显的浪费，尤其对于昂贵的模板分子和功能单体来说，更是难以承受；③在粉碎过程中，不可避免地破坏了部分印迹位点；④粉碎后，仍有部分印迹位点被包埋于颗粒内部，不能发挥作用，降低了印迹位点的应用率；⑤由于所制备的是高度交联的聚合物网络，内部模板印迹分子不易洗脱，颗粒内部扩散阻力大。

（2）分散聚合　此法是将模板分子、功能单体、交联剂溶于有机溶剂中，然后将溶液移入水中搅拌，乳化；最后加入引发剂交联、聚合，可直接制备粒径较均一的球形分子印迹介质。

Mosbach 等[87]在具有化学惰性的全氟化碳化合物分散体系中，以特制的全氟化聚合物表面活性剂（perfluorinated polymeric surfactant，PFPSA）作为分散剂，采用分散聚合法制备得到了 MIPs。他们把该聚合物微球用于 α-天冬氨酰苯丙氨酸甲酯产物的提纯，并收到了很好的效果。

该方法的特点是可得到形状规则的微球，并可通过调节乳化剂的用量将粒径控制在 1～25μm。整个制备过程都是在非极性体系中进行的，因此产物较适合应用于非极性环境中。其制备的关键是分散剂和惰性分散体系的选择。

（3）沉淀聚合　分散聚合法虽然印迹效果很好，但是制备过程非常烦琐，制备周期较长。Mosbach 等[88,89]在原有的技术基础上，采用一种制备简便、成本低、产率和印迹效果也很好的沉淀聚合法，并分别以二甲基丙烯酸乙二醇酯（ethylene glycol dimethacrylate，EGDMA）和三羟甲基丙烷三丙烯酸酯（trimethylolproane triacrylate，TMPTA）为交联剂，甲基丙烯酸（methacrylic acid，MAA）为功能单体，二氯甲烷或乙腈为溶剂，印迹了茶碱和雌二醇，所得微球的平均粒径分别为 0.3μm 和 0.2μm，产物对印迹分子的选择性很好。

Baggiani 等[90]以 AIBN 为引发剂，4-氯甲基苯乙烯为单体，DVB 为交联剂，溶于 500mL 乙腈中，超声脱气，在氮气保护下，在 70℃条件下反应一天，采用沉降聚合法制备聚合物微球，粒径范围是 $1\sim1.8\mu m$。利用二乙基二硫代氨基甲酸钠三水合物为引发转移终止剂与合成的微球反应后，以氯仿为致孔剂、嘧霉胺为模板分子、MAA 为功能单体、EDMA 为交联剂，在氮气保护下，密封，21℃光照反应过夜。在聚合物微球表面嫁接了一层分子印迹聚合物，制备成分子印迹聚合物固定相。结果表明，与本体聚合法相比，沉淀聚合法制备的固定相其印迹效应、分离选择性及结合位点的多相性无明显差异，表明分子印迹过程未受到影响，而热力学和动力学参数与色谱填料的性质相关。后者制备方法易于溶质分子与识别位点的结合，提高了柱子的柱容量、传质速率等。

（4）溶胀聚合 采用全氟化碳液体作为分散介质，代替传统的有机溶剂和水分散介质，从而根除了非共价印迹中存在的不稳定的预组织合成物。Hosoya 等[91~94]利用种子溶胀聚合技术，合成出了一系列粒径和形状分布单一的分子印迹的聚苯乙烯颗粒，很适合于色谱分析，但是在合成过程中使用的水乳液干扰了分子印迹，造成这种颗粒的选择性下降。为了排除这种干扰，Mosbach 等[95,96]在全氟化碳溶液中进行溶胀聚合，得到了分子印迹的聚合物小球，粒径在 $5\sim50\mu m$ 之间，由表面活性剂用量控制。实验表明，即使采用 $5\mu m$ 的填料，柱压也很小，溶质传质很快，在高流速下也显示出极好的色谱性能和高选择性。然而由于采用全氟化碳溶液和氯化物表面活性剂的特殊要求，限制了它的实用性和可行性。孟子晖等[97]采用溶胀聚合的方法也制备了粒径为 $50\sim70\mu m$ 的 MIPs 小球，用于分离立体异构体，表现出高热稳定性和立体选择性。

① 两步溶胀聚合法。近年，Hosoya 等提出了两步溶胀法制备印迹颗粒。第一步在水中进行乳胶聚合制得 $50\sim500nm$ 直径的粒子，以此作为第二步溶胀的种子粒子；第二步将种子分散体系加入交联剂、功能单体或添加剂、致孔剂和稳定剂组成的印迹混合物溶液中，在恒定搅拌速度下完成第二步膨胀。然后加入模板分子在氩气保护和恒速搅拌下引发自由基聚合反应，生成球形印迹聚合物母体。以上过程产生的粒子由被印迹的连续相和线型聚合物组成。最后将模板分子和线型聚合物萃取除去，得到分子印迹聚合物。此法可制得有很大孔体积的多孔穴粒子。

实验证明，这种印迹粒子对萘二胺化合物的异构体的分离情况与棒形柱相似，但柱容量要大很多。作者研究的萘二胺是不溶于水的，其能在水中进行是此法的优点，但对于溶于水的模板分子是不适用的。

② 多步溶胀聚合法。以上介绍的方法均是以有机溶剂为分散介质，所得的 MIPs 一般不宜在水性环境中应用，但随着 MIPs 应用领域的不断扩大，目前解决水性体系中的印迹问题已迫在眉睫。近年来，Hosoya 等[98,99]以用无皂乳液聚合法合成的聚苯乙烯粒子为种球，经邻苯二甲酸二丁酯、甲苯、乙二醇二甲基丙烯酸酯及 4-乙烯基吡啶等物质多步溶胀，最后采用溶胀聚合制得粒径约为 $8\mu m$ 且能印迹萘普生（S-naproxen）的 SMIPs，它对萘普生的旋光异构体具有一定的识别性能。Haginaka 等以聚苯乙烯粒子为种球，经邻苯二甲酸二丁酯、十二烷基磺酸钠、甲苯、乙二醇二甲基丙烯酸酯等物质多步溶胀，最后制备了对盐酸普萘洛尔（propranolol hydrochloride）[100]、尼伐地平（nilvadipine）[101]等有印迹效应的固定相。

③ 单步种子溶胀聚合法。虽然采用多步溶胀聚合所得的 SMIPs，具有较好的单分散性和分子识别性能，但这种方法却存在制备工艺烦琐、周期太长的缺点。近来，有人采用一种更为简单、省时的聚合方法，即种子溶胀悬浮聚合法，以粒径约为 $1\mu m$ 的聚苯乙烯微球为种子，TRIM 为交联剂，甲基丙烯酸和丙烯酰胺为功能单体，L-苯丙氨酸（L-Phe）和 L-酪

氨酸（L-Tyr）等为印迹分子，制备了粒径更为均一的 SMIPs，该微球对其印迹分子显示了较为优异的选择吸附性能。这两种方法的共同特点是，聚合反应在水溶液中进行，所得印迹聚合物可应用于极性环境中，更能满足诸如酶模拟等实际应用环境的要求，同时产物的规整性和单分散性也较好。

此外，Glad 等[102]以用微悬浮聚合法得到的聚三羟甲基丙烷三甲基丙烯酸酯（poly-trimethylolpropane trimethacrylate，PTMPTMA）微粒（粒径为 $5\sim10\mu m$）为种子，并用由氯仿、甲基丙烯酸（MAA）、二甲基丙烯酸乙二醇酯（EGDMA）、偶氮二异丁腈（AIBN）和印迹分子（Boc-L-Phe-OH）制得的溶液进行溶胀后，加热引发聚合得到可用于高效液相色谱的 SMIPs，且该微球的比表面积可达 $486 m^2/g$。

（5）表面分子印迹法　表面分子印迹法是近年来出现的一种全新的方法。所谓表面分子印迹，简言之就是采取一定的措施，把几乎所有的结合位点局限在具有良好可接近性的表面上，从而有利于模板分子的脱除和再结合，因此该方法尤其适合于对生物大分子的印迹。

通常采用的表面分子印迹法是在微球载体表面进行修饰或涂层制备分子印迹聚合物材料的一种方法。在制备过程中，功能单体与印迹分子在乳液界面处结合，交联剂与单体聚合后，这种结合物结构就印在了聚合物的表面。因此，这种方法又被称为表面模板聚合法。表面分子印迹的特点是：①解决了传统方法中对模板分子包埋过深或过紧而无法洗脱的问题；②由于结合位点在聚合物表面，印迹聚合物与印迹分子结合的速率比较快；③制备过程在水溶液中进行，制备方法简单，稳定性强，可以长期保存；④印迹分子被洗脱后将会发生一定的收缩，当其再度与印迹分子结合时，又会膨胀起来，这种现象可能是由功能团的溶剂化引起的。

Dhal 等[103]成功地在聚三羟甲基丙烷三甲基丙烯酸酯（PTMPTMA）粒子表面嫁接印迹层。首先将模板分子与功能单体在有机溶剂中反应形成加合物，然后将此加合物与表面活化后的 PTMPTMA 粒子和玻璃介质反应嫁接。

3.3.2.3　分子印迹聚合物固定相在 HPLC 中的应用

分子印迹聚合物最主要的用途之一是作为色谱固定相，并已广泛应用于高效液相色谱中。同时，高效液相色谱为 MIPs 提供了一种简单的定性评价方法，以 MIPs 为固定相可获得对模板分子有一定专一识别性的分离效果。印迹聚合物和模板分子在空间形状上互补且分子间存在较强的作用力，与普通的固定相相比，印迹聚合物对模板分子的保留时间较长。因此 HPLC 固定相是目前 MIPs 应用最广泛的领域之一。下面根据模板分子的分类介绍 MIPs 在液相固定相中的应用。

（1）氨基酸及其衍生物　氨基酸及其衍生物具有化学反应活性和大多数手性异构体，是目前研究较为活跃的印迹分子。氨基酸及其衍生物的 MIPs 作为色谱固定相，对对映异构体有更高的分离能力和选择性。

由于分子印迹聚合物的高选择性，很多化合物都可以用分子印迹高效液相色谱进行分离。苯丙氨酸衍生物采用分子印迹聚合物作为色谱固定相进行手性拆分的研究较多。其聚合物的简单制备方法如下：取 2mmol L-α-苯丙氨酸乙酯（L-PHOET）、8mmol α-甲基丙烯酸（MAA）溶于适量甲醇中，超声充分混合，再加入 40mmol 交联剂二丙烯酸-1,4-丁二醇酯（BDDA）及 0.1mmol 光引发剂，充分混合后，通 N_2 15min，密封后于 0℃、366nm 紫外灯下光照 48h，聚合成固体状。研磨、粉碎后，进行筛分，颗粒控制在 $25\sim50\mu m$。聚合物装柱（200mm×4.6mm）后接入高效液相色谱仪，用流动相（乙腈-乙酸，体积比 9:1）反复冲洗，直到洗脱液经紫外线检测不含有 L-PHOET[104]，即制得了苯丙氨酸衍生物的分子印迹聚合物，L,D-苯丙氨酸乙酯的手性分离色谱图见图 3-8。通过 MIPs 作为手性分离的异构体和对映体的氨基酸还有丙氨酸、精氨酸、天冬氨酸、苯丙氨酸、赖氨酸、色氨酸、酪氨酸等。

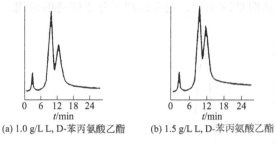

(a) 1.0 g/L L,D-苯丙氨酸乙酯　　　(b) 1.5 g/L L,D-苯丙氨酸乙酯

图 3-8　L,D-苯丙氨酸乙酯的手性分离色谱图[104]

赵乐等[105]以马尿酸为模板分子，2-乙烯基吡啶为功能单体，偶氮二异丁腈为引发剂，二甲基丙烯酸乙二醇酯为交联剂，在甲醇溶液中制备了马尿酸分子印迹聚合物。该聚合物对模板分子具有良好的亲和性和选择性，用作液相色谱固定相可将其与结构类似的酪氨酸快速分离（图 3-9）。

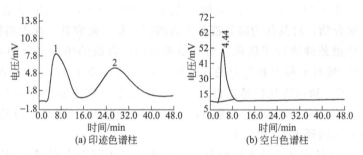

(a) 印迹色谱柱　　　　　　　(b) 空白色谱柱

图 3-9　马尿酸与酪氨酸混合溶液的分离色谱图[105]
被分析物：1—酪氨酸；2—马尿酸

（2）生物碱及小分子药物　生物碱是具有生物活性的含氮有机化合物，结构比较复杂，不同结构导致性能差异较大，分离分析方法也不相同。一些生物碱具有抗肿瘤、抗癌、低毒、低成本的特点，最近已成为研究的焦点。高效地从植物中提取和分离纯化生物碱是扩大其实际应用的核心问题。近年，生物碱类活性成分的提取已成为分子印迹技术领域的研究热点之一。

Mosbach 等[106]制备了茶碱、地西泮和咖啡因 MIPs，对血清中各种不同药物进行测定。Takeuchi 等[107]以原位聚合法得到金鸡纳碱的手性异构体分离 MIPs，填装为液相色谱的分离柱，用于高效液相色谱分离固定相，分离因子 α 达到 5.13。

Takeuchi 等[108]使用分子印迹的方法分离了烟碱及其类似物，估算容量因子的选择性极高，同时也显示出模板分子的碱性基团对甲基丙烯酸（MAA）为单体的聚合物的结合有很大的影响，他们又报道了使用 1∶1 型 Co^{2+} 和二苯甲酰甲烷配合物为模板制得的聚合物作为色谱固定相有效地识别二苯甲酰甲烷的方法；而且，识别能力可通过流动相中 Co^{2+} 的浓度调节。另外，许多科研人员也研究了以睾酮、胆固醇、唾液酸、2,4-二氯苯氧乙酸为模板的 MIPs 作为色谱固定相分离模板及其类似物。

孙慧等[109]以氧氟沙星作为模板分子合成了分子印迹聚合物，通过高效液相色谱法研究了印迹聚合物的识别特性。实验结果表明，印迹聚合物对模板分子具有很强的亲和力和特定的选择性。作为色谱固定相，氧氟沙星印迹聚合物和目标分子之间的相互作用除了印迹部分的离子和氢键作用外，也存在非印迹部分的疏水作用。同时研究了色谱条件对氟喹诺酮类药物分离的影响，分离色谱图见图3-10，充分体现了分子印迹的作用。

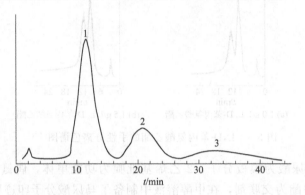

图 3-10　氟喹诺酮类药物在氧氟沙星分子印迹聚合物上的分离色谱图[109]

被分析物：1—洛美沙星；2—诺氟沙星；3—氧氟沙星

李丽红等[110]以 (R)-$(+)$-1,1c-联-2-萘酚为模板分子，4-乙烯基吡啶为功能单体，合成了分子印迹聚合物，将其作为高效液相色谱的固定相，研究其手性识别特性。对该固定相的手性拆分的色谱条件进行了优化。实验结果表明，合成的印迹聚合物对 (R)-$(+)$-1,1c-联-2-萘酚具有较强的亲和力和特定的选择性，能有效拆分1,1c-联-2-萘酚对映体，分离因子最高达到12.25。通过优化色谱条件，该分子印迹聚合物还能对与1,1c-联-2-萘酚结构相似的衍生物5,6,7,8,5c,6c,7c,8c-八氢-1,1c-联-2-萘酚和1,1c-联萘-2-氨基-2c-酚进行手性拆分，分离因子分别达到1.51和2.40。

Yang 等[111]以氨基安替比林为模板分子，偶氮二异丁腈为引发剂（AIBN），甲基丙烯酸（MAA）为功能单体，二甲基丙烯酸乙二醇酯（EGDMA）为交联剂，制备了有选择性识别氨基安替比林功能的分子印迹固定相。吸附过程符合 Langmuir 与 Freundlich 等温模式。

Hwang 等[112]以苯丙醇胺作为模板分子，MAA 为功能单体，EGDMA 为交联剂，AIBN 为引发剂，溶解于氯仿中，在365nm 紫外灯照射下，4℃反应6h。分别以左旋与右旋苯丙醇胺为模板，制备了两种印迹固定相。研究表明，功能单体 MAA 上的羧基能与印迹分子上的羟基形成氢键，与氨基形成静电相互作用，为主要识别位点，起到主要分离作用。高温聚合将减弱甚至破坏这些作用力，因此采用低温紫外照射法聚合制备聚合物。异构体的分离度较文献报道的其他方法有所提高，分离色谱图见图3-11，并且模板分子的对映体保留较弱，而模板分子保留较强。非特异性吸附、颗粒物不均匀及高交联度导致色谱峰拖尾及展宽严重。

Lee 等[113]以磺胺氯哒嗪为模板分子，溶解于 10mL 氯仿溶剂中，随后加入功能单体MAA、交联剂 EGDMA 及引发剂 AIBN。超声溶解后得到澄清溶液，用氮气脱气及净化5min后，封口，在 4℃、365 nm 紫外灯照射下反应3.5h。聚合反应后，去除氯仿，在室温下真空干燥24h。最后研磨至25～44 μm，装填成液相色谱柱。建立了一种快速、灵敏且可同时测定磺胺二甲基嘧啶（sulfachloropyridazine）及磺胺嘧啶（sulfapyridine）的高效液相色谱法。

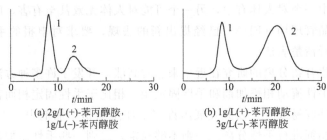

图 3-11　苯丙醇胺在烙印苯丙醇胺分子印迹聚合物固定相上的分离色谱图[112]
被分析物：1—（＋）-苯丙醇胺；2—（－）-苯丙醇胺

Hung 等[114]以布洛芬为模板分子，MAA 为单体，EGDMA 为交联剂，氯仿为致孔剂，在 4℃低温紫外灯照射下制备分子印迹固定相。合成的固定相研磨、过筛，装填成色谱柱。以乙腈-磷酸缓冲溶液为流动相。实验结果表明，该固定相能够完全分离布洛芬及甲芬那酸，并且色谱峰尖锐、对称性好。布洛芬的保留时间较未印迹的固定相有所增加。

康敬万等[115]以 2,4-二氯苯氧乙酸（2,4-D）为模板分子，偶氮二异丁腈为引发剂（AIBN），甲基丙烯酸（MAA）为功能单体，二甲基丙烯酸乙二醇酯（EGDMA）为交联剂，制备了有特异性识别 2,4-D 功能的分子印迹聚合物（MIPs）。用紫外分光光度法对印迹聚合物的吸附性能进行研究，并用高效液相色谱法对印迹聚合物的选择性进行了考察。

（3）大分子物质分离　近年来，国外有关分子印迹的报道很多，但目前，分子印迹技术主要用于小分子物质的分离纯化，大多数采用丙烯酸及其衍生物为功能单体，在有机溶剂中发生聚合，这限制了在大分子（如蛋白质和多肽）中的应用。目前主要有两个因素限制了分子印迹技术选择性识别生物大分子：模板聚合物微观结构学和印迹热力学。模板聚合物微观结构学原理认为，生物大分子不易进入 MIPs 的印迹孔穴和从孔穴中洗脱出来。其次，从模板分子与功能单体的作用来看，若以共价键形式与蛋白质相互作用则会由于作用力较强而易造成蛋白质的失活，在非共价作用中，氯仿、乙腈等有机溶剂有利于氢键和离子键作用的加强。但蛋白质作为生物活性物质在有机溶剂中会失活，水相中作用力的减弱会导致选择性亲和作用的减弱。这一矛盾阻碍了分子印迹技术分离生物大分子。直到 20 世纪 80 年代的中后期，一些研究者才逐渐开展这方面的工作。

Kempe 等[116]以甲基丙烯酸为功能单体制备了 Z-D-Ma-Oly-D-Phe-Ome 的模板聚合物，其分离因子 α 为 1.84，经色谱分析能够分离模板及其类似物。Nakazato[117]等采用该法，以丙烯酰胺为功能单体合成了低交联度的凝胶，对血红蛋白、生长激素、红细胞色素、肌红蛋白和核糖核酸酶等进行了分子印迹聚合。经过含 10％SDS 的乙酸溶液洗脱印迹分子，得到了具有良好选择性的 MIPs，不同的印迹分子能被凝胶所吸附，而非印迹蛋白质则不被这种惰性的凝胶介质所吸附。这种介质的极大特异性显示在对两种空间结构相似的蛋白质（鲸鱼和马的肌红蛋白）的特异性吸附上。Nakazato 还对一种介质同时印迹若干种蛋白质，改善印迹聚合物的操作性能等进行了研究。

3.3.3　手性色谱

手性现象是自然界普遍存在的，对人类的生活影响重大，手性药物就是一例。大约有 60％以上的处方药分子中含有一个或多个不对称中心，而这类手性药物中的绝大部分是以外消旋的形式在市场销售[118]。手性化合物对映体的生物活性有极大差别，两个对映体分子的药物活性不同，其中一个对人体有效，另一个可能对人体无效甚至有害，因此，为了药品安全，美国食品与药品管理局（FDA）已经提出新的法规，要求对申报的手性药物中不同异构体的生理作用进行清楚表述。

国内外对手性化合物分离的研究在近年来非常高涨，开发了许多种方法对手性化合物进行分离。主要包括手性流动相添加剂和手性固定相。相比于手性固定相而言，流动相添加剂比较简单，实验条件容易改变，因此发展出许多手性流动相添加剂[119~123]。但是实验中发现，采用流动相添加剂进行手性分离，一则不够稳定，二则一些手性添加剂在紫外区域不够透明，难以用常规的紫外检测器，三则某些流动相添加剂对固定相有影响，重复性不够好。为了克服这些困难，手性固定相飞速发展。几乎所有用于手性添加剂的化合物都被用来合成手性固定相。

手性固定相（chiral stationary phase，CSP）种类繁多，按照手性选择剂在载体上的固定方式，主要分为涂覆型和键合型两种。按照固定相的结构分类，可以分为 Pirkle 型手性固定相、超分子类手性固定相、多糖类手性固定相、大环抗生素类手性固定相、蛋白质类手性固定相、配体交换型手性固定相、聚合物型键合手性固定相、分子印迹型手性固定相等，本节主要简单介绍一下聚合物型键合手性固定相与分子印迹型手性固定相。

3.3.3.1　聚合物型键合手性固定相

1968 年，Davankov 首先将 L-脯氨酸键合到聚苯乙烯树脂上，引入铜离子形成铜离子配合物，用高效配体色谱法（ligand-exchange chromatography，LEC）分离氨基酸对映体，第一次实现了液相色谱法完成分离外消旋体。其后，许多化合物被用作 LEC-CSP 的载体。马桂娟等以自制 $5.0\mu m$ 单分散亲水性交联聚甲基丙烯酸环氧丙酯-甲基丙烯酸乙二醇双酯（P$_{GMA/EDMA}$）树脂为载体，以 L-脯氨酸[124]、L-异亮氨酸[125]、L-羟基脯氨酸[126]为手性配体，再与铜离子进行配位，制备了性能稳定且立体识别能力强的新型氨基酸聚合物型键合高效手性配体交换固定相。制备的 L-氨基酸聚合物型键合手性配体交换色谱固定相能对多种衍生和非衍生的 D,L-氨基酸、α-羟基酸和氨基醇类药物进行直接光学拆分；且对 D,L-氨基酸的拆分具有较高的拆分因子，图 3-12 为 5 种 D,L-氨基酸手性分离色谱图。值得一提是，该固定相在较高的 pH 条件下，能对两种氨基醇类药物进行直接光学拆分，克服了硅胶基质配体交换色谱固定相耐受 pH 范围有限的缺点。

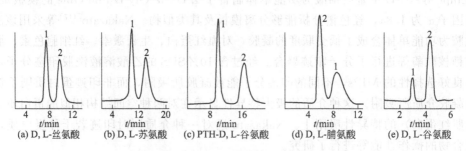

图 3-12　5 种 D,L-氨基酸手性分离色谱图[126]
被分析物：1—D-氨基酸；2—L-氨基酸

Svec 等[127]通过在单分散大孔 2-氨乙基甲基丙烯酸酯-二甲基丙烯酸乙二醇酯共聚物微球内表面涂覆或者化学键合二甲基苯基氨基甲酸酯纤维素衍生物制备手性固定相。物理涂覆方式是：以 THF 为溶剂，将二甲基苯基氨基甲酸酯纤维素衍生物涂覆于微球表面，制备成吸附型固定相，最后利用3,5-二甲基苯基异氰酸酯进行去氨基化，可通过简单的物理吸附获得手性固定相。将上述制备的涂覆型固定相以甲苯为溶剂，与4,4′-亚甲基联苯二异氰酸酯反应，制备成化学键合型固定相。在正相液相色谱模式下，对所有固定相进行手性分离能力测试，安息香手性异构体分离色谱图见图3-13。与硅胶基质的固定相相比，化学键合修饰的固定相提高了多种手性分子的异构体分离能力，例如安息香、1,1,1,2-四苯基乙醇、反式二苯乙烯氧化物等。同时化学键合修饰的固定相较涂覆法具有更高的稳定性，适用于各类流动相。

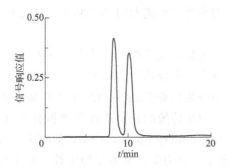

图 3-13　安息香手性异构体在化学键合型固定相上的分离色谱图[127]

3.3.3.2　分子印迹型手性固定相

分子印迹固定相含有对底物的立体结构具有"记忆"功能的孔穴，能进行手性识别和拆分。与分子印迹的原理相同，都是模板分子与功能单体之间根据共价键或非共价键的方式进行预组装后聚合，除去模板分子，聚合物中就留下了与模板分子构型相匹配的结合位点，而这些位点对模板分子具有选择特异性作用，从而对模板分子进行选择性识别。

分子印迹技术用于手性拆分柱子的制备方法有很多种，如本体聚合、表面聚合、乳液聚合、分散聚合、悬浮聚合、制备膜以及两步溶胀与聚合联用等。目前手性固定相已成功地分离氨基酸衍生物、氨基酸、镇静药物苯二氮䓬、氨基酸乙内酰脲等的对映体，以及使用原位方法制备的手性分子印迹固定相分离萘乙胺对映体，单分散手性分子印迹固定相分离萘普生、布洛芬、普萘洛尔等。

本体聚合法制备的分子印迹聚合物多作为高效液相的手性固定相，如李萍等[128]合成了苯丙氨酸衍生物的分子印迹聚合物作为色谱固定相，并对其对映体进行手性拆分。这种采用分子印迹聚合物作为色谱固定相的方法同其他手性固定相相比，具有成本低廉、制备简单、物理和化学稳定性好等优点。但是这种固定相往往表现出较低的柱效，后洗脱峰常常严重拖尾，导致分离时间较长。而将分子印迹聚合物的高选择性和毛细管电色谱的高分离效率相结合，能够克服高效液相色谱柱的柱效的缺点。

1994 年，Hosoya 等[129]将多步溶胀与聚合联用的方法引入到分子印迹技术之中，成功地制备出单分散的分子印迹聚合物。郭天瑛等[130]采用两步溶胀与悬浮聚合联用的方法，将两步溶胀的乳液在氮气保护下聚合，成功地制备出以 N-Cbz-L-Trp 为模板分子的单分散表面分子印迹聚合物，其手性分离能力达到了传统的本体聚合所制备的印迹聚合物的选择分离能力。这种两步溶胀与悬浮聚合联用的方法是基于无皂乳液聚合的成核和生长机理，模板分子 N-Cbz-L-Trp 中羧基上的氢及仲酰胺上的 1 个氢与功能单体 2-乙烯基吡啶中的氮之间以氢键形式预组装后，加入交联剂二乙二醇二丙烯酸酯交联聚合，然后去除模板分子，在聚合物表面留下与之结构相匹配且内部带有功能基团的手性孔穴。

悬浮聚合法是制备聚合物微球最简便、最常用的方法之一。通常悬浮聚合使用的单体是疏水性的，连续相常用水或高极性有机溶剂，但是高极性溶剂会破坏功能单体与印迹分子之间的相互作用，从而影响聚合物对模板分子的识别效果，所以很难使用水相悬浮聚合制备分子印迹聚合物。为了克服水或高极性溶剂的干扰问题，人们研究出以全氟烃作为分散介质、采用氟化的表面活性剂或含氟的表面活性聚合物作为分散性的悬浮聚合法，可以直接制得颗粒粒径分布相当窄的聚合物微球。Mayes 等[131]在全氟烃液体中通过悬浮聚合制得 TRIM 分子印迹滴液，改变聚合分散剂或乳液形成期间的实验条件，液滴粒径可以控制在 $5\sim50\mu m$，而且产率几乎达到 100%。

手性固定相高效液相色谱法是研究手性拆分的主要方法。用于液相色谱手性分离的手性固定相很多，如蛋白质、多糖类、聚合物类、冠醚类、环糊精类、分子设计型（Pirkle）及分子印迹型等，而采用分子印迹聚合物作为 HPLC 的手性固定相，因其分离选择性高，并且可以预测对映体流出顺序，而比传统的色谱法在手性拆分上具有更大的优势，因此 MIPs 制备色谱手性固定相（chiral stationary phase, CSP）的研究，近年来逐渐成为制药领域的热门研究课题。MIPs 具有化学、热力学、动力学稳定性，是生物分子学对映选择识别体系所无法比拟的，而且 MIP-CSP 使用寿命长，能多次重复使用而不损失其分子记忆效应，可应用在极端条件如高温或低温及非水相介质中等。

将分子印迹聚合物用作高效液相色谱始于 Wulff 的工作，他首先把分子印迹聚合物作为 HPLC 的固定相，用于拆分模板苯基-α-D-甘露吡喃糖苷的外消旋体[132]。最初的结果并不理想，尽管选择系数较大，但色谱峰过宽使之不能完全分离，后来经过对分子印迹聚合物和色谱过程的改进，达到外消旋体的完全拆分，分离度达 2.1。Kempe 等[133]还以（S）-萘普生作为模板，以 4-乙烯基吡啶和双甲基丙烯酸亚乙酯共聚，制备了非共价型 MIPs 作为 HPLC 手性固定相，成功地从外消旋体中将印迹分子分离出来，使用这一固定相还可以将模板分子从结构类似的酮洛芬和异丁布洛芬分离出来。Hosoya[134]曾经尝试过直接以外消旋体为模板制备 MIP-CSP，用于 HPLC 的手性拆分。

孟子晖等[135]以叔丁氧-L-色氨酸酰胺为模板分子，乙腈为反应介质，偶氮二异丁腈（AIBN）为引发剂，在 4℃紫外灯下照射 48 h，与甲基丙烯酸（MAA）和二甲基丙烯酸乙二醇酯（EGDMA）共聚。所得聚合物粉碎并过筛，用乙腈反复沉降除去细小颗粒和粉末，然后装填成色谱柱。最后，使用乙腈溶液洗脱，至洗出液中无模板分子，用 HPLC 进行分析。在实验中，制备的分子印迹聚合物对叔丁氧-D,L-色氨酸酰胺的外消旋混合物显示出良好的手性拆分能力，分离色谱图见图 3-14。而在空白柱上，外消旋萘普生得不到有效的拆分。这是由于印迹分子叔丁氧-L-色氨酸酰胺比非印迹分子叔丁氧-D-色氨酸酰胺与印迹介质的作用大，使其保留时间延长，从而达到分离。在印迹柱上可以获得分离外消旋叔丁氧-D,L-色氨酸酰胺的选择性因子为 1.69，分离度为 1.31。

李萍等[136]以苯丙氨酸衍生物为模板分子，α-甲基丙烯酸为功能单体，二丙烯酸丁二醇酯为交联剂，采用分子印迹技术合成对其具有高选择性的分子印迹聚合物，制备手性色谱固定相对其对映异构体进行手性拆分，并研究了在流动相中加入乙酸、进样浓度及色谱柱温度等对分离度的影响。最近，隋洪艳等[137]将 L-Boc-Trp 印迹的聚合物作为液相色谱的固定相，成功拆分了消旋混合物 DL-Boc-Trp，并系统研究了流动相对分子印迹聚合物手性拆分效果的影响[138]。Ramstrom 以氨基酸衍生物苄氧基碳酰基-L-酪氨酸为印迹分子，用 MAA

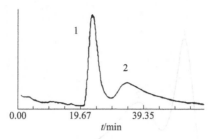

图 3-14　叔丁氧-D,L-色氨酸酰胺在叔丁氧-D，
L-色氨酸酰胺印迹固定相上的分离色谱图[135]
被分析物：1—叔丁氧-D-色氨酸酰胺；2—叔丁氧-L-色氨酸酰胺

和 2-VP 混合单体制得 HPLC 手性固定相，研究了在有机溶剂和水溶液中氢键作用被抑制，主要分离机理是离子化和疏水作用。Yu 等以丙烯酰胺为功能性单体，制得分离氨基酸衍生物对映体的 MIPs 在水溶液中有良好的识别能力。Nicholl 等以 N-Ac-L-Phe-L-Trp-Ome 为印迹分子，制备了分离色氨酸对映体的手性 HPLC 固定相。

李晓桃等[139]以 L-卡尼丁为模板分子，分别以 α-甲基丙烯酸和丙烯酰胺为功能单体，乙二醇二甲基丙烯酸酯为交联剂，采用分子印迹技术合成了对 L-卡尼丁具有高选择性的分子印迹聚合物。将所得聚合物作为高效液相色谱固定相，研究了它们对外消旋卡尼丁盐酸盐的拆分能力，分离色谱图见图 3-15。分析结果表明，α-甲基丙烯酸作为功能单体所得聚合物对外消旋卡尼丁盐酸盐具有良好的拆分作用，其分离因子 α 为 1.89。

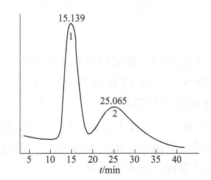

图 3-15　外消旋卡尼丁盐酸盐在 L-卡尼丁印迹
聚合物上的分离色谱图[139]
被分析物：1—D-卡尼丁盐酸盐；2—L-卡尼丁盐酸盐

Yang 等[140]通过非共价分子印迹法制备了那格列奈的手性分离固定相。以 D-那格列奈为模板分子，采用 MAA 或丙烯酰胺为功能单体，EDMA 为交联剂，在引发剂 AIBN 的作用下，加热发生聚合反应。本体聚合物烘干、研磨、过筛，获得 $25\sim40\mu m$ 的微球，装填成柱。在最佳分离条件下，手性分离因子可达 1.94，分离色谱图见图 3-16。实验结果表明，该分子印迹固定相能够识别那格列奈的手性异构体，而非印迹的固定相不具备手性识别能力。

Ansell 等[141]以（—）-麻黄碱为印迹分子，MAA 为功能单体，EDMA 为交联剂，AIBN 为引发剂，在 5℃紫外线照射下发生聚合反应，聚合物经过研磨、过筛，获得 $5\sim20\mu m$ 的微粒。将制备的（—）-麻黄碱分子印迹聚合物固定相装填成色谱柱。该分子印迹固定相可应用于超临界色谱中，分离麻黄碱手性异构体。

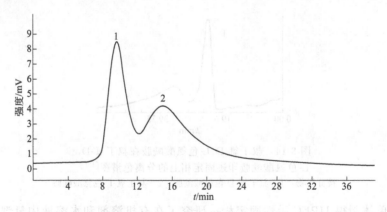

图 3-16　外消旋那格列奈在 D-那格列奈印迹聚合物上的分离色谱图[140]

被分析物：1—L-那格列奈；2—D-那格列奈

3.3.4　离子色谱

未经修饰的有机聚合物树脂表面具有一定的疏水性，可以直接用于分离电中性的离子对化合物，即在流动相中加入被测离子的反离子，使之形成具有疏水性的离子对而被惰性的疏水固定相表面吸附，但是该分离方法的分离效率较低，一般很少采用。所以像 PS-DVB 树脂这样的高分子聚合物主要是作为离子交换固定相的基质材料，通过化学修饰反应或其他方法将功能基团接于基质上。

3.3.4.1　阳离子交换固定相

离子色谱最初采用的阳离子交换固定相是磺化的 PS-DVB 树脂。在溶胀剂存在下，磺化是十分有效的反应，在低至中等交联度的聚合物上，基本上所有的芳香环都有可能被 $—SO_3^-$ 基团发生单一取代。这种强酸性阳离子交换固定相的主要局限是对 H^+ 的选择性不高，对一价（碱金属和 NH_4^+）和二价（碱土金属）阳离子的选择性不同。为了在较短时间内洗脱二价阳离子，需用高价的淋洗离子，如二氨基丙酸。用这种强的淋洗液时，一价阳离子，如钠和钾等离子的峰将彼此靠近，甚至共洗脱[142]。

随后又开发了新型阳离子交换固定相，采用弱酸性的离子交换功能基团，提高对 H^+ 的选择性[143,144]。用弱酸性功能基团，如羧酸、羧酸-膦酸和羧酸-膦酸-冠醚等[145,146]替代磺酸基制备的新型高聚物阳离子交换固定相。该类固定相对 H^+ 有高的选择性，用单一的酸（如硫酸、甲基磺酸）作为淋洗液即可一次进样同时分离一价和二价阳离子。但应注意硅胶基质填料只适用于 pH 2～8 的淋洗液中，因此弱酸性功能基硅胶基质固定相的应用是在其弱离子化型，即质子化型，实际用于阳离子保留的离子交换位点只有很少一部分。为了得到对无机阳离子和胺类的适当保留，必须增加柱容量，即增加离子交换功能基团的数量。一种可行的方法是将具有离子交换功能基团的单体直接接枝于大孔基质表面，由于其含有高表面积，能显著地提高固定相离子交换容量。此外，特殊的单体涂层与离子交换功能基团，可降低疏水性，改善了选择性。

通过将基质微球、含双键的聚合物及自由基引发剂分散于适当的溶剂中，搅拌混匀后除去溶剂，使其在基质微球表面均匀涂覆一层有机反应物；随后提高温度发生聚合反应，将基质微球永久包埋于聚合物层内。该制备方法的优点在于，无须对基质微球表面进行化学修饰，适用于钝性的无机基质材料，该方法最初被用于制备以氧化铝为基质的反相色谱填料。Schomburg 课题组[147]利用该技术将丁二烯-顺丁烯二酸共聚物作为包埋物，首次制备了弱酸性阳离子交换固定相，并用于商品化色谱柱的生产，固定相结构见图 3-17。该方法的不足之处在于，固定相会随着温度的改变而发生膨胀或收缩。此外，即使在整个包埋过程中没有缺陷，碱性淋洗液仍然会渗透有机包埋层，侵蚀内部的无机基质导致柱床塌陷。

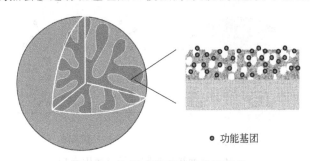

● 功能基团

图 3-17 包埋式阳离子交换固定相

冠醚是一种大环配合物，具有亲水的内孔穴和疏水的外部，金属离子在其内孔穴与其形成稳定的配合物。这种环状聚醚对阳离子的选择性主要取决于冠醚的孔穴大小和金属离子的半径。18-冠-6-醚内孔的半径为 1.38 nm，K^+ 的离子半径为 1.38 nm，因此对 K^+ 的保留很强。新型阳离子交换色谱柱包含羧酸、膦酸和 18-冠-6-醚三种功能基团，使一价的 K^+ 在最后洗脱。

3.3.4.2 阴离子交换固定相

离子色谱中使用的阴离子交换固定相主要是具有季铵基团的离子交换树脂，包括烷基季铵基和烷醇季铵基。以烷醇季铵基为阴离子交换功能基团的固定相其亲水性较烷基季铵基的固定相强，即对 OH^- 的选择性强，对于该类填料的分离柱，OH^- 是最适合的淋洗离子。离子交换功能基团为烷基季铵基的离子交换固定相，CO_3^{2-}/HCO_3^- 是最合适的淋洗离子。

（1）化学衍生化法直接修饰聚合物基质微球 制备该类色谱填料需要特殊的合成技术，但商品化色谱柱的衍生化修饰方法尚未公布。由于衍生化法可直接于固定相上修饰大量的功能基团，使该类色谱填料的交换容量很大，因此越来越受色谱工作者的青睐，固定相结构见图 3-18。该修饰方法的技术难点在于，如何提高色谱填料的柱效。基质微球的内孔经过功能化修饰后，将不利于离子的快速传递，会导致色谱柱的柱效效的降低。早期利用该方法制备的固定相的色谱柱的柱效较差，但是近年来生产的 IC SI-524E 离子色谱柱（Showa Denko，日本）具有很好的柱效，证明了该方法的可行性。

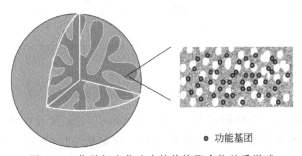

● 功能基团

图 3-18 化学衍生化法直接修饰聚合物基质微球

（2）表面接枝型阴离子交换固定相　固定相可通过将聚合物链键合于基质微球表面制备得到[148]，基质微球可以是硅胶微球或聚合物微球。基质微球表面需含有可发生聚合反应的基团，或易引入可聚合的基团。将树脂、单体及引发剂混合后反应，在基质微球表面键合一层聚合物后制备得到固定相复合材料，固定相结构见图 3-19。该修饰方法不宜使用交联单体，若反应液中含交联单体易形成凝胶，使基质微球分散于凝胶中。

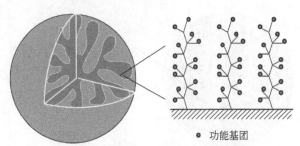

· 功能基团

图 3-19　表面接枝型阴离子交换固定相

离子交换功能基团与基质之间的结合为共价键结合。有机聚合物树脂可以制成微孔和大孔型。由于大孔型高聚物基质有大的表面积，可得到较高的离子交换容量。表面铵基化的高交联度乙基乙烯基苯-二乙烯基苯（EVB-DVB）树脂的离子交换功能基是将外层功能基化的阴离子交换聚合物接枝（共价键结合）到高交联度基质的表面。高交联度基质由 EVB 交联 55％的 DVB 组成，这种固定相可用含有机溶剂的淋洗液。

（3）超支化修饰型阴离子交换固定相　在过去十年中，该修饰法已经被用于十多种阴离子交换色谱柱的生产中。制备过程是：首先在基质微球的外表面及大孔的内表面引入带负电荷的功能基层，然后在基球表面合成一层环氧-胺共聚物（epoxy-amine copolymer），并通过静电相互作用吸附于微球表面。利用微球表面覆盖的聚合物与环氧单体发生反应，该环氧单体至少包含两个环氧基或一个氨基。最后利用伯胺或含三个环氧基的环氧单体可在基质微球表面引入超支化反应的支化点[149]，固定相结构见图 3-20。通过该方法制备得到的表面复合物具有极强的亲水性，因为聚合物仅由含羟基与氨基的脂肪链组成。此外，该固定相填料能够耐受强碱性淋洗液，稳定性优于其他亲水性填料。可通过改变接枝的单体调节固定相的选择性，并且通过控制接枝层的厚度得到较快的传质速率和高的柱效[150]。该方法还可用于制备高交换容量的色谱柱填料。

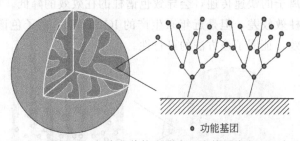

· 功能基团

图 3-20　超支化修饰型阴离子交换固定相

（4）乳胶附聚型阴离子交换固定相　1975 年 Small 等在薄壳型阴离子交换固定相的基础上发展了一系列乳胶附聚型阴离子交换固定相，固定相结构见图 3-21。乳胶附聚型阴离子交换固定相由表面磺化的 EVB-DVB 和 PS-DVB 基质与完全季铵化的聚氯甲基苯乙烯-二乙烯基苯（VBC-DVB）或聚甲基丙烯酸酯（GMA）组成的高容量多孔聚合物小球（乳胶微粒）组成。基质微球的直径一般为 5～25μm，乳胶微粒则小得多，为 0.1～0.3μm。乳胶微粒以静电和 van der Waals 力附聚到基质的表面。这种表面磺化的基质通过 Donnan 排斥阻止无机离子进入固定相惰性部分的扩散，因此键合到乳胶微球上的功能基团在扩散过程中占主导地位，乳胶微球的大小决定扩散距离和速度。VBC-DVB 乳胶附聚型阴离子交换树脂与 GMA 乳胶附聚型阴离子交换树脂的区别主要表现为对易极化离子的分离不同，例如易极化的碘离子与硫氰酸离子的分析。

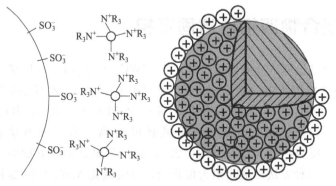

图 3-21　乳胶附聚型无孔固定相

随着新型固定相的研发，无孔基质微球乳胶附聚型色谱固定相逐渐被超孔基质微球乳胶附聚型色谱固定相所取代。与无孔基质微球相比，超孔基质微球含有 100～300nm 宽的内孔，易于制备高交换容量的色谱填料。通过特定的合成过程，控制超孔基质微球的孔径，乳胶材料能够同时吸附于基质微球的外表面及内孔表面上，固定相结构见图 3-22。经过优化基质微球的内孔径与乳胶材料的直径，制备得到的固定相其交换容量是无孔基质微球制备的固定相的 6～8 倍。

图 3-22　乳胶附聚超孔型固定相

（5）表面涂覆型离子交换固定相　通过吸附、氢键或静电相互作用等作用力，在载体微球的表面涂覆一层功能基层，可以是阳离子表面活性剂或阴离子表面活性剂，从而改善固定相原有的性能，或直接制备成另一种新的固定相，该类固定相可以称为表面涂覆型离子交换色谱固定相。涂覆型离子交换色谱固定相的微球可以是未经修饰的有机聚合物基质微球、多孔硅胶基质微球，也可以是表面功能化修饰的某类固定相。Cassidy 与 Elchuk 首次采用涂覆法，在反相色谱柱表面涂覆带有季铵基的功能基层，用于有机阴离子的分离研究[151]。传统的涂覆方式由于涂层没办法控制，得到的色谱柱的柱效一般不高，并且交换容量难以控制。

通过改变涂覆的方式与条件，尤其是采用多层涂覆法，可以显著地提高色谱柱的柱效。Zhu 等[152~154]采用两步涂覆法，第一步先涂覆非表面活性剂，第二步涂覆阳离子表面活性剂，制备得到的离子色谱固定相具有很高的柱效，最高柱效可达到 70000 塔板/m，较常规的离子色谱柱的柱效提高了 1~2 倍。该方法制备的固定相不足之处在于稳定性不足，表面活性剂易被流动相洗脱。

3.4 新型聚合物液相色谱固定相

Zhong 等[155]通过包埋法或表面接枝法，将 MWCNTs 应用于有机基质液相色谱填料的制备中。第一种方法将羧基化 MWCNTs 直接分散于苯乙烯及二乙烯基苯反应单体中，通过混合反应，大部分 MWCNTs 包埋于聚苯乙烯-二乙烯基苯（PS-DVB）微球内部，少数 MWCNTs 裸露在微球表面，该固定相机械强度最高；第二种方法将酰氯化修饰的 MWCNTs 与丙烯醇反应，引入双键（图 3-23），通过共聚法将带双键的 MWCNTs 包埋于 PS-DVB 微球中；第三种方法以氯化铝为催化剂，将酰氯化 MWCNTs 嫁接于 PS-DVB 微球表面，如图 3-24 所示。三种方法制备得到的固定相微球扫描电镜图如图 3-25 所示。

$$\text{CNTs}-\text{C(=O)OH} \xrightarrow[\text{回流}]{\text{SOCl}_2} \text{CNTs}-\text{C(=O)Cl}$$

$$\text{CNTs}-\text{C(=O)Cl} + \text{OH} \xrightarrow{\text{加热}} \text{CNTs}-\text{C(=O)O} + \text{HCl}$$

图 3-23 多壁碳纳米管与丙烯醇的酯化反应示意图

$$\text{PS-DVB} \xrightarrow[\text{反应条件}]{\text{CNTs}-\text{C(=O)Cl}} \text{PS-DVB}-\text{C(=O)}-\text{CNTs}$$

条件A：AlCl₃，CS₂，回流，N₂
条件B：AlCl₃，CH₂Cl₂，0℃，N₂
条件C：AlCl₃，二噁烷，30℃，N₂

图 3-24 PS-DVB 微球的表面修饰

(a) 包埋型   (b) 共聚型   (c) 接枝型

图 3-25 PS-DVB-MWCNTs 微球扫描电镜图

同样，Zhong 等[155]制备得到的三类固定相可用于分离芳香族有机物，包括烃类、有机酸、有机胺等，部分物质分离色谱图见图 3-26。该固定相的主要优点是有机溶剂 100% 兼容，耐受 pH 范围广，可以用于离子对色谱固定相。此外，MWCNTs 的加入改变了微球的孔结构，使孔径增大，导致微球的表面积及孔体积减小，与纯的聚苯乙烯-二乙烯基苯色谱柱相比，有机化合物在包埋 MWCNTs 的色谱柱上保留时间较短，意味着在柱切换样品前处理技术中的自净化时间更短。Zhong 等将包埋 MWCNTs 的有机聚合物固定相作为离子色谱柱切换技术的前处理柱，用于测定有机物中的痕量阴离子[156,157]。

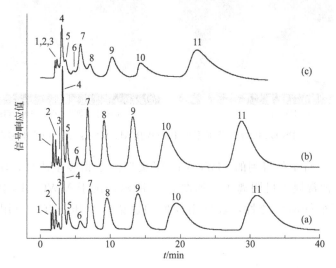

图 3-26　十一种有机化合物在聚苯乙烯-二乙烯基苯色谱柱（a）、聚苯乙烯-二乙烯基苯-碳纳米
管色谱柱（1％碳纳米管，方法一）(b) 和聚苯乙烯-二乙烯基苯-碳纳米管
色谱柱（5％碳纳米管，方法一）(c) 上的色谱图

被分析物：1—间苯二酚；2—磺胺二甲嘧啶；3—苯甲醇；4—苯胺；5—对甲苯胺；6—2-萘酚；7—对甲氧苯甲醛；
8—苯甲醚；9—N,N-二甲基苯胺；10—1,3,5-三甲基苯；11—2-萘甲醚

Huang 等[158,159]首次将 MWCNTs 应用于乳胶附聚型阴离子色谱固定相的制备中。以甲胺与 1,4-丁二醇二缩水甘油醚为功能化原料，通过多步接枝法，于 MWCNTs 表面共价键合多层含季铵基的聚阳离子层。季铵化修饰的 MWCNTs 带有正电荷，由于彼此存在静电排斥作用，使 MWCNTs 能够单分散于去离子水中，并且长期保持无沉降，如图 3-27 所示。以去离子水为介质，通过静电相互作用，将带正电荷的季铵化 MWCNTs 附聚于带负电荷的磺基化 PS-DVB 微球表面。通过扫描电镜观察，表明 PS-DVB 微球表面均匀地附聚了一层 MWCNTs，并且在微球之间存在桥接式 MWCNTs，如图 3-28 所示。

(a) 刚分散　　　　　　　　　　　(b) 静置15天后

图 3-27　未修饰 MWCNTs（左）、羧基化 MWCNTs（中）
及季铵化 MWCNTs（右）在水中的分散性

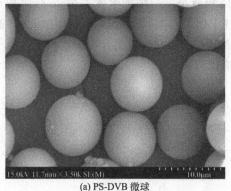 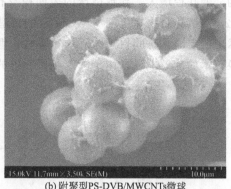

(a) PS-DVB 微球　　　　　　　　(b) 附聚型PS-DVB/MWCNTs微球

图 3-28　PS-DVB 微球及附聚型 PS-DVB/MWCNTs 微球扫描电镜图

　　Huang 等[158,159]将制备得到的 MWCNTs 附聚型固定相装填成柱，实验证明，该色谱柱能够完全分离 7 种常规无机阴离子，如图 3-29 所示。由于 MWCNTs 具有刚性，使制备得到的固定相具有很好的渗透性，表现出较低的色谱柱柱压，有望应用于生物大分子的分离。

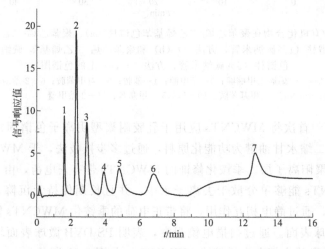

图 3-29　常规无机阴离子在附聚型 PS-DVB/MWCNTs 色谱固定相上的分离色谱图
被分析物：1—氟离子；2—氯离子；3—亚硝酸根；4—溴离子；5—硝酸根；6—硫酸根；7—磷酸根

参 考 文 献

[1] 曾雪灵. 乳胶附聚型阴离子色谱填料的制备与评价 [D]. 杭州：浙江大学，2006.

[2] 陈维金，孙宏，关锋，等. 中国生物制品学杂志，2000，13（4）：221-223.

[3] 杨虹，俞桂新，等. 中国药学杂志，2007，42（2）：99-101.

[4] Raymond M，Claude P，Claude S. J Chromatogr A，1980，189：101-105.

[5] Fernandez E G，Valdes R，Medina Y，et al. Chromatographia，2009，70：1179-1183.

[6] Doker S，Mounicou S，Dogan M，et al. Metallomics，2010，2：549-555.

[7] Carvalho A F A，Boscolo M，da Silva R，et al. J Microbiol，2010，48：452-459.

[8] Latulippe D R，Zydney A L. J Chromatogr A，2009，1216：6295-6302.

[9] Okumura Y，Mizushima H，Fujinaga K，et al. Colloids Surf B，2007，55：235-240.

[10] Khaleque M D A，Okumura Y，Mitani M. J Bioact Compat Polym，2006，21：539-555.

[11] Vanderhoff J W. Mater Rer Sym Proc，1987，87：213-223.

[12] Croucher M D，Winnik M A. Nato Asi Ser E，1987，138：209-227.

[13] Kawaguchi H. Prog Polym Sci，2000，25：1171-1210.

[14] Mahr U，Purnama H，Kempin E. J Membr Sci，2000，171：285-292.

[15] Thomoson B，Rudin A，Lajioe G. J Appl Polym Sci，1996，59：2009-2028.

[16] Lloyd L L. J Chromatogr，1991，544：201-217.

[17] 段海宝，蔡宇杰，丁先锋，等. 高分子材料科学与工程，2003，19（5）：28-31.

[18] 张晓琴，王身国. 高分子学报，1991，（3）：333-338.

[19] 由英才，祁东风，张保龙. 高分子材料科学与工程，1994，（6）：13-17.

[20] Cheng C M，Michale F J，Vanderhoff J W. J Polym Sci Polym Chem Ed，1992，30：235-244.

[21] Cheng C M，Vanderhoff J W. J Polym Sci Polym Chem Ed，1992，30：245-256.

[22] Cheng C M，Michale F J，Vanderhoff J W. J Colloid Interface Sci，1992，150：549-558.

[23] Okubo M，Ikegami K，Yamymoto Y. Colloid Polym Sci，1989，267：193-200.

[24] Okubo M，Katayama Y，Yamymoto Y. Colloid Polym Sci，1991，269：217-221.

[25] Ali S A，Sengupta M. J Polym Mater，1991，8：243-246.

[26] Vanderhoff J W，Bradford E B，et al. J Polym Sci，1961，50：265-286.

[27] Chung L Y，Goodwin J W，Ottewill R H. Prog Colloid Polym Sci，1976，60：163-169.

[28] Ugelstad J，Kaggerud K H，Hansen F K，et al. Macromol Chem，1979，180：737-744.

[29] Ugelstad J，Mork P C，Kaggerud K H. Adv Colloid Interface Sci，1980，13：101-140.

[30] Ugelstad J，Aggerud K H，Fitch R M. Polymer Colloid Ⅱ. New York：Plenum，1980：15.

[31] Okubo M，Shiozaki M，et al. Colloid Polym Sci，1991，269：217-219.

[32] Ogino K J，Sato H Y，et al. J Chromatogr，1995，699：59-66.

[33] Chai Z K，Sun X F，et al. J of Polymer Sci：Part A：Ploymer Chem，2000，38：3270-3276.

[34] Keden M，Margel S. J of Polymer Sci：Part A：Ploymer Chem，2002，40：1342-1349.

[35] Paine A J，Luymes W，McNulty J. Macromolecules，1990，23：3104-3109.

[36] 杨中璋，杨树明，杨彦果，等. 高分子学报，1999，1（1）：31-36.

[37] Ugelstad J，Soderberg L，Beerg A. Nature，1983，303：95-98.

[38] Mohr P，Pommerening K. Affinity chromatography practical and theoretical aspeets. NewYork：Marcel Dekker，1985：123.

[39] Chaiken I M，Wilchek M，Parikh I. Affinity chromatography and biological recognition. London：Academic Press，1983：7.

[40] 俞俊棠，唐孝宣. 生物工艺学. 上海：华东化工学院出版社，1992.

[41] Ren D，Penner N A，Slentz B E，et al. J Chromatogr A，2004，1031：87-92.

[42] Hu J Z，Ni Y Y，Dryman B A，et al. J Chromatogr A，2010，1217：3489-3493.

[43] Chen C H，Lee W C. J Chromatogr A，2001，921：31-37.

[44] 陶慰孙，李惟，姜勇明. 蛋白质分子基础. 第 2 版. 北京：高等教育出版社，1995：44-45.

[45] Walker J M，Raple R. 分子生物学与生物技术. 第 2 版. 谭天伟等译. 北京：化学工业出版社，2003：35.

[46] 骆红琴. 新型亲和色谱固定相的制备和性能评价 [D]. 天津：天津理工大学，2007.

[47] 于世林，杨屹，周雪萍，等. 分析化学，1996，24（1）：45-49.

[48] Hutchens T W，Yip T T. J Chromatogr，1991，500：531-542.

[49] Anspach F B. J Chromatogr，1994，676：249-266.

[50] Ren D，Penner N A，Slentz B E，et al. J Chromatogr A，2004，1031（1-2）：87-92.

[51] Tishchenko G，Hodrova B，Simunek J，et al. J Chromatogr A，2003，983（1-2）：125-132.

[52] Porath J，Olin B，Guanstrand B. Arch Biochem Biophys，1983，225：543-547.

[53] Porath J，Olin B. Biochemistry，1983，22：1621-1630.

[54] Anderson L. J Chromatogr，1991，539：327-334.

[55] Borrebaeck C A K，Lonnerdal B O，Etzler M E. FEBS Lett，1981，130：194-196.

[56] Borrebaeck C A K, Mattiasson B, Nordbring-Hertz B. J Bacteriol, 1984, 222: 261-264.

[57] Sulkowski E, Vastola K, Oleszek D, et al. Anal Chem Symp Ser, 1982, 9: 313-322.

[58] Sulkowski E. Trends in Biotechnol, 1985, 3 (11): 1-7.

[59] Andersson L, Porath J. Anal Biochem, 1986, 154: 250-254.

[60] Muszynska G, Dobrowolska G, Porath J. J Chromatogr, 1992, 604: 19-28.

[61] Hegde R, Maiti T, Podder S. Anal Biochem, 1991, 194: 101-109.

[62] Sehuler G, Reinacher M. J Chromatogr, 1991, 587: 61-70.

[63] Coleman P, Walker M, Milbrath D, et al. J Chromatogr, 1990, 458: 1-11.

[64] Scapol L, Rappuoli P, Viseomi G C, et al. J Chromatogr, 1992, 600 (2): 235-242.

[65] Inoue H, Yoshioka T, Hotta Y. Bioehim Biophys Acta, 1992, 1122: 219-224.

[66] Egi Y, Koyama S, Shioda T, et al. Bioehim Biophys Acta, 1992, 1160: 171-178.

[67] Nichoolas K T. 组合化学. 许家喜译. 北京: 北京大学出版社, 1999: 235-250.

[68] 吴飞燕. 高效亲和色谱柱填料 DYE-P (GMA-EDMA) 的制备及其性能评价 [D]. 杭州: 浙江大学, 2006.

[69] Wulff G, Sarhan A. Angew Chem Int Ed Engl, 1972, 11: 341-344.

[70] Arshady R, Mosbach K. Makomol Chem Phys, 1981, 182 (2): 687-692.

[71] Whitcomb M J, Rodriguez M E, et al. J Am Chem Soc, 1995, 117 (27): 7105-7111.

[72] Sellergren B, Lepistoe M, Mosbach K. J Am Chem Soc, 1988, 110 (17): 5853-5860.

[73] Kempe M. Anal Chem, 1996, 68 (11): 1948-1953.

[74] Vlatakis G, Andersson L, et al. Nature, 1993, 361 (6413): 645-647.

[75] Mosbach K, Haupt K. J Mol Recognit, 1998, 11 (1-6): 62-68.

[76] Sellergren B. Anal Chem, 1994, 66 (9): 1578-1582.

[77] Muldoon M T, Stanker L H. Anal Chem, 1997, 69 (5): 803-808.

[78] Jakusch M, Janotta M, et al. Anal Chem, 1999, 71 (20): 4786-4791.

[79] Malitesta C, Losito I, Zambonin P G. Anal Chem, 1999, 71 (7): 1366-1370.

[80] Zander A, Findlay P, Renner T, et al. Anal Chem, 1998, 70 (15): 3304-3314.

[81] Xie J C, Zhu L L, et al. J Chromatogr A, 2001, 934 (1-2): 1-11.

[82] 赖家平, 何锡文, 郭洪声, 等. 分析化学研究报告, 2001, 29 (7): 836-844.

[83] Mullett W M, Lai E P C, Sellergren B. Anal Commun, 1999, 36 (6): 217-220.

[84] 吕睿, 张洪涛, 陈敏. 胶体与聚合物, 2002, 20 (4): 32-35.

[85] 怀其勇, 杨俊佼, 雷龙, 等. 化学世界, 2003, 44 (2): 105-108.

[86] 苏立强, 刘学良, 等. 高等学校化学学报, 2001, 22 (7): 1122-1124.

[87] Ye L, Ramstrom O, Mosbach K. Anal Chem, 1998, 70 (14): 2789-2795.

[88] Ye L, Cormack P A G, Mosbach K. Anal Chem, 1999, 36 (2): 35-38.

[89] Ye L, Weiss R, Mosbach K. Macromolecules, 2000, 33 (22): 8239-8245.

[90] Baggiani G, Baravalle P, et al. Anal Chim Acta, 2005, 542: 125-134.

[91] Hosoya K, Yoshizako K, Tanaka N, et al. Chem Lett, 1994, 23 (8): 1437-1438.

[92] Hosoya K, Yoshizako K, Shirasu Y, et al. J Chromatogr A, 1996, 728 (1-2): 139-147.

[93] Yoshizako K, Shirasu Y, Hosoya K, et al. Chem Lett, 1996, 25 (8): 717-718.

[94] Haginaka J, Takehira H, Hosoya K, et al. Chem Lett, 1997, 26 (6): 555-558.

[95] Mayes A G, Mosbach K. Anal Chem, 1996, 68 (21): 3769-3774.

[96] Ansell R J, Mosbach K. J Chromatogr A, 1997, 787 (1-2): 55-66.

[97] 孟子晖, 王进防, 周良模, 等. 色谱, 1999, 17 (4): 323-325.

[98] Haginaka J, Takehira H, Hosoya K, et al. J Chromatogr A, 1999, 849 (2): 331-339.

[99] Haginaka J, Takehira H, Hosoya K, et al. J Chromatogr A, 1998, 816 (2): 113-121.

[100] Haginaka J, Sakai Y, Narimatsu S. Anal Sci, 1998, 14: 823-826.

[101] Fu Q, Sanbe H, Kagawa C, et al. Anal Chem, 2003, 75: 191-198.

[102] Gald M, Reinholdsson P, Mosbach K. React Polym, 1995, 25 (1): 47-54.

[103] Dhal P K，Arnold F H. J Am Chem Soc，1991，113（19）：7417-7418.

[104] 李萍，林保平，袁春伟. 分析测试学报，2002，5（21）：25-27.

[105] 赵乐，苏立强，韩振全，等. 化学工程，2007，10：4-6.

[106] Kempe M，Mosbach K. Tetrahedron Lett，1995，36：3563-3566.

[107] Matsu J，Nicholls A，Takeuchi T. Anal Chim Acta，1998，365：89-93.

[108] Matsui J，Kato T，Takeuchi T，et al. Anal Chem，1993，65：2223-2224.

[109] 孙慧，董襄朝，等. 色谱，2003，21（3）：233-238.

[110] 李丽红，刘岚，等. 色谱，2006，24（6）：574-577.

[111] Yang G，Wang D，Li Z，et al. Chromatographia，2003，58：53-58.

[112] Hwang C C，Lee W C. J Chromatogr B，2001，765：45-53.

[113] Lee T T，Huang I B，Hwang C C. Biomedical Engineering：Applications，Basis and Communications，2009，21（6）：457-460.

[114] Hung C Y，Huang Y T，Huang H H，et al. e-Polymers，2006，65：1-10.

[115] 康敬万，刘小育，王志华，等. 西北师范大学学报：自然科学版，2006，3（42）：58-64.

[116] Kempe M，Gald M，Mosbach K. J Mol Recogn，1995，8：35-39.

[117] Aelxandre R，Nakazato M. Biochem et Biophy Acta，2001，1544：255-266.

[118] 陈立仁. 液相色谱手性分离. 北京：科学出版社，2006：2-3.

[119] Shinbo T，Yamaguchi T，Nishimura K，et al. J Chromatogr A，1987，405：145-153.

[120] Ma S，Shen S，Haddad N，et al. J Chromatogr A，2009，1216：1232-1240.

[121] Valle B C，Billiot F H，Shamsi S A，et al. Electrophoresis，2004，25：743-752.

[122] Park J H，Lee Y K，Cheong N Y，et al. Chromatographic，1993，37：221-223.

[123] Dossou K S S，Chiap P，Chankvetadze B，et al. J Chromatogr A，2009，1216：7450-7455.

[124] 马桂娟. 吉林农业，2011，262（12）：68-70.

[125] 马桂娟，龚波林，闫超. 应用化学，2009，26（2）：125-129.

[126] Ma G J，Gong B L，Yan C. Chin J Anal Chem，2008，36（3）：275-279.

[127] Ling F，Brahmachary E，Xu M，et al. J Sep Sci，2003，26：1337-1346.

[128] 李萍，沈迅伟，谢一兵，等. 分析实验室，2002，21（2）：12-14.

[129] Hosoya K，Yoshizako K，Tanaka N，et al. Chem Lett，1994，23（8）：1437-1438.

[130] 郭天瑛，张丽影，郝广杰，等. 化学进展，2004，16（4）：638-642.

[131] Mayes A G，Mosbach K. Anal Chem，1996，68：3769-3774.

[132] Wullf G，Vesper W. J Chromatogr，1978，167：171-186.

[133] Kempe M，Mosbach K. J Chromatogr，1994，664（2）：276-279.

[134] Hosoya K，Shirasu Y，Kimata K，et al. Anal Chem，1998，70（5）：943-945.

[135] 孟子晖，周良模，王进防，等. 分析化学，1998，26（10）：1251-1253.

[136] 李萍，林保平，等. 分析测试学报，2002，21（3）：25-27.

[137] 隋洪艳，李红旗，等. 精细化工，2003，20（6）：345-349.

[138] 隋洪艳，李红旗，等. 精细化工，2003，20（7）：403-406.

[139] 李晓桃，蒋光光，等. Chin J Anal Chem，2002，30（4）：388-391.

[140] Yang G L，Yin J F，Li Z W，et al. Chromatographia，2004，59：705-708.

[141] Ansell R J，Kuah J K L，Wang D Y，et al. J Chromatogr A，2012，1264：117-123.

[142] Sarzanini C. J Chromatogr A，2002，956：3-13.

[143] Kolla P，Köhler J，Schomburg G. Chromatographia，1987，23：465-472.

[144] Jensen D，Weiss J，Rey M A，et al. J Chromatogr，1993，640：65-71.

[145] Rey M A，Pohl C A，Jagodzinski J J，et al. J Chromatogr A，1998，804：201-209.

[146] Pohl C A，Rey M A，Jensen D，et al. J Chromatogr A，1999，850：239-245.

[147] Rey M A. J Chromatogr A，2001，920：61-68.

[148] Jensen D，Weiss J，Rey M A，et al. J Chromatogr，1993，640：65-71.

[149] Pohl C, Saini C. J Chromatogr A, 2008, 1213: 37-44.

[150] Jackson P E, Thomas D H, Donovan B, et al. J Chromatogr A, 2001, 920: 51-60.

[151] Cassidy R M, Elchuk S. J Chromatogr, 1983, 262: 311-315.

[152] Zhu Y, Haddad P R, Fritz J S. J Chromatogr A, 2003, 985: 359-365.

[153] Fritz J S, Zhu Y, Haddad P R, et al. J Chromatogr A, 2003, 997: 21-31.

[154] Zhu Y, Ling Y Y, Fritz J S, et al. J Chromatogr A, 2003, 1020: 259-264.

[155] Zhong Y Y, Zhou W F, Zhang P M, et al. Talanta, 2010, 82 (4): 1439-1447.

[156] Zhong Y Y, Zhou W F, Zhu H B, et al. Analy Chim Acta, 2011, 686 (1/2): 1-8.

[157] Zhong Y Y, Zhou W F, Zeng X L, et al. Chinese Chemical Letters, 2011, 22 (4): 461-464.

[158] Huang Z P, Wu H W, Wang F L, et al. J Chromatogr A, 2013, 1294 (1): 152-156.

[159] Huang Z P, Xi L L, Subhani Q, et al. Carbon, 2013, 62 (1): 127-134.

>>> 第**4**章

金属氧化物微球固定相

4.1 概述

　　众所周知，硅胶是开发最早、研究最为深入、应用也最为广泛的无机基质 HPLC 填料。但是，硅胶基质填料在色谱应用中存在两个难以解决的问题[1,2]：①可使用的 pH 范围窄，pH＞8 时，硅胶本身不稳定，Si—O—Si 会水解，并且在温度高于 40℃或有磷酸盐、碳酸盐存在下这种水解反应会非常迅速；pH＜2 时，硅氧烷键不稳定，键合硅胶固定相会流失，使分析物的保留特性和峰形发生变化；②硅胶表面残余的硅羟基和金属离子等杂质的存在易对碱性物质，尤其是含氮化合物产生不可逆吸附作用，使生物大分子，特别是多肽、蛋白质等样品产生变性和非特异性吸附，造成峰形变差和回收率降低，大大限制了它们在生物体系分离分析中的应用。

　　为了获得理想的色谱填料，色谱工作者除了对硅胶基质填料的表面进行各种改性外，还在寻找性能更好的能够代替硅胶基质的新材料，其中包括有机-聚合物基质填料、有机-无机杂化基质填料、碳基质填料和金属氧化物填料等。研究表明，金属氧化物（包括氧化铝、氧化锆和氧化钛等）是一类性能良好的色谱分离基质，一般具有 pH 使用范围宽（ZrO_2，pH 1～14；TiO_2，pH 1～14；Al_2O_3，pH 2～12）、热稳定性好、分离碱性样品色谱峰对称以及具有配体交换能力等独特的色谱性能，金属氧化物的这些优点引起了人们极大的兴趣，有望能成为硅胶类填料的一个重要补充。

4.2 氧化铝微球固定相

4.2.1 氧化铝的表面性质

　　氧化铝在色谱上的应用仅次于硅胶，作为 HPLC 固定相的研究几乎与硅胶同时进行。用作固定相的氧化铝主要是 γ-氧化铝。人们推测氧化铝的表面含有 5 种羟基[3]，其羟基位点如图 4-1 所示。

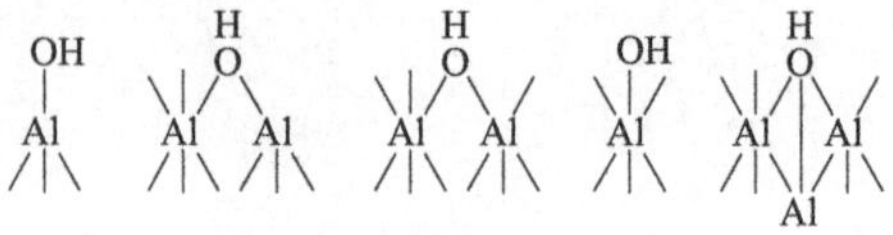

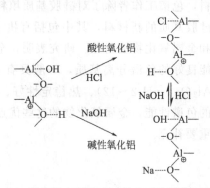

图 4-1 氧化铝表面的羟基位点

氧化铝表面羟基浓度为 $3\mu mol/m^2$，孔径都在 10nm 以下，通常还含有 2nm 以下的微孔，其比表面积为 $50\sim200m^2/g$ [4]。氧化铝表面还同时存在着 Lewis 酸性、Lewis 碱性、Brönsted 酸性、Brönsted 碱性中心。为了挖掘氧化铝作为色谱固定相的潜能，人们对氧化铝进行了深入系统的研究，发现与硅胶相比，氧化铝作为液相色谱填料具有以下优点。

(1) 化学稳定性好（即 pH 使用范围宽）[5] 硅胶基质填料的 pH 使用范围是 $2\sim8$，而氧化铝则可以在 pH $2\sim12$ 范围内使用，这不仅有利于改善对碱性物质的色谱分离，而且还使那些在酸性、中性条件下无法进行的分析成为可能。

(2) 热稳定性好[5] 硅胶在 200℃ 以下是稳定的，如果温度高于 200℃，则硅胶表面的硅羟基开始缩合，表面化学性质也随即发生改变。而氧化铝不仅可以在 200℃ 以下稳定使用，也可以在 200℃ 以上长期使用，其热稳定性对高温快速分析非常有利。

(3) 分离碱性样品色谱峰对称[6] 氧化铝表面的铝羟基相对于硅羟基显碱性，使得碱性物质在氧化铝上的保留没有在硅胶上的那么强，因此可以得到对称的色谱峰。另外，氧化铝表面没有对蛋白质产生特异性吸附的位点，并且同时存在尺寸排阻和离子交换双重分离机制[7]，增强了对蛋白质的选择性，使得氧化铝适用于蛋白质，特别是碱性蛋白质的分离。用甲醇装柱即可获得高的柱效，并通常具有较高的渗透性。

(4) 氧化铝是两性氧化物，具有独特的色谱性能 硅胶是酸性氧化物（等电点 pH 3），在适用的 pH 范围内只能实现阳离子交换；而氧化铝是两性氧化物（等电点 pH 7），可以通过调节 pH 在酸性条件下实现阴离子交换，在碱性条件下实现阳离子交换（图 4-2），向流动相中添加有机试剂如甲醇、乙腈、四氢呋喃可以影响离子交换的选择性[8,9]。

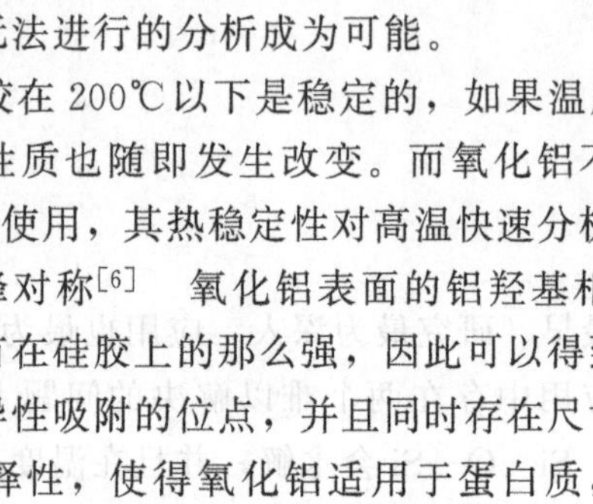

图 4-2 氧化铝在酸性和碱性介质中的表面行为

(5) 氧化铝具有配体交换功能[5] 在氧化铝的表面，Al^{3+} 表现为 Lewis 酸点，可接受供电性 Lewis 碱的孤对电子而形成配位络合物。

4.2.2 氧化铝微球固定相的制备

在多孔氧化铝微球的制备方面，目前作为催化剂载体的氧化铝小球的制备方法有很多，包括从醇盐水解到直接腐蚀铝球得到粒径 $500\mu m$ 的多孔 γ-氧化铝小球，但很少有关于制备色谱用多孔球形氧化铝的报道[5]。Iler 等[10]用聚合诱导胶体凝聚法制备了能用于高效液相色谱的多孔球形氧化铝，Palkar[11]用溶胶-凝胶滴球法制备了粒径约 $500\mu m$、孔径 5nm 的球形氧化铝作为液相色谱填料，这两种方法制备的球形氧化铝填料粒径较大，颗粒不均匀，并且由于水合氧化铝的结晶习性使得氧化铝溶胶中的纳米微粒多呈纤维状，用这种溶胶制备出的氧化铝填料的孔径都在 10nm 以下，通常还含有 2nm 以下的微孔。只有采用特殊的方法才能得到孔径在 100nm 左右的多孔氧化铝微球。1990 年 Biotage 公司提出了一种制备多孔氧化铝微球的专利，通过采用助溶剂和控制溶液条件的方法来控制从碱金属铝溶液中结晶出的氢氧化铝的大小、特性以及聚集形态，得到粒径大约为 $10\mu m$、孔径 100nm 的微球[12]。因此采用现有的方法制备的氧化铝填料很难具有和硅胶一样优良可控的物理结构（颗粒大小及分布、孔径大小及分布、比表面积等），限制了氧化铝作为色谱填料的应用。

4.2.3　氧化铝微球固定相在正相色谱中的应用

在 HPLC 发展的早期，氧化铝就已作为一种性质优异的固定相而被用于正相色谱。正相色谱性能研究对于探讨填料表面性质、吸附机制非常重要，对于填料的化学物理改性也具有指导意义。20 世纪 80 年代以来，氧化铝作为正相色谱固定相引起了广泛的关注。Unger 等[6,13,14]用溶胶-凝胶法制备了 Al_2O_3，并比较了它与 ZrO_2、SiO_2 和 TiO_2 的正相色谱性能。Grün 等[6]研究了硅胶、氧化铝、氧化钛、氧化锆以及有序介孔硅铝 MCM-41 在正相色谱中的色谱行为。研究表明，相对于硅胶而言，氧化铝为碱性氧化物，表面表现为碱性，所以碱性化合物在氧化铝柱上可以得到较短的保留时间和较对称的峰形（图 4-3），但是酸性化合物会被 Al_2O_3 强吸附，造成保留时间较长和峰形拖尾。多环芳烃类化合物可以在氧化铝柱上得到很好的分离（图 4-4），这是因为这些多环芳烃类化合物都具有 π-电子体系，使得这些化合物都表现出一定的 Lewis 碱性，因此可以和 Al_2O_3 表面的 Lewis 酸性位点产生 Lewis 酸碱相互作用，而使其在填料表面得到一定的保留，并且这些中性化合物的洗脱顺序和它们的 π-电子体系大小相一致，π-电子体系越大，在 Al_2O_3 上的保留就越强，反之亦然。

4.2.4　氧化铝微球固定相在离子色谱中的应用

氧化铝的独特的离子交换性能作为氧化铝的一个特殊色谱性能引起了人们的极大兴趣。氧化铝的离子交换能力存在以下两个特点：首先就是氧化铝是两性氧化物，其可以在酸性条件下表现出阴离子交换能力，在碱性条件下表现出阳离子交换能力[15]，利用氧化铝表面的离子交换能力，有机-无机阴离子[9]、阴离子型化合物[16]、胺类化合物[16]、蛋白质[7]、碱性药物[8]以及海洛因样品[17]等都实现了在氧化铝色谱柱上的分离。这些结果表明，如果选择合适的流动相 pH 就可以在氧化铝柱上实现阴阳离子的同时分离。为了实现阴阳离子的同时分离，Brown 和 Pietrzyk[18]制备了一种氧化铝-硅胶混合色谱柱，通过调节流动相的 pH，使氧化铝表现出阴离子的交换能力，同时硅胶表现出阳离子的交换能力。Takeuchi[19]采用氧化铝微填充柱，选择了合适的流动相，在间接紫外检测的条件下实现了阴阳离子的同时分离，其中阳离子的出峰顺序和常规离子色谱相同，但阴离子的出峰顺序则和常规离子色谱相反，阳离子显示为正峰，而阴离子显示为倒峰。氧化铝离子交换性能的另一个特点是，阴离子在氧化铝上的洗脱顺序和在阴离子交换树脂上的洗脱顺序存在很大差异。阴离子在氧化铝

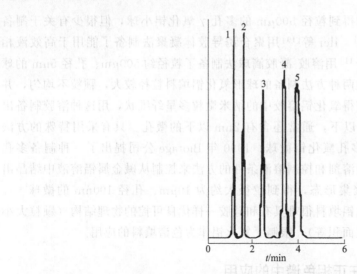

图 4-3　碱性化合物在氧化铝固定相上的分离色谱图[6]

色谱柱：125mm×4mm I.D.

流动相：正己烷/异丙醇＝99.5∶0.5（体积比）

流速：1mL/min

检测波长：254nm

被分析物：1—N,N-二甲基苯胺；2—N-甲基苯胺；3—2-甲基吡啶；4—4-甲基吡啶；5—苯胺

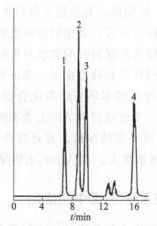

图 4-4　多环芳烃在氧化铝固定相上的分离色谱图[6]

色谱柱：250mm×4mm I.D.

流动相：正戊烷

流速：1mL/min

检测波长：254nm

被分析物：1—萘；2—蒽；3—䓛；4—苯并蒽

上的洗脱顺序为[20,21] $F^- > SO_4^{2-} > Cr_2O_7^{2-} > HCO_2^- > benzoate > ClO_2^- > BrO_3^- > Cl^- > NO_2^- > NO_3^- > Br^- > ClO_3^- > SCN^- > I^- > ClO_4^- > C_3H_3O_2^-$，而在阴离子交换树脂上的洗脱顺序为[21] SO_4^{2-}、$ClO_4^- > I^- > SCN^-$、$ClO_3^- > NO_3^- > CrO_4^{2-} > Br^- > NO_2^- > BrO_3^- > Cl^- > HCO_2^- > C_3H_3O_2^- > F^-$。Schmitt[9]等研究了氧化铝在酸性条件下的阴离子交换色谱性能，详细考察了流动相 pH、流动相离子强度、被分析物浓度以及流动相组成对无机阴离子在氧化铝柱上分离性能的影响，结果表明，这些因素对无机阴离子在氧化铝柱上的分离性能具有很大影响，并且氧化铝填料在改变流动相时需要较长的时间才能平衡。

4.2.5　氧化铝微球固定相的表面修饰及在反相色谱中的应用

用作色谱填料基质的氧化铝主要是 γ-氧化铝，γ-氧化铝表面化学修饰比硅胶更困难，这是因为氧化铝表面的 Al—OH 离子性较强，难以像硅胶那样通过键合而得到适应不同分离模式的固定相，并且氧化铝表面的铝羟基相对于硅羟基显碱性，所以采用传统硅烷化法对氧化铝进行化学修饰得到的键合型色谱填料在酸性条件下的水解稳定性很差（水解稳定性顺序为 Si—O—Si—R＞＞Zr—O—Si—R＞Ti—O—Si—R＞＞Al—O—Si—R）[22,23]，使其应用范围受到很大限制。Leo de Galan 曾因此认为，氧化铝不可能像硅胶一样通过表面键合修饰而制成反相固定相。因此氧化铝多适用于一些小分子有机化合物的分离，用于正相、离子交换色谱中，在反相高效液相色谱和生化分离上的应用很少。聚合物包覆是现在改性氧化铝的主要途径，近年来也出现了采用特殊的方法对氧化铝进行共价化学键合修饰。此外，由于氧化铝表面的 Al^{3+} 表现为 Lewis 酸位点，因此还可采用 Lewis 碱对氧化铝的表面进行改性。

（1）聚合物包覆修饰　将预先合成的聚合物直接包覆在氧化铝表面或者采用聚合物单体在氧化铝表面引发聚合的方法在氧化铝表面包覆一层高聚物[24]，如聚苯乙烯-二乙烯基苯、聚丁二烯或聚十八烷基硅烷等，可获得强疏水性的色谱填料。Bien-Vogelsang 等[25]将聚苯乙烯-二乙烯基苯（PS-DVB）、聚丁二烯和聚十八烷基硅烷物理涂覆到氧化铝的表面，得到的填料具有非常好的碱稳定性，但是色谱性能较差。如图 4-5 所示，色谱柱在 pH 12.3 的条件下使用 90h 后，仍然能够保持最初的色谱分离性能。Schomburg[26]将聚丁二烯涂覆到氧化铝的表面，该固定相可以在 pH 13 的极端流动相条件下使用，并且具有非常好的分离效率。另一种得到氧化铝反相固定相的方法是在氧化铝的表面聚合 2-十八烷基-1,3-丁二烯，采用该方法所制备的氧化铝反相填料已经实现了商品化，商品名为 Unisphere Al-C18[27,28]。当使用相同的梯度洗脱时，该固定相对蛋白质的分离效果和 ODS 几乎一样。图 4-6 为 Unisphere Al-C18 对四种蛋白质的分离色谱图。Mao 等[29,30]通过先在氧化铝表面键合马来酸，然后再进一步共聚合十八烯，在共聚过程中加入交联剂如二乙烯基苯来增强聚合物的稳定性。用这种方法所得到的反相固定相在高 pH（0.1 mol/L NaOH）或低 pH（0.1 mol/L HCl）条件下都具有非常好的稳定性。这些聚合物包覆氧化铝在分离抗生素、肽、蛋白质[31]和其他一些药物[28]方面效果明显，且具有非常好的稳定性和柱寿命。其中应用最多的聚合物是聚丁二烯，部分已商品化[8,27,31~33]。表 4-1 列出了一些商品化的聚合物包覆氧化铝固定相。

表 4-1 中 Aluspher RP-select B、Unisphere Al-PBD、Milipore PBD 和 GammaBond™ Alumina RP-1（PBD）为聚丁二烯包覆氧化铝固定相，GammaBond™ Alumina RP-8 为含有正丁基基团的聚硅氧烷包覆的氧化铝固定相。

表 4-1　商品化的聚合物包覆氧化铝固定相

商品型号	生产厂家	粒径/μm	碳含量/%	孔径/nm	比表面积/(m²/g)
Aluspher RP-select B	Merck	5	—	10	170
Unisphere Al-PBD	Biotage	10	5.1	22.1	37
Milipore PBD	Milipore	5	7.2	9.2	110
GammaBond™ Alumina RP-1(PBD)	ES Industries	5	—	8	—
GammaBond™ Alumina RP-8	ES Industries	5	—	8	—

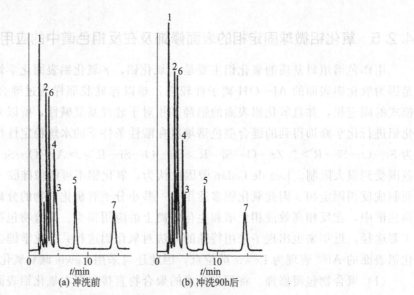

图 4-5 不同极性的化合物在聚丁二烯涂覆的氧化铝色谱柱
用 pH 12.3 的流动相冲洗前和冲洗 90h 后的保留行为[25]

流动相：甲醇/水＝5：1（体积比）
柱温：20℃
流速：0.8mL/min
检测波长：254nm
被分析物：1—乙酰苯；2—苯甲酮；3—乙基苯；4—苯甲酸苄酯；5—正丁基苯；
　　　　　6—2-正辛基吡啶；7—正己基苯

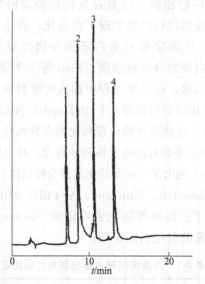

图 4-6 蛋白质在 Unisphere Al-C18 色谱柱上的分离色谱图[28]

流动相：A，0.2％的三氟乙酸水溶液；B，0.2％的三氟乙酸乙腈溶液
线性梯度洗脱：30min 内从 25％B 到 100％B
被分析物：1—核糖核酸酶；2—胰岛素；3—溶解酵素；4—肌红蛋白

（2）共价化学键合修饰　20 世纪 70 年代中期，人们对氧化铝表面的硅烷化反应做了很多的尝试，Knox 和 Pride[34]首次采用标准的硅烷化反应对氧化铝表面进行了修饰，该填料具有和相同修饰的硅胶相当的色谱性能，但并未对其稳定性进行考察。Laurent 等[16]发现，

氯硅烷和氧化铝表面反应的活性较差，而六甲氧基二硅氮烷在氧化铝的表面有很强的吸附性，但是当流动相含水时，该吸附层很容易就脱落了。Pesek 等[35,36]用三乙氧基硅烷（TES）和氧化铝表面的铝羟基发生反应，同时 TES 之间也会发生交联反应，在氧化铝表面形成一层氢基硅化物；之后在催化剂（如六氯铂酸）存在的条件下氢基硅化物层与端基烯烃反应，得到表面被有机基团修饰的氧化铝填料；通过选择不同烷基链的端基烯烃就可以得到不同有机基团修饰的氧化铝化学键合固定相。其反应式如下：

$$\equiv Al-OH + H-Si(OEt)_3 \xrightarrow[\text{水，二噁烷}]{HCl} \equiv Al-O-\overset{\displaystyle O}{\underset{\displaystyle O}{\overset{|}{\underset{|}{Si}}}}-H + 3EtOH$$

$$\equiv Al-O-\overset{\displaystyle O}{\underset{\displaystyle O}{\overset{|}{\underset{|}{Si}}}}-H + CH_2=CH-R \xrightarrow{\text{催化剂}} \equiv Al-O-\overset{\displaystyle O}{\underset{\displaystyle O}{\overset{|}{\underset{|}{Si}}}}-CH_2-CH_2-R$$

图 4-7 为十八烷基修饰氧化铝色谱柱的反相色谱性能。从图 4-7 中可以看出，洗脱顺序复合反相保留，并且色谱峰的对称性和柱效也高于商品化的十八烷基氧化铝柱。该色谱柱分离碱性化合物的色谱峰对称，并且具有很好的酸碱稳定性（用 2000 个柱体积的 pH 2 或 pH 10 的流动相冲洗柱子，$\Delta k < 10\%$）。按照 Arenas 和 Foley[32] 的说法，由于 Al—O—Si 在酸性条件下的稳定性很差，可用于色谱填料的稳定的硅烷化氧化铝的存在是有争议的。因此，Laurent 等[8,16]提倡直接使用不修饰的氧化铝填料用作离子交换模式。近年来 Pesek 和 Lin 等[37]用二氯亚砜将氧化铝表面的 Al—OH 氯化，之后用丁基锂和氯化过的表面反应，得到了烷基化氧化铝。改变有机锂的有机基团就可得到不同有机基团修饰的氧化铝化学键合固定相。其反应式如下：

$$\equiv Al-OH + SOCl_2 \longrightarrow \equiv Al-Cl + SO_2 + HCl$$

$$\equiv Al-Cl + RLi \longrightarrow \equiv Al-R + LiCl$$

该键合固定相在甲醇、乙腈、正己烷、甲苯等溶剂中可长期使用，在 pH 1～12 范围内未见异常，许多酶蛋白的峰窄且对称，柱效达到了 $1.3 \times 10^5 \sim 1.6 \times 10^5$ 塔板/m。由此可以看出，只要解决键合的问题，氧化铝非常具有发展成为耐碱性介质固定相的潜力。

（3）Lewis 碱改性　氧化铝表面的 Al^{3+} 表现为 Lewis 酸位点，可接受供电性 Lewis 碱的孤对电子形成配位络合物，对其色谱性能产生重要影响。如果将一些强 Lewis 碱性化合物（称为改性剂）作为流动相添加剂或吸附在氧化铝填料表面，不仅可以有效掩蔽固定相表面的 Lewis 酸性中心，改性剂本身所具有的特定分子结构还可为固定相提供新的保留机理和分离选择性。磷酸盐和氟化物是首选的最强的 Lewis 碱，用来修饰氧化铝的表面。Haky 等[38~40]利用氧化铝和有机膦酸之间强的吸附作用在氧化铝表面形成 $\equiv$Al—O—P—R 而制备了键合密度为 $3.4\mu mol/m^2$ 的十八烷基修饰氧化铝填料，该填料被用于分离碱性化合物以及蛋白质和多肽等。图 4-8 为该十八烷基修饰氧化铝柱对碱性药物的分离色谱图，该分析是在碱性流动相（0.1mol/L NaOH）条件下实现的，展现了氧化铝基固定相耐碱性的优点。此外，Haky 还采用相同的方法制备了全氟烃基修饰的氧化铝填料[41]，研究表明，相对于相同碳链的全氢烃基修饰的氧化铝，分析物在该固定相上的保留时间较短。虽然缩氨酸混合物在该固定相上得到了理想的分离，但以三氟乙酸为流动相稳定性较差（进样几次后，保留因子就会发生很大的变化）。而酚类化合物却可以在该固定相上得到稳定的分离，如图 4-9 所示。采用这种方法所制备的填料存在的不足之处是，流动相不能使用磷酸盐或者其他更强的 Lewis 碱。此外，Rigney 还认为烷基膦酸和氧化铝之间仅仅是吸附作用，因此稳定性较差[42]。

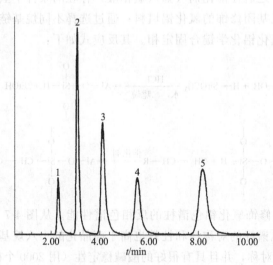

图 4-7 十八烷基修饰氧化铝色谱柱的反相色谱性能[36]

色谱柱：8 μm，150mm×4.6mm I.D.

流动相：乙腈/水＝50：50（体积比）

柱温：20℃

流速：1mL/min

检测波长：254nm

被分析物：1—茶碱；2—对硝基苯胺；3—苯甲酸甲酯；4—苯乙醚；5—邻二甲苯

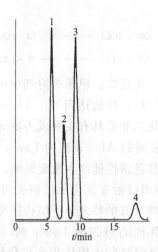

图 4-8 碱性药物在十八烷基修饰氧化铝色谱柱上的分离色谱图[39]

色谱柱：8μm，250mm×4.6mm I.D.

流动相：甲醇/0.10mol/L NaOH＝35：65（体积比）

柱温：20℃

流速：2mL/min

检测波长：220nm

被分析物：1—可待因；2—普鲁卡因；3—蒂巴因；4—可卡因

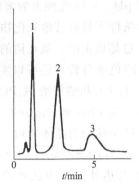

图 4-9　酚类化合物在全氟烃基修饰氧化铝色谱柱上的分离色谱图[41]

　　　　色谱柱：8μm，150mm×4.6mm I.D.

　　　　流动相：0.02％三氟乙酸水溶液

　　　　柱温：20℃

　　　　流速：2mL／min

　　　　检测波长：255nm

　　　　被分析物：1—间甲基酚；2—2-萘酚；3—百里香酚

4.3　氧化锆微球固定相

4.3.1　氧化锆的表面性质

　　红外分析[43]表明，氧化锆表面存在三种类型的羟基（图 4-10），其表面锆羟基的浓度大约为 10 $\mu mol/m^2$[44]。1979 年，氧化锆开始被应用于 HPLC 填料，Ghaemi 等[45]用十六烷基三甲基溴化铵对比表面积较低的氧化锆进行动态表面修饰，评价了其色谱性能，并且与硅胶柱进行了比较。但是在随后的近十年间，没有出现有关氧化锆的文献报道。直到 1988 年，Kawahara 等[46]比较了 ZrO_2、Al_2O_3、TiO_2 的吸附性能后认为 ZrO_2 有作为 HPLC 固定相的可能。随后的几年内，Carr 和 Unger 分别对氧化锆的正相[6,13]、反相[47]、离子交换[48]和亲和[49]色谱性能进行了系统评价。氧化锆良好的化学稳定性以及碱性化合物在氧化锆固定相上峰形对称是引起色谱工作者关注的主要原因，这些性质恰恰弥补了硅胶在色谱性能上的不足。因此，氧化锆色谱填料的研究发展很快，氧化锆被 Carr 称为分离科学中新一代色谱基质。

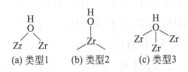

图 4-10　氧化锆表面羟基类型

　　作为色谱基质填料，氧化锆具有如下明显的优点。

　　（1）化学稳定性好　色谱用的 ZrO_2 大都为比较稳定的晶体结构，并且 Zr—O 键键能较高，相对于 SiO_2（在碱性条件下易溶解）和 Al_2O_3（pH 使用范围 3～12）而言，ZrO_2 可以在 pH 1～14 范围内稳定使用。Rigney 等[50]用静态和动态两种方法考察了氧化锆在不同 pH

下的化学稳定性，静态实验发现在 pH 1～14 范围内的溶液中，15 天内没有观察到氧化锆溶解，动态实验表明，氧化锆在碱性条件下具有其他氧化物所无法比拟的化学稳定性，同时氧化锆在酸性溶液中（HCl，pH 1）也是稳定的。氧化锆的这个特点不仅有利于改善碱性物质的色谱分离、进行极端 pH 条件下的色谱分析，还可以实现在强碱条件下的色谱柱再生等。但是应该指出，氧化锆在 HF、浓 H_2SO_4 和热的浓 H_3PO_4 等极酸条件下是不稳定的。

（2）机械强度高与热稳定性好　除 1990 年 Unger 在实验室合成得到无定形多孔性氧化锆微球外，目前市面上的多孔氧化锆小球均为晶体结构。晶体结构决定了其高机械强度性能与耐高温特性。晶体氧化锆具有非常好的热稳定性（熔点为 2750℃），远高于氧化硅的熔点，其表面的羟基在高达 300℃ 的水热处理下也依然稳定，使得氧化锆可以很稳定地在 200℃ 的温度下使用[51~53]。对于高温液相色谱来说，氧化锆优异的热稳定性是一个非常大的优势，由于柱温比较高时分子运动较剧烈，柱压将会降低，从而可以提高流速使分析速度增加 3～5 倍[54~56]。

（3）分离碱性化合物时色谱峰形对称　相对于硅胶而言，氧化锆表面表现为碱性，因此分离碱性化合物时色谱峰形对称，可获得较好的分离，而硅胶表面的硅羟基与碱性化合物作用较强，色谱峰严重拖尾和展宽。

（4）多种分离模式　氧化锆的表面结构决定了它既具有酸性也具有碱性。由于生产过程中温度等处理条件的不同，其酸碱性会因结构差异而不同。研究表明，氧化锆在水中的等电点大约为 pH 6.7，是两性氧化物，因此可以在不同 pH 条件下表现出不同的表面性质，既可以表现出阴离子交换能力，也可以表现出阳离子交换能力，选择合适的 pH，还可以同时具有阴阳离子的交换能力。由于氧化锆晶体表面的 Zr 原子只与 7 个 O 原子配位，造成晶体表面的部分 Zr 原子带正电荷，形成强的硬 Lewis 酸性位点，可以和供电性的 Lewis 碱产生 Lewis 酸碱相互作用。此外，氧化锆表面还存在 Brönsted 酸、碱作用位点。

4.3.2　氧化锆微球固定相的制备

主要有三种方法制备 ZrO_2 微球固定相。

（1）油乳液法（oil emulsion methods，OEM）[13,46,57,58]　1990 年 Trudinger 等[13]提出了一种制备介孔球形色谱用氧化锆微球的方法，该方法随后被许多研究者所使用[14,59~61]，其过程是：在搅拌条件下将 ZrO_2 溶胶或锆盐加入由有机溶剂和表面活性剂组成的微米级大小的油包水（W/O）乳状液中，然后加入弱碱，使锆离子在乳状液中水解生成锆溶胶；碱性条件使锆溶胶很快凝胶，形成微米级大小的 ZrO_2 凝胶团聚球；ZrO_2 凝胶脱水后形成介孔结构。对该方法的制备条件的详细考察表明，乳状液的性质和分散程度决定了最终形成的氧化锆微球的大小和均匀性。采用该方法所得到的氧化锆微球粒径在 10 μm 左右，孔径范围为 10～30nm。Shalliker 等[62~68]采用相同的方法，在反应中加入了尿素以增加反应速率和稳定 ZrO_2 凝胶，研究表明，加入 NaCl 作为致孔剂以及调控煅烧条件都可以调节氧化锆微球的孔结构，使孔径可以增大到 60nm。从图 4-11 可以看出，随着煅烧温度的增加，ZrO_2 的孔径也是在逐渐增加的，在其他条件都相同的条件下，盐的加入对 ZrO_2 孔径的影响比较微弱。

（2）聚合诱导胶体凝聚法（polymerization-induced colloid aggregation，PICA）[69~71] PICA 法是将锆溶胶、尿素和甲醛按一定比例配制成水溶液，调节溶液的 pH 为酸性并缓慢

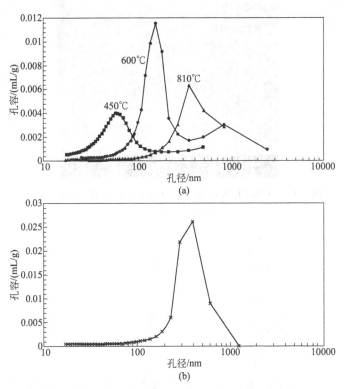

图 4-11　不同煅烧条件下所制备的氧化锆微球的孔径分布曲线（N$_2$吸附法）（a）及
加入 NaCl 时 810℃煅烧条件下所制备的氧化锆微球的孔径分布曲线（N$_2$吸附法）（b）[62]

搅拌。在酸催化条件下，尿素与甲醛发生缩合反应生成脲醛树脂。树脂聚合物首先是在均相
中生成的，随着聚合物分子质量的增加产生了相分离，聚合物最后以固体形式从水相中分离
出来。由于体系中有大量的纳米级的锆溶胶胶体颗粒存在，所以伴随着脲醛树脂的生成，氧
化锆胶体颗粒被包裹在脲醛树脂球中，以脲醛树脂-氧化锆复合小球的形式沉积下来。复合
小球经洗涤、干燥、灼烧等处理，得到多孔氧化锆微球，其制备过程如图 4-12 所示。灼烧
后的 ZrO$_2$ 微球因氧化锆纳米颗粒间界面上的缩合反应形成稳定的三维空间骨架结构，使其
具有很好的机械强度。Carr 等[69~71,72~79]采用该方法制备了粒度均匀的微米级氧化锆微球
（图 4-13），通过控制制备和煅烧条件得到了孔隙度很大（50%）、孔径也很大（最小 20nm）
且机械强度也很好的单分散的氧化锆微球。采用这种方法所制备的氧化锆微球经过高温煅烧
会导致小孔消失，但大孔仍然保留。从图 4-14 可以看出，采用该方法所制备的氧化锆微球
的孔径分布集中在 35~55nm 之间。

图 4-12　PICA 法制备二氧化锆微球示意图

（3）喷射干燥法（spray-dry）[80,81]　喷射干燥法是将纳米氧化锆溶胶以极高的速度喷
射到剧烈搅拌的热植物油中，在油乳的表面张力作用下溶胶收缩成微米球，然后经干燥、灼
烧后形成微米锆球。此方法制备的氧化锆微球粒径分布很宽，需要进行多次的分级处理，并

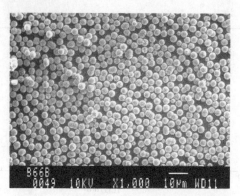

图 4-13　采用 PICA 法所制备的氧化锆微球的扫描电镜图[79]

（粒度均匀分布在 4μm 左右）

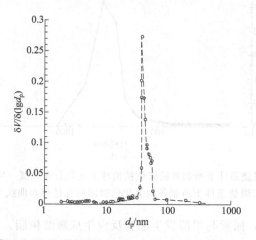

图 4-14　采用 PICA 法制备的氧化锆微球的孔径分布图（N_2 吸附法）[79]

且该方法需要特殊的设备，所以很少采用。

　　氧化锆的晶形与制备方法有关，商品氧化锆大多为无定形形态，形状亦不规则，不适合用作色谱填料。用溶胶-凝胶法和油乳液法所得到的 ZrO_2 为单斜形，而用聚合诱导胶体凝聚法所得到的 ZrO_2 通常是四方形与单斜形共存。氧化锆的比表面积也与制备方法有关，其中最主要的是与制备方法的热处理温度有关。Mercera 等[82]研究了氧化锆的比表面积与热处理温度的关系，结果表明，随着热处理温度的升高，氧化锆的比表面积逐渐降低，当温度超过 400℃，氧化锆的比表面积出现急剧下降的趋势，进一步升高温度超过 500℃，比表面积就会低于 100 m^2/g。但上述氧化锆微球的制备方法都需要 700℃ 以上的热处理温度以除去制备过程中引入或产生的有机物杂质，所以现有文献报道的氧化锆比表面积均较小，多数都小于 30m^2/g，为此 Carr 等[83]提出采用高温煅烧的方式将氧化锆微球上的微孔全部除去，得到无孔的氧化锆微球用作快速色谱的填料[84]。理想的色谱填料除了有较大的比表面积外，还要求孔结构理想，孔径在中孔范围，且孔径分布范围窄，孔体积适宜。研究表明[70,71,79,85,86]，采用 PICA 法和 OEM 法制备的氧化锆孔结构为大孔体、小孔颈，呈墨水瓶状。这类孔结构影响色谱分离的传质速率，易造成色谱峰展宽，降低分离效率。针对氧化锆填料普遍存在的孔结构缺陷，Shalliker 等[64]在灼烧氧化锆时通过加入氯化钠来达到扩孔的目的。孔结构由"瓶颈形"转变成"圆筒形"，使孔结构得到了改善。但是这种改善是以比表面积和孔体积的大幅度下降为代价的。此外，文献［13，87］报道氧化锆微粒常有两种孔径分布的现象，这势必导致溶质分子的传质速率不均衡，使色谱峰展宽，对色谱分离不利。各种氧化锆的孔体积也比硅胶低得多[88]。采用这些方法所制备的氧化锆填料很难具有和硅胶一样优异的物理结构。因此改进氧化锆制备技术并制备出满足 HPLC 需求的 ZrO_2 柱填料是目前有待解决的问题。

4.3.3　氧化锆微球固定相在正相色谱中的应用

Unger 等[6,13]将多孔氧化锆微球用作正相色谱填料，并与氧化铝、硅胶及 MCM-41 进行了比较性研究，发现氧化锆的一些不同于硅胶基质正相色谱的特征。首先，相对于硅胶而言，氧化锆表面表现为碱性，因此分离碱性化合物时色谱峰形对称，可获得较好的分离（图 4-15），而硅胶表面的硅羟基与碱性化合物作用较强，色谱峰严重拖尾和展宽。其次，氧化锆对多环芳烃类化合物有较强的保留作用，主要是因为氧化锆表面具有很强的 Lewis 酸作用位点，可以和具有 Lewis 碱性的芳香类化合物产生 Lewis 酸碱相互作用，因此它可用来分离多环芳烃（图 4-16）、烷基取代苯、结构异构体和位置异构体等，而硅胶却没有这种性能。此外，氧化锆对酸性化合物的吸附很强，造成峰形拖尾，而硅胶则对酸性化合物具有较好的分离。氧化锆的这些特征使得它在作为正相色谱填料分离碱性和中性化合物时具有一定的优越性。

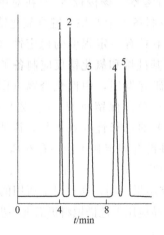

图 4-15　碱性化合物在氧化锆固定相上分离色谱图[6]
色谱柱：2 &mm×4mm I. D.
流动相：正己烷/异丙醇＝99.5：0.5（体积比）
流速：1mL/min
检测波长：254nm
被分析物：1—N,N-二甲基苯胺；2—N-甲基苯胺；
　　　　　3—2-甲基吡啶；4—4-甲基吡啶；5—苯胺

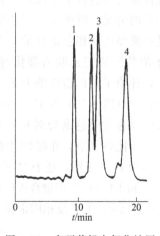

图 4-16　多环芳烃在氧化锆固
定相上分离色谱图[6]
色谱柱：250mm×4mm I. D.
流动相：正戊烷
流速：1mL/min
检测波长：254nm
被分析物：1—萘；2—蒽；3—䓛；4—苯并蒽

4.3.4　氧化锆微球固定相的化学修饰及其在反相色谱中的应用

在反相色谱条件下，ZrO_2 的分离机理为配体交换、阳离子和阴离子交换同时存在的混合模式，适当地调节流动相的 pH 和洗脱盐的 Lewis 碱性，可以在 ZrO_2 上实现阴离子、阳离子及蛋白质生物大分子的分离。作为一种金属氧化物，ZrO_2 与 SiO_2 有许多共性，ZrO_2 的修饰方法可以像 SiO_2 一样通过物理包覆或化学键合的方法进行改性。针对 ZrO_2 特殊的表面性质，还可以用吸附 Lewis 碱的方式对其进行改性。目前，ZrO_2 填料的改性主要有如下几种方法：化学键合、聚合物涂覆、碳沉积、Lewis 碱改性。

（1）化学键合　氧化锆表面有一定浓度的锆羟基，可用化学键合方法对其进行表面改性。但是氧化锆表面的锆羟基绝大部分为桥联形式（硅胶表面完全不存在这种形式的羟基），这种形式的羟基是不能进行硅烷化反应的[88]。因此很难通过简单的硅烷化反应得到稳定的改性氧化锆填料。最初 Rigney 等[42]将单功能性和三功能性的硅烷键合到了氧化锆的表面，虽然键合量也达到了几个微摩尔每平方米，但是键合相在高 pH 时流失速度很快。1990 年 Unger 等[13]将十八烷基键合到无定形的 ZrO_2 多孔微球上，在这项工作中，由于成功地对氧化锆表面进行了控制，从而得到了稳定性较好的键合相，但文献并没有给出详细的键合过程。报道中称该填料在 pH 12 的环境中使用 500h 仍能基本保持原性能，但是并未给出系统的稳定性考察，并且填料表面 C_{18} 的键合量也只有 $1.2\sim1.4\mu mol/m^2$。该研究团队也没有继续发表后续的有关烷基键合氧化锆填料的工作。Yu 和 El Rassi 等[89,90]通过十八烷基二甲基氯硅烷和十八烷基三氯硅烷与无孔氧化锆反应制备了交联型和非交联型十八烷基键合氧化锆填料。在高 pH 流动相条件下，二甲苯在非交联型的固定相上的保留时间最初减少很迅速，但当减少到原始值的 20% 时，保留时间逐渐稳定下来，而二甲苯在交联型的固定相上保留时间可以稳定到原始值的 40%。Pesek 等[35]采用硅氢化法合成了十八烷基键合氧化锆填料，并与直接键合法进行了比较，但并未对其色谱性能进行考察。杨俊佼等[91]在对甲苯磺酸催化剂存在的情况下将碳十八三乙氧基硅烷与氧化锆反应制备了十八烷基键合氧化锆填料，该填料具有典型的反相色谱性能，并且在 pH 12 的条件下具有一定程度的稳定性（图 4-17）。张庆合等[92,93]以三乙胺为催化剂，将十二烷基三乙氧基硅烷和氧化锆反应制备了 C_{12}-ZrO_2 固定相，评价了其色谱性能并和 C_{12}-SiO_2 进行了对比研究发现，中性化合物（图 4-18）和碱性化合物（图 4-19）在 C_{12}-ZrO_2 固定相上主要为反相色谱保留机理，C_{12}-ZrO_2 固定相在分离碱性化合物时色谱峰对称性较好，并且与 C_{12}-SiO_2 的选择性存在差异，说明氧化锆基质表面性质比较复杂，在缓冲体系流动相条件下，烷基键合固定相可能还存在离子交换等不同的分离模式。此外，还有各种氧化锆键合相如 C_8-[94]、C_{30}-[95]、胺[96~98]、糖[99]、染料[100,101]和蛋白酶[102]等键合固定相的报道。以上的研究结果表明，通过目前所用的常规方法，在氧化锆表面可以制备反相固定相，但是将这种结构的产品应用于色谱填料仍需进一步探索。

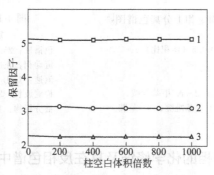

图 4-17　十八烷基键合氧化锆固定相的稳定性考察[91]
色谱柱：150mm×4.6mm I.D.
流动相：10mmol/L Na_3PO_4，pH 12.0
流速：1mL/min
检测波长：254nm
被分析物：1—苯；2—甲苯；3—萘

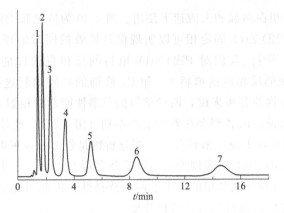

图 4-18　烷基取代苯在 C_{12}-ZrO_2 固定相上的分离色谱图[92]

色谱柱：100mm×4.6mm I. D.

流动相：甲醇/水＝60∶40（体积比）

流速：1mL/min

检测波长：254nm

被分析物：1—苯；2—甲苯；3—乙苯；4—正丙苯；5—正丁苯；6—正戊苯；7—正己苯

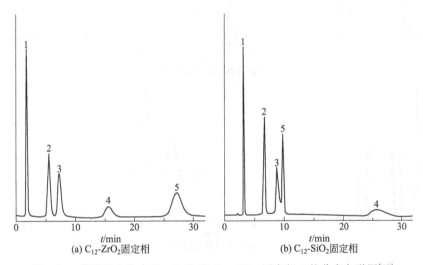

(a) C_{12}-ZrO_2固定相　　　　(b) C_{12}-SiO_2固定相

图 4-19　苯胺衍生物在 C_{12}-ZrO_2 和 C_{12}-SiO_2 固定相上的分离色谱图[92]

色谱柱：(a) C_{12}-ZrO_2，100mm×4.6mm I. D.；(b) C_{12}-SiO_2，150mm×4.6mm I. D.

流动相：(a) 甲醇/水＝30∶70（体积比）；(b) 甲醇/水＝60∶40（体积比）

流速：1mL/min

检测波长：254nm

被分析物：1—苯胺；2—N,N-二甲基苯胺；3—N-乙基对甲基苯胺；4—N,N-二乙基苯胺；5—联苯胺

　　(2) 聚合物涂覆　除了化学键合外，聚合物涂覆也是无机基质改性方法中非常重要的方法之一。聚合物涂覆氧化锆色谱填料是锆基填料中最庞大的一支，主要包括聚丁二烯涂覆氧化锆、聚乙烯涂覆氧化锆、聚苯乙烯涂覆氧化锆、聚酰亚胺涂覆氧化锆等，这些聚合物涂覆的氧化锆填料在极高的 pH 条件下表现出了非常好的稳定性。其中聚丁二烯涂覆氧化锆[103]（polybutadiene coated zirconia，PBD-ZrO_2）是性能优良、研究最多的一种，并且已经实现了商品化（商品名称：ZirChrom-PBD，ZirChrom™-PBD）。PBD-ZrO_2 填料在 1＜pH＜14[104,105] 的条件下都可以保持稳定，尤其是在碱性条件下，在 100℃的 1mol/L NaOH 水溶液中煮几小时也无变化[103,106]，即使在 200℃也可以长时间使用[58]。这种优异的热稳定性

可以使 PBD-ZrO$_2$ 固定相在高温和大流速下使用。图 4-20 为抗组胺类药物不同温度和流速下的分离情况，这表明 PBD-ZrO$_2$ 固定相可以实现保持柱效的同时缩短分析时间、节约试剂、增加分析的灵敏度[107,108]。人们对 PBD-ZrO$_2$ 填料的反相色谱性能进行了非常系统的评价[5,109~114]，并和传统的反相色谱填料 C$_{18}$ 和 C$_8$ 修饰的硅胶填料进行了比较，研究表明，对于一些非电解质分析物的分离来说，两种填料的色谱性能非常相似，但对于那些带电的或可电离的分析物分离来说，两者则存在着明显的差别（图 4-21）。此外，与 ODS 柱相比，由于 PBD-ZrO$_2$ 表面仍然存在 Lewis 酸性位点，当分析物是强 Lewis 碱时如果不在流动相中添加更强的 Lewis 碱，PBD-ZrO$_2$ 所表现的色谱性能就会很差。除此之外，与 ODS 柱相比，在 PBD-ZrO$_2$ 柱上可以通过调节流动相的 pH 来调节选择性，因此可用于范围更广的样品的分离，既可以分离碱性物质，也可以分离酸性物质。

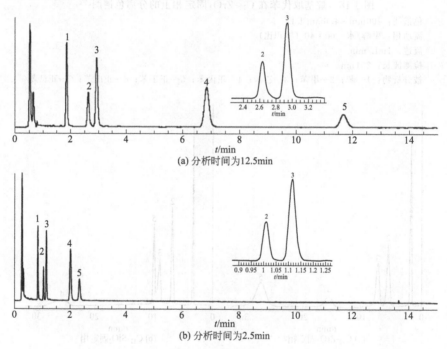

图 4-20　抗阻胺在液相色谱上的快速分离色谱图[108]

色谱柱：ZirChrom-PBD（100 mm×4.6 mm I. D. ）
流动相：(a) 乙腈/50mmol/L 氢氧化钠四甲铵 = 29：71（体积比），pH 12.2；(b) 乙腈/50mmol/L 氢氧化
　　　 钛四甲铵=26.5：73.5（体积比），pH 12.2
流速：(a) 1.35mL/min；(b) 3mL/min
检测波长：(a) 254nm；(b) 254nm
柱温：(a) 21℃；(b) 80℃
压降：(a) 195bar；(b) 195bar
被分析物：1—抗敏安；2—噻吡二胺；3—氯苯那敏；4—苯丙烯啶；5—氯苯甲嗪

　　除了 PBD-ZrO$_2$ 外，Carr 及其同事也制备了一系列聚苯乙烯包覆氧化锆填料（polystyrene-coated zirconia PS-ZrO$_2$）[115~117]。Sharygin 等[118]在 1991 年首次报道了 PS-ZrO$_2$ 的合成，由于 PS-ZrO$_2$ 表面存在大量芳香基团能够对芳香化合物产生不同于 PBD-ZrO$_2$ 的选择性，所以 PS-ZrO$_2$ 有望代替 PBD-ZrO$_2$，分离一些在 PBD-ZrO$_2$ 上无法分离的化合物，并且 PS-ZrO$_2$ 表面很容易修饰氨基或磺酸基得到离子交换型的填料[116,119]。Kurganov 等[109]的研究表明，PS-ZrO$_2$ 在极酸（0.1 mol/L HNO$_3$）和极碱（0.13 mol/L NaOH）条

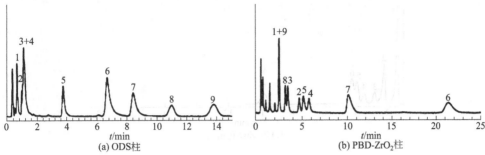

图 4-21 抗组胺类化合物在 ODS 柱和 PBD-ZrO₂柱上的分离色谱图[5]

流动相：乙腈/25mmol/L 磷酸钾缓冲液（pH 7.0）＝ 40∶60

柱温：30℃

流速：1mL/min

检测波长：254nm

被分析物：1—苯吡胺；2—氯苯那敏；3—西尼二胺；4—溴苯那敏；5—苯甲嗪；6—吡咯他敏；7—氯环嗪；
8—宋齐拉敏；9—氯苯甲嗪

件下仍然具有很好的分离能力，并且在腐蚀介质中也具有非常好的稳定性。Carr 等[115]也对 PS-ZrO₂ 在 pH 1～13 以及高温条件下（80℃、120℃、160℃）的稳定性进行了彻底的研究，发现在长达上千个柱体积极端流动相的冲洗后，聚合物涂层并没有出现流失。此外，Zhao 和 Carr 还对 PS-ZrO₂ 的色谱性能进行了研究，并与 PBD-ZrO₂ 进行了对比。研究表明，PS-ZrO₂ 表现出更强的极性，对一些结构同分异构体（苯基甲苯类、三联苯类和芪类）表现出更强的选择性[116]（表 4-2）。PS-ZrO₂ 的优越性体现在它特殊的分离选择性、可高温使用、大幅度缩短分析时间上，当用 PBD-ZrO₂ 或常规的硅胶键合固定相很难实现分离时，PS-ZrO₂ 将是一个很好的选择。

图 4-22 为类固醇在 PBD-ZrO₂ 和 PS-ZrO₂ 上的分离情况，可以看出 PS-ZrO₂ 展现出了更好的分离选择性。PS-ZrO₂ 也已实现了商品化（商品名称：ZirChrom-PS）。聚酰亚胺涂覆氧化锆（polyethyleneimine-coated zirconia，PEI-ZrO₂）是一类稳定高效的阴离子交换材料，研究发现在制备 PEI-ZrO₂ 的过程中，使用的交联剂的种类对 PEI-ZrO₂ 的疏水性、离子交换能力、化学稳定性以及热稳定性都有很大影响。如使用 1,4-丁二醇缩水甘油醚为交联剂所制备的 PEI-ZrO₂ 为一种弱阴离子交换材料，在 pH 3～9 的范围内稳定，可以用来分离一些生物分子如蛋白质和核酸等。还可以用来分离一些无机阴离子和有机阴离子，洗脱顺序和传统的硅胶键合阴离子交换材料相似[120]。此外，这种弱的阴离子交换材料还可以像氨丙基硅胶一样用来分离糖类化合物[121,122]（图 4-23）。使用 1,10-二碘癸烷和 1,2-双-碘代乙氧基乙烷作为交联剂所制备的 PEI-ZrO₂ 为一种强阴离子交换材料，具有很强的化学稳定性和热稳定性，如用 1,10-二碘癸烷作为交联剂所制备的 PEI-ZrO₂ 可以在 100℃和 pH 1～13 的条件下保持稳定[123]。这两种交联剂所制备的 PEI-ZrO₂ 均已商品化。

表 4-2 同分异构体在不同固定相上的选择性①②[116]

固定相	苯基甲苯类		三联苯类		芪类
	m-/o-	p-/m-	m-/o-	p-/m-	$trans$-/cis-
PS-ZrO₂	1.17	1.00	1.70	1.06	1.22
PBD-ZrO₂	1.03	1.00	1.46	1.07	1.09

① 50∶50 乙腈/水流动相条件下的保留时间。

② 紫外检测器 210 nm 处检测。

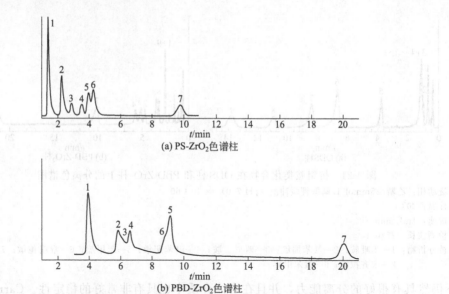

(a) PS-ZrO₂色谱柱

(b) PBD-ZrO₂色谱柱

图 4-22 七种类固醇在 PS-ZrO₂ 和 PBD-ZrO₂ 色谱柱上的分离色谱图[116]

色谱柱：(a) PS-ZrO₂ (50mm×4.6mm I.D.)；(b) PBD-ZrO₂ (50mm×4.6mm I.D.)

流速：(a) 1mL/min；(b) 0.8mL/min

流动相：乙腈/20mmol/L NH₄F＝30∶70 (体积比)

被分析物：1—可的松；2—皮质脂酮；3—醋酸可的松；4—酮孕甾酮；5—17α-羟孕酮；
6—去氧皮质酮；7—黄体酮

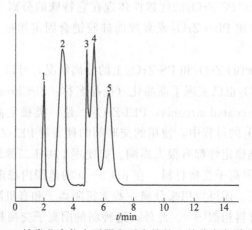

图 4-23 糖类化合物在弱阴离子交换柱上的分离色谱图[121]

色谱柱：ZirChrom®-WAX (150mm×4.6mm I.D.)

流动相：乙腈/水＝85∶15 (体积比)

柱温：室温

流速：2.0mL/min

检测器：蒸发光散射检测器 (ELSD)

被分析物：1—木糖；2—葡萄糖；3—蔗糖；4—乳糖；5—麦芽糖

（3）碳沉积 除了聚合物涂覆外，还出现了碳涂覆氧化锆填料。碳涂覆氧化锆固定相（C/ZrO₂）一般是将有机物通过化学气相沉积法（CVD 法）制备得到，这种固定相具有反相色谱的特征。Weber 和 Carr 等[124,125]利用化学气相沉积法制备了表面覆盖碳的氧化锆微球（carbon-clad microporous zirconia，C/ZrO₂，商品名称：ZirChrom™-CARB），并对其反相色谱行为进行了研究[126~129]，发现相对于传统 C₁₈ 填料，C/ZrO₂ 在 pH 1～14 时是稳定的，并显示了独特的选择性，对几何异构体表现出了较好的分离能力（图 4-24）。

Shalliker 等[130]将商品化的碳涂覆氧化锆填料用来分离非对映异构体聚苯乙烯低聚物也得到了前所未有的分离效果（图 4-25）。随着研究的深入[131,132]，碳涂覆氧化锆填料对非对映异构体极好的分离性能得到了进一步证实。相对于烷基键合固定相，碳涂覆氧化锆固定相表现出更强的疏水性，对极性和非极性几何异构体都具有更好的分离选择性，极性化合物可以通过 π-π 相互作用在碳涂覆氧化锆固定相上得到保留[127]。此外，Carr 等[128,129]还通过重氮化反应用长链烷基对 C/ZrO$_2$进一步修饰形成了一类新型色谱填料——DiamondBond（DB）：DB-C8，DB-C18，DB-Amide18，研究表明这类填料具有极高的热稳定性和化学稳定性。其中 DB-C18 被研究得最为详细，它在温度为 40℃、pH 0.3～14 条件下很稳定，在中性条件下的最高使用温度可达 200℃，可用于高温快速分离分析。如图 4-26 所示，DB-C18 填料可以在 150℃条件下，在 1min 内实现 5 种药物的分离。这类填料已经实现了商品化。

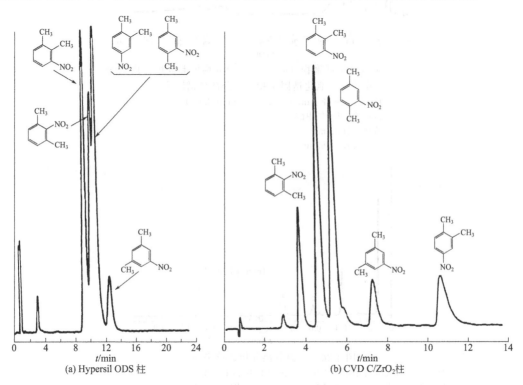

图 4-24 硝基二甲苯同分异构体的分离色谱图[125]

色谱柱：(a) Hypersil ODS 柱（100mm×2.1 mm I.D.），粒径 5μm；
　　　　(b) CVD C/ZrO$_2$柱（100mm×2.1mm I.D.），粒径 8μm
流动相：(a) 乙腈/水＝70：30（体积比）；(b) 乙腈/水＝65：35（体积比）
流速：(a) 0.5mL/min；(b) 0.4mL/min
检测波长：(a) 254nm；(b) 254nm

（4）Lewis 碱改性　在氧化锆表面上，Zr^{4+}表现为 Lewis 酸性位点，可接受供电性 Lewis 碱的孤对电子形成配位络合物。为了减小氧化锆固定相表面 Lewis 酸碱相互作用，可以对其表面进行 Lewis 碱改性。氧化锆表面的 Lewis 碱改性是通过吸附一种 Lewis 碱来掩蔽其表面的 Lewis 酸性中心实现的。能与氧化锆表面 Lewis 酸性位点进行酸碱作用的 Lewis 碱的种类很多，目前用于氧化锆表面改性的 Lewis 碱的种类主要有磷酸根[133～136]、氟离子[137～139]、硫酸根、硼酸根、溴离子等无机阴离子[48]和有机膦酸类化合物[140～145]以及硬脂酸[146]等。Lewis 碱改性不仅可以掩盖氧化锆表面的 Lewis 酸性位点，同时改性剂本身所

Sshalliker 等······来制备低聚苯乙烯化合物。图4-25 是高温长时间反应得到的低聚苯乙烯混合物，可以明显看出这些化合物在反应柱（区域 A）、隔离柱（区域 B）和高温柱（区域 C）上不同保留行为。在高温长时间反应柱区域了中····在······高····于的分离······然而，在研究对于因温度相关····性因温度相关······于······到 60 目 min 的时候得到····至目前为止的图。注比起了在其它比较····。据的 60 目 30 min 区得分离。另外，在碳涂覆氧化锆固定相上，低聚苯乙烯的低温非······到于 C 270 区。在柱高温度下，还采······反应······分离的固定相。DB-5 、DB-1、 DiamondBond （DB）、DB-C18 和 C-C18 的 DB-Amide 。在多种比较氧化锆相的高温分离指标上它们是具有 DB-18 的和低温和反应条件，比在高温度为 90℃、 pH 3~4 时的实现分离的现象是保持长柱好的稳定相用于 350℃。但又分离和分离分离所指的分离相的反应，pH 3~4 是属于比较的 150℃。至于 1~5 min 高温度 5 min 实现的实现。有多种分离的反应问题。

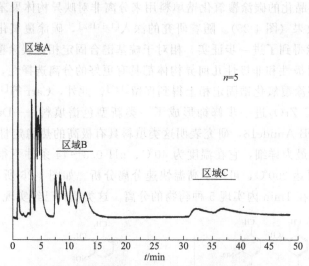

图 4-25　聚苯乙烯低聚物（$n=5$）同分异构体混合物（共 16 种）
在碳涂覆氧化锆固定相上的分离色谱图[130]
色谱柱：粒径 3μm（50mm× 4.6mm I.D.）
流动相：100%甲醇
流速：1mL/min
检测波长：262nm

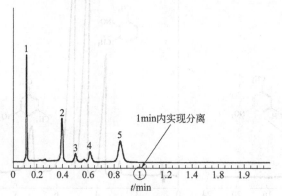

图 4-26　高温分离非甾族抗炎药[129]
色谱柱：DiamondBond™-C18（50mm×4.6mm I.D.）
流动相：乙腈/40mmol/L 磷酸＝ 25∶75（体积比），pH 2.3
柱温：150℃
流速：5.5mL/min
进样量：1μL
检测波长：254nm
样品浓度：0.15mg/mL
被分析物：1—对乙酰氨基酚；2—酪洛芬；3—萘普生；4—布洛芬；5—苯噁洛芬

具有的色谱性质也可以为固定相提供新的保留机理和分离选择性。这些固定相对生物活性物质的分离和提取都有很好的效果。例如，Schafer[133]的研究表明，经过高温长时间的反应，PO_4^{3-} 和氧化锆之间可以形成磷酸酯共价键，该固定相表现出典型的阳离子交换作用，比较适合于等电点较高的蛋白质的分离[134]。Unger 等[136]采用烷基链长在 3~100 之间的多磷酸盐对氧化锆表面进行改性，制备了一种稳定性非常好的适用于碱性、中性和酸性蛋白质制备分离的固定相。Blackwell 等[137,138]将 F^- 吸附到氧化锆表面，制备了一种适合于蛋白质分离的 F^- 动态改性氧化锆固定相。此外，他们还研究了溴酸根、硫酸根、溴离子等中等或弱

Lewis 碱性流动相添加剂对蛋白质保留的影响，表明 Lewis 碱性较弱的添加剂能够使蛋白质的分离效果得到改善[48]。Carr 等[145]制备了一种乙二胺-N,N'-四亚甲基膦酸（EDTPA）改性的氧化锆固定相（PEZ），与磷酸根改性的氧化锆填料（ZrPO_4）相比（图 4-27），大分子功能基不仅可以进一步掩盖氧化锆表面 Lewis 酸性吸附位点，还可以为固定相提供独特的分离选择性，特别适用于生物活性物质的分离和提纯。国内武汉大学冯钰锜等在 Lewis 碱改性氧化锆固定相的研究中做了许多工作[140~143,146,147]。例如，他们制备了十二烯基丁二酸（DAS）改性的氧化锆固定相[140]，DAS 以两个羧基与氧化锆结合，提高了固定相的稳定性，因此固定相可以在碱性（pH 8.5）条件下稳定使用（图 4-28）。用于中性和碱性化合物的分离，取得了令人满意的结果。此外，他们还制备了一种十二胺-N,N-二亚甲基膦酸（DDPA）改性的氧化锆固定相[147]，该固定相对位置异构体具有很好的分离效果（图 4-29）。

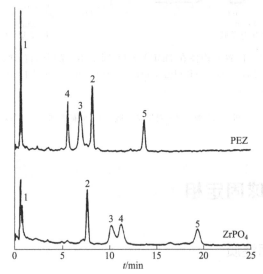

图 4-27　蛋白质在 PEZ 固定相和 ZrPO_4 固定相上的分离色谱图[145]
流动相：30min 线性梯度从 50mmol/L 到 500mmol/L 磷酸二氢钾，pH 7.0
色谱柱：50mm×4.6mm I.D.
柱温：室温
流速：0.5mL/min
检测波长：280nm
被分析物：1—肌红蛋白；2—溶解酶；3—糜蛋白酶；4—核糖核酸酶 A；5—细胞色素 C

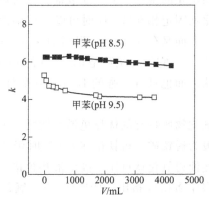

图 4-28　DAS-ZrO_2 固定相在 pH 8.5 和 pH 9.5 流动相条件下的稳定性考察[140]
流动相：甲醇/20mmol/L Tris＝50∶50（体积比）

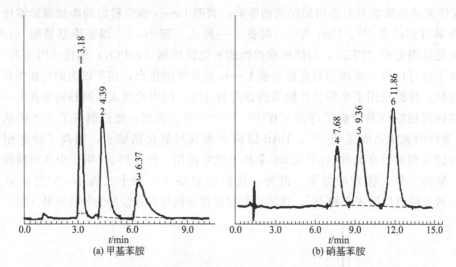

图 4-29 位置异构体在 DDPA-ZrO$_2$ 固定相上的分离色谱图[147]

流动相: (a) 甲醇/10mmol/L Tris=50:50 (体积比), pH 8.0; (b) 甲醇/10mmol/L Tris=30:70 (体积比), pH 8.0

色谱柱: 10μm, 150mm×4.6mm

检测波长: 254nm

被分析物: 1—邻甲基苯胺; 2—间甲基苯胺; 3—对甲基苯胺; 4—间硝基苯胺; 5—对硝基苯胺; 6—邻硝基苯胺

4.4 氧化钛微球固定相

4.4.1 氧化钛的表面性质

氧化钛的表面性质非常复杂。和其他金属氧化物一样,氧化钛的表面也存在羟基位点,研究表明,锐钛矿型和金红石型氧化钛在每平方米表面积上大约有 10 个羟基基团。Hadjiivanov 等[148]着重研究了氧化钛的表面性质,发现氧化钛表面性质的复杂性主要是因为其表面的羟基和 Lewis 酸性位点 Ti^{4+}。氧化钛表面至少存在 12 种羟基,但只有两种羟基是最重要的 (图 4-30)。Ridrígez 等[149]也证实了在氧化钛表面确实存在上述两种羟基,而且这两种羟基是氧化钛键合固定相的基础。氧化钛表面羟基等电点的 pH 约为 5[19],从而其表面具有酸碱两性,因此氧化钛固定相在低 pH 时可以进行阴离子交换,在高 pH 时可以进行阳离子交换。此外,氧化钛表面又存在 Ti^{4+},根据 Hadjiivanov 和 Klissursko[148]的报道,氧化钛的表面存在三种 Ti^{4+} 位点,它的配位数是 6,是强的 Lewis 酸位点,与强的 Lewis 碱有配体交换作用,同时氧化钛表面也具有较强的 Brönsted 酸性。当氧化钛作为 HPLC 固定相时,具有以下几个特点。

(1) 热稳定性高 金属氧化物所特有的优异色谱性能之一就是具有高的热稳定性。用于色谱填料的氧化钛的晶型一般为锐钛矿,锐钛矿在 800℃时仍然稳定,高于该温度时将开始转化为金红石。好的热稳定性使得氧化钛可用于高温液相色谱[56]。

(2) 化学稳定性好 很多学者研究指出[6,13,14,46,150],氧化钛在酸性、碱性条件下都是不能溶解的,因此可以实现在极酸性或碱性条件下对分析物的分离。

(3) 氧化钛是两性氧化物,具有阴阳离子交换能力[151] 在低 pH 时流动相中的阴离子

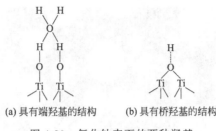

(a) 具有端羟基的结构　　(b) 具有桥羟基的结构

图 4-30　氧化钛表面的两种羟基

在氧化钛表面进行阴离子交换作用；在高 pH 时流动相中的阳离子在氧化钛表面进行阳离子交换作用。

（4）氧化钛具有配体交换功能　呈 Lewis 碱性的样品可以与氧化钛表面的 Lewis 酸性位点进行配体交换作用。可以与氧化钛表面的 Lewis 酸性位点进行配体交换作用的 Lewis 碱主要有磷酸根、氟离子、硼酸根、羧酸根、硫酸根等富电子化合物，其中磷酸根与氧化钛的配体交换作用最强[152]。当氧化钛作为高效液相色谱填料时，Lewis 酸碱作用对色谱行为有很大影响。在反相液相色谱中，Lewis 酸碱作用的结果会使色谱峰展宽拖尾而使分离效果变差；在正相液相色谱中，Lewis 酸碱作用对分离是有利的，可以利用 Lewis 酸碱作用来分离富含电子的芳烃；在离子交换色谱中，Lewis 酸碱作用对分离也是有利的，可以利用溶质与氧化钛之间 Lewis 酸碱作用的差异，来达到分离分析的目的。

（5）适用于碱性化合物的分离分析[153]　电位滴定法测定 TiO_2 微球表面酸碱性表明，TiO_2 微球表面呈现酸性特征，但强度明显弱于常用硅胶的酸度，因此与 SiO_2 相比，TiO_2 微球更适用于碱性化合物的色谱分离分析。

4.4.2　氧化钛微球固定相的制备

近年来虽然对氧化钛色谱性能的研究日益增多，但是有关单分散氧化钛微球的报道相对较少。与油乳液法制备氧化锆微球相似，Trudinger 等[13]以 $TiOCl_2$ 为原料采用油乳液法制备了介孔氧化钛微球。Yamashita 等[59]以钛醇盐为原料，采用上述相似的方法制备了氧化钛微球，并在制备过程中加入了尿素和胺来促进球形微粒的形成。1997 年 Sachtleben 公司提出了一种制备多孔氧化钛微球的专利[154]，采用该方法所制备的氧化钛微球的比表面积为 $55m^2/g$，孔径为 10nm，粒径为 5～80μm。专利指出，在硫酸钛盐的水解过程中使用了粒径为 10nm 的晶体作为聚合催化剂。图 4-31 为该公司生产的粒径为 5μm 的氧化钛微球的 SEM 图。Takahashi 等[155,156]和 Tani 等[157]也采用油乳液法，以钛醇盐为原料制备了粒径在 5μm 左右，孔径大约为 5nm 的液相色谱用氧化钛微球（图 4-32）。随后，Sato 等[155]在制备过程中加入了硬脂酸使孔径扩大到 20nm。Jiang 和 Zuo 等[158]采用聚合诱导胶体凝聚法制备出粒子分布范围为 2～6μm，粒径大约为 30nm，比表面积为 30～40m^2/g 的氧化钛微球，对其进行了 SEM 表征（图 4-33），并且与用其他方法所制备的氧化钛微球的表面参数进行了对比（表 4-3），结果表明，该微球适合作为高效液相色谱填料。采用这些方法所制备的氧化钛微球普遍存在着粒径不均匀、比表面积和孔径较小的缺点，很难具有和硅胶一样优异的物理结构。因此改进氧化钛制备技术且制备出满足 HPLC 需求的氧化钛填料是目前有待解决的问题。

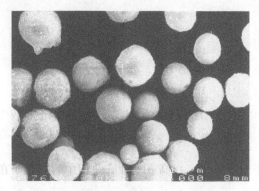

图 4-31　Sachtleben 公司生产的氧化钛微球的 SEM 图（10nm，5μm）[154]

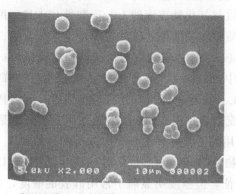

图 4-32　采用油乳液法所制备的氧化钛微球的 SEM 图[157]

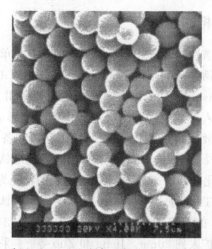

图 4-33　采用 PICA 法所制备的氧化锆微球的 SEM 图[158]

表 4-3　采用不同方法所制备的氧化钛微球的表面参数[158]

微球	粒径/μm	比表面积/(m²/g)	孔体积/(mL/g)	孔径/nm
TiO₂(OEM)	4～7	78	0.23	8
TiO₂(sol-gel)	3～6	111	0.30	8.7
TiO₂(PICA)	3.5±0.5	36.7	0.30	32.2

4.4.3 氧化钛微球固定相在正相色谱中的应用

目前，关于 TiO$_2$ 的正相色谱性能研究较多。Unger 和 Kawahar 等[6,13,150]通过溶胶-凝胶法制备出了多孔的氧化钛和氧化锆微球，对其正相色谱性能进行了初步研究。在正相色谱模式下对中性、酸性和碱性化合物进行了分析，结果表明，氧化钛的正相色谱性能与氧化锆非常相似。对于碱性化合物，分离效果与峰对称性较好，而对于酸性化合物的保留很强，且色谱峰严重拖尾。随后 Tani 等[159,160]比较了苯甲酸及其衍生物在 TiO$_2$ 和 ZrO$_2$ 上的正相保留行为，并对于处理温度对 TiO$_2$ 表面性质的影响进行了研究。Winkler 等[161]研究了商品化氧化钛的正相色谱性能，并与氧化锆、氧化铝以及硅胶柱进行了对比，也发现氧化钛对碱性化合物（图 4-34）和异构体（图 4-35）具有较好的分离效果。此外，在正相色谱模式下，由于 π 电子呈现 Lewis 碱性，与氧化钛表面的 Lewis 酸性位点产生 Lewis 酸碱相互作用，使得多环芳烃等中性化合物有适当保留，同时由于氧化锆表面的 Lewis 酸性更强一些，所以多环芳烃在氧化锆上的保留时间（图 4-16）比在氧化铝（图 4-4）和氧化钛（图 4-36）上的长，而硅胶柱表面没有 Lewis 酸性位点，所以对多环芳烃类化合物没有保留；在分离酸性化合物时，氧化铝、氧化锆、氧化钛等金属氧化物表现出较强的碱性，因而酸性化合物的保留时间过长，且严重拖尾，而硅胶柱表面显示酸性，在分离酸性化合物时峰形较好。

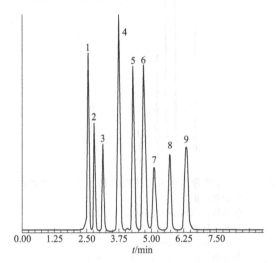

图 4-34　碱性化合物在氧化钛固定相上的分离色谱图[161]

色谱柱：10nm，5μm（150mm×4mm I.D.）

流动相：正庚烷/异丙醇=99.5∶0.5（体积比）

流速：0.75 mL/min

柱温：室温

检测波长：254 nm

被分析物：1—N,N-二甲基苯胺；2—2-乙基苯胺；3—N-甲基苯胺；4—2,6-二甲基吡啶；
　　　　　5—2-甲基吡啶；6—2,4-二甲基吡啶；7—吡啶；8—4-甲基吡啶；9—苯胺

在氧化钛正相色谱上的分离机制同时还包含着亲水色谱（HILIC）机制。氧化钛表面的钛羟基具有很好的极性和亲水性，因此氧化钛可以直接用作亲水色谱的固定相。正因为氧化钛表面性质非常复杂，在色谱应用中，会有各种作用模式共存的现象。Zhou 等用氧化钛分离核苷酸类化合物时发现，在乙腈含量较低时，核苷酸类化合物中的磷酸根与氧化钛表面 Lewis 酸性位点之间的配体交换作用占主导，而在乙腈含量较高时亲水作用才占主导，并且

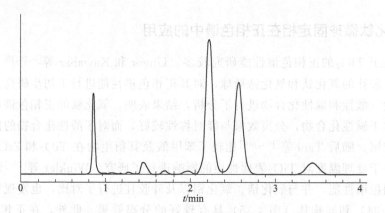

图 4-35　氧化钛固定相对 7 种氟氯苯菊酯的同分异构体的分离色谱图[161]
　　　　　色谱柱：10nm，5μm（150mm×4mm I.D.）
　　　　　流动相：正庚烷/甲基叔丁基醚＝60∶40（体积比）
　　　　　流速：1.5mL/min
　　　　　柱温：43℃
　　　　　检测波长：204nm

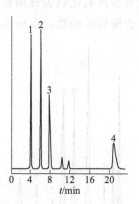

图 4-36　多环芳烃在氧化钛固定相上的分离色谱图[6]
　　　　　流动相：正戊烷
　　　　　色谱柱：250mm×4mm I.D.
　　　　　流速：1mL/min
　　　　　检测波长：254nm
　　　　　被分析物：1—萘；2—蒽；3—菲；4—苯并蒽

在亲水模式下核苷酸类化合物能得到更好的分离[162]，图 4-37 为乙腈含量对核苷酸类化合物保留因子的影响。分析芳香羧酸类化合物时发现，在乙腈含量较低时静电作用占主导，在乙腈含量较高时亲水作用占主导[163]。在亲水色谱模式下，多羧基化合物可以在氧化钛固定相上得到很好的分离（图 4-38）。

4.4.4　氧化钛微球固定相在离子色谱中的应用

由于氧化钛具有两性，它不仅可以作为阳离子交换材料，同时也可以作为阴离子交换材料。Thai 和 Suzuki 等[159,164,165]报道了用自制的氧化钛固定相系统评价了其离子交换色谱性能。研究表明，氧化钛与氧化锆的离子交换性能相似，用乙酸-乙酸钠缓冲体系作为流动相[159]，在酸性条件下可以进行阴离子交换，用 N-二（羟乙基）甘氨酸-氢氧化钠缓冲体系

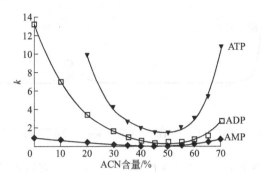

图 4-37　流动相中乙腈含量对核苷酸类化合物在氧化钛固定相上的保留的影响[163]
　　　　流动相：不同体积比的乙腈/10mmol/L $H_2PO_4^-$/HPO_4^{2-}（pH 7.0）
　　　　流速：1mL/min
　　　　检测波长：254nm

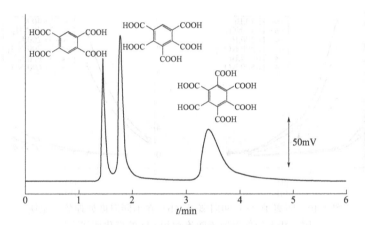

图 4-38　多羧基化合物在氧化钛固定相上的分离色谱图[163]
　　　　流动相：乙腈/3mmol/L 乙酸钠（pH 11.0）＝50∶50（体积比）
　　　　流速：1mL/min
　　　　检测波长：254nm

作为流动相，在碱性条件下[164]可以进行阳离子交换作用，通过调节 pH 可同时分离阴离子和阳离子（图 4-39）[165]。2002 年，Tani 等[151]对氧化钛作为离子交换剂与配体交换剂的高效液相色谱性能做出了具体评价。图 4-40 为阴离子和阳离子在不同温度处理的氧化钛固定相上的保留因子随流动相 pH 的变化，从该图可以看出，通过控制干燥温度和煅烧温度，可制备不同性能的离子交换剂。在 40℃下干燥处理的氧化钛固定相只可以进行阳离子交换，加热到 200℃，氧化钛呈现两性离子交换功能，如果需要阴离子交换剂，不仅应在 600℃下煅烧氧化钛，而且还需要控制流动相在 pH 4.1～6.5 范围内才有效。因此，可以根据需要来控制氧化钛的制备温度，实现不同的离子交换功能。

4.4.5　氧化钛微球固定相的化学修饰及其在反相色谱中的应用

　　大量研究表明，氧化钛和氧化锆的色谱性能非常相似，目前，针对氧化钛填料的反相改性方法主要有化学键合和聚合物涂覆。

　　（1）化学键合　TiO_2反相色谱固定相主要是通过对其表面羟基的修饰和改性来制备的。

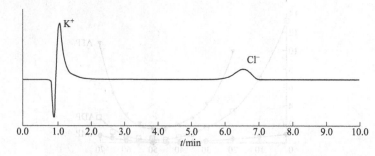

图 4-39 阴离子（Cl⁻）和阳离子（K⁺）在氧化钛固定相上的同时分离[165]
色谱柱：50mm×4.6mm I. D.
流动相：0.4mmol/L 乙酸钠缓冲溶液（pH 5.2）
流速：1mL/min
检测器：电导检测器

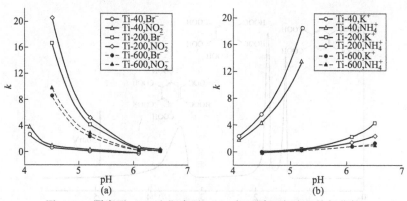

图 4-40 阴离子（a）和阳离子（b）在不同温度处理的氧化钛
固定相上的保留因子随流动相 pH 的变化曲线[151]
流动相：不同 pH 的 0.4mmol/L 乙酸钠缓冲溶液
流速：1mL/min
柱温：40℃
检测器：电导检测器

早在 1994 年 Murayama[166] 就报道了采用十八烷基三乙氧基硅烷键合制备反相 TiO₂ 固定相（ODT），该固定相表现出典型的反相色谱性能，并且比 ODS 有更宽的 pH 使用范围。随后 Tani 和 Suzuki[167] 试图用氯硅烷对氧化钛进行修饰失败后，采用十八烷基三乙氧基硅烷成功地对氧化钛表面进行了修饰，得到了碳含量为 6.16% 的 ODT。此外，Pesek 等[35,168,169] 还通过硅氢法合成了 ODT（图 4-41），并且与以十八烷基三乙氧基硅烷化试剂直接键合法进行对比，用硅氢法合成的 ODT 具有更高的稳定性和碳十八链密度，在流动相中没有添加任何缓冲盐的条件下分离 N-甲基苯胺等碱性化合物时峰的对称性很好，没有拖尾现象（图 4-42）。2001 年，姜子涛等[158] 报道了利用 PICA 法制备多孔 TiO₂ 微球，同时对采用此 TiO₂ 微球所制备的 ODT 进行了色谱评价，研究结果表明，与传统的 ODS 固定相比较，ODT 固定相同样具备很好的反相色谱性能。但是由于氧化钛的比表面积和孔体积远远小于硅胶固定相，所以十八烷基键合氧化钛的键合量很低，还不足以取代 ODS，因此以氧化钛为基质的反相色谱填料仍然需要深入的研究和改善。

（2）聚合物涂覆 Kurganov 等[19] 制备了聚苯乙烯涂覆的氧化钛填料（PS-TiO₂），并对该填料的稳定性进行了考察。Zaharescu 等[170] 将聚乙烯修饰到 TiO₂ 表面，制备了聚乙烯

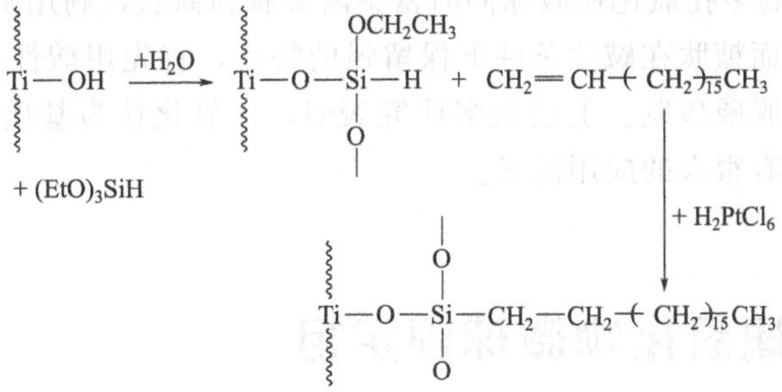

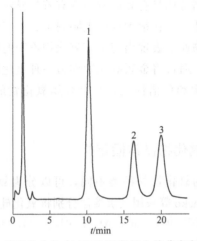

图 4-41 硅氢法合成 ODT 示意图[169]

图 4-42 胺类化合物在 ODT 固定相上的分离色谱图[168]
色谱柱：150mm×4.6mm I. D.
流动相：乙腈/水＝25∶75（体积比）
检测波长：254nm
被分析物：1—N-甲基苯胺；2—N-乙基苯胺；3—N,N-二甲基苯胺

涂覆的氧化钛（PE-TiO₂）。国内的姜子涛等[171]采用聚合诱导胶体凝聚法制备出了单分散性较好的多孔氧化钛微球，并用聚丁二烯包覆氧化钛，制备了聚丁二烯涂覆氧化钛（PBD-TiO₂），对其进行色谱性能评价发现 PBD-TiO₂反相色谱性能与 ODS 比较接近，是一个很好的反相固定相。

4.4.6 氧化钛微球固定相在生物样品分离富集中的应用

氧化钛与磷酸根、糖配体的配体交换作用特别强，因此其常用于生物样品中磷酸蛋白（多肽）、糖肽和磷酸化糖的选择性富集。近年来，用 TiO₂分离和富集磷酸蛋白（肽）备受关注，其过程为：在酸性条件下把含有磷酸肽的样品液与 TiO₂柱作用，样品流经 TiO₂表面的同时，磷酸肽会吸附在 TiO₂上，而非磷酸肽则不被保留，首先流出柱子，磷酸肽和非磷酸肽得到了分离；再经碱性溶液洗脱，磷酸肽被洗脱下来，通过色谱-质谱联用技术对流出液中的组分进行分析鉴别。Pinkse 等[172]就采用上述富集过程用氧化钛柱富集了蛋白消化酶中微量的磷酸肽。Hata 等[173]、Kuroda 等[174]、Sano 等[175]均用二维柱转换 HPLC 对蛋白质水解物中的磷酸肽进行了分离。他们利用填充了二氧化钛微球的预柱来达到从混合物中选择性吸附磷酸肽的目的，经过洗脱后，再利用转换柱和质谱联用来分离和分析其结构。最近

Yan 等[176]采用自制的多孔氧化钛微球同时富集磷酸肽和糖肽，利用磷酸肽在酸性条件下在氧化钛上的保留很强而糖肽在碱性条件下保留强的特点，首先用酸性条件把糖肽洗脱下来，然后再用碱性条件洗脱磷酸肽。上述众多研究表明，以氧化钛为基质的 HPLC 在磷酸蛋白质组学研究中必将具有很大的应用前景。

4.5 复合金属氧化物微球固定相

从上述对氧化铝、氧化锆、氧化钛等金属氧化物微球作为液相色谱固定相的介绍中可以看出，这些金属氧化物很难制备成具有和硅胶一样有着优异物理结构（粒径均一、孔结构理想、比表面积较大等）的微球，这在很大程度上限制了金属氧化物作为液相色谱固定相的发展与应用。而复合金属氧化物通常表现出与单一氧化物不同的物理化学性能，如孔结构、比表面积、晶型、表面性质等，通过将金属氧化物和另一种氧化物进行复合，可以从很大程度上改善金属氧化物的物理结构和色谱性能。复合金属氧化物的制备一般有掺杂和包覆两种方式。

4.5.1 掺杂型复合金属氧化物微球固定相

复合金属氧化物按掺杂的氧化物的种类不同，可以分为氧化硅-金属氧化物掺杂和金属氧化物-金属氧化物掺杂。Kaneko 等采用共沉淀法分别将氧化硅和几种金属氧化物掺杂，制备了四种复合氧化物 SiO_2-TiO_2[177~181]、SiO_2-Al_2O_3[181]、SiO_2-MgO[181]、SiO_2-ZrO_2[182,183]，研究表明，这些复合氧化物的孔径分布和表面酸碱性存在明显差异，其中 SiO_2-ZrO_2 的比表面积、孔体积、孔径和粒径分别为 $122m^2/g$、$0.17cm^3/g$、$2.1nm$ 和 $24\mu m$，氧化硅的加入使得复合金属氧化物的比表面积比单纯的氧化锆有了很大提高。同时这四种复合金属氧化物的分离选择性也有很大差别。尽管其柱效不是很高，但它预示了复合金属氧化物作为 HPLC 固定相的应用前景。SiO_2-ZrO_2 复合物孔体积的增加主要是由于复合物颗粒中的孔是由大量的微孔组成的[65,68]，但是这些微孔会造成较大的传质阻力。此外，表面硅胶的存在势必与硅胶基一样存在化学性质不稳定的问题，当 pH>10 时，SiO_2-ZrO_2 复合物有 SiO_2 溶出。国内武汉大学的冯钰锜等在金属氧化物-金属氧化物掺杂填料的制备、色谱性能及改性固定相的研究中做了许多工作。他们[60,61]将氧化镁、氧化铈等掺杂到氧化锆中，在分子水平上制备得到镁锆和铈锆等复合金属氧化物色谱固定相，不仅改善了氧化锆的孔结构，增加了比表面积（表 4-4），而且填料的表面碱性增强，对酸性化合物的保留更强。在此基础上又制备了烷基膦酸改性镁锆和铈锆复合金属氧化物疏水性固定相[184~188]，该类固定相在 pH 2~11 时稳定性较好，对碱性化合物（图 4-43）[184,187]、稠环芳烃（图 4-44）[184,187]、碱基和核苷[186]都具有很好的分离效果。他们还用硬脂酸对铈锆复合物进行改性[60]，得到了一种疏水性很好的固定相，对碱性化合物的分离选择性优于 ODS 固定相，洗脱顺序也有差异（图 4-45）。此外，他们还采用油乳液法制备了 TiO_2-ZrO_2 复合金属氧化物填料[189]，并与单纯的 TiO_2 填料进行了对比（图 4-46，表 4-5），结果表明，TiO_2-ZrO_2 微球比 TiO_2 微球更适合用作 HPLC 填料。该课题组还利用溶胶-凝胶法制备了 Al_2O_3-ZrO_2 复合金属氧化物微球[190]，表面呈现酸碱两性，氧化铝的掺杂可以提高填料的比表面积，对其进行改性及色谱评价表明，铝锆复合物适于碱性物质的分离；烷基膦酸改性的铝锆填料则呈现出反相色谱特征。

表 4-4　ZrO_2、MgO/ZrO_2 和 CeO_2/ZrO_2 表面性质的比较[60,61]

项目	ZrO_2	MgO/ZrO_2	CeO_2/ZrO_2
平均粒径/μm	5	5	5
比表面积/(m^2/g)	21	58	112
平均孔径/nm	24.3	17.8	6.3
孔体积/(cm^3/g)	0.128	0.258	0.136

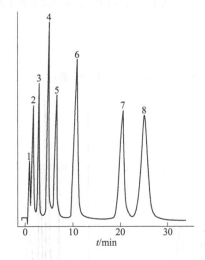

图 4-43　碱性化合物在烷基膦酸改性的镁锆复合固定相上的分离色谱图[184]
色谱柱：150mm×4.6mm I. D.
流动相：甲醇/Trish 缓冲剂（5mmol/L Tris 和 50mmol/L NaCl，pH 10.0）＝25∶75（体积比）
流速：1mL/min
检测波长：254nm
被分析物：1—溶剂；2—咖啡因；3—苯胺；4—邻甲苯胺；5—甲基苯胺；6—邻硝基苯胺；7—N,N-二甲基苯胺；
　　　　　8—β-萘胺

表 4-5　TiO_2 和 TiO_2-ZrO_2 微球表面性质的比较[189]

项目	TiO_2	TiO_2-ZrO_2
平均粒径/μm	4～6	4～6
比表面积/(m^2/g)	25.3	45.9
平均孔径/nm	5.8	7.4
孔体积/(cm^3/g)	0.073	0.171

据分析，掺杂型复合金属氧化物会引起一些问题。在制备过程中，两种氧化物在相同条件下反应速率不同，两种氧化物的晶体结构不同，必然导致颗粒表面的不均一性，电荷分布不均衡。此外，两种晶体的尺寸不同，还可能会使孔结构变形。所有这些都会影响复合金属氧化物填料的色谱性能[191]。

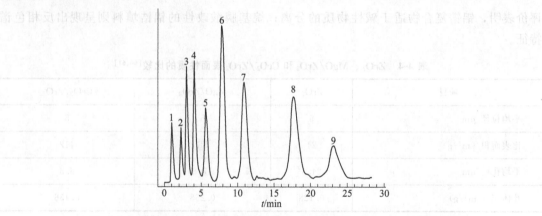

图 4-44　稠环芳烃在烷基膦酸改性的铈锆复合固定相上的分离色谱图[60]

色谱柱：150mm×4.6mm I.D.

流动相：甲醇/水＝75∶25（体积比）

流速：1mL/min

检测波长：254nm

被分析物：1—溶剂；2—苯；3—甲苯；4—萘；5—联苯；6—芴；7—邻三联苯；8—间三联苯；9—对三联苯

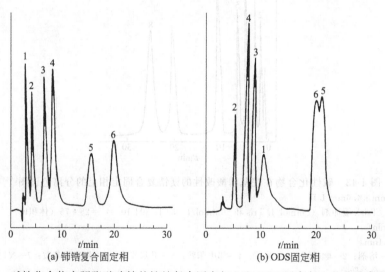

(a) 铈锆复合固定相　　　　　　　　(b) ODS固定相

图 4-45　碱性化合物在硬脂酸改性的铈锆复合固定相上和ODS固定相上的分离色谱图[184]

色谱柱：150mm×4.6mm I.D.

流动相：甲醇/水＝40∶60（体积比）

流速：0.5mL/min

检测波长：254nm

被分析物：1—吡啶；2—苯胺；3—N-甲基苯胺；4—对甲基苯胺；5—N,N-二甲基苯胺；6—N-乙基间甲基苯胺

4.5.2　包覆型复合金属氧化物微球固定相

所谓包覆型复合金属氧化物就是将金属氧化物采用一定的方式包覆到色谱用硅胶微球的表面，制备出一种核壳型的复合金属氧化物微球固定相，其中作为核的硅胶可以提供优异的物理结构（比表面积、孔径和孔体积），作为壳层的金属氧化物可以提供特殊的色谱性能。敦慧娟等[192]首次采用层层纳米自组装的方法将纳米氧化锆组装到了硅胶表面，制备了新型核壳型 ZrO_2/SiO_2 复合金属氧化物微球固定相，比表面积可达 176m^2/g，其制备过程如图 4-47 所示。该填料结合了 ZrO_2 的良好化学稳定性和 SiO_2 的大的比表面积、大的孔体积、中

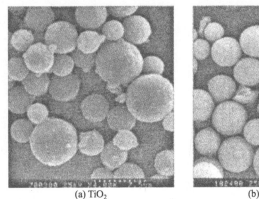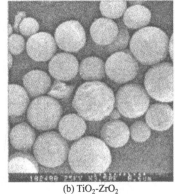

(a) TiO₂　　　　　　　　　　(b) TiO₂-ZrO₂

图 4-46　TiO₂ 和 TiO₂-ZrO₂ 的 SEM 图[189]

孔圆筒形孔结构、渗透性好的优点，具备作为色谱基质填料要求的较为理想的物理化学特性。对其进一步进行化学修饰制备了 C₁₈-ZrO₂/SiO₂，该固定相在 pH 12 的流动相条件下能够长期使用。在此基础上进一步制备了 N-甲基咪唑修饰 ZrO₂/SiO₂ 固定相，是一种非常好的阴离子交换材料（图 4-48）[193]。葛晋等[194]采用相同的方法在色谱用硅胶微球表面组装了多层纳米氧化钛，制备了 TiO₂/SiO₂ 复合金属氧化物色谱固定相。梁晓静等[195]也采用层层自组装技术将氧化铝纳米粒子组装到了硅胶微球的表面，制备了 Al₂O₃/SiO₂ 复合金属氧化物色谱固定相，表现出了有很好的阴离子交换性能（图 4-49）。这类复合金属氧化物核壳型填料相对于单纯的金属氧化物填料具有更好的分离性能以及更高的柱效。

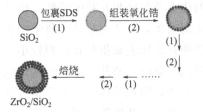

图 4-47　层层自组装法制备的 ZrO₂/SiO₂ 固定相示意图[192]

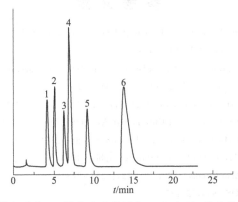

图 4-48　无机阴离子在 N-甲基咪唑基键合 ZrO₂/SiO₂ 柱上的分离色谱图[193]

　　色谱柱：150mm×4.6mm I. D.
　　流动相：20mmol/L KCl，pH 3.0
　　流速：1mL/min
　　检测波长：214nm
　　被分析物：1—NO_2^-；2—BrO_3^-；3—Br^-；4—NO_3^-；5—I^-；6—SCN^-

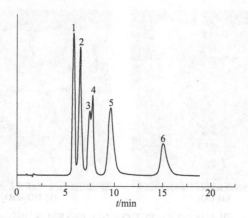

图 4-49　Al_2O_3/SiO_2 核壳型色谱填料对无机阴离子分离的色谱图[195]
色谱柱：150mm×4.6mm I.D.
流动相：20mmol/L KCl，pH 3.0
流速：1mL/min
检测波长：214nm
被分析物：1—I^-；2—SCN^-；3—Br^-；4—NO_3^-；5—NO_2^-；6—BrO_3^-

4.6　展望

金属氧化物由于其独特的优点及与硅胶互补的特性，使其在许多应用领域尤其是在生化分离分析方面呈现出很好的应用前景，被认为是分离科学中新一代色谱基质。但用目前方法所制备出的金属氧化物微球普遍存在比表面积和孔体积较小、孔结构不理想、粒径分布范围宽、渗透性差、表面羟基含量低等缺陷，使其至今无法真正成为硅胶填料的替代品。复合金属氧化物虽然能从一定程度上改善其物理结构，但是要想得到物理结构可以和硅胶相媲美的金属氧化物微球固定相，还需要进一步开发新的制备技术。

参 考 文 献

[1] Dunlap C J，McNeff C V，Stoll D，et al. Anal Chem A-Pages，2001，73 (21)：598A-607A.

[2] Buchmeiser M R. J Chromatogr A，2001，918 (1)：233-266.

[3] Kreis W K，Unger K K. Adsorption at the Gas Solid and Liquid Solid Interface. Amsterdam：Elserier，1982：373.

[4] Ono T，et al. Preparation of Catalysis 3. Amsterdam：Elsevier，1983：631.

[5] Nawrocki J，Dunlap C，McCormick A，et al. J Chromatogr A，2004，1028：1-30.

[6] Grün M，Kurganov A A，Schacht S，et al. J Chromatogr A，1996，740 (1)：1-9.

[7] Laurent C J C M，Billiet H A H，Galan L de，et al. J Chromatogr，1984，287：45-54.

[8] Larent C J C M，Billiet H A H，Galan L de. Chromatographia，1983，17 (7)：394-399.

[9] Schmitt G L，Pietrzyk D J. Anal Chem，1985，57 (12)：2247-2253.

[10] Iler R K，McQueston H J. US 3855172. 1974.

[11] Palkar V R. Nanostruct Mater，1999，11 (3)：369-374.

[12] Wilhelmy R B. US 4900537. 1990-02-13.

[13] Trüdinger U，Müller G，Unger K K. J Chrmatogr，1990，535 (1-2)：111-125.

[14] Kurganov A，Trudinger U，Isaeva T，et al. Chromatographia，1996，42 (3-4)：217-222.

[15] Patterson R. An Introduction to Ion Exchange. London：Heyden，1970：15.

[16] Laurent C J C M，Billiet H A H，Galan L de. Chromatographia，1983，17（7）：253-258.

[17] Laurent C J C M，Billiet H A H，Galan L de. J Chromatogr，1984，285（1）：161-170.

[18] Brown D M，Pietrzyk D J. J Chromatogr，1989，466：291-300.

[19] Takeuchi T，Suzuki E，Ishii D. Chromatographia，1988，25（6）：480-482.

[20] Amphlett C B. Inorganic Ion Exchangers. Amsterdam：Elsevier，1964：84.

[21] Michal J. Inorganic Chromatographic Analysis. New York：Van Nostrand Reinhole，1970：75.

[22] Schindler F，Schmidbaur H. Angew Chem，1967，6（8）：683-697.

[23] Schindler F，Schmidbaur H. Angew Chem Int Ed Engl，1967，6（8）：683-694.

[24] Petro M，Berek D. Chromatographia，1993，37（9-10）：549-561.

[25] Bien-Vogelsang U，Deege A，Figge H，et al. Chromatographia，1984，19：170-179.

[26] Schomburg G. LC-GC，1988，6（1）：36-52.

[27] Arenas R V，Foley J P. Am Lab，1994，26（5）：32-34.

[28] Holland K B，Washington J M，Moe D C，et al. Am Lab，1992，24（3）：51-53.

[29] Mao Y，Fung B M. J Colloid Interf Sci，1997，191（1）：216-221.

[30] Mao Y，Fung B M. Chem Mater，1998，10（2）：509-517.

[31] Haky J E，Raghani A，Dunn B M. J Chromatogr，1991，541（1-2）：303-315.

[32] Arenas R V，Foley J P. Analyst，1994，119（6）：1303-1314.

[33] Arenas R V，Foley J P. Anal Chim Acta，1991，246（1）：113-130.

[34] Knox J H，Pryde A. J Chromatogr，1975，112：171-118.

[35] Pesek J J，Tang V H. Chromatographia，1994，39（11-12）：649-654.

[36] Pesek J J，Sandoval J E，Su M. J Chromatogr，1993，630（1-2）：95-103.

[37] Pesek J J，Lin H D. Chromatographia，1989，28（11-12）：565-568.

[38] Haky J E，Raghani A R，Dunn B M，et al. Chromatographia，1991，32（1-2）：49-55.

[39] Haky J E，Vemulapalli S，Wieserman L F. J Chromatogr，1990，505（2）：307-318.

[40] Haky J E，Vemulapalli S. J Liq Chromatogr，1990，13（15）：3111-3131.

[41] Haky J E，Blauvelt T M，Wieserman L F. J Liq Chromatogr & Rel Technol，1996，19（2）：307-332.

[42] Rigney M P. The development of Porous zirconia as a support for reverse phase high performance liquid chromatography [D]. Minneapolis，Minn：University of Minnesota，1988.

[43] 王晖，郭云峰，左育民. 农业环境保护，2001，20（5）：380-381.

[44] Orio L，Bolis V，Fubini B，et al. Ceramics Today-Tommorow's Ceramics. Amsterdam：Elselvier，1991：1789.

[45] Ghaemi Y，Wall R A. J Chromatogr，1979，174（1）：51-59.

[46] Kawahara M，Nakamara H，Nakajima T. Anal Sci，1989，5（4）：485-486.

[47] Engelhardt H，Orth P. J Lip Chromatogr，1987，10（8-9）：1999-2022.

[48] Blackwell J A，Carr P W. J Chromatogr，1992，596（1）：27-41.

[49] Glavanovich M H，Carr P W. Anal Chem，1994，66（15）：2584-2589.

[50] Rigney M P，Funkenbusch E F，Carr P W. J Chromatogr，1990，499：291-304.

[51] Li J，Hu Y，Carr P W. Anal Chem，1997，69（19）：3884-3888.

[52] Tang Q L，Shen Y F，Wu N J，et al. J Microcolumn Sep，1999，11（6）：415-420.

[53] Kephart T S，Dasgupta P K. Anal Chim Acta，2000，414（1-2）：71-78.

[54] Thompson J D，Brown J S，Carr P W. Anal Chem，2001，73（14）：3340-3347.

[55] Thompson J D，Carr P W. Anal Chem，2002，74（5）：1017-1023.

[56] Thompson J D，Carr P W. Anal Chem，2002，74（16）：4150-4159.

[57] Carr P W，Funkenbusch E F，Rigney M P，et al. US 5015373. 1991-05-14.

[58] 张庆合，冯钰锜，达世禄. 色谱，1999，17（3）：284-286.

[59] Yamashita K，Nozaki K，Toshinari T，et al. J Cer Soc Jpn，1998，106（12）：1184-1186.

[60] Hu Y，Feng Y Q，Wan J D，et al. Talanta，2001，54（1）：79-88.

[61] Zhang Q H，Feng Y Q，Da S L. Chromatographia，1999，50（11-12）：654-660.

[62] Shalliker R A，Douglas G，Comino P R，et al. Powder Technol，1997，91：17.

[63] Shalliker R A，Douglas G K，Rintoul L，et al. Powder Technol，1998，98 (2)：109-112.

[64] Shalliker R A，Douglas G K. J Liq Chromatogr & Rel Technol，1997，20 (11)：1651-1666.

[65] Shalliker R A，Douglas G K. J Liq Chromatogr & Rel Technol，1998，21 (16)：2413-2421.

[66] Shalliker R A，Douglas G K. J Liq Chromatogr & Rel Technol，1998，21 (12)：1749-1765.

[67] Shalliker R A，Douglas G K，Rintoul L，et al. J Liq Chromatogr & Rel Technol，1997，20 (10)：1471-1488.

[68] Shalliker R A，Rintoul L，Douglas G K，et al. J Mater Sci，1997，32 (11)：2949-2955.

[69] Annen M J，Kizhappali R，Carr P W，et al. J Mater Sci，1994，29 (23)：6123-6130.

[70] Sun L，Annen M，Lorrenzano-Porras C F，et al. J Colloid Interface Sci，1994，163 (2)：464-473.

[71] Dunlap C J，Carr P W，Mccormick A V. Chromatographia，1996，42 (5-6)：273-282.

[72] Sathyagal A N，McCormick A V. AIChE J，1998，44 (10)：2312-2323.

[73] Robichaud M J，Sathyagal A N，Carr P W，et al. Sep Sci Tech，1997：32 (15)：2547-2559.

[74] Sathyagal A N，Carr P W，McCormick A V. J Colloid Interface Sci，1999：219 (1)：20-30.

[75] Lee K，Sathyagal A N，Carr P W，et al. J Am Ceram Soc，1999，82 (2)：338-342.

[76] Reeder D H，McCormick A V，Carr P W. Surfaces of Nanoparticles and Porous Materials. New York：Marcel Dekker，1998：281.

[77] Reeder D H，Clausen A M，Annen M J，et al. J Colloid Interface Sci，1996，184 (1)：328-330.

[78] Lorenzano-Porras C F，Reeder D H，Annen M J，et al. Ind Eng Chem Res，1995，34 (8)：2719-2727.

[79] Lorenzano-Porras C F，Annen M J，McCormick A V. J Colloid Interface Sci，1995，170 (2)：299-307.

[80] Wax M J，Grasselli R K. EP0490226 A1. 1992-06-17.

[81] Subramanian A，Carr P W，McNeff C V. J Chromatogr，2000，890 (1)：15-23.

[82] Mercera P D L，Vanmmen J G，Doeshurg E B M，et al. Appl Catal，1990，57 (1)：127-148.

[83] Yan B，McNeff C B，Chen F，et al. J Am Ceram Soc，2001，84 (8)：1721-1727.

[84] Carr P W，McCormick A V，Yan B，et al. US20020160196 A1. 2002-10-31.

[85] Lorenzano-Porras C F，Carr P W，McCormick A V. J Colloid Interface Sci，1994，164 (1)：1-8.

[86] Lorenzano-Porras C F，Annen M J，Flickinger M C，et al. J Colloid Interface Sci，1995，170 (2)：299-307.

[87] Jaroniec C P，Jaroniec M，Kruk M. J Chromatogr A，1998，797 (1-2)：93-102.

[88] Nawrocki J，Rigney M P，Mccormick A，et al. J Chromatogr A，1993，657 (2)：229-282.

[89] Yu J，El Rassi Z. J Chromatogr，1993，631 (1-2)：91-106.

[90] Yu J，El Rassi Z. J Liq Chromatogr，1993，16 (14)：2931-2959.

[91] 杨俊佟，王晖，左育民. 高等学校化学学报，2002，23 (5)：835-838.

[92] 张庆合，张玉奎，李彤，等. 分析化学，2002，30 (2)：134-139.

[93] 张庆合，张维冰，李彤，等. 色谱，2005，23 (5)：551-554.

[94] Melo L F C，Jardim I C S F. J Chromatogr A，1999，845 (1-2)：423-431.

[95] Pursch M，Vanderhart D L，Sander L C，et al. J Am Chem Soc，2000，122 (29)：6997-7011.

[96] Amati D，Kovats E S. Langmuir，1988，4 (2)：329-337.

[97] Yu J，El Rassi Z，Hrc J. High Resolut Chromatogr，1994，17 (11)：773-778.

[98] Yu J，El Rassi Z，Hrc J. High Resolut Chromatogr，1994，17 (10)：705-712.

[99] Wirth H J，Eriksson K O，Holt P，et al. J Chromatogr A，1993，646 (1)：129-141.

[100] Wirth H J，Hearn M T W. J Chromatogr A，1993，646 (1)：143-151.

[101] Wirth H J，Hearn M T W. J Chromatogr A，1995，711 (1)：223-233.

[102] Huckel M，Wirth H J，Hearn M T W. J Biochem Bioph Methods，1996，31 (3-4)：165-179.

[103] Rigney M P，Weber T P，Carr P W. J Chromatogr，1989，484：273-291.

[104] Sun L，Carr P W. Anal Chem，1995，67 (15)：2517-2523.

[105] Sun L，Carr P W. Anal Chem，1995，67 (20)：3717-3721.

[106] Li J W，Carr P W. Anal Chem，1997，69 (5)：837-843.

[107] Yan B，Zhao J，Brown J S，et al. Anal Chem，2000，72 (6)：1253-1262.

[108] Nawrocki J，Dunlap C，Li J，et al. J Chromatogr A，2004，1028 (1)：31-62.

[109] Kurganov A，Davankov V，Isajeva T，et al. J Chromatogr A，1994，660 (1-2)：97-111.

[110] Li J W，Carr P W. Anal Chem，1996，68 (17)：2857-2868.

[111] Li J W，Reeder D H，McCormick A V，et al. J Chromatogr A，1997，791 (1-2)：45-52.

[112] Li J W，Carr P W. Anal Chem，1997；69 (11)：2193-2201.

[113] Li J W，Carr P W. Anal Chim Acta，1996，334 (3)：239-250.

[114] McNeff C，Zigan L，Carr P W，et al. LC GC North Am，2000，18 (5) ：514-529.

[115] Zhao J H，Carr P W. Anal Chem，1999，71 (22)：5217-5224.

[116] Zhao J H，Carr P W. Anal Chem，2000，72 (2)：302-309.

[117] Zhao J H，Carr P W. Anal Chem，1998，70 (17)：3619-3628.

[118] Sharygin L M，Galkin V M，Moiseev V E，et al. Zhur Fiz Khim，1991，66 (10)：2677-2682.

[119] Kurganov A A，Davankov V A，Unger K K. J Chromatogr，1991，548 (1-2)：207-214.

[120] McNeff C，Zhao Q H，Carr P W. J Chromatogr A，1994，684 (2)：201-211.

[121] Markovich R J，Qiu X X，Nichols D E，et al. Anal Chem，1991，63 (17)：1851-1860.

[122] Fadeeva I V，Staroverov S M，Lisichkin G V. Vestnik Moskovskogo Universiteta，Seriya 2：Khimiya，1987，28
(3)：285.

[123] McNeff C，Carr P W. Anal Chem，1995，67 (21)：3886-3892.

[124] Weber T P，Carr P W，Funkenbusch E F. J Chromatogr，1990，519 (1)：31-52.

[125] Weber T P，Carr P W. Anal Chem，1990，62 (23)：2620-2625.

[126] Weber T P，Jackson P T，Carr P W. Anal Chem，1995，67 (17)：3042-3050.

[127] Jackson P T，Schure M R，Weber T P，et al. Anal Chem，1997，69 (3)：416-425.

[128] Jackson P T，Kim T Y，Carr P W. Anal Chem，1997，69 (24)：5011-5017.

[129] Gray M，Dennis G R，Wormell P，et al. J Chromatogr A，2002，975 (2)：285-297.

[130] Sweeney A P，Wong V，Shalliker R A. Chromatographia，2001，54 (1-2)：24-30.

[131] Wong V，Sweeney A P，Khurrum M，et al. J Liq Chromatogr &. Rel Technol，2002，25 (3)：363-379.

[132] Sweeney A P，Wormell P，Shalliker R A. Macromol Chem Phys，2002，203 (2)：375-380.

[133] Schafer W A，Carr P W，Funkenbusch E F，et al. J Chromatogr，1991，587 (2)：137-147.

[134] Schafer W A，Carr P W. J Chromatogr，1991，587 (2)：149-160.

[135] Blackwell J A，Carr P W. J Chromatogr，1992，15 (5)：727-751.

[136] Lorenz B，Marme S，Muller W E G，et al. Anal Biochem，1994，216 (1)：118-126.

[137] Blackwell J A，Carr P W. J Chromatogr，1991，549 (1-2)：59-75.

[138] Blackwell J A，Carr P W. J Chromatogr A，1991，549 (1-2)：43-57.

[139] Griffith C M，Morris J，Robichaud M，et al. J Chromatogr A，1997，776 (2)：179-195.

[140] Yao L F，Feng Y Q，Da S L. J Liq Chromatogr &. Rel Technol，2004，27 (18)：2889-2904.

[141] 姚礼峰，冯钰锜，达世禄. 高等学校化学学报，2005，26 (2)：244-246.

[142] 姚礼峰，靳素荣，王志花，等. 武汉大学学报：理学版，2005，51 (6)：659-662.

[143] 姚礼峰，靳素荣，冯钰锜，等. 分析科学学报，2005，21 (6)：596-598.

[144] Xiang D，Tang L，Blackwell J A. J Chromatogr A，2002，953 (1-2)：67-77.

[145] Clausen A M，Carr P W. Anal Chem，1998，70 (2)：378-385.

[146] 张庆合，冯钰锜，严俐，等. 色谱，1999，17 (3)：229-231.

[147] Yao L F，He H B，Feng Y Q，et al. Talanta，2004，64 (1)：244-251.

[148] Hadjiivanov K I，Klissurski D G. Chem Soc Rev，1996，25 (1)：61-69.

[149] Rodríguez R，Blesa M A，Regazzoni A E. J Colloid Interface Sci，1996，177 (1)：122-131.

[150] Kawahara M，Nakamura H，Nakajima T. J Chromatogr A，1990，515 (1)：149-158.

[151] Tani K，Sumizawa T，Watanabe M，et al. Chromatographia，2002，55 (1-2)：33-37.

[152] Blackwell J A，Carr P W. Anal Chem，1992，64 (8)：863-873.

[153] 李艳廷，李静，魏永巨，等. 化学研究与应用，2007，19 (8)：882-885.

[154] Schmidt W, Ulrich T, Wolf-Dieter G, et al. US5656716 A. 1997-08-12.

[155] Sato S, Oimatsu S, Takahashi R, et al. Chem Commun, 1997, 22: 2219-2220.

[156] Takahashi R, Takeneka S, Sato S, et al. J Chem Soc, Faraday Trans, 1998, 94 (20): 3161-3168.

[157] Tani K, Suzuki Y. Chromatographia, 1994, 38 (5-6): 291-294.

[158] Jiang Z T, Zuo Y M. Anal Chem, 2001, 73 (3): 686-688.

[159] Tani K, Suzuki Y. J Chromatogr A, 1996, 722 (1-2): 129-134.

[160] Tani K, Ozawa M. J Liq Chromatogr & Rel Technol, 1999, 22 (6): 834-856.

[161] Winkler J, Marmé S. J Chromatogr A, 2000, 888 (1-2): 51-62.

[162] Zhou T, Lucy C A. J Chromatogr A, 2008, 1187 (1-2): 87-93.

[163] Zhou T, Lucy C A. J Chromatogr A, 2010, 1217 (1): 82-88.

[164] Tani K, Suzuki Y. Chromatographia, 1997, 46 (11-12): 623-627.

[165] Tani K, Kubojima H. Chromatographia, 1998, 47 (11-12): 655-658.

[166] Murayama K, Nakamura H, Nakajima T, et al. Microchem J, 1994, 49 (2-3): 362-367.

[167] Tani K, Suzuki Y. J Liq Chromatogr & Rel Technol, 1996, 19 (17-18): 3037-3048.

[168] Pesek J J, Matyska M T, Ramakrishnan J. Chromatographia, 1997, 44 (9-10): 538-544.

[169] Ellwanger A, Matyska M T, Albert K, et al. Chromatographia, 1999, 49 (7-8): 424-430.

[170] Zaharescu M, Cserhati T, Forgacs E. J Liq Chromatogr & Rel Technol, 1997, 20 (18): 2997-3007.

[171] Jiang Z T, Zhang D Y, Zuo Y M. J Liq Chromatogr & Rel Technol, 2000, 23 (8): 1159-1169.

[172] Pinkse M W H, Uitto P M, Hilhorst M J, et al. Anal Chem, 2004, 76 (14): 3935-3943.

[173] Hata K, Morisaka H, Hara K, et al. Anal Biochem, 2006, 350 (2): 292-297.

[174] Kuroda I, Shintani Y, Motokawa M, et al. Anal Sci, 2004, 20 (9): 1313-1319.

[175] Sano A, Nakamura H. Anal Sci, 2004, 20 (3): 565-566.

[176] Yan J Y, Li X L, Yu L, et al. Chem Commun, 2010, 46 (30): 5488-5490.

[177] Kaneko S, Okuda S, Nakamura M, et al. Chem Lett, 1980, 12: 1621-1624.

[178] Kaneko S, Tsukmaoto K. Chem Lett, 1983, 9: 1425-1428.

[179] Kaneko S, Tsukmaoto K. Chem Lett, 1984, 4: 505-508.

[180] Kaneko S, Ohtakio K, Tsukmaoto K. Chem Lett, 1986, 5: 719-722.

[181] Kaneko S, Ohmori S, Mikawa M, et al. Chem Lett, 1992, 11: 2249-2252.

[182] Kaneko S, Mitsuzawa T, Ohmori S, et al. Chem Lett, 1993, 8: 1275-1278.

[183] Kaneko S, Mitsuzawa T, Ohmori S, et al. J Chromatogr A, 1994, 669 (1-2): 1-7.

[184] Feng Y Q, Fu H J, Zhang Q H, et al. Chromatographia, 2000, 52 (3-4): 165-168.

[185] 付红靖, 冯钰锜, 张庆合, 等. 色谱, 2000, 18 (3): 194-197.

[186] Fu H J, Feng Y Q, Zhang Q H, et al. Anal Lett, 1999, 32 (14): 2761-2774.

[187] Hu Y L, Feng Y Q, Da S L. J Liq Chromatogr & Rel Technol, 2001, 24 (7): 957-971.

[188] Hu Y L, Feng Y Q, Wan J D, et al. J Liq Chromatogr & Relat Technol, 2002, 25 (1): 83-99.

[189] 薛振东, 贺飞, 冯钰锜. 武汉大学学报, 2002, 48 (2): 142-146.

[190] 万剑砥, 冯钰锜, 胡玉玲, 等. 分析化学, 2001, 29 (7): 802-805.

[191] 敦惠娟, 于文肖, 赵惠敏, 等. 色谱, 2006, 24 (1): 93-98.

[192] Dun H J, Zhang W Q, Wei Y, et al. Anal Chem, 2004, 76 (17): 5016-5023.

[193] Liang X J, Chen Q S, Liu X, et al. J Chromatogr A, 2008, 1182 (2): 197-204.

[194] Ge J, Li Y M, Chen L R. J Liq Chromatogr & Relat Technol, 2006, 29 (16): 2329-2339.

[195] Liang X J, Wang S, Niu J G, et al. J Chromatogr A, 2009, 1216 (15): 3054-3058.

有机聚合物整体柱

5.1 概述

有机整体材料用作色谱分离基质早在 20 世纪 50 年代就由诺贝尔奖得主 Synge 等提出，但当时得到的整体材料是胶状物质，在外加压力下容易破碎，无法应用于色谱装置中[1]。实用化的有机整体固定相出现在 20 世纪 90 年代，Hjerten 等[2~5]制备了易溶胀的丙烯酰胺整体材料，在压缩后用作色谱固定相。Svec 等[6~8]制备了真正意义上的整体柱，采用制备聚合物微球所用的单体，成功地制备了整体柱色谱固定相，开启了新的色谱固定相制备途径。这些创新性的工作激起了无数的研究小组对有机整体柱的研究兴趣，在过去的 20 多年里迅速地推动了该领域的发展。有机整体柱技术已被广泛应用于高效液相色谱、毛细管液相色谱和毛细管电色谱等领域[9~11]。

5.2 有机整体柱制备

有机聚合物整体柱制备的研究占据了整体柱研究的核心位置，其制备过程简单，只需将功能单体、交联剂、引发剂和致孔剂组成的聚合液混合均匀、脱气，然后吸入预先处理过的毛细管中，在光照或加热的条件下引发聚合反应，形成多孔的有机聚合物。反应完成后，冲去未反应的单体和致孔剂即可（图 5-1）。在制备过程中可以通过调节致孔剂的比例来调整所制备整体柱的孔径和通透性。制备有机整体柱可选择的单体种类丰富，可根据不同的分离需要选用不同的有机功能单体，另外，还可以在整体柱基质表面进行修饰或衍生满足特定的分离分析需求。

5.2.1 有机整体柱的制备条件

整体柱的物理结构及性质影响整体柱的性能，大的比表面积能够提供更多的活性结合位点，好的渗透性使得色谱分析速度变快，柱压降低，所以为了制备色谱性能好的整体柱必须优化制备条件。

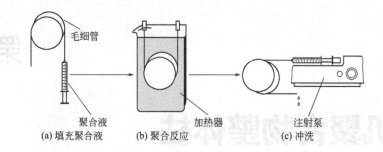

毛细管

聚合液
(a) 填充聚合液　　加热器
(b) 聚合反应　　注射泵
(c) 冲洗

图 5-1　有机整体柱制备示意图

5.2.1.1　聚合参数（聚合时间、聚合温度和引发剂）

　　引发聚合反应的方式有很多，比如辐射聚合[12]、缩聚[13]以及常见的热引发自由基聚合和光引发自由基聚合[14]等。热引发自由基聚合是最常见的聚合方式，聚合温度和聚合时间是最容易调控的聚合反应条件参数，并且不会影响到整体柱的化学性质和组成，因此最初的研究都是探讨聚合温度和聚合时间对有机整体柱制备的影响。Svec 等[15]用 2,2-偶氮二异丁腈（AIBN）引发了甲基丙烯酸缩水甘油酯（GMA）和乙二醇二甲基丙烯酸酯（EDMA）的聚合反应，并且研究了聚合温度对孔径和比表面积的影响。他们发现，聚合温度越高，聚合物形成的孔径越小，相应的比表面积越大，并且从相分离的角度解释了这个现象。Viklund等[16]更进一步解释了随着聚合温度的升高，整体柱孔隙尺寸变小的现象。聚合温度升高导致高的引发剂分解速率，产生更多的自由基，相应地产生更多的成长核，而聚合单体总量是不变的，因此最后形成的骨架孔隙尺寸小。另一方面，聚合温度升高也导致单体在反应体系中的溶解程度增大，从而导致相分离推迟使得生成的整体柱孔隙尺寸变大。因此温度对不同的聚合体系最终的孔径大小也许有着截然相反的影响。聚合时间也影响着整体柱的孔隙率，Bonn 等[17]研究发现，随着聚合时间从 24 h 缩短到 45 min，整体柱结构中的中孔比例逐渐增加，BET 实验的结果显示，整体柱材料的比表面积从 26.8 m²/g 增加到 77.2 m²/g。Bonn 等认为，以上实验结果可能是由于短的聚合时间导致不充分的单体转化率，具体的机理还有待研究。中孔比例的增大使分离小分子变得可能，图 5-2 是聚合时间不同的整体柱对苯酚类化合物的分离色谱图。Nischang[18,19]等的研究也说明了聚合时间增长导致整体柱性能下降，尽管如此，通过缩短聚合反应时间来增强整体柱分离性能的方法并没有被广泛应用，因为较长的反应时间有助于保持整体柱的刚性。引发剂种类和浓度也会影响柱的形貌和孔隙率，高的引发剂浓度导致制备出的整体柱材料的骨架尺寸变小[20]。

5.2.1.2　致孔剂

　　致孔剂在整个聚合过程中并未参与反应，只是保留在整体柱的骨架里直到聚合反应结束后通过有机溶剂将其洗出，因此致孔剂是在不改变整体柱化学组成的前提下，调节整体柱物理结构的方法。一般致孔剂由良溶剂和不良溶剂组成，它们的种类和含量决定了聚合反应过程中聚合物链在其中的溶解度，从而控制了相分离发生的时间。致孔剂在交联共聚中的主要作用是使共聚物内部发生相分离，形成不同尺度的孔道。相分离的发生和发展过程，就是整体柱孔隙结构的形成过程，相分离发生的早晚，直接影响最终制备得到的整体柱孔径的大小，因此，致孔剂种类和含量的改变可以改变整体柱的孔径结构。Viklund 等[16]详细阐述了致孔剂的性质对整体柱孔隙率的影响。他们考察了不良溶剂十二醇的加入对于 poly

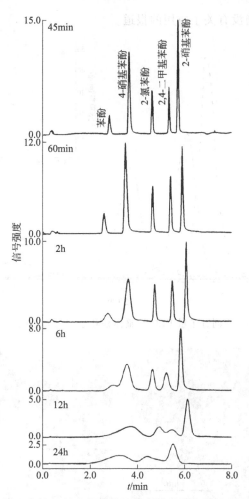

图 5-2　不同聚合时间制备的整体柱对苯酚类化合物的分离色谱图[17]

（GMA-co-EDMA）体系的影响，当十二醇在反应体系中的比例由 0 增加到 15％时，孔隙率分布的最大值由 150nm 增加到 2570nm，另一方面，只要加入少量的甲苯（良溶剂）就会导致 poly［苯乙烯（ST）-二乙烯基苯（DVB）］整体柱孔尺寸的急剧减小。Premstalle 等[21]使用二元致孔剂正癸醇-四氢呋喃（THF）体系制备 poly（ST-DVB）整体柱，发现在此条件下制备的整体柱穿透孔变大，其形貌类似于无孔聚合物颗粒。除了普通的有机溶剂可以作为致孔剂使用外，大分子聚合物溶液也可以作为致孔剂使用。Courtois 等[22]将聚乙二醇（PEG）溶于 2-甲氧基乙醇中，考察其对整体柱物理结构的影响。图 5-3 是不同分子量 PEG 对整体柱孔径和比表面积的影响，PEG 的分子量越大，所产生的孔尺寸越大，相应的比表面积越小。在另一篇报道中[23]，大分子量的聚苯乙烯（PS）被用来制备聚丙三醇二甲基丙烯酸酯（poly-GDMA）整体柱，用甲苯作为致孔剂制备出的 poly-GDMA 整体柱是典型的凝聚状的球形结构，而用 PS 作为致孔剂制备出的 poly-GDMA 整体柱是连续的立体三维骨架结构，同时孔隙率分布显示出尖锐的双峰分布，其中一个峰在 4nm 左右的中孔范围内，另一个峰在 1～2μm 的大孔范围内。图 5-4 是采用不同分子量 PS 制备得到的整体柱的扫描电镜图。应用超临界二氧化碳作为致孔剂，使用 EDMA 和三羟甲基丙烷三甲基丙烯酸酯（TRIM）作为单体，合成出了一系列孔尺寸在 20 nm～8 μm 范围内的整体柱材料[24]，但是这种方法制备的整体柱尚没有关于应用的报道。

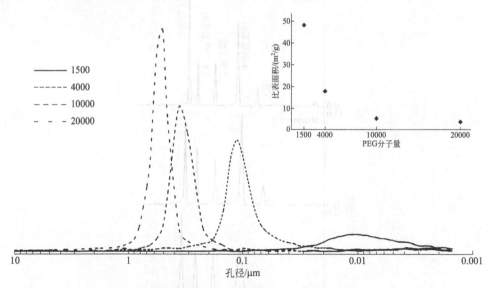

图 5-3　不同分子量 PEG 对整体柱孔径和比表面积的影响[22]

(a) 聚苯乙烯 (M_w 为50000, 5%)　　(b) 聚苯乙烯 (M_w 为3840000, 1%)

(c) 聚苯乙烯 (M_w 为50000, 5%)　　(d) 聚苯乙烯 (M_w 为3840000, 1%)

图 5-4　不同分子量聚苯乙烯制备的整体柱扫描电镜图[23]

5.2.1.3　交联剂

通常有机整体柱都是采用功能单体和交联剂共聚制备，常用的有机整体柱交联剂如图 5-5 所示。交联剂对整体柱制备的影响与聚合时间或聚合温度不同，它的改变不仅能影响整体柱的物理结构，还能改变整体柱的化学性质。增大交联剂的比例导致更早的相分离，形成尺寸更小和更大比表面积的物理结构。通过使用单交联剂制备的整体柱与经典的功能单体和交联剂制备出的整体柱相比，可以产生比例更大的中孔结构，大比例的中孔结构又产生了足够的比表面积，这对于小分子物质分离有着积极的意义。此外，直接使用单交联剂的好处还有方便优化反应物组成、提高整体柱制备的重现性和提供更高的整体柱机械强度等[25]。使用单交联剂制备多孔整体柱已被许多课题组报道过，最早使用这种方法制备整体柱的报道见于 2006 年[26,27]。Hosoya 等[23,28]使用单交联剂 TRIM 制备出的整体柱可用于分离小分子，对于苯的柱效高达 340000 塔板/m。在这以后更多文章报道了单一交联剂制备整体柱的方法，例如用热引发的方法制备 poly-亚甲基双丙烯酰胺（BIS）整体柱[29]。Greiderer 等[30,31]制备了聚 1,2-双（4-乙烯基苯基）乙烷整体柱，当交联剂聚合完全时，所得的整体柱色谱性能不好，而将聚合反应时间缩短到 60min，此时的交联剂未聚合完全却能够得到色谱性能很好的整体柱。

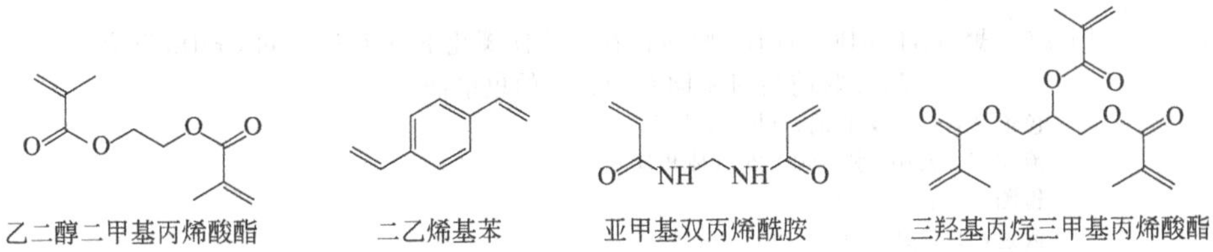

图 5-5　常用的有机整体柱交联剂

Buchmeiser 等使用四（4-乙烯基苄基）硅烷为交联剂，以十二醇和甲苯作为致孔剂，热引发反应 24 h 制备了整体柱[20,32]。通过调节交联剂在反应液中的含量以及反应温度，可制得比表面积在 79~350 m^2/g 范围内的整体柱材料。最优的聚合条件是使用 17.5％的四（4-乙烯基苄基）硅烷，在此条件下制备得到的整体柱在反相色谱条件下分离了一系列物质，包括烷基苯、胺、羧酸、酚、药物以及多肽、蛋白质等。Lee 等[33]利用聚（乙二醇）二丙烯酸酯为单交联剂，通过改变聚乙二醇的长度、使用不同的致孔剂体系和调节反应温度制备得到的整体柱可作为分离多肽和蛋白质的疏水作用固定相。他们还将研究拓展到使用双酚 A-二甲基二丙烯酸酯和双酚 A-乙氧基二丙烯酸酯，通过优化二元致孔剂的比例得到的整体柱对苯同系物的柱效为 61500 塔板/m。

整体柱色谱固定相在分离小分子时，由于比表面积较小导致色谱分离能力较弱，常常需要使用梯度洗脱以减小峰展宽和加强色谱分离效率。为了增加整体柱的比表面积，以便更好地提高分离效率，Davonkov 等[34~36]提出了超交联的方法，该方法是从预先聚合好的整体柱材料出发，利用 Friedel-Crafts 反应等方法对其进行后修饰，使整体柱形成更多的中孔结构，用来提高整体柱的比表面积，增强整体柱的选择性。Svec 等[37,38]首先制备了聚（ST-VBC-DVB）整体柱，然后通入二氯乙烷使其溶胀，最后在氯化铁的催化下发生 Friedel-Crafts 反应使整体柱发生超交联后修饰。通过优化整体柱前驱体的反应物组成和超交联的反应条件，制备得到的超交联柱特别适用于等度模式下分离小分子。图 5-6 是交联前后对苯同系物分离的色谱图，从图中可以看出，超交联后对尿嘧啶和烷基苯类混合物达到很好的分离，尿嘧啶和烷基苯类物质的柱效高达 73000 塔板/m。另外，他们还利用聚苯胺为单体制备了整体柱，然后通入二氯乙烷使其溶胀，最后与二碘烷烃、聚甲醛反应制备超交联纳米多孔材料，所得整体柱比表面积超过 630 m^2/g[39]。

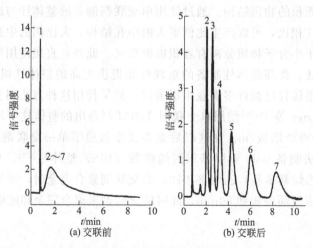

图 5-6　聚（ST-VBC-DVB）整体柱在氯化铁催化下发生 Friedel-Crafts 反应
超交联前后对苯同系物分离的色谱图[37]

色谱柱：（a）交联前；（b）交联后
流动相：乙腈/水＝80∶20（体积比）
检测波长：254 nm
流速：1.5 μL/min
被分析物：1—尿嘧啶；2—苯；3—甲苯；4—乙苯；5—丙苯；6—丁苯；7—戊苯

5.2.2　有机整体柱种类

根据聚合单体的不同，一般将有机聚合物整体柱分为聚丙烯酰胺类整体柱、聚苯乙烯整体柱和聚甲基丙烯酸酯类整体柱。

5.2.2.1　聚丙烯酰胺类整体柱

该类整体柱采用的功能单体有丙烯酰胺、N-异丙基丙烯酰胺、甲基丙烯酰胺、甲基丙烯酸酯和 N-烯丙基二甲胺，交联剂为哌嗪双丙烯酰胺和 N,N-亚甲基二丙烯酰胺（BIS）。用 BIS 制备的整体柱机械强度差，材料易变形，采用哌嗪双丙烯酰胺代替 BIS 共聚，整体柱的机械强度明显提高[40]。Hoegger 等发现，单体浓度、交联剂浓度、离子浓度是调节丙烯酰胺整体柱结构的三大要素[41]。Fujimoto 等将丙烯酰胺、BIS、2-丙烯酰胺-2-甲基-1-丙磺酸（AMPS）混合溶液注入到未处理的毛细管柱内，通过自由基聚合反应形成连续床层，在毛细管电色谱模式下，乙酰苯的柱效高达 150000 塔板/m。Fujimoto 等认为，该类型整体柱的主要分离机理仍为筛分作用，而不是溶质与固定相之间的相互作用。后来他们采用疏水性较强的 N-异丙基丙烯酰胺代替亲水性的丙烯酰胺，冲入预先进行了双键处理的毛细管中，得到了高溶胀整体柱，并在较短的时间内分离了甾类化合物，柱效达 160000 塔板/m，与最初的聚丙烯酰胺凝胶相比，该整体柱的分离机理不仅仅是体积排阻，还存在溶质与整体固定相的疏水相互作用[42,43]。

Hjertén 等[40,44,45]也开展了聚丙烯酰胺整体柱的研究，将甲基丙烯酰胺、二丙烯酰哌嗪、乙烯基磺酸和甲基丙烯酸丁酯（BMA）或甲基丙烯酸十八烷基酯（OD）混合，并加入表面活性剂 Triton X-100 来提高疏水性单体的溶解度，采用连续超声乳化的方法使疏水性单体分散在水体系中，一步原位聚合生成含 C_4 或 C_{18} 疏水基团的整体柱。Hoegger 等[41,46,47]采用类似的方法合成了具有不同疏水基团的聚丙烯酰胺电色谱整体柱，使用的单体包括甲基丙烯酰胺、二甲基丙烯酰胺、丙烯酸丁酯和丙烯酸己酯,整体柱孔径的大小由致孔剂硫酸铵的含量决定,通过改变流动相可以实现反相或正相模式的色谱分离。Freitag等[48]比较了由 BIS 或甲基丙烯酰胺、二丙烯酰哌嗪和乙烯基磺酸聚合制备得到的聚丙烯酰胺整体柱在电色谱和微柱液相色谱模式下的色谱保留行为,考察了中性的羟基化芳香族化合物和带电的氨基酸的保留行为,中性样品在两种模式下具有相同的保留行为,证实了其分离机理主要由亲水相互作用控制,而带电样品在两种模式下表现出不同的保留行为,发现氨基酸在固定相上的保留是由静电作用和亲水作用共同决定。Kornysova等[49]通过分别加入非离子型表面活性剂和烷基铵盐等方法在水相体系中制备了毛细管整体柱,其中烷基铵盐中含有可解离基团和长烷基链,可提供电渗流和疏水作用,并能增大亲脂性单体在水中的溶解度。

上述整体柱的制备都是使用水溶液聚合体系,由于疏水固定相所必需的有机单体不溶于水,因此聚合体系常是非均相的,毛细管整体柱的制备受到一定的限制。而在有机相中进行聚合具有以下明显的优点:有机溶剂有很宽的极性范围,适合不同极性的单体,可以控制整体柱的孔结构等。Palm 等[50,51]发展了在均相体系中进行整体柱聚合的方法,采用 N-甲基甲酰胺/水二元溶剂体系,根据功能单体甲基丙烯酸烷基酯的烷基链的不同,调节水相缓冲液与 N-甲基甲酰胺之间的比例,使聚合混合物形成均一溶液,实现均相聚合。如单体为丙烯酸丁酯时,N-甲基甲酰胺/水的体积比为 50∶50,而当单体为丙烯酸十二酯时,N-甲基甲酰胺/水的体积比为 95∶5。Palm 等的制备仍是在有水体系下进行的,Svec 等[52]则探讨了在完全有机相体系下制备刚性、大孔的聚丙烯酰胺材料的可能性,他们采用二甲亚砜和脂肪醇作为致孔剂,发现可以制备得到大孔、坚硬的整体柱,随着脂肪醇碳链的增长,整体柱的平均孔径呈先增大后减小的趋势。随后 Svec 等利用完全有机相聚合体系在色谱柱内制成疏水相互作用色谱柱,在 3 min 内分离了 5 种蛋白质(图 5-7)。Zhu 等[53]采用二甲亚砜、十二醇和 1,4-丁二醇作为致孔剂,在毛细管内原位合成了聚丙烯酰胺基质的带有环氧官能团的整体柱,然后与氨水反应引入伯胺基团,进而与戊二醛反应引入醛基,再通过氨基还原反应使两性载体按其等电点大小固载到整体固定相上,制备了能够重复使用的固定化 pH 梯度等电聚焦整体柱。

5.2.2.2 聚苯乙烯整体柱

聚苯乙烯整体柱是一类强疏水性的整体柱,可以在 pH 条件为 1~14 的范围内使用,在反相分离的领域具有很高的应用价值。可供这类整体柱选择的单体种类也较少,常用的仅为ST、氯甲基苯乙烯(VBC)、DVB 等。聚苯乙烯整体柱的制备一般以 ST 或 VBC 为单体,DVB 为交联剂。聚(PS-DVB)具有较强的疏水性,不需任何改性即可应用于反相色谱。而聚(VBC-DVB)不仅具有聚(PS-DVB)的机械强度和化学稳定性,而且含有活性氯甲基,易于化学改性。1999 年 Horvath 等[54]以 VBC 与 DVB 为单体,以甲醇、乙醇、丙醇、甲苯和甲酰胺为致孔剂,制备了一种强疏水性的整体柱,实现了对多肽的分离。但是,由于苯乙烯分子无活性官能团,所以很难对聚苯乙烯类的整体柱表面进行改性。进行表面改性,是聚苯乙烯类的整体柱所面临的巨大挑战,也是人们关注的一个重点。Ergenekon 等[55]在一个密闭的体系中,用 SO_2 蒸气对聚(PS-DVB)进行磺化,但是磺化率仅为 10%。

Jandera 等[56]在整体柱的制备过程中,利用 Friedel-Crafts 催化反应,在整体柱的骨架上嫁接烷基链,成功制备了一种分离时间短、分离柱效高的聚苯乙烯整体柱。这种由路易斯

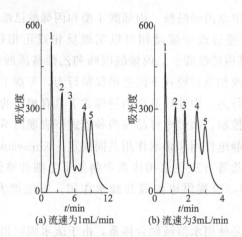

图 5-7　丙烯酰胺整体柱蛋白质分离色谱图[52]

色谱柱：50mm×8mm I.D.
流速：(a) 1mL/min；(b) 3mL/min
梯度：3min 内从 1.5mol/L 到 0.1mol/L 硫酸铵
被分析物：1—细胞色素 C；2—核糖核酸酶；3—碳酸酐酶；4—溶菌酶；5—胰凝乳蛋白酶

酸催化的 Friedel-Crafts 目前已成为对聚苯乙烯基整体柱进行后修饰改性的主要方法。Huber 等以十二醇/四氢呋喃为致孔剂，在毛细管内原位合成了 PS-DVB 整体柱，将该整体柱应用于蛋白和蛋白酶解物、磷酸化和非磷酸化肽段的分离分析[57,58]。Huang 等[59]以正丙醇/甲酰胺为致孔剂制备了无孔 PS-DVB 整体柱，同时，他们还对该整体柱进行了十八烷基的化学改性，发现改性的聚苯乙烯整体柱对蛋白酶解物、标准肽样品显示出更好的分离选择性。Zhang 等[60]以 VBC 和 DVB 为单体，AIBN 为引发剂，甲醇、乙醇、丙醇、甲苯和甲酰胺为致孔剂，在硅烷化处理后的毛细管中聚合得到整体柱。通过整体柱表面氯甲基活性官能团与 N,N'-二甲基辛胺的反应，在固定相中引入带正电荷的季铵基团，用于分离多肽和蛋白质。Ivanov 等[61]通过 PS 和 DVB 的原位聚合反应制备了 200 μm（I.D.）的纳米毛细管整体柱，在液相色谱-电喷雾离子阱-质谱（LC-ESI-MS）模式下分析了胰蛋白酶解液，在最优聚合反应和流动相条件下，多肽混合物分离的柱效达到 100000 塔板/m。

Zhang 等[62]提出利用微波辐射代替热引发或紫外光引发合成聚苯乙烯整体柱，在毛细管电色谱中分离硫脲的柱效为 18000 塔板/m。进一步系统地研究了致孔剂的组成（甲苯/异辛烷）对整体柱孔结构的影响，结果表明，致孔剂中异辛烷的含量越高，整体柱的贯穿孔径越大，通透性越好，分离速率越快。Detobel 等[63]将 poly（ST-DVB）整体柱应用于蛋白质的梯度洗脱反相色谱分离中，并系统地研究了柱参数和洗脱条件对分离效率的影响。Gu 等[64]在聚苯乙烯整体柱的合成中引入了 OD，无须修饰过程，一步聚合即引入了 C_{18} 疏水配基。实验选用 N,N-二甲基甲酰胺和癸醇为致孔剂，比较了同等合成条件下 poly（ST-OD-DVB）和 poly（ST-DVB）整体柱的物理和色谱性能。结果表明，在分离 6 种标准蛋白质时，两种基质的整体柱有相似的分离效率，能在 3.5 min 内快速完成分离；而在分离 α 链和 β 链血红素时，由于 poly（ST-OD-DVB）整体柱引入了 C_{18} 疏水配基，因此对血红素有更大的吸附容量和更好的分辨率。

Huang 等[65]在 poly（ST-DVB）整体柱的合成中引入了甲基丙烯酸月桂酯（LMA），制备 poly（ST-DVB-LMA）整体柱，用于毛细管电色谱中分析抗氧化剂。实验发现，引入 LMA 后，整体柱对抗氧化剂的分离效率大大提高，LMA 和 ST 的比例对丁基羟基苯甲醚和

2,6-二叔丁基-4-甲基苯酚的分离效率影响最大。Walsh 等[66]报道了一种由可见光引发合成聚苯乙烯整体柱的新方法，由发射绿光（470nm）的发光二极管作为光源，光引发聚合 2 h，合成的整体柱在毛细管电色谱中成功地分离了 4 种标准蛋白质。Eeltink 等[67]在不同长度（50mm、250mm 和 1m）的毛细管中合成了 poly（ST-DVB），并用于分离复合蛋白酶。

5.2.2.3　聚甲基丙烯酸酯类整体柱

由于聚甲基丙烯酸酯类聚合物在毛细管内原位合成后的机械强度较大，而且不易发生溶胀，并且能够方便地通过改变单体或改性获得具有不同选择性的色谱柱，所以此类整体柱是目前研究最多且最深入的一种。常采用的功能单体有甲基丙烯酸酯、2-丙烯酰胺-2-甲基-1-丙磺酸（AMPS）、GMA、N-烯丙基二甲基胺，交联剂为 EDMA，致孔剂通常选择环己醇、十二醇、正丙醇、1,4-丁二醇、甲醇或乙腈的混合物。

1992 年，Svec 等[6]以 GMA 为单体，EDMA 为交联剂，首次报道了聚甲基丙烯酸酯类整体柱的制备。他们还对影响聚合物整体柱孔性质的各种因素进行了考察，发现单体混合物中交联单体的浓度以及反应体系中致孔剂含量对聚合物整体柱的孔性质有很大影响，而其他一些因素，如引发剂含量、反应时间及聚合反应温度对孔性质的影响相对较小。Peters 等以 BMA 和 AMPS 为反应单体，EDMA 为交联剂，水、正丙醇和 1,4-丁二醇为致孔剂，在 60℃下热引发自由基聚合反应，聚合反应完成后，使用泵或电渗流将致孔剂冲洗出去。该整体柱的选择性与反相 C_{18} 固定相类似，以电色谱模式分离了苯的同系物，柱效达 150000 塔板/m，并首次在电渗流驱动下以体积排阻分离模式对不同分子量的聚苯乙烯标准物进行了基线分离。实验发现，聚合过程中致孔剂的种类和比例对整体柱的孔结构有很大影响，可通过水、正丙醇和 1,4-丁二醇三者之间比例来调节孔结构[68~71]。

Wu 等[72]建立了一种非电荷型毛细管整体柱的制备方法，合成了带有 C_4、C_{12} 和苯基的聚甲基丙烯酸酯类整体柱，所制备的整体柱的最大特点是床层本身并不带电荷，可以通过离子型表面活性剂动态改性使其产生电渗流，并可方便地改变电渗流的大小和方向，产生自阴极至阳极或自阳极至阴极的电渗流，同时可用于酸性、中性及碱性化合物的分离分析。他们还进一步建立了电泳驱动的毛细管电色谱操作模式，用于离子性化合物的分离分析，丰富了毛细管电色谱的分离分析方法[73,74]。Fu 等[75]制备了一种两性电荷型聚 BMA-EDMA 基质毛细管整体柱，加入甲基丙烯酸和 2-二甲基乙基胺甲基丙烯酸酯使固定相表面同时带有羧基和叔胺基团，电渗流大小和方向可以方便地通过改变流动相的 pH 来调控，并考察了烷基苯、多环芳烃、苯酚、苯胺和小肽的保留行为。如图 5-8 所示，在不同 pH 的流动相条件下，样品可获得不同的分离选择性。

Chirica 等[76]提出了一种控制整体柱孔道结构的新方法，利用二氧化硅小球作为制孔模板来控制整体柱的孔径。他们以聚乙二醇为匀浆液，将不同粒径的硅胶填入毛细管中，然后通入 BMA-EDMA 或 ST-DVB 聚合物反应液，经热引发聚合得到连续床层，再用氢氧化钠溶液将硅球溶解，得到的空穴形成整体柱的孔结构，整体柱的表面性质由填料的性质决定，在电色谱模式下分离了多环芳烃，并在微柱液相色谱模式下分离了多肽和蛋白质混合物。虽然这种方法可以方便地控制整体柱的孔结构和表面性质，但制备过程烦琐。Bedair 等制备了含有长链烷基的聚丙烯酸酯类整体柱，通过季戊四醇二丙烯酸十七烷基酯（PEDAS）与 AMPS 在环己醇-乙二醇-水三元致孔剂体系中聚合得到，其中 PEDAS 作为交联剂，同时提供反相色谱保留作用，由于制得的整体柱具有较大的电渗流，杀虫剂及其代谢物质的 17 个

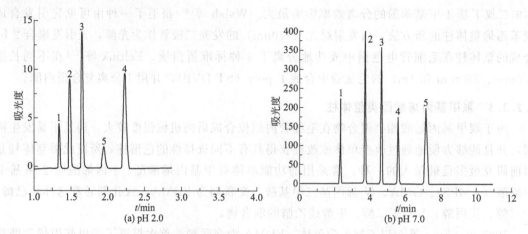

图 5-8　两性整体柱不同 pH 下苯酚类化合物分离色谱图[75]
流动相：乙腈/水（40∶60，体积比）
被分析物：1—对苯二酚；2—苯酚；3—对甲苯酚；4—间硝基苯酚；5—2,3-二甲基苯酚

色谱峰在 140s 内实现了快速分离[77]。他们还用一种含有季铵基的丙烯酸单体［2-（acryloyloxy）ethyl］-trimethylammonium methyl sulfate（AETA）代替 AMPS，制得了具有反向电渗流的整体柱[78]。该小组还制备了中性 PEDAS 聚合物整体柱，由于反应物中未添加电渗流产生剂，整体柱表面不带电，而是通过 PEDAS 吸附流动相中的离子来提供电渗流，这样就避免了带电样品与固定相之间的静电相互作用。在 pH 7.0 中性条件下，分离了蛋白质和多肽等生物分子[79]。

　　Barrioulet 等[80]将含有不同烷基链的丙烯酸酯、1,3-丁二醇二丙烯酸酯和 AMPS 在三元致孔剂中通过紫外光引发聚合得到聚丙烯酸酯类整体柱，实验发现，使用丙烯酸己酯制得的整体柱柱效高达 300000 塔板/m，高于丙烯酸丁酯和 LMA 制得的整体柱，并系统研究了流动相组成对柱性能的影响。Li 等[81]制备了表面为电中性，同时能产生较大电渗流的整体柱。他们首先在毛细管内壁用 3-缩水甘油氧丙基三甲氧基硅烷（GPTMS）进行预处理，再与聚乙烯基亚胺（PEI）反应引入可解离的叔胺基团，用于产生电渗流，然后通过原位聚合生成电中性的聚（羟甲基苯乙烯-EDMA）整体基质。该整体柱具有良好的稳定性，在电色谱模式下对五种多肽化合物进行了快速分离。

5.2.3　新型有机整体柱的制备方法

5.2.3.1　光引发聚合

　　光引发相对于热引发来说有很多优势，比如光引发聚合具备更高的反应效率，能显著地缩短聚合反应时间。光引发聚合在常温下即可进行，这扩大了致孔剂的选择范围，沸点较低的有机溶剂如甲醇、乙醚等都可以被用作致孔剂[82]。另外，毛细管径向存在一定的温度梯度，使得热引发制备的整体柱材料没有光引发聚合的均匀。1997 年 Svec 研究小组[83]系统地研究了 GMA-TRIM 体系的光引发聚合，展示了光引发聚合比热引发聚合效率高的特点。光引发聚合可以方便地在各种形状的载体里进行光引发聚合，尤其在需要制备多保留机理的固定相和芯片领域。Oleschuk 等[84]利用光引发聚合制备了氟化整体柱，在反相体系分离氟化标记的化合物。Lee 等[85]利用光引发聚合以亲水性的三乙二醇二丙烯酸酯（triethylene glycol diacrylate) 为交联剂制备了阴离子交换整体柱，成功地以阴离子交换模式分离了标准蛋白质，更进一步分离了蛋白酶解液（图 5-9）。

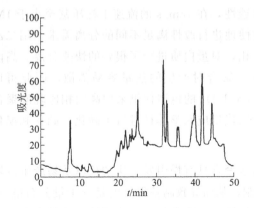

图 5-9　强阴离子交换整体柱分离 E. coli DH5 酶解液[85]
色谱柱：$75\mu m \times 18cm$ I. D.
流动相：A，20mmol/L Tris；B，0.5mol/L 氯化钠/20mmol/L Tris
梯度：30min 内 2%～98%B
流速：100nL/min

5. 2. 3. 2　高内相比乳液聚合

　　高内相比乳液是外观似胶冻，分散相的体积分数在 74% 以上的乳液。高内相比乳液聚合本身具有乳液聚合的特点，又不同于传统的乳液聚合，该聚合方法具有的显著特点是乳胶粒子的大小可以通过改变表面活性剂的种类、浓度和离子强度等参数来控制，可精确控制孔道直径的大小和分布。利用高内相比乳液聚合方法通过控制反应体系中乳液的组成以及相分离过程，可以制备出骨架结构可控的聚合物整体多孔分离介质，并通过控制骨架结构、孔的大小及孔隙率，实现高的分离效率和高的通透性能[86～88]。高内相比乳液聚合首先把油水两相进行剧烈搅拌形成乳状液体，然后把乳液引进聚合场所，既可以在毛细管里反应，也可以在常规色谱柱里反应，随后进行升温引发聚合。通常的高内相比乳液聚合得到的整体柱具有多孔结构，典型的 SEM 图见图 5-10。研究发现，随着交联剂的增加，比表面积会增加，如果加入致孔剂，比表面积增加得更大。在同样的体系下，加入甲苯作为致孔剂，比表面积从 $30m^2/g$ 增加到 $350m^2/g$，一般认为这是由于致孔剂的引入使整体柱骨架中产生大量中孔[89,90]。

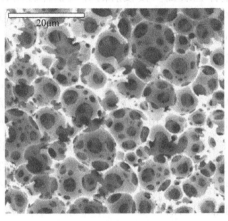

图 5-10　高内相比乳液聚合整体柱的扫描电镜图[88]

  Yao 等[91]利用高内相比乳液聚合，在 $50mm \times 4.2mm$ I. D. 的不锈钢色谱柱中制备了 GMA-EDMA 整体柱，通过优化条件，制备得到大孔孔径为 $5.7 \mu m$ 的多孔整体柱，大孔导致该整体柱具备极好的渗透性，在 $1cm/s$ 的流速下柱压甚至小于 $1MPa$。由于该整体柱具备丰富的环氧基团，可以方便地进行改性满足不同的分离需求，用二乙胺对固定相表面进行改性得到了阴离子交换固定相，对蛋白质进行了很好的快速分离。高内相比乳液聚合由于油相单体在整个体系的占比低，聚合时产生的热量容易消散，因此可以制备大尺寸的整体柱。Cameron 等在 $14cm \times 4.5cm$ I. D. 的色谱柱里采用高内相比乳液聚合法制备了 PS-DVB 整体柱，他们还利用亲电芳香取代反应对整体柱进行了磺化、硝化和溴化功能化修饰[90]。

5.2.3.3　活性聚合

  由于经典的原位自由基聚合具有慢引发、快增长以及易产生链转移和链终止的特点，因此难以对聚合过程进行控制，从而导致制备得到的是分子量分布范围宽的聚合物（$M_w/M_n >$ 2.5）。因此，为了得到结构均匀的聚合物，一些活性可控的聚合方式被引入到聚合物的制备中来。目前活性聚合大体可分为阴离子活性聚合、阳离子活性聚合、自由基活性聚合及其他活性聚合体系。其中阴离子活性聚合包括金属烷基引发剂引发的非极性单体的聚合、络合阴离子聚合和基团转移聚合。阳离子活性聚合包括烯醚活性阳离子聚合和异丁烯活性阳离子聚合。自由基活性聚合包括引发-转移-终止聚合（iniferter）、氮氧稳定自由基调控活性聚合、原子转移自由基聚合（atom transfer radical polyerization，ATRP）、可逆-加成断裂链转移聚合（reversible additional fragment chain transfer，RAFT）和有机金属稳定自由基存在下的活性自由基聚合。由于 ATRP 活性聚合方式所适用的单体较为广泛[92,93]，因此其在功能化聚合物材料的合成中的应用已经很广泛，在色谱固定相中的应用也已有诸多报道。

  Idota 等[94,95]利用 ATRP 活性聚合制备了温敏型整体柱。毛细管经 $1mol/L$ NaOH 水溶液处理后，以过量蒸馏水冲洗，然后于 25℃真空干燥 1h。干燥后通过微高压泵以 $1mL/h$ 的流速将 1%（体积分数）氯甲基苯基乙基三氯硅烷的甲苯溶液注入毛细管中，在 90℃反应一天。反应完成后重复以甲苯冲洗，最后于 110℃干燥 20h。使单体 N-异丙基丙烯酰胺与过渡金属络合物的水溶液以 $1mL/h$ 的流速通过内壁接枝引发剂的毛细管，在真空环境下 25℃反应 10h。并以该毛细管柱来对肾上腺皮质素和睾酮进行色谱分离，通过改变温度实现了理想的分离。Nagase 等[96]通过在硅胶整体柱表面键合 ATRP 引发剂，然后采用 ATRP 聚合将 N-异丙基丙烯酰胺接枝到整体柱表面。接枝后的硅胶整体柱对氢化可的松等小分子药物进行了色谱分离，取得了很好的分离效果。采用 RAFT 聚合方式制备结构复杂的聚合物已经多有报道，在色谱固定相中也有一定的应用。

  Liu 等[97]以二苄基三硫代碳酸酯为 RAFT 试剂，采用 RAFT 聚合制备了恩氟沙星的分子印迹整体柱，并考察了该整体柱的内部形态结构以及色谱性能。该实验中以恩氟沙星为模板分子，以甲基丙烯酸为单体，以乙二醇二甲基丙烯酸酯为交联剂，以偶氮二异丁腈为引发剂，将 RAFT 试剂溶解于十二醇-二氯甲烷混合溶液中，倒入色谱柱管中，封口，在 60℃反应 24h。结果表明，以 RAFT 方式聚合得到的整体柱具有更大的比表面积和更均匀的孔分布，因此该分子印迹整体柱具有更高的柱效和选择性。张海燕等[98]在硅胶颗粒表面引入 iniferter 试剂，然后通过紫外线照射引发 iniferter 接枝聚合，合成了甲基丙烯酸异辛酯-EDMA 包覆硅球，将其用于液相色谱固定相，对烷基苯同系物、碱性化合物及羟基苯甲酸酯具有很好的色谱分离能力，同时也具有很好的柱效。

5.2.3.4　冷冻聚合

冷冻聚合是利用溶剂水在低温条件下冻结成小冰块作为致孔剂，制备亲水性大孔材料的技术，可用于生物大分子的快速分离和酶固定化等[99,100]。冷冻聚合整体柱骨架通常由聚合物单体在冷冻条件下聚合而成，与传统的整体柱不同之处在于，其内部有许多尺寸达数微米至数百微米的超大孔道。并非所有的单体都适用于冷冻聚合整体柱的制备，适宜的单体通常为水溶性单体，且在冷冻条件下可发生聚合反应。冷冻条件可以使单体聚合反应速率变慢，而起始结晶点温度以下的冷冻条件可以使溶液中的溶剂发生结晶相变，从而在凝胶内起致孔作用。在冷冻条件下发生聚合反应形成的基质结构与常规聚合反应所得的水凝胶不同，它具有良好的弹性、亲水性和抗溶胀能力，适于水溶性目标生物分子的分离。冷冻聚合制备整体柱的原理见图 5-11。

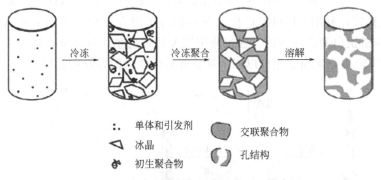

::	单体和引发剂		交联聚合物
◁	冰晶		
⅋	初生聚合物		孔结构

图 5-11　冷冻聚合制备整体柱的原理示意图

2003 年出现了用冷冻聚合制备聚丙烯酰胺、聚乙烯醇等大孔整体柱的报道[101~103]。Lund 大学的 Arvidsson 等[101]首次采用冷冻聚合制备出超大孔整体柱基质，并将其用于在高流速下直接捕获细胞料液中的酶，发现其具有较好的分离效果。Arvidsson 等[104,105]还在研究中发现，超大孔整体柱基质的孔隙结构主要取决于单体总浓度、交联剂用量和冷冻条件等因素。在制备过程中，聚合反应的速率是影响超大孔连续床基质性质的重要因素。在低温下，聚合反应速率一般较慢。若反应速率过快，晶体没有形成前聚合反应就完成了，则得不到超大孔隙的基质，所得的连续床基质为脆弱的凝胶结构；若反应速率太慢，体系溶剂完全结晶析出后晶胶基质骨架还没有形成，也不能得到性能良好的晶胶基质。因此，选择合适的制备条件非常关键。冷冻聚合整体柱研究较多的聚合单体是丙烯酰胺类单体，如 AA、N,N-二甲基丙烯酰胺（DMAA）等。在适宜的冷冻条件下，冷冻聚合整体柱基质的孔隙结构和机械强度取决于单体总浓度，Arvidsson 等[101]进行了 AA 单体浓度分别为 3.5%、4.4%、5.0% 和 6.0% 的实验研究，发现只有合适的单体浓度才可制得海绵状的超大孔结构的基质，单体浓度过低时，所制得的基质机械强度差，易碎；单体浓度过高时，制得的基质孔径太小。

5.2.3.5　开环易位聚合

近年来，关于环烯烃 ROMP 的研究已成为高分子领域的一大热点。它本质上不同于烯烃的链式聚合，也不同于内酰胺、环醚、内酯等杂环的开环聚合，而是双键不断易位，链逐渐扩增，其单体中的双键、单键及环结构在所得聚合物重复单元中保持不变，因此，利用环烯烃的开环易位聚合可获得完全交替的共聚物。而且 ROMP 在温和条件下即可获得高聚物，反应速率很快。在大多数情况下，ROMP 反应中几乎没有链转移反应和链终止反应，因此它是一种活性聚合。利用 ROMP 反应可制备得到许多有特殊结构的新型官能化的聚合物。人们利用 ROMP 反应合成了多种结构规整、单分散性及性能优异的新型功能高分子材料。近年来，研究者利用 ROMP 反应已研究出了一大批具有优异性能的新型的高分子材料，常用的单体是聚双环戊二烯、聚降冰片烯和聚环辛烯[106~111]。传统自由基制备得到整体柱骨架中的大孔比例大，中孔比例小，比表面积小。小比表面积适合分离大分子，不适合分离小分子，但 ROMP 制备得到的整体柱可以在小比表面积物理结构下高效分离小分子。

Buchmeiser 等[106]最早应用 ROMP 制备了整体柱，制备及后修饰见图 5-12，首先利用降冰片烯为单体合成无官能团的整体柱基质，此后选择各种带有官能团的单体继续进行 ROMP 聚合，合成出具有各种功能的整体柱基质，该工作充分利用了 ROMP 聚合的优势，展示了在整体柱制备上的应用潜力。Buchmeiser 等最近利用 ROMP 制备了柱体积达到 433.5mL 的整体柱，利用 RP-HPLC 模式分离制备了混合蛋白，得到了胰岛素、细胞色素 C、溶菌酶、伴清蛋白和乳球蛋白。通过修饰该大容量的整体柱表面，还可以得到具备阴离子交换能力的固定相，该固定相可以用来制备分离磷酸化的核苷酸片段[111]。

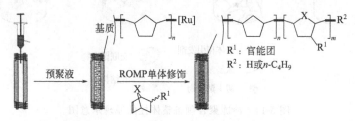

图 5-12　ROMP 整体柱制备及后修饰示意图

5.2.3.6　巯基点击聚合

亚铜盐催化的 1,3-偶极炔基-叠氮环加成反应（CuAAC）和基于巯基的点击化学反应等，具有反应条件温和、产率高等特点，目前已经被广泛应用于新化合物合成、聚合物和水凝胶的制备以及材料表面修饰等方面[112~115]。在新型色谱固定相的开发方面，点击化学也已经成为了对硅胶微球或是整体柱基质进行修饰的一种非常高效的方法[116~118]。然而，目前还鲜有关于采用点击化学反应直接制备大孔整体材料用于液相色谱研究的文献报道。2013 年，Nischang 等[119]以含多烯基的 POSS 试剂为硅源，以五种多巯基试剂为交联剂，通过自由基介导的巯基-烯点击化学反应一步制备了多种有机-硅胶杂化多孔整体材料。对巯基-烯点击化学反应过程研究发现，该反应与传统的自由基聚合反应的机理存在显著差异，是典型的逐步聚合（step-growth polymerization）反应。此外，他们还发现所制备的杂化整体材料对某些有机溶剂具有较强的吸附能力，具有潜在的油水分离能力。然而，可能由于存在内部孔道结构不均一、分离柱效较低等问题，他们并未对所制备的杂化整体柱的色谱分离能力进行详细考察。

作为一种典型的点击化学反应，巯基-环氧反应也具有反应条件温和、效率高等优点。然而，该反应至今尚未被应用于整体柱的制备。Lin 等[120]发展了一种基于巯基-环氧点击聚合反应制备整体柱的新方法。以多环氧有机试剂 2,2′,2″,2‴-[1,2-联二亚甲基四（1,4-亚苯基亚甲氧基）]四环氧乙烷（TPEGE）为单体，二巯基和多巯基化合物为交联剂，成功制备了有机聚合物整体柱，其制备见图 5-13。采用该新方法制备的整体柱具有非常均一、规整的三维骨架结构，因此在 cLC 应用中展现了非常强的分离能力，对苯系物、PAHs、苯酚类、苯胺类和苯甲酸类等简单小分子化合物以及 EPA 610 和 BSA 酶解液等复杂的环境和生物样品均实现了较好的分离。该项研究结果有力地证明了点击聚合反应在制备具有卓越分离能力的新型整体柱方面具有非常广阔的应用前景。

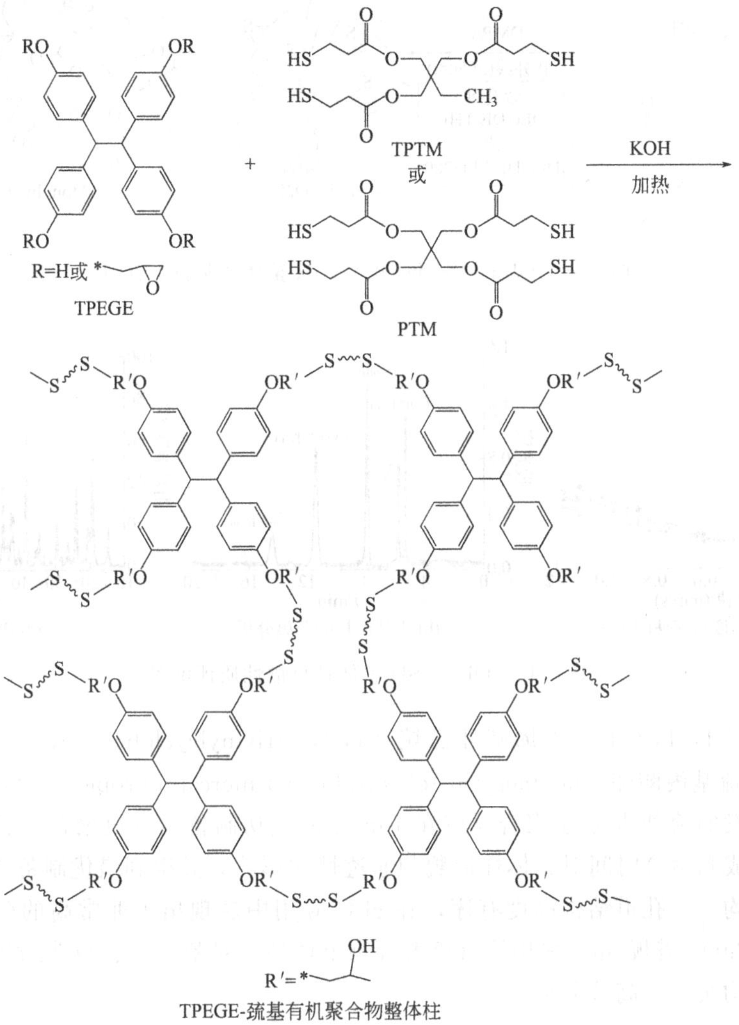

图 5-13　TPEGE-巯基有机聚合物整体柱的制备示意图

　　巯基-炔（thiol-yne）是一种类似巯基-烯（thiol-ene）的点击化学反应。而在 thiol-yne 反应中，一个炔基基团可以与两个巯基基团反应，使得聚合物的交联度增加，从而提高了聚合物的耐化学溶剂性和机械强度。Liu 等[121] 以 1,7-辛二炔（ODY）、1,6-己二硫醇（2SH）和巯基丙酸季戊四醇酯（4SH）等为功能单体，二乙二醇二乙醚、四氢呋喃和 PEG 200 等为致孔剂，2,2-二甲氧基-2-苯基苯乙酮为光引发剂，在紫外灯辐射（λ 为 365 nm）下反应 15min，制备了两类交联度不同的有机整体柱（ODY-2SH 和 ODY-4SH），其形貌与传统的链式自由基反应制备的有机整体柱的形貌截然不同。色谱分析表明，具有这种孔结构的毛细管整体柱对苯系物表现出了较高的柱效，其塔板高度为 $10.0 \sim 12.0 \mu m$。采用 van Deemter 方程对塔板高度和线速度的关系图进行拟合得到 A、B、C 三个系数的数值。其中，涡流扩

散项 A 和传质阻力项 C 的值分别为 $<1.0\mu m$ 和 $<15.5ms$。其中 A 值低于传统的有机整体柱和填充柱的 A 值，这可能是由均一的孔结构引起的。图 5-14 是 ODY-2SH 和 ODY-4SH 整体柱制备示意图。图 5-15 是 ODY-2SH 整体柱色谱性质评价图。

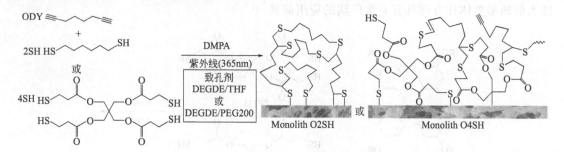

图 5-14　ODY-2SH 和 ODY-4SH 整体柱制备示意图

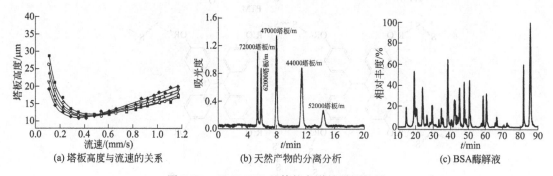

(a) 塔板高度与流速的关系　　(b) 天然产物的分离分析　　(c) BSA酶解液

图 5-15　ODY-2SH 整体柱色谱性质评价图

Chen 等[122]以 1,2,4-三乙烯基环己烷（1,2,4-trivinylcyclohexane，TVCH）为单体，季戊四醇四-3-巯基丙酸酯［pentaerythritol tetrakis（3-mercaptopropionate），4SH］为交联剂，采用光引发的巯基-烯点击聚合反应在 10min 内成功制备了有机聚合物整体柱。详细考察了预聚液组成和聚合时间对整体柱形貌和通透性的影响，并得到最优制备条件，所制备整体柱微观结构均一、孔道结构高度有序，在 cLC 应用中展现出了非常高的分离柱效，最高分离柱效达 133000 塔板/m。采用该有机聚合物整体柱，对苯系物、碱性药物分子和农药等小分子化合物均实现了高效分离。

5.3　有机聚合物整体柱的改性技术

在聚合物整体柱中，固定相的性质决定了分离的选择性，保留可通过调节流动相的比例或改变固定相表面的性质来控制。因此，可通过聚合物整体柱上的缩合、水解和氧化还原等衍生过程改变其表面化学性质，提高有机聚合物整体柱的保留和选择性，进一步扩展其应用领域。

5.3.1　聚合物整体柱表面的衍生改性技术

疏水性整体柱的制备可由具有一定疏水性的单体与交联剂一步合成，也可衍生后得到。

Yang 等[123]制备了以 GMA 为单体的整体柱并用乙二胺改性制备得到弱离子交换整体柱，分离分析了尿液及血浆中的苯唑西林及氯唑西林。Ding 等[124]利用亚氨基乙二酸对 GMA 整体柱进行改性，在固定相上键合羧酸基，从而获得弱阳离子交换整体柱固定相，利用此固定相可实现粗卵蛋白、胰蛋白酶和溶菌酶 3 种标准蛋白质的分离。刘海燕等[125]采用原位聚合法制备了聚（乙烯基酯树脂-EDMA）整体柱，并用 γ-MAPS 对整体柱进行衍生化处理，经 H_2SO_4 水解将环氧基整体柱改性为二醇柱，实验发现，含间隔臂的整体柱比不含间隔臂的整体柱对鸡卵黄免疫球蛋白有更好的洗脱分离能力，且对免疫球蛋白的吸附量达 $35\mu g/g$。朱贵杰等[126]以 GMA、AA 为单体，在毛细管中合成了含有环氧基的整体柱，通过化学键合的方法将两性电解质按其等电点的顺序固定在整体柱中，制成新型的固定化 pH 梯度整体柱，其制备见图 5-16。这种新型整体柱具有更好的亲水性，能有效防止蛋白质吸附，非常适用于蛋白质等生物大分子的分离分析。Yao 等[127]在冷冻条件下用原位聚合方式将 AMPS 接枝到预先制备好的聚丙烯酰胺整体柱中，制备了结合磺酸基团的新型阳离子交换柱，并将其用于生物分子的纯化和分离。Hutchinson 等[128,129]将单分散的胶乳颗粒涂覆到具有阳离子交换位点的聚合物整体柱的表面，胶乳颗粒带有的季铵基团与整体柱的磺酸基功能团相互作用，并将修饰的整体柱与毛细管电泳联用，用于有机阴离子的在线富集和检测。

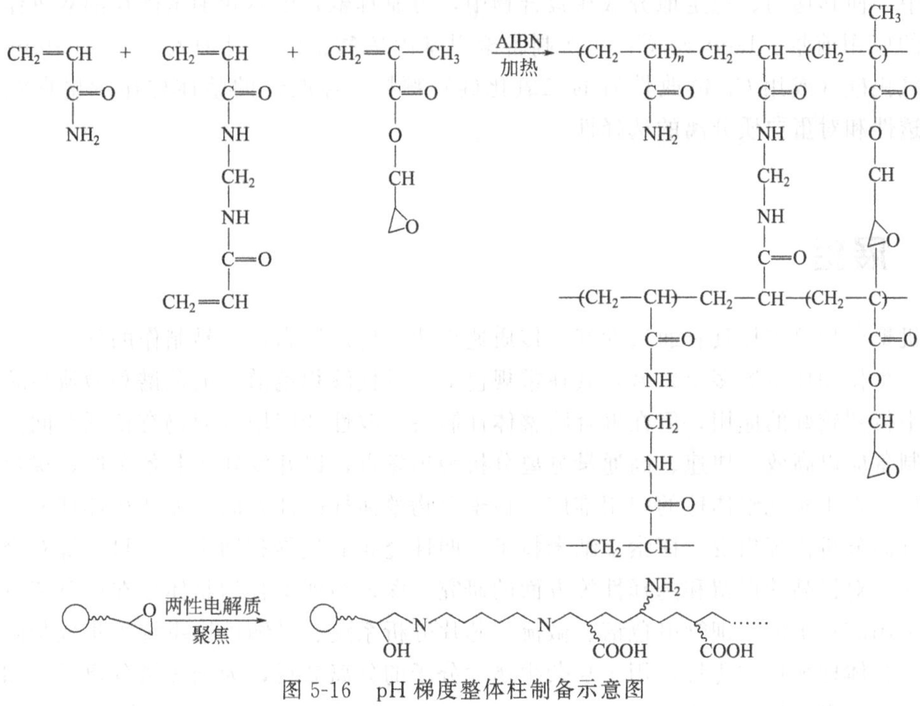

图 5-16　pH 梯度整体柱制备示意图

5.3.2　纳米材料与有机整体柱结合的改性技术

整体柱的物理性质包括结构的刚性和孔隙率等都是聚合过程就已决定的，而柱表面的化学性质则可用多种方法改变，纳米无机材料由于粒径小、比表面积大，具有量子效应和表面效应等许多特殊性质，在改进传统材料方面具有很大的应用潜力。包括硅纳米粒子、金纳米粒子、金属氧化物纳米粒子、聚合物以及碳纳米管等都被成功应用到整体柱中，以提高整体柱的选择性、化学稳定性和在气液相色谱、固相微萃取、电泳等应用中的效率。纳米材料与整体柱的结合是未来整体柱改性技术研究的重要方向之一。到目前为止，在整体柱表面引入纳米粒子的方法主要有包埋、共聚和表面嫁接。尽管包埋和共聚似乎是更直接地引入纳米粒子的方法，但由于它们引入的纳米粒子更多地分布于整体柱整个骨架内，导致表面的纳米粒子分布少，所以人们大多采用表面嫁接的方法引入纳米粒子。而且，表面嫁接的方法便于整体柱聚合前期独立地优化孔结构和孔道结构。

Svec 等[130~134]将制备出的聚（GMA-EDMA）整体柱表面用半胱胺修饰，再将金纳米粒子固定到整体柱表面。制备好的整体柱可选择性地保留含半胱胺的多肽，被保留的多肽可通过加入过量的巯基乙醇而释放。他们更进一步地将用金纳米粒子修饰的整体柱表面再用不同的官能团（包括羧基、C_{18}、磺酸根）修饰，使其能在反相色谱和离子交换色谱等模式下工作。Svec 等还将不同尺寸的金纳米粒子分别通入已修饰巯基的整体柱中，发现修饰到整体柱上的纳米粒子的量与纳米粒子的尺寸有关，40nm 的金纳米粒子的附着率最大，超过60%。Li 等[135]通过在 VBC 和 EDMA 的聚合物中引入单层碳纳米管合成了一种新型的整体材料，并用于反相电色谱的固定相，利用毛细管内壁聚乙烯亚胺涂层产生的电渗流，成功地分离了多肽，并指出含有单层碳纳米管的整体柱具有更强的疏水性，可加强中性小分子的保留，从而改善分离效果。将表面修饰的 SiO_2 纳米微粒引入到有机聚合物整体柱的表面接枝和修饰中，使其均匀、稳定地分散在聚合物中，可兼具聚合单体和纳米微粒的双重作用，具有广阔的应用前景。Jandera 等[136]在制备聚甲基丙烯酸整体柱时加入了 $37\sim50\mu m$ 的表面多孔二氧化硅（或用 C_{18} 链改性后的二氧化硅）颗粒，经改性的整体柱显示出良好的稳定性、通透性和对蛋白质分离的选择性。

5.4 展望

有机聚合物整体柱具有通透性好、传质速率快、稳定性高且容易制作的优点，广泛应用于药物、生化和环境等多个领域，其在常规色谱、微柱液相色谱、电色谱和微流控芯片等分析系统中得到较好的应用，但在聚合物整体柱制备、改性和应用方面仍有拓展空间。聚合物整体柱制备应以高效、快速、高通量分离分析为出发点，以开发新的制备手段，优化制备条件和过程，真正实现整体柱的应用推广。在聚合物整体柱改性方面，要从整体柱的表面化学性质和分离分析机理出发，探索金纳米粒子、两性金属氧化物和纳米无机材料等对聚合物整体柱改性，对样品的保留和选择性等方面的研究。深入拓展聚合物整体柱在微分离系统中的应用，利用芯片集成毛细管电色谱、微流控芯片分析系统、微纳色谱系统等集成与高效的特点，结合整体柱独特的优势，用于复杂生物大分子的分离分析，为未来微分离系统和整体柱的应用推广和发展提供新途径。

参 考 文 献

[1] Mould D L，Synge R L M. Analyst，1952，77：964-969.

[2] Hjerten S. Arch Biochem Biophys，1962，1：147-151.

[3] Hjerten S，Liao J L，Zhang R. J Chromatogr，1989，473：273-275.

[4] Liao J L，Zhang R，Hjerten S. J Chromatogr，1991，586：21-26.

[5] Hjerten S，Li Y M，Liao J L，et al. Nature，1992，356：810-811.

[6] Svec F，Frechet J M J. Anal Chem，1992，64：820-822.

［7］ Wang Q C，Svec F，Frechet J M J. Anal Chem，1993，65：2243-2248.

［8］ Svec F，Frechet J M J. Adv Mater，1994，6：242-244.

［9］ Svec F. J Chromatogr A，2012，1228：250-262.

［10］ Nischang I，Teasdale I，Brueggemann O. Anal Bioanal Chem，2011，400：2289-2304.

［11］ Svec F. J Chromatogr A，2010，1217：902-924.

［12］ Vizioli N M，Rusell M L，Carbajal M L，et al. Electrophoresis，2005，26：2942-2948.

［13］ Peskoller C，Niessner R，Seidel M. J Chromatogr A，2009，1216：3794-3801.

［14］ Yu S Z，Ng F L，Ma K C C，et al. J Appl Polym Sci，2011，120：3190-3195.

［15］ Svec F，Frechet J M J. Macromolecules，1995，28：7580-7582.

［16］ Viklund C，Svec F，Frechet J M J，et al. Chem Mater，1996，8：744-750.

［17］ Trojer L，Bisjak C P，Wieder W，et al. J Chromatogr A，2009，1216：6303-6309.

［18］ Nischang I，Teasdale I，Bruggemann O. J Chromatogr A，2010，1217：7514-7522.

［19］ Nischang I，Brueggemann O. J Chromatogr A，2010，1217：5389-5397.

［20］ Lubbad S H，Buchmeiser M R. J Sep Sci，2009，32：2521-2529.

［21］ Premstaller A，Oberacher H，Huber C G. Anal Chem，2000，72：4386-4393.

［22］ Courtois J，Bystrom E，Irgum K. Polymer，2006，47：2603-2611.

［23］ Aoki H，Kubo T，Ikegami T，et al. J Chromatogr A，2006，1119：66-79.

［24］ Cooper A I，Holmes A B. Adv Mater，1999，11：1270.

［25］ Li Y，Tolley H D，Lee M L. J Chromatogr A，2011，1218：1399-1408.

［26］ Kanamori K，Nakanishi K，Hanada T. Adv Mater，2006，18：2407.

［27］ Hasegawa J，Kanamori K，Nakanishi K，et al. Macromolecules，2009，42：1270-1277.

［28］ Kubo T，Kimura N，Hosoya K，et al. J Polym Sci，Part A：Polym Chem，2007，45：3811-3817.

［29］ Hasegawa J，Kanamori K，Nakanishi K，et al. Macromol Rapid Commun，2009，30：986-990.

［30］ Greiderer A，Trojer L，Huck C W，et al. J Chromatogr A，2009，1216：7747-7754.

［31］ Greiderer A，Ligon S C Jr，Huck C W，et al. J Sep Sci，2009，32：2510-2520.

［32］ Lubbad S H，Buchmeiser M R. J Chromatogr A，2010，1217：3223-3230.

［33］ Li Y，Tolley H D，Lee M L. J Chromatogr A，2010，1217：4934-4945.

［34］ Tsyurupa M P，Davankov V A. React Funct Polym，2006，66：768-779.

［35］ Tsyurupa M P，Davankov V A. React Funct Polym，2002，53：193-203.

［36］ Davankov V A，Tsyurupa M P. Reactive Polymers，1990，13：27-42.

［37］ Urban J，Svec F，Frechet J M J. Anal Chem，2010，82：1621-1623.

［38］ Urban J，Svec F，Frechet J M J. J Chromatogr A，2010，1217：8212-8221.

［39］ Germain J，Frechet J M J，Svec F. J Mater Chem，2007，17：4989-4997.

［40］ Hjerten S，Mohammad J，Nakazato K. J Chromatogr，1993，646：121-128.

［41］ Hoegger D，Freitag R. J Chromatogr A，2001，914：211-222.

［42］ Fujimoto C. Anal Chem，1995，67：2050-2053.

［43］ Fujimoto C，Kino J，Sawada H. J Chromatogr A，1995，716：107-113.

［44］ Ericson C，Liao J L，Nakazato K，et al. J Chromatogr A，1997，767：33-41.

［45］ Liao J L，Chen N，Ericson C，et al. Anal Chem，1996，68：3468-3472.

［46］ Hoegger D，Freitag R. J Chromatogr A，2003，1004：195-208.

［47］ Hoegger D，Freitag R. Electrophoresis，2003，24：2958-2972.

［48］ Freitag R. J Chromatogr A，2004，1033：267-273.

［49］ Kornysova O，Maruska A，Owens P K，et al. J Chromatogr A，2005，1071：171-178.

［50］ Palm A，Novotny M V. Anal Chem，1997，69：4499-4507.

［51］ Que A H，Novotny M V. Anal Bioanal Chem，2003，375：599-608.

［52］ Xie S F，Svec F，Frechet J M J. J Chromatogr A，1997，775：65-72.

［53］ Zhu G，Yuan H，Zhaol P，et al. Electrophoresis，2006，27：3578-3583.

[54] Gusev I, Huang X, Horvath C. J Chromatogr A, 1999, 855: 273-290.

[55] Ergenekon P, Gurbulak E, Keskinler B. Chem Eng Process, 2011, 50: 16-21.

[56] Kucerova Z, Szumski M, Buszewski B, et al. J Sep Sci, 2007, 30: 3018-3026.

[57] Tholey A, Toll H, Huber C G. Anal Chem, 2005, 77: 4618-4625.

[58] Premstaller A, Oberacher H, Walcher W, et al. Anal Chem, 2001, 73: 2390-2395.

[59] Huang X A, Zhang S, Schultz G A, et al. Anal Chem, 2002, 74: 2336-2344.

[60] Zhang S H, Zhang J, Horvath C. J Chromatogr A, 2001, 914: 189-200.

[61] Ivanov A R, Zang L, Karger B L. Anal Chem, 2003, 75: 5306-5316.

[62] Zhang Y P, Ye X W, Tian M K, et al. J Chromatogr A, 2008, 1188: 43-49.

[63] Detobel F, Broeckhoven K, Wellens J, et al. J Chromatogr A, 2010, 1217: 3085-3090.

[64] Gu C, Lin L, Chen X, et al. J Sep Sci, 2007, 30: 1005-1012.

[65] Huang H Y, Cheng Y J, Lin C L. Talanta, 2010, 82: 1426-1433.

[66] Walsh Z, Levkin P A, Jain V, et al. J Sep Sci, 2010, 33: 61-66.

[67] Eeltink S, Dolman S, Detobel F, et al. J Chromatogr A, 2010, 1217: 6610-6615.

[68] Peters E C, Svec F, Frechet J M J. Chem Mater, 1997, 9: 1898-1902.

[69] Peters E C, Petro M, Svec F, et al. Anal Chem, 1998, 70: 2296-2302.

[70] Peters E C, Petro M, Svec F, et al. Anal Chem, 1998, 70: 2288-2295.

[71] Peters E C, Petro M, Svec F, et al. Anal Chem, 1997, 69: 3646-3649.

[72] Wu R A, Zou H F, Ye M L, et al. Anal Chem, 2001, 73: 4918-4923.

[73] Wu R N, Zou H F, Ye M L, et al. Electrophoresis, 2001, 22: 544-551.

[74] Wu R A, Zou H F, Fu H J, et al. Electrophoresis, 2002, 23: 1239-1245.

[75] Fu H J, Xie C H, Dong J, et al. Anal Chem, 2004, 76: 4866-4874.

[76] Chirica G S, Remcho V T. J Chromatogr A, 2001, 924: 223-232.

[77] Bedair M, El Rassi Z. Electrophoresis, 2002, 23: 2938-2948.

[78] Bedair M, El Rassi Z. J Chromatogr A, 2003, 1013: 35-45.

[79] Okanda F M, El Rassi M. Electrophoresis, 2005, 26: 1988-1995.

[80] Barrioulet M P, Delaunay-Bertoncini N, Demesmay C, et al. Electrophoresis, 2005, 26: 4104-4115.

[81] Li Y, Xiang R, Horvath C, et al. Electrophoresis, 2004, 25: 545-553.

[82] Throckmorton D J, Shepodd T J, Singh A K. Anal Chem, 2002, 74: 784-789.

[83] Viklund C, Ponten E, Glad B, et al. Chem Mater, 1997, 9: 463-471.

[84] Daley A B, Oleschuk R D. J Chromatogr A, 2009, 1216: 772-780.

[85] Li Y, Gu B, Tolley H D, et al. J Chromatogr A, 2009, 1216: 5525-5532.

[86] Jerenec S, Simic M, Savnik A, et al. React Funct Polym, 2014, 78: 32-37.

[87] Jerabek K, Pulko I, Soukupova K, et al. Macromolecules, 2008, 41: 3543-3546.

[88] Brown J F, Krajnc P, Cameron N R. Industrial & Engineering Chemistry Research, 2005, 44: 8565-8572.

[89] Cameron N R, Barbetta A. J Mater Chem, 2000, 10: 2466-2472.

[90] Cameron N R, Sherrington D C, Ando I, et al. J Mater Chem, 1996, 6: 719-726.

[91] Yao C, Qi L, Jia H, et al. J Mater Chem, 2009, 19: 767-772.

[92] Braunecker W A, Matyjaszewski K. Prog Polym Sci, 2007, 32: 93-146.

[93] Tsarevsky N V, Matyjaszewski K. Chem Rev, 2007, 107: 2270-2299.

[94] Idota N, Kikuchi A, Kobayashi J, et al. Langmuir, 2006, 22: 425-430.

[95] Idota N, Nagase K, Tanaka K, et al. Langmuir, 2010, 26: 17781-17784.

[96] Nagase K, Kobayashi J, Kikuchi A, et al. Langmuir, 2011, 27: 10830-10839.

[97] Liu H, Zhuang X, Turson M, et al. J Sep Sci, 2008, 31: 1694-1701.

[98] 张海燕, 李保利, 张绪宏, 等. 化学学报, 2008, 66: 2151-2156.

[99] Lozinsky V I, Galaev I Y, Plieva F M, et al. Trends Biotechnol, 2003, 21: 445-451.

[100] Lozinsky V I, Plieva F M, Galaev I Y, et al. Bioseparation, 2001, 10: 163-188.

［101］ Arvidsson P, Plieva F M, Lozinsky V I, et al. J Chromatogr A, 2003, 986: 275-290.

［102］ Plieva F M, Karlsson M, Aguilar M R, et al. Soft Matter, 2005, 1: 303-309.

［103］ Plieva F M, Karlsson M, Aguilar M R, et al. J Appl Polym Sci, 2006, 100: 1057-1066.

［104］ Arvidsson P, Plieva F M, Savina I N, et al. J Chromatogr A, 2002, 977: 27-38.

［105］ Plieva F M, Savina I N, Deraz S, et al. J Chromatogr B, 2004, 807: 129-137.

［106］ Sinner F M, Buchmeiser M R. Angew Chem Int Ed, 2000, 39: 1433-1436.

［107］ Buchmeiser M R. J Chromatogr A, 2001, 918: 233-266.

［108］ Bandari R, Prager-Duschke A, Kuhnel C, et al. Macromolecules, 2006, 39: 5222-5229.

［109］ Buchmeiser M R. Polymer, 2007, 48: 2187-2198.

［110］ Buchmeiser M R. J Sep Sci, 2008, 31: 1907-1922.

［111］ Bandari R, Buchmeiser M R. Analyst, 2012, 137: 3271-3277.

［112］ Kolb H C, Finn M G, Sharpless K B. Angew Chem Int Ed, 2001, 40: 2004-2006.

［113］ Lowe A B, Hoyle C E, Bowman C N. J Mater Chem, 2010, 20: 4745-4750.

［114］ Hoyle C E, Lowe A B, Bowman C N. Chemical Society Reviews, 2010, 39: 1355-1387.

［115］ Hoyle C E, Bowman C N. Angew Chem Int Ed, 2010, 49: 1540-1573.

［116］ Lv Y, Lin Z, Svec F. Analyst, 2012, 137: 4114-4118.

［117］ Chen Y, Wu M, Wang K, et al. J Chromatogr A, 2011, 1218: 7982-7988.

［118］ Chu C, Liu R. Chemical Society Reviews, 2011, 40: 2177-2188.

［119］ Alves F, Nischang I. Chemistry-a European Journal, 2013, 19: 17310-17313.

［120］ Lin H, Ou J, Liu Z, et al. Anal Chem, 2015, 87: 3476-3483.

［121］ Liu Z, Ou J, Lin H, et al. Anal Chem, 2014, 86: 12334-12340.

［122］ Chen L, Ou J, Liu Z, et al. J Chromatogr A, 2015, 1394: 103-110.

［123］ Yang G, Feng S, Liu H, et al. J Chromatogr B, 2007, 854: 85-90.

［124］ Ding M Y, Zheng R, Peng H. Chinese Journal of Analytical Chemistry, 2009, 37: 395-398.

［125］ 刘海燕, 杨更亮, 白立改, 等. 分析化学, 2009, 37: 325-329.

［126］ 朱贵杰, 张维冰, 张丽华, 等. 中国科学, 2007, 37: 43-47.

［127］ Yao K, Yun J, Shen S, et al. J Chromatogr A, 2007, 1157: 246-251.

［128］ Hutchinson J P, Zakaria P, Bowiet A R, et al. Anal Chem, 2005, 77: 407-416.

［129］ Hutchinson J P, Macka M, Avdalovic N, et al. J Chromatogr A, 2006, 1106: 43-51.

［130］ Lv Y, Alejandro F M, Frechet J M J, et al. J Chromatogr A, 2012, 1261: 121-128.

［131］ Chambers S D, Svec F, Frechet J M J. J Chromatogr A, 2011, 1218: 2546-2552.

［132］ Xu Y, Cao Q, Svec F, et al. Anal Chem, 2010, 82: 3352-3358.

［133］ Krenkova J, Lacher N A, Svec F. Anal Chem, 2010, 82: 8335-8341.

［134］ Cao Q, Xu Y, Liu F, et al. Anal Chem, 2010, 82: 7416-7421.

［135］ Li Y, Chen Y, Xiang R, et al. Anal Chem, 2005, 77: 1398-1406.

［136］ Jandera P, Urban J, Moravcova D. J Chromatogr A, 2006, 1109: 60-73.

[103] Grinnes M, Stahlheber, Asset W, et al. J. Appl. Polym. Sci., 2006, 101: 1732.
[104] ......ck C, et al. J. Chromatogr. A, 2005, 67: 2138.
[105] ...., et al. J. Phys. Chem. C, 2005, 57: 13428.
[106] Nunez R A G, Buchmeiser M R. Angew. Chem. Int. Ed., 2003, 33: 1298-1299.
[107] Buchmeiser M R. J. Chromatogr. A, 2005, 33: 2324.
[108] Buchmeiser M R, et al. Macromol. Rapid Commun., 2000, 21: 809.
[109] Buchmeiser M R, et al. J. of Materials, 2005.
[110] Sinner F, Buchmeiser M R. Macromolecules, 2000, 33: 5777-5786.
[111] Tian-Lu Chen, et al. J. Chromatogr. A, 2003, 33: 1807.
[112] Buchmeiser, Resin A, Super Gene Int. Ed., 2003, 101: 1732.
[113] Wu Y, Lin X, et al. J. Chromatogr. A, 2005, 31: 113.
[114] Chen Y, Wu X, Won X, et al. J. Chromatogr. A, 2005, 1067: 136.
[115] Guo C, Liu Z, et al. J. Materials Sci. Letters, 2003, 22: 1449-1451.
[116] Zhou X, Sinclair J. J. Chromatogr. Europen Internal., 2003, 66: 112-115.

第6章

硅胶整体柱

6.1 概述

　　硅胶整体柱最早出现在 20 世纪 90 年代初。它是以烷氧基硅烷为主要原料，采用溶胶-凝胶工艺制备而成的无机整体柱。由于孔隙率高，操作压力低，它可以使分离对象在最短的时间内获得最佳的分离。这种整体柱的内表面含有丰富的硅羟基，它也可以像传统的颗粒型填料一样进行化学修饰。因此，该类色谱柱应用范围广，适用于酸性、碱性、中性及易于和金属螯合的化合物的分离。另外，硅胶整体柱机械强度高，稳定性好，保证了色谱柱的重现性和稳定性。正是由于硅胶整体柱具有高速度、高柱效、高通量、低阻力等诸多优势，在HPLC 高效、高通量分离分析上必将会发挥极其重要的作用。

　　早在 1991 年，Nakanishi 等[1]报道了多孔硅胶整体材料的制备技术，在水溶性有机聚合物苯乙烯磺酸钠存在的条件下，四甲氧基硅烷（TMOS）在硝酸的催化作用下制备拥有不同形态结构的硅胶，其中包括具有微米级通孔的整体硅胶材料，并考察了不同条件对硅胶结构的影响。后来，他们[2,3]又利用烷氧基硅烷在有机聚合物聚丙烯酸或聚环氧乙烷存在下，以硝酸为催化剂，采用溶胶-凝胶技术制备硅胶整体材料，并对其制备机理、制备条件、孔结构控制[4]等做了深入的探讨。Takahashi 等[5]采用溶胶-凝胶技术以柠檬酸为模板控制硅胶孔径的大小与体积。这些研究工作为硅胶整体材料应用于 HPLC 奠定了基础。

　　1996 年 Minakuchi 等[6]首先制备了连续的硅胶整体柱，他们将四甲氧基硅烷、聚环氧乙烷及催化剂乙酸，在 0℃下搅拌形成溶胶，溶胶在模具管内于 40℃下水解缩聚生成凝胶，经陈化、制备中孔、干燥、焙烧、包覆后制成硅胶整体柱，其可直接作为固定相或再进行柱上化学修饰[7]。采用该方法制备的硅胶整体柱同时具有微米级的骨架（skeleton）和通孔（throughpore，亦称 macropore）及纳米级的中孔（mesopore），其中通孔的存在使硅胶整体柱具有很强的通透性，柱压降随流速变化缓慢；中孔则为整体柱提供大的比表面积，即保证具有较高的柱容量。通过调节反应物的组成比例，可独立地控制通孔和中孔的孔径。而且提出制备中孔的不同方法[8,9]。他们[2]研究了通孔和中孔孔径及骨架尺寸对色谱分离柱效的影响，发现塔板高度随流速的改变较小，说明该柱在高效快速分离上的巨大优势。然后他们与德国 Merck 公司合作推出了商品名为 Silica ROD 的整体柱，后来又推出了 Chromolith 系列商品化硅胶整体柱。

1996 年 Fields[10]采用原位聚合方法在内径为 $320\mu m$ 的弹性石英毛细管中制备出硅胶整体柱，并键合上 C_{18} 构成反相色谱，在 LC 模式下对其色谱性能进行了评价。1998 年 Asiaie 等[11]采用匀浆法制成 ODS 填充柱，经过一系列处理后，分别在 120℃ 和 360℃ 下进行热处理，填料表面因熔融而相互联结在一起，然后在柱上键合 C_{18}。在 CEC 微柱 HPLC 模式下考察了柱效能，其柱效与普通填充柱类似，该方法制备的整体柱在机械强度和稳定性上都较填充柱有较大改善。Tanaka 研究小组[12~14]在 $100\mu m$ 内径的弹性石英毛细管中，将四甲氧基硅烷和聚环氧乙烷原位水解、聚合制备大孔硅胶连续床，反应过夜后，柱床用水冲洗，再用氨水处理，经甲醇冲洗后于 330℃ 下干燥 24h，随后进行柱上键合，即与十八烷基二甲基-N,N-二乙基氨基硅烷反应形成反相色谱形式。Fujimoto[15] 和 Suzuki[16] 也采用相似的过程制备硅胶整体柱。Tanaka 研究小组[17,18]又对制备工艺做了进一步改进，不仅使过程简化，而且柱效提高。并且他们提出了加快分离速度的三种途径：①降低 ODS 的覆盖量；②使用十八烷基三氯硅烷进行柱上键合；③采用电渗流结合压力驱动方式。Shintani 等[19]为了进行管内（in-tube）固相微萃取而采用带有双孔结构的反相微型硅胶整体柱，结果表明，与传统的管内固相微萃取相比，其预浓缩效果大大改善。Tanaka 等对硅胶整体柱的研究最为充分，并推动其得到了重大发展。

Chen 等[20~22]首次报道了在微型硅胶整体柱上键合萘基丙氨酰胺和脯氨酰胺等手性柱，这些柱子对丹酰、丹酰氨基酸和羟基酸对映体有很好的分离效果。Kang 等[23]通过热处理的方法将 Chirasil-β-Dex 固定在微型硅胶整体柱上构成手性固定相，用外消旋环己烯巴比妥评价该手性柱，其柱效达 9.2×10^4 塔板/m，且柱稳定性好。Tanaka 研究室[24]将抗生物素蛋白物理吸附在硅胶整体柱上构成手性固定相，分别在 CEC 和 LC 模式下进行研究。Allen 等[25,26]针对微型硅胶整体柱做了一系列研究工作，分别制备了反相 C_{18} 柱、结合阳离子的 C_{18} 柱以及表面键合氰基的亲水性硅胶整体柱等，并对其色谱性能进行了研究，用这些微型整体柱分离了中性及带电荷化合物、蛋白质、碳水化合物、核苷、核酸和其他极性化合物。由于硅胶柱材料纯度高，柱内的电渗流较慢，为此 Malik 等[27]将铵盐形式的硅交联剂引入整体柱的制备中，大大加强了柱内电渗流，提高了分离效率，加快了分析速度，在 $50cm \times 50\mu m$ I.D. 柱上以多环芳烃、芳香醛、芳香酮为溶质，其柱效高达 1.75×10^5 塔板/m。

进入 2000 年以来，整体柱的发展步入了一个高速的发展阶段，每年发表在高质量的核心期刊的论文的数量呈指数式地增长，仅 2007 年第一季度发表在 "Journal of Separation Science" 杂志上的论文就达到了 94 篇[28]。

目前商品化的原位硅胶整体柱主要有 Silica ROD™、Prep ROD™、Chromolith™等柱型。包括常规柱（内径 4.6mm，长度 1~10cm）、毛细管柱（内径 50~200μm，长度 15~30cm）和制备柱（内径 25mm，长度 10cm）。以 Merck 公司推出的 Chromolith™ 为例，该整体柱是一种典型的反相柱，其整体化硅胶具有网状的孔径大小为 2μm 的大孔，以及孔隙大小为 13nm 的小孔。流动相经色谱柱时，快速通过 2μm 的孔径，而 13nm 的小孔中，进行着液相分离过程。虽然其柱效和 3.5μm 颗粒型填料相当，但在使用时的工作压力很低，可以使用高达 9mL/min 的流速，使分析工作者在分析工作中除了 "极性梯度" 外，还可以自由地使用 "流速梯度"，是目前世界上最快的色谱柱，Merck 公司独有，特别适用于组合化学研究以及高通量的质量检测和控制领域。商品化整体柱的出现标志着分离介质进入了整体柱发展的新时代。

6.2 硅胶整体柱的制备

6.2.1 溶胶-凝胶法

溶胶-凝胶法是 20 世纪 80 年代以来新兴的一种制备材料的湿化学方法，这种方法能够通过低温化学手段剪裁和控制材料的显微结构。采用该方法制备材料具有高纯度、高均匀性以及工艺条件较温和等特点。因此各国科技工作者倾注很大精力探讨溶胶-凝胶法的每一步工艺条件。

溶胶（sol）是指在液体介质中分散了 1~100nm 粒子（基本单元）的体系。凝胶（gel）是指含有亚微米孔和聚合链的相互连接的坚实的网络。凝胶可分为以下四种结构[29]：①有序的层状结构；②完全无序的共价聚合网络；③由无序控制，通过聚合形成的聚合物网络；④粒子的无序结构。所谓溶胶-凝胶技术是溶胶的凝胶化过程，即液体介质中的基本单元粒子发展成为三维网络结构——凝胶的过程。

凝胶的制备途径分为无机途径和有机途径。如利用醇盐的水解和缩合反应形成凝胶是醇盐制备凝胶的特点。其基本工艺流程如下：

$$\text{醇盐} \xrightarrow{\text{混合}} \text{均匀溶液或溶胶} \xrightarrow{\text{凝胶化}} \text{均匀湿凝胶} \xrightarrow{\text{陈化干燥}} \text{活性干凝胶} \xrightarrow{\text{烧成}} \text{所需产物}$$

通过醇盐的水解和聚合能实现醇盐的溶胶向凝胶的转化。随着水解聚合反应的进行，溶胶黏度增加，当黏性液体突然转变成弹性凝胶时所需时间称为凝胶化时间，该点称为凝胶点，溶胶向凝胶的过渡伴随着相分离的发生，溶胶的凝胶化意味着网络开始形成。水解和缩合的反应速率决定着凝胶的结构。凝胶的聚合度随着进一步的缩合而增加，超过凝胶点，聚合度的增加会使溶胶和凝胶相对比例继续发生变化，溶胶中较大分子又会变成凝胶。pH、水解的水量、温度等多种因素影响凝胶化过程。

6.2.2 硅胶整体柱的制备方法

硅胶整体柱是以烷氧基硅烷为主要原料，采用溶胶-凝胶工艺制备而成的无机整体柱。TMOS 和四乙氧基硅烷（TEOS）是常用的前驱体。由于这些化合物是液态的，容易制成高纯度，用它们制备的高效液相色谱填料比含有大量铁和其他金属的传统硅胶颗粒具有更低的磁性，在核磁共振谱中具有低噪声。制备的多孔硅胶中硼、铝或其他杂质的表面浓度也较低。因此这些多孔硅胶比传统硅胶的吸附表面更均匀。由于四甲氧基硅烷的水解速率大于四乙氧基硅烷，而且以四甲氧基硅烷作为前驱体，容易产生孔径分布窄、比表面积大的结构。因此，四甲氧基硅烷被广泛用于硅胶整体柱的制备。

在制备硅胶整体柱的过程中，致孔剂对通孔的形成至关重要，聚乙二醇为常用的致孔剂，通过调节聚乙二醇和反应前驱体的比例可以调节通孔尺寸[30]。除了反应前驱体和致孔剂，还有催化剂和水。常用的催化剂为有机酸和无机酸，硝酸[31]、盐酸[32]等无机酸作为催化剂可以制备强度高和孔径分布窄的凝胶结构，而以乙酸[33]等有机酸为催化剂会减弱凝胶的强度。

溶胶-凝胶工艺中最主要的物理化学过程就是由溶胶变成凝胶阶段要发生水解和缩聚反

应。烷氧基硅烷的水解和缩聚反应是一对同时进行的竞争反应，实际的反应十分复杂。溶胶-凝胶技术制备硅胶整体柱的反应原理如图 6-1 所示。

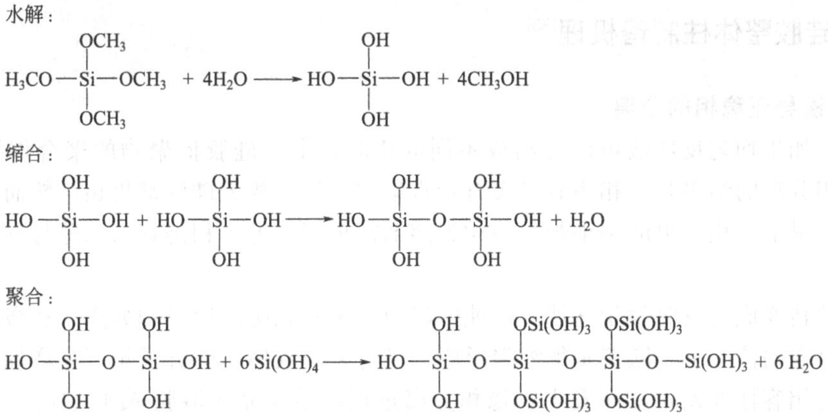

水解：

$$H_3CO-\underset{\underset{OCH_3}{|}}{\overset{\overset{OCH_3}{|}}{Si}}-OCH_3 + 4H_2O \longrightarrow HO-\underset{\underset{OH}{|}}{\overset{\overset{OH}{|}}{Si}}-OH + 4CH_3OH$$

缩合：

$$HO-\underset{\underset{OH}{|}}{\overset{\overset{OH}{|}}{Si}}-OH + HO-\underset{\underset{OH}{|}}{\overset{\overset{OH}{|}}{Si}}-OH \longrightarrow HO-\underset{\underset{OH}{|}}{\overset{\overset{OH}{|}}{Si}}-O-\underset{\underset{OH}{|}}{\overset{\overset{OH}{|}}{Si}}-OH + H_2O$$

聚合：

$$HO-\underset{\underset{OH}{|}}{\overset{\overset{OH}{|}}{Si}}-O-\underset{\underset{OH}{|}}{\overset{\overset{OH}{|}}{Si}}-OH + 6\,Si(OH)_4 \longrightarrow HO-\underset{\underset{OH}{|}}{\overset{\overset{OH}{|}}{Si}}-O-\underset{\underset{OSi(OH)_3}{|}}{\overset{\overset{OSi(OH)_3}{|}}{Si}}-O-\underset{\underset{OSi(OH)_3}{|}}{\overset{\overset{OSi(OH)_3}{|}}{Si}}(OH)_3 + 6\,H_2O$$

图 6-1 溶胶-凝胶技术制备硅胶整体柱的反应原理

硅胶整体柱因其表面含有许多硅羟基，可以在正相条件下用于液相分析，也可以对其表面进行化学修饰，制备成反相色谱柱。大多数的分离分析主要是在反相色谱模式下进行的，因此，反相色谱柱的应用较为广泛。硅胶整体柱的化学修饰可以通过其表面硅羟基的化学修饰来实现。硅羟基的化学修饰一般有三种途径[34]。

（1）有机硅烷化反应 硅羟基和氯硅烷反应，生成 Si—O—Si 非极性部分，可以将各种烷基链引入硅胶整体柱的表面，特别是引入长链正烷基或芳香基以制备反相键合硅胶整体柱。

$$Si-OH + ClSiMe_2R \longrightarrow Si-O-SiMe_2R + HCl$$

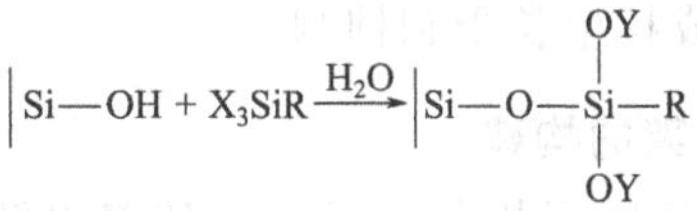

$$\left|Si-OH + X_3SiR \xrightarrow{H_2O} \right|Si-O-\underset{\underset{OY}{|}}{\overset{\overset{OY}{|}}{Si}}-R$$

式中，X 为卤化物、烷氧基、酸基等；Y 为—H、—Si≡等。

（2）格氏试剂反应 上述反应中，由于 R 基团的空间位阻作用，使得剩余的硅羟基在某些碱性溶液中发生相互作用，从而导致色谱峰形差，重现性低。烷基化修饰最大的缺点在于有些流动相会使固定相发生水解，缩短保留时间，而且会使羟基裸露，降低固定相的使用寿命。为了克服上面的问题，可通过金属有机化合物格氏试剂（C_6H_5-MgBr）或烷基锂与其反应，生成 Si—C 键。

$$\left|Si-Cl + RM \longrightarrow \right|Si-R + MCl$$

式中，M 为 MgBr、Li。

（3）烷氧基的水解反应 烷氧基硅烷 $(RO)_3SiR^1$ 的 R 一般是 CH_3 或 C_2H_5，R^1 可以是不同的基团，例如：

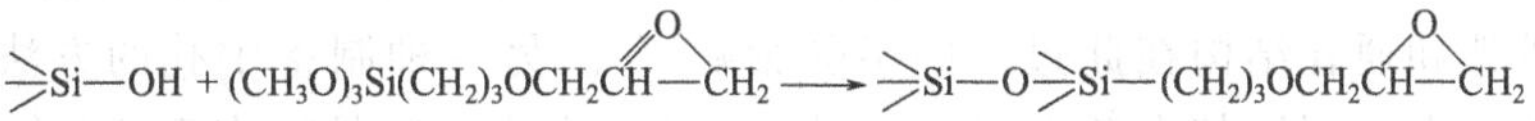

$$\geqslant Si-OH + (CH_3)_3Si(CH_2)_3OCH_2CH\overset{\overset{O}{\diagup\diagdown}}{}CH_2 \longrightarrow \geqslant Si-O\geqslant Si-(CH_2)_3OCH_2CH\overset{\overset{O}{\diagup\diagdown}}{}CH_2$$

生成的含有环氧基团的硅氧烷可以继续与含有活泼氢的试剂反应，从而使硅胶带上不同的基团。这一反应中的试剂还可使用其他类型，如含氨基的烷氧基硅烷，这样反应产物便带有—NH_2，可以方便地再进一步修饰或反应。

6.2.3 硅胶整体柱制备机理[35]

6.2.3.1 诱导亚稳相的分离

通常，如果均匀反应液可以分离成不同的相时，由于硅胶低聚物的聚合作用而使熵减小，因而相分离的结果是一相为有机聚合物富集相，另一相为硅胶富集相。然而，当聚乙二醇存在的情况下，相分离的结果却是一相为溶剂富集相，另一相是聚乙二醇与硅胶的复合富集相。

当溶胶转变成凝胶时发生浑浊，浑浊的出现意味着系统经历了相分离。在酸性催化剂和聚乙二醇存在的情况下，随着水解缩聚反应的进行，硅胶体系的分子量不断增加导致了其与增溶剂间的相容性变差，从而发生亚稳相分离过程，系统完成溶胶-凝胶过渡。在这个过程中，通过控制反应体系组成和反应条件，可以获得微米级骨架的凝胶。

可以通过两种途径诱导亚稳相分离和固定骨架形态：① 通过溶液萃取增加聚合物间的不相溶性，限制聚合物的移动；② 通过温度跳跃的方法诱导相分离，其结构依赖于化学交联反应。

第一种途径可视为"物理"过程，因为在该过程中既无化学键的形成，也无化学键的断裂。第二种途径属于"化学"过程，这种诱导相分离的方法也称"化学冷却"（或"化学淬灭"），它是通过促进化学反应来诱导相分离，这样可快速改变组分间的相互作用。

激发相分离的化学淬灭能将单相混合物快速置于相图的双相区域，以防止成核生长（NG）的发生。但在不稳相区成核生长过程易于进行，而在聚合过程中，初始组成和温度不得不通过不稳相区。由于随着第二相组分的扩散，成核生长是相对较慢的过程，且聚合化使溶液黏度增加，这些都将导致成核生长受到抑制。

6.2.3.2 微米级通孔和连续骨架的构建

在溶胶-凝胶过程中，系统经历了相分离过程。随着水解缩聚反应的进行，体系黏度增加，较费事的成核生长受到抑制，其亚稳相分离占主导地位。粗化程度决定了凝胶的区域尺寸（即通孔与骨架的尺寸之和），在凝胶形成过程中，由亚稳相分离而引起的暂时结构被固定下来作为凝胶的连续结构，最初的溶胶体系变成了连续的固态凝胶相和充满液体的孔结构，当液体去除之后，便呈现出开放的孔。

6.2.3.3 纳米级中孔的裁制

在凝胶形成的过程中，由于溶剂分子和聚合物表面活性剂（增溶剂）的存在，也会在凝胶骨架上营造出大量的微孔（孔径＜2nm）和部分尺寸较小的中孔，为了获得足够数量和足够均匀分布的中孔，就要采用合适的致孔剂来实现。实际上，由于这种制孔操作是在凝胶形成之后的裁制，"扩孔剂"的概念可能更为恰当。中孔的构建是将陈化后的湿柱体在碱性溶液中浸泡，在此过程中外部碱性溶液与湿柱体内部液体进行液相交换，并在硅骨架上发生结构重排，而产生纳米级孔径的中孔。中孔孔径的大小随溶液 pH 和浸泡温度的升高而增大，且微米级硅骨架和通孔结构在此过程中不受影响[36]。另一种制备中孔的方法[8,9]是在初始混合物中加入尿素，利用其水解产物氨来制备中孔。发生在硅骨架表面的溶解再沉淀的后凝胶化反应是产生中孔的主要机制，溶液 pH 和温度仍是决定中孔尺寸的主要因素，并发现当温度超过 200℃时对大孔结构有明显影响。较大的中孔对大分子溶质的分离给出更高的柱效。值得注意的是，在用氨水作致孔剂处理大孔湿凝胶制备中孔时，陈化后样品的整体特性受到完好保护；相反，在制备中孔时，同样的 pH 如果用含有 K$^+$ 或 Na$^+$ 的碱性溶液调节，产物凝胶会变得很脆，这是由于在微米级骨架上的大多数连接部分出现了不可逆损坏。Nakanish 等[36]采用 0.001～1mol/L 氨水对湿凝胶进行热处理制备出 5～25nm 中孔，使整体柱具有不同的比表面积，满足不同物质的分离要求。

6.2.4 影响硅胶整体柱制备的因素[37]

通过硅氧烷的水解和缩聚能实现其溶胶向凝胶的转化。随着水解聚合反应的进行，溶胶黏度增加，当黏性液体突然转变成弹性凝胶时所需时间称为凝胶化时间，该点称为凝胶点。溶胶向凝胶的过渡伴随着相分离的发生，溶胶的凝胶化意味着网络开始形成。水解和缩聚的反应速率决定着凝胶的结构。凝胶的聚合物随着进一步的缩合而增加，超过凝胶点，聚合度的增加会使溶胶和凝胶相对比例继续发生变化，溶胶中较大分子又会变成凝胶。凝胶形成以后，要进行陈化、制孔、干燥、焙烧等复杂的处理程序，因而受到各种条件和操作因素的影响。温度、pH 等多种因素影响凝胶化过程；TMOS/PEG 比例和致孔剂浓度、操作温度会影响硅胶骨架结构以及通孔和中孔的形态；凝胶的干燥和焙烧过程，也会对柱体的外观和内部形态造成影响，如龟裂和弯曲等。

6.2.4.1 凝胶干燥的一般过程

凝胶的干燥是至关重要的一步。干燥通常可分为三个阶段，即恒速干燥阶段、第一减速阶段和第二减速阶段。在恒速干燥阶段，单位面积上的蒸发速率不随时间变化，此阶段凝胶减小的体积与液体蒸发的体积相等，且由于毛细压力的作用使凝胶收缩变形，甚至破碎。然而，Herch 等[38]对 SiO$_2$ 凝胶动力学研究表明，对于孔径小于 20nm 的凝胶，在干燥的第一阶段其干燥速率并不是常数，而呈显著降低趋势，其原因是干燥阶段的孔径缩小，小孔中蒸汽压显著减小所致，另一个可能的原因是凝胶孔内充满的不是纯液体，而是醇和水的混合物，醇和水的蒸发速率不同，致使孔内液体成分随时间而改变，因而蒸发速率不是常数而随时间变化。

恒速干燥阶段的终止点称为临界点，在该点由于凝胶骨架强度增加，且孔内弯曲液面半径减小到使其接触角为零，即弯曲液面半径等于孔半径，此时毛细压力达到最大值，液体的蒸发不再使骨架收缩，孔内液体开始减少，进入第一减速阶段，此阶段蒸发主要集中在表面部分，因而凝胶表面温度低于环境温度，该阶段环境温度和溶剂蒸汽压直接影响蒸发速率。孔内不饱和的液体蒸汽压会在温度梯度和浓度梯度的作用下，通过流动方式和扩散方式达到干燥。对此，Whitaker[39]做了系统研究。

当凝胶孔内无液膜存在时，即进入第二减速阶段。这个阶段蒸发完全在体相内部进行，蒸发速率对外部环境不敏感，残存在孔内的液体仅能通过液体蒸发和蒸汽扩散至凝胶表面。该阶段凝胶体积不再变化，但质量仍在逐渐减小，直至平衡。干燥进行到该阶段，作用在凝胶上的总应力大大得到缓和，因此凝胶会稍有扩张[40]。由于凝胶骨架在未干燥侧受到的压缩应力较干燥侧大，产生的应力差有可能使凝胶发生弯曲变形[41]。

6.2.4.2 导致凝胶骨架收缩和开裂的作用力

干燥过程中，凝胶骨架的收缩和开裂主要发生在恒速干燥阶段，造成收缩和开裂的作用力一般有以下几种。

（1）毛细压力 P 毛细压力是造成骨架收缩和开裂的主要推动力。当凝胶蒸发干燥时，固-液界面将由高能的固-气界面代替。系统要达到稳定，液体必将由体相向界面扩展，由于孔内液体蒸发而使液面弯曲，于是产生附加压力 P，其大小由下式表示：

$$P = -2\gamma_{LV}/r$$

式中，γ_{LV} 为液-气界面的表面张力；r 为曲率半径。

（2）渗透压力 当纯溶剂透过半透膜时，阻止溶剂通过所需的压力称为渗透压力。渗透压力是由液体的浓度梯度产生的。对于由金属醇盐制成的凝胶，孔内醇和水的蒸发速率不同会使孔内部与外表面产生浓度梯度，该浓度梯度推动内部液体向外部扩散，因而在孔内液体中产生张力，此为渗透压力。对于大孔，扩散速率达到平衡时，将无作用力产生，即无渗透压力。对于阻止液体流动的小孔，内部液体因扩散产生张力，于是在凝胶骨架上产生收缩应力，引起骨架收缩。

（3）分离压力 分离压力是固-气界面上产生的一种近程力，由于液体分子特别是水分子与固体表面的作用力相当强[42]，它们会在固体表面形成厚达 1nm 的吸附层，若表面间距足够小（≤2nm），则表面间会产生斥力，此斥力即为分离压力。分离压力使孔内液体产生渗透流动，这种流动主要以化学势梯度为推动力，使孔内液体由内向外传递，阻止凝胶的收缩。在干燥结束时或孔径≤2nm 时，才产生分离压力。

（4）湿度应力 它是多孔介质中液体的偏摩尔 Gibbs 自由能。湿度应力包括的范围很广，它包括以上讨论的所有驱动力。所以有人建议将其作为凝胶收缩的驱动势能。

6.2.4.3 减少凝胶开裂的途径

采用一般的干燥过程很难阻止凝胶的开裂，为了保持凝胶的完整性，可采用增加凝胶骨架强度和减小毛细压力的方法。

（1）增加凝胶骨架强度 可以通过以下三种途径增加骨架强度。

① 改善水解条件。通过化学处理和热处理的方法改善水解条件以加快凝胶合成过程中的缩聚反应，制得具有高交联度和高聚合度的缩聚物，以此来强化凝胶骨架强度[43]。

② 保证凝胶的陈化过程。陈化是凝胶粒子的溶解-再沉淀过程，此过程可使凝胶骨架间的连通性增加，同时增加凝胶的硬度和强度。利用 Si-NMR 测试手段，Wijnen 等[44]对陈化后的凝胶进行检测，结果表明，凝胶骨架的连通性和强度均得到明显增加。

③ 使用控制干燥的化学添加剂[45]。控制干燥的化学添加剂的使用不仅能抑制醇盐的水解，提高缩聚速率，使制得的凝胶骨架强度更高，而且可使凝胶孔径分布均匀，大大降低干燥的不均匀应力，缩短干燥时间。常用的控制干燥的化学添加剂有甲酰胺、二甲基甲酰胺、草酸等。

（2）减小毛细压力 可以通过以下几种方式减小毛细压力。

① 减小液相的表面张力。对于醇盐制得的凝胶，孔内含醇、水混合物，由于醇比水易挥发，在干燥过程中醇先挥发，大量的水留在孔中，而水的表面张力很高，使凝胶在干燥过程中易出现开裂。若于干燥前向体系中加入低挥发度、低表面张力的表面活性剂，则先挥发出去的是醇、水等易挥发性物质，剩下的才是低表面张力、低挥发度的物质，因而可减少开裂现象[46]。人们即采用这种方法解决整体柱的开裂问题。

② 增大凝胶的孔径。由毛细压力的方程 $P = -2\gamma_{LV}/r$ 可知，增大凝胶孔径可以减小毛细压力，而且孔径增加还可以使渗透率增加，进而减小干燥应力。

③ 使凝胶表面疏水。使用具有可聚合基团的有机化合物。添加这些物质可以使凝胶网络具有有机-无机基团桥接的结构，使凝胶网络弹性大大增加，同时增大凝胶表面疏水性，使开裂受到抑制。

④ 采用气-液界面消失的超临界干燥。采用超临界干燥法将凝胶中的液体加热加压至超过临界温度和临界压力，这时系统中的气-液界面消失，不存在毛细压力。用该法制备的干凝胶孔隙率高，基本能保持湿凝胶的孔结构，且干燥时间大大缩短，对大块凝胶的制备非常有利。

⑤ 采用冷冻干燥法。冷冻干燥是在低温、低压下把液-气界面转化为气-固界面。它一般分为两步实现：先冷冻凝胶，再使溶剂升华，固气直接转化，避免了在孔内形成弯曲液面。由于该法消除了液-气界面，因此理论上可避免液-气界面的张力，减少开裂。但是这种方法中的液体流动与蒸发干燥过程中的液体流动很相似，因此也会产生应力，造成凝胶开裂[47]。制得的硅胶整体柱外观如图 6-2 所示。

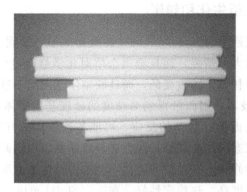

图 6-2　硅胶整体柱外观

6.2.5　硅胶整体柱的包覆

由于多孔的硅胶棒在缩聚反应中会收缩，它不可能紧贴着模具的内壁。所以在模具中制得的硅胶整体柱需要用聚四氟乙烯（PTFE）或工程塑料聚醚醚酮（PEEK）包覆才能使用。经 PTFE 包覆的整体柱用于外部加压的设备。PEEK 包覆的整体柱经受的压力不能超过 200atm❶。另外，由于四氢呋喃能腐蚀 PEEK 管，所以 PEEK 包覆的硅胶整体柱在使用时，流动相中四氢呋喃的浓度不能太高。如果是在熔融硅毛细管柱中制成毛细管整体柱，就可以直接用于微柱液相色谱分析。

包覆时整体柱和模具之间的孔隙用制备整体柱的相同或相近溶液填充，然后经过与制备整体柱相同的过程，这个过程可以重复几次直到形成一个更大的整体柱。因为整体柱形成时必须在低 pH 条件下，否则就会形成硅胶颗粒，而且整体柱老化后必须在碱性 pH 条件下才能形成大孔结构。所以整体柱或整体柱和模具之间的空间在溶液填充之前必须是酸性的，然后整体柱外部必须碱化以利于其老化。

6.2.6　硅胶整体柱的活化

与色谱用硅胶颗粒一样，在硅胶整体柱骨架表面同样存在硅羟基（亦称硅醇基）和暴露

---

❶　1atm＝101325Pa，下同。

的硅氧烷键（Si—O—Si），硅羟基是强吸附的极性基团，而硅氧烷是疏水基团。硅氧烷上的 δ 键被 dπ-pπ 作用而加强，氧原子上的孤对电子参与 π 作用，不能参与给体与受体之间的相互作用，不形成氢键[48]，因此，硅氧烷基团对极性分子几乎不保留，然而由于其疏水性，可保留某些非极性分子。对于硅胶的色谱应用，硅羟基比硅氧烷显得重要得多。硅羟基的类型、浓度和表面分布都会影响制备的键合相性能。因此，对于键合反应，硅胶的预处理显得十分重要。硅胶整体柱经高温焙烧，表面的部分硅羟基缩合为硅醚键，这对硅胶的修饰是十分不利的。因此，必须首先使 Si—O—Si 键断裂，使之形成游离的 Si—OH，这样才能提高硅胶表面的硅羟基数量，有利于硅胶整体柱的改性。通常，整体柱的活化有两个目的：一是使硅胶表面的硅醚键发生断裂，以便提供更多数量活泼的硅羟基用于进一步的化学修饰；二是能够去除硅胶表面螯合吸附的一些金属离子，从而提高硅胶纯度。

6.2.7　硅胶整体柱的衍生化和封尾

传统工艺制备的硅胶通常含 0.1%～0.3% 的金属离子，金属杂质增强了毗邻硅羟基的活性，使硅胶的吸附性能大大增强，而且金属杂质对化学修饰过程也产生不利影响。因此，高纯度硅胶对于制备键合相是至关重要的。而硅胶整体柱在制备过程中，由于使用高纯度硅交联剂，采用溶胶-凝胶技术，因而可得到高纯度的硅胶基质整体柱，这对于色谱应用有很重要的意义。利用硅胶表面的硅羟基的反应，可使各种各样的官能团或配基键合到硅胶表面。从而使硅胶的表面状态与性质能够按照色谱分离的要求加以调整和控制，这就是硅胶的表面化学修饰。经过化学修饰，在硅胶的表面上会牢固地连接上所需的基团或配基，而硅胶基质的固有特性如机械强度高、热稳定性好、在一定的 pH 范围内稳定等特性不会改变，且孔结构一般也不会有太大改变。

硅胶表面的硅羟基密度最大可达 $8\mu mol/m^2$。然而，由于空间位阻效应，硅醇基在与硅烷化试剂反应时，其最大键合量只能达到 $4\sim4.5\mu mol/m^2$。因此，仍有相当数量的残余硅醇基存在，分离某些极性化合物，尤其是碱性有机化合物，产生很强的"亲硅醇基效应"。采用封端技术，即以高反应活性的小烷基化试剂与残余硅羟基反应。

由于键合溶液进入整体柱的速度较慢，所以在相同温度下，整体柱的键合反应要比填充柱的反应慢。

6.2.8　整体柱的结构表征

色谱柱的孔结构对渗透性和传质过程有重要影响，并直接影响其性能。整体柱结构表征主要采用以下方法：扫描电子显微镜、压汞法、氮吸收法、逆体积排阻层析法等。

（1）扫描电子显微镜（SEM）　整体柱的内部形态对渗透性和传质过程有重要影响。SEM 可直观给出被观察柱体断面的形态及孔径状况，但它只能给出断面的局部结构信息，而无法对整根柱子做出全面评价。图 6-3 为硅胶整体柱内部结构的扫描电镜图。

（2）压汞法　压汞法（又称汞孔隙率法）是测定中孔和大孔孔径分布的方法。在一定压力下将汞压入多孔介质的空隙中以克服毛细管的阻力，压力值对应一定的孔径值，根据多孔介质在各个压力下的汞压入量就可以计算出其孔径分布[49]。计算孔隙半径的方程为：

$$r = \frac{2\sigma\cos\alpha}{P}$$

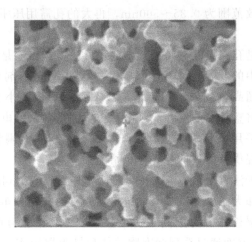

图 6-3　硅胶整体柱内部结构的扫描电镜图

半径为 r 的孔隙体积在多孔介质内所有孔隙总体积中所占比例的孔半径分布函数 $\psi(r)$ 为[50]：

$$\psi(r) = \frac{P^2}{2\sigma \cos\alpha V_{TO}} \times \frac{\mathrm{d}(V_{TO} - V)}{\mathrm{d}P}$$

式中，r 为多孔介质的孔隙半径，m；σ 为汞的表面张力，N/m；α 为汞与介质的浸润角；P 为将汞压入半径为 r 的孔隙所需的压力，Pa；$\psi(r)$ 为孔径分布函数，表示半径为 r 的孔隙体积所占所有孔隙总体积的百分比；V 为半径小于 r 的所有孔体积；V_{TO} 为总孔体积。

压汞法可测几十纳米到上百微米之间的孔径，测量结果具有良好的重复性，数据处理也比较简便，是研究多孔介质孔隙特性的重要方法之一。

（3）氮吸附法　氮吸附法是测量材料比表面积和孔径分布比较成熟且广泛采用的方法。采用的是体积等效代换的原理，即以孔中充满的液氮量等效为孔的体积。在液氮温度下，氮气在固体表面的吸附量取决于氮气的相对压力（P/P_0），P 为氮气分压，P_0 为液氮温度下氮气的饱和蒸气压。氮吸附法测定粉体材料比表面积的依据是当 P/P_0 在 $0.05\sim0.35$ 范围内时，吸附量与相对压力 P/P_0 符合 BET 方程；当 $P/P_0 \geqslant 0.4$ 时，由于产生毛细凝聚现象，氮气开始在微孔中凝聚，通过实验和理论分析，可以测定孔容-孔径分布（孔容随孔径的变化率）。假定孔隙为圆柱形，根据 Kelvin 方程，孔隙半径可以表示为[51]：

$$r_k = \frac{-2\sigma V_m}{RT\ln(P/P_0)}$$

式中，σ 为吸附质在沸点时的表面张力；R 为理想气体常数；V_m 为液体吸附质的摩尔体积（液氮为 $3.47 \times 10^{-5}\,\mathrm{m^3/mol}$）；$T$ 为液态吸附质的沸点（液氮为 77K）。由于孔壁在凝聚发生之前就已存在吸附层，或脱附后还会留下一个吸附层，因此，实际的孔隙半径应该是：

$$r_p = r_k + t$$

式中，t 为吸附层的厚度，m。可由下式计算：

$$t = \left| \frac{0.001399}{0.034 + \lg(P/P_0)} \right|^{1/2}$$

在此基础上，采用脱附等温线，就可计算出介质的孔径分布。

氮吸附法测孔的有效范围为 $0.35\sim500\mathrm{nm}$，再大的孔需用压汞法测定，而比 $0.35\mathrm{nm}$ 还小的微孔测定已无意义。

压汞法和氮吸附法是孔径及其分布的标准测量方法，但由于是在干燥状态下测定，因此不能真实反映色谱运行中的孔径尺寸。Gusev 等[52]提出测定溶剂化态整体柱空隙度的 3 种方法：第一种方法是在超高压高效液相色谱模式下利用不保留小分子的洗脱时间计算空隙度；第二种方法是分别将整体柱与空柱充满电解质，测量各自的电导率，利用电导率比计算空隙度；第三种方法是采用重量分析法，由干燥状态和充满丙酮整体柱的重量差计算空隙度。但这三种方法无法提供整体柱的孔径分布情况。

（4）逆体积排阻层析法（inverse size-exclusion chromatography，ISEC）　逆体积排阻层析法是利用一系列已知大小的标准物来标定多孔介质的孔径分布，是体积排阻层析概念的反向应用。逆体积排阻层析法一方面利用孔径分布模型和单孔分配系数模型得到分配系数 K_d 的模型表达式；另一方面通过系列标准物的体积排阻层析实验测定得到 K_d 值；结合模型计算和实验数据，通过拟合得到孔径分布模型中的参数，最终确定介质的孔径分布。逆体积排阻层析法最大的优点是在实际层析条件下，无任何破坏就能分析层析介质孔结构[53]。逆体积排阻层析法分析的孔径范围为 $1\sim400\mathrm{nm}$，可用于小孔介质材料，这是压汞法和氮吸附法难以实现的，是测定整体柱孔径的一种理想方法[54]。

6.3　硅胶整体柱的特性

硅胶整体柱的特性基本是由所用原料和制备方法决定的。通过控制四甲氧基硅烷和聚乙二醇的量不仅能控制整体柱的骨架尺寸，而且有可能控制孔径和骨架比例，这就使得每单位的柱压降有更高渗透性和高理论塔板数。

6.3.1　渗透性

当前应用的硅胶整体柱（Chromolith，Merck）与 $9\mu\mathrm{m}$ 微粒的填充柱的渗透率相当[55]。整体柱的渗透率可用下式表示：

$$k_\mathrm{p,F} = l^2\,\frac{\varepsilon_\mathrm{e}^3}{(1-\varepsilon_\mathrm{e})^2}$$

式中，$k_\mathrm{p,F}$ 是表面流速的柱渗透率；ε_e 是整体柱的外部孔隙率；l 是与整体柱的通孔平均尺寸、孔径分布及弯曲和收缩相关的参数。

将整体柱的外部孔隙率[53]（$\varepsilon_\mathrm{e}=0.693$，Chromolith，Merck）和渗透率（$k_\mathrm{p,F}=7.38\times10^{-10}\mathrm{cm}^2$）的值代入上式，计算得到 $l=2.03\mu\mathrm{m}$。这恰好验证了硅胶整体柱在高流量时表现出低背压的特征。

通过比较整体柱和填充柱，整体柱的大孔可以看作是填充柱颗粒间的空隙体积。渗透性是由大孔或颗粒间的空隙决定的。对于填充柱来说，颗粒间的空隙体积取决于颗粒的直径（d_p）。例如，填充小颗粒的柱子（如 $<3\mu\mathrm{m}$）的渗透性要小于填充大颗粒的柱子（如 $>11\mu\mathrm{m}$）。另一方面，微粒尺寸决定柱效。例如，理论塔板数与微粒尺寸成反比。因此，填充柱的柱效和渗透性不能独立控制。而独立控制整体柱的柱效和渗透性是可能的，这可以通过控制通孔和中孔尺寸来实现。默克公司生产的 Chromolith® 是高纯度的硅胶整体柱，其中含有两种不同大小的孔隙结构，直径在 $2\mu m$ 左右的通孔和直径为 13nm 的中孔。这就使得整体柱在相同流速下具有更低的柱压。$2\mu m$ 的通孔允许流动相快速通过，柱压极低，从而大大缩短了分离时间；13nm 的中孔保证了目标分子在色谱分离过程中吸附/解吸附作用所需的表面积，因此，整体化色谱柱可以在高流速时保持高柱效。这种结构使得硅胶整体柱的孔隙率超过 80%，比填充 $5\mu m$ 颗粒的色谱柱孔隙率要高 $15\%\sim20\%$。因此，整体柱的外孔隙率是传统填充柱的近两倍，而内孔隙率比硅胶填充柱稍微高一些。通过理论研究，Tallare 等[56]发现硅胶整体柱的渗透性与粒径为 $11\mu m$ 的填充柱相当。

6.3.2　柱效

硅胶整体柱的理论塔板高度的测定多数采用传统的方法，通过测定峰宽和半峰高来计算。

$$H = \frac{B}{u_。} + Au_。^{1/3} + Cu_。$$

实验证明[30,54,57]，柱效随着区域尺寸（通孔与骨架的结合尺寸）的减小而稳定增加，而区域尺寸随初始混合物中聚乙二醇用量的增加而减小，这是由于凝胶中的区域尺寸依赖于区域粗化的程度，随着初始组成中聚乙二醇含量的增加会形成更小的区域尺寸。与传统色谱柱相比，它们的理论塔板高度的最小值相似，但是随着流动相的流速增加，整体柱的柱效降低得更慢，这表明在上述公式中，整体柱比传统色谱柱的 A 更大而 C 更小。

整体柱柱体的比表面积主要是由中孔的数量和孔径决定的。而柱比表面积直接影响着柱的性能。通孔直径越小，柱效越高。另外，柱效随着硅胶整体柱上键合的烷基链的长度增加而降低[58]。

通过比较整体柱与填充柱的 van Deemter 曲线[59]，发现整体柱的最高柱效点向更高流速方向移动，而且曲线更加平坦，使分析时的最佳线速度范围变宽，且理论塔板高度受线速度的影响越来越小，即整体柱在高流速分析时，与填充柱相比具有更高的柱效。整体柱在线速度为 7.5mm/s 时的柱效与 $5\mu m$ 填充柱在线速度为 2.5mm/s 或 $3\mu m$ 填充柱在线速度为 5.0mm/s 时的柱效相当。整体柱的柱效和 $3.5\mu m$ 粒径的颗粒型色谱柱相当，而大大优于 $5\mu m$ 粒径的色谱柱。并且整体化色谱柱在流速升高时，柱效下降程度低；在使用高达 9mL/min 的流速时，依然可保持较高的柱效。硅胶整体柱柱效高的原因一方面是由于整体柱具有的微米级的通孔，使得溶质扩散速率加快，传质阻力降低，理论塔板高度降低；另一方面是由于整体柱纳米级的中孔结构使其比表面积较大，峰容量显著升高。

6.3.3　柱压降

对于传统色谱柱而言，柱压降是限制分离速度的主要原因。在不影响色谱柱选择性与柱效的前提下，使用高流速以达到高效分离时需要较低的柱压降。填充柱的柱压降只取决于填料粒径，由于受到柱压降的限制，采用流速梯度洗脱不具有实际意义，且柱效随流速的增加损失较大。而整体柱的柱压降由通孔孔径尺寸及骨架尺寸决定。由于整体柱的骨架狭小，通孔较大，通孔尺寸与骨架尺寸比值较大，使其渗透率增大，溶质扩散过程缩短，溶质扩散速度加快，流动阻力降低，从而使得柱压降降低。这使采用流速梯度进行色谱分离成为可能。Tanaka 等[60,61]通过比较发现，MS-PTFE（通孔尺寸 $2.2\mu m$，骨架尺寸 $1.6\mu m$）的压力降是 Mightysil 色谱柱（$5\mu m$ ODS 填料）的 1/4，而且 MS-FS[62]（通孔尺寸 $8.0\mu m$，骨架尺寸 $2.0\mu m$）的柱压降比 MS-PTFE 柱还要低。

6.4 硅胶整体柱的应用

随着整体柱技术的完善和发展，整体柱在各领域的应用也已经逐步展开[63]。整体柱具有极好的通透性，在较大的流速下依然具有较高的柱效和较低的柱压降。普通填充柱则无法实现这一点，只能通过降低填料粒径来提高柱效，但填料粒径的减小又不可避免地带来柱压降显著增加的弊端。所以整体柱的优势在于分离速度快。这在不同领域的很多应用中都被证实，包括药物及其代谢物、环境相关物质、食品添加剂、手性分离和生物样品等物质的分析。通常，用硅胶整体柱分离物质比填充柱分离要快 5～10 倍。

6.4.1 药物分析

目前开发的硅胶整体柱大多是反相 C_{18} 柱，这种柱子的孔隙率大于 80%，即使在较高流速下使用也不会有太大的阻力，操作压力低，这种特性使其很适合高通量分析和快速分离。硅胶整体柱已成功地分离了芳烃、中性有机化合物、碱性化合物、植物色素、聚合物、多肽、药物、毒品等物质。

Cabrerak 等[64]采用 100mm×4.6mm 反相硅胶整体柱，在流速为 9mL/min 条件下，在 0.6min 内对 5 种 β-blocking 药物实现了基线分离，并采用分段流速梯度在 6min 内分离了 9 种 β-blocking 药物。他们还采用流速梯度与溶剂梯度相结合的方法在 3min 内分离了 6 种酚类化合物。Dear 等[65]用该柱在 1min 内分离了 6 种羟基化的胱基四氢异喹呱（降压药），且与传统填充柱相比，每个样品的分离时间由原来的 30min 减少到 5min。与溶剂梯度相比，尽管流速梯度具有很大优势，但是为了在短时间内获得所需要的分离选择性，有时需将二者结合起来。杨更亮等[66]将对叔丁基杯芳烃键合到硅胶整体柱上，通过对药物进行分离，表明其分离机理是基于键合在柱体表面上的杯芳烃与溶质分子之间发生的包结作用或者疏水作用，该机理涉及主客体超分子体系的识别。郭建宇等[67]通过在硅胶毛细管整体柱柱床上包覆纳米级聚合物薄膜，得到了二乙烯基苯-苯乙烯交联聚合包覆的硅胶整体柱，使之兼具无机、有机两种基质的优点，并成功分离了稠环芳烃类系列小分子化合物，萘的柱效可达 28000 塔板/m。图 6-4 为毛细管硅胶整体柱分离多环芳烃类化合物色谱图。

6.4.2 手性分离

整体柱在手性分离方面主要有三种方式。第一种方式是在流动相中添加手性试剂，在表面键合烷基链的硅胶整体柱上进行分离。第二种方式是将手性硅烷在线键合在硅胶整体柱上。最后一种方式是利用键合在硅胶整体柱表面的氨基、二醇基或环氧基吸附或键合手性试剂。Mallik 等[68]制备并评价了 α_1-酸性糖蛋白键合的硅胶整体柱手性分离的选择性，并与同一蛋白制成的常规硅胶手性柱进行了比较。通过分离 (R/S)-华法林和 (R/S)-普萘洛尔，硅胶整体柱显示出更强的保留、更好的分离能力和柱效。Ghanem 等[69]将 (R)-丙烯酰氧-β,β-二甲基-γ-丁内酯键合在硅胶整体柱上制成的手性固定相分离了邻溴苯乙醇、2-茚醇和氯苯乙醇等异构体。Lv 等[70]将纤维素-三（3,5-二甲基苯基氨基甲酸酯）键合在硅胶整体柱上对中性、酸性、碱性等 12 对手性异构体进行了分离。董晓莉[71]在毛细管硅胶整体柱上键合了大环抗生素万古霉素，对 8 种 β-受体阻滞剂进行了手性识别。图 6-5 为普萘洛尔的手性拆分图。

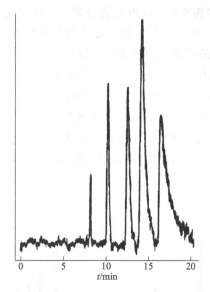

图 6-4　毛细管硅胶整体柱分离多环芳烃类化合物色谱图[67]

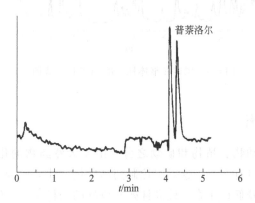

图 6-5　普萘洛尔的手性拆分图[71]

6.4.3　复杂生物样品中药物的分析

HPLC 是目前生物样品药物分析中应用广泛、发展迅速的一种分析方法，但由于生物样品的基质、内源性物质及代谢产物相当复杂，特别是含大量蛋白质等大分子杂质，易引起柱头堵塞而升高柱压。另外，试样中药物浓度太低会达不到仪器灵敏度要求。因此，生物样品中的药物一般须经过分离、纯化和浓缩等预处理过程才能进行分析测定。由于整体柱制备成本低、使用寿命长且稳定性好，硅胶整体柱在体内药物分析方面已展现出强大的应用潜力。

Šperlingová 等[72]建立了高效液相色谱反相整体柱快速分析尿样中羧酸的方法，该方法能同时测定苯乙烯和乙苯的芳烃代谢物扁桃酸和苯酰甲酸，甲苯的代谢物马尿酸，二甲苯的代谢物邻、间、对甲基马尿酸等，用反相整体柱测定的人尿液中的扁桃酸、苯酰甲酸及马尿酸的浓度与 Lichrosorb 反相色谱柱测定的结果没有明显的差别。Dear 等[73]通过开发压力极低的烷基键合硅胶整体柱，使多柱联用成为可能，从而明显提高了系统的分离能力。整体柱在体液大体积进样方面也显示出非常好的能力，峰形和分离能力都没有降低。Henion 等[74]将整体柱与 LC-MS 联用测定了大鼠血浆中的哌甲酯及其去酯化代谢物利他林酸，在 3.5mL/min 的流速下，两种物质在 15s 内就能分离。整体柱进行定量分析的结果与填充柱相比，误差不超过 10%[75]。Wenk 等[76]用反相硅胶整体柱测定了血浆中的新型三唑类抗真菌药伏立康唑及血浆和尿中的呋塞米，经液液萃取后的血浆和尿样，分析过程在 4min 之内完成，该方法适用于药代动力学研究。Rouini 等建立了用 C$_{18}$高效液相色谱整体柱同时分离血浆中氯巴占及其主要代谢物[77]和曲马朵[78]及其代谢物的方法。该方法被用于氯巴占和曲马朵及它们的主要代谢物的药代动力学研究。许国旺等[79]利用高效液相色谱整体柱对尿中 12 种修饰核苷进行了完全分离，如图 6-6 所示。所建立的方法在分离度、线性、重现性、灵敏度及回收率等指标上与普通反相液相色谱法相近，但分析周期大大缩短，仅为 23min，适合于大量临床样品的分析。

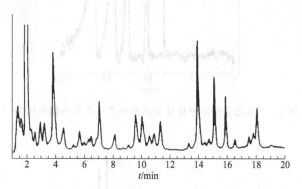

图 6-6 尿样在整体柱上的 HPLC 分离图[79]

6.4.4 天然药物分离

天然药物的来源有动物、植物和矿物之分。由于天然药物的化学成分复杂，其有效成分，可能有一个，也可以有多个，这对于控制药品质量、建立质量标准来说比较困难，高效液相色谱整体柱具有的较低柱压降、较高柱效及较好的选择性为天然药物成分分析提供了有力的支持。

邹汉法等[80]用氰基柱为第一维分离和反相硅胶整体柱为第二维分离的色谱模式，建立了伞形科植物川芎和当归的甲醇提取物的分析方法。结果证明，与以前报道的结果相比，检测到的色谱峰的数量增加了两倍，而分析时间却减少了一半。图 6-7 分别为氰基柱和 ODS 柱对川芎的一维液相分离图。Schmidt 等用硅胶整体柱[81]代替传统硅胶柱[82]成功地测定了魔鬼爪中的环烯醚萜苷成分哈帕酯苷，更短的分析时间对魔鬼爪的提取物及其药物制剂的商业质量控制非常有价值。Alaerts 等[83]使用 C$_{18}$整体柱建立了光果甘草、姜黄、洋蓟及药鼠李 4 种药用植物的指纹图谱。由于整体柱的柱压降较低，使得分析时可使用的改性剂的选择范围变宽，如添加异丙醇，流动相的流速可提高 1 倍，这样大大提高了色谱峰容量及分析速度。与传统色谱分析方法得到的指纹图谱相比，光果甘草和姜黄的色谱峰数目分别由原来的 59 和 68 增加为 111 和 110，洋蓟与药鼠李的色谱峰数目也有不同程度的增加。另外，4 种药材的分析时间也由 100min 缩短为 60min，这为含有复杂化学成分的中药材的鉴定及质量控制提供了更具鉴定意义、快速、高效的分析方法。

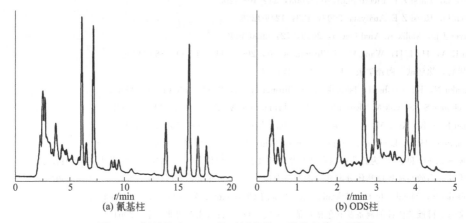

图 6-7 氰基柱和 ODS 柱对川芎的一维液相分离图[80]

众多的实验证实了硅胶整体柱作为色谱固定相的巨大发展潜力，硅胶整体柱的优异特性决定了其在分离分析领域中必将发挥越来越重要的作用，因此有人将它的产生称为色谱新时代的伟大创举。通过借鉴材料化学和高分子化学中有关物质的合成方法及反应条件，可能探索制备出性能更优秀的整体柱，可以预测，硅胶整体柱未来在生命科学、医药、环境和化学化工等领域必将大有作为。

参 考 文 献

[1] Nakanishi K，Soga N. J Am Ceram Soc，1991，74 (10)：2518-2530.

[2] Nakanishi k，Soga N. J Non-Crystalline Solids，1992，139：1-13.

[3] Nakanishi K，Soga N. J Non-Crystalline Solids，1992，139：14-24.

[4] Nakanishi K. J Porous Mater，1997，4 (2)：67-112.

[5] Takahashi R，Sato S，Sodesawa T，et al. Chem Lett，1990，10：1107-1108.

[6] Minakuchi H，Nakanishi K，Soga N，et al. Anal Chem，1996，68：3498-3501.

[7] Minakuchi H，Nakanishi K，Soga N，et al. J Sol-Gel Sci Technol，1998，13 (1-3)：163-169.

[8] Nakanishi K，Shikata H，Ishizuka N，et al. J High Resol Chromatogr，2000，23 (1)：106-110.

[9] Ishizuka N，Minakuchi H，Nakanishi K，et al. Colloid Surface A，2001，187-188：273-279.

[10] Fields S M. Anal Chem，1996，68：2709-2712.

[11] Asiaie R，Huang X，Faman D，et al. J Chromatogr A，1998，806：251-263.

[12] Wenhui Gao，Gengliang Yang，Jing Yang，et al. Tenth Beijing Conference and Exhibition on Instrumental Analysis of Chromatography，2003，10：57.

[13] Ishizuka N，Minakuchi H，Nakanishi K，et al. J High Resol Chromatogr，1998，21 (8)：477-479.

[14] Ishizuka N，Minakuchi H，Nakanishi K. Anal Chem，2000，72：1275-1280.

[15] Fujimoto C J. J High Resol Chromatogr，2000，23 (1)：89-92.

[16] Suzuki S，Kuwahara Y，Makiura K，et al. J Chromatogr A，2000，873：247-256.

[17] Motokawa M，Kobayashi H，Ishizuka N. J Chromatogr A，2002，961：53-63.

[18] Kobayashi H，Smith C，Hosoya K. Anal Sci，2002，18：89-92.

[19] Shintani Y，Zhou X，Furuno M，et al. J Chromatogr A，2003，985：351-357.

[20] Chen Z，Hobo T. Anal Chem，2001，73：3348-3357.

[21] Chen Z，Hobo T. Electrophoresis，2001，22 (15)：3339-3346.

[22] Chen Z，Uchiyama K，Hobo T. J Chromatogr A，2002，942：83-91.

[23] Kang J，Wistuba D，Schurig V. Electrophoresis，2002，23（7-8）：1116-1120.

[24] Liu Z，Otsuka K，Terabe S. Electrophoresis，2002，23：2973-2981.

[25] Allen D，Rassi Z E. Electrophoresis，2003，24：408-420.

[26] Allen D，Rassi Z E. Analyst，2003，128：1249-1256.

[27] Hayes J D，Malik A. Anal Chem，2000，72：4090-4099.

[28] Wu R A，Hu L H，Wang F J. J Chromatogr A，2008，1184（1-2）：369-392.

[29] 卢旭晨，徐廷献. 陶瓷学报，1998，19（3）：53-57.

[30] Tanaka N，Kobayashi H，Ishizuka N. J Chromatogr A，2002，965（1/2）：35-49.

[31] Laschober S，Sulyok M，Rosenberg E. J Chromatogr A，2007，1144（1）：55-62.

[32] Sakai-Kato K，Kato M，Toyooka T. Anal Biaochem，2002，308（2）：278-284.

[33] Minakuchi H，Nakanishi K，Soga N. Anal Chem，1996，68（19）：3498-3501.

[34] 李凤新. PEG 和 F127 为致孔剂制备硅胶整体柱及其色谱评价［D］. 石家庄：河北大学，2011.

[35] 尹俊发. 高效高选择性整体分离介质的制备及应用［D］. 北京：中国科学院化学研究所，2007.

[36] Ishizuka N，Minakuchi H，Nakanishi K，et al. J Chromatogr A，1998，797：133-137.

[37] 高文惠. 硅胶整体柱的制备及其色谱性能的研究［D］. 石家庄：河北大学，2004.

[38] Hench L L，Wilson M J R. J Non-Cryst Solids，1990，121：234.

[39] Whitaker S. Adv Heat Transfer，1977，13：119-203.

[40] Simpkins P G，Johnson D W J，Fleming D A. J Am Ceram Soc，1989，72（10）：1816-1821.

[41] Scherer G W. J Non-Cryst Solids，1987，91：83-100.

[42] Israelachvili J N. Chem Scr，1985，25：7-14.

[43] Scherer G W. J Non-Cryst Solids，1992，147：363.

[44] Wijnen P W J G，Beelen T P M. J Colloid Interf Sci，1991，145：17.

[45] Hench L L，Orcel G. Materials Research Society Symposia Proceedings，1984，32：79.

[46] Zarzycki J，Prassas M，Phalippou J. J Mater Sci，1982，17：3371-3379.

[47] Brun M，Lallemand A，Quinson J F. Thermochim Acta，1977，21：59.

[48] Nawrochi J. J Chromatogr A，1997，779：29-71.

[49] 刘培生. 钛工业进展，2006，2（2）：29-34.

[50] 宝鸡有色金属研究所编. 粉末冶金多孔材料（第二卷）. 北京：冶金工业出版社，1979.

[51] 范云鸽，李燕鸿，马建标. 高分子学报，2002，2：173-179.

[52] Gusev I，Huang X，Horvath C. J Chromatogr A，1999，855：273-290.

[53] 沈醉. 逆体积排阻层析法分析层析介质的孔径分布［D］. 杭州：浙江大学，2011.

[54] Majed Al-Bokari，Djamel Cherrak，Georges Guiochon. J Chromatogr A，2002，975：275-284.

[55] Georges Guiochon. J Chromatogr A，2007，1168：101-168.

[56] Leinweber F C，Tallarek U. J Chromatogr A，2003，1006：207-228.

[57] Minakuchi H，Nakanishi K，Soga N，et al. J Chromatogr A，1998，797：121-131.

[58] Romas Skudas，Brian A Grimes，Egidijus Machtejevas，et al. J Chromatogr A，2007，1144：72-84.

[59] Wu N，Dempsey J，Yehl P M. Anal Chim Acta，2004，523（2）：149-156.

[60] Minakuchi H，Nakanishi K，Soga N，et al. J Chromatogr A，1998，797：121-131.

[61] Tanaka N，Nagayama H，Kobayashi H，et al. J High Resolut Chromatogr，2000，23：111.

[62] Bencina K，Bencina M，Podgornik A，et al. J Chromatogr A，2007，1160：176-83.

[63] Karin Cabrera. J Sep Sci，2004，27，843-852.

[64] Cabrera K，Lubda D，Eggenweiler H M，et al. J High Resol Chromatogr，2000，23（1）：93-99.

[65] Dear G，Plumb R，Mallett D. Rapid Commun Mass Spectrom，2001，15（2）：152-158.

[66] Junfa Yin，Lijuan Wang，Xiaoyi Wei，et al. J Chromatogr A，2008，1188：199-207.

[67] 郭建宇，鲁彦，张祥民. 分析测试学报，2008，27（4）：377-380.

[68] Mallik R，Xuan H，Hage D S. J Chromatogr A，2007，1149（2）：294-304.

[69] Ashraf G，Tohru I，Nobuo T. Chirality，2011，23：887-890.

[70] Chunguang L，Yueqi L，Debby M，et al. Electrophoresis，2011，32：2708-2717.

[71] 董晓莉. 新型手性固定相的制备及其在毛细管电色谱中的应用 [D]. 杭州：浙江大学，2009.

[72] Šperlingová I，Dabrowská L，Stránský V，et al. Anal Bioanal Chem，2004，378：536-543.

[73] Dear G J，Mallett D N，Higton D M，et al. Chromatographia，2002，55：177-184.

[74] Barbarin N，Mawhinney B D，Black R，et al. J Chromatogr B，2003，783，73-83.

[75] Hsieh Y，Wang G，Wang Y，et al. Rapid Commun Mass Spectrom，2002，16：944-950.

[76] Wenk M，Droll A，Krähenbühl S. J Chromatogr B，2006，832（2）：313-316.

[77] Rouini M，Ardakani Y H，Hakemi L，et al. J Chromatogr B，2005，823（2）：167-171.

[78] Ardakani Y H，Rouini M R. J Pharm Biomed Anal，2007，44（5）：1168-1173.

[79] 赵欣捷，郑育芳，张普敦，等. 色谱，2005，23（1）：73-75.

[80] Hu L H，Chen X G，Kong L，et al. J Chromatogr A，2005，1092（2）：191-198.

[81] Schmidt A H. J Chromatogr A，2005，1073（1/2）：377-381.

[82] ICH. Proceedings of the International Conference on Harmonization of Technical Requirements for Registration of Pharmaceuticals for Human Use.

[83] Alaerts G，Matthijs N，Verbeke J V. J Chromatogr A，2007，1172（1）：1-8.

第 7 章

有机－无机杂化整体柱

7.1 概述

有机-无机杂化材料是近些年发展起来的一种新型复合材料，它不仅将无机材料的机械强度好、耐热、抗氧化能力强以及其他一些优异的力学性能与有机材料易加工、韧性好与成本低等特性糅合在一起，而且具有纳米材料的一些独特性能，甚至可以在分子尺度上对材料的形态与性能进行重新设计，因此可以快捷、高效地对材料的功能进行设计与调控[1]。目前，有机-无机杂化材料已经在光学、电子、机械、催化、传感及生物医药等诸多领域中得到了广泛的应用[2]。随着研究的不断深入，有机-无机杂化材料也逐渐应用于色谱领域。内壁涂覆有机-无机杂化材料的毛细管开管柱已经在气相色谱（GC）、液相色谱（LC）和毛细管电色谱（CEC）中实现了应用。在过去几十年间，整体材料取得了长足的发展和进步，有机聚合物整体材料和硅胶整体材料已经被广泛应用于高效液相色谱（HPLC）研究。与此同时，虽然也有将有机-无机杂化整体材料作为色谱填料应用于 HPLC 的研究报道[3~6]，但是并没有引起广泛的关注。

2000 年，Hayes 和 Malik[7]采用 *N*-十八烷基二甲基［3-(三甲氧基硅基)丙基］氯化铵为有机单体，以四甲氧基硅烷（TMOS）为交联剂，通过溶胶-凝胶法（sol-gel）首次制备了杂化整体柱。其基本原理为：硅烷化试剂中的甲氧基硅基首先在酸催化条件下水解为硅羟基，然后在适当的温度下使生成的硅羟基之间发生缩聚反应形成有机-硅胶杂化整体基质，同时毛细管内壁游离的硅羟基也参与了缩聚过程，使毛细管内壁与形成的整体柱基质紧密结合，制备得到毛细管硅胶杂化整体柱。该方法在硅胶整体柱形成过程中将有机功能单体一步引入到硅胶基质上，从而免去了硅胶整体柱的后修饰步骤。有机-无机杂化整体柱同时具有硅胶整体柱和有机聚合物整体柱的优点，又在一定程度上克服了两者的缺点，近年来受到越来越多的关注。由于硅基材料具有制备简便和易于后修饰的特点，因此目前绝大多数有机-无机杂化整体柱都是硅胶基质材料[8,9]，主要采用溶胶-凝胶法制备，具体的制备方法可以分为"一步法"、"两步法"、"一锅法"以及其他一些方法。随着研究的不断深入，有机-硅胶杂化整体柱的应用也得到了不断拓展，目前其已在微纳尺度分离分析、样品预处理和固定化酶反应器制备等领域中发挥了重要的作用[10,11]。

7.2　有机-硅胶杂化整体柱的制备方法

7.2.1　常规溶胶-凝胶法制备杂化整体柱

目前溶胶-凝胶法是最常用的制备有机-硅胶杂化整体柱的方法。该方法一般采用两种硅烷化试剂为原料：一种是四烷氧基硅烷，其中应用最广泛的是四甲氧基硅烷（TMOS）和四乙氧基硅烷（TEOS）；另一种通常是含一个有机功能基团的三烷氧基硅烷 R'Si(OR)₃。其制备过程如图 7-1 所示。图 7-2 阐明了采用传统溶胶-凝胶法制备有机-硅胶杂化整体柱的反应机理：两种硅烷化试剂在酸性、碱性或者先酸后碱两步催化的条件下先后发生水解和缩聚反应形成硅胶骨架；在这一过程中有机功能基团 R'不参与水解或缩聚反应，而是直接被引入到硅胶骨架表面制备得到有机-硅胶杂化整体柱。

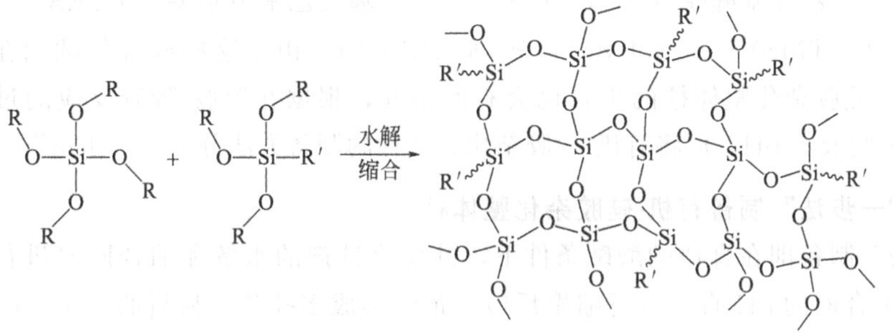

图 7-1　常规溶胶-凝胶法制备有机-硅胶杂化整体柱的反应示意图[12]

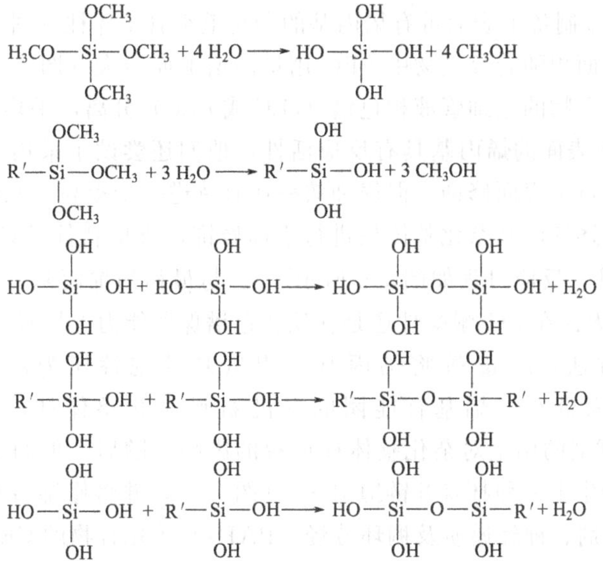

图 7-2　制备杂化整体柱时溶胶-凝胶过程中水解和缩聚反应机理[11]

在众多杂化硅胶整体柱中，最早被报道，同时也是最简单的莫过于甲基-硅胶杂化整体柱。该整体柱是在制备过程中将甲基三甲氧基硅烷（MTMS）加入 TMOS 溶胶所形成。与以 TMOS 为单一硅源制备的硅胶整体柱比较，MTMS 的加入可以有效减少在缩聚过程以及后续的干燥和改性过程中产生的收缩效应[13]。Tallarek 等[14]采用共聚焦激光扫描显微镜（CLSM）对具有不同孔径和骨架尺寸的甲基-硅胶杂化整体柱结构的径向均匀性进行了研究，结果表明，通过优化制备条件可以改善硅胶整体材料结构的均匀性，而且 MTMS 的加入不仅显著影响整体柱的最终形貌，还可以有效改善杂化整体材料制备的重复性。但是，MTMS/TMOS 整体柱较低的反相保留能力限制了其在色谱中的应用，因此，为改善其色谱保留能力和分离选择性，必须对 MTMS/TMOS 整体柱表面进行功能化修饰。Laschober 等[15]以 MTMS 为原料制备了杂化整体柱，并采用硅烷化反应通过 Si—O—C 键[16]将 C_{18} 等功能基团引入到整体柱基质表面，结果表明，衍生后的杂化整体柱的反相保留能力与商品化的 C_{18} 柱相当。但是，硅烷化反应这种衍生方法不仅步骤烦琐，而且生成 Si—O—C 键的抗水解能力也比较差[11]。为了解决这些问题，可以采用带有功能基团的硅烷化试剂来制备杂化整体柱，从而直接将功能基团引入到整体柱表面。目前已有多种商品化的硅烷化试剂被应用于有机-硅胶杂化整体柱的制备，例如 N-十八烷基二甲基［3-（三甲氧基硅基）丙基］氯化铵[10]、辛基三乙氧基硅烷（C_8-TES）[17~19]、苯基三乙氧基硅烷（PTES）[20,21]、丙基三甲氧基硅烷（C_3-TMS）[22]、MTMS[23~25]等（图 7-3）。由于这些硅烷化试剂在性质上的差异，各自制备硅胶杂化整体柱的步骤也会有所不同，根据在溶胶-凝胶反应的过程中是否改变（提高）溶液的 pH，可将有机-硅胶杂化整体柱的制备方法分为"一步法"和"两步法"。

7.2.1.1 "一步法"制备有机-硅胶杂化整体柱

"一步法"制备即在合适的酸碱条件下，硅烷化试剂的水解和缩合同时进行或水解完成后不调整预聚合液的 pH 直接进行缩聚反应，最终形成多孔整体材料的方法。Colón 等[26]将烯丙基三甲氧基硅烷（ATMS）和 TMOS 两种硅源同时加入乙酸（0.01mol/L，1mL）、PEG（108mg）和尿素（90mg）的混合液中，在 0℃下水解 1h 后引入毛细管中，然后在 50℃下反应 40h，一步制备了表面带有烯丙基的杂化毛细管整体柱（图 7-4）。所制备整体材料的平均孔径和比表面积随着反应物中 PEG 用量的增加而增大（图 7-5）。该烯丙基杂化整体柱可直接用于苯同系物的毛细管液相色谱（cLC 或 μLC）分离，平均柱效可达 37000 塔板/m。此外，由于基质表面的烯丙基具有反应活性，他们还尝试了采用正己烯在 AIBN 的引发下对整体柱基质进行了表面修饰，但修饰效率还有待进一步提高。此后，他们又尝试采用氢化硅烷化反应对上述烯丙基杂化整体柱进行表面修饰，成功制备了 C_8-硅胶杂化整体柱和苯基-硅胶杂化整体柱，反应过程如图 7-6 所示[27]。与最初的烯丙基-硅胶杂化整体柱相比，修饰后的 C_8 整体柱无论在 pH 耐受性还是在反相色谱保留能力上均有了显著提升。

参照 Colón 的方法，Zeng 等将烯丙基三甲氧基硅烷替换为乙烯基三甲氧基硅烷（VTMS）制备了表面带有乙烯基官能团的有机-硅胶杂化整体柱，并考察了 VTMS 和 TMOS 两种硅烷化试剂的用量对杂化整体柱形貌的影响。随后，他们又采用自由基聚合的方法在该整体柱上衍生了一种杯状开链冠醚[28]（图 7-7），并将修饰后的杂化柱应用于核苷酸（图 7-8）、β-阻滞剂、神经递质及稠环芳烃（PAHs）等化合物的 CEC 分析。得益于冠醚分子和被分析物之间的主客体相互作用和氢键相互作用，修饰后的整体柱无论在柱效还是分离能力上都得到了显著提高，其中对神经递质和核苷酸类化合物的柱效分别达到 120000 塔板/m 和 110000 塔板/m。此后，Zeng 等又采用相同的方法分别在整体柱上衍生了一种末端为烯基基团的液晶冠醚[29]和一种带烯丙基的离子液体[30]，均可以作为色谱固定相进行分离

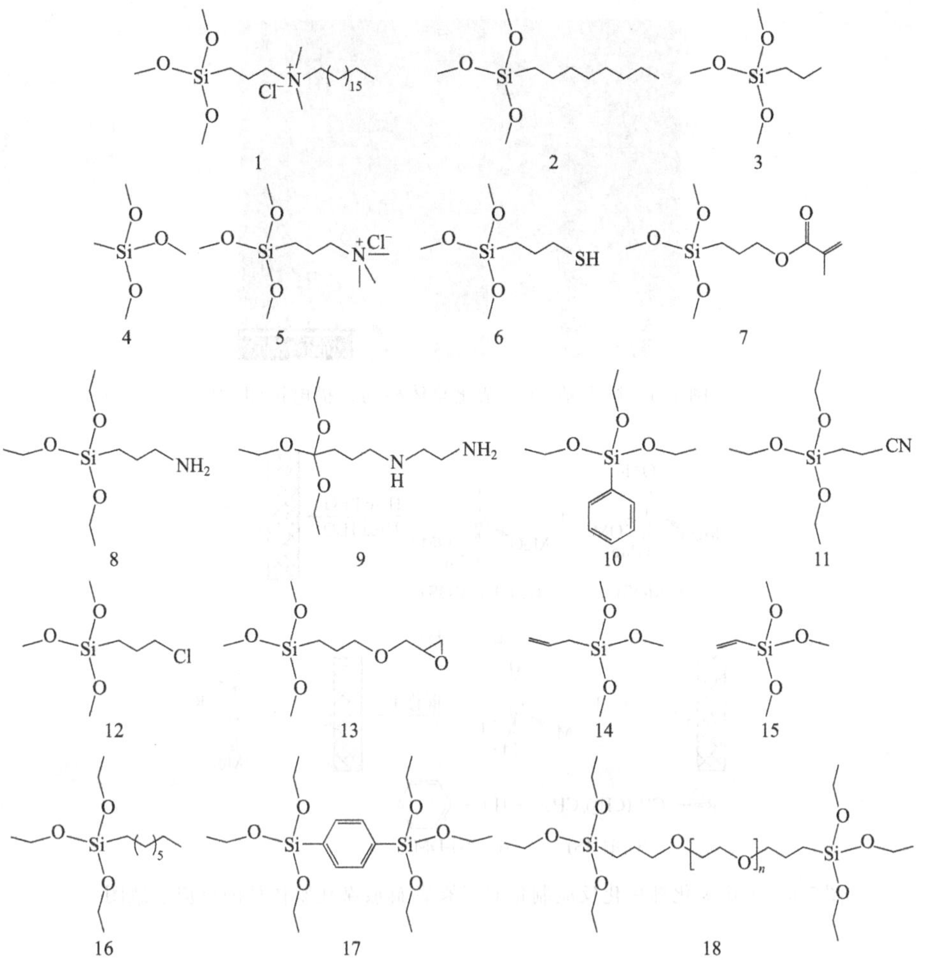

图 7-3　目前在有机-硅胶杂化整体柱制备中常用的几种硅烷化试剂[11]

1—N-十八烷基二甲基 [3-（三甲氧基硅基）丙基] 氯化铵（C₁₈-TMS）；2—辛基三甲氧基硅烷（C₈-TMS）；3—丙基三甲氧基硅烷（C₃-TMS）；4—甲基三甲氧基硅烷（MTMS）；5—氮位-三甲氧基硅基丙基-氮，氮，氮位-三甲基氯化铵（TMSPTMA）；6—巯丙基三甲氧基硅烷（MPTMS）；7—γ-（甲基丙烯酰氧）丙基三甲氧基硅烷（γ-MAPS）；8—3-氨丙基三乙氧基硅烷（APTES）；9—N-（β-氨基乙基）-γ-氨丙基三乙氧基硅烷（AEAPTES）；10—苯基三乙氧基硅烷（PTES）；11—2-cyanoethyltriethoxysilane（CN-TES）；12—氯丙基三甲氧基硅烷（CPTMS）；13—3-缩水甘油酯三甲氧基硅烷（GPTMS）；14—烯丙基三甲氧基硅烷（Allyl-TMS）；15—乙烯基三甲氧基硅烷（VTMS）；16—正辛基三乙氧基硅烷（C₈-TES）；17—1,4-双三乙氧基硅基乙烷（BTEB）；18—甘油酯硅烷（DGS）

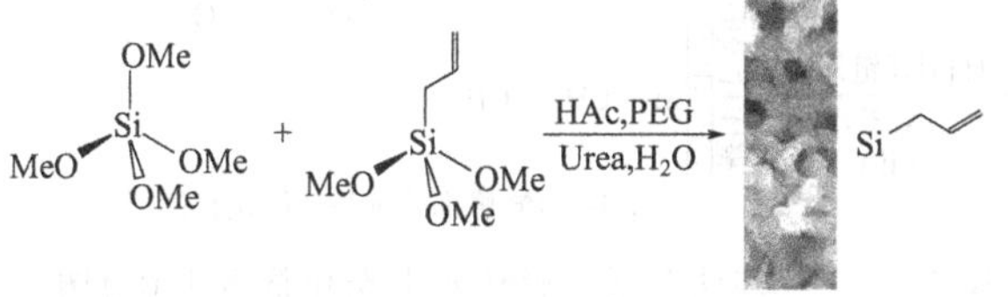

图 7-4　制备烯丙基-硅胶杂化整体柱的反应示意图[26]

分析应用。

　　Yao 等[31]也采用相同的方法，以 VTMS 和 TMOS 为硅源制备了表面带有乙烯基官能团的杂化硅胶整体柱，然后利用双键和巯基之间的"thiol-ene"点击化学反应在整体柱上分别修饰了半胱胺、十八硫醇和 3-巯基-1-丙磺酸钠盐（图 7-9）。与修饰前的整体柱相比，所

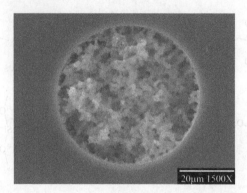

图 7-5 烯丙基-硅胶杂化整体柱的扫描电镜图[26]

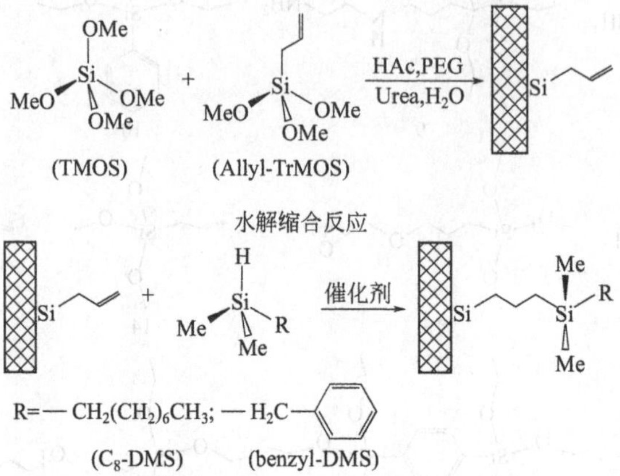

(TMOS)　(Allyl-TrMOS)

水解缩合反应

催化剂

$R=$ — $CH_2(CH_2)_6CH_3$; — H_2C 苯基

(C_8-DMS)　(benzyl-DMS)

图 7-6 采用氢化硅烷化反应制备 C_8/苯基-硅胶杂化整体柱的反应示意图[27]

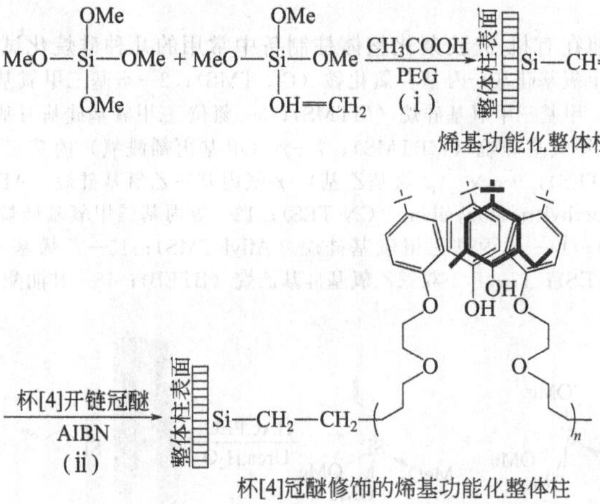

MeO — Si — OMe + MeO — Si — OMe

烯基功能化整体柱

杯[4]开链冠醚
AIBN
(ⅱ)

杯[4]冠醚修饰的烯基功能化整体柱

图 7-7 "一步法"制备冠醚-硅胶杂化整体柱示意图[28]

制备的 C_{18}-MPS-VTMS 杂化整体柱在反相保留能力上有了明显的提高,而且由于引入了磺酸基团,所以在 CEC 中能够产生更强的电渗流(EOF),并且在 CEC 中对苯系物、芳香胺类、酸类以及小肽等化合物均实现了很好的分离,最低理论塔板高度可达约 $3\mu m$。

Roux 等[22]以丙基三甲氧基硅烷(C_3-TMS)与 TMOS 作为前驱体,采用类似 Colón 的方法制备带丙基的有机-硅胶杂化整体柱,并系统考察了物料比、pH 和反应温度等因素对整

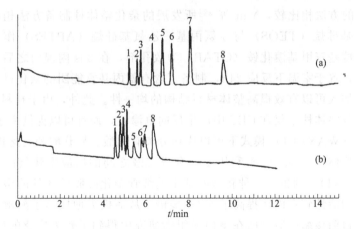

图 7-8 冠醚-TMOS-VTMS 杂化整体柱 (a) 和 TMOS-VTMS 杂化整体柱 (b)
对核苷酸类化合物的电色谱分离图[28]

色谱柱：30.0cm×75μm I.D.
流动相：ACN/三乙胺磷酸盐缓冲液 （50 mmol/L，pH 4.0）（20：80，体积比）
分离电压：15kV
检测波长：254nm
被分析物：1—2′，3′-cUMP；2—5′-UMP；3—2′，3′-cGMP；4—5′-GMP；5—2′，3′-cAMP；6—5′-AMP；
7—2′，3′-cCMP；8—5′-CMP

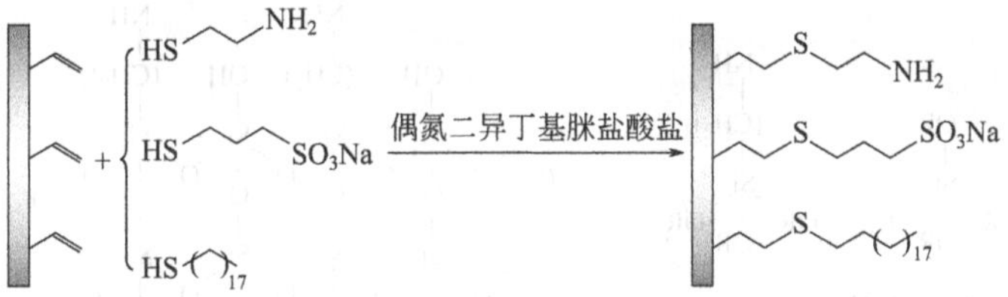

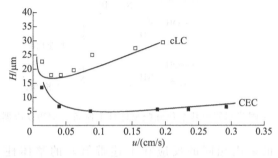

图 7-9 采用"thiol-ene"点击化学反应对杂化硅胶整体柱进行表面修饰[31]

体柱形貌和分离能力的影响。结果表明，在加热变成凝胶之后体系中的尿素会分解，致使体
系的 pH 提高，将有助于有机功能单体的嵌入，并可相应提高杂化整体柱的反相保留能力。
该杂化整体柱在 CEC 和 μLC 中均展现了良好的分离性能，最低理论塔板高度分别达到 5μm
和 15μm （图 7-10）。

图 7-10 丙基-硅胶杂化整体柱在 cLC 和 CEC 的流速-塔板高度曲线 （以丙苯为标志物）[22]
色谱柱：14 cm×50 μm I.D. （有效长度 8.5 cm）
流动相：0.1 mmol/L Tris-HCl/ACN （50：50，体积比）（pH 7.5）
cLC 分离压力：2~10bar
CEC 分离电压：2~30kV
检测波长：214 nm

与 Colón 等的方法相比较，Yan 等[32]所发展的杂化整体柱制备方法稍微简单一些。该方法是以四乙氧基硅烷（TEOS）与 3-氨丙基三乙氧基硅烷（APTES）作为前驱体，采用表面活性剂十六烷基三甲基溴化铵（CTAB）为致孔剂，在 30s 内混匀之后立即注入到预处理过的毛细管中，置于室温下反应 24h，制备了含有氨丙基官能团的杂化硅胶整体柱。结果表明，CTAB 的加入可以有效提高整体材料结构的均一性。此外，由于材料表面存在氨基官能团，该杂化硅胶整体柱不仅在 CEC 中产生反向电渗流，而且可以提供离子交换作用位点，在弱阴离子交换（WAX）CEC 模式下可以成功分离有机酸、核苷酸和灵芝提取物等样品。

采用相同的整体柱，Ma 等[33]利用氨基和戊二醛之间的反应将胰蛋白酶固定到了整体柱基质表面（图 7-11），制备了一种新型的基于毛细管杂化硅胶整体柱的微型酶反应器。经过固定化后的酶的活性较自由酶提高了 6600 多倍，从而极大地极高了酶解效率，简化了样品前处理步骤。目前该酶反应器已在蛋白质组学研究中得到了较为广泛的应用[34,35]。采用类似的衍生方法，Hou 等[36]又在该整体柱上修饰了氨甲基膦酸，并进一步螯合了 Ti^{4+}，所制备的 Ti^{4+}-IMAC 整体柱对磷酸肽具有较高的选择性和抗干扰能力，其中对标准肽段 YKVPQLEIVPNSpAEER 的载样量和回收率分别可达 1.4μmol/mL 和 69%。并且将该 Ti^{4+}-IMAC 柱整合到 nano-RPLC-LTQ MS/MS/MS 系统中对复杂生物样品鼠肝细胞线粒体中的磷酸肽进行了富集和鉴定，通过两次实验可以鉴定到 224 条非冗余的膦酸化肽（对应于 148 个磷酸化蛋白）。

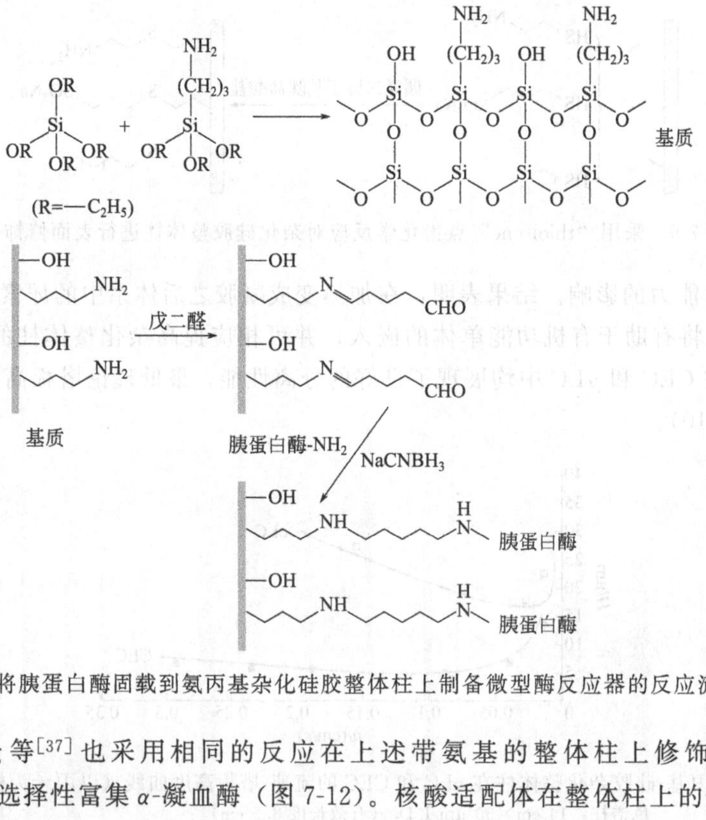

图 7-11 将胰蛋白酶固载到氨丙基杂化硅胶整体柱上制备微型酶反应器的反应流程图[33]

最近，Deng 等[37]也采用相同的反应在上述带氨基的整体柱上修饰了核酸适配体（aptamer）用于选择性富集 α-凝血酶（图 7-12）。核酸适配体在整体柱上的键合量可达 568 pmol/μL，对 α-凝血酶显示出了极高的选择性和富集能力，最高吸附容量可达 1.15μg/μL。即使在 1000 倍的杂质干扰下，该整体柱仍能对 α-凝血酶进行有效的检测（信噪比为 10），最低检测限可达 3.4nmol。

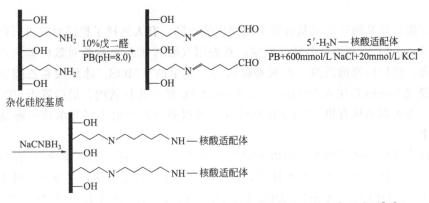

图 7-12　将核酸适配体固载到氨丙基杂化硅胶整体柱上的制备示意图[37]

Yu 等[38]采用类似 Yan 等[32]制备氨丙基-硅胶杂化整体柱的方法，以 *N*-（*β*-氨基乙基）-*γ*-氨丙基三乙氧基硅烷（AEAPTES）代替 APTES，制备了带有多氨基的杂化硅胶整体柱。与氨丙基硅胶杂化整体柱相比，该整体柱增加了基质表面的氨基浓度，提高了弱阴离子交换容量。利用 DNA 和氨基之间的静电相互作用，Yu 等还采用整体柱对 DNA 进行了固相萃取（图 7-13），并考察了如 pH、离子强度及种类、上样量等多种因素对萃取效率的影响。通过优化条件后，该整体柱表现出了较高的萃取效率以及良好的重现性。此外，由于萃取过程是在水溶液中完成，因此纯化后的 DNA 非常适合进行后续的基因分析，如 PCR 扩增等。

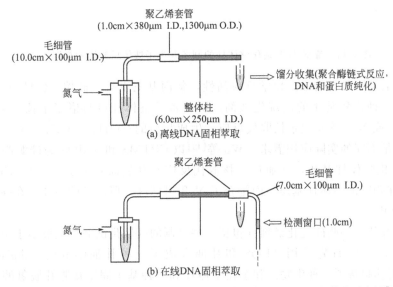

图 7-13　利用多氨基杂化硅胶整体柱进行离线和在线 DNA 固相萃取示意图[38]

虽然表面带氨基官能团的硅胶杂化整体柱非常适合进行后修饰以满足各种不同的实际需求，但其在制备上也存在较大不足。在制备过程中，由于带氨基的三烷氧基硅烷（如APTES 和 AEAPTES 等）的存在使体系成为强碱环境，因此凝胶化的速度非常快，一般在5min 之内溶胶液就开始出现相分离，所以在带氨基的三烷氧基硅烷加入溶胶后，需要尽快完成混合、脱气、灌注等一系列操作步骤，对实验者的经验及熟练程度要求比较高，这也是导致目前只有少数几个实验室可以熟练、稳定地制备上述带氨基杂化硅胶整体柱的主要原因。

为了克服带氨基的三烷氧基硅烷不易操作的难题，有人选择了提前对其进行修饰以改变其性质。Zhang 等[39]利用环氧开环反应，首先用双酚 A 型环氧树脂对氨丙基三乙氧基硅烷进行了修饰，然后将修饰后的三乙氧基硅烷与一定量的 TMOS、冰醋酸和乙醇混合，将混合液超声脱气 10min 后注入 50 mm × 4.6 mm I.D. 的常规柱管内，最后置于 60℃ 水浴中反应 48h 后，即可制备成有机-无机杂化整体柱，可以高效地萃取牛奶和水样中痕量的 β-内酰胺类抗生素。

具有较大有机阳离子和无机阴离子的离子液体具有熔点低、对有机化合物溶解能力强、挥发性弱、稳定性好以及高电荷等优点，近年来受到了广泛的关注，在分析领域中也已经被广泛用作 GC、HPLC 和 CEC 等固定相[40,41]。Han 等[42]首先以巯丙基三甲氧基硅烷（MPTMS）和 TMOS 为前驱体制备了含巯基的杂化整体柱，然后通过表面链转移自由基聚合反应在表面上修饰溴化-1-烯基-3-甲基咪唑，制备了一种新型的离子液体衍生的杂化硅胶整体柱（图 7-14）。由于修饰后的整体柱的反相保留能力与咪唑环和苯环之间的 π-π 相互作用，在电色谱中对苯系物、稠环芳烃以及苯酚类等化合物均实现了较好的分离。

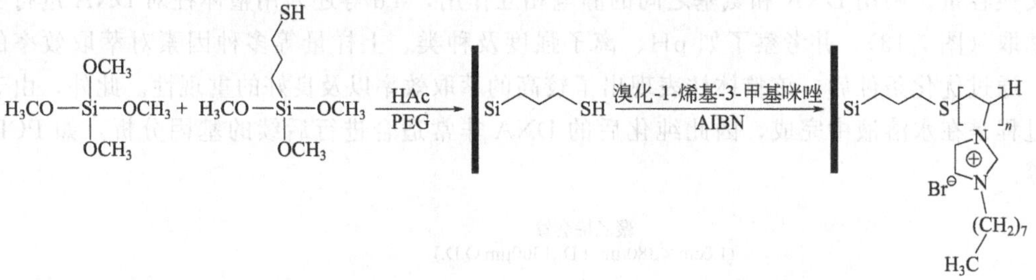

图 7-14　巯基-硅胶杂化整体柱的制备及离子液体后修饰示意图[42]

由于烷基氯基团具有较强的化学反应活性，氯丙基三甲氧基硅烷（CPTMS）也是杂化整体柱制备中一种比较常用的硅烷化试剂，所制备的整体柱可与诸多亲核试剂如 NaOH、NaOR、NaCN 或 NH₃ 等发生亲核取代反应，生成相应的—OH、—OR、—CN 或—NH₂ 等功能基团以满足不同的实际应用需求。Wu 等[43]以 CPTMS 和 TMOS 为硅源制备了表面带有氯丙基的杂化整体柱基质，并通过亲核取代反应对其表面修饰了 N,N-二甲基十二胺。Han 等[44]则在相同的整体柱基质表面键合了 N-甲基咪唑，所制备的整体柱在酸性条件下可以产生反向 EOF。

此外，还有其他一些硅烷化试剂（包括一些自制的硅烷化试剂）也被用于制备杂化整体柱。Hodgson 等[45,46]首先采用 TEOS 和甘油合成了一种甘油酯硅烷（diglycerylsilane，DGS），然后用其制备了一种生物亲和杂化整体柱和一种基于固定化腺苷脱氢酶的杂化整体柱的微反应器，分别应用于生物大分子的选择性萃取和生物（酶）抑制剂高通量（快速）筛选（图 7-15）。但这种制备杂化整体柱的方法过于烦琐，目前应用得相对较少。

7.2.1.2 "两步法"制备有机-硅胶杂化整体柱

"两步法"是指在杂化整体柱制备过程中首先在酸性环境中（如 pH 1~4）对硅烷化试剂进行水解，待水解完全后再适当调节 pH 至中性或碱性（如 pH 6~10）以加速硅烷化试剂间缩聚反应的方法[8]。Yan 等[20]采用"两步法"制备了苯基-硅胶杂化整体柱。制备过程如下：首先在酸性条件下将四乙氧基硅烷（TEOS）和苯基三乙氧基硅烷（PTES）进行水

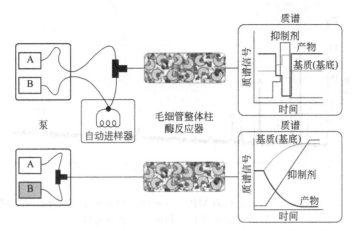

图 7-15　基于杂化整体柱的固定化酶微反应器应用于生物（酶）抑制剂的高通量筛选[46]

解（水解温度为 60℃，时间为 4h），然后在室温下用十二胺（dodecylamine）调节体系 pH，随后立即将预聚液注入毛细管中，并在 40℃下反应过夜，最后用乙醇冲洗毛细管整体柱之后，置于 60℃烘箱中干燥 48h。结果表明，不同物料配比将会对所制备整体柱的形貌产生较大影响，提高 PTES/TMOS 的比值可以增加硅胶骨架尺寸和通孔孔径，但 PTES/TMOS 的比值过高也会导致柱子形貌不均一。另外，预聚液中水含量的增加将会导致凝胶时间延长，有利于形成小孔结构，其通透性将下降。在 Yan 等[20]研究的基础上，Hu 等[21]通过在预聚液中增加了巯丙基三甲氧基硅烷，采用"两步法"制备了一种含有氯丙基和巯丙基双官能团的杂化整体柱（MPTMS-PTES-TMOS），并采用过氧三氟乙酸将整体柱表面的巯基官能团氧化为磺酸基团，使其在 CEC 应用中能够产生稳定的 EOF，可以对酸性和中性化学物同时进行高效分离（图 7-16）。此外，该杂化整体柱还被用于对饮料样品中的双酚 A 进行了在线 SPME-CE 分析，最低检测限可达 1.8ng/mL[47]。

此后，Yan 等[17]也采用上述制备苯基-硅胶杂化整体柱的方法，以正辛基三乙氧基硅烷（C$_8$-TES）和 TEOS 为硅源制备了辛基-硅胶杂化整体柱，并对苯系物、PAHs 和苯酚类化合物进行了 CEC 分离，最高柱效可达 180000 塔板/m。Zheng 等[48]此后采用相同的杂化整体柱构建了在线 SPME-μHPLC 系统对 PAHs 进行了分析，极大地提高了分析灵敏度，最低检测限可达 2.4～8.1ng/mL（采用紫外检测器）。虽然上述整体柱在 CEC 中展示出很高的分离能力，但在 μLC 应用中却不尽如人意，这主要是因为其内部柱床纵向形貌不均一。因此，为提高上述 C$_8$-硅胶杂化整体柱的色谱能力和制备重现性，Roux 等[18]对制备条件进行了系统的考察和优化。首先，通过降低碱催化剂加入预聚液体系时的温度（从室温降低到0℃），并且缩短硅烷化试剂水解的时间（从原来的 6h 缩短到了 1h），从而延长了预聚液最后形成凝胶的时间（从原来的 2min 延长到 8min）。通过这些改进措施，所制备整体柱微观结构的均一度和制备重复性都得到了显著的提高，反相保留能力和柱效也与 C$_{18}$ 修饰的硅胶整体柱相当。随后，Roux 等[19]又对制备步骤进一步优化，将灌注温度从室温降低到 0℃，并将凝胶温度从原来的 40℃下降到 20℃，同时采用预先用 TEOS/EtOH（1:3）混合溶液处理过的毛细管，所制备 C$_8$-硅胶杂化整体柱的柱效和制备重复性又得到了进一步的提升，最低理论塔板高度可达 14μm（图 7-17）。

值得注意的是，即使通过全面优化制备条件之后，上述 C$_8$-硅胶杂化整体柱还是不能进行干燥处理以降低柱床干裂和收缩对其色谱分离能力的影响。为了降低柱床的收缩，许多科

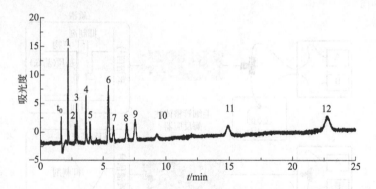

图 7-16　采用过氧三氟乙酸氧化后的 MPTMS-PTES-TMOS 杂化整体柱（带磺酸基团）
对多种酸性和中性化合物的电色谱分离图[21]

色谱柱：8.5cm×75μm I.D.
流动相：ACN/H$_2$O/磷酸盐缓冲液（10mmol/L, pH 2.35）（30：20：50，体积比）
分离电压：15kV
检测波长：214nm
样品浓度：0.01～0.06mg/mL
进样电压和时间：2kV×2s
被分析物：1—对羟基苯甲酸；2—邻苯二甲酸；3—2,5-二羟基苯甲酸；4—苯甲酸；5—α-苯乙醇；6—
邻羟基苯甲酸；7—α-苯丙醇；8—苯乙酮；9—苄腈；10—苯；11—甲苯；12—邻二甲苯

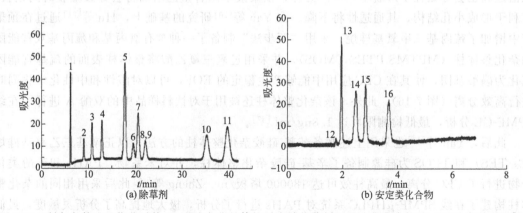

(a) 除草剂　　　　　　　(b) 安定类化合物

图 7-17　制备条件经过优化后的 C$_8$-硅胶杂化整体柱对多种除草剂和西泮类化合物的 cLC 分离色谱图[19]
色谱柱：(a) 36cm×150μm I.D.（有效长度 27.2cm）；(b) 14cm×75μm I.D.（有效长度 8.5cm）
流动相：(a) ACN/H$_2$O（40：60，体积比）；(b) ACN/H$_2$O（70：30，体积比）
分离压力和温度：(a) 3bar（25℃）；(b) 12bar（25℃）
进样压力和时间：(a) 3bar×10s；(b) 3bar×5s
检测波长：(a) 254nm；(b) 214nm
被分析物：1—硫脲；2—非草隆；3—甲氧隆；4—灭草隆；5—氟草隆；6—绿谷隆；7—绿麦隆；8—敌草隆；
9—秀谷隆；10—氯溴隆；11—利谷隆；12—硫脲；13—奥沙西泮；14—氯硝西泮；15—地西泮；
16—四氢西泮

研人员尝试了多种不同的方法，如选用不同黏度的溶剂体系，加入表面活性剂或者 PEG，
或是增加表面硅羟基的密度等，均产生了一定的效果[10]。Constantin 等[49]通过在预聚液中
加入一定量的二甲基二乙氧基硅烷，使得所制备的 C$_8$-硅胶杂化整体柱基质具有更强的柔韧
性，从而在一定程度上减少了柱床的收缩，可能是由于组成柱床的球形结构单元可以增强大
孔骨架结构的韧性，但是，整体柱基质柔韧性增强的同时，又会导致整体柱的机械稳定性的
下降。另外需要指出的是，该杂化整体柱基质表面还有一定的硅羟基残余，在一定程度上影

响该整体柱对碱性化合物的分离（非特异性相互作用会造成峰拖尾）。

Xu 等[50]以巯丙基三甲氧基硅烷（MPTMS）和 TMOS 为前驱体，通过"两步法"制备了含巯基的杂化整体柱。他们首先在含有水、PEG 和甲醇的溶液中对 MPTMS 和 TMOS 进行水解（0℃）30min 形成溶胶，然后加入适量的氨水来调节体系的 pH，并迅速将溶胶注入到毛细管内，置于 40℃下反应 20h，然后先将毛细管柱在室温下放置 2 天，再分别用水和甲醇冲洗，最后置于 40℃下干燥 3 天。通过对制备条件进行优化，Xu 等发现 TMOS 和 MPTMS 的加入量对所制备杂化整体材料的机械强度产生较大的影响，提高 TMOS/MPTMS 的比值可以有效提高杂化整体材料的机械强度。另外，增加 PEG 的加入量会减少整体柱中的大孔，这与常规硅胶整体柱制备中所观察到的现象相反。最后他们采用 H_2O_2（30%，质量分数）将整体柱表面的巯基氧化成磺酸基团，使其具备了强阳离子交换功能，并应用于尿液中的麻醉药成分的选择性萃取。

此外，桥联硅烷化试剂，如 1,2-双三甲氧基硅基乙烷、1,2-双三乙氧基硅基乙烷和 1,4-双三乙氧基硅基乙烷（BTEB）等也被应用于杂化整体柱的制备。Zhang 等[51]以苯基三乙氧基硅烷（PTES）和 BTEB 为硅源采用"两步法"成功地制备了一种联苯烯桥联（biphenylene-bridged）的杂化整体柱，并在 CEC 中对苯系物、PAHs、苯胺类和苯酚类化合物实现了分离。

7.2.2 "一锅法"制备有机-硅胶杂化整体柱

2006 年，Avila-Herrera 等[52]将 TEOS、甲基丙烯酸酯（MMA）和 γ-（甲基丙烯酰氧）丙基三甲氧基硅烷（γ-MAPS）三种原料同时溶解于 H_2O 和乙醇的混合溶液中配制成预聚液，然后耗时 7 天制备了透明的聚 MMA-硅胶杂化整体材料。该工作首次在硅胶整体材料的制备中引入有机功能单体，由于在形成过程中没有发生明显的相分离，所制备的整体材料无法应用于色谱分离，但是，这种杂化材料的制备方法为有机-硅胶杂化整体柱的制备提供一种新的思路。在此工作的基础上，Zou 等[53~55]成功发展了"一锅法"制备有机-硅胶杂化整体柱的新技术，其制备过程如图 7-18 所示。首先，将 TMOS 和 VTMS（或 γ-MAPS、GPTMS）等带有可修饰官能团的硅烷化试剂加入含有 PEG 和尿素的乙酸溶液中，在冰水浴条件下搅拌至硅烷化试剂完全水解，然后向水解液中加入一定量有机（功能）单体和自由基引发剂（AIBN）（根据具体试剂和反应需要），超声脱气、混合均匀后吸入已预先经过酸碱处理的毛细管中，最后两端封闭后置于一定温度的水浴中反应形成杂化整体柱（根据所用试剂选择具体的反应温度和时间）。在通常情况下，该方法需要在两种不同温度下进行反应，水解后的硅烷化试剂一般先在较低温度的水浴中进行缩聚，形成带有可修饰功能基团的硅胶整体柱基质，然后在较高温度下将有机（功能）单体（或单体自聚形成的聚合物）键合到硅胶基质上，形成杂化整体柱的有机表面。该方法的显著优势就是可以根据特定的分离需求随意变换不同的有机（功能）单体来实现杂化整体柱的功能化。

Wu 等[53]首先将 TMOS 和 VTMS 在 0.01mol/L 的乙酸溶液中（含有一定量的 PEG10000 和尿素）水解 1h，分别以 N-烯丙基-N,N-二甲基十二烷基溴化铵和丙烯酰胺为有机单体，通过"一锅法"制备了两种有机-硅胶杂化整体柱，并采用 CEC 和 CLC 对这两种整体柱的色谱分离能力进行了比较。采用相同的方法，Dong 等[56]又以甲基丙烯酰丙基三甲基氯化铵为单体制备了一种具有强阴离子交换功能的有机-硅胶杂化整体柱，并应用于磷酸肽的选择性富集，其制备过程如图 7-19 所示。结合 MALDI-TOF MS分析，该杂化整体柱对磷酸肽的最低检测限可达 10amol。

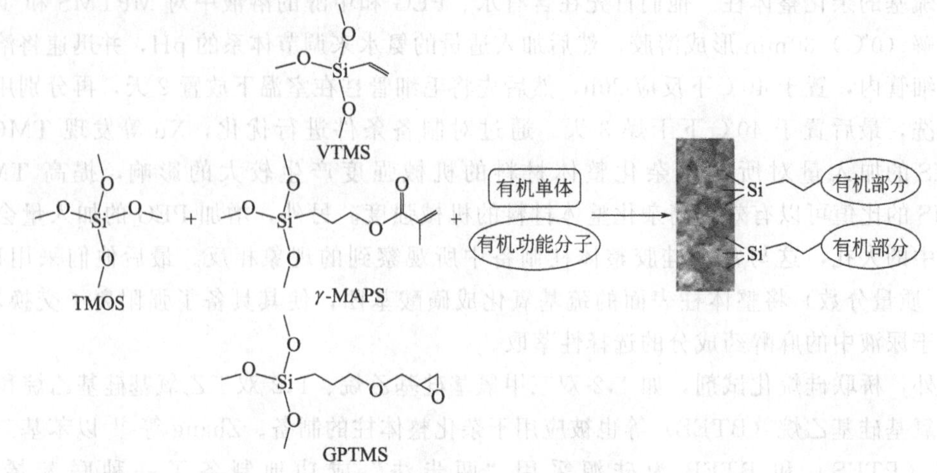

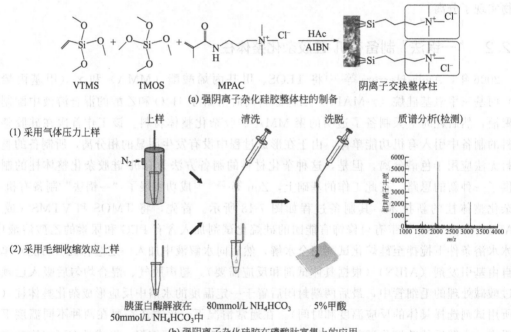

VTMS
TMOS
γ-MAPS
GPTMS
有机单体
有机功能分子
Si
有机部分
有机部分

图 7-18 “一锅法”制备有机-硅胶杂化整体柱示意图[11]

VTMS
TMOS
MPAC
HAc
AIBN
阴离子交换整体柱
(a) 强阴离子杂化硅胶整体柱的制备
上样
清洗
洗脱
质谱分析(检测)
(1) 采用气体压力上样
(2) 采用毛细收缩效应上样
N2
相对离子丰度
m/z
胰蛋白酶解液在 50mmol/L NH4HCO3中
80mmol/L NH4HCO3
5%甲酸
(b) 强阴离子杂化硅胶在磷酸肽富集上的应用

图 7-19 强阴离子杂化硅胶整体柱的制备及其在磷酸肽富集上的应用[56]

Zhang 等[57]以甲基丙烯酸-3-磺酸丙酯钾盐为有机功能单体，制备了一种具有强阳离子交换功能的有机-硅胶杂化整体柱。与商品化的强阳离子交换填充柱相比，所制备整体柱的通透性提高了近 7 倍，柱容量也提高了近 3 倍，并且所制备的强阳离子交换整体柱也被整合到 HPLC-MS/MS 系统中应用于蛋白质组学的研究。首先在对磷酸肽的在线富集方面，采用该杂化整体柱进行三次平行实验后共可鉴定到 716 个磷酸化位点；随后该整体柱又作为基质制备了固定化酶反应器，并对牛血清蛋白（BSA）进行在线酶解。与以商品化 SCX 填充柱为基质制备的固定化酶反应器的酶解效果相比，该整体柱酶反应器鉴定的肽段数目增加了

40%，蛋白序列覆盖率也提高了 10%。

为了进一步缩短溶胶-凝胶反应制备杂化整体柱的时间，Ma 等[58]将超声辅助的方法引入到杂化整体柱制备技术中。具体方法是：先将 VTMS 和 PEG 加入乙酸溶液中，在 40℃下超声 20min 形成均匀的溶液后，加入十二醇、乙烯基酯树脂和 AIBN，再超声 10min 后灌入色谱柱管（50mm×4.6mm I.D.）中，最后在 60℃下反应 12h，制备了一种新型的有机-硅胶杂化整体柱。该制备过程包含两个主要反应：一是在 40℃下 VTMS 的缩聚反应；二是在 60℃下乙烯基酯树脂与 VTMS 之间的自由基聚合反应。由于超声辅助加快了溶胶-凝胶反应速率，所以极大地缩短了制备杂化整体柱所需的时间。Lin 等[59]以 TMOS 和 γ-MAPS 为硅烷化试剂，以对烯基苯硼酸为有机功能单体，通过"一锅法"制备了硼酸亲和（色谱）杂化整体柱（图 7-20），并应用于实际样品中糖蛋白的选择性富集。这种亲和色谱柱对含顺式邻二羟基的生物大分子（如糖蛋白等）显示出了良好的亲和能力。

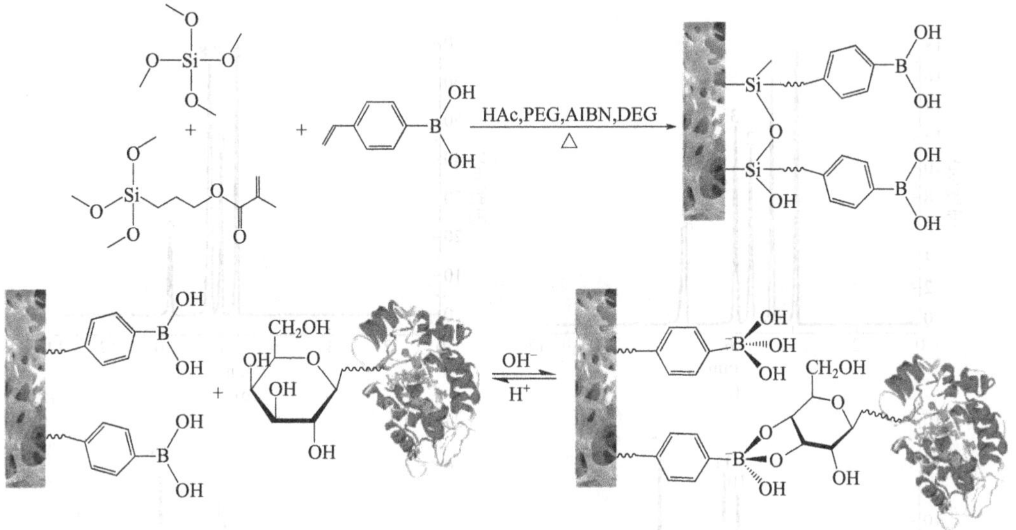

图 7-20 硼酸亲和杂化整体柱的制备示意图[59]

通过将 VTMS 替换为 γ-MAPS，Zou 等[55]对"一锅法"进行了改进，只需要一步热处理就可以实现杂化整体柱的制备。这种改进后的"一锅法"简化了原有方法需要两步热处理（先低温后高温）的烦琐过程，只需要一步热处理即可制备杂化整体柱，从而在一定程度上提高了制备的重复性。采用此方法，他们分别以 [2-（甲基丙烯酰氧基）乙基] 二甲基-（3-磺酸丙基）氢氧化铵（MSA）和 2-甲基丙烯酰氧基乙基磷酸胆碱（MPC）为有机单体制备了两种亲水型有机-硅胶杂化整体柱，并考察了 TMOS/γ-MAPS 的摩尔比、有机单体的含量、致孔剂的组成和反应温度对杂化整体柱形貌的影响。结果表明，PEG10000 的含量过高或者过低都会导致所制备整体柱基质过于致密，而增加 γ-MAPS 的加入量可以使整体柱的形貌更加疏松（图 7-21）。通过优化制备条件后所形成的 MSA-和 MPC-两种硅胶杂化整体柱均表现出良好的通透性和机械强度，在对多种中性、碱性和酸性化合物以及小肽分子的 cLC 分离中均表现出良好的亲水性和分离能力，柱效可达 50000～110000 塔板/m（图 7-22）。

Xu 等[60]以 3-缩水甘油酯三甲氧基硅烷（GPTMS）为原料替换 VTMS，利用氨基与 GPTMS 上环氧基团之间的开环反应，将碱性氨基酸（L-精氨酸、L-赖氨酸和 L-组氨酸）键合到硅胶基质表面制备了具有两性离子功能的氨基酸-硅胶杂化整体柱。在该体系中，氨基

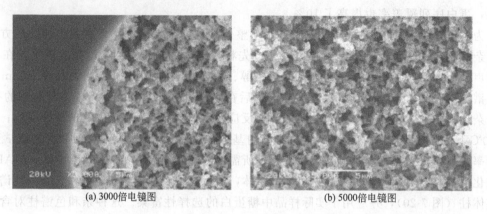

(a) 3000倍电镜图　　　　　　　(b) 5000倍电镜图

图 7-21　MSA-硅胶杂化整体柱的电镜图[55]

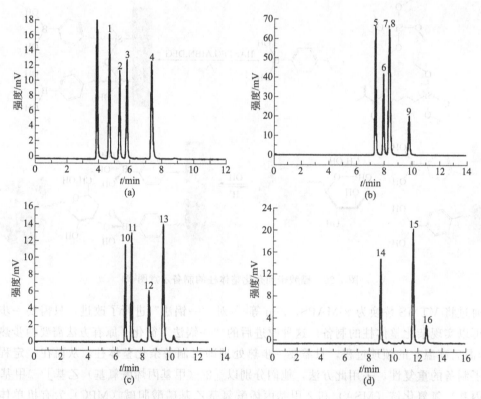

图 7-22　采用改进后的"一锅法"制备的 MSA 杂化整体柱对苯甲酸类（a）、苯酚类（b）、
嘌呤和嘧啶类（c）以及核苷类化合物（d）的 cLC 分离色谱图[55]

色谱柱：（a）46.5cm×75μm I. D.；（b）47.5cm×75μm I. D.；（c），（d）48.6cm×75μm I. D.
流动相：（a）ACN/乙酸铵缓冲液（40mmol/L）（80：20，体积比）；（b）ACN/H₂O（90：10，体积比）；
　　　（c），（d）ACN/乙酸铵缓冲液（10mmol/L）（80：20，体积比）
流速：100μL/min（分流前）
进样体积：4μL（分流前）
检测波长：（a），（b）214nm；（c），（d）254nm
被分析物：1—邻羟基苯甲酸；2—苯甲酸；3—2,5-二羟基苯甲酸；4—对羟基苯甲酸；5—苯酚；6—邻苯二
　　　　　酚；7—间苯二酚；8—对苯二酚；9—连苯三酚；10—胸腺嘧啶；11—尿嘧啶；12—腺嘌呤；
　　　　　13—胞嘧啶；14—腺嘌呤核苷；15—胞嘧啶核苷；16—鸟嘌呤核苷

酸除了作为有机功能单体外，还同时充当着硅羟基间缩聚的"内部催化剂"的角色。所制备的氨基酸-硅胶杂化整体柱在极性化合物的 CEC 分离中展现出了良好的分离性能。该方法也为将生物功能分子固定到杂化整体柱表面提供了一种简便的途径。

在上述的所有采用"一锅法"制备有机-硅胶杂化整体柱的实例中，一般采用的是亲水性有机单体，这主要是由于硅烷化试剂是在乙酸水溶液中进行水解，并且致孔体系中含有 PEG 和尿素，所以不能很好地溶解疏水性的有机单体。为了克服这一难题，Zhang 等[54,61]发展了一种新的有机-水聚合体系，该体系由水、甲醇、DMF 和 CTAB 组成，克服了之前体系（由水、PEG 和尿素组成）溶解能力不足的缺点，对疏水性单体具有较强的溶解能力。采用有机-水聚合体系，Zhang 等[54]将 TMOS、VTMS、甲醇、DMF、水、CTAB、氨水和自制的手性单体单（6A-N-烯丙基胺-6A-去氧）-全苯基甲酸酯-β-环糊精（Ph-β-CD）以及自由基引发剂 AIBN 在室温下混合，超声脱气 10min 左右形成均匀的预聚液，然后注入预先处理过的毛细管中，分别在 40℃和 60℃水浴中反应 12h，成功制备了 Ph-β-CD-硅胶杂化手性整体柱（图 7-23），并详细考察了各种制备条件对杂化整体柱形貌及手性拆分能力的影响。结果表明，随着 VTMS 加入量的增加，整体柱基质会逐渐从致密变为疏松；增加 CTAB 的加入量也可以观察到类似的现象，而且 CTAB 的加入量过低或者过高都会降低整体柱的手性拆分能力。这可能是由于在 CTAB 含量较小时，形成的杂化整体柱基质孔径尺寸太小，对映体分子不易接近手性选择剂；当 CTAB 的含量太高时，形成的杂化整体柱基质孔径尺寸太大，对映体分子不能与手性选择剂充分作用就被洗脱下来。此外，DMF 和甲醇的加入量不仅对杂化整体柱的形貌和力学性能有较大影响，同时也直接决定了体系中 Ph-β-CD 的溶解量，对所制备杂化整体柱的手性分离能力产生至关重要的影响。最后，通过优化制备条件后所形成的 Ph-β-CD-硅胶杂化手性整体柱在 cLC 中对 10 种手性化合物成功地实现了拆分（图 7-24）。

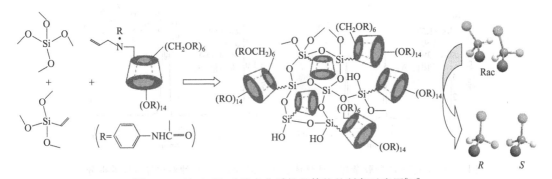

图 7-23　Ph-β-CD-硅胶杂化手性整体柱的制备示意图[54]

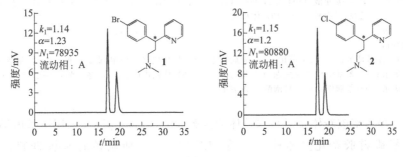

图 7-24

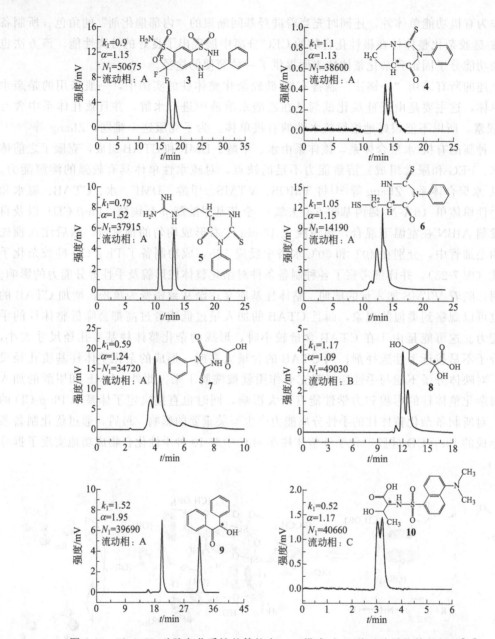

图 7-24 Ph-β-CD-硅胶杂化手性整体柱在 cLC 模式对 10 种对映异构体的拆分[54]

色谱柱：30cm×75μm I.D.

流动相：A，甲醇/三乙胺缓冲液（pH 4.2，60：40，体积比）；B，甲醇/三乙胺缓冲液（pH 4.2，80：20，体积比）；C，正己烷/异丙醇（90：10，体积比）

流速：120nL/min

检测波长：214nm

手性化合物：1—溴苯那敏；2—氯苯那敏；3—苄氟噻嗪；4—苯基硫代乙内酰脲-脯氨酸；5—苯基硫代乙内酰脲-精氨酸；6—苯基硫代乙内酰脲-半胱氨酸；7—苯基硫代乙内酰脲-天门冬氨酸；8—2-(4-羟基苯基)-2-羟基丙酸；9—苯偶姻；10—丹磺酰-L-苏氨酸

　　为了进一步考察该新体系对疏水单体的溶解能力，Zhang 等又采用甲基丙烯酸苄基酯为单体制备了苯基-硅胶杂化整体柱[61]。在 cLC 模式下，所制备的苯基-硅胶杂化整体柱对PAHs、苯酚类、苯胺类和小肽等多种化合物均表现出了较强的分离能力，而且在蛋白酶解液的 cLC-MS/MS 分析中，所制备杂化整体柱的分离能力也与 C_{18} 填充柱相当。此后，采用相同的体系，甲基丙烯酸正丁酯也被用作单体制备了 C_4-硅胶杂化整体柱，并将其应用于蛋白质样品的分离，也取得了良好的分离效果[62]。这些实例充分证明了所发展的有机-水溶液聚合体系有效改善了与疏水性单体的相容性，极大地拓展了"一锅法"制备有机-硅胶杂化整体柱的适用范围。

　　然而，对于强疏水性的有机单体，如甲基丙烯酸十二烷基酯（LMA）、甲基丙烯酸十八烷基酯（SMA）等，在上述有机-水体系中"一锅法"依然存在相容性的问题。为了克服这一难题，Zou 等[63]基于无水溶胶-凝胶反应（non-hydrolytic sol-gel，NHSG）进一步发展了"一锅法"制备有机-硅胶杂化整体柱的方法（图 7-25）。该方法具体是：首先将带可修饰官能团的三烷氧基硅烷（如 γ-MAPS）与四烷氧基硅烷（或其他种类的硅烷化试剂，甚至也可以不加）与一定量的乙腈和有机酸（如甲酸或者乙酸等）相混合，在室温下搅拌 2h；然后加入一定量的有机功能单体、十二醇和自由基引发剂 AIBN，超声脱气后用注射器注入到已预先经酸碱处理过的毛细管中；最后将毛细管两端密封后置于 50℃水浴中反应 12h，用乙腈冲洗毛细管柱以除去十二醇和其他一些未反应完的残留物。与前面"一锅法"类似，无水溶胶-凝胶反应过程中也发生了两个反应：一是硅烷化试剂上的硅氧基在有机酸的催化下发生缩聚反应形成 Si—O—Si 骨架；二是三烷氧基硅烷化试剂上的可修饰官能团和有机单体在 AIBN 的引发下发生自由基聚合反应，将有机单体键合到硅胶骨架表面。采用这种新型的无水体系"一锅法"，他们以 LMA 和 SMA 为有机单体分别制备了 C_{12}-和 C_{18}-硅胶杂化整体柱，并应用于苯系物、苯酚类、苯甲酸类、苯胺类、稠环芳烃类（PAHs）、蛋白质和蛋白酶解液的 cLC 分离，两种杂化整体柱均表现出了较高的柱效和较强的分离能力（图 7-26 和图 7-27）。与之前有机-水体系相比，采用 NHSG 体系彻底解决了与强疏水性有机单体的相容性问题，进一步拓展了"一锅法"制备有机-硅胶杂化整体柱的适用范围。

　　至此，采用"一锅法"可以使用任何有机功能单体为原料制备任何类型的有机-硅胶杂化整体柱，不仅包括亲水型和离子型的杂化整体柱，而且也包括具有疏水性和超疏水性表面的杂化整体柱。与传统溶胶-凝胶法制备杂化整体柱相比，该新方法不仅简化了制备过程，而且提高了制备的重复性，将为其获得广泛应用奠定基础。

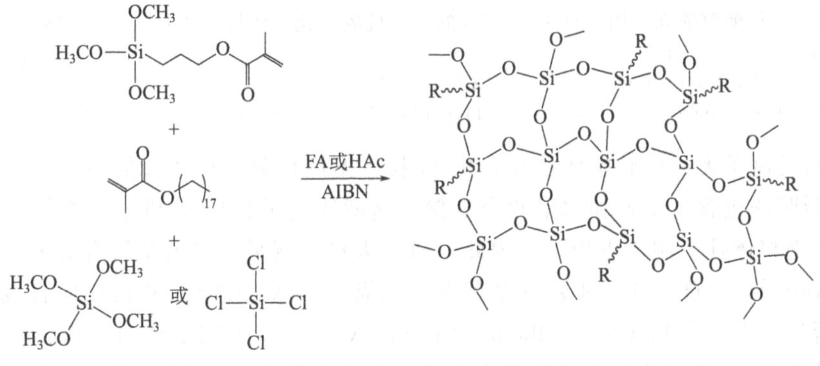

图 7-25　基于非水解溶胶-凝胶反应（NHSG）的"一锅法"制备有机-硅胶杂化整体柱示意图[63]

7.2.3　其他聚合方法制备杂化整体柱

　　目前有机聚合物整体柱主要是采用热引发或光引发的自由基聚合方法进行制备，而溶

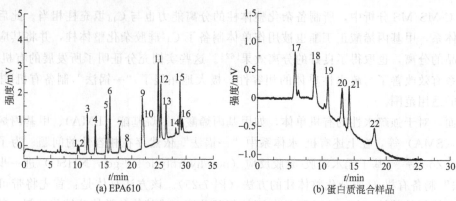

图 7-26　EPA610 和蛋白质混合样品在采用 NHSG 法制备的 C_{18}-硅胶杂化
整体柱上的 cLC 分离色谱图[63]

色谱柱：30.0cm×75μm I.D.
流动相：A，H_2O；B，ACN
流速：120μL/min（分流前）
梯度：(a) 60%～100% B（0～30min）；(b) 35%～55% B（0～15min）
检测波长：(a) 254nm；(b) 214nm
被分析物：1—萘；2—苊烯；3—苊；4—芴；5—菲；6—蒽；7—荧蒽；8—芘；9—苯并 [a] 蒽；10—䓛；11—苯并 [b] 荧蒽；12—苯并 [k] 荧蒽；13—苯并 [a] 芘；14—二苯并 [a,h] 蒽；15—苯并 [g,h,i] 芘；16—茚并 [1,2,3-c,d] 芘；17—核糖核酸酶 B；18—细胞色素 C；19—溶菌酶；20—牛血清白蛋白；21—肌红蛋白；22—卵清蛋白

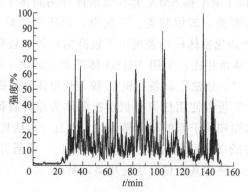

图 7-27　鼠肝酶解液在采用 NHSG 法制备的 C_{12}-硅胶杂化整体柱上的 cLC-MS/MS 分离基峰图
色谱柱：30.0cm×75μm I.D.
流动相：A，H_2O（含 0.1%甲酸）；B，ACN（含 0.1%甲酸）
梯度：0～5% B（0～2min），5%～35% B（2～142min），35%～80% B（142～147min），80% B（147～150min）

胶-凝胶法则是制备无机硅胶整体柱和有机-硅胶（无机）杂化整体柱的最主要的方法。由于这种溶胶-凝胶法包含了水解和缩聚两个步骤，这就决定了有机-无机杂化整体柱的制备过程比有机聚合物整体柱的制备更烦琐，因此，研究人员尝试采用自由基聚合等方法来制备杂化整体柱。Bonn 等[64]首先利用 4-乙烯基苄氯和二氯二甲基硅烷通过格氏反应合成了一种含有硅原子的新型交联剂 [bis(p-vinylbenzyl)-dimethylsilane，BVBDMS]，然后将其与对甲基苯乙烯在异丙醇/甲苯致孔体系中采用热引发的自由基聚合方式制备了一种新型的含有硅原子的杂化整体柱（图 7-28）。所制备 MS/BVBDMS 杂化整体柱不仅具有较好的机械强度和抗溶胀能力，而且可以通过改变单体的加入量、致孔剂的种类和配比等方式对其孔径进行调节。所制备整体柱可以在几分钟内对蛋白质、肽段、寡核苷酸等多种生物大分子实现快速的 cLC 分析（图 7-29）。最重要的是，该工作为有机-无机杂化整体柱的制备提供了一种全新的

思路，为后续制备方法的开辟提供了一条线索。

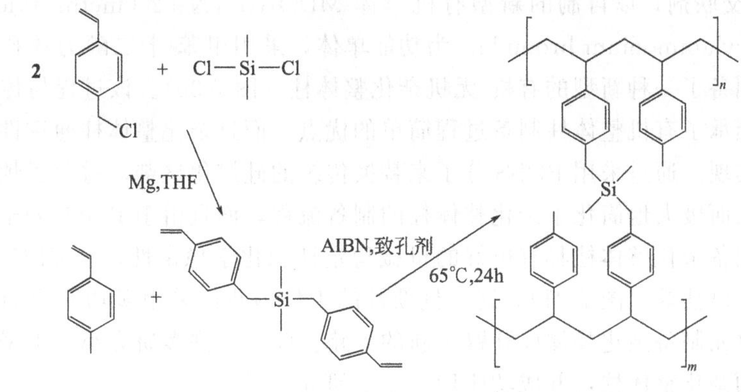

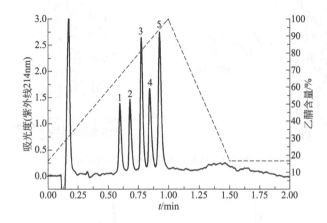

图 7-28　新型硅烷交联剂 BVBDMS 的合成及其通过热引发自由基聚合反应制备杂化整体柱示意图[64]

图 7-29　蛋白质样品在 MS/BVBDMS 杂化整体柱上的快速分离图[64]
色谱柱：柱长不详×200μm I. D.
流动相：A，H_2O（含 0.1%甲酸）；B，ACN（含 0.1%甲酸）
梯度：17%～100% B（0～1min）
流速：23μL/min
样品浓度：20ng/mL
柱温：60℃
检测波长：214nm
被分析物：1—核糖核酸酶 A；2—细胞色素 C；3—α-乳清蛋白；4—β-乳球蛋白；5—卵清蛋白

　　纳米粒子由于具有较大的比表面积，因此常被用来对整体材料基质进行后修饰以增加色谱固定相的比表面积，从而提高色谱分离能力，目前该方法已被广泛应用于 GC、CEC、cLC 和 SPE 等多种色谱固定相的制备[65]。多面体寡聚倍半硅烷（polyhedral oligomeric silsesquioxanes，POSS）是一类分子尺寸在 1～3nm 之间的新型笼状化合物。它的内部是一个由硅和氧组成的核，外部是一系列有机官能团，所以也被认为是在分子尺度上的有机-无机杂化材料。该类化合物的经验结构式为 $R_n(SiO_{1.5})_n$，其中，R 代表其分子外部的一系列有机官能团，n 则是大于或等于 4 的偶数[66～68]。POSS 分子具有 pH 稳定性好、耐高温、抗氧化以及化学修饰性强等特点，目前已被广泛应用于高分子材料改性、催化、生物材料制备、CVD 涂层以及光学和电子器件制备等领域[69～73]。正因为具有独特的物理和化学特性，POSS 试剂也可以作为硅烷化试剂的一种理想的替代材料应用于杂化整体柱的制备。2010

年，Wu 等[74]首先以含有多个甲基丙烯酸酯的 POSS-methacryl substituted（cage mixture, POSS-MA）为交联剂，以自制的新型有机单体 MDOAB {N-[2-(methacryloyloxy)ethyl]-dimethyloctadecylammonium bromide} 为功能单体，采用甲苯-十二醇为致孔体系，通过自由基聚合方式制备了一种新型的有机-无机杂化整体柱（图 7-30）。该过程与传统有机整体柱的制备类似，继承了有机整体柱制备过程简单的优点，而且杂化整体柱通透性也可通过改变致孔剂的配比实现。通过采用 POSS 分子来替换传统的硅烷化试剂，避免了烦琐的硅烷化试剂水解过程，从而极大地简化了杂化整体柱的制备流程，而且由于 POSS 分子独特的物理和化学性质，所制备杂化整体柱具有更好的机械稳定性和化学稳定性，在 CEC 和 cLC 应用中显示出更高的分离柱效（图 7-31）。这一创新性的工作为我们采用多功能化的杂化材料作为最基本的结构单元制备杂化整体柱开辟了新的思路。此后，许多研究小组也采用 POSS 试剂制备了一系列的杂化整体柱，并成功应用于色谱研究[75~80]。

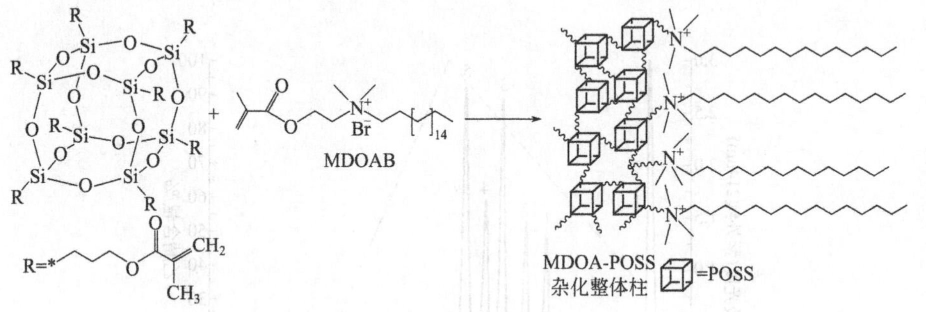

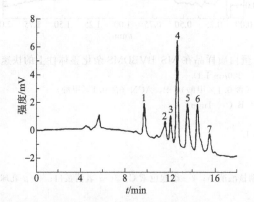

图 7-30　MDOA-POSS 杂化整体柱的制备示意图[74]

图 7-31　蛋白质混合样品在 MDOA-POSS 杂化整体柱上的 cLC 分离色谱图[74]
色谱柱：40.0cm×75μm I.D.（有效长度 34.0cm×75μm I.D.）
流动相：A，H₂O（含 0.1%甲酸）；B，ACN（含 0.1%甲酸）
流速：300nL/min
梯度：15%～45% B（0～10min）
检测波长：220nm
被分析物：1—核糖核酸酶 B；2—细胞色素 C；3—胰岛素；4—溶菌酶；5—牛血清白蛋白；
　　　　　6—烯醇酶；7—卵清蛋白

Nischang 等[72]采用一种含有 8 个乙烯基的 POSS 分子为单体，以四氢呋喃（THF）和 PEG200 为致孔溶剂，采用自由基聚合方式制备了一种具有大比表面积的杂化整体材料。由于所制备的杂化整体材料中具有大量的微孔（<2nm）和介孔（<10nm），其比表面积达到 800m²/g，而且由于这种整体材料表面残留了大量的乙烯基团，因此可以方便地进行修饰以

改变材料的表面性质，这非常有利于制备具有多种保留机理的色谱固定相。

除了自由基聚合方式外，其他一些聚合反应也可以应用于有机-无机杂化整体柱的制备。开环聚合反应早在 1970 年就已经问世，随后逐渐被应用在有机合成中。Buchmeiser 等[81]采用开环易位聚合（ring-opening metathesis polymerization，ROMP）反应制备了一系列内径从 50μm 到 5cm 的有机聚合物整体柱，用于 HPLC 和 cLC 研究。此外，采用 ROMP 反应，他们以顺式环辛烯和三（环己基氨基）甲基硅烷为单体制备了有机-无机杂化整体柱[81]。2011 年，他们又采用 5-norborn-2-enemethyl bromide（NBE-CH$_2$Br）和 tris（5-norborn-2-enemethoxy）methylsilane［(NBE-CH$_2$O)$_3$SiCH$_3$］为单体通过 ROMP 反应制备了一种杂化整体柱[82]，并且通过与二乙胺反应将该整体柱基质上的 NBE-CH$_2$Br 链转化为弱阴离子交换基团（图 7-32）。结果表明，所制备的杂化整体柱基质具有较高的交联度、通透性和机械强度，而且经过二乙胺处理的杂化整体柱具有较高的离子交换容量，可以应用于双链 DNA 片段的快速、高效分离（图 7-33）。

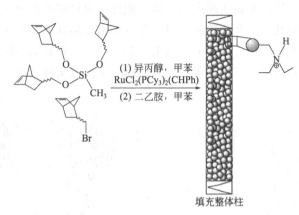

图 7-32　开环易位聚合（ROMP）反应制备杂化整体柱示意图[82]

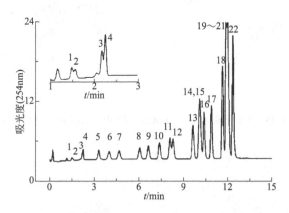

图 7-33　pBR322 DNA Hae Ⅲ酶解片段在通过 ROMP 反应制备的
弱阴离子交换杂化整体柱上的分离色谱图[82]

色谱柱：100cm×3mm I. D.
流动相：A，磷酸盐缓冲液（0.05mol/L，pH 7）＋5％ CAN；B，A 流动相＋NaCl（1.0mol/L）
分离梯度：0～50％ B（0～2min），60％～78％ B（2～13min）
流速：3.0mL/min
分离温度：50℃
样品：pBR322 DNA Hae Ⅲ酶解片段（3.0μg，范围在 8～587 个碱基对内）
被分析物：1～22—含有不同碱基对数的 DNA 酶解片段（范围在 8～587 个碱基对内）

与 ROMP 反应类似，环氧开环聚合（ring-opening polymerization，ROP）反应也是一种有机合成中常用的反应。采用多环氧有机单体和二胺类交联剂，环氧开环聚合已经应用于有机聚合物整体柱的制备[83,84]，然而鲜有采用环氧开环聚合反应直接制备有机-无机杂化整体柱的报道。最近，Zou 等[85~87]以一种含有 8 个环氧基团的 POSS 试剂（octaglycidyldimethylsilyl POSS，POSS-epoxy）为硅源，以二胺或者多胺为交联剂，通过环氧开环聚合反应制备了一系列有机-无机杂化毛细管整体柱（图 7-34）。得益于 POSS 试剂优越的物理和化学性质，所制备的整体柱具有较好的机械稳定性和化学稳定性，而且由于环氧开环聚合反应的相分离过程较为温和，所制备的整体柱具有高度有序的三维骨架结构（如图 7-35），在 CEC 和 cLC 模式下对苯系物、芳烃类、苯酚类以及苯胺类化合物均实现了高效分离，其中 cLC 中最高分离柱效达到 140000 塔板/m（图 7-36），可以与填充柱相媲美。这种杂化整体柱在液相色谱中所表现出的高柱效与其内部高度均一的孔道结构有着密切的关系。在分离过程中，整体柱内高度有序的三维骨架结构和均一的大孔可以极大地减小传质阻力，并有效抑制涡流扩散，从而实现高效分离。此外，通过调整预聚液的配比或改变反应温度可以制备出具有不同孔径的杂化整体材料，并且不会破坏其高度有序的三维骨架结构。另外，由于位阻效应，杂化整体柱表面上会残余一部分的环氧和氨基基团，赋予所制备的整体材料良好的可修饰性，可以对其进行多种修饰以满足不同的实际分离需求。

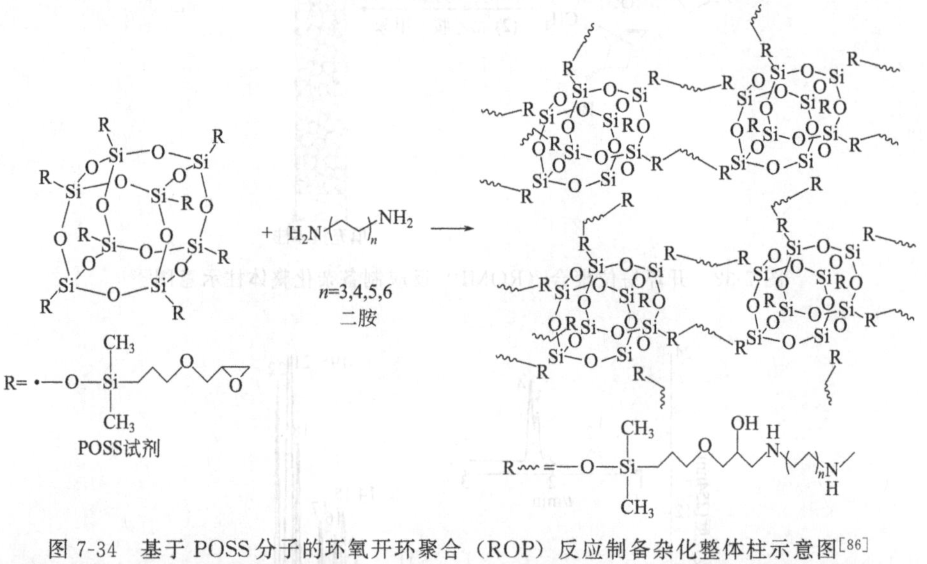

图 7-34　基于 POSS 分子的环氧开环聚合（ROP）反应制备杂化整体柱示意图[86]

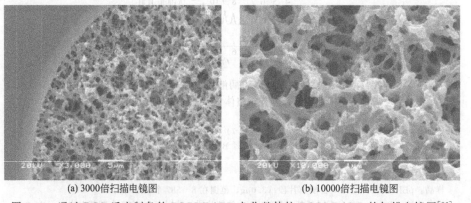

(a) 3000倍扫描电镜图　　　　(b) 10000倍扫描电镜图

图 7-35　通过 ROP 反应制备的 POSS-DADD 杂化整体柱 POSS-DADD 的扫描电镜图[86]

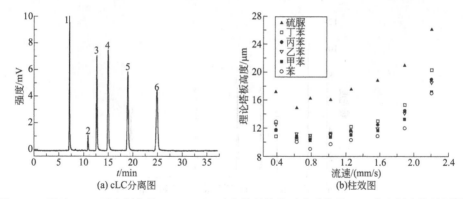

图 7-36　通过 ROP 反应制备的 POSS-DADD 杂化整体柱对苯系物的 cLC 分离图和柱效图[86]
色谱柱：48.5cm×75μm I.D.
流动相：ACN/H_2O（50∶50，体积比）
流速：120μL/min（分流前）
进样量：2.5μL（分流前）
检测波长：214nm
被分析物：1—硫脲；2—苯；3—甲苯；4—乙苯；5—丙苯；6—丁苯

　　在该工作基础上，Zou 等[88]随后以胱胺二盐酸盐为交联剂，考察了致孔剂、温度等因素对整体柱孔结构和通透性的影响，制备了一种含有二硫键（—S—S—）的有机-无机杂化整体柱，在反相色谱分离中柱效最高可达 71000 塔板/m。同时，又采用二硫苏糖醇（DTT）对整体柱基质表面的二硫键进行了还原，通过烯基-巯基点击化学反应分别在其表面修饰了甲基丙烯酸十八酯（SMA）、甲基丙烯酸苄基酯（BMA）和 3-｛N,N-二甲基-［2-(2-甲基-2-丙烯酰氧基)乙基］铵｝丙烷-1-磺酸内盐（MSA）等有机功能单体（图 7-37）。结果表明，SMA 修饰后的整体柱表现出更强的反相色谱保留能力和更好的分离能力，而且 MSA 修饰的整体柱也展示出亲水作用色谱分离的性质。此外，由于这种杂化整体柱具有良好的通透性，他们还制备了一根 1m 长的杂化毛细管整体柱。结果表明，较长整体柱具有更大的峰容量（图 7-38），在复杂生物样品分离分析领域中具有一定的潜力。

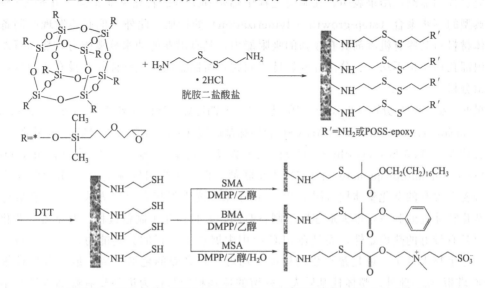

图 7-37　通过 ROP 反应制备 POSS-Cys 杂化整体柱及采用 "thiol-ene"
对所制备整体柱进行后修饰的过程示意图[88]

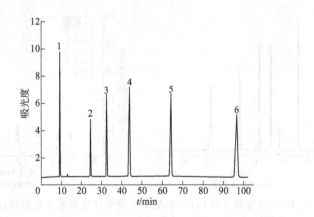

图 7-38　苯系物在 1m 长的 SMA 修饰的 POSS-Cys 杂化整体柱上的 cLC 分离色谱图[88]
　　　　色谱柱：100cm×75μm I. D.
　　　　流动相：ACN/H₂O（50∶50，体积比）
　　　　流速：200μL/min（分流前）
　　　　进样量：2.5μL（分流前）
　　　　检测波长：214nm
　　　　被分析物：1—硫脲；2—苯；3—甲苯；4—乙苯；5—丙苯；6—丁苯

　　点击化学，如亚铜盐催化的 1,3-偶极炔基-叠氮环加成反应（CuAAC）和基于巯基的点击化学反应等，具有反应条件温和、产率高等特点，目前已经被广泛应用于新化合物的合成、聚合物和水凝胶的制备以及材料表面修饰等方面[89~95]。在新型色谱固定相的开发方面，点击化学也已经成为硅胶微球或整体柱基质进行功能化修饰的一种非常高效的方法[96~103]。然而，目前鲜有文献报道采用点击化学反应直接制备大孔整体材料及其应用于色谱固定相的研究。最近，Nischang 等[104]以含 8 个乙烯基团的多面体寡聚倍半硅烷化试剂（vinyl-containing POSS）为硅源，以 5 种多巯基试剂为交联剂，通过自由基引发的巯基-烯点击聚合反应（thiol-ene click reaction）一步制备了多种有机-无机杂化多孔整体材料。通过对反应过程的监测，结果表明，在制备过程中烯基和巯基的转化率非常高，几乎完全反应，具有典型的逐步聚合（step-growth polymerization）的特征。此外，他们还发现所制备的杂化整体材料对某些有机溶剂具有较强的吸附能力，具有潜在的油水分离能力，然而可能由于存在内部孔道结构不均一、分离柱效较低等问题，所制备的杂化整体柱并没有实现复杂样品的色谱分析。

　　最近，Zou 等[105]分别以 2,4,6,8-四甲基-2,4,6,8-四乙烯基环四硅氧烷（2,4,6,8-tetramethyl-2,4,6,8-tetravinylcyclotetrasiloxane，TMTVS）和四烯基硅烷（tetravinylsilane，TVS）为硅源，以 1,6-己二硫醇（1,6-hexanedithiol，HDT）或季戊四醇四-3-巯基丙酸酯（pentaerythritol tetrakis-3-mercaptopropionate，PTM）为交联剂，也采用光引发巯基-烯点击化学反应制备了 4 种含有大孔的杂化整体柱（图 7-39）。由于采用光引发聚合反应方式，可以在数分钟内完成杂化整体柱的制备，极大地缩短了制备时间，并且简化了制备过程。所制备的杂化整体柱不仅具有较好的热稳定性，而且在 cLC 应用中展现了较强的分离能力，无论是对简单小分子还是生物大分子，或是复杂生物样品，均可实现高效的色谱分离，最高分离柱效可达160000 塔板/m。此外，整体柱基质表面残留的巯基和烯基也为进一步后修饰以满足不同的实际应用需求提供了可能。

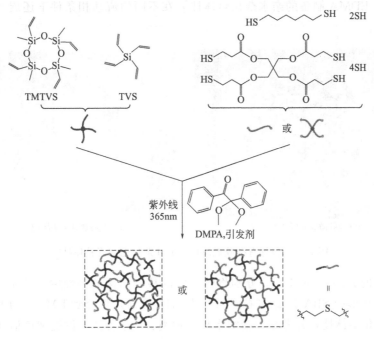

图 7-39 光引发 "thiol-ene" 点击聚合反应制备杂化整体柱示意图[105]

7.3 其他类型的有机-无机杂化整体柱

尽管硅基杂化整体材料（hybrid silica-based monolith，HSM）具有较强的有机溶剂耐受性和机械稳定性，但除了少数特殊的有机-硅胶杂化整体柱外，绝大多数硅基的杂化整体柱的 pH 耐受性与硅胶整体柱相比，并没有本质的提高，这在很大程度上限制了其大规模的应用[1]，因此也促进了另一种有机-无机杂化整体材料——杂化聚合物整体材料（hybrid polymer-based monolith，HPM）的发展。

HPM 是通过化学键合方法将无机单元接枝或固定到有机聚合物基质表面或内部所制成的一类杂化整体材料[1]。最典型的一种 HPM 材料就是将无机粒子通过共聚、表面修饰键合或包埋到有机聚合物基质内部或表面上所制备的整体材料。Jandera 等[106]首先将两种 37～50μm 硅胶微球（分别为接枝 C_{18} 链的硅胶微球和未接枝 C_{18} 链的硅胶微球）悬浮于预聚液[以乙二醇二甲基丙烯酸酯（EDMA）和甲基丙烯酸丁酯（BMA）为单体，以正丙醇和 1,4-丁二醇为致孔剂]中制备了两种包埋硅胶微球的杂化整体柱（图 7-40）。与常规 EDMA-co-BMA 有机聚合物整体柱相比，所制备的杂化整体柱的稳定性更好，流体动力学性能也显著提升。然而，所采用的硅胶微球上是否接枝 C_{18} 链对杂化整体柱分离选择性的影响比较小，蛋白质混合样品在所制备的有机聚合物整体柱和两种包埋有硅胶微球的杂化整体柱上均可以实现快速分离。随后，该课题组又采用两种 3～5μm 的硅胶微球（分别为 C_{18} 修饰和 NH_2 修饰的硅胶微球）分别制备了反相和亲水的杂化整体柱[107]。与有机整体柱相比，包埋硅胶微球的杂化整体柱的孔隙率更低，对蛋白质混合样品的分离能力更强。其中含有两亲性基团的杂化整体柱 [即上述用 NH_2 修饰的硅胶微球和甲基丙烯酸二甲基丙基磺酸胺乙酯

（MEDSA）及 EDMA 制备的亲水杂化整体柱］在不同的流动相条件下还展现出 HILIC/RP 混合保留机理。

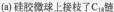

(a) 硅胶微球上接枝了 C_{18} 链   (b) 硅胶微球上未接枝 C_{18} 链

图 7-40   包埋有硅胶微球的 HPM 杂化毛细管整体柱[106]

采用类似的方法，Lei 等[108]分别将蠕虫状的核壳结构的磁性纳米粒子（$Fe_3O_4@SiO_2/NH_2$）和正六边形的 SBA-15 纳米粒子（均为 NH_2 修饰）整合到 BMA-*co*-EDMA 整体柱中制备了多种杂化整体柱，并考察包括纳米粒子种类、分散方式、浓度和色谱柱放置方式及反应温度等因素对杂化整体柱制备的影响。所制备的杂化整体柱在 CEC 中对多种有机酸混合物的分离柱效最高可达 290000 塔板/m。通过比较发现，得益于纳米粒子的高比表面积，所制备杂化整体柱的柱效和分离选择性都显著提高，而且纳米粒子表面的氨基化修饰也赋予了杂化整体柱 RP/IEX 混合色谱分离能力。最后，采用 BMA-*co*-EDMA-*co*-$Fe_3O_4@SiO_2/NH_2$ 杂化整体柱对天麻提取物实现了很好的分离。

Wan 等[109]也采用相似的策略对有机-硅胶杂化整体柱进行了改造，将棒状的 SBA-15 纳米粒子（已接枝 C_{18} 链）包埋进含有氨丙基基团的有机-硅胶杂化整体柱骨架内制备了一种新型的杂化整体柱。结果表明，包埋了 SBA-15 纳米粒子之后，杂化整体柱的分离选择性和柱效均得到了提高，在 CEC 中对有机酸分子的最高分离柱效可达 280000 塔板/m。采用类似的方法，Zhang 等[110]也将 SBA-15 纳米粒子（NH_2 修饰）包埋到了以 TEOS 和 APTES 为硅源制备的杂化整体柱中，并用戊二醛法在该杂化整体柱上固定了胰蛋白酶（trypsin），成功制备了微型酶反应器。研究表明，包埋了 SBA-15 纳米粒子之后，杂化整体柱的酶固载量得到了显著提高，从而提升了酶反应器的酶解效率。

金属-有机骨架（MOFs）材料是近年来新型材料研究的一个热点。它是以过渡金属作为结点，以多齿有机配体作为连接桥通过自组装而成的配位聚合物，具有孔隙率高、比表面积大、结构规整、热稳定性好、可修饰活性强等诸多优点。正因为这些独特的物理和化学性质，MOFs 材料也逐渐被应用于制备新型色谱固定相，其中也包括用于制备新型整体柱。目前，已有许多研究小组尝试了将 MOFs 材料包埋进有机聚合物整体柱基质中以改善分离性能[111,112]。Fu 等[111]将 MOFs 材料 UiO-66 包埋在 MAA-*co*-EDMA 有机聚合物整体柱中（图 7-41）。研究表明，与有机整体柱相比，这种杂化整体柱对小分子化合物的分离能力得到了显著提高。Huang 等[112]采用相似的方法将 MIL-101（Cr）包埋到 BMA-*co*-EDMA-*co*-AMPS 有机整体柱中制备了一种新型的杂化整体柱，并采用所制备的杂化整体柱分别在 CEC 和 cLC 模式下对简单小分子化合物和复杂生物样品（蛋白酶解液）实现了分离。Lin 等[113]也将 MIL-101（Cr）与 BMA-EDMA 共聚制备了一种杂化整体柱，并将其用于选择性萃取青霉素，取得了良好的效果。

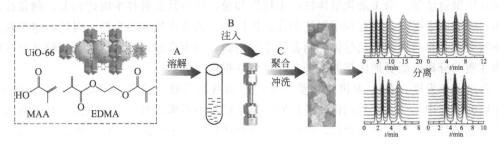

图 7-41　包埋有 UiO-66 的 poly（MAA-co-EDMA）HPM 杂化整体柱的制备示意图[111]

　　Lee 等[114]报道了一种采用聚合诱导相分离（polymerizationinduced phase separation，PIPS）方式来制备包埋金纳米粒子的杂化整体材料的新方法。所制备的整体材料不仅含有金纳米粒子（整体材料内部也含有一定量的金纳米粒子），而且基质表面也残留有一定量的可修饰基团。通过修饰一些生物探针分子，并结合表面增强拉曼光谱和荧光光谱等技术，该杂化整体材料可以对一些痕量的生物分子进行高灵敏检测。Li 等[115]首先制备了一种 SiO_2/TiO_2 的杂化材料，然后用 γ-MAPS 对其进行修饰形成了溶胶，最后将该溶胶和 BMA 共聚制备了一种新型的有机-无机杂化毛细管整体柱。研究表明，该杂化整体柱在 CEC 对硫脲的柱效最高可达 88000 塔板/m，而且具有反相电色谱保留性能，还通过对磷酸肽和非磷酸肽的洗脱研究实现了对磷酸肽的高效富集。

7.4　总结

　　有机-无机杂化整体柱是一种具有广阔应用前景的新型色谱固定相，是目前液相色谱领域研究的一个热点。由于硅基材料具有易制备和易修饰的特点，因此目前绝大多数杂化整体柱是有机-硅胶杂化整体柱。它结合了有机聚合物整体柱和无机硅胶整体柱的优点，又在一定程度上克服了两者的缺点。此外，传统的硅胶整体柱的后修饰是通过 Si—O—Si—C 键合不同的硅烷化试剂，而有机-硅胶杂化整体柱上的有机官能团是通过 Si—C 键合到整体柱基质上，因此具有更高的水热稳定性。

　　有机-硅胶杂化整体柱通常是以四烷氧基硅烷和三烷氧基硅烷为硅源采用溶胶-凝胶法制备。然而，这种方法的大规模应用受到了商品化的三烷氧基硅烷化试剂来源的限制，尤其是带有亲水性基团或者离子交换基团的硅烷化试剂种类偏少的严重制约。尽管可以根据实际应用需求对现有有机-硅胶杂化整体柱进行修饰，但其总制备流程仍然略显烦琐。近年来众多科研人员发展了许多新的有机-硅胶杂化整体柱的制备方法。其中"一锅法"制备有机-硅胶杂化整体柱是直接将有机功能单体加入预聚液中，在硅烷化试剂发生水解缩聚的同时利用自由基聚合或者其他化学反应将有机功能单体一步接枝到整体柱基质上。虽然有机功能单体的引入可能会对反应体系造成影响，从而需要对制备条件进行重新优化，然而该方法可以有效克服传统制备方法受制于烷氧基硅烷化试剂种类不足的问题，可以方便地制备众多具有 RP、IEX 和 HILIC 色谱性能的杂化整体柱以满足不同的分析需求。其他一些在有机聚合物整体材料制备中常用的反应，如环氧开环置换反应、可控自由基聚合反应、加成聚合和点击化学反应等也逐渐应用于有机-硅胶杂化整体柱的制备，如基于 POSS 分子的自由基聚合法或者环氧开环聚合法等。由于杂化整体柱的重现性和稳定性与其制备技术密切相关，制备技术越简单，影响因素越少，越有利于提高杂化整体柱制备的重现性和稳定性。因此，这些新反应的不断引入必将会推动杂化整体柱制备技术的创新，也为高效、稳定地制备多种具有不同结构和性质、分离性能更加优越的新型杂化整体柱提供了可能。

经过多年发展，有机-无机杂化整体柱已经为液相色谱分离研究开辟了一个新的方向。在今后的研究中，一方面我们仍然需要发展新型的制备技术，另一方面也需要对现有制备技术的工艺条件进一步改进和优化，以改善杂化整体柱轴向形貌的均匀性，提高其柱效和对代谢产物及蛋白酶解液等复杂样品的分离能力。尽管目前常规尺寸的杂化整体柱还没有实现商品化，但其在液相色谱分离和样品预处理方面的广阔应用前景却是毋庸置疑的。另外，随着痕量样品分离需求的日益高涨和器件微型化技术的不断提高，有机-无机杂化整体柱与微流控芯片的结合也非常值得我们去关注和尝试。

参 考 文 献

[1] Zhu T，Row K H. J Sep Sci，2012，35：1294-1302.

[2] Sanchez C，Shea K J，Kitagawa S. Chem Soc Rev，2011，40：471-472.

[3] Wang D X，Chong S L，Malik A. Anal Chem，1997，69：4566-4576.

[4] Guo Y，Colon L A. Anal Chem，1995，67：2511-2516.

[5] Malik A. Electrophoresis，2002，23：3973-3992.

[6] Wyndham K D，O'Gara J E，Walter T H，et al. Anal Chem，2003，75：6781-6788.

[7] Hayes J D，Malik A. Anal Chem，2000，72：4090-4099.

[8] Siouffi A M. J Chromatogr A，2003，1000：801-818.

[9] Kanamori K，Nakanishi K. Chem Soc Rev，2011，40：754-770.

[10] Wu M，Wu R，Zhang Z，et al. Electrophoresis，2011，32：105-115.

[11] Ou J，Lin H，Zhang Z，et al. Electrophoresis，2013，34：126-140.

[12] 张振宾，欧俊杰，林辉，等. 高等学校化学学报，2013，34（9）：2011-2019.

[13] Harreld J H，Ebina T，Tsubo N，et al. J Non-Cryst Solids，2002，298：241-251.

[14] Bruns S，Hara T，Smarsly B M，et al. J Chromatogr A，2011，1218：5187-5194.

[15] Laschober S，Rosenberg E. J Chromatogr A，2008，1191：282-291.

[16] Nunez O，Ikegami T，Kajiwara W，et al. J Chromatogr A，2007，1156：35-44.

[17] Yan L J，Zhang Q H，Feng Y Q，et al. J Chromatogr A，2006，1121：92-98.

[18] Roux R，Jaoude M A，Demesmay C，et al. J Chromatogr A，2008，1209：120-127.

[19] Roux R，Jaoude M A，Demesmay C. J Chromatogr A，2009，1216：3857-3863.

[20] Yan L J，Zhang Q H，Zhang W B，et al. Electrophoresis，2005，26：2935-2941.

[21] Hu J，Xie C，Tian R，et al. Electrophoresis，2006，27：4266-4272.

[22] Roux R，Puy G，Demesmay C，et al. J Sep Sci，2007，30：3035-3042.

[23] Ikegami T，Horie K，Jaafar J，et al. J Biochem Bioph Meth，2007，70：31-37.

[24] Hara T，Makino S，Watanabe Y，et al. J Chromatogr A，2010，1217：89-98.

[25] Miyamoto K，Hara T，Kobayashi H，et al. Anal Chem，2008，80：8741-8750.

[26] Colon H，Zhang X，Murphy J K，et al. Chem Commun，2005：2826-2828.

[27] Li L，Colon L A. J Sep Sci，2009，32：2737-2746.

[28] Tian Y，Zhang L，Zeng Z，et al. Electrophoresis，2008，29：960-970.

[29] Feng R，Tian Y，Chen H，et al. Electrophoresis，2010，31：1975-1982.

[30] Feng R，Shen M，Wang M M，et al. Chin J Anal Chem，2011，39：827-832.

[31] Wang K，Chen Y，Yang H，et al. Talanta，2012，91：52-59.

[32] Yan L J，Zhang Q H，Zhang H，et al. J Chromatogr A，2004，1046：255-261.

[33] Ma J，Liang Z，Qiao X，et al. Anal Chem，2008，80：2949-2956.

[34] Ma J，Liu J，Sun L，et al. Anal Chem，2009，81：6534-6540.

[35] Sun L，Ma J，Qiao X，et al. Anal Chem，2010，82：2574-2579.

[36] Hou C，Ma J，Tao D，et al. J Proteome Res，2010，9：4093-4101.

[37] Deng N，Liang Z，Liang Y，et al. Anal Chem，2012，84：10186-10190.

[38] Yu S，Geng J，Zhou P，et al. Anal Chim Acta，2008，611：173-181.

[39] Zhang Y，Liu H，Zhang X，et al. Talanta，2013，104：17-21.

[40] Pino V，Afonso A M. Anal Chim Acta，2012，714：20-37.

[41] Vidal L，Riekkola M L，Canals A. Anal Chim Acta，2012，715：19-41.

[42] Han H，Wang Q，Liu X，et al. J Chromatogr A，2012，1246：9-14.

[43] Wu M，Chen Y，Wu R，et al. J Chromatogr A，2010，1217：4389-4394.

[44] Han H，Li J，Wang X，et al. J Sep Sci，2011，34：2323-2328.

[45] Hodgson R J，Chen Y，Zhang Z，et al. Anal Chem，2004，76：2780-2790.

[46] Hodgson R J，Besanger T R，Brook M A，et al. Anal Chem，2005，77：7512-7519.

[47] Hu J，Li X，Cai Y，et al. J Sep Sci，2009，32：2759-2766.

[48] Zheng M M，Lin B，Feng Y Q. J Chromatogr A，2007，1164：48-55.

[49] Constantin S，Freitag R. J Sol-Gel Sci Techn，2003，28：71-80.

[50] Xu L，Lee H K. J Chromatogr A，2008，1195：78-84.

[51] Zhang Q H，Yan L J，Zhang W B，et al. Chin J Anal Chem，2008，36：572-576.

[52] Avila-Herrera C A，Gomez-Guzman O，Almaral-Sanchez J L，et al. J Non-Cryst Solids，2006，352：3561-3566.

[53] Wu M，Wu R，Wang F，et al. Anal Chem，2009，81：3529-3536.

[54] Zhang Z，Wu M，Wu R，et al. Anal Chem，2011，83：3616-3622.

[55] Lin H，Ou J，Zhang Z，et al. Anal Chem，2012，84：2721-2728.

[56] Dong M M，Wu M H，Wang F J，et al. Anal Chem，2010，82：2907-2915.

[57] Zhang Z，Wang F，Xu B，et al. J Chromatogr A，2012，1256：136-143.

[58] Ma J，Yang G，Yan C，et al. Anal Methods，2012，4：247-253.

[59] Lin Z，Pang J，Yang H，et al. Chem Commun，2011，47：9675-9677.

[60] Xu H，Xu Z，Yang L，et al. J Sep Sci，2011，34：2314-2322.

[61] Zhang Z，Lin H，Ou J，et al. J Chromatogr A，2012，1228：263-269.

[62] Zhang Z，Wang F，Ou J，et al. Anal Bioanal Chem，2013，405：2265-2271.

[63] Zhang Z，Wang F，Dong J，et al. RSC Adv，2013，3：22160-22167.

[64] Wieder W，Lubbad S H，Trojer L，et al. J Chromatogr A，2008，1191：253-262.

[65] Duan A H，Xie S M，Yuan L M. Trends Anal Chem，2011，30：484-491.

[66] Abe Y，Gunji T. Prog Polym Sci，2004，29：149-182.

[67] Mark J E. Acc Chem Res，2004，37：946-953.

[68] Tanaka K，Chujo Y. J Mater Chem，2012，22：1733-1746.

[69] Kannan R Y，Salacinski H J，Butler P E，et al. Acc Chem Res，2005，38：879-884.

[70] Cordes D B，Lickiss P D，Rataboul F. Chem Rev，2010，110：2081-2173.

[71] Quadrelli E A，Basset J M. Coordin Chem Rev，2010，254：707-728.

[72] Nischang I，Brueggemann O，Teasdale I. Angew Chem Int Ed，2011，50：4592-4596.

[73] Wang F，Lu X，He C. J Mater Chem，2011，21：2775-2782.

[74] Wu M，Wu R，Li R，et al. Anal Chem，2010，82：5447-5454.

[75] Ou J，Zhang Z，Lin H，et al. Electrophoresis，2012，33：1660-1668.

[76] Lin X，Zheng N，Wang J，et al. Analyst，2013，138：5555-5558.

[77] Liu Z，Ou J，Liu Z，et al. J Chromatogr A，2013，1317：138-147.

[78] 欧俊杰，林辉，刘哲益，等. 色谱，2013，31（4）：322-328.

[79] Ou J，Zhang Z，Lin H，et al. Anal Chim Acta，2013，761：209-216.

[80] Xiong X，Yang Z，Li Y，et al. J Chromatogr A，2013，1304：85-91.

[81] Schlemmer B，Gatschelhofer C，Pieber T R，et al. J Chromatogr A，2006，1132：124-131.

[82] Lubbad S H，Buchmeiser M R. J Chromatogr A，2011，1218：2362-2367.

[83] Hosoya K，Hira N，Yamamoto K，et al. Anal Chem，2006，78：5729-5735.

[84] Ren L，Liu Z，Liu Y，et al. Angew Chem Int Ed，2009，48：6704-6707.

[85] Lin H，Ou J，Tang S，et al. J Chromatogr A，2013，1301：131-138.

[86] Lin H，Ou J，Zhang Z，et al. Chem Commun，2013，49：231-233.

[87] Lin H，Zhang Z，Dong J，et al. J Sep Sci，2013，36：2819-2825.

[88] Liu Z，Ou J，Lin H，et al. J Chromatogr A，2014，1342：70-77.

[89] Kolb H C，Finn M G，Sharpless K B. Angew Chem Int Ed，2001，40：2004-2021.

[90] Hoyle C E，Lowe A B，Bowman C N. Chem Soc Rev，2010，39：1355-1387.

[91] Sumerlin B S，Vogt A P. Macromolecules，2010，43：1-13.

[92] Fu R，Fu G D. Polym Chem，2011，2：465-475.

[93] Chatani S，Sheridan R J，Podgorski M，et al. Chem Mater，2013，25：3897-3901.

[94] Wang Z，Dai Z，Wu J，et al. Adv Mater，2013，25：4494-4497.

[95] Nair D P，Podgórski M，Chatani S，et al. Chem Mater，2014，26：724-744.

[96] Lubda D，Lindner W. J Chromatogr A，2004，1036：135-143.

[97] Chen Y，Wu M，Wang K，et al. J Chromatogr A，2011，1218：7982-7988.

[98] Chu C，Liu R. Chem Soc Rev，2011，40：2177-2188.

[99] Lv Y，Lin Z，Svec F. Analyst，2012，137：4114-4118.

[100] Chen M L，Zhang J，Zhang Z，et al. J Chromatogr A，2013，1284：118-125.

[101] Marechal A，El-Debs R，Dugas V，et al. J Sep Sci，2013，36：2049-2062.

[102] Peng X T，Liu T，Ji S X，et al. J Sep Sci，2013，36：2571-2577.

[103] Yang H，Chen Y，Liu Y，et al. Electrophoresis，2013，34：510-517.

[104] Alves F，Nischang I. Chem Eur J，2013，19：17310-17313.

[105] Liu Z，Ou J，Lin H，et al. Chem Commun，2014，50：9288-9290.

[106] Jandera P，Urban J，Moravcova D. J Chromatogr A，2006，1109：60-73.

[107] Jandera P，Urban J，Skerikova V，et al. J Chromatogr A，2010，1217：22-33.

[108] Lei W，Zhang L Y，Wan L，et al. J Chromatogr A，2012，1239：64-71.

[109] Wan L，Zhang L，Lei W，et al. Talanta，2012，98：277-281.

[110] Zhang Z，Zhang L，Zhang C，et al. Talanta，2014，119：485-491.

[111] Fu Y Y，Yang C X，Yan X P. Chem Commun，2013，49：7162-7164.

[112] Huang H Y，Lin C L，Wu C Y，et al. Anal Chim Acta，2013，779：96-103.

[113] Lin C L，Lirio S，Chen Y T，et al. Chem Eur J，2014，20：3317-3321.

[114] Lee A，Dubinsky S，Tumarkin E，et al. Adv Funct Mater，2011，21：1959-1969.

[115] 李英杰，郝秀菊，张春雨，等. 应用化学，2010，27（12）：1457-1461.

金属氧化物整体柱

8.1 概述

高效液相色谱（HPLC）是目前应用最广泛的分离分析技术之一，传统 HPLC 往往采用球形硅胶为固定相基质，能够提供较高的柱效和相对较快的分离速度。而随着生命科学、组合合成化学、药物科学、环境科学等的快速发展，待分离分析样品越来越多，其成分也越来越复杂，如何提供高效、快速的分离已成为亟待解决的问题。依据色谱速率理论，降低 HPLC 基质填料的粒径能有效地提高柱效[1]，但同时导致色谱柱压降的急剧升高。为克服传统色谱分离介质的不足，各种新型固定相材料如灌注色谱固定相[2]和整体柱固定相[3]等被相继合成。整体柱（monolithic column）是一种用有机单体原位交联聚合方法或无机氧化物烧结交联方法形成的连续床固定相，其显著特点是具有双孔分布，即相互贯穿的微米级的通孔（throughpore），亦称大孔（macropore），以及纳米级的中孔（mesopore）。其中，中孔为整体柱提供大的比表面积，是保证其高柱效的前提条件；而通孔的存在使整体柱的孔隙率大大增加，从而允许流动相直接流经整体柱内部，实现了对流传质。因此，与传统固定相相比，整体柱固定相能够提供高流速下的高柱效，实现高效快速分离。整体柱固定相按基质材料分为有机基质整体柱和无机氧化物基质整体柱[4]。有机基质整体柱具有良好的生物相容性，常用于蛋白质、氨基酸的分离纯化，但其耐溶剂性能差，易发生溶胀或受热变形，使用受到一定的限制[5,6]。而无机氧化物基质的整体柱具有很高的机械强度，良好的耐溶剂性能，应用前景更加广泛[7]，目前最常使用的是硅胶整体柱。锆、钛、铝等金属氧化物也是整体柱的潜在基质[8]，虽然目前这种金属氧化物整体柱的研究应用比较少，但其优异的 pH 稳定性，对碱性物质的分离极为有利，并具有特殊的选择性，已经在球形色谱填料的制备和应用方面取得了重要成果[9~16]，与硅胶基质整体柱形成了很好的性能互补，因而开始受到关注。

8.2 金属氧化物整体柱基质的制备

金属氧化物基质（如氧化铝、氧化钛、氧化锆等）整体柱的制备过程与硅胶基质整体柱相似，金属化合物盐首先水解反应生成 50nm 的金属氧化物水溶胶，通过溶胶-凝胶过程将大分子聚合物包裹起来，纳米金属氧化物颗粒堆积后构成了微孔；然后通过洗涤、烧结过程将大分子聚合物除掉形成 $1 \sim 2\mu m$ 的通孔，如此形成了整体柱的大孔和微孔结构。由于金属化合物形成纳米水溶胶颗粒和水溶胶凝胶化过程中结晶定向生长的倾向远远大于二氧化硅，因此溶胶-凝胶生长速度更难控制，导致整体柱孔结构的形成更加复杂，均匀通孔（大孔）结构的制备难度也更大。

8.2.1 氧化锆整体柱

制备氧化锆整体柱的常用锆源分别是氧氯化锆（$ZrOCl_2 \cdot 8H_2O$）和异丙醇锆，以氧化锆整体柱为例简单介绍一下金属氧化物整体柱的制备方法[17]。氧氯化锆在水溶液以及弱碱催化条件下，水解脱掉 HCl 形成纳米二氧化锆水溶胶如图 8-1 所示。随着碱性的增强，纳米颗粒进一步凝聚生成凝胶就形成了氧化锆整体柱。图 8-2 是氧氯化锆为原料制备整体柱的工艺框图。图 8-3 是氧化锆整体柱的光学照片[17]。

氧氯化锆酸性很强，在滴加氨水制备氧化锆水溶胶的过程中，氨水的滴加速度一定要慢，过快可能使溶胶结块甚至凝固。六亚甲基四胺加热分解能缓慢释放氨气，因此选用较慢释放氨气的六亚甲基四胺溶液的方法，就可以控制氧化锆的凝胶速度。但是，如果控制不好释放氨气的速度，氧化锆快速结晶，只能形成微晶粒和裂痕，不能形成均匀的孔结构（图 8-4）。

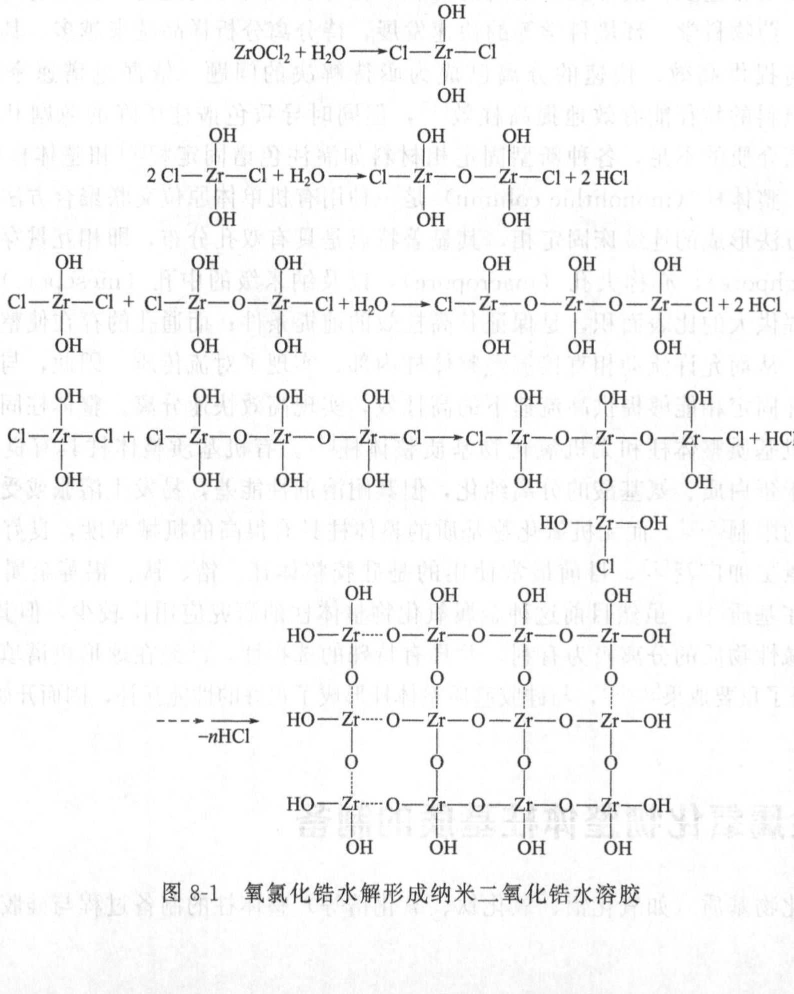

图 8-1 氧氯化锆水解形成纳米二氧化锆水溶胶

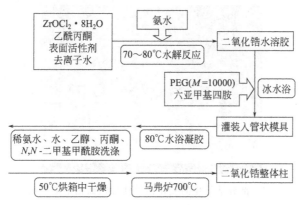

图 8-2 氧氯化锆为原料制备整体柱的工艺框图

图 8-3 氧化锆整体柱的光学照片[17]

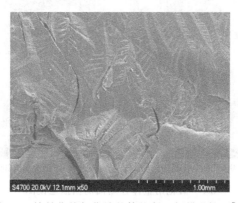

图 8-4 结晶化的氧化锆整体柱断面扫描电镜图[17]

氧化锆水溶胶的制备也很关键,如果氧氯化锆水解反应不充分,那么柱体中的结构就会呈现不均匀状态,有些地方有孔结构,有些地方则因为局部反应过快出现结晶状(图 8-5)。

氧氯化锆的水解反应生成二氧化锆水溶胶的过程中,二氧化锆水溶胶颗粒的大小,取决于水解过程中 pH 的大小、反应温度和反应时间等。如果氨水滴加的量不充分,二氧化锆水溶胶的粒径小,或者氧氯化锆水解不完全,之后用六亚甲基四胺凝胶化时,由于致孔剂和乳化剂的作用,反应产物就会形成球形颗粒(图 8-6)。氧氯化锆水解彻底,并且生成了粒径 50~100nm 的水溶胶,再经过凝胶化、洗涤、干燥和烧结等步骤就可以制备成具有双孔结构的整体柱(图 8-7)。

图 8-5　部分结晶化的氧化锆整体柱断面扫描电镜图[17]

图 8-6　球形化的氧化锆整体柱断面扫描电镜图[17]

(a)断面放大10000倍扫描电镜图　　　　　　　　　(b)断面放大2000倍扫描电镜图

图 8-7　氧化锆整体柱断面的扫描电镜图[17]

　　分析型金属氧化物整体柱的制备比较困难，因此研究相对较少；而微型色谱整体柱的报道研究比较多。Hoth 等[18]制备了两种金属氧化物（氧化锆和氧化铪）的毛细管整体柱，而且主要研究氧化铪的制备和色谱性能。制备氧化铪整体柱的过程为：首先将氯化铪、N-甲基甲酰胺及环氧丙烷的溶液灌入经氢氧化钠处理的毛细管中，然后在 50℃下缩合反应成胶，最后经过老化后冲洗即可制备成整体柱。氯化锆或者氯化铪制备整体柱的原理和反应过程与氧氯化锆为原料的工艺相似，前面已经用反应式进行了讲解（图 8-1）。Hoth 等还研究了不同 N-甲基甲酰胺的添加量，但吡唑和咪唑在该柱上拖尾严重，这可能是由于比表面积不够或是孔结构的不均匀造成的。

　　Randon 等[19,20]报道了用溶胶-凝胶法制备氧化锆毛细管整体柱的方法，首先用 1mol/L

的 NaOH 清洗和活化石英毛细管内表面，然后在冰水浴条件下将四丙氧基锆的乙醇溶液与含有乙酸、聚乙二醇及正丁醇的溶液混合后水解，灌入毛细管柱管内，并在30℃下保持24h后升温到150℃，再保持6h。四丙氧基锆在酸催化下产生氧化锆的过程与氧氯化锆水解的方式相似（图8-8）。反应原理与四甲氧基硅烷也相似，锆羟基也能很好地与石英内壁的硅羟基结合形成结构稳定的整体柱。文献［18］报道的氧化锆整体柱与硅胶毛细管整体柱的结构相似，也形成大小不同的通孔结构（图8-9）。同时他们制备了十二烷基磷酸酯改性的氧化锆毛细管整体柱，并成功分离了烷基苯同系物（图8-10）。但该柱的径向分布不均匀，影响了柱效。在金属氧化物整体柱修饰上，因为这些基质表面不像硅胶基质那样容易进行化学修饰，所以应用于硅胶整体材料表面的修饰方法并不能很好地用于金属氧化物整体柱的修饰，这可能导致该类基质的整体柱的实际应用受到很大的限制。

图 8-8　四丙氧基锆水解过程[19]

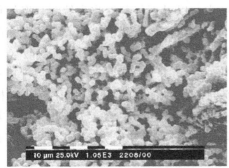

(a) 氧化锆整体柱的断面扫描电镜照片

(b) 氧化锆整体柱的断面扫描电镜照片(局部)

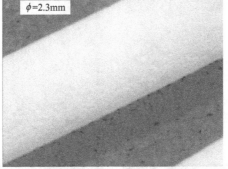

(c) 氧化锆整体柱部分表面的光学照片

图 8-9　氧化锆毛细管整体柱的结构[19]

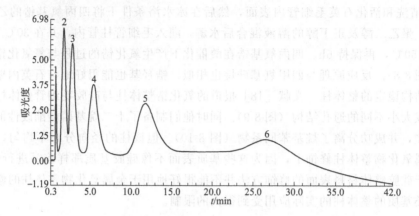

图 8-10　烷基苯同系物在十二烷基磷酸酯改性氧化锆整体柱上的色谱图[19]
色谱柱：6cm×75μm I.D.
流动相：乙腈/水＝26：74（体积比）
被分析物：1—硫脲；2—甲苯；3—乙苯；4—丙苯；5—丁苯；6—戊苯

　　Kumar 等[21~23]制备了纤维素-3,5-二甲基苯基氨基甲酸酯改性氧化锆毛细管整体柱，并对手性化合物进行了分离。Kim 等[24]制备了磷酸克林霉素改性的氧化锆毛细管整体柱并进行了手性分离。达世禄等[25]采用氧氯化锆水溶胶浸渍硅胶表面的方法制备了氧化锆涂覆硅胶毛细管整体柱。

8.2.2　氧化钛整体柱

　　Konishi 等[26]报道了氧化钛整体柱的制备技术，以异丙氧基钛作为钛源，聚氧化乙烯（PEO）为致孔剂，通过变化 N-甲基甲酰胺的添加量调节氧化钛整体柱通孔和微孔的大小（图 8-11）；同时他们用氧化钛整体柱分离了腺嘌呤类物质［腺嘌呤、腺苷一磷酸（AMP）、腺苷二磷酸（ADP）、腺苷三磷酸（ATP）］（图 8-12）。并且研究了不同老化温度以及热处理条件对整体柱孔径的影响。他们还研究了不同添加量的 PEO 对整体柱双孔结构的影响[27]，如果 PEO 的量过低就不产生微孔结构（图 8-13）。Jiang 等[28]也采用异丙氧基钛为原料，通过混合酸（乙酸和盐酸）水解制备了氧化钛整体柱，并成功分离了苯甲酸和香草醛（图 8-14）。

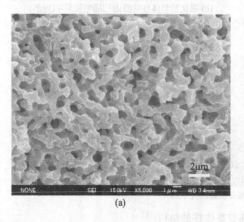
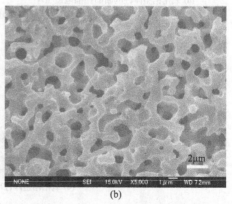

(a)　　　　　　　　　　　　　　　　(b)

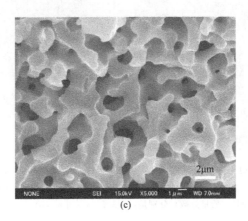

(c)

图 8-11　N-甲基甲酰胺添加量对氧化钛整体柱孔结构的影响[26]

图中 N-甲基甲酰胺与异丙基钛酸酯的摩尔比分别是：0.725∶1 (a)；0.750∶1 (b)；0.775∶1 (c)

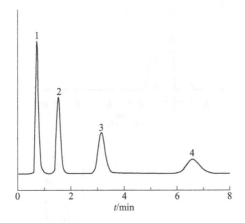

图 8-12　氧化钛毛细管整体柱的分离图[26]

色谱柱：氧化钛整体柱，50mm×2.4mm I. D.

流动相：50mmol/L 磷酸钠缓冲溶液（pH 6.5）/乙腈＝60∶40（体积比）

紫外检测器：260nm

被分析物：1—腺嘌呤；2—腺苷单磷酸；3—腺苷二磷酸；4—腺苷三磷酸

(a)

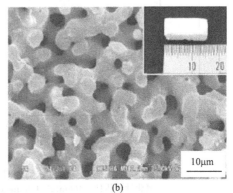

(b)

图 8-13

(c)   (d)

图 8-13　聚氧化乙烯（PEO）添加量对氧化钛整体柱孔结构的影响[27]

图中 PEO 的添加量（质量分数）分别是：2.5％（a）；4％（b）；4.5％（c）；8％（d）

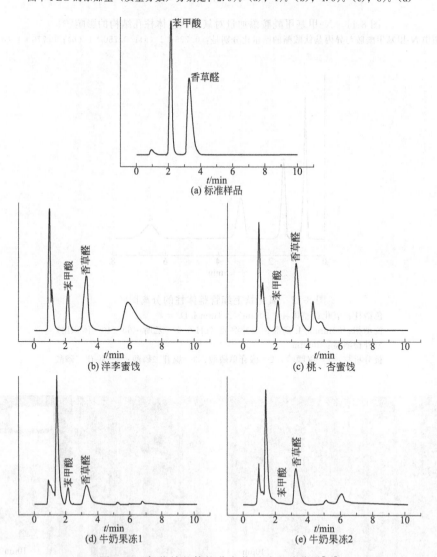

图 8-14　氧化钛整体柱分离苯甲酸和香草醛[28]

氧化钛整体柱：100mm×4.6mm I.D.

流动相：5mmol/L 的乙酸缓冲溶液（pH 6）/乙腈＝70：30（体积比）

紫外检测器：240nm

Randon 等[29]以丙氧基钛为原料制备了氧化钛毛细管整体柱。四丙氧基钛、盐酸、甲酰胺和水在冰水浴中混合均匀，之后灌入石英毛细管中，升温 30℃后在管内水解凝聚；水解反应机理应该与四丙氧基锆相似，但是这个反应没有使用 PEG 致孔剂，也得到了 2μm 左右的通孔结构（图 8-15）。芳烃类化合物在此整体柱进行了很好的分离（图 8-16）。Miyazaki 等[30]制备了氧化钛包覆硅胶毛细管整体柱，并且研究氧化钛的不同包覆厚度对孔径、比表面积和孔容的影响，以及对色谱分离的影响（图 8-17）。Sui 等[31]制备了氧化钛毛细管整体柱，并进行了超临界色谱分离。

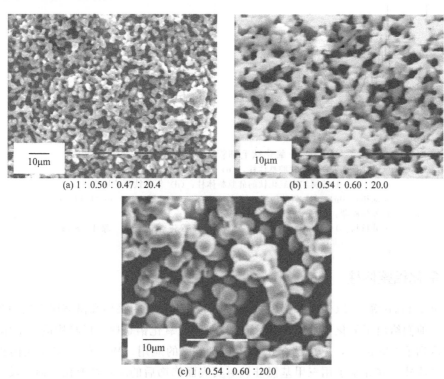

(a) 1∶0.50∶0.47∶20.4　　　　　　(b) 1∶0.54∶0.60∶20.0

(c) 1∶0.54∶0.60∶20.0

图 8-15　氧化钛毛细管整体柱的断面扫描电镜照片（图中是不同比例的
四丙氧基钛/HCl/甲酰胺/H₂O)[29]

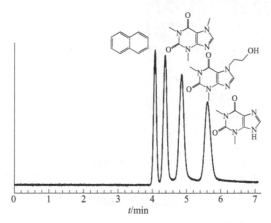

图 8-16　氧化钛毛细管整体柱的分离图[29]
色谱柱：氧化钛毛细管整体柱（150mm×75μm I.D.）
流动相：乙腈/Tris 缓冲溶液（10mmol/L，pH 7.5）＝95∶5（体积比）
紫外检测器：254nm

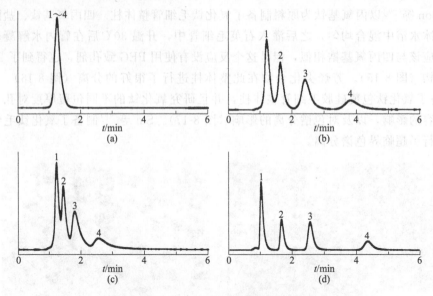

图 8-17　氧化钛毛细管整体柱的分离图[30]
色谱柱：(a) 裸露的硅胶整体柱；(b) 涂覆一次氧化钛的硅胶整体柱；
　　　　(c) 涂覆三次氧化钛的硅胶整体柱；(d) 氧化钛颗粒填充柱
流动相：50mmol/L 磷酸钠缓冲溶液（pH 6.0）/ 乙腈＝40∶60（体积比）
紫外检测器：254nm
被分析物：1—腺嘌呤；2—腺苷单磷酸；3—腺苷二磷酸；4—腺苷三磷酸

8.2.3　氧化铝整体柱

2001 年，Poco 等[32]以仲丁基铝为铝源，在不锈钢柱管中采用高温高压方法制备了氧化铝整体柱。他们给出了氧化铝的电镜照片（图 8-18），氧化铝是树叶形状构造的整体柱骨架，比表面积达到了 375m²/g，但是没有介绍其色谱分离的应用。Wu 等[33]采用相同铝源制备了氧化铝整体柱，并介绍了用三甲基氯硅烷对其表面修饰后的疏水性变化，但是没有研究其色谱分离或者其他应用情况。

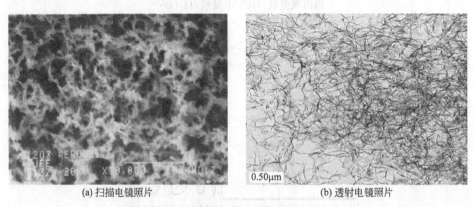

(a) 扫描电镜照片　　　　　　　　(b) 透射电镜照片

图 8-18　氧化铝整体柱的电镜照片[32]

Gawel 等[34]以 Al(NO₃)₃为铝源，交联葡聚糖凝胶珠为模板，制备了同时具有大孔和中孔的氧化铝整体柱。该整体柱的扫描电镜图如图 8-19 所示，大孔在 50μm 左右，比常规 2μm 通孔结构大了许多，所以比表面积只有 80m²/g 左右。Gawel 等[35]还用 Al(NO₃)₃和勃姆石粉末制备了氧化铝整体柱，并在其表面修饰了纳米金，研究了整体柱的催化性能。

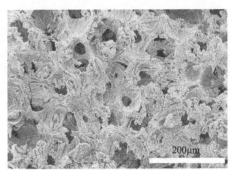

(a) 水合氧化铝的添加量为1g

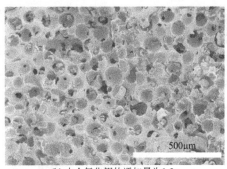

(b) 水合氧化铝的添加量为1.5g

(c) 水合氧化铝的添加量为1.5g

图 8-19　氧化铝整体柱的扫描电镜照片[34]

Sherif 等[36]以 $Al(NO_3)_3$ 为铝源，十六烷基三甲基溴化铵为模板剂，制备了规则孔道结构的氧化铝整体柱（图 8-20），并研究了氧化铝整体柱对不同分子量蛋白质的吸附和脱附情况。

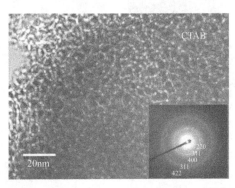

图 8-20　氧化铝整体柱的透射电镜照片[36]

Li 等[37]用苯乙烯和二乙烯基苯为致孔剂，和 $Al(OH)_3$ 水溶胶混合形成水包油混合相（W/O），之后经凝胶、烧结等过程制备了氧化铝整体柱。该整体柱也具有大孔和小孔结构，烧结 800℃后的形貌和结构特征如图 8-21 所示。

Zajickova 等[38]用 $Al(NO_3)_3$ 或者 $AlCl_3$ 为铝源在石英毛细管内制备了氧化铝毛细管整体柱。不同铝源制备的整体柱的结构不尽相同，其扫描电镜图如图 8-22 所示。他们用氧化铝毛细管整体柱对结构相似的几种腺苷进行了分离，分离结果如图 8-23 所示。

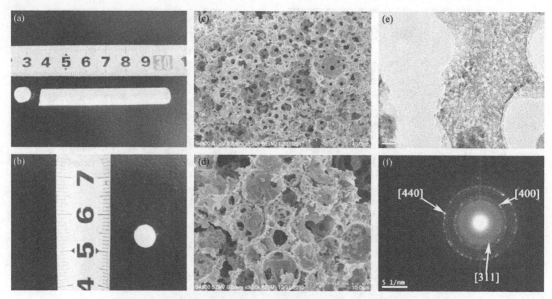

图 8-21　烧结 800℃后的氧化铝整体柱的光学照片和电镜照片[37]
（a），（b）氧化铝整体柱的光学照片；（c），（d）整体柱断面的不同放大倍数的扫描电镜照片；
（e）整体柱断面的透射电镜照片；（f）整体柱透射电镜的衍射花样

图 8-22　氧化铝毛细管整体柱的扫描电镜图[38]

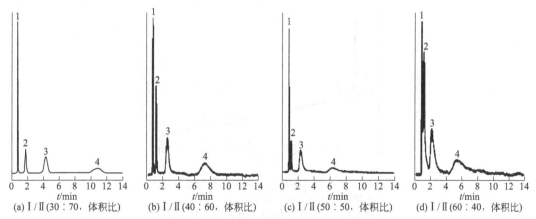

(a) Ⅰ/Ⅱ(30∶70，体积比)　(b) Ⅰ/Ⅱ(40∶60，体积比)　(c) Ⅰ/Ⅱ(50∶50，体积比)　(d) Ⅰ/Ⅱ(60∶40，体积比)

图 8-23 氧化铝毛细管整体柱不同流动相条件下的分离色谱图[38]

毛细管整体柱：15cm×100μm I.D.
流动相：Ⅰ，50mmol/L 磷酸钠缓冲溶液（pH 6.5）；Ⅱ，乙腈
检测波长：254nm
被分析物：1—腺嘌呤；2—腺苷单磷酸；3—腺苷二磷酸；4—腺苷三磷酸

8.2.4 其他氧化物整体柱

文献[8]还介绍了其他氧化物材料做整体柱，如氧化铪、氧化铈、氧化锗、氧化铁等。但是这些材料作为分离介质应用时，其稳定性、分离能力等与常规色谱柱材料相比并无明显优势。Hoth 等[18]制备氧化铪整体柱的过程为：将氯化铪、N-甲基甲酰胺及环氧丙烷的溶液灌入经氢氧化钠处理的毛细管中，在 50℃ 下缩合反应成胶，经老化后冲洗得到整体柱。并研究了不同 N-甲基甲酰胺的添加量，形成大小不同的通孔结构（图 8-24）。但吡啶、吡唑和咪唑在该柱上拖尾严重，这可能是由于比表面积不够或是孔结构的不均匀造成的（图 8-25）。

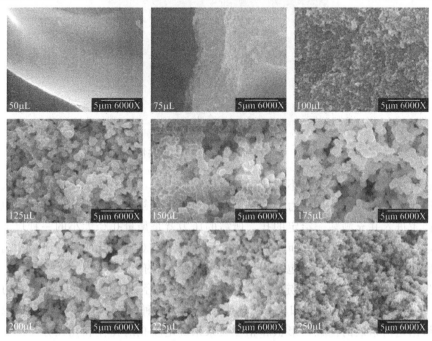

图 8-24 N-甲基甲酰胺不同添加量对氧化铪整体柱孔结构的影响[18]

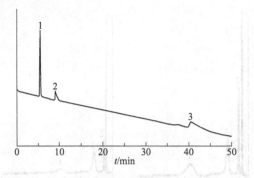

图 8-25　氧化铪整体柱的毛细管液相色谱分离[18]
色谱柱：21cm×50μm I.D.
流动相：5mmol/L 磷酸盐缓冲溶液（pH 7.1）
被分析物：1—吡啶；2—吡唑；3—咪唑

8.3　金属氧化物整体柱与硅胶整体柱的比较

整体柱的结构表征主要有扫描电子显微镜（SEM）、压汞法和氮吸附法等，而整体柱的性能评价主要体现其色谱分离情况。色谱材料的性能与微观结构（特别是孔结构）有着重要关系，因此填料微观结构的表征对认识、改善色谱填料性能，推动色谱填料的应用有着重要意义。SEM 可以直观给出所观察床层截面的形貌及孔径情况，但是只能给出断面的局部结构信息，无法对整体柱做出全面、综合的评价（图 8-26）。

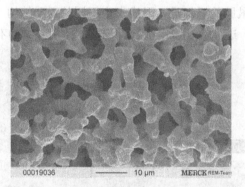

图 8-26　典型硅胶整体柱多孔结构扫描电镜图

压汞法又称汞孔度计法。汞不能使许多固体物质润湿，在不润湿的情况下，表面张力会阻止液体进入孔中。利用外加压力可以克服此阻力，孔径越小，所需的外加压力也越大。因此，为了使汞进入并充满某一给定的孔，所需的压力就是衡量孔径大小的一种尺度，压汞法就是利用这一原理来测定孔径分布。该方法的一个缺点是对于小孔所需的压力很高，有可能使膜结构破坏。这种方法能测量包括死端孔在内的所有膜孔。

气体吸附-脱附法是常见的测定多孔材料中孔径和孔径分布的方法。在不同的相对压力（$P_{rat}=F/P_0$，为实际压力与饱和压力之比）下，测定一种惰性气体在膜中的等温吸附线和脱附线，根据这两条线的位置、形状和相互关系来确定膜孔的孔径和孔径分布。如果有适当的实验设备，气体吸附-脱附法为一种简单的方法。主要问题是采用适当的模型来表征孔的几何形状，在此基础上才能由等温吸附-脱附线确定孔径及孔径分布[39]。该方法能测定对传递过程不起作用的死端孔。对陶瓷膜作用通常能得到比较好的结果，因为其结构较均匀，而且受毛细管力影响小。

整体柱的性能优劣和应用范围由其实际分离样品验证，柱效、pH 适用范围等指标是决定整体柱好坏的最后标准。图 8-27 是二氧化锆基质与硅胶基质色谱柱填料在碱性（pH 12）条件下的色谱分离对比，从实际分离可以看到，氧化锆基质材料具有优异的高 pH 稳定性[40]。

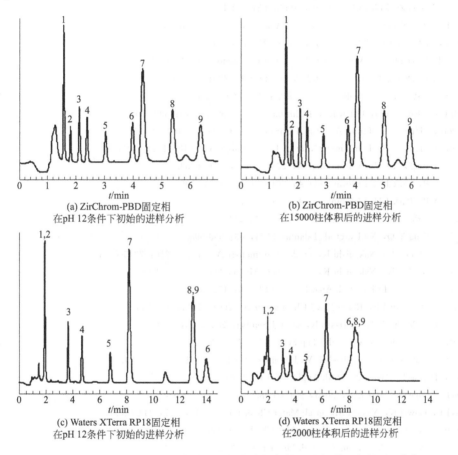

图 8-27　氧化锆和硅胶基质色谱柱填料在碱性条件下的色谱稳定性对比[40]

色谱柱：（a），（b）聚丁二烯包覆氧化锆（ZirChrom-PBD）固定相；（c），（d）键合碳十八（Waters XTerra RP18）固定相

流动相：（a），（b）乙腈/20mmol/L 磷酸钾缓冲溶液（pH 12，28∶72，体积比）；（c），（d）乙腈/20mmol/L 磷酸钾缓冲溶液（pH 12，35∶65，体积比）

检测波长：254nm

被分析物：1—拉贝洛尔；2—阿替洛尔；3—醋丁洛尔；4—美托洛尔；5—氧烯洛尔；6—盐酸奎那定；7—利多卡因；8—烯丙洛尔；9—普萘洛尔

参 考 文 献

[1] Kirkland J J. Anal Chem，1992，64（11）：1239-1245.

[2] Afeyan N B，Gordon N F，Mazsaroff I，et al. J Chromatogr，1990，519：1-29.

[3] Leinweber F C，Lubda D，Cabrera K，et al. Anal Chem，2002，74（11）：2470-2477.

[4] 谷从影，蔺丽，方能虎. 化学研究与应用，2005，17（3）：281-286.

[5] Maruska A，Ericson C，Vegvari A，et al. J Chromatogr A，1999：837：25-33.

[6] Luo Q Z，Zou H F，Xiao X Z，el al. J Chromatogr A，2001，926：255-264.

[7] 施治国，冯钰锜，达世禄. 分析科学学报，2003，19（3）：270-276.

[8] Walsh Z，Paull B，Macka M. Anal Chim Acta，2012，750：28-47.

[9] Rigney M P，Weber T P，Carr P W. J Chromatogr，1989，484：273-291.

[10] Carr P W，Funkenbush E F，Rigney M P，et al. US 5015373. 1991-5-14.

[11] Trüdinger U，Müller G，Unger K K. J Chromatogr，1990，535：111-125.

[12] Jin Yu，Rasssi Ziad El. J Chromatogr，1993，631：91-106.

[13] Kawahara M，Nakamura H，Nakajima T. Anal Sci，1989，5：485-486.

[14] 杨俊佟，左育民. 高等学校化学学报，2000，21：1852-1854.

[15] Nawrocki J，Dunlap C，McCormick A，et al. J Chromatogr A，2004，1028：1-30.

[16] Nawrocki J，Dunlap C，Li L，et al. J Chromatogr A，2004，1028：31-62.

[17] 孙文静. 二氧化锆整体柱的制备［D］. 北京：北京化工大学，2010.

[18] Hoth D C，Rivera J G，Colón L A. J Chromatogr A，2005，1079：392-396.

[19] Randon J，Huguet S，Piram A，et al. J Chromatogr A，2006，1109：19-25.

[20] Randon J，Huguet S，Demesmay C，et al. J Chromatogr A，2010，1217：1496-1500.

[21] Kumar A P，Park J H. J Chromatogr A，2011，1218：6548-6553.

[22] Kumar A P，Park J H. J Chromatogr A，2010，1217：4494-4500.

[23] Kumar A P，Park J H. J Chromatogr A，2011，1218：5369-5373.

[24] Kim M，Park J H. J Chromatogr A，2012，1251：244-248.

[25] Shi Z G，Feng Y Q，Xu L，et al. Talanta，2004，63：593-598.

[26] Konishi J，Fujita K，Nakanishi K，et al. J Chromatogr A，2009，1216：7375-7383.

[27] Konishi J，Fujita K，Nakanishi K，et al. Chem Mater，2006，18：864-866.

[28] Wei J，Jiang Z T，Li R，et al. Anal Lett，2012，45：1724-1735.

[29] Randon J，Guerrin J F，Rocca J L. J Chromatogr A，2008，1214：183-186.

[30] Miyazaki S，Miah M Y，Morisato K，et al. J Sep Sci，2005，28：39-44.

[31] Sui R，Liu S，Lajoie G A，et al. J Sep Sci，2010，33：1604-1609.

[32] Poco J F，Satcher J H，Hrubesh L W. J Non-Cryst Solids，2001，285：57-63.

[33] Wu L，Huang Y，Wang Z，et al. Appl Surf Sci，2010，256：5973-5977.

[34] Gawel B，Øye G. Mater Lett，2013，95：86-88.

[35] Gawel B，Gawel K，Yasuda M，et al. Mater Chem Phys，2012，137：414-420.

[36] El-Safty S A，Shenashen M A，Khairy M. Colloids Surfaces B，2013，103：288-297.

[37] Li X，Liu X，Yan X，Zhang Z，et al. Mater Lett，2012，68：234-236.

[38] Zajickova Z，Rubi E，Svec F. J Chromatogr A，2011，1218：3555-3558.

[39] 杨新立. 超纯多孔球形硅胶的合成与应用［D］. 大连：中国科学院大连化学物理研究所，2001.

[40] Nawrocki J，Dunlap C，McCormick A，et al. J Chromatogr A，2004，1028：1-30.

第9章

硼亲和色谱固定相

9.1 概述

随着人类基因组测序计划的完成，蛋白质组学、代谢组学和糖组学已成为目前生命科学的研究前沿和热点领域。在这些组学的研究对象中，顺式二羟基生物分子，如蛋白质组学中的糖肽和糖蛋白、代谢组学中的核苷以及糖组学中的聚糖，是一类重要的生物分子，它们在生物体内的生命活动过程和疾病早期诊断中扮演着极其重要的角色。但是这些生物分子在复杂实际生物样品中的丰度一般都很低且易受高丰度组分的强烈干扰，因此，如果对这些顺式二羟基生物分子进行分析研究，就必须对它们进行选择性分离和富集。硼亲和色谱是独特的亲和色谱模式，可以对顺式二羟基化合物实现分离和富集，近年来受到越来越多的关注。

亲和色谱就是利用偶联了亲和配基的分离介质来选择性地结合目标分子，从而能将目标分子分离和纯化的液相色谱方法。亲和色谱选择性好，纯化倍数高。在所有的色谱分离模式中，亲和色谱具有最高的选择性，特别适合于从复杂生物体系中对生物分子进行分离和纯化。亲和色谱主要有免疫亲和色谱、金属离子亲和色谱、凝集素亲和色谱、染料亲和色谱、核酸适配体亲和色谱以及硼亲和色谱等。迄今，亲和色谱技术经过长期发展已经具备了比较完整的体系，以高选择性和可逆性成为生化分离的核心技术之一。

随着生命科学的飞速发展，对分离分析技术有了更高的要求，为了适应这一需求，几十年来，各种不同的硼亲和色谱固定相获得了蓬勃发展，一些结构新颖、功能独特的新型硼亲和分离介质已被成功研制并取得很好的应用。在本章中，我们主要介绍了这些硼亲和色谱分离介质的制备及应用，其中主要为硼亲和色谱填料和整体柱两大类。

9.2 硼亲和色谱的概念、原理和特点

9.2.1 硼亲和色谱的概念和原理

硼亲和技术是选择性识别顺式二羟基类化合物的独特方法，硼亲和色谱是利用硼酸基团

作为亲和配基的亲和色谱技术。早在 1970 年，Weith 等[1] 就报道了该色谱技术，应用于核酸和糖类化合物的分离。随后，硼亲和色谱技术很快发展成为分离与富集核苷、核苷酸、核酸、儿茶酚、糖蛋白和糖肽等重要顺式二羟基化合物的有力工具[2~9]。

硼亲和的原理是在较高的 pH 条件下（一般为碱性条件），硼酸配基的硼原子和环境中的氢氧根离子配位，从而由平面型的 sp^2 杂化态转变为四面体型的 sp^3 杂化态，再和顺式二羟基分子中的邻二羟基发生酯化反应，从而形成稳定的五元环或六元环，当转变为较低的 pH 条件时，硼原子由 sp^3 杂化转变成 sp^2 杂化，环状的硼酸酯顺利解离，从而快速释放出顺式二羟基分子，达到有效分离富集的作用。这一原理可以采用如图 9-1 所示的通式表示。

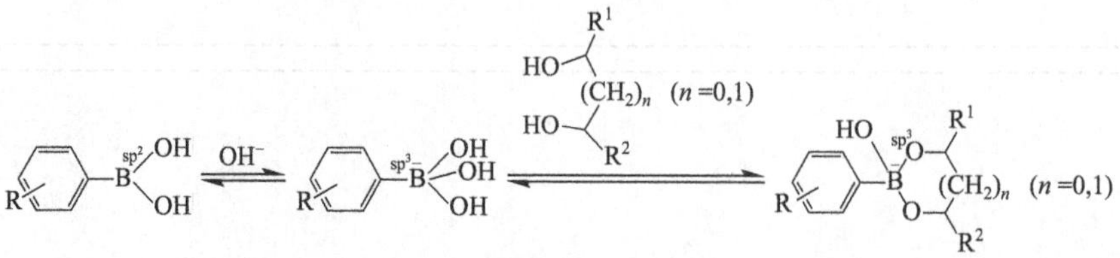

图 9-1 硼酸和顺式二羟基化合物的反应通式

目前最常用的硼酸配基为间氨基苯硼酸和对乙烯基苯硼酸。虽然市售的有机硼酸及其衍生物种类达 1500 余种之多，但这些取代硼酸及其衍生物大多不含可供固定化反应的基团，因而很少应用于硼亲和色谱。由于常规硼亲和色谱通常需要碱性结合环境（通常 pH 8.5），而常见生理样品大多为弱酸性到弱碱性，因此，常规硼亲和色谱的应用范围相当有限。近年来，针对硼亲和色谱结合 pH 的降低，硼亲和色谱在材料形式和应用范围等方面已取得了显著的进步。目前，硼亲和材料的结合 pH 已被降低至弱酸性条件，适用范围涵盖了常见生理样品。此外，除常见的微球型色谱填料外，还发展出多孔整体柱、磁性纳米颗粒、介孔材料等新材料形式。尤其令人鼓舞的是，基于硼亲和相互作用的仿生分离介质已在抗体纯化和糖蛋白疾病标志物识别等领域中展现出独特的优势和美好的前景。

9.2.2 硼亲和色谱的特点

目前用于分离富集顺式二羟基生物分子的方法除了硼亲和色谱法外，还有凝集素亲和法[10,11]、亲水相互作用色谱法[12~14]、肼化学法[15,16] 等。凝集素是一类非抗体糖结合蛋白，能专一地识别某一特殊结构的单糖或多糖中特定的糖基序列。亲水相互作用色谱法是利用目标分子和干扰物质之间亲水性的差异对目标物进行分离富集，这种方法专一性很差。肼化学方法对顺式二羟基生物分子的分离富集有较好的专一性，但操作过程比较复杂且易破坏样品的结构。和以上几种分离富集方法相比较，硼亲和色谱技术具有以下优点：①广谱选择性，一种配基几乎能识别所有顺式二羟基化合物；②共价作用，专一性高；③pH 调控结合与释放，容易控制，条件温和；④目标分子的解吸速率快，大大降低在洗脱时的拖尾现象，从而保证高的分离富集效率；⑤酸性条件洗脱，与质谱检测兼容性好。但是，硼亲和色谱目前还存在亲和力不够强和专一性不够好的缺点。

9.3 常规硼亲和色谱固定相

1849 年，Boeseken 等[17] 首次发现硼酸可与顺式二羟基化合物结合，将硼酸溶液加入纸色谱分离的展开剂中，成功实现了糖的分离。在早期的硼亲和色谱中，硼酸类化合物大多是被作为流动相使用的。直到 1970 年，Weith 等[1]将氨基苯硼酸修饰在纤维素上，实现了对糖和核酸等的分离，硼酸才正式作为固定相配基应用于对各种顺式二羟基化合物的分离。

常规硼亲和色谱固定相即色谱填料主要有两种制备方法。其一为后嫁接法，将取代硼酸基团修饰到填料上制备而得。例如，将间氨基苯硼酸修饰的聚丙烯酰胺葡聚糖凝胶材料作为固定相可成功分离糖基化和非糖基化的血红蛋白[18]。其制备过程如图 9-2 所示，首先聚丙烯酰胺葡聚糖在碱性条件下被均三嗪活化，之后，间氨基苯硼酸（APBA）修饰到活化后的葡聚糖材料上。此外，以多糖[19]为基质的硼亲和分离材料能对糖、核苷和核苷酸进行分离。以琼脂糖为基质的硼亲和分离材料可以分别对丝蛋白酶[20]、麦芽糖酶[21]以及 RNA[22]进行分离。Terauchi 等[23]在 1996 年发展了一种亲水耐用的多孔聚甲基丙烯酸酯颗粒为基质的新颖硼亲和材料。其制备过程如下：首先，利用 2-甲基-2-丙烯酸-2,3-二羟基丙酯作为功能单体（GLM），聚乙二醇二甲基丙烯酸酯（PEG23）和聚二季戊四醇六丙烯酸酯（DPH）作为交联剂，制备了一种平均粒径为 $14\mu m$、孔径为 15nm 的多孔聚合物凝胶；之后，将 N,N-羰基二咪唑（CDI）修饰到了该凝胶上；最后，将 APBA 固定到 CDI 修饰的凝胶上。由此获得的苯硼酸功能化的多孔聚合物凝胶可以对糖基化蛋白进行有效分离。最近，利用一种新的化学合成方法——点击化学反应，可将 APBA 偶联到叠氮功能化的交联琼脂糖上。其制备过程如图 9-3 所示，首先合成了一端含炔基的苯硼酸和环氧功能化的交联琼脂糖，然后，叠氮化钠对环氧功能化的交联琼脂糖通过环氧开环反应制备得到了叠氮功能化的交联琼脂糖，利用合成得到的炔基苯硼酸和叠氮功能化的交联琼脂糖通过点击化学反应制备了苯硼酸功能化的交联琼脂糖。由此获得的苯硼酸功能化的交联琼脂糖能对卵清白蛋白进行高效选择性分离[24]。

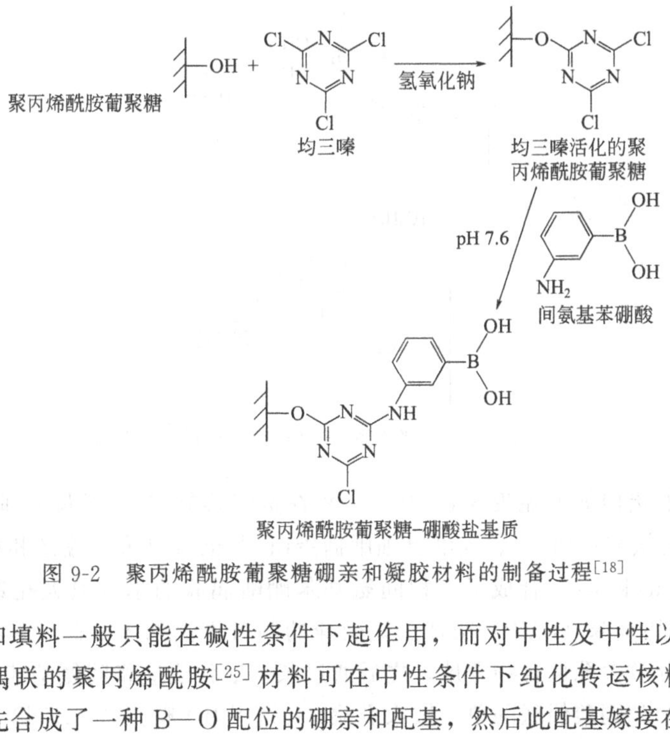

图 9-2 聚丙烯酰胺葡聚糖硼亲和凝胶材料的制备过程[18]

以上的硼亲和填料一般只能在碱性条件下起作用，而对中性及中性以下的样品无能为力。硝基苯硼酸偶联的聚丙烯酰胺[25]材料可在中性条件下纯化转运核糖核酸（tRNA），Scouten 等[26]首先合成了一种 B—O 配位的硼亲和配基，然后此配基嫁接在巯基化的纤维素凝胶材料上。这种新颖的硼酸功能化材料也可以在中性条件下共价结合糖蛋白辣根过氧化物酶（HRP），如图 9-4 所示。由于结合的是酶的糖基化位点，该硼亲和色谱可保留 90% 的酶活性。

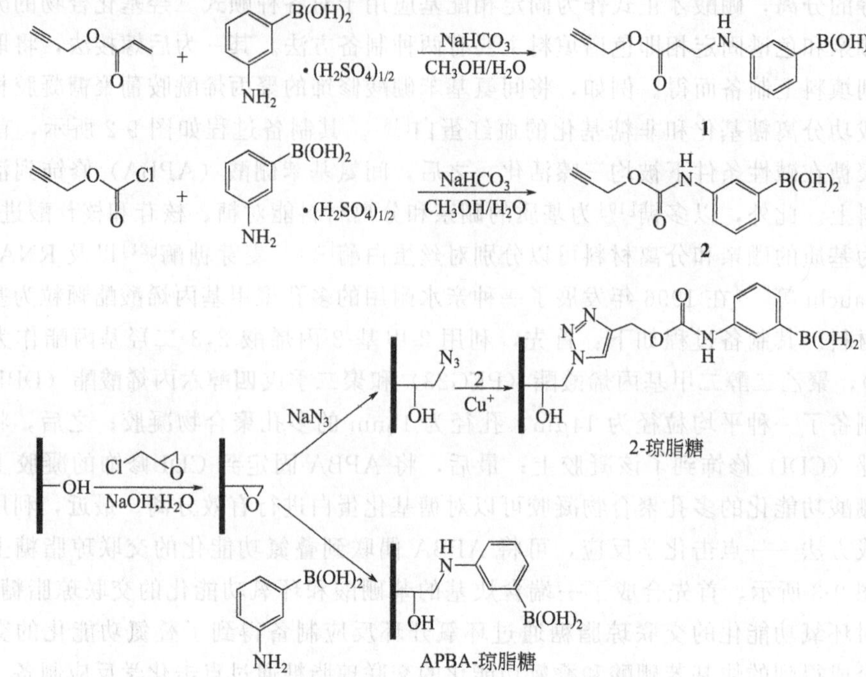

图 9-3 叠氮功能化的交联琼脂糖上硼酸配基的固定[24]

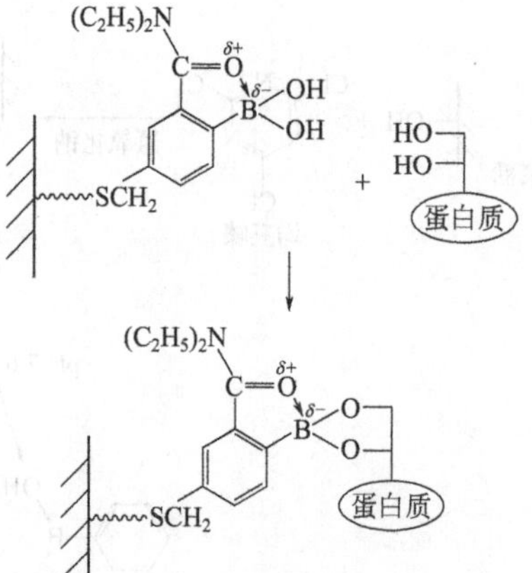

图 9-4 B—O 配位型硼酸材料对糖蛋白的定向固定[26]

其他糖基化的蛋白如人免疫球蛋白[27]、γ-谷氨转移酶[28]、酵母 α-葡萄糖苷酶[29]、含 3,4-二羟基苯基丙氨酸蛋白[30]、人淋巴细胞糖蛋白[31]也可以采用硼亲和色谱的方法进行分离分析。最近，Cicek 等[32]合成了一种间氨基苯硼酸偶联的单分散大孔聚 4-(氯甲基)苯乙烯（CMS）-二乙烯基苯（DVB）微球。该微球的制备方法如图 9-5 所示，首先合成了一种氯功能团化的单分散大孔聚合物微球，之后通过亲核取代反应将间氨基苯硼酸修饰到了该微球上。由此获得的苯硼酸偶联的单分散大孔聚 4-(氯甲基)苯乙烯-二乙烯基苯微球可从植物提取液中选择性结合黄酮类抗氧化剂化合物（图 9-6）。

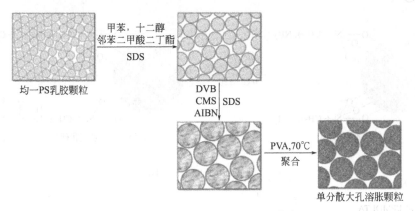

图 9-5 单分散大孔颗粒的制备[32]

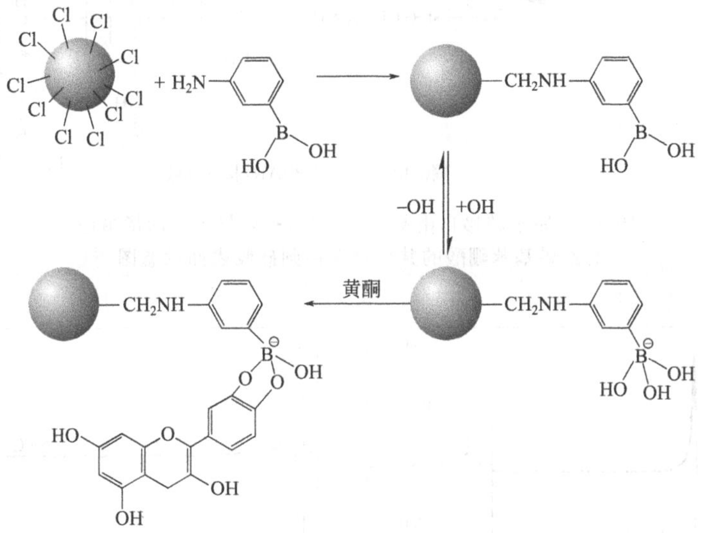

图 9-6 间氨基苯硼酸在含氯微球上的固定及对黄酮的捕获[32]

　　然而，这些有机分离材料机械强度相对都很差，不耐高压。相对来说，硅胶基质的分离材料机械强度很好。Ohlson 等[33]用硼酸嫁接的硅胶颗粒作为高效液相色谱固定相完成了对核苷、核苷酸和糖的分离。Schoneich 等[34]制备了亚砜、砜基取代的两种苯硼酸修饰的多孔硅胶固定相，因为配基是含有强吸电子基团的苯硼酸，pK_a 值相对较低，可在中性或弱酸性条件下亲和分离顺式二羟基生物分子。此外，邓玉林等[35]采用原子转移自由基聚合法（ATRP）制备了新型的含有硼酸基团的"温度开关"硅胶色谱材料。图 9-7 阐述了其合成过程，首先，氨丙基官能化的硅胶材料通过酰基化反应制备 2-溴异丁酰胺官能化的硅胶材料；之后，该材料与 N-异丙基丙烯酰胺和对乙烯基苯硼酸通过 ATRP 制备了嫁接有硼酸基团的"温度开关"硅胶色谱材料。这种通过温度控制的捕获和释放方式，实现了腺苷和 HRP 等顺式二羟基生物分子的选择性富集和分离，如图 9-8 所示。相对于 pH 控制的捕获和释放而言，这种方式需要较为复杂的温控装置。以硅胶为基质的硼亲和材料的缺点是，在碱性条件下化学稳定性较差。

　　另一种硼亲和色谱固定相的制备方法是共聚法，即通过共聚的方式直接将苯硼酸基团连接在填料上。1982 年，Wulff[36]将对乙烯基苯硼酸和交联剂共聚制备成硼亲和分子印迹色

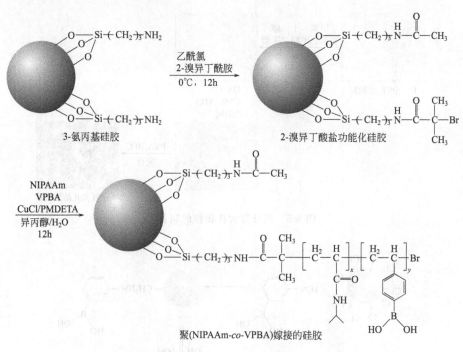

图 9-7 原子转移自由基聚合法制备 *N*-异丙基丙烯酰胺与
对乙烯基苯硼酸的共聚物嫁接到硅胶表面示意图[35]

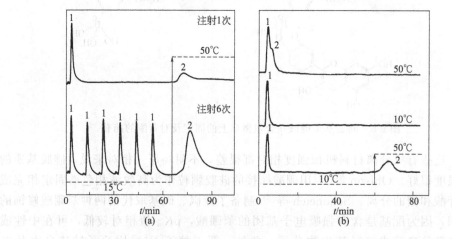

图 9-8 聚（NIPAAm-*co*-VPBA）嫁接的硅胶柱对腺苷的捕获和释放[35]（a）及
聚（NIPAAm-*co*-VPBA）嫁接的硅胶柱对 HRP 的捕获和释放（b）
被分析物：1—脱氧腺苷；2—腺苷

谱材料。Tuncel 等通过悬浮聚合法制备了苯乙烯-对乙烯基苯硼酸-二乙烯基苯三元共聚物的单分散大孔微球色谱填料[37]以及含有硼酸基团的热敏感共聚材料[38,39]，如图 9-9 所示，NIPA-NASI 无规共聚物经间氨基苯硼酸修饰后得到了硼酸官能化的热敏感共聚材料，实现了对核苷酸的分离。在对核苷酸或核酸进行分离时，二级相互作用对分离的影响很大[39]，因为核苷酸或核酸在碱性条件下带有大量的负电荷，与硼会产生很强的静电排斥，从而削弱邻位羟基化合物与硼的相互作用，在流动相中添加二价的金属离子，如 Mg^{2+}、Ba^{2+}，可以很好地抑制这种静电效应。Liu 等[40]利用悬浮共聚法制备了一种基于共价和非共价作用的色谱分离材料，可实现二维分离。该材料的制备过程如下：以 20％对乙烯基苯硼酸（VPBA）作为功能单体，80％对二乙烯基苯（DVB）作为交联剂，过氧化苯甲酰作为引发剂，十二烷基磺酸钠（SDS）作为表面活性剂，通过悬浮聚合制备。二维分离中的第一维是硼亲和色谱，可实现对顺式二羟基生物分子的选择性分离；第二维则是反相色谱，可根据疏水性的差别实现不同组分的分离。另外，Alexander 等[41]用 N-丙烯酰间氨基苯硼酸（NAAPBA）与 N,N-二甲基丙烯酰胺（DMAA）或 N-异丙基丙烯酰胺（NIPAM）在玻璃表面进行聚合反应得到共聚产物，此聚合物可对哺乳动物的细胞进行可逆吸附。目前已有不少商品化的硼亲和色谱填料，但大多是通过后嫁接氨基苯硼酸进行制备，见表 9-1。

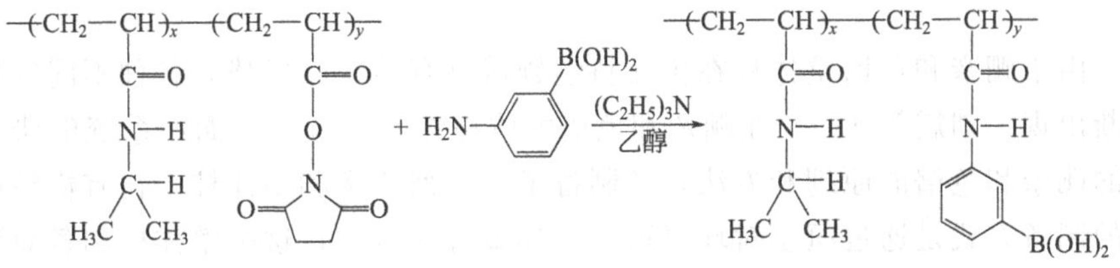

图 9-9　间氨基苯硼酸固定到 NIPA-NASI 无规共聚物上[38]

表 9-1　商品化硼亲和分离介质

厂商	商品名	基质材料
Akdrich	Boric Acid Gel	聚甲基丙烯酸酯
BioRad	Affi-Gel 601 Gel	聚丙烯酰胺
Piere	Immobilized Boronic Acid Gel	聚丙烯酰胺
Sigma	m-Amiophenylboronic Acid Matrix	琼脂糖
Tosoh	TSK Gel Boronate-5PW Column	聚甲基丙烯酸酯

9.4　硼亲和色谱整体柱

与常规硼亲和色谱材料相比，硼酸功能化的整体材料具有传质速率快、柱效高、制备简单、成本低等优点。此外，常规硼亲和色谱填料主要是一些凝胶材料，机械强度低，不适合于 HPLC，而整体柱却不存在该局限。毛细管整体柱由于能分离纳米级样品，在蛋白质组学中得到了广泛的关注。毛细管整体柱与生物质谱相联用，既可以作为分离柱使用，也可以作为样品富集柱使用。近年来，硼亲和色谱整体柱取得了蓬勃发展。根据制备方法的不同，硼亲和整体柱一般分为以下两种：硼亲和有机聚合物整体柱以及硼亲和无机-有机杂化整体柱。

9.4.1　硼亲和有机聚合物整体柱

2006 年，Hilder 等[42]在制备的含有环氧基团的毛细管整体柱中通过对羟基苯硼酸进行环氧开环，第一次将苯硼酸基团后嫁接在整体柱内，制备了硼亲和毛细管整体柱。其合成路径如图 9-10 所示，首先以甲基丙烯酸缩水甘油酯（GMA）为功能单体，乙二醇二甲基丙烯酸酯（EDMA）为交联剂，环己醇和十二烷醇为致孔剂，在毛细管内通过热引发聚合制备得到了含有环氧基团的毛细管整体柱，然后，对羟基苯硼酸在缚酸剂三乙胺作用下通过亲核反应制备了对羟基苯硼酸功能化的整体柱。该整体柱在毛细管液相色谱和电色谱模式下能对核苷有很好的保留。

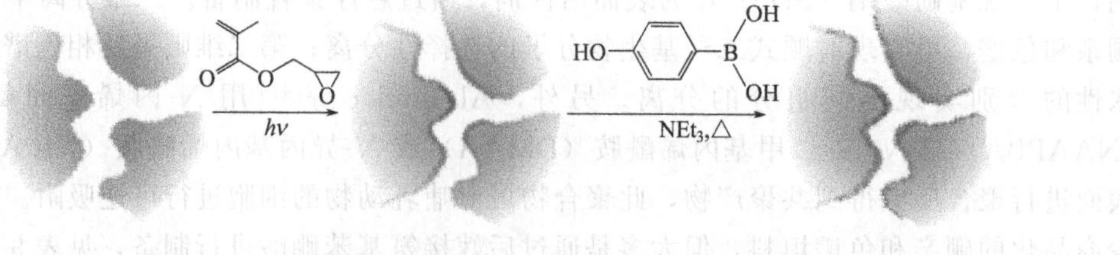

图 9-10　对羟基苯硼酸官能化整体柱的制备示意图[42]

　　此后，由于硼亲和色谱整体柱在生命科学领域具有独特的优势，各种不同性能的硼亲和整体柱不断出现。刘震等[43~51]在硼亲和色谱整体柱方面进行了全面而系统的研究，提出了多个新颖的硼亲和色谱的原理和方法，并制备了一系列硼亲和整体柱。在有机整体柱中有一类整体柱的制备方式是通过氨基对环氧进行开环聚合获得的，这类整体柱制备简单，且有着类似于硅胶整体柱的良好形貌，如双孔模式[52~54]。刘震等提出了"协同共单体开环聚合法"，省去了制备和纯化单体的烦琐，仅仅通过两种商品化试剂的协同作用利用一步反应即可制备可在中性条件下使用的硼酸功能化整体柱[43]。其制备过程如图 9-11 所示，APBA（1）和 1,6-己二胺配位（2）首先通过 B—N 键配位作用，形成稳定的两端带氨基化合物（3）。此双氨基化合物（3）再和三(2,3-环氧基丙基)异氰酸酯开环聚合得到大孔整体柱。在反应生成整体柱的过程中，B—N 键被"冻结"在整体柱中，形成一种类似于"Wulff 类型"苯硼酸功能化整体柱，因此，该整体柱可以直接应用于中性或生理 pH 样品，有效避免了碱性 pH 的使用可能造成的生物分子的降解或氧化。但是，该硼亲和整体柱仅对含顺式二羟基的小分子化合物能进行保留，对糖蛋白却不保留，原因可能与整体柱的微观结构有关。利用具有较低 pK_a 值的 4-(3-丁烯基砜基)苯硼酸（BSPBA）为配基，刘震等通过自由基聚合反应合成了一种独特的苯硼酸功能化整体柱[44]。该整体柱的聚合反应如图 9-12 所示，其中，BSPBA 为功能单体，N,N-亚甲基二丙烯酰胺（MBAA）为交联剂，二甲亚砜（DMSO）和十二醇为致孔剂，通过热引发原位聚合而得。该硼酸功能化整体柱首次实现了在中性 pH 条件下对含邻位羟基生物小分子和大分子的选择性分离和富集。该整体柱除了具有硼亲和的能力之外，还对 HRP（图 9-13）和核苷（图 9-14）等顺式二羟基化合物具有一定的次级分离的能力。

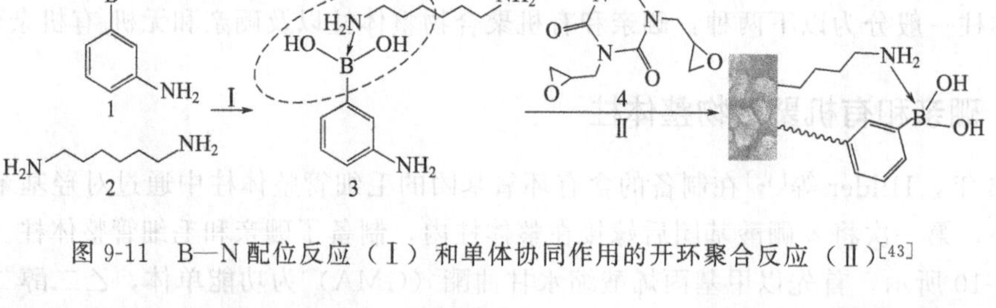

图 9-11　B—N 配位反应（Ⅰ）和单体协同作用的开环聚合反应（Ⅱ）[43]

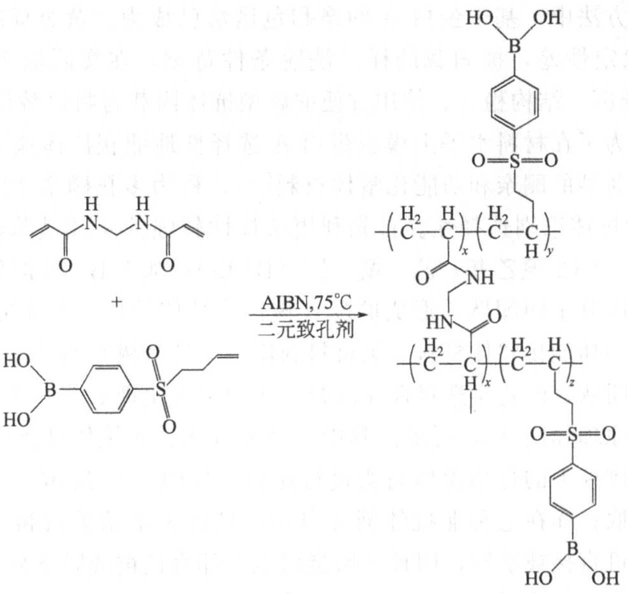

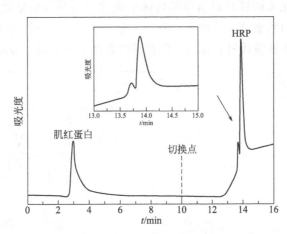

图 9-12　聚 （BSPBA-*co*-MBAA）整体柱的聚合反应[44]

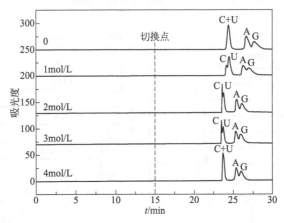

图 9-13　整体柱对 HRP 的次级分离[44]

图 9-14　整体柱对核苷的二级分离及尿素浓度的影响[44]
被分析物：A—腺苷；G—鸟苷；C—胞苷；U—尿苷

在抗体的纯化方法中，基于蛋白 A 的亲和色谱法已成为"黄金标准"[55,56]。但是，蛋白 A 的价格高、稳定性差，被固载的样品洗脱条件苛刻，在实际应用中仍存在明显的不足[55]。发展价格低廉、结构稳定、使用方便的新型抗体固载材料以替代蛋白 A 已引起人们越来越多的关注。为了在材料水平上模拟蛋白 A 选择性地捕获抗体这一类重要糖蛋白，刘震等又发展了一种新型的硼亲和功能化整体材料[50]，称为多孔硼亲和限进整体材料，其具有类似于蛋白 A 的抗体识别选择性。首先利用亲核性较强的 4-巯基苯硼酸（MPBA）与亲水性较强的 N,N'-二（2-氨乙基）乙二酰二胺（BAEO）基于 B—N 配位形成一种一端是氨基而另一端是巯基的分子间团队，形成的配合物作为功能单体，TEPIC 作为交联剂，制备了一种新型的硼亲和功能化整体材料，该材料利用基于环氧树脂的整体材料固有的空间排阻效应与硼酸"分子团队"的化学选择性相结合，实现了在生理 pH 条件下对抗体的选择性分离与富集，其工作原理如图 9-15 所示。其中，多种抗体、非抗体糖蛋白和非糖蛋白被作为检测试剂通过在整体柱上的色谱保留行为进行比较。如图 9-16 所示，八种抗体均可以被该整体柱特异性地抓取；而在七种非抗体糖蛋白中，只有 α-甲胎蛋白和卵清白蛋白两种蛋白被保留，其余五种可直接被洗脱；四种非糖蛋白也全部直接被洗脱下来。当采用酸流动相对被特异性富集的抗体进行洗脱时，洗脱峰的柱效很高，这表明抗体在整体柱上的传质速率较快。该整体材料对复杂实际样品血清中的抗体也能进行特异性的富集。如图 9-17 所示，该亲和色谱整体材料可以将血清分成两个馏分：一个在生理 pH 条件下不被整体材料保留；另一个在生理 pH 条件下被整体材料保留，但在酸性条件下可洗脱。分别收集这两个馏分，通

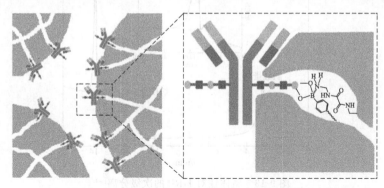

图 9-15　整体柱对 IgG 的特异性识别原理图[50]

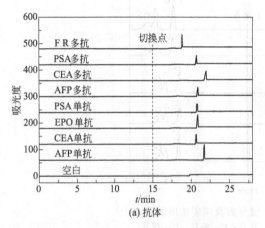

(a) 抗体

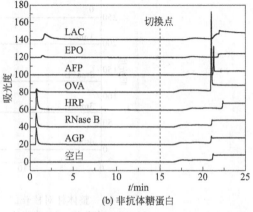

(b) 非抗体糖蛋白

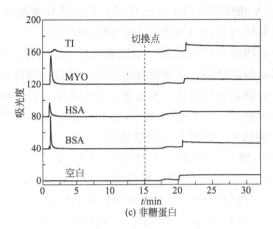

图 9-16　抗体、非抗体糖蛋白和非糖蛋白在毛细管整体柱上的色谱保留图[50]

FR—褐质；PSA—前列腺特异抗原；CEA—105 癌胚抗原；AFP—甲胎蛋白；EPO—红细胞生成素；LAC—乳铁蛋白；OVA—卵清白蛋白；HRP—辣根过氧化物酶；RNase B—核糖核酸酶 B；AGP—α-酸性糖蛋白；TI—胰蛋白酶抑制剂；MYO—肌红蛋白；HSA—人血清白蛋白；BSA—牛血清白蛋白

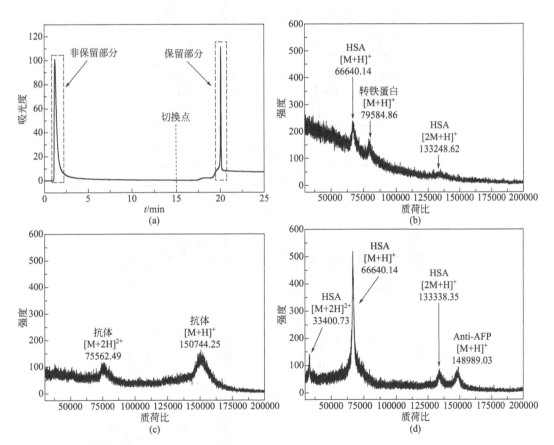

图 9-17　硼亲和色谱整体柱对人血清样品的分离（a）以及非保留部分（b）、保留部分（c）、HSA 和 AFP 抗体（d）的 MALDI-TOF MS 分析[50]

过基体辅助激光解吸电离-时间分析质谱（MALDI-TOF MS）检测，不被保留的馏分中含有人血清白蛋白（HSA）和转铁蛋白（transferrin），而被保留的馏分仅含抗体。转铁蛋白是一种典型的糖蛋白。HSA 和转铁蛋白无法被保留，而抗体却被整体材料抓取，更进一步证明该整体材料是一种特异性与蛋白 A 相类似的生物模拟材料。

以上硼亲和有机聚合物整体柱只适用于中性和碱性 pH 条件，对于酸性样品无能为力。而许多重要生物样本都是弱酸性的，如唾液和眼泪等，对这些酸性样品的直接分析就需要制备在酸性条件下可工作的硼亲和整体柱。鉴于此，刘震等又合成了两种新型的具有活性官能团的 Wulff 型苯硼酸衍生物 [3-(二甲胺甲基)苯胺-4-频哪醇硼酸酯][48]和改进 Wulff 型苯硼酸（3-羧基-邻羟甲基苯硼酸)[49]以及相应的整体柱。

这两种整体柱的合成路径分别如图 9-18 和图 9-19 所示，以甲基丙烯酸缩水甘油酯（GMA）为功能单体，聚乙二醇二甲基丙烯酸酯（PEGDA）或 N,N-亚甲基二丙烯酰胺（MBAA）为交联剂，通过热引发自由基聚合分别制备了两种表面含有环氧基团的毛细管整体柱 poly（GMA-co-PEGDA）和 poly（GMA-co-MBAA），将以上的两种苯硼酸单体分别修饰到 poly（GMA-co-PEGDA）和 poly（GMA-co-MBAA）整体柱上即得到相应的整体柱。

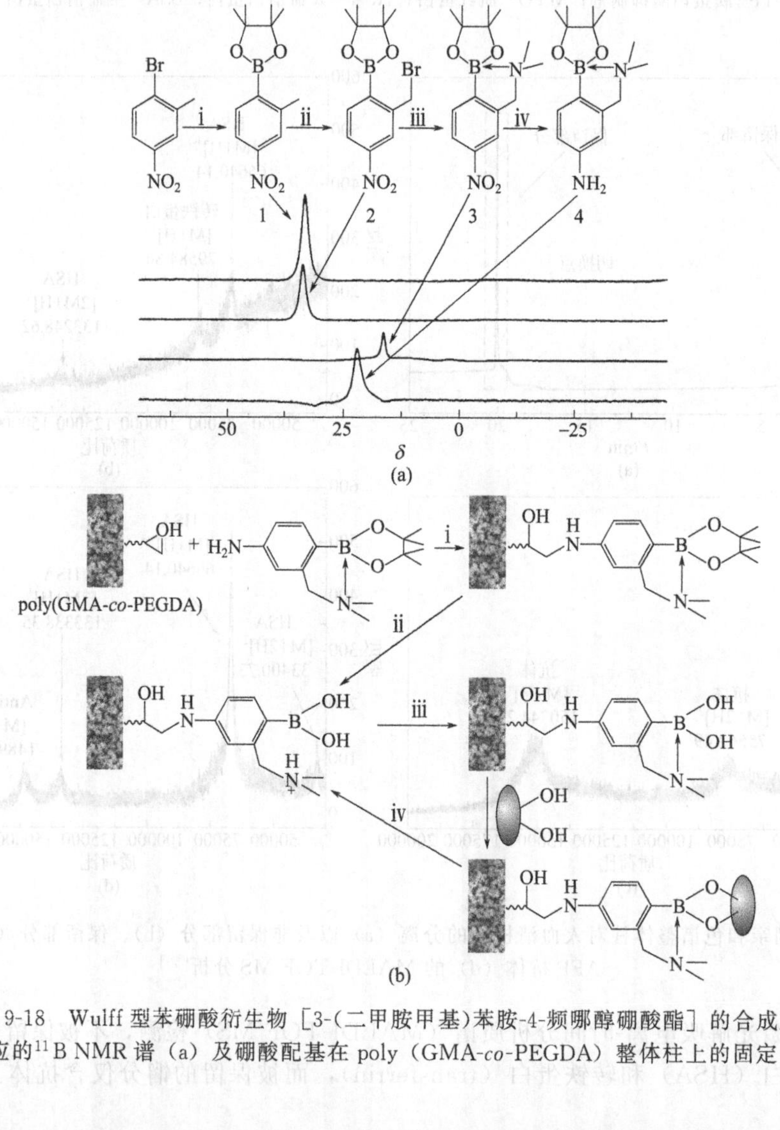

图 9-18　Wulff 型苯硼酸衍生物 [3-(二甲胺甲基)苯胺-4-频哪醇硼酸酯] 的合成路线和对应的[11]B NMR 谱 (a) 及硼酸配基在 poly（GMA-co-PEGDA）整体柱上的固定 (b)[48]

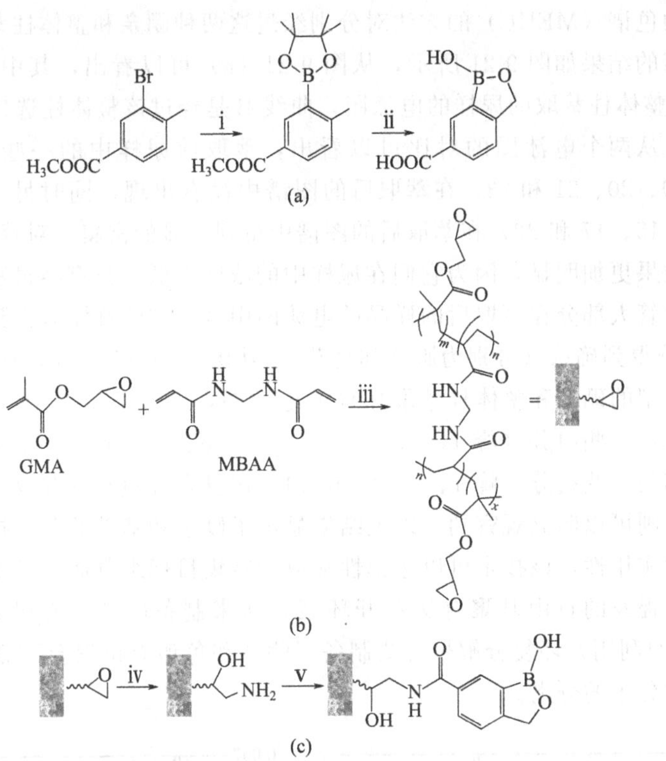

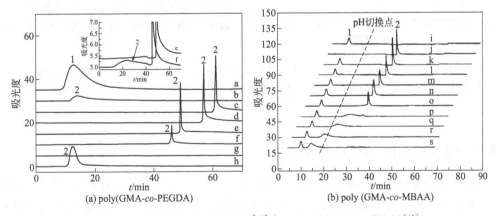

图 9-19 3-羧基-邻羟甲基苯硼酸的合成（a）、基础整体柱的制备（b）及
化合物 3-羧基-邻羟甲基苯硼酸固定到基础柱的表面上（c）[49]

如图 9-20 所示，这两种整体柱的结合 pH 分别为 5.5 和 5.0，能够覆盖大多数生理样品的 pH 范围。因此这两种硼酸功能化的毛细管整体柱在分析弱酸性基质的生物样本方面具有很大的潜力，能将该硼亲和整体柱作为萃取介质来选择性富集人尿样中的核苷类物质。尿液中的修饰核苷是一类重要的生物分子，已经作为癌症早期诊断的生物标记物。

图 9-20 poly（GMA-co-PEGDA）[48] 和 poly（GMA-co-MBAA）[49]
硼亲和整体柱对脱氧腺苷和腺苷的色谱保留图

流动相：（a）a～h 为 10mmol/L PBS（pH 7.4、7.2、7.0、6.0、5.5、5.0、5.0 和 7.4），30min 后切换到
100mmol/L HAc（pH 2.7）；h 为非修饰的整体柱；（b）i～s 为 30mmol/L PBS（pH 7.0、7.0、
7.0、6.5、6.0、5.5、5.0、4.5、4.0、3.5 和 3.0），15min 后切换到 100mmol/L HAc（pH 2.7）
被分析物：1—脱氧腺苷；2—腺苷

用胶束电动色谱（MEKC）的方法对分别经过这两种硼亲和整体柱萃取前后的尿样进行了分离，其分离的结果如图 9-21 所示，从图 9-21（a）可以看出，其中曲线 A 是没有经过 Wulff 型硼亲和整体柱萃取的尿样的电泳图，曲线 B 是经过该整体柱选择性萃取富集之后的尿样的电泳图。从两个电泳图的对比可以看出，萃取前尿样中的一些组分（峰 1、3、7、14、16、18、19、20、21 和 23）在萃取后的图谱中没有出现，同时另一些组分（峰 2、5、6、8、10、12、15、17 和 22）在萃取后的图谱中得到明显的富集。对峰 5 和 22 对应的组分来说，富集的效果更加明显，因为它们在尿样中的浓度太低，只有经过富集浓缩之后它们才能被检测到。尽管大部分在萃取后的样品的电泳图中观察到的峰没有得到确认，但是峰 5 和 12 所对应的组分得到确认（分别为胞苷和鸟苷）。从图 9-21（b）可以看出，其中曲线 A′ 是经过改进 Wulff 型的硼亲和整体柱萃取尿样的电泳图，曲线 B′ 是该柱萃取后的电泳图，经此整体柱萃取后，一些组分（峰 1、3、4、5、6、7、8、10、11、16、19 和 20）得到了显著的富集。特别是一些组分（峰 1、3、16 和 19）在没有经过柱子富集之前不能被观察到，而经过萃取之后则可以明显观察到。以上结果显示了硼亲和基础的萃取技术在分析代谢组学中尿样核苷中的实用性，该技术可以选择性萃取和富集目标组分而去除干扰组分。

除了以上面提及的自由基聚合法和开环聚合法来制备硼亲和有机聚合物整体柱以外，Buchmeiser 等[57]利用开环复分解聚合法制备了硼亲和色谱有机聚合物整体柱，并可用于对顺式二羟基生物分子的分离。

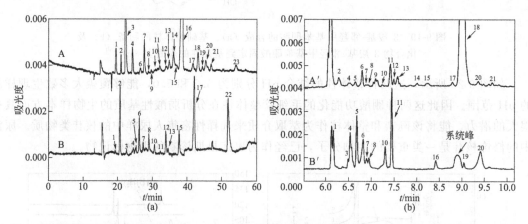

图 9-21　尿样（A）和 poly（GMA-*co*-PEGDA）硼亲和整体柱萃取组分（B）的 MEKC 分析（a）[48]
及尿样（A′）和 poly（GMA-*co*-MBAA）硼亲和整体柱萃取组分（B′）的 MEKC 分析（b）[49]
被分析物：见正文描述（峰 1～23）

9.4.2　硼亲和无机-有机杂化整体柱

有机聚合物整体柱虽然适用的酸碱范围较广（pH 1～14），且容易制备，但是存在机械强度不高、易溶胀、比表面积小、通透性差等诸多缺陷，因此在一定程度上限制了其应用，而作为无机聚合物整体柱的硅胶整体柱，机械强度很高，比表面积大，能独立调控通孔大小和骨架尺寸，具有高通透性和高柱效的特点。基于此，为了解决有机聚合物整体柱的不足，新型的无机-有机杂化整体柱应运而生。

林子俺等[58]采用一锅法制备了硼亲和无机-有机杂化整体柱，其制备过程主要经过以下两步：第一步是溶胶-凝胶反应，即四甲氧基硅烷（TMOS）和 γ-甲基丙烯酰氧基丙基三甲氧基硅烷（γ-MAPS）在酸性条件下的水解和缩聚；第二步是凝胶产物和对乙烯基苯硼酸（VPBA）的自由基共聚反应。由此获得的杂化整体柱可对核苷和糖蛋白进行分离和富集，并可成功用于实际样品鸡蛋清中糖蛋白的选择性分离和富集。刘震等在前期有机整体柱工作的基础上制备出一种新颖的硼亲和杂化整体柱[59]。该杂化整体柱通过 TMOS 和 γ-MAPS 在酸性条件下的水解和缩聚产物与低 pK_a 的 3-丙烯酰胺苯硼酸发生共聚得到。该整体柱不仅可在中性或弱酸性条件下对生物分子进行分离和富集（图 9-22），而且对核苷等具有很好的次级分离能力（图 9-23）。另外，利用该整体柱可对人尿样品中组分进行二维分离。如图 9-24 所示，人尿样品中的组分首先在该整体柱上利用硼亲和色谱机理分离为非顺式二羟基化合物（保留时间为 8～35min）和顺式二羟基化合物（保留时间为 83～100min）两个部分。此外，这两部分又利用次级分离机理被分别分离成 2 个峰和 6 个峰。"团队硼亲和"原理在杂化整体柱上也得到验证[60]。该团队硼亲和杂化整体柱的制备过程为：首先四乙氧基硅烷（TEOS）和 γ-MAPS 发生溶胶-凝胶反应，随后其凝胶产物与 N-(2-氨乙基)-3-氨丙基三甲氧基硅烷（AEAPTES）和 4-VPBA 通过 B—N 配位形成的配合物发生了自由基共聚反应。由此得到的杂化整体柱实现了在中性条件下对顺式二羟基生物分子的分离和富集。

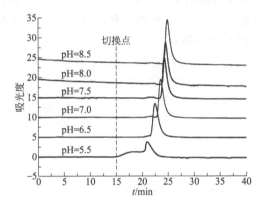

图 9-22　各种不同的 pH 条件下 AAPBA-硅胶杂化整体柱对腺苷的保留[59]

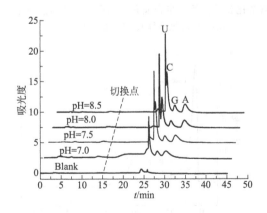

图 9-23　AAPBA-硅胶杂化整体柱对核苷的捕获和分离[59]
被分析物：A—腺苷；G—鸟苷；C—胞苷；U—尿苷

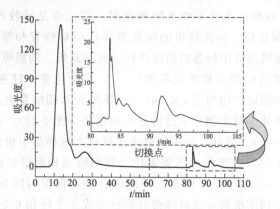

图 9-24　AAPBA-硅胶杂化整体柱对尿样的次级分离[59]
流动相：100mmol/L 磷酸盐缓冲液（pH 8.0），在 60min 切换至 100mmol/L 乙酸（pH 2.7）

　　张玉奎等[61]利用点击化学方法制备了可在中性条件下特异性识别核苷和糖蛋白的硼亲和杂化整体柱。该整体柱的制备过程如图 9-25 所示，将 TMOS、氯丙基三甲氧基硅烷（CTMS）和叠氮化钠（NaN₃）等混合后，采用一锅法制备了一种叠氮功能化的杂化整体柱，之后，利用点击化学反应将硼酸配基固定到整体柱上。该整体柱可成功地用于鸡蛋清中糖蛋白的选择性分离和富集（图 9-26）。最近，利用吡啶硼酸为亲和配基，刘震等已合成出结合 pH 为 4.5 的无机-有机杂化整体柱[62]。

图 9-25　叠氮杂化整体柱的一步合成和炔基硼酸配体通过点击反应的固定（a）
及叠氮杂化整体柱的两步合成（b）[61]

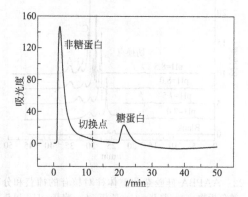

图 9-26　点击硼亲和杂化整体柱对鸡蛋清中糖蛋白的选择性识别[61]
流动相：100mmol/L 磷酸盐缓冲液（pH 7.5），在 12min 切换至 200mmol/L 乙酸

9.5　其他硼亲和分离富集介质

9.5.1　硼亲和分子印迹整体柱

分子印迹技术（molecular imprinting），是指以某一特定的目标分子（模板分子或印迹分子）为模板，制备对该分子具有特异选择性聚合物的过程。近年来，由于整体柱在制备和使用方面的独特优势，分子印迹整体柱在分子印迹领域越来越受到人们的关注。目前，分子印迹整体柱的常规制备方法如下：将模板分子和引发剂溶解在由功能单体、交联剂和致孔剂组成的混合液中，超声至完全溶解，最好再通入氮气一定时间，然后将此溶液注入毛细管或者钢柱中，两端密封，加热引发聚合，然后除掉致孔剂和模板分子，即可得到分子印迹整体柱。但是，这种制备方法一般只适合于模板为小分子的化合物，对于蛋白质等生物大分子的印迹无法获得预期效果，因为存在模板去除困难和蛋白质易变性等诸多不利因素。

糖蛋白是一类重要的蛋白质，其在哺乳动物体内占到总蛋白含量的 50% 以上，在分子识别、免疫反应等过程中起到重要作用，而且与许多疾病的发生和发展有直接关系。所以，糖蛋白的分子印迹意义重大。硼亲和技术因在糖蛋白的捕获和释放方面的独特优势，使得硼酸作为印迹的功能单体易于实现糖蛋白模板的印迹和移除。

以苯硼酸为功能单体，利用光引发聚合反应，刘震等提出了制备糖蛋白的分子印迹聚合物（MIPs）的通用方法，并发展出制备糖蛋白的分子印迹聚合物图案化阵列的软光刻方法[63]。其工作原理和操作步骤如图 9-27 所示，在 pH 大于 8 的碱性溶液中，蛋白质模板分子和单体 VPBA 首先混合后通过硼亲和的共价结合自组装成为一种共价复合物。然后该复合物和交联剂 PEGDA、光引发剂 Irgacure184 混合形成均一的预聚液，该预聚液仅通过几十秒的光引发聚合即可得到整体聚合物材料。该聚合方法由于采用了快速的光聚合法避免了蛋白质构象的变化。该"人工抗体"材料展现了几个显著的优势：专一性好，抗干扰能力强，适用的样品 pH 范围宽。以"人工抗体"阵列替代真实抗体，发展出相应的酶联免疫分析方法，检测血清中甲胎蛋白，检测限低于 1ng/mL。由于这种方法难以实现三维印迹，因而难以制备相应的整体柱。

在此基础上，刘震等又提出了基于硼亲和作用的可控定向表面印迹法，不仅可制备二维阵列，还可以制备分子印迹整体柱[64]。该方法的原理如图 9-28 所示，先通过硼亲和作用将模板糖蛋白锚定于取代硼酸功能化基体材料表面，再利用可自聚合的化合物在水相中自聚合形成的聚合物形成印迹层，最后在酸性条件下将模板洗脱形成印迹空腔，从而得到分子印迹聚合物。以该方法制备得到的分子印迹整体柱在生理条件下可以对相应的目标糖蛋白具有良好的专一性。例如，以该方法制备得到的以 HRP 为模板的分子印迹整体柱仅捕获 HRP（图9-29）。转铁蛋白（TRF）印迹的 MIPs 从复杂的生物样品人血清中萃取 TRF 的实验进一步证实了 MIPs 的特异性识别效果，血清中除了 TRF 外，还有人血清白蛋白（HSA）、免疫球蛋白 G（IgG）和糖等的干扰物。实验结果如图 9-30 所示，该 MIPs 从实际样品中成功萃取了 TRF，表明 TRF 的印迹整体柱的特异性显著，可以成功处理复杂的生物样品。此外，林子俺等制备了另一种硼酸功能化的分子印迹整体柱。其制备过程如图 9-31 所示，首先基于VPBA 功能单体制备了一种有机聚合物整体柱骨架，该整体柱在碱性条件下结合 HRP 之后，通过多巴胺自聚制备了一种分子印迹聚合物整体柱。

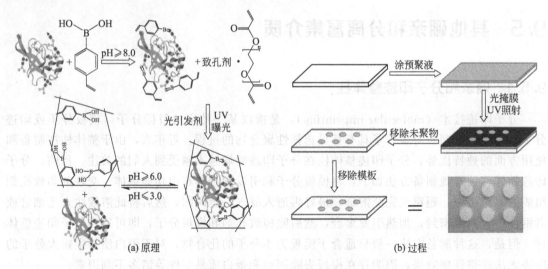

(a) 原理   (b) 过程

图 9-27 光刻法的硼亲和分子印迹的原理和过程[63]

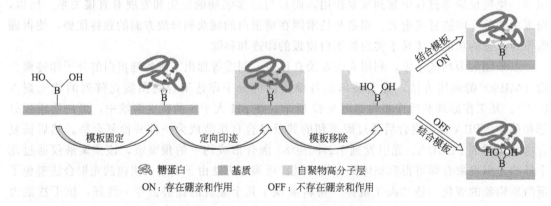

图 9-28 基于硼亲和共价固定糖蛋白的表面印迹原理[64]

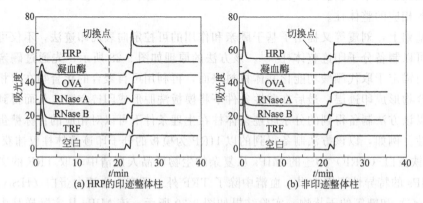

(a) HRP的印迹整体柱   (b) 非印迹整体柱

图 9-29 HRP 的印迹整体柱和非印迹整体柱分离蛋白质的色谱保留[64]

流动相：0.1mol/L 磷酸盐缓冲液，pH 7.4；在 18min 切换到 0.1mol/L 乙酸

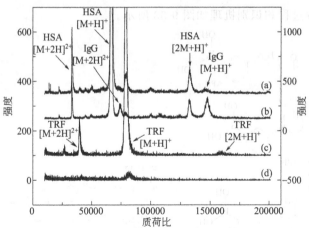

图 9-30　稀释 20 倍的血清（a）、稀释 20 倍的血清流过 TRF 印迹整体柱后的组分（b）、0.1mg/mL 的标准 TRF 溶液（c）以及 TRF 印迹整体柱萃取稀释 20 倍血清中的 TRF（d）的 MALDI-TOF MS 分析[64]

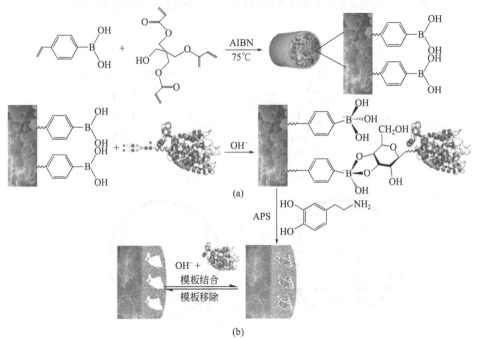

图 9-31　VPBA 整体柱的制备和对糖蛋白的固定（a）及基于多巴胺自聚的糖蛋白印迹（b）

9.5.2　硼亲和介孔硅

介孔材料是指孔径在 2～50nm 的一类多孔材料。介孔硅大多指的是具有 2～50nm 孔径的无定形氧化硅材料，这类材料是 1992 年首先由 Mobil 公司首先以 CTAB（十六烷基三甲基溴化铵）为模板剂，结合溶胶-凝胶法合成的代号为 MCM-41 的材料，孔径一般小于 3nm。硼亲和介孔硅目前主要有两方面的应用，即分离富集和药物释放。杨芃原等[65]制备了一种新颖的苯硼酸功能化的介孔硅，可对糖肽进行特异性富集，其合成路线和特异性富集如图 9-32 所示。此外，硼亲和介孔硅在药物释放方面也可以发挥重要作用，Lin 等[66]用自制的氨丙基官能化的介孔硅纳米球材料（AP-MSN）和 4-羧基苯硼酸等反应合成了硼酸官能化的介孔硅材料（BA-MSN），利用此介孔硅材料可实现葡萄糖响应的胰岛素和环状腺苷酸的同时释放，其释放过程和识别机理如图 9-33 所示。

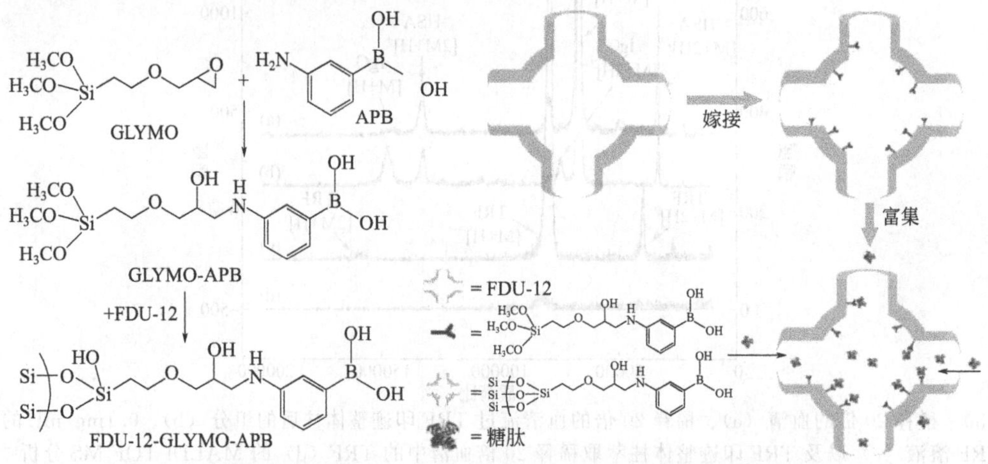

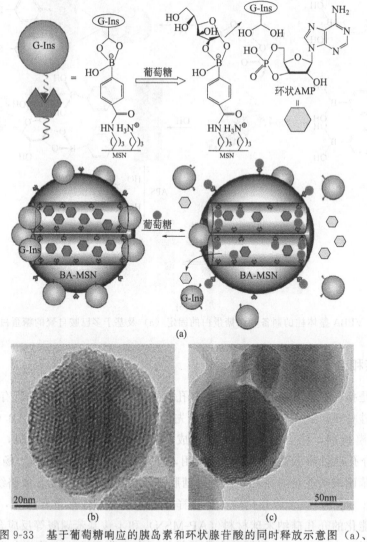

图 9-32 硼酸功能化介孔硅的合成路线和其对糖肽的特异性富集示意图[65]

(a)

(b)   (c)

图 9-33 基于葡萄糖响应的胰岛素和环状腺苷酸的同时释放示意图（a）、
BA-MSN 的透射电镜图（b）及 FITC-胰岛素结合的 MSN（c）[66]

9.5.3 硼亲和磁性纳米材料

磁性纳米材料因其具有吸附能力强、表面可修饰、易分离和良好的生物相容性等特点，在生物分子的分离富集方面已有多个应用，因此硼酸官能化的磁性纳米材料在分离富集顺式二羟基生物分子方面有着独特的优势，但是结合力普遍较弱，通常的硼亲和磁性纳米材料对低浓度糖蛋白不能进行有效富集，因此发展一种与糖蛋白具有高亲和力的取代硼酸功能化磁性纳米材料是十分必要的。刘震等利用多位点协同效应，合成了具有协同作用的树枝状硼酸功能化磁性纳米材料（dBA-MNPs）[67]，其合成过程如图 9-34 所示。由于多位点协同效应，增强了该材料与糖蛋白的亲和力，dBA-MNPs 与糖蛋白作用的解离常数为 $10^{-6} \sim 10^{-5}\,mol/L$，这和无协同作用相比，材料与糖蛋白的亲和力提高了 $3 \sim 4$ 个数量级，可对痕量糖蛋白进行高效富集，能萃取浓度低达 $2 \times 10^{-14}\,mol/L$ 的糖蛋白。图 9-35 描述了多位点协同效应识别糖蛋白的机理及 dBA-MNPs 的结构。此外，dBA-MNPs 可应用于复杂实际生物样品中，以唾液为模型样品，将 dBA-MNPs 用于对唾液中糖蛋白的选择性富集。人唾液中许多痕量糖蛋白可以作为潜在的疾病早期诊断的标志物，然而唾液中由于存在糖和非糖蛋白等高丰度干扰组分，因此需要用结合力更强的 dBA-MNPs 对糖蛋白进行选择性富集，为了证实这一材料的可行性和优越性，分别使用 BA-MNPs 和 dBA-MNPs 选择性萃取唾液中糖蛋白，萃取组分和原唾液样品分别使用 MALDI-TOF MS 分析，分析结果如图 9-36 所示。结果表明，亲和力较弱的 BA-MNPs 在唾液中在竞争糖和非糖蛋白的干扰下不能富集到任何蛋白。使用 dBA-MNPs 萃取时，几乎所有的直接分析唾液时能检测的非糖蛋白都被去掉了，能够有效地富集复杂的真实样品中痕量的糖蛋白。

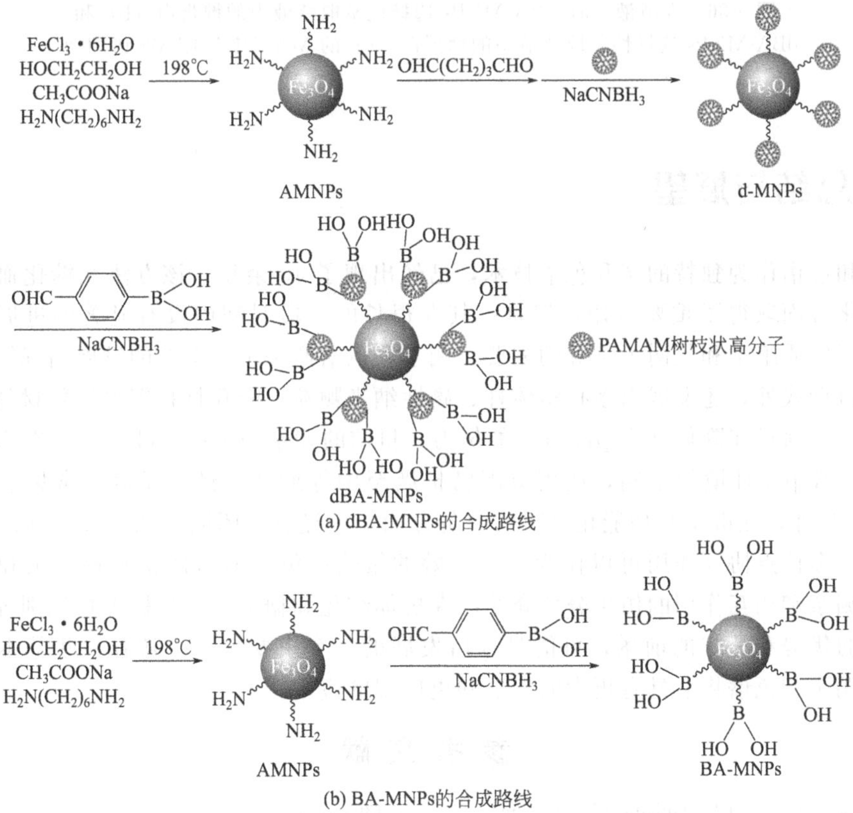

(a) dBA-MNPs的合成路线

(b) BA-MNPs的合成路线

图 9-34 dBA-MNPs 和 BA-MNPs 的合成路线[67]

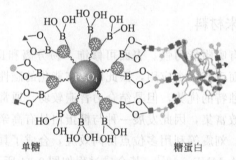

图 9-35　协同作用的树枝状硼酸功能化磁性纳米材料对糖蛋白的识别示意图[67]

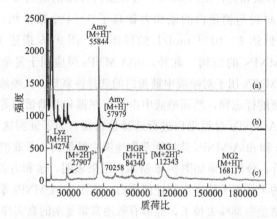

图 9-36　人唾液（a）、BA-MNPs 选择性萃取唾液中的糖蛋白（b）和
dBA-MNPs 选择性萃取唾液中的糖蛋白（c）的 MALDI-TOF MS 谱图[67]

9.6　总结与展望

硼亲和色谱作为独特的亲和色谱技术，已经出现了 40 余年。该方法在糖化血红蛋白的富集和纯化方面取得了重要应用，但是，其在很长的一段时间内没有显著的进展。近十年来，由于蛋白质组学和代谢组学等的需要，硼亲和色谱迎来了一个新的发展高峰期，除常规的色谱填料形式外，还发展出多孔整体柱、磁性纳米颗粒、介孔材料等多种新材料形式。特别重要的是，通过在降低结合 pH 方面的努力，目前的硼亲和色谱突破了常规硼亲和色谱只能适用于碱性 pH 环境的限制，适用范围已扩展至中等酸性条件，涵盖了常见生理样品的 pH 范围。此外，在硼亲和功能化材料的制备方面，已经有"团队硼亲和"等新理论可供指导。同时，多位点协同作用可以作为一个有效的策略以解决通常硼亲和材料亲和力弱的缺点。基于硼亲和相互作用的仿生分离介质已在抗体纯化和糖蛋白疾病标志物识别等领域中展现出独特的优势和美好的前景，可能是今后发展的一个重要方向。随着一些基本问题的解决，相信硼亲和色谱将会具有更大的发展和更广阔的应用。

参 考 文 献

[1] Weith H L，Wiebers J L，Gilham P T. Biochem，1970，9：4396-4401.

[2] Williams G，Johnstone A，Bouriotis V，et al. Biochem Soc Trans，1981，9：137-139.

[3] Middle F A，Bannister A，Bellingham A J，et al. Biochem J，1983，209：771-779.

[4] Flueckiger R，Woodtli T，Berger W. Diabetes，1984，33：73-76.

[5] Hawkins C J，Lavin M F，Parry D L，et al. Anal Biochem，1986，159：187-190.

[6] Hjerten S，Li J P. J Chromatogr，1990，500：543-553.

[7] Liu X C，Scouten W H. Methods Mol Biol，2000，147：119-128.

[8] Li F L，Zhao X J，Wang W Z，et al. Anal Chim Acta，2006，580：181-187.

[9] Tuytten R，Lemiere F，Dongen W V，et al. Anal Chem，2008，80：1263-1271.

[10] Cummings R D，Kornfeld S. J Biol Chem，1982，257：11235-11240.

[11] Yang Z P，Hancock W S. J Chromatogr A，2004，1053：79-88.

[12] Omaetxebarria M J，Hagglund P，Elortza F，et al. Anal Chem，2006，78：3335-3341.

[13] Thaysen-Andersen M，Thogersen I B，Nielsen H J，et al. Mol Cell Proteomics，2007，6：638-647.

[14] Kaji H，Yamauchi Y，Takahashi N，et al. Nat Protoc，2006，1：3019-3027.

[15] Zhang H，Li X J，Martin D B，et al. Nat Biotech，2003，21：660-666.

[16] Tian Y，Zhou Y，Elliott S，et al. Nat Protoc，2007，2：334-339.

[17] Boeseken J. Adv Carbohydr Chem，1949，4：189-210.

[18] Bisse E，Wieland H. J Chromatogr B，1992，575：223-228.

[19] Yurkevich A M，Ivanova E A，Pichuzhkina E I. Carbohydr Res，1975，43：215-224.

[20] Akparov V K，Stepanov V M. J Chromatogr，1978，155：329-336.

[21] Myohanen T A，Bouriotis V，Dean P D G. Biochem J，1981，197：683-688.

[22] Singh L N，Willson R C. J Chromatogr A，1999，840：205-213.

[23] Koyama T，Terauchi K. J Chromatogr B，1996，679：31-40.

[24] Suksrichavalit T，Yoshimatsu K，Prachayasittikul V，et al. J Chromatogr A，2010，1217：3635-3641.

[25] Johnson B J B. Biochem，1981，20：6103-6108.

[26] Liu X C，Scouten W H. J Mol Recognit，1996，9：462-467.

[27] Azevedo A M，Gomes A G，Borlido L，et al. J Mol Recognit，2010，23：569-576.

[28] Yamamoto T，Amuro Y，Matsuda Y，et al. J Gastreoenterol，1991，86：495-499.

[29] Myohanen T A，Bouriotis V，Dean P D G. Biochem J，1981，197：683-688.

[30] Hawkins C J，Lavin M F，Parry D L，et al. Anal Biochem，1986，159：187-190.

[31] Williams G T，Johnstone A P，Dean P D G. Biochem J，1982，205：167-171.

[32] Cetinkaya O，Duru M E，Cicek H. J Chromatogr B，2012，909：51-60.

[33] Glad M，Ohlson S，Hansson L，et al. J Chromatogr A，1980，200：254-260.

[34] Li X，Pennington J，Stobaugh J F，et al. Anal Biochem，2008，372：227-236.

[35] Liu Z J，Ullah K，Su L P，et al. J Mater Chem，2012，22：18753-18756.

[36] Wulff G. Pure Appl Chem，1982，54：2093-2102.

[37] Senel S，Amli S T C，Tuncel M，et al. J Chromatogr B，2002，769：283-295.

[38] Ugudogan E，Kayi H，Denkbas E，et al. Polym Int，2003，52：649-657.

[39] Elmas B，Onur M A，Senel S，et al. Colloids Surfaces A，2004，232：253-259.

[40] Lowe E A，Lu M，Wang A，et al. J Sep Sci，2006，29：959-965.

[41] Alexander E I，Galaev I Y，Mattiasson B. J Mol Recognit，2006，19：322-331.

[42] Potter O G，Breadmore M C，Hilder E F. Analyst，2006，131：1094-1096.

[43] Ren L B，Liu Z，Liu Y C，et al. Angew Chem Int Ed，2009，121：6832-6835.

[44] Liu Y C，Ren L B，Liu Z. Chem Commun，2011，47：5067-5069.

[45] Ren L B，Liu Z，Dong M M，et al. J Chromatogr A，2009，1216：4768-4774.

[46] Ren L B，Liu Y C，Dong M M，et al. J Chromatogr A，2009，1216：8421-8425.

[47] Lu Y，Bie Z J，Liu Y C，et al. Analyst，2013，138：290-298.

[48] Li H Y，Wang H Y，Liu Y C，et al. Chem Commun，2012，48：4115-4117.

[49] Li H Y，Liu Y C，Liu J，et al. Chem Commun，2011，47：8169-8171.

[50] Liu Y C, Lu Y, Liu Z. Chem Sci, 2012, 3: 1467-1471.

[51] Wang X, Liu Y C, Ren L B, et al. Anal Methods, 2013, 5: 5444-5449.

[52] Tsujioka N, Hira N, Aoki S, et al. Macromolecules, 2005, 38: 9901-9903.

[53] Hosoya K, Hira N, Yamamoto K, et al. Anal Chem, 2006, 78: 5729-5735.

[54] Nguyen A M, Irgum K. Chem Mater, 2006, 18: 6308-6315.

[55] Roque A C A, Silv C S O, Taipa M A. J Chromatogr A, 2007, 1160: 44-55.

[56] Low D, Leary R, Pujar N S. J Chromatogr B, 2007, 848: 48-63.

[57] Bandari R, Buchmeiser M R. Macromol Rapid Commun, 2012, 33: 1399-1403.

[58] Lin Z A, Pang J L, Yang H H, et al. Chem Commun, 2011, 47: 9675-9677.

[59] Li Q J, Lü C C, Li H Y, et al. J Chromatogr A, 2012, 1256: 114-120.

[60] Yang Q, Huang D H, Jin S X, et al. Analyst, 2013, 138: 4752-4755.

[61] Yang F, Mao J, He X W, et al. Anal Bioanal Chem, 2013, 405: 5321-5331.

[62] Li D J, Li Q J, Wang S S, et al. J Chromatogr A, 2014, 1139: 103-109.

[63] Li L, Lu Y, Bie Z J, et al. Angew Chem Int Ed, 2013, 52: 1-5.

[64] Wang S S, Bie Z J, Ye J, et al. Chem Sci, 2014, 5: 1135-1140.

[65] Xu Y W, Wu Z X, Zhang L J, et al. Anal Chem, 2009, 81: 503-508.

[66] Zhao Y N, Trewyn B G, Slowing I I, et al. J Am Chem Soc, 2009, 131: 8398-8400.

[67] Wang H Y, Bie Z J, Lü C C, et al. Chem Sci, 2013, 4: 4298-4303.

手性固定相

10.1 概述

手性是自然界的本质属性之一。在进入生命体后，一对光学纯异构体可能在生物活性、代谢机制、毒性等方面存在差异[1]。一些手性药物的两个对映异构体的药效差别很大或完全不同。例如，（—）-美沙酮是强止痛剂，而（＋）-美沙酮则没有疗效；再例如，抗心律失常药普萘洛尔的 L-（—）-异构体的药理活性比 D-（＋）-异构体大 100 倍。因此，光学纯异构体的制备和分离分析在药物、天然产物、中间体、农业化学品等领域日益显得重要[2]。2007 年美国食品与药品管理局（FDA）批准的小分子新药中，约 70％的药物含有至少一个手性中心[3]。同时，以单一对映异构体形式出售的手性药物，因具有疗效好、副作用小等优点，在药品安全备受重视的今天，颇受市场欢迎，其市场份额逐年稳定增长[4]。此外，在 2003 年和 2004 年全球销售额居前十位的药物中有 9 个药物的主要成分是手性的，其中超过半数的药物是以单一对映异构体的形式进行销售的[5]。显然，手性药物已成为国际上新药研究的热点。手性药物的巨大市场潜力，引起了学术界、工业界的关注，促使人们开发各种适于手性化合物分离分析及制备的新技术和新方法。

常用的手性化合物的分离方法主要有结晶法、酶动力学拆分法和色谱法。其中，结晶法和酶动力学拆分法是传统的手性分离方法。这些方法存在操作周期长、过程烦琐、适用的化合物范围有限等缺点，因此它们的应用受到了限制。近几十年来，色谱方法和技术，如气相色谱（gas chromatography，GC）、高效液相色谱（high-performance liquid chromatography，HPLC）、超临界流体色谱（supercritical fluid chromatography，SFC）以及毛细管电色谱（capillary electrochromatography，CEC）在手性分离中得到了广泛的应用和巨大的发展。特别是高效液相色谱法取得了令人瞩目的进展，已成为研究和开发手性药物不可或缺的方法。HPLC 中手性化合物的分离方法主要有三种：①将对映异构体衍生为非对映异构体进行分离；②使用手性流动相添加剂直接拆分；③使用手性固定相（chiral stationary phases，CSPs）直接拆分。其中，利用 CSPs 直接拆分对映异构体的方法既适用于常规的分离分析，又适用于大规模制备，是目前公认的手性化合物分离分析最为有效的方法[6]。除 HPLC 外，SFC[7~9]因具有有机溶剂消耗低、分离效率高、分析时间短、产率高等优点越来越受到重视，在色谱手性分离中扮演着越来越重要的角色。此外，CE、CEC 和微芯片技术也用于手性化合物的微分析[10~14]。同时，模拟移动床（simulated moving bed，SMB）技术[15~17]的不断发展为实现手性化合物的工业级制备提供了可能。

利用 HPLC CSPs 进行手性分离的基础是对映异构体与 CSPs 的作用力不同。CSPs 的手性识别能力可由保留因子（retention factor，k）、分离因子（separation factor，α）和分离度（resolution，R_s）三个参数来定量地表征。它们的计算公式如下：

$$k_1 = (t_1 - t_0)/t_0$$
$$k_2 = (t_2 - t_0)/t_0$$
$$\alpha = k_2/k_1 = (t_2 - t_0)/(t_1 - t_0)$$
$$R_s = 2(t_2 - t_1)/(w_1 + w_2)$$

式中，t_0 为不被固定相保留的化合物的保留时间；t_1 和 t_2 分别为第一个和第二个洗脱的对映异构体的保留时间；w_1 和 w_2 为其峰底宽。在手性分离中，k 值表征对映异构体与 CSPs 作用力的大小，α 值直接与 CSPs 的手性识别能力有关，R_s 是与 CSPs 的手性识别能力和色谱柱理论塔板数有关的参数。CSPs 与一对对映异构体间相互作用的能量差（ΔG）可由 α 值计算（$\Delta G = -RT\ln\alpha$）。因此手性分离成功的关键在于选择能提供足够能量差的 CSPs。通常，对映异构体能得到基线分离所需的能量差很小（$\Delta G = -0.46$ kJ/mol，此时对应的 α 值为 1.20）。这也是 CSPs 通常能分离多类手性化合物的原因所在。

随着手性色谱分离方法和应用范围的不断发展，出现了许多用于 HPLC 的 CSPs，目前商品化的 HPLC CSPs 已超过 200 种。按其拆分机理，CSPs 可分为独立型和协同型两大类。独立型 CSPs 中用作手性选择剂的手性分子具有独立的手性识别能力。刷型 CSPs、配体交换 CSPs、环糊精类 CSPs、冠醚类 CSPs、大环抗生素类 CSPs 都属于此类型。协同型 CSPs 的手性选择剂主要为手性聚合物，如多糖、蛋白质及合成高分子聚合物等。这类 CSPs 的手性识别机理比较复杂，与其超分子结构有关。按手性选择剂在载体上的固定方式，CSPs 可分为键合型和涂覆型两类。按手性选择剂的结构，HPLC CSPs 主要有以下几类：多糖类 CSPs、刷型（或 Pirkle 型）CSPs、蛋白质类 CSPs、环糊精类 CSPs、冠醚类 CSPs、配体交换 CSPs、大环抗生素类 CSPs 和合成聚合物类 CSPs。Liu 等[18]在 "Trends in Analytical Chemistry" 上的综述文章对目前主要的、已商品化的 HPLC CSPs 进行了介绍。Ward 等[19]对在 2010 年 1 月至 2011 年 9 月间以英文发表的有关手性分离的论文进行了统计。结果表明，超过半数的手性分离是在 HPLC 中进行的，因此 HPLC 中的手性分离仍然占主导地位，其中约 1/3、1/4 和 1/3 的 HPLC 手性分离分别是在多糖类、环糊精类和其他 CSPs 上完成的。

10.2 多糖类手性固定相

多糖，如纤维素和淀粉，是自然界中最丰富的具有光学活性的物质。未衍生的多糖本身具有手性识别能力，能在 HPLC 中分离数种手性化合物。但因其手性识别能力太低，作为 CSPs 没有实际应用价值。1973 年，Hesse 和 Hagel[20]合成的微晶纤维素三醋酸酯 CTA-I（1，图 10-1）是首个具有实用价值的多糖类 CSPs。1984 年，Okamoto 等[21]将纤维素衍生物涂覆于大孔硅胶上克服了 CTA-I 作为 CSPs 机械强度差的缺点，大大促进了多糖类 CSPs

的发展。Okamoto 研究小组和与之合作的 Daicel 公司在此领域进行了深入系统的研究，制备了约 200 种多糖类衍生物，并最终实现了多糖类 CSPs 的商品化生产，在此领域做出了卓越的贡献。其中 Okamoto 等分别于 1986 年[22]和 1987 年[23]开发的纤维素及淀粉三（3,5-二甲基苯基氨基甲酸酯），显示出强大的手性识别能力，是目前 HPLC 中最常用的两种CSPs。为了克服涂覆型多糖类 CSPs 溶剂耐受性差的缺点，Okamoto 等[24]于 1987 年开展了制备键合型多糖类 CSPs 的工作。2004 年，Daicel 公司推出了首个具有广泛溶剂耐受性的、基于淀粉三（3,5-二甲基苯基氨基甲酸酯）的键合型 CSPs，即 Chiralpak IA[25]。如今近 90% 的手性化合物能在多糖类 CSPs 上得到分离[25,26]。2008 年，Daicel 公司推出了基于 3 μm 硅胶的商品化涂覆型及键合型多糖类 CSPs，此类 CSPs 适于手性化合物的快速分离[27]。

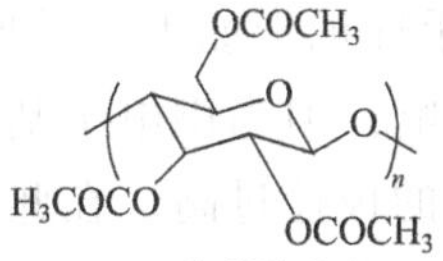

图 10-1 微晶纤维素三醋酸酯（CTA-I，1）的结构

多糖类衍生物主要是通过酯化或醚化糖单元上的羟基制备的，酰氯和异氰酸酯是最常用的衍生化试剂。除最常用的纤维素（cellulose）和淀粉（amylose）外，甲壳素（chitin）、壳聚糖（chitosan）、半乳糖胺（galactosamine）、木聚糖（xylan）、葡聚糖（dextran）、凝胶多糖（curdlan）和菊糖（inulin）也用于多糖类 CSPs 的制备[21]。其中，纤维素和淀粉衍生物的手性识别能力通常高于其他多糖类衍生物，在 HPLC 手性分离中应用最广泛。虽然其他一些多糖衍生物，特别是甲壳素苯基氨基甲酸酯类衍生物[28~30]，对某些手性化合物表现出较高的手性识别能力，但到目前为止已商品化的十余种多糖类 CSPs 均为纤维素或淀粉衍生物。Okamoto 等[31,32]统计了 2005 年及 2007 年在 "Journal of American Chemical Society" 上出现的 HPLC CSPs 在测定对映体过量（ee 值）时的分布情况。统计结果表明，约有 90% 的手性液相色谱测定是在多糖类 CSPs 上完成的。

10.2.1 纤维素和淀粉酯类衍生物

Hesse 和 Hagel[20]在非均相条件下合成的 CTA-I 是首个具有实用价值的多糖类 CSPs。他们将其直接用作 CSPs 在低压色谱下成功拆分了 Tröger's base。CTA-I 保留了纤维素的晶体结构[33,34]；同时 CTA-I 的手性识别能力可能归因于其晶体结构。许多外消旋化合物，包括非极性、弱极性化合物及含芳环的手性药物，在 CTA-I 上得到了分离，流动相为乙醇-水的混合物[35~37]。有趣的是，一旦 CTA-I 用溶剂（如二氯甲烷）溶解并涂覆于硅胶后，与CTA-I 相比，其手性识别能力和晶体结构会发生完全的改变[38,39]。例如，Okamoto 等[38]发现 Tröger's base 在两种类型的纤维素三醋酸酯 CSPs 上的洗脱顺序发生了反转。由于CTA-I 样品负载量高，目前研究者仍然使用 CTA-I 在中压液相色谱下进行大规模的手性分离[40,41]。

自 20 世纪 80 年代以来，研究者合成了众多纤维素酯类衍生物，并用作 HPLC CSPs。其中，由纤维素与相应的苯甲酰氯反应得到的纤维素三苯甲酸酯（3，图 10-2）在涂覆于硅胶后显示出很强的手性识别能力[42]。Okamoto 等[42]的研究表明，苯环上取代基的性质显

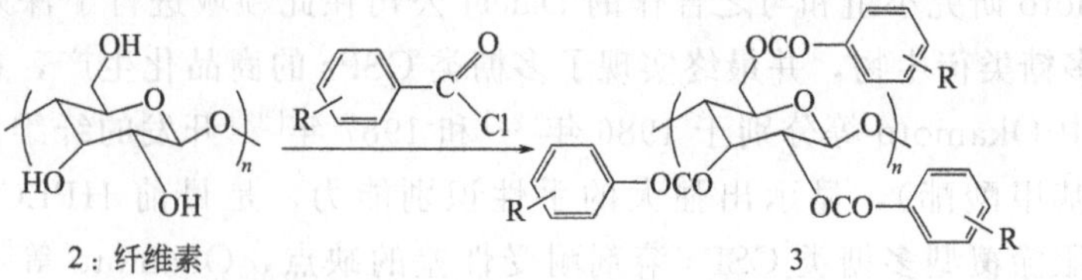

2：纤维素　　3

R=
a：H　d：2-CH_3　g：3,5-$(CH_3)_2$　j：4-CF_3
b：4-CH_3　e：4-$C(CH_3)_3$　h：3,5-Cl_2　k：4-OCH_3
c：3-CH_3　f:3,4-$(CH_3)_2$　i：F　l：3,5-$(OCH_3)_2$

图 10-2　纤维素苯甲酸酯（3）的合成与结构

著影响 **3** 的手性识别能力，含供电子取代基（如甲基）的衍生物显示出比含吸电子取代基（如卤素、三氟甲基）衍生物更高的手性识别能力。其原因可能是衍生物上羰基的电子云密度极易受苯环上取代基诱导效应的影响。但当供电子基为甲氧基时并不能增强衍生物的手性识别能力，这可能是因为甲氧基本身的极性过高。在此类衍生物中，纤维素三（4-甲基苯基甲酸酯）[42]（**3b**）显示出很高的手性识别能力。基于 **3b** 的涂覆型 CSPs 已商品化，商品名为 Chiralcel OJ（Daicel）和 Lux Cellulose-3（Phenomenex），并用于多种手性化合物的分析分离和制备分离。最近的研究[43]表明，**3b** 的手性识别能力可由涂覆时加入的添加剂来控制。而纤维素三苯甲酸酯（**3a**）的手性识别能力与涂覆溶剂有很大的关系[37,42,44]。与纤维素三苯甲酸酯相比，淀粉三苯甲酸酯的手性识别能力较低[42]。最近，Okamoto 等[45]合成了基于新型淀粉酯类的 CSPs，发现未取代的肉桂酸衍生物显示出相对较高的手性识别能力。2011 年，文献[46]报道了基于含吡啶基及二吡啶基的纤维素酯类 CSPs。流动相中是否含有 Cu（Ⅱ）显著影响二吡啶基衍生物的手性识别能力；同时，二吡啶基衍生物可用作配体交换 CSPs，在含 Cu（Ⅱ）的流动相中直接拆分未衍生的氨基酸对映异构体[46]。

10.2.2　纤维素和淀粉的苯基氨基甲酸酯类衍生物

1984 年，Okamoto 等[21]发展了基于多糖苯基氨基甲酸酯类衍生物的 CSPs。相比于其他多糖，纤维素（**4**，图 10-3）及淀粉（**6**，图 10-3）苯基氨基甲酸酯类衍生物显示出更高的手性识别能力，将其涂覆于大孔硅胶后就可得到非常有用的 HPLC CSPs。**4** 的手性识别能力与苯环上取代基的性质及位置有很大关系[22,47]。相比于苯环上没有取代基的衍生物（**4g**），苯环 4-位被吸电子基（如卤素）或供电子基（如烷基）取代的衍生物显示出更高的手性识别能力。但当苯环上有极性相当大的取代基（如甲氧基、硝基）时，衍生物的手性识别能力较低；同时，研究发现，大多数在苯环邻位有取代基的纤维素衍生物显示出相当低的手性识别能力，而在间位或对位有取代基的衍生物则显示出较高的手性识别能力[22,47]。

对于 **6**，在苯环上引入甲基或氯同样可以改善其手性识别能力。但与 **4** 不同的是，在邻位含有取代基的淀粉衍生物如 5-氯-2-甲基苯基氨基甲酸酯（**6ak**）和 5-氟-2-甲基苯基氨基甲酸酯（**6aq**）表现出较高的手性识别能力[48,49]。最近的研究表明，纤维素三（3-氯-4-甲基苯基氨基甲酸酯）（**4an**）[50,51]和纤维素三（3-甲基-4-氯苯基氨基甲酸酯）（**4ap**）[51,52]显示出很高的手性识别能力；相应的 CSPs 已商品化，商品名分别为 Sepapak-2 或 Lux Cellulose-2 和 Sepapak-4。Fanali 等[53]将淀粉三（5-氯-2-甲基苯基氨基甲酸酯）涂覆于未衍生化硅胶及氨丙基硅胶上，在微柱液相（Nano-LC）及 CEC 中评价了其手性识别能力。Daicel 公司最

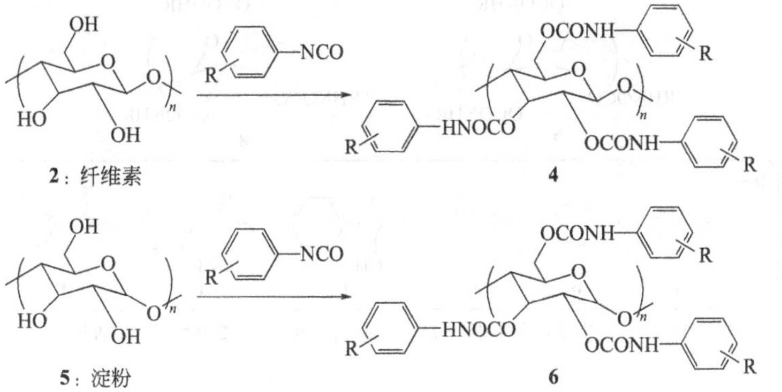

R=

a：4-NO_2	**m**：4-C_2H_5	**y**：3-OC_2H_5	**ak**：5-Cl-2-CH_3
b：4-CF_3	**n**：4-CH_3	**z**：3-$OCH(CH_3)_2$	**al**：2-Cl-6-CH_3
c：4-I	**o**：4-OPh	**aa**：3,5-$(OCH_3)_2$	**am**：3-Cl-2-CH_3
d：4-Br	**p**：4-$OCH(CH_3)_2$	**ab**：3,5-$(CH_3)_2$	**an**：3-Cl-4-CH_3
e：4-Cl	**q**：4-OC_2H_5	**ac**：2,6-$(CH_3)_2$	**ao**：4-Cl-2-CH_3
f：4-F	**r**：4-OCH_3	**ad**：3,4-$(CH_3)_2$	**ap**：4-Cl-3-CH_3
g：H	**s**：2-Cl	**ae**：3,5-2Cl	**aq**：5-F-2-CH_3
h：4-CPh_3	**t**：2-CH_3	**af**：3,4-2Cl	**ar**：3-F-2-CH_3
i：4-Ph	**u**：2-OCH_3	**ag**：2,6-2Cl	**as**：4-F-3-CH_3
j：4-$Si(CH_3)_3$	**v**：3-Cl	**ah**：3,5-2F	**at**：3-F-5-CH_3
k：4-$C(CH_3)_3$	**w**：3-CH_3	**ai**：3,5-$(CF_3)_2$	**au**：3-Cl-5-CH_3
l：4-$CH(CH_3)_2$	**x**:3-OCH_3	**aj**：2-Cl-4-CH_3	**av**：3-Br-5-CH_3

图 10-3 纤维素（**4**）及淀粉（**6**）苯基氨基甲酸酯的合成及结构

近推出了基于**4ap**和淀粉三（5-甲基-2-氯苯基氨基甲酸酯）的商品化手性柱，商品名分别为Chiralcel OZ-H和Chiralpak AY-H。

纤维素与淀粉苯基氨基甲酸酯衍生物的手性识别能力存在差异的原因可能是两者的螺旋构型不同，它们分别呈现出左手3/2[54,55]和左手4/3[56]螺旋构型。在已发展的苯基氨基甲酸酯类衍生物中，纤维素三（3,5-二甲基苯基氨基甲酸酯）（**4ab**）和淀粉三（3,5-二甲基苯基氨基甲酸酯）（**6ab**）对多类手性化合物表现出优异的识别能力，是目前公认的最强大的HPLC CSPs。两者的手性识别能力具有互补性[57]。这两种CSPs已由数家公司实现了商品化生产，如基于**4ab**的CSPs的商品名分别为Chiralcel OD（Daicel）、Lux Cellulose-1（Phenomenex）、Cellucoat（Eka Nobel）及其他，而基于**6ab**的CSPs的商品名分别为Chiralpak AD（Daicel）、Lux Amylose-1（Phenomenex）、Amycoat（Eka Nobel）及其他。

10.2.3 其他纤维素及淀粉氨基甲酸酯类衍生物

除苯基氨基甲酸酯类衍生物外，研究者们还评价了烷基、苯甲酸及苯基取代的氨基甲酸酯衍生物（**7**、**8**，图10-4）作为CSPs的识别能力。其中，一些环烷基氨基甲酸酯（**7a～c**、**8a～c**）[58,59]表现出与商品化多糖类CSPs（**4ab**、**6ab**）相当的手性识别能力。同时，由于环烷基氨基甲酸酯类衍生物结构中没有苯环，故其紫外吸收弱，因此基于此类衍生物的CSPs也可用于薄层色谱的手性分离[58]。此外，淀粉三[(S)-1-苯基乙基氨基甲酸酯][(S)-**8d**][60,61]显示出优异的手性识别能力，基于(S)-**8d**的CSPs已商品化（Chiralpak AS，Daicel）。苯甲酸氨基甲酸酯类衍生物（**7f**、**8f**）[62]的手性识别能力较为特别，适用于分离那些能和衍生物中的羰基形成氢键的手性化合物。

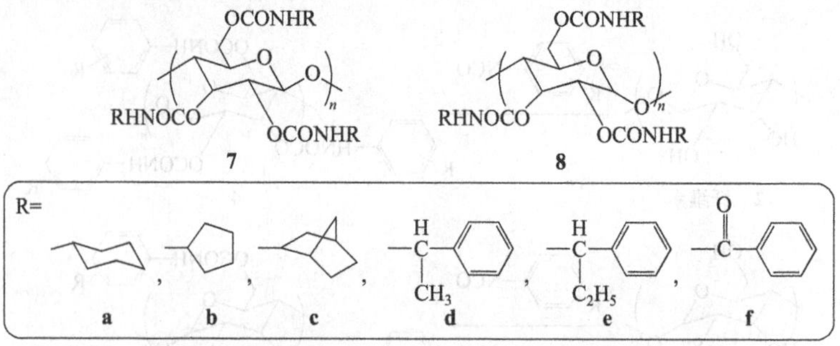

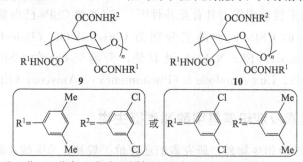

图 10-4 其他纤维素（**7**）及淀粉（**8**）氨基甲酸酯的结构

10.2.4 区域选择性修饰多糖类衍生物

在前面所讨论的纤维素及淀粉衍生物为均匀取代衍生物，即葡萄糖单元 2-位、3-位、6-位具有相同的取代基。葡萄糖单元 2-位、3-位羟基为仲羟基，而 6-位羟基为伯羟基，其反应活性不同。利用羟基的不同反应活性，Okamoto 等[63]于 1993 年首次合成了葡萄糖单元 6-位与 2-位、3-位分别为不同苯基氨基甲酸酯基团的区域选择性修饰纤维素（**9**，图 10-5）及淀粉衍生物（**10**，图 10-5）。此后，研究者[64,65]相继合成了多种区域选择性修饰多糖类衍生物，其中纤维素衍生物（**11**）的合成路线如图 10-6 所示。与均匀取代的衍生物相比，区域选择性修饰多糖类衍生物具有特异性的手性识别能力，其手性识别能力不是相应均匀取代衍生物的组合。一些对映异构体在此类 CSPs 上也得到了比在相应均匀取代多糖类衍生物 CSPs 上更好的分离，甚至一些在 Chiralcel OD、Chiralpak AD 及 Chiralpak AS 上不能分离的手性化合物在此类 CSPs 上也得到了较好的分离。取代基的性质及在糖单元上的位置影响区域选择性修饰多糖类衍生物的手性识别能力[63~66]。最近，Tang 等[67]合成了 4 种区域选择性修饰纤维素衍生物，其中，纤维素 2,3-二(3-氯-4-甲基苯基氨基甲酸酯)-6-(3,5-二甲基苯基氨基甲酸酯) 和纤维素 2,3-二(3,5-二甲基苯基氨基甲酸酯)-6-(3-氯-4-甲基苯基氨基甲酸酯)表现出与商品化手性柱 Chiralcel OD 相当的手性识别能力，具有潜在的应用价值。

图 10-5 葡萄糖单元 2-位、3-位与 6-位为不同氨基甲酸酯基团的纤维素（**9**）和淀粉（**10**）衍生物

利用 Dicke[68]于 2004 年发展的选择性酯化淀粉 2-位羟基的方法，Okamoto 等[69]于 2008 年首次合成了葡萄糖单元 2-位、3-位、6-位，均为不同取代基的淀粉衍生物（**12**，图 10-7）。**12a** 和 **12b** 的手性识别能力与 Chiralpak AD 相当或更高；同时，在所测试的 10 对对映异构体中有 3 对的洗脱顺序在 **12a**、**12b** 上发生了反转，因此它们在 **12a**、**12b** 上的分离机理不同。Okamoto 等[70]于 2010 年合成了一系列 2-位为取代苯甲酸酯基的区域选择性修饰淀粉衍生物（**13~18**，图 10-8）。在所制备的衍生物中，淀粉 2-(4-叔丁基苯甲酸酯)（**14**）和 2-(4-氯苯甲酸酯)（**17**）系列衍生物表现出高的手性识别能力。图 10-9 为 2-苯基环己酮在

14b 上的 HPLC 分离谱图[70]。最近，Tang 等[71]合成了 4 种 2-位、3-位、6-位均为不同取代基的淀粉衍生物。其中，淀粉 2-苯甲酸酯-3-（3,5-二甲基苯基氨基甲酸酯或 3,5-二氯苯基氨基甲酸酯）-6-[（S）-1-苯基乙基氨基甲酸酯] 表现出与 Chirapak AD 相当的手性识别能力[71]。

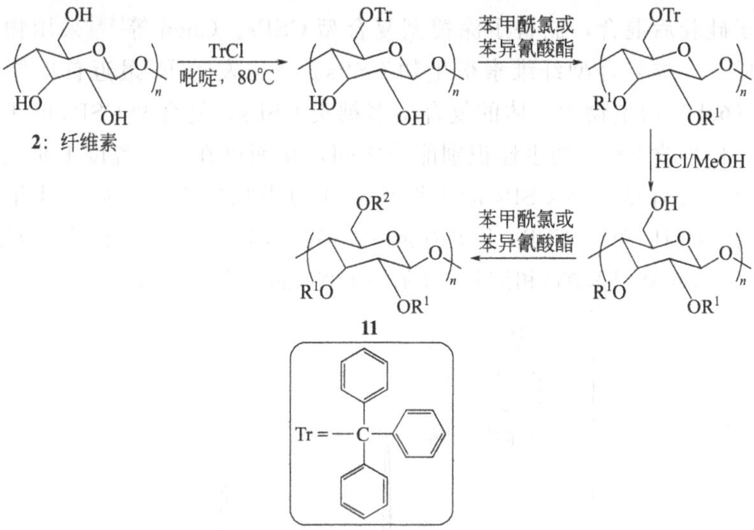

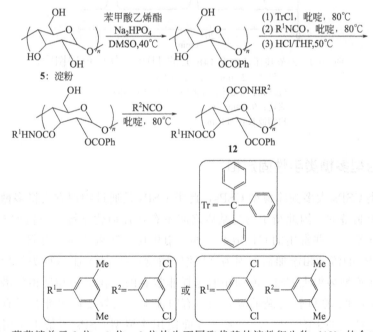

图 10-6　葡萄糖单元 2-位、3-位与 6-位为不同取代基的纤维素衍生物（**11**）的合成

图 10-7　葡萄糖单元 2-位、3-位、6-位均为不同取代基的淀粉衍生物（**12**）的合成及结构

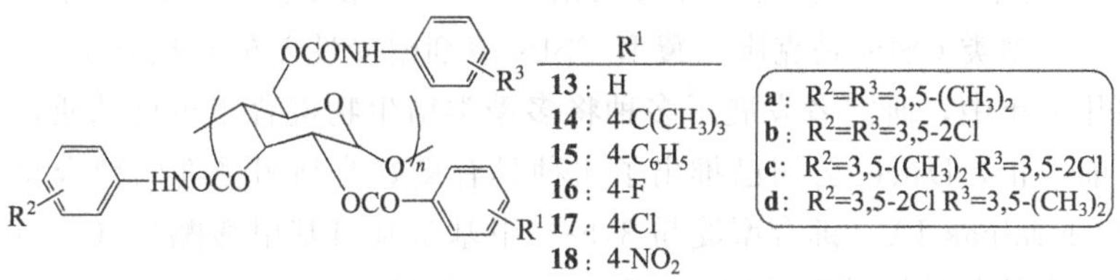

图 10-8　区域选择性修饰淀粉衍生物（**13～18**）的结构

10.2.5 复合型多糖类手性固定相

为了扩大单根手性柱的应用范围，Zhang 等[72]将两种纤维素衍生物混合后涂覆于硅胶或者分别涂覆于硅胶后混合，制备了涂覆型复合型 CSPs。Chen 等[73]采用物理涂覆法和化学键合法，合成了 3 类复合型纤维素衍生物 CSPs。潘富友等[74]最近首次制备了集纤维素（**4ab**）与淀粉（**6ab**）衍生物为一体的复合型多糖类 CSPs。复合型 CSPs 的手性识别能力一般介于两种单一衍生物 CSPs 的手性识别能力之间，从而可在一定程度上扩大单根手性柱的应用范围。混合方法对复合型 CSPs 的手性识别能力影响较小。少数手性化合物在复合型CSPs 上得到了比在相应单一 CSPs 上更好或更差的分离[72~74]。2013 年，Chen 等[75]制备了基于淀粉三(苯基氨基甲酸酯)和淀粉三(苯甲酸酯)的复合型 CSPs。

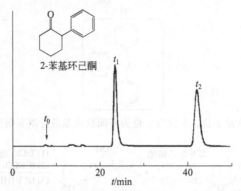

图 10-9   2-苯基环己酮在 **14b** 上的 HPLC 分离色谱图[70]
柱尺寸：250mm×2.0mm I. D.
流动相：正己烷/异丙醇（90∶10，体积比）
流速：0.10mL/min
检测波长：214nm

10.2.6 键合型多糖类手性固定相

目前多糖类 CSPs 大多为涂覆型 CSPs，此类 CSPs 是通过物理方法将多糖类衍生物涂覆于硅胶等基质上制备的，因此衍生物与基质之间不存在任何化学键。涂覆型 CSPs 最大的缺点是溶剂耐受性差。一些常用的有机溶剂，如三氯甲烷、四氢呋喃、丙酮、二氯甲烷等，不能用作此类 CSPs 的流动相添加剂，因为这些溶剂能够溶解或溶胀多糖类衍生物，从而损害手性柱。因此涂覆型多糖类 CSPs 流动相的选择非常有限，在正相和反相色谱模式下的典型流动相分别为正己烷-醇和水-乙腈的混合物。有时流动相选择受限可能会对有效的分析分离及制备分离造成严重的影响[26,76]。而另一方面使用涂覆型 CSPs 所禁止使用的流动相添加剂可改善 CSPs 的选择性[25,77]、增加样品的溶解性[78,79]及改变对映异构体的洗脱顺序[80]等。制备键合型多糖类 CSPs 是克服涂覆型 CSPs 溶剂耐受性差的直接方法。

在过去的几十年中，研究者发展了多种将多糖类衍生物键合于色谱基质，特别是硅胶上的方法。到目前为止，Daicel 公司已推出了 4 种具有良好溶剂耐受性的键合型多糖类 CSPs，商品名分别为 Chiralpak IA（键合型淀粉 3,5-二甲基苯基氨基甲酸酯）、Chiralpak IB（键合型纤维素 3,5-二甲基苯基氨基甲酸酯）、Chiralpak IC（键合型纤维素 3,5-二氯苯基氨基甲酸酯）和 Chiralpak ID（键合型淀粉 3-氯苯基氨基甲酸酯）。它们已用于手性化合物的分析分离及制备分离[81]。

10.2.6.1 双官能团试剂法

Okamoto 等[24]于 1987 年报道了以二异氰酸酯为间隔臂制备键合型纤维素衍生物 CSPs 的方法 [图 10-10(a)]。由图可知,纤维素衍生物通过葡萄糖单元的 2-位、3-位、6-位羟基得到键合。Okamoto 等[24]认为,纤维素衍生物是通过葡萄糖单元上的羟基与 3-氨基丙基硅胶上的氨基以二异氰酸酯为间隔臂连接在一起的。1994 年,Okamoto 等[82]提出了区域选择性键合纤维素及淀粉衍生物的方法,即通过葡萄糖单元 2-位、3-位羟基 [图 10-10(b)]或 6-位羟基 [图 10-10(c)]键合多糖类衍生物。与非区域选择性键合法[24]相比,区域选择性键合法制备的 CSPs 显示出更高的手性识别能力。但与相应的涂覆型 CSPs 相比,键合型 CSPs 的手性识别能力都有不同程度的下降[24,82]。这可能是由于间隔臂的引入以及键合位置的多样性在一定程度上破坏了多糖类衍生物的高级有序结构。另外,二异氰酸酯的种类对制备的 CSPs 的手性识别能力影响不大,但其用量却对手性识别有较大的影响。当二异氰酸酯的量为羟基量的 3%～5%(摩尔分数)时,CSPs 的手性识别能力相对较高。

使用上述二异氰酸酯法制备键合型 CSPs 时,间隔臂必须渗透过衍生物的涂层才能到达硅胶表面,从而与硅胶表面的氨基反应。由于间隔臂两端的官能团均为异氰酸酯基,因此在到达硅胶表面前,间隔臂两端的基团都可能已经与葡萄糖单元上未衍生的羟基反应而造成糖单元之间的交联,从而破坏多糖类衍生物的高级有序结构。针对上述缺点,Chen 等[83～86]以 γ-异氰酸酯基丙基三乙氧基硅烷为双官能团试剂,通过非区域选择性法和区域选择性法合成了键合型 CSPs。纤维素首先与 γ-异氰酸酯基丙基三乙氧基硅烷反应,在纤维素上引入三乙氧基硅基,然后再通过三乙氧基硅基与硅羟基之间的反应将衍生物键合于硅胶上,这样就避免了葡萄糖单元间的交联。区域选择性键合法合成的 CSPs 的手性识别能力略高,而非区域选择性键合法在快速制备方面更有一定的优势。

Okamoto 等发展的非区域选择性键合法[24]和区域选择性键合法[82]都涉及葡萄糖单元 6-位羟基的衍生与再生,反应过程较为烦琐。2011 年,Tang 等[87]报道了一种改进的二异氰酸酯法,避免了 6-位羟基的衍生与再生,简化了制备过程,缩短了制备时间。方法[87]如下:纤维素或淀粉溶于 N,N-二甲基乙酰胺(DMA)/LiCl/吡啶的混合液后,将其直接涂覆于氨丙基硅胶上,通过二异氰酸酯键合于硅胶上,最后用相应的异氰酸酯衍生葡萄糖单元上剩余的羟基。他们用改进的方法制备了以 **4ab**、**6ab**、**6ak** 及纤维素 3,5-二氯苯基氨基甲酸酯(**4ae**)为手性选择剂的 4 类键合型 CSPs。采用改进的方法制备的 CSPs 与 Okamoto 等采用非区域选择性法制备的 CSPs 的手性识别能力相当;同时,多糖主要是通过葡萄糖单元之间的交联键合于硅胶上的[87]。

2004 年,Chankvetadze 等[88]报道了在硅胶整体柱上键合 **4ab** 的方法(图 10-11)。将硅胶整体柱切割成所需长度,封入聚醚醚酮管中,通过整体柱表面的硅羟基与 3-缩水甘油氧丙基三甲氧基硅烷反应在整体柱表面引入环氧基团。将纤维素 2,3-二(3,5-二甲基苯基氨基甲酸酯)(CBMPC)涂覆于衍生的硅胶整体柱上,在 BF₃ 的催化下环氧基团与 CBMPC 上的 6-位羟基反应,将其键合于硅胶整体柱。丙酮充分洗涤除去未键合的衍生物,最后用 3,5-二甲基苯基异氰酸酯衍生葡萄糖单元上剩余的羟基,得到键合有纤维素衍生物的硅胶整体柱。

对于某些 CSPs[89],当以聚合物颗粒为载体时,其手性识别能力得到了显著提高(与以硅胶为载体的 CSPs 相比)。2003 年,Svec 等[90]以聚合物颗粒为载体制备了键合型多糖类

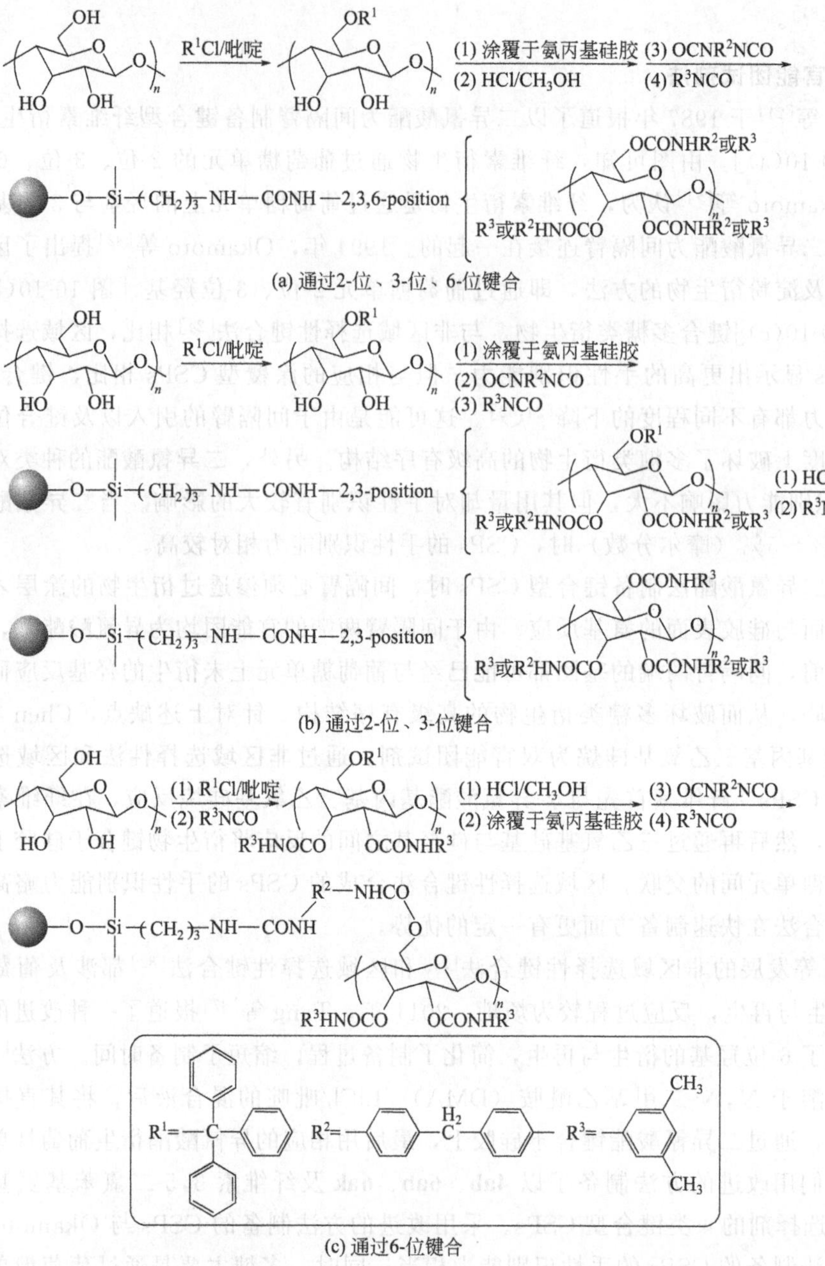

(a) 通过2-位、3-位、6-位键合

(b) 通过2-位、3-位键合

(c) 通过6-位键合

图 10-10 二异氰酸酯法制备键合型多糖类 CSPs

CSPs（图 10-12）。但是，与以硅胶为载体的 CSPs 相比，所制备的 CSPs 并没有显示出更高的手性识别能力[90]。其原因可能是以多糖为手性选择剂时，无论载体是硅胶还是聚合物颗粒，多糖都能够到达载体的表面。因此载体本身对多糖类 CSPs 的手性识别能力并没有太大的影响。

10.2.6.2 自由基共聚法

1994 年，Kimata 等[91]将纤维素三（4-乙烯基苯甲酸酯）涂覆于含双键的硅胶上，通过自由基共聚法制备了键合型 CSPs［图 10-13(a)］。由于纤维素衍生物含有大量的苯乙烯基，因此在键合过程中衍生物的高级有序结构可能会遭到破坏，从而导致 CSPs 的手性识别能力低于相应的涂覆型 CSPs[91]。

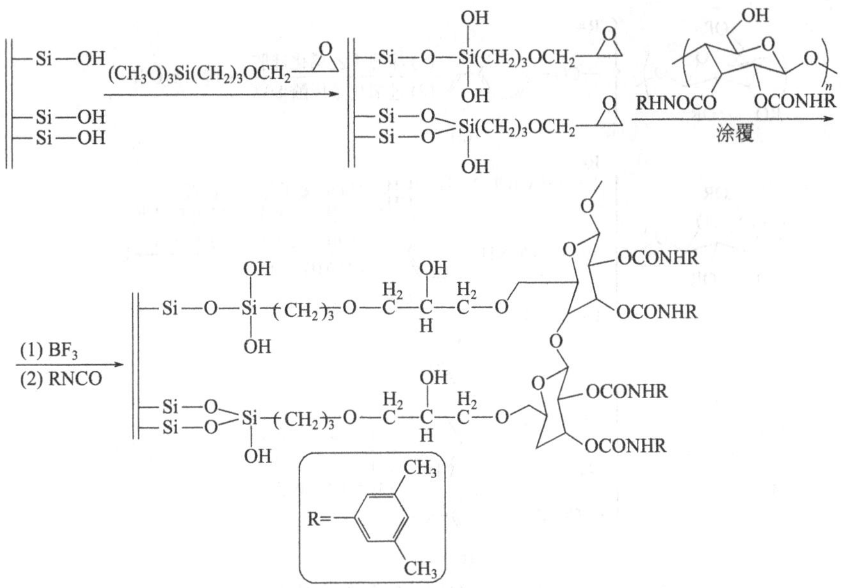

图 10-11　在硅胶整体柱上键合纤维素 3,5-二甲基苯基氨基甲酸酯

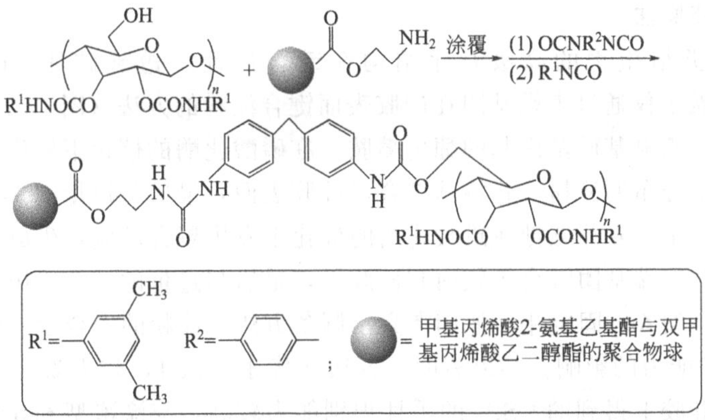

图 10-12　聚合物颗粒上键合纤维素 3,5-二甲基苯基氨基甲酸酯

　　Minguillon 等[92~99]发展了另一种通过聚合反应将多糖类衍生物键合于硅胶上的方法 [图 10-13(b)]。糖单元上的羟基用两种衍生试剂衍生：其中一种衍生试剂为 10-十一烯酰氯，用于引入发生聚合反应的基团；另一种为苯基异氰酸酯或苯甲酰氯，用于引入产生手性识别能力的基团。将制备的多糖衍生物涂覆于诸如烯丙基硅胶、未衍生化硅胶、封尾硅胶、氧化铝或石墨等基质上，含双键基团的衍生物在无溶剂条件下通过偶氮二异丁腈（AIBN）在热引发下发生聚合，从而制得键合型 CSPs。由于引入了不同的取代基破坏了多糖衍生物的高级有序结构，因此获得的 CSPs 的手性识别能力较低。于是该课题组将两种衍生试剂改为结构相似的化合物，所制备的 CSPs 的手性识别能力有所提高，但是键合效率却有所下降。

　　Chen 等[100]用含甲基丙烯酸酯基的纤维素苯基氨基甲酸酯与 γ-甲基丙烯酸氧丙基硅胶共聚制备了键合型 CSPs。由于发生聚合反应的基团均为甲基丙烯酸酯基，羰基的共轭作用使得它们的反应活性比纯乙烯基更高，制得的 CSPs 显示出较高的手性识别能力和柱效[100]。

　　Okamoto 等[101~106]开展了在共聚体系中加入乙烯基单体，通过自由基共聚法将含乙烯基的多糖类衍生物键合于硅胶上的工作 [图 10-13(c)]。通过优化乙烯基单体及衍生物上所引入的乙烯基的类型和数量等条件，他们制备出了与涂覆型 CSPs 手性识别能力相当的键合型 CSPs。

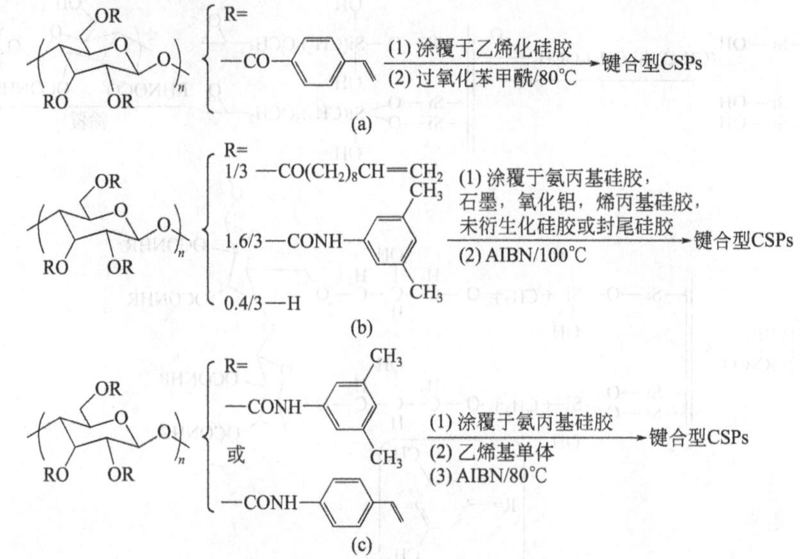

图 10-13 自由基共聚法键合含乙烯基多糖类衍生物

10.2.6.3 端基还原法

为避免多糖类衍生物的高级有序结构在键合过程中遭到破坏，Enomoto 等[107]及 Breitinger[108]发展了仅通过末端基团在硅胶表面键合淀粉的方法（图 10-14）。方法 1 是：首先合成端基为 3-三乙氧基硅基丙基的葡萄糖胺，在磷酸化酶的催化下发生聚合，生成具有一定链长和窄分子量分布的淀粉，并将其键合于硅胶表面，最后与过量的 3,5-二甲基苯基异氰酸酯反应。方法 2 是：麦芽五糖在磷酸化酶的催化下发生聚合反应，生成具有一定链长的淀粉，然后淀粉通过末端基团键合于氨丙基硅胶上，最后与过量的 3,5-二甲基苯基异氰酸酯反应，从而得到键合型 **6ab** 固定相。他们考察了制备方法、淀粉的聚合度、间隔臂长度等因素对 CSPs 手性识别能力的影响。结果表明，方法 2 优于方法 1，较大聚合度的淀粉通过较长的间隔臂固定在硅胶上得到的 CSPs 的手性识别能力较高，与涂覆型 **6ab** 相当。但是该方法制备过程烦琐，而且只适用于键合淀粉衍生物。

10.2.6.4 光化学法

Francotte 等[109~112]通过光化学法制备了键合型多糖类 CSPs（图 10-15）。在此法中，多糖衍生物涂覆于硅胶后，经紫外线照射，即可键合于硅胶上，虽然衍生物中并不含有光引发基团。目前，该方法的键合机理还不清楚，但在紫外线照射过程中多糖衍生物之间可能发生了交联反应。利用这种方法，他们制备了基于 **4ae**、纤维素 3,4-二氯苯基氨基甲酸酯（**4af**）和纤维素 3-三氟甲基-4-氯苯基氨基甲酸酯的键合型 CSPs，在优化的流动相条件下多类手性化合物得到了分离。

10.2.6.5 分子间缩聚反应法

最近，Okamoto 等[113,114]通过分子间缩聚反应制备了基于 **4ab** 及 **6ab** 的键合型 CSPs，其中键合型纤维素衍生物 CSPs 的制备过程如图 10-16 所示。首先合成含少量 3-(三乙氧基硅基)丙基氨基甲酸酯基的 **4ab** [**19**，图 10-16(a)]，方法[114]如下：纤维素溶于 DMA/LiCl/吡啶的混合溶液后，加入 R¹NCO（纤维素羟基量的 0.83 倍，摩尔比）并于 80℃反应 6h，然后加入一定量的 R²NCO 并于 80℃反应 16h，最后纤维素上剩余的羟基与 R¹NCO（纤维素

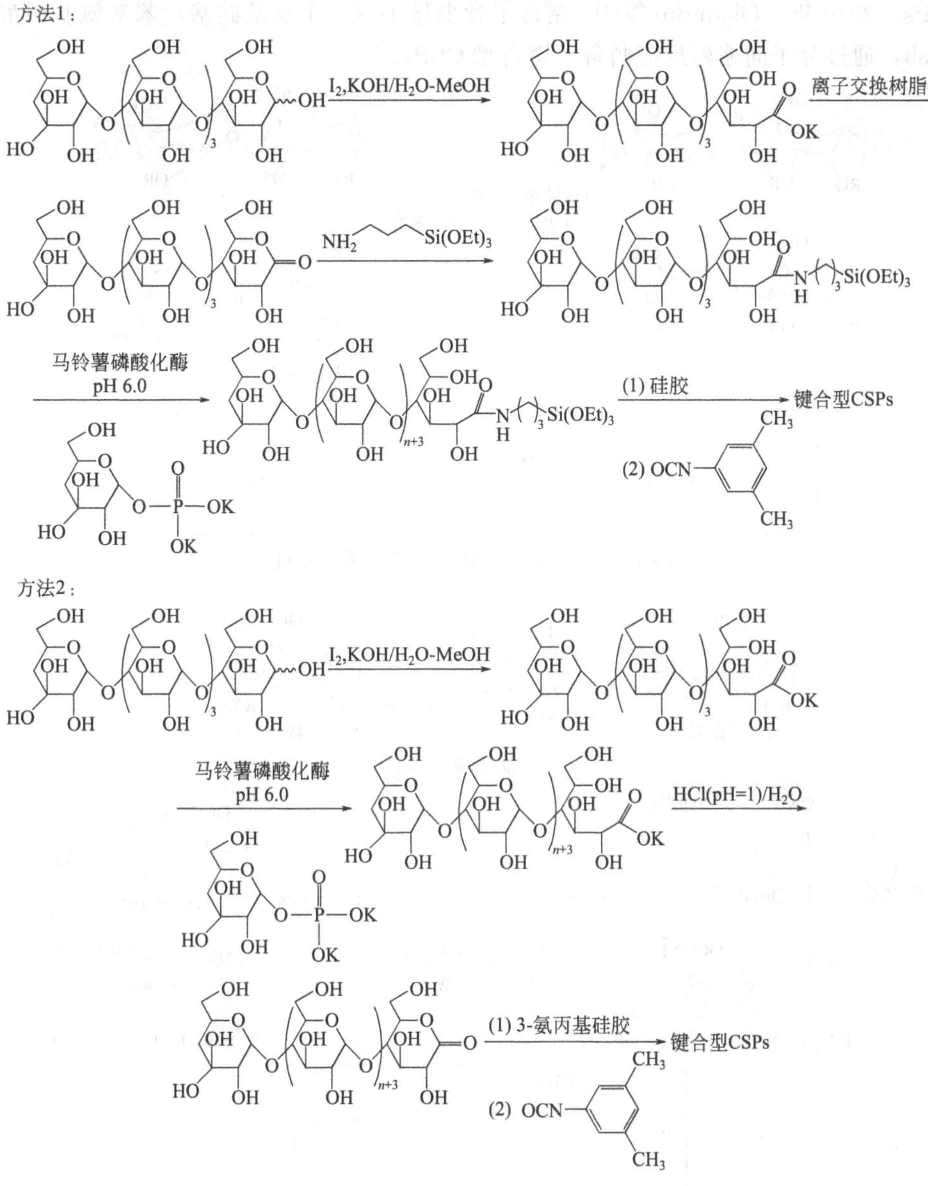

图 10-14 端基还原法制备键合型淀粉衍生物 CSPs

羟基量的 0.83 倍，摩尔比）于 80℃反应 7h。将上述反应液倾入大量甲醇溶液中，析出目标产物 **19**。键合方法[114]［图 10-16(b)］如下：**19**（0.35g）溶于 THF（8mL）后，涂覆于未衍生硅胶（1.40g）上；取涂覆有 **19** 的硅胶（0.65g），将其分散于乙醇（6mL）/水（1.5mL）/三甲基氯硅烷（0.1mL）的混合溶液中，于 110℃ 油浴中加热 10min。反应完成后，用 THF 充分洗涤，除去未键合的 **19**。3-(三乙氧基硅基)丙基的量为 1％～2％时，得到的键合型 CSPs 具有较高的手性识别能力[114]。这种方法最大的优点是仅需引入很少量的键合基团就能获得较高的键合效率，因此衍生物的高级有序结构在很大程度上得以保留，所以以 CSPs 显示出高的手性识别能力（与相应的涂覆型 CSPs 相当）。此外，此法还存在制备过程简单、适用于多种类型的多糖衍生物、键合基团的量可控等优点。采用同样的方法，研究者相继制备了基于纤维素[115]（**4k**）及淀粉 4-叔丁基苯基氨基甲酸酯[115]（**6k**）、**4ae**[116] 的键合型 CSPs。2010 年，Okamoto 等[117]制备了含少量 4-（三甲氧基硅基）苯基氨基甲酸酯的 **4ab** 及 **6ab**，通过分子间缩聚反应制备了键合型 CSPs。

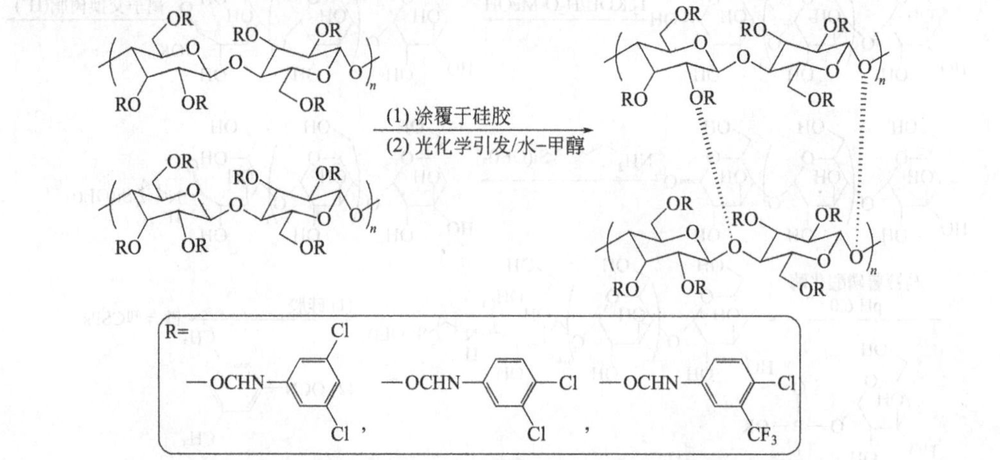

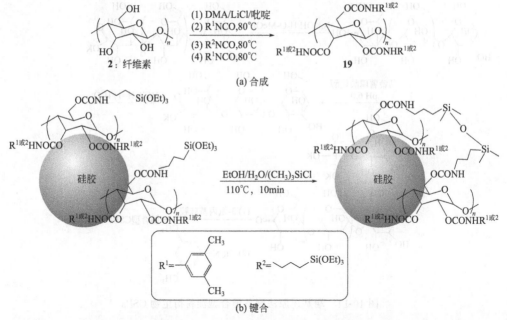

图 10-15　光化学法制备键合型多糖类 CSPs

(a) 合成

(b) 键合

图 10-16　分子间缩聚反应法制备键合型纤维素衍生物 CSPs

Okamoto 等[118,119]开发了通过区域选择性分子间缩聚反应键合 **4ab** 及 **6ab** 的方法，该法只是在葡萄糖单元 6-位引入键合基团。首先制备 CBMPC 及淀粉 2,3-二（3,5-二甲基苯基氨基甲酸酯）（ABMPC），并将其涂覆于硅胶上。葡萄糖单元 6-位羟基与 3-缩水甘油氧丙基三乙氧基硅烷在 BF₃ 的催化下发生反应，在葡萄糖单元 6-位引入三乙氧基硅基，通过三乙氧基硅基的分子间缩聚反应将衍生物键合于硅胶上。最后，用 3,5-二甲基苯基异氰酸酯衍生剩余的羟基便得到键合型 CSPs。

10.2.6.6　其他方法

2007 年，Zhang 等[120]制备了 6-位为部分叠氮基的纤维素苯基氨基甲酸酯，通过 Staudinger 反应，将其键合到氨丙基硅胶上。采用类似的方法，Peng 等[121]制备了基于纤维素 6-叠氮-2,3-二（4-氯苯基氨基甲酸酯）的键合型 CSPs。采用这种方法得到的 CSPs 具有较高的手性识别能力和溶剂耐受性[120,121]。

10.2.7 多糖类衍生物的手性识别机理

手性聚合物存在多个与对映异构体具有不同亲和力的作用位点，同时很难精确测定其在固态或溶液中的结构，因此在分子水平上对聚合物型 CSPs 手性识别机理的研究较少。核磁共振波谱法（NMR）是在分子水平上研究手性识别机理最有效的方法之一。但是，通常手性识别能力强的多糖类衍生物一般只溶于极性有机溶剂中，如 THF、二甲基亚砜、丙酮、吡啶等。在上述溶剂中，溶剂与多糖类衍生物之间存在强烈的相互作用，从而导致衍生物不能与对映异构体产生足够的达到手性识别的相互作用。但是一些氨基甲酸酯衍生物，如纤维素三（4-三甲基硅基苯基氨基甲酸酯)[122,123]（**4j**）、**4ae**[123]、纤维素三（5-氟-2-甲基苯基氨基甲酸酯)[124]（**4aq**）、纤维素三环己基氨基甲酸酯[59]（**7a**），能溶于三氯甲烷，在 NMR 及 HPLC 中均可实现对映异构体的分离。如 Okamoto 等[122,123]采用 ^{1}H NMR 研究了 CDCl$_3$ 溶液中 **4j** 对反式-1,2-二苯基环氧乙烷的手性识别机理。在加入 **4j** 后，反式-1,2-二苯基环氧乙烷中亚甲基上的质子被分离为 2 组单峰[122,123]。2010 年，Uccello-Barretta 等[125]对利用 NMR 技术研究多糖类 CSPs 的识别机理进行了综述。Okamoto 等[126,127]采用力场力学，计算了 **4g/4ae** 与反式-1,2-二苯基环氧乙烷/苯偶姻之间的相互作用能。所得结果与色谱分离数据能很好地吻合。

最近，Franses 等[128]采用多种方法和技术，包括全反射红外光谱、X 射线衍射、^{13}C 交叉极化/魔角旋转（^{13}C cross-polarization/magic-angle spinning，CP/MAS）和 MAS 固体核磁，研究了 3 种多糖衍生物 [**4ab**、**6ab** 及（S）-**8d**] 在手性选择性吸附位点的差异。他们[128]指出，上述衍生物中的氨基甲酸酯基在形成氢键时作用能的差异很大，同时羰基、—NH、苯基在这些衍生物中是以不同方式排列的。为阐明流动相在手性识别中的作用，Franses 等[129,130]研究了 **6ab** 与多种有机溶剂的相互作用。特别是，他们[129,130]系统研究了在吸附有机溶剂前后，**6ab** 在氢键、结晶状态及支链移动性方面的变化。

10.3 环糊精类手性固定相

环糊精（cyclodextrin，CD）是由 D-吡喃葡萄糖单元通过 α-1,4-糖苷键连接而成的、略呈锥形的一组环状低聚糖。最常见的 α-CD、β-CD 和 γ-CD 分别含有 6 个、7 个、8 个葡萄糖单元（图 10-17）。葡萄糖单元上 6-位的伯羟基位于开口较小的一端，而 2-位、3-位的仲羟基则位于开口较大的另一端。由于极性的羟基都位于 CD 腔体的外部，因此 CD 具有内腔疏水和腔外亲水的结构。CD 独特的结构使其能与许多化合物形成包结物，同时 CD 分子本身具有手性（未衍生的 CD 每个糖单元上有 5 个手性中心），此双重作用使 CD 具有良好的手性识别能力。CD 在手性分离中的应用主要有两种形式：作为流动相添加剂或 CSPs。与 CD 作为流动相添加剂相比，基于 CSPs 的分离是一种更直接、通用性更好的方法。目前，已有大量的 CD CSPs 被商品化，并广泛应用于手性化合物的分离。但是由于此类 CSPs 柱容量相对较低，因此 CD CSPs 不适于制备分离。

1983 年，文献 [131,132] 报道了通过胺键和酰胺键键合 CD，但因为间隔臂中存在 N

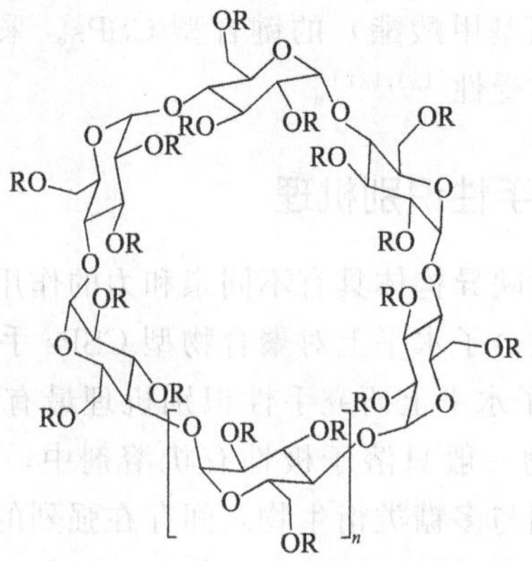

图 10-17 环糊精的结构（$n=1$，α-CD；$n=2$，β-CD；$n=3$，γ-CD）

原子，稳定性差，易水解。1985 年，Armstrong 等[133]合成了稳定的、基于醚键的键合型 CD CSPs。这些稳定的 CSPs 已经商品化，商品名分别为 Cyclobond Ⅰ（β-CD）、Cyclobond Ⅱ（γ-CD）和 Cyclobond Ⅲ（α-CD）。但这类 CSPs 只在反相色谱模式下才有分离能力，从而限制了它们的应用。

  Armstrong 等[134]通过 β-CD 与乙酸酐、（R)-及（S)-1-(1-萘基)乙基异氰酸酯、2,6-二甲基苯基异氰酸酯及苯甲酰氯反应，制备了数种 β-CD 衍生物，并将其用作 HPLC CSPs，首次实现了 CD CSPs 在正相色谱条件下分离手性化合物。同时研究[134]表明，相比于未衍生的 CD CSPs，衍生化 CD CSPs 的手性分离机理并不一定依赖于 CD 与被分析物间的包结作用。此后，Armstrong 等[135]又合成了基于（S)-2-羟丙基-β-CD 的 CSPs。Li 等[136]合成了一系列基于苯基、萘基和吡啶基修饰的 β-CD CSPs，并拆分了大量的手性化合物。Okamoto 等[137]制备了基于 3,5-二甲基苯基氨基甲酸酯-β-CD 的 CSPs，在正相色谱条件下研究了间隔臂、衍生物键合量及氨基甲酸酯取代度对手性识别能力的影响。高氨基甲酸酯取代度及高键合量的 CD CSPs 显示出高的手性识别能力[137]。CD 衍生物 CSPs 有疏水空腔可产生包结作用，又有取代基产生的其他相互作用（芳环可产生 π-π 作用，极性羟基可产生氢键作用，大体积的非极性基团可提供立体位阻等），因此此类 CSPs 也被称为多点作用 CSPs。

10.3.1 制备方法

  CD CSPs 的制备方法可分为两大类：物理涂覆法和化学键合法。物理涂覆法是利用硅胶等色谱基质的吸附性能将环糊精衍生物以物理方式固定于基质表面。化学键合法是利用 CD 分子上的羟基，通过间隔臂以化学键的形式将 CD 及其衍生物固载于硅胶等色谱基质上。其中键合法是制备 CD CSPs 最为常用的方法。相比于化学键合法，物理涂覆法操作简单，同时 CD 的固载量高，是制备在正相色谱条件下使用的 CSPs 的更为有效的方法。新型 CD 衍生物可直接涂覆于硅胶用作 CSPs。而键合型 CD CSPs 则具有更稳定的性能、流动相的适用范围更广等优点。

  将 CD 及其衍生物键合到硅胶上的方法主要有两种：①硅烷化试剂处理硅胶使其带有合适的官能团，然后与修饰后含氨基、烯基或环氧基等官能团（或 CD 本身的羟基）的 CD 反应；②CD 用硅烷化试剂衍生后，在无水条件下与硅羟基反应，将其连接到硅胶上。图 10-18（a）、（b）分别为通过胺键[131]和酰胺键[132]键合 CD。而通过醚键[133]键合 CD 及其衍生物的方法是最为常见的键合方法 [图 10-18(c)]，CD 通过 2-位、3-位、6-位羟基与硅胶间形成的醚键得到键合。间隔臂的长度显著影响 CD 的键合量及 CSPs 的手性识别能力。1999 年，Ng 研究小组首先通过叠氮基与氨基间的 Staudinger 反应制备了脲键键合的 CD CSPs[138]，此后他们制备了一系列基于脲键的键合型 CD CSPs[139~144]。此法大致可分为 3 类：①CD 衍生物通过 6-位单脲键键合到硅胶上[138] [图 10-19(a)]；②CD 衍生物通过 6-位多脲键键合到硅胶上[140] [图 10-19(b)]，此类 CSPs 含有更多的共价键，稳定性更好；③CD 衍生物通过 2-位单脲键得到键合[144] [图 10-19(c)]。通过 6-位键合的 CD CSPs 显示出更高的手性识别能力[145]。上述 CSPs 显示出良好的手性分离能力和稳定性，但由于硅胶上存在未反应的氨基，导致分析过程中氨基与溶质间产生非手性氢键作用，从而影响分离效果。Ng 研究小组[146]进一步扩展了此项工作，他们将单（6A-*N*-烯丙胺-6A-脱氧）-全衍生化 β-CD 通过氨基键合于硅胶上 [图 10-19（d）]。Lin 等[147]发展了以三嗪为间隔臂的 β-CD CSPs [图 10-19(e)]，并用于芳酸的分离。

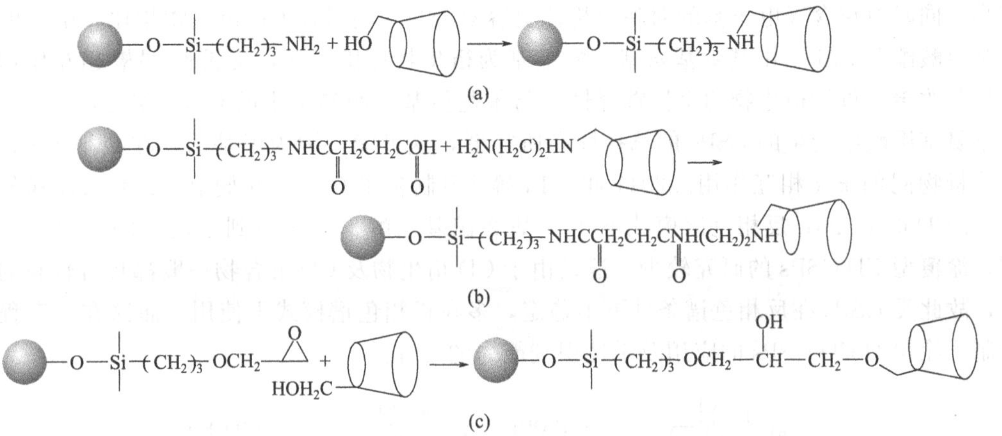

图 10-18　通过胺键（a）、酰胺键（b）和醚键（c）制备键合型 CD CSPs

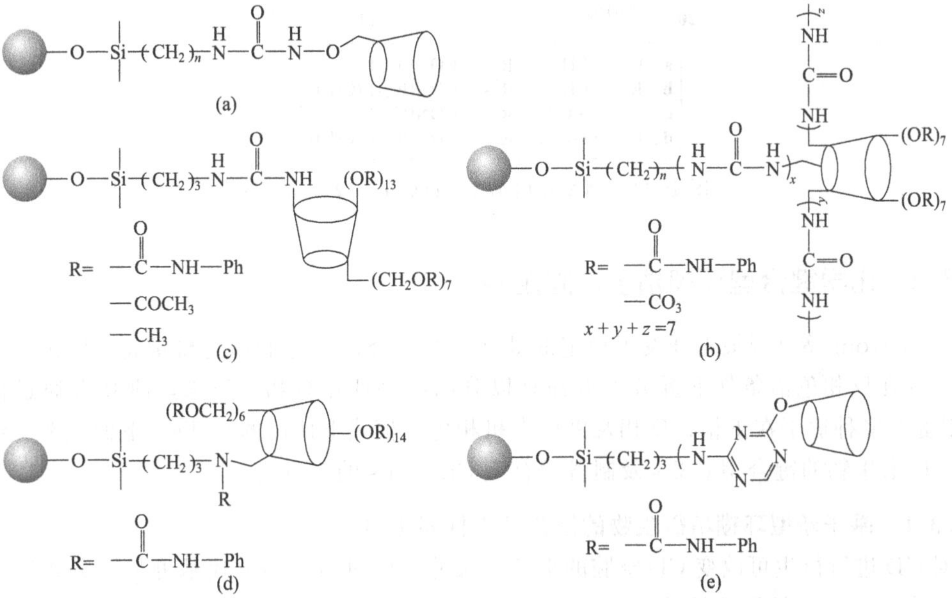

图 10-19　通过脲键（a）、（b）、（c）和胺键（d）及三嗪间隔臂（e）键合 CD 及其衍生物

10.3.2 物理涂覆型环糊精手性固定相

1987 年，Sebille 等[148]将接枝有 β-CD 的聚合物涂覆于硅胶表面，首次制备了涂覆型 HPLC CD 固定相，并用于药物与 β-CD 结合常数的测定。Thuaud 等[149]将正电荷型 β-CD 交联聚合物涂覆于硅胶表面，制备了涂覆型 CSPs，并对华法林及其类似物、羟基香豆素类似物、Dns-氨基酸进行了分离，发现此类聚合物 CSPs 的手性识别能力优于键合型 CD CSPs。Janus 等[150]在硅胶上涂覆含丙烯酸酯基的 β-CD 与乙烯基吡咯烷酮的共聚物，在反相色谱条件下分离了黄酮及黄酮取代物，他们发现 CSPs 具有较好的重复性和稳定性。

Ng 等[151,152]以咪唑-β-CD（**20**，图 10-20）为母体化合物合成了苯基氨基甲酸酯及 3,5-二甲基苯基氨基甲酸酯衍生的正电荷型 β-CD 衍生物（**21**，图 10-20），将其涂覆于硅胶后制备了 4 种新型 CD CSPs，并在正相色谱条件下评价了其手性识别能力。**21c** 的手性识别能力最高，同时对位含吸电子基的对映异构体更容易分离。与母体 CD 衍生物相比，引入的苯基氨基甲酸酯及 3,5-二甲基苯基氨基甲酸酯基为衍生物提供了 π-π 及偶极-偶极相互作用，从而显著改善了母体衍生物的手性选择性。与苯基氨基甲酸酯衍生的 CSPs 相比，3,5-二甲基苯基氨基甲酸酯衍生的 CSPs 的选择性有所降低，这可能是因为甲基的存在减小了 CSPs 与被分析物间的 π-π 相互作用。2011 年，Li 等[153]制备了基于单-6-脱氧-(2,4-二羟基苯甲亚胺)-β-CD 的 CSPs，反相色谱模式下 1-苯基-2-硝基乙醇衍生物得到了较好的分离。总体来讲，涂覆型 CD CSPs 的研究较少，这是由于 CD 衍生物及 CD 聚合物一般都具有较高的水溶性，故此类 CSPs 在反相色谱条件下不稳定，多在正相色谱模式下使用，而这在一定程度上限制了涂覆型 CD CSPs 的应用及手性识别能力的发挥。

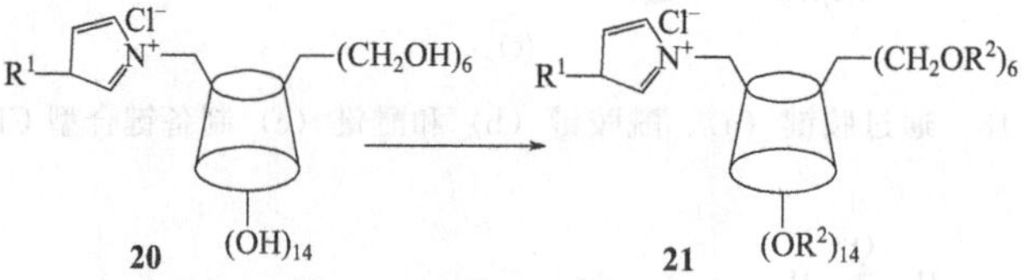

a：R^1=—CH_3　R^2=—$CONHC_6H_5$
b：R^1=—CH_3　R^2=—$CONHC_6H_3(CH_3)_2$
c：R^1=—n-C_8H_{17}　R^2=—$CONHC_6H_5$
d：R^1=—n-C_8H_{17}　R^2=—$CONHC_6H_3(CH_3)_2$

图 10-20　新型正电荷型 CD CSPs（**21**）的结构

10.3.3 化学键合型环糊精手性固定相

Armstrong 等[133]最先开发了稳定的键合型 CD CSPs，他们通过醚键将 CD 键合于硅胶表面，并在反相色谱条件下拆分了多种难以分离的手性化合物。后来，研究者通过衍生化 CD 制备了多种适于在正相、反相及极性有机相色谱模式下使用的 CSPs。下面主要介绍基于新型 CD 衍生物的键合型 CSPs 及制备键合型 CD CSPs 的新方法。

10.3.3.1 基于新型环糊精衍生物的键合型手性固定相

对 CD 进行衍生可改变 CD 空腔的形状和尺寸，同时引入的取代基可与被分析物产生新的相互作用，从而扩展手性分离的范围。HPLC 中较为常见的键合型 CD CSPs 主要有乙酰基、苯甲酰基、苯基氨基甲酰基、萘乙基氨甲酰基等衍生化 CD 键合相[134]。其中，萘乙基氨基甲酸酯-β-CD 固定相稳定性高，可在正相及反相色谱模式下使用，并显示出较高的手性选择性，是目前应用较为广泛的 CSPs 之一[134]。

（1）电荷型环糊精衍生物 CSPs　电荷型 CD 衍生物能与被分析物产生离子相互作用，有望提高 CSPs 的手性识别能力。1996 年，Stalcup 等[154]将 β-CD 磺化后键合于硅胶上，制备了阴离子型 CD CSPs，一系列抗组胺剂和抗抑郁剂得到了较好的分离。Zhou 等[155]通过醚键将离子液体修饰 β-CD（咪唑基、三氮唑基-β-CD）键合于硅胶上，以对甲苯磺酸根或硝酸根为反离子与正电荷基团形成离子对，制备了 4 种 CSPs（**22**，图 10-21）。在极性有机相色谱模式下，分离了 16 种手性芳醇和 2 种手性药物。反离子为硝酸根时，CSPs 的手性识别能力优于对甲苯磺酸根[155]。Ng 小组[156]采用自由基共聚法将咪唑基、季铵基-β-CD 键合于硅胶上，制备了两种正电荷型 CSPs。在正相色谱条件下，咪唑基-β-CD 固定相显示出更高的手性选择性[156]，这是因为咪唑基能与被分析物形成更强的氢键。

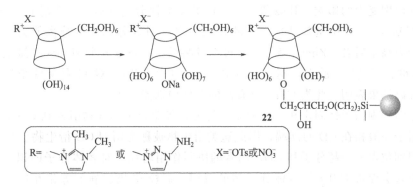

图 10-21　基于离子液体修饰的 CD CSPs（**22**）

（2）单一构型取代基环糊精手性固定相　Armstrong 等[157]于 1991 年研究了 β-CD 上 1-(1-萘基)乙基氨基甲酸酯的构型[(R)-$(-)$-，(S)-$(+)$-及消旋体]对手性识别能力的影响。Zhou 等[158]合成了基于单 [6-脱氧-(R)-$(-)$-N-1-(2-羟基)-苯乙基亚胺]-β-CD（R-PGCD）及单[6-脱氧-(S)-$(-)$-N-1-(2-羟基)-苯乙基亚胺]-β-CD（S-PGCD）的键合型 CSPs（图 10-22），在正相色谱条件下对手性芳醇进行了拆分，发现 R-PGCD 的手性分离能力优于 S-PGCD。他们[158]用分子动力学模拟的方法对识别机理进行了研究。Li 等[159]制备了基于单 [6-脱氧-(R)-$(-)$-N-1-(2-羟甲基)-对氯苯乙基亚胺]-β-CD（R-CPGCD）及单[6-脱氧-(R)-$(-)$-N-1-(2-甲氧羰基)-对羟基苯乙基亚胺]-β-CD（R-HMPGCD）的 CSPs（图 10-22），对 19 种手性硝基芳醇进行了分离；反相色谱模式下 R-HMPGCD 显示出更高的手性识别能力，而在极性有机相色谱模式下 R-CPGCD 的手性识别能力更高。

（3）π-酸性芳基衍生的环糊精手性固定相　在芳基衍生的 CD CSPs 中，芳基多为 π-碱性（π-电子供体）基团，此类 CSPs 更适于分离能与之形成强烈 π-π 相互作用的、含 π-酸性（π-电子受体）芳基的化合物。因此，具有 π-碱性芳基的化合物在 π-酸性芳基衍生的 CD CSPs 上应能得到较好的分离。基于上述理论，Armstrong 等[160]于 2006 年通过醚键在 β-CD 上引入 π-酸性的硝基苯，首次制备了 9 种 π-酸性芳基衍生的 CD CSPs。在所测试的 200 种包括杂环化合物、酸、碱、醇、亚砜、氨基酸等手性化合物中，148 种得到了基线分离[160]。其中，2,6-二硝基-4-三氟甲基苯基衍生的 β-CD CSPs 因含有强吸电子基，手性识别能力最高；同时，研究发现三氟甲基和硝基在苯环上的位置显著影响 CSPs 的分离能力[160]。

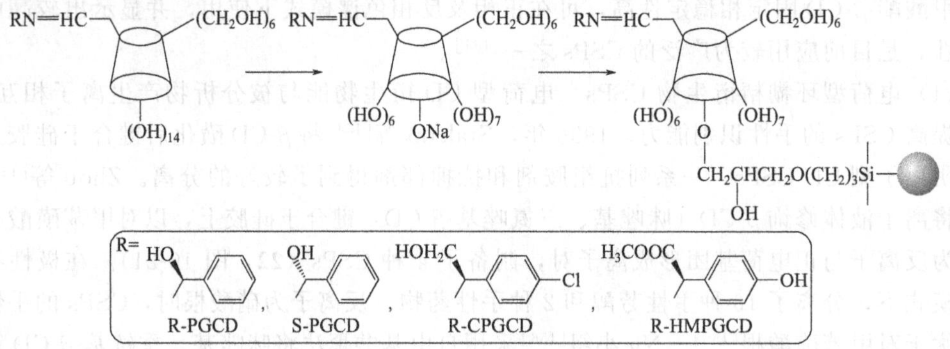

图 10-22 基于希夫碱的 CD CSPs

Zhong 等[161]研究了 2,6-二硝基-4-三氟甲基苯基与 CD 的连接方式、在 CD 上的位置及合成步骤对手性识别能力的影响。Ilisz 等[162]比较了 π-酸性芳基（3,5-二硝基-6-三氟甲基苯基）和 π-碱性芳基（3,5-二甲基苯基）衍生的 β-CD CSPs 对 β-氨基酸的分离能力，发现前者的手性识别能力高于后者。Zhang 等[163]通过脲键将单 [6-叠氮-6-脱氧-全(对氯苯基氨基甲酸酯)]-β-CD 键合于氨化硅胶上，制备了新型 π-酸性 CD CSPs。对 11 种哌嗪衍生物及 6 种手性药物的分离结果表明，此类 CSPs 具有高的手性识别能力[163]。

（4）帽型环糊精手性固定相　将冠醚、杯芳烃等超分子化合物引入到 CD 上，超分子化合物犹如帽子一般扣在 CD 的顶端，因此这类衍生物被称为帽型 CD 衍生物。帽型 CD CSPs 中有两个识别位点——超分子和 CD，两者的协同作用增强了对客体分子的识别，同时超分子基团的引入会促进 CSPs 与客体分子间的氢键、偶极-偶极、静电等相互作用，因此这类 CSPs 显示出优异的手性识别能力。Gong 等合成了一系列帽型 CD CSPs，包括氮杂冠醚[164]、杯[4]芳烃[165]（**23**，图 10-23）、利福霉素 SV[166]（**24**，图 10-23）和万古霉素[167]帽型 β-CD CSPs。二取代苯类位置异构体及多类手性化合物在此类 CSPs 上得到了很好的分离。

（5）其他新型环糊精手性固定相　2007 年，文献[168]报道了基于苯基氨基甲酸酯丙基-β-CD 的多模式 CSPs，此 CSPs 在正相、反相及极性有机相色谱模式下对多类手性化合物显示出优异的手性选择性。Chen 等[169]制备了基于希夫碱衍生的键合型 β-CD CSPs，由于希夫碱基团的存在增强了 π-π、偶极-偶极和氢键作用，这类 CSPs 对二取代苯类位置异构体、芳香醇、氨基酸及二茂铁对映异构体显示出很高的识别能力。2010 年，文献[170]报道了基于亚 1μm 硅胶的全苯基氨基甲酸酯-β-CD CSPs [**25**，图 10-24(a)]，在超高效液相色谱下实现了手性化合物的快速分离 [1-(4-碘苯基)乙醇的分离谱图见图 10-25]。Ng 等通过胺键合成了全苯基氨基甲酸酯-CD CSPs[**26**，图 10-24(b)]，考察了间隔臂长度[171]（分别含 3 个、6 个、9 个碳原子）和 CD 的类型[172]对 CSPs 手性识别能力的影响。通过含 6 个碳原子的间隔臂制备的 CSPs 具有最高的 CD 键合量，同时手性识别能力也最高；衍生化的 α-CD CSPs 具有最高的键合量，在正相色谱条件下对大多数芳醇的手性识别能力最高；而衍生化的 γ-CD CSPs 在正相及反相色谱模式下对大空间位阻的手性化合物都显示出最高的手性识别能力[171,172]。Zou 等[173]采用"一锅法"制备了基于全苯基氨基甲酸酯-β-CD 的硅胶杂化整体柱，并用于 Nano-LC 中的手性分离。Dong 等[174]通过原子转移聚合（ATRP）和点击化学技术合成了基于 β-CD 的限进介质（ristricted acess）CSPs。

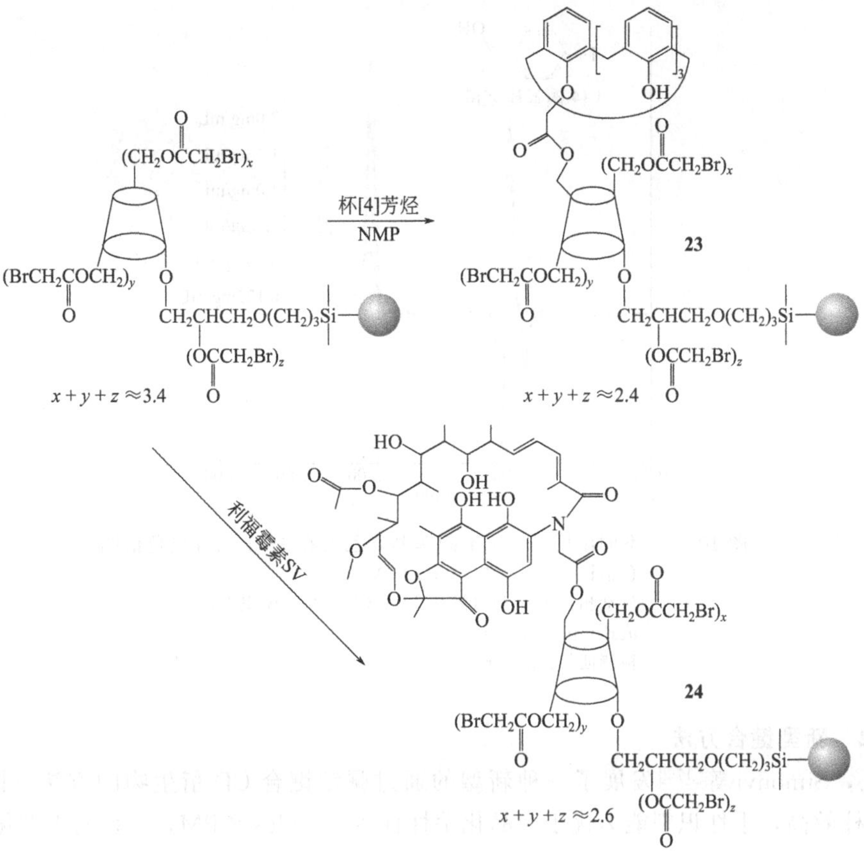

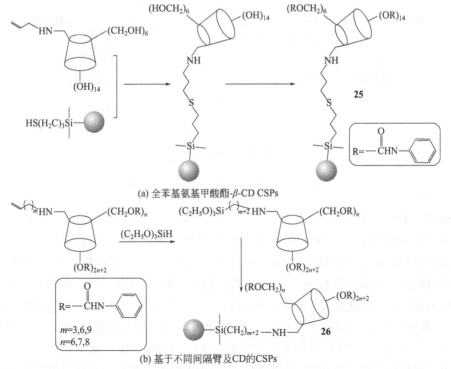

图 10-23 杯[4]芳烃（**23**）和利福霉素 SV（**24**）帽型 β-CD CSPs 的合成

(a) 全苯基氨基甲酸酯-β-CD CSPs

(b) 基于不同间隔臂及CD的CSPs

图 10-24 全苯基氨基甲酸酯-β-CD CSPs（**25**）和基于不同间隔臂及 CD 的 CSPs（**26**）的合成

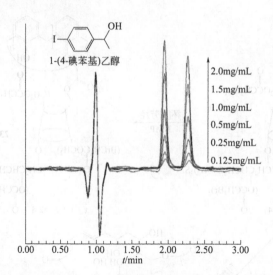

图 10-25　不同浓度的 1-（4-碘苯基）乙醇在 **25** 上的分离色谱图
色谱柱：50mm×4.6mm I. D.
流动相：ACN/0.1% TEAA（60∶40，体积比）
流速：0.7mL/min
检测波长：254nm

10. 3. 3. 2　新型键合方法

最近，Simonyi 等[175]发展了一种新型的通过脲键键合 CD 衍生物的方法（图 10-26）。此 CSPs 柱效高，手性识别能力优于商品化手性柱 Nucleodex β-PM，一系列手性化合物得到了基线分离[175]。

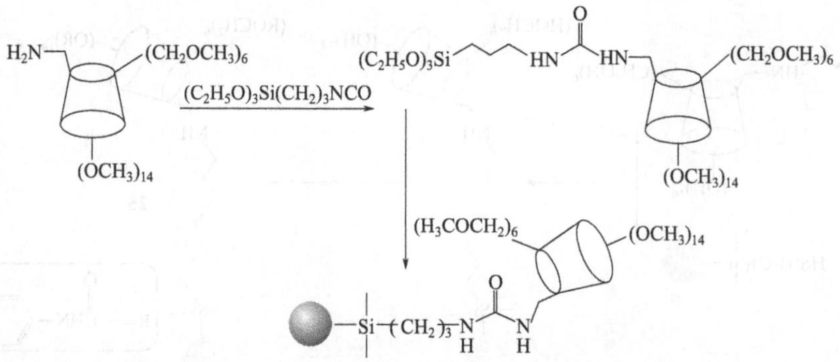

图 10-26　通过脲键键合全甲基-β-CD

2008 年，Liang 等[176]采用点击化学的方法制备了基于未衍生化 CD 的 CSPs（图 10-27），9 对对映异构体得到了较好的分离，但 CD 的键合量较低。Liang 等[176]认为，CSPs 的高手性选择性得益于三氮唑基及脲基的贡献。Wang 等[177~179]以碘化亚铜-三苯基磷复合物为催化剂通过点击化学方法合成了高 CD 键合量的 CSPs（图 10-28）。他们[177]通过单个三氮唑基将未衍生的 CD 键合到硅胶上，制备了 3 种新型 β-CD CSPs，并在反相色谱模式下拆分了包括 Dns-氨基酸、芳基丙酸、黄酮类化合物及尼莫地平等手性化合物。采用类似的方法，他们[178]又制备了甲基化及苯基氨基甲酰化 β-CD CSPs，前者延伸了 β-CD 的疏水空腔，从而增强了对环烯烃的包结作用，因此对含环烯烃的紫罗兰酮具有很好的识别效果；而后者由于引入的苯基氨基甲酰基增强了 π-π 及偶极-偶极等相互作用，从而对手性芳醇、黄酮类化合物、苄氟噻嗪、阿托品及 β-受体阻滞剂等均表现出良好的手性选择性。Wang 等[179]还通过多个三氮唑基将七(6-叠氮-6-脱氧)-β-CD 键合到硅胶上。通过多点键合的 CD CSPs 在不同流动相下更稳定，同时其手性识别能力不同于通过单点键合的 CD CSPs[179]。Carbonnier 等[180]通过点击化学的方法将 CD 键合到末端为炔基的聚合物整体柱上，制备了新型 CD CSPs，在 Nano-LC 中评价了其识别能力。在反相色谱模式下，黄烷酮得到了较好的分离（图 10-29）。

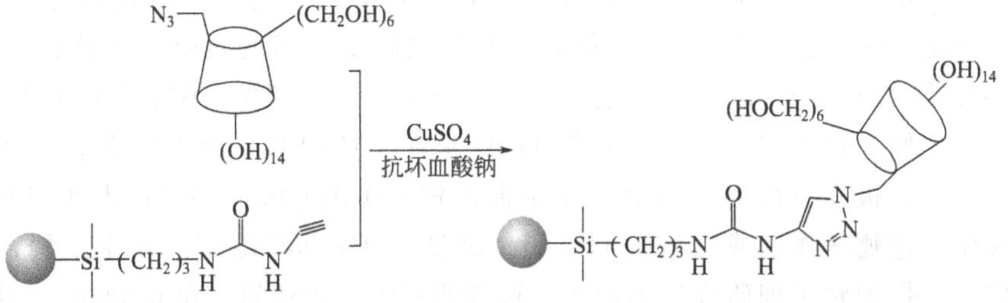

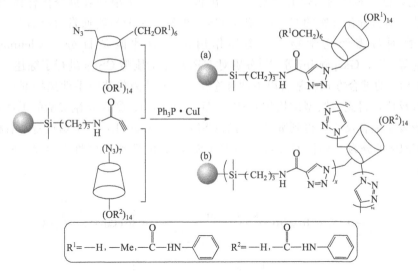

图 10-27　点击化学法合成键合型 CD CSPs

图 10-28　通过单三氮唑基（a）和多三氮唑基（b）制备键合型 CD CSPs

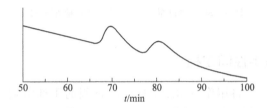

图 10-29　黄烷酮在 Nano-LC 中的分离色谱图[180]
柱长：31 cm
流动相：甲醇/硼酸缓冲溶液（5mmol/L，pH 8.2）（40∶60，体积比）
流速：60 nL/min
检测波长：214nm
进样量：4nL

10.4 刷型手性固定相

刷型 CSPs（brush-type CSPs）是将单分子层的手性有机小分子通过适宜的间隔臂键合到硅胶等色谱基质上制备的，因此这类 CSPs 也被称为束型 CSPs。Mikes 和 Boshart[181] 于 1976 年报道了首个应用于 HPLC 的刷型 CSPs。他们[181] 将四硝基-9-亚芴基氨基氧化丙酸（π-电子受体），键合到氨丙基硅胶上制备了刷型 CSPs，对螺烯对映异构体进行了分离。此后，Pirkle 研究小组对这一类 CSPs 的创立和发展做出了突出的贡献，因此这一类 CSPs 也被称为 Pirkle 型 CSPs。Welch[182] 综述了 Pirkle 研究小组在刷型 CSPs 设计方面的演化过程及设计的基本原则。刷型 CSPs 的共同结构特征是在手性中心附近至少含有下列基团之一：π-酸或 π-碱芳基；极性氢键给体-受体；形成偶极相互作用的极性基团；大体积非极性基团，提供立体位阻、范德华作用或结构控制作用。刷型 CSPs 具有确定的化学结构，易于合成，应用范围广，手性识别机理研究较为深入，可预测对映异构体拆分的可能性、洗脱顺序，并确定其构型，柱容量及柱效高，适用于分析分离及制备分离，是 HPLC 中一类重要的 CSPs。目前，已有多种商品化的刷型 CSPs 出售。此外，可根据被拆分化合物的结构特征，设计及筛选针对目标化合物的 CSPs。此类 CSPs 的缺点是分析物通常含有芳基；若无芳基，手性化合物通常需经化学衍生，增加作用位点后才能被拆分。Allenmark 等[183]、Armstrong 等[184]、Gasparrini 等[185] 分别对 HPLC 中的刷型 CSPs 进行了综述。

刷型 CSPs 的键合方式通常有以下两种途径：①末端为羧基的手性选择剂与含氨基的硅胶进行缩合反应，得到酰胺型结构的 CSPs［图 10-30(a)］；②含异氰酸酯的手性选择剂与含氨基的硅胶发生缩合反应，得到脲型结构的 CSPs［图 10-30(b)］。根据被键合有机分子的性质，此类 CSPs 可分为 π-酸性 CSPs、π-碱性 CSPs、π-酸性和 π-碱性混合型 CSPs 及氢键作用型 CSPs。

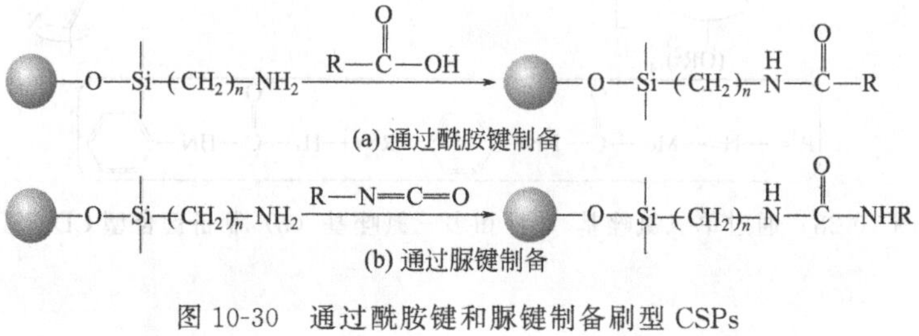

(a) 通过酰胺键制备

(b) 通过脲键制备

图 10-30　通过酰胺键和脲键制备刷型 CSPs

10.4.1 第一代刷型手性固定相

1979 年，Pirkle 等[186] 将用作 NMR 手性位移试剂的手性溶剂 (R)-2,2,2-三氟-1-(9-蒽)乙醇键合于硅胶上，制备了第一代刷型 CSPs（**27**，图 10-31）。9-蒽基为 π-碱芳基，因此他们制备的固定相为 π-碱性 CSPs。多种 π-酸性的亚砜、胺、氨基酸、醇等对映异构体在 **27** 上得到了分离，多数为 3,5-二硝基苯甲酰基（DNB）的衍生物，其中 N-3,5-二硝基苯甲酰苯甘氨酸的分离效果最佳[186,187]。

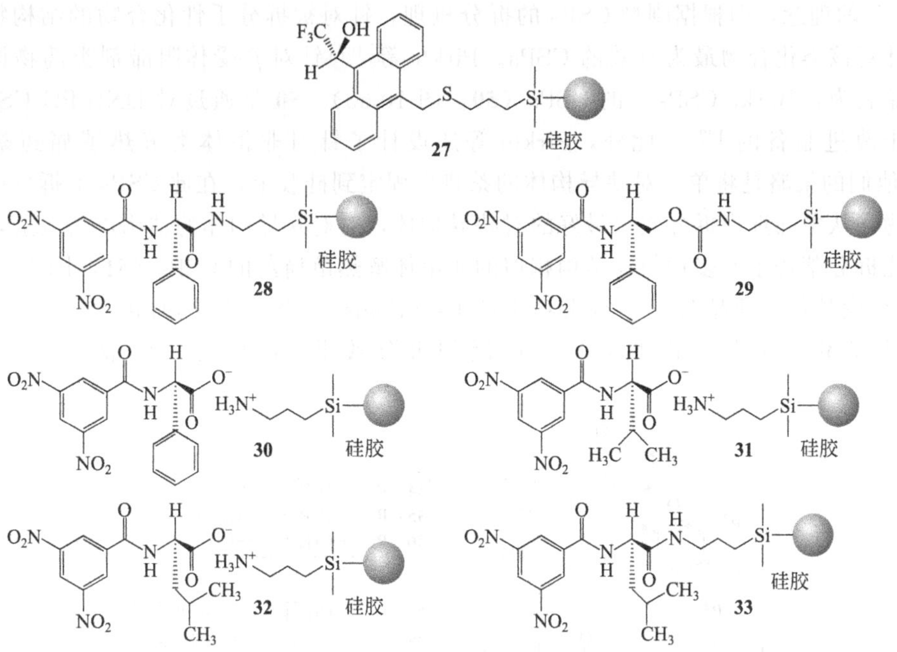

图 10-31 第一代（**27**）及基于 3,5-二硝基苯取代氨基酸的刷型 CSPs（**28~33**）的结构

10.4.2 第二代刷型手性固定相

Pirkle 等[188]提出了一个后来在刷型 CSPs 设计中具有重要指导意义的原则——互为相反作用原则或倒易理论（the principle of reciprocity），即如果手性化合物 A 的对映异构体之一固定于载体后能拆分手性化合物 B 的对映异构体，那么反之亦然。Pirkle 等在评价 **27** 时发现一些氨基酸的 DNB 衍生物得到了很好的分离，因此根据互为相反作用原则，他们合成了基于氨基酸 DNB 衍生物的 π-酸性 CSPs。其中基于 DNB 取代的（R）-苯甘氨酸（DNB-PG，**28~30**）和（R）-亮氨酸（DNB-Leucine，**31~33**）的 CSPs[189,190]的结构如图 10-31 所示。这类 CSPs 不仅有共价键合型，还有离子键合型。这类以氨基酸 DNB 衍生物为主的 CSPs 构成了第二代刷型 CSPs，很多含烷基、醚基和氨基取代的给电子芳基对映异构体在此类 CSPs 上得到了分离[191~193]。现今已制备了大量的基于 DNB 衍生物的 CSPs[182]。

10.4.3 第三代刷型手性固定相

在系统评价第二代刷型 CSPs 的手性识别能力时，Pirkle 等[188]发现含有 N-芳基-α-氨基酸酯和 2-羧基-2-烷基吲哚结构的化合物在第二代 CSPs 上得到了很好的分离，根据互为相反作用原则，他们合成了基于 5-芳基乙内酰脲类[194]、N-1-芳基氨基烷类[195]和 N-芳基氨基酸酯类化合物[196]的第三代刷型 CSPs（图 10-32）。此类 CSPs 对含 π-酸性芳基的手性化合物显示出很好的分离效果，并且其拆分效果和范围均好于第二代刷型 CSPs。

10.4.4 其他刷型 CSPs

在研究刷型 CSPs 的过程中，Pirkle 研究小组还提出了"直接目标设计（direct target

design）"的理念，即根据刷型 CSPs 的拆分机理，针对被拆分手性化合物的结构特征，设计合成针对该类化合物最为有效的 CSPs。Pirkle 等[197]针对 β-受体阻滞剂类药物设计并合成了商品名为 α-Burke CSPs 1 的 CSPs（**50**，图 10-33）。**50** 是通过对 DNB-PG CSPs（**28**）进行逐步改进制备的[182]。此外，Pirkle 等还设计了针对非甾体类解热镇痛药萘普生的 CSPs。他们的策略是将单一对映异构体的萘普生固定到硅胶上，在此 CSPs 上拆分一系列手性化合物，从中筛选出拆分效果最好的对映异构体，对对映异构体的结构进行改造，最终制备出了能拆分萘普生及多种与之结构相似的非甾体解热镇痛药的 CSPs（**51**，图 10-33）[198]。随后 **51** 被商品化，商品名为 Whelk-O 1 CSPs（Regis）。由于 **51** 同时包含 π-酸性（DNB）及 π-碱性基团（萘基），因此显示出广泛的拆分效果，已成为应用最为广泛的 CSPs 之一[199~201]。

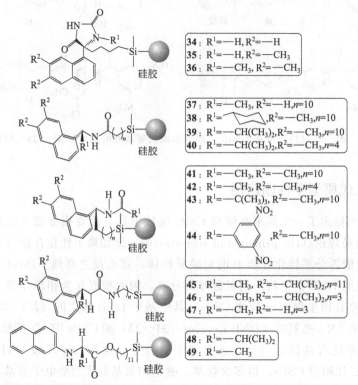

图 10-32　5-芳基乙内酰脲类（**34**～**36**）、N-1-芳基氨基烷类（**37**～**47**）和
N-芳基氨基酸酯类（**48**、**49**）刷型 CSPs 的结构

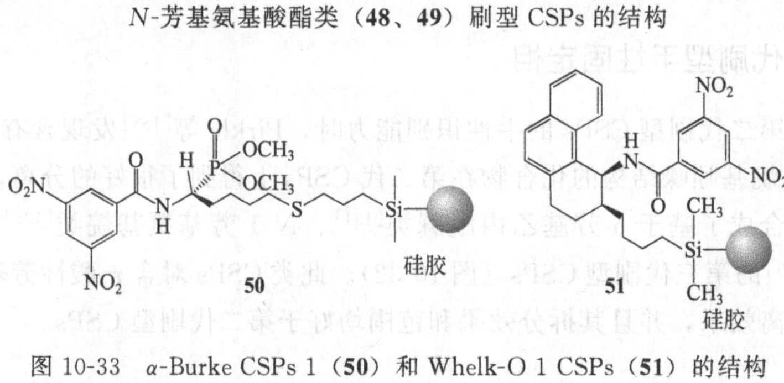

图 10-33　α-Burke CSPs 1（**50**）和 Whelk-O 1 CSPs（**51**）的结构

Tambute 等[202]通过两种间隔臂在硅胶上键合光学活性的 1-(4-甲氧基萘)甲基苯基氧化磷制备了含手性磷原子的 CSPs，并用于氨基酸酯及胺的 DNB 衍生物的拆分。Miyano

等[203]以轴不对称 2′-取代-1,1′-联萘-2-羧酸为手性选择剂，合成了 7 种 CSPs。研究[203]发现，2′-COOH 取代的 CSPs 对氨基酸、醇、胺的 3,5-DNB 衍生物的拆分效果最好。他们[204]还制备了基于具有平面手征性的（S）-10-对环苯烷-13-羧酸的键合型 CSPs。Chen 等[205]制备了两种以反式-头对头香豆素二聚体为手性选择剂的键合型 CSPs，反式-1,2-二苯基环氧乙烷在这两种 CSPs 得到了很好的分离，α 值大于 2.40。Pirkle 和 Bowen[206]通过分步修饰（S）-N-(1-萘)-亮氨酸十一碳烯酯制备了新型 CSPs，对某些手性化合物有较好的拆分效果。Hyun 等[207,208]合成了两种同时含有 π-酸性和 π-碱性基团的 CSPs，手性选择剂为（S）-酪氨酸、（S）-萘普生的 3,5-二甲基苯基酰胺衍生物。此外，研究者还制备了许多有效的刷型 CSPs，如含多个手性中心的 CSPs[209,210]，仅靠氢键作用的 CSPs[211] 等。如 Hyun 等[209]以（R）-或（S）-α-萘乙胺与（S）-萘普生的反应产物为手性选择剂，制备了含 2 个手性中心的刷型 CSPs。

2010 年，Pirkle 等[212]制备了以 α-氨基-β-内酰胺为手性选择剂的刷型 CSPs，并用于 β-受体阻滞剂的分离。Slater 等[213]采用柱内衍生的方法利用点击化学反应在硅胶整体柱和 10μm 硅胶表面引入脯氨酸衍生物，制备了新型刷型 CSPs，并用于一系列 π-酸性氨基酸衍生物的分离。Wei 等[214]制备了以苯甲酰酒石酸、1,2-二苯基乙二胺衍生物为手性选择剂的刷型 CSPs，他们还将两种手性选择剂同时键合于氨基化硅胶上，制备了混合型 CSPs，与单一型 CSPs 相比，此 CSPs 的手性识别能力较弱。Gasparrini 等[215]首次合成了基于亚 2μm 硅胶的刷型 CSPs，并比较了其与以 4.3μm 和 2.6μm 硅胶为基质的刷型 CSPs 手性识别能力的差异。以小粒径硅胶为基质的 CSPs，可使用更短的色谱柱以获得更快的分离而不损失分离度[215]。Choi 等[216]制备了基于氯头孢菌素的 π-碱性刷型 CSPs，π-酸性手性化合物在此类 CSPs 上得到了很好的分离。最近，Kacprzak 和 Lindner[217]通过点击化学的方法将 10,11-二氢奎宁-3,5-二硝基苯基氨基甲酸酯键合于 3-叠氮丙基硅胶上，制备了 Pirkle-阴离子交换杂化型 CSPs，特定的 π-碱性手性化合物如芳氧基丙酸和布洛芬等在此 CSPs 上得到了更好的分离。

10.5　蛋白质类手性固定相

蛋白和糖蛋白分别由氨基酸和氨基酸及糖链组成，它们都具有手性，因此蛋白都具有识别手性化合物的能力。蛋白质类 CSPs 通常具有以下优点：以含低浓度有机溶剂的缓冲液为流动相；具有多个相互作用位点，手性识别能力广泛；蛋白质不需衍生便可直接用于 CSPs 的制备；通过测定色谱参数即可推断出蛋白质与手性药物之间相互作用的信息。而其缺点如下：柱负载量低；色谱条件如流动相 pH、温度及流动相添加剂等的改变容易导致蛋白质构型发生改变，色谱柱耐用性差；流动相 pH、有机改性剂及离子添加剂的性质、浓度、离子强度、温度等多种因素会影响溶质在蛋白质手性柱上的保留及手性选择性，因此分离条件的优化比较困难；手性识别机理不是很清楚。所以蛋白质类 CSPs 一般只用于色谱分析，而不适用于大规模制备。目前用作 HPLC CSPs 的蛋白质为数不多，按其来源可分为：①白蛋白类，如牛血清白蛋白（bovine serum albumin，BSA）和人血清白蛋白（human serum albumin，HSA）；②糖蛋白类，如 α₁-酸性糖蛋白（α₁-acid glycoprotein，AGP）、来源于鸡蛋白的卵黏黏蛋白（ovomucoid from chicken egg whites，OMCHI）及卵黏糖蛋白

（ovoglycoprotein from chicken egg whites，OGCHI）、抗生物素蛋白（avidin，AVI）、核黄素结合蛋白（riboflavin binding protein，RfBP）；③酶类，如胰蛋白酶（trypsin）、α-胰凝乳蛋白酶（α-chymotrypsin）、纤维素酶（cellulase）、胃蛋白酶（pepsin）、溶菌酶（lysozyme）和淀粉葡萄糖苷酶（amyloglucosidase）及其他蛋白如卵转铁蛋白（ovotransferrin）和 β-乳蛋白（β-lactoglobulin）。上述蛋白质的物理性质如表 10-1 所示。目前基于 BSA、HSA、AGP、OMCHI、AVI、CBH Ⅰ、胰蛋白酶等的 CSPs 已商品化。Haginaka 于 2001 年[218]、2008 年[219]对 HPLC 中的蛋白质类 CSPs 进行了综述。

表 10-1　用作 HPLC CSPs 的蛋白质的物理性质

蛋白质	分子量	碳水化合物含量/%	等电点	来源
白蛋白				
牛血清白蛋白（BSA）	66000		4.7	牛血清白蛋白
人血清白蛋白（HSA）	65000		4.7	人血清白蛋白
糖蛋白				
α_1-酸性糖蛋白（AGP）	41000	45	2.7	人或牛血清白蛋白
卵黏蛋白（OMCHI）	28000	30	4.1	鸡蛋蛋白
卵黏糖蛋白（OGCHI）	30000	25	4.1	鸡蛋蛋白
抗生物素蛋白（AVI）	66000	7	10.0	鸡蛋蛋白
核黄素结合蛋白（RfBP）	32000～36000	14	4	鸡蛋蛋白
酶				
纤维二糖水解酶Ⅰ（CBH Ⅰ）	64000	6	3.9	真菌
溶菌酶	14300		10.5	蛋白
胃蛋白酶	34600		<1	猪胃
淀粉葡萄糖苷酶	97000	10～35	4.2	真菌
其他				
卵转铁蛋白	77000	2.6	6.1	蛋白
β-乳蛋白	18000/36000		5.2	牛乳

10.5.1　蛋白质类手性固定相的制备方法

蛋白质类 CSPs 的制备方法有两种：一种是物理吸附法，即通过物理方法将蛋白质吸附于色谱基质上；另一种是化学键合法，即蛋白质以共价键的方式固定到色谱基质上。物理吸附法的缺点是可能会导致蛋白质在基质上发生多层吸附，同时在使用过程中蛋白质容易流失。而键合型 CSPs 中蛋白质与基质结合牢固，使用寿命相对较长，能适应流动相组成及 pH 的变化。用于固定相制备的基质有琼脂糖、硅胶及聚合物等，其中硅胶最为常用。下面着重介绍通过蛋白质的氨基及羧基将蛋白质键合在硅胶上的方法。键合法通常分为两步：第一步是硅胶的衍生；第二步是衍生化的硅胶与蛋白质反应。

图 10-34（a）、（b）、（c）是典型的通过氨基键合蛋白质的方法，而图 10-34（d）则是通过羧基键合蛋白质的方法。图 10-34（a）中的键合方法包括：首先，用二琥珀酰亚胺碳酸酯（DSC）活化氨丙基硅胶；然后，活化硅胶与蛋白质反应以希夫碱的形式将蛋白质键合于硅

胶上；最后，用葡胺糖封尾未反应的活性基团[220]。Oda 等[221]将 DSC 替换为双琥珀酰亚胺辛二酸酯（N,N'-disuccinimidylsuberate，DSS）用于活化氨丙基硅胶，蛋白质通过脲键键合于 DSS 活化的氨丙基硅胶上。这种方法合成的 CSPs，其间隔臂含有 6 个亚甲基，可与被分析物产生疏水相互作用，与含弱疏水性间隔臂的 CSPs 相比，其手性识别能力较低[221]。Wainer 等[222]以 1,1'-羰基二咪唑（1,1'-carbonyldiimidazole，CDI）活化邻二醇硅胶，然后与 HSA 反应，通过氨基或羧基将 HSA 键合于硅胶上。CDI 活化硅胶的反应须在无水条件下进行，活化基质一般现用现合成，键合蛋白质的过程在缓冲溶液中进行。

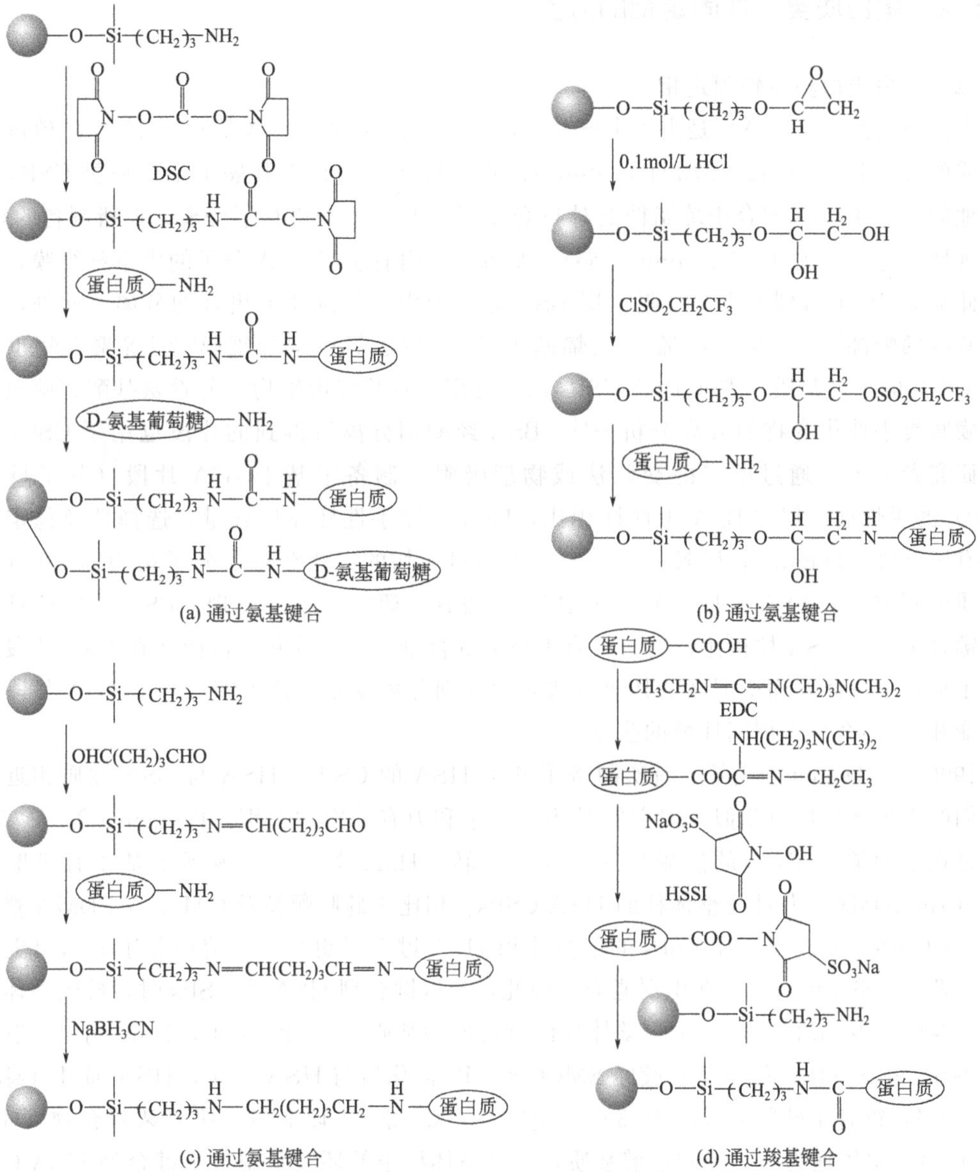

图 10-34　蛋白质的键合方法

图 10-34（b）是另一种通过氨基键合蛋白质的方法。含环氧基团的硅胶首先在酸性条件下水解产生邻二醇基，然后再用三氟代乙烷磺酰氯（tresyl chloride）活化，最后与蛋白质反应，蛋白质通过氨基键合于硅胶上[223]。含环氧基团的硅胶可不经活化直接与蛋白质反

应[223]。还可用高碘酸氧化邻二醇基硅胶为醛基硅胶，然后蛋白质在 $NaBH_4$ 存在下通过还原氨化反应键合于硅胶上[223]。此外，还可采用戊二醛交联法将蛋白质以希夫碱的形式键合于氨丙基硅胶上[224]，CSPs 中的双键经 $NaBH_3CN$ 还原即可得到键合型 CSPs，合成过程如图 10-34（c）所示。Marle 等[225]采用水溶性的碳二亚胺（carbodiimide）和 N-羟基硫代琥珀酰亚胺（N-hydroxysulfosuccinimide，HSSI）使蛋白质通过羧基键合于氨丙基硅胶上[图 10-34(d)]。

10.5.2 蛋白质类手性固定相的分类

10.5.2.1 白蛋白类手性固定相

牛血清白蛋白（BSA）是由 1 个氨基酸链（含 581 个氨基酸残基）经 17 个二硫键稳定后形成的疏水性球蛋白。1973 年，Stewart 和 Doherty[226]首次开展了蛋白质类 CSPs 的研究。他们[226]将 BSA 键合于琼脂糖上对 D-色氨酸和 L-色氨酸进行了分离，但所制备的 CSPs 的重现性及稳定性欠佳。Nakamura 等[227]制备了吸附有多层 BSA 分子的中空纤维膜，色氨酸在此类 CSPs 上得到了比在吸附单层 BSA 分子的中空纤维膜上更好的分离。此外，羟乙基甲基丙烯酸酯[228]、聚苯乙烯-二乙烯基苯[229]、聚乙烯中空纤维膜[230]等聚合物也用作 BSA CSPs 的色谱基质。现在 BSA CSPs 已广泛用于氨基酸衍生物、芳香氨基酸、硫氧化物以及磺胺类手性化合物的分离分析[224]。BSA 经酶切分离后得到的片段也用于 CSPs 的制备。研究者[231,232]通过戊二醛交联法或物理吸附法制备了基于 BSA 片段（分子量约为 38000）的手性柱。但与 BSA 手性柱相比，BSA 片段手性柱在负载量、选择性及稳定性方面都有所下降。Haginaka 和 Kanasugi[233,234]通过酶切的方式获得了分子量为 35236（由电喷雾质谱测定）的 BSA 片段，制备了 BSA 片段柱。研究[233,234]发现，BSA 片段柱具有更高的键合量，与 BSA 柱相比，由于具有更高的键合量，安息香和劳拉西泮在 BSA 片段柱上得到了更好的分离，而所测试的其他对映异构体则分离变差，这可能归因于 BSA 片段结构的改变和/或结合位点周围环境的改变。

1990 年，Domenici 等[222]首次制备了基于 HSA 的 CSPs。HSA 与 BSA 性质相近，因此它们的立体选择性也相似，但它们对溶质的亲和力有一定的差别。Domenici 等[222]发现，华法林在这两类 CSPs 上的洗脱顺序发生了反转。Hage 等[235,236]发展了基于有机聚合物（GMA-co-EDMA）及硅胶整体柱的 HSA CSPs。相比于硅胶颗粒及 GMA-co-EDMA 整体柱的 HSA CSPs，硅胶整体柱 CSPs 的单位体积 HSA 键合量更高，对溶质分子显示出更高或与上述两类 CSPs 相当的手性识别能力。因此，当以键合型 HSA 为 CSPs 时，硅胶整体柱是替代硅胶颗粒及 GMA-co-EDMA 整体柱的有价值的基质[236]。2007 年，Hage 等[237]发展了键合 HSA 的新方法。氨丙基硅胶经 SMCC 或 SIC 活化后与 HSA 反应，HSA 通过自身的巯基（—SH）键合于硅胶上（图 10-35）。2010 年，Qi 等[238]以亚微米级骨架聚合物（GMA-co-EDMA）整体柱为高效亲和色谱基质，通过整体柱中的环氧基制备了键合型 HSA CSPs，并用于尿中氨基酸的手性分离分析及 D,L-氨基酸与 D-氨基酸氧化酶共存体系中酶活性及酶动力学的测定。研究[239]表明，药物在 HSA 上的主要结合位点有两个：华法林-阿扎丙酮位点和吲哚-苯并二氮卓位点，即著名的位点 Ⅰ 和 Ⅱ。HSA 的三维结构显示，位点 Ⅰ 和 Ⅱ 分别位于 HAS 亚结构域 ⅡA 和 ⅢA 的疏水空腔内[240]。

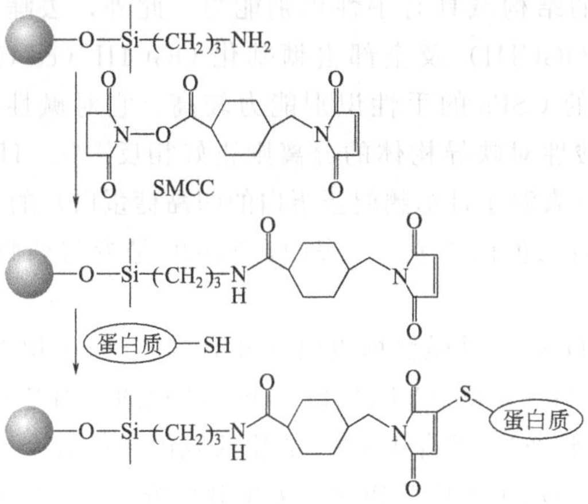

图 10-35　通过巯基键合蛋白质

10.5.2.2　糖蛋白类手性固定相

α_1-酸性糖蛋白（AGP）是由 1 个多肽链（含 181 个氨基酸残基）与 5 个杂多糖构成的，分子中含有 14 个唾液酸基团，因而 AGP 具有较强的酸性（pI 2.7），易与碱性药物结合。1983 年，Hermansson[241]首先发展了基于 AGP 的 CSPs。自此之后，AGP CSPs 的应用日益广泛，许多中性、酸性及碱性手性化合物在此类 CSPs 上得到了分离。2000 年，Haginaka 等[242]制备了基于部分去糖基 AGP（pd-AGP，分子量约为 30600）的 CSPs。与 AGP 手性柱相比，一些手性化合物在 pd-AGP 手性柱上的保留和手性选择性显著增加，而另一些化合物则不明显[242]。Hage 等[243]通过羧基将 AGP 键合于硅胶颗粒、硅胶整体柱及 GMA-co-EDMA 有机聚合物整体柱上。硅胶整体柱 AGP CSPs 对溶质的保留更强，手性识别能力和柱效也更高[243]。氢键结合性质、疏水作用、静电作用是影响溶质在 AGP CSPs 上保留及手性选择性的主要因素[244,245]。因缺乏 AGP 的四级结构，AGP 的手性识别位点及机理还没有明确的信息。同时，糖基在 AGP 手性识别中的作用也不是很清楚。研究[246,247]表明，唾液酸基团以不同的方式影响碱性药物在 AGP 上的手性结合位点。Zsila 和 Iwao[248]用圆二色谱研究了 AGP 与药物的结合性质。研究[248]表明，Trp25 可通过堆积作用在 AGP 与药物的结合过程中发挥重要的作用。

1987 年，Miwa 等[249]发展了基于 OMCHI 的 CSPs。与 AGP 手性柱相比，OMCHI 手性柱具有更高的重复进样稳定性，同时其稳定性也优于其他蛋白质类手性柱[250,251]。1995 年，Haginaka 等[252]从鸡蛋白中分离出一种被称为卵黏糖蛋白（OGCHI）的新蛋白，他们发现在粗品 OMCHI 中含有约 10% 的 OGCHI。OGCHI 的 CSPs 的手性识别能力明显优于基于粗品 OMCHI 的 CSPs[253]。研究发现，先前报道的 OMCHI[249]的手性识别能力来源于 OGCHI，而纯 OMCHI 几乎没有手性识别能力[252]。OGCHI 由 203 个氨基酸残基组成，其中包括 1 个含有 20 个氨基酸残基的信号肽，是鸡 α_1-酸性蛋白（cAGP）[253]。OGCHI 与来源于火鸡蛋白的卵黏蛋白（OMTKY）及 OMCHI 由三个独立的结构域构成[254]。研究者[255,256]制备了基于纯化 OMCHI 和 OMTKY 结构域的 CSPs，发现 OMCHI 及 OMTKY 的第三个结构域至少对两类手性化合物显示出手性识别能力。基于完整 OMCHI 及 OMTKY 的 CSPs 没有手性识别能力的原因是由于空间位阻作用，手性化合物不能到达完整 OMCHI 及 OMTKY 上的手性结合位点；而手性化合物能到达经酶切后的每个结构域的手性结合位点，因而纯化的结构域具有手性识别能力。此外，去唾液酸及去唾液酸半乳糖 OGCHI[257]、部分（pd-OGCHI）及全部去糖基化 OGCHI（cd-OGCHI）[258]也用于制备 CSPs。其中 pd-OGCHI 的 CSPs 的手性识别能力较高，它对碱性对映异构体的分离好于 OGCHI 的 CSPs，而对酸性对映异构体的分离则正好相反[258]。Haginaka 等[259]的研究表明，OGCHI 和 OGJPQ（来源于日本鹌鹑蛋白的卵黏糖蛋白）的 CSPs 分别适于碱性及酸性手性化合物的分离。圆二色谱研究[260]表明，Trp26 是参与药物与 OGCHI 结合的部分位点。

抗生物素蛋白（AVI）是一种碱性糖蛋白（pI 10.0），与生物素结合牢固，结合常数约为 10^5 L/mol[261]。Miwa 等[262]将 AVI 键合于 DSC 活化的氨丙基硅胶上，用于酸性手性化合物的分离。Oda 等[263]将 AVI 键合于 DSS 活化的氨丙基硅胶上，用于酸性、中性、碱性手性化合物的分离[264]及血清中手性药物的直接注射分析[265]。AVI 与氨丙基硅胶之间的疏水间隔臂显著影响手性化合物在 AVI CSPs 上的保留和分离[263,264]。与抗生素结合后的 AVI CSPs 的手性选择性及与对映异构体的作用显著下降[262,264]。可能的原因有两个：一是一些化合物与生物素的结合位点有很高的亲和性；二是生物素与 AVI 结合后可能导致 AVI 构型的改变。Oda 等[265]制备了基于乙酰化 AVI 的 CSPs，发现乙酰化的官能团（氨基和羧基）与一些手性药物在 AVI 手性柱上的手性识别有关。

来源于鸡蛋蛋白[266]及蛋黄[267]的核黄素结合蛋白（RfBP）分别用于制备 HPLC CSPs。来源于蛋白及蛋黄的 RfBP 是同一基因的产物，但它们经历了不同的翻译后修饰。基于这两种 RfBP 的 CSPs 的手性识别能力相似。1997 年，研究者[268]制备了来源于鹌鹑蛋蛋白的 RfBP 的 CSPs。Mano 等[269]采用 CE 研究了 RfBP 的识别位点和机理。他们发现 RfBP 中的 α-螺旋结构区对识别酮洛芬起着非常重要的作用，参与识别的重要基团包括色氨酸残基、氨基和羧基[269]。同时，随甲醇含量的升高，RfBP 的手性选择性下降；当甲醇含量超过 25% 时，手性识别区的 α-螺旋结构会发生变性，此时蛋白质的手性识别能力可能会消失[269]。HPLC 中存在硅胶、间隔臂等对溶质的非特异性吸附作用，因此溶质在 HPLC 与在 CE 中的保留机理会有所不同。

10.5.2.3 酶类手性固定相

酶是一类对底物具有高度立体选择性的蛋白质类分子。1988 年，Wainer 等[270]将亲水聚合物固定于硅胶表面，然后以戊二醛为交联剂将 α-胰凝乳蛋白酶固定于聚合物表面，制备了首个基于蛋白酶的 CSPs。氨基酸、氨基酸衍生物、二肽及萘普生和芳基丙酸等手性化合物在此类 CSPs 上得到了分离[270~272]。Marle 等[271]采用 3 种方法将 α-胰凝乳蛋白酶键合于硅胶上。采用戊二醛交联法得到的 CSPs 具有更高的稳定性；通过环氧基团键合法得到的 CSPs 键合效率最高，而三氟代乙烷磺酰氯键合法具有较高的重复性[271]。为研究 α-胰凝乳蛋白酶 CSPs 的识别机理，研究者[272]用对甲苯磺酰基-L-苯丙氨酸氯甲基酮（N-tosyl-L-pheylalanine chloromethyl ketone，TPCK）封闭其活性位点，制备了 TPCK-α-胰凝乳蛋白酶 CSPs。除一些氨基酸酯类化合物在 TPCK-α-胰凝乳蛋白酶 CSPs 上得到了更好的分离外，大多数在 α-胰凝乳蛋白酶 CSPs 上得到分离的手性化合物在 TPCK-α-胰凝乳蛋白酶 CSPs 上没有得到分离[272]。因此，α-胰凝乳蛋白酶与二肽之间的相互作用主要出现在 α-胰凝乳蛋白酶的活性位点和 α-胰凝乳蛋白酶的一些疏水位点上[272]。Felix 等[273]的研究表明，溶质分子的结构、疏水及静电相互作用与溶质在 α-胰凝乳蛋白酶 CSPs 上的保留及手性选择性有一定的关系。

纤维素酶由几类结构迥异的酶组成，它们具有水解 β-1,4-糖苷键的能力。其中对纤维二糖水解酶Ⅰ（cellobiohydrolaseⅠ，CBHⅠ）CSPs 研究得最多，一些碱性及中性手性化合物在此类 CSPs 上得到了拆分[274]。同时，CBHⅠ CSPs 对 β-受体阻滞剂如普萘洛尔、氧烯洛尔及美托洛尔等显示出更高的手性识别能力[275]。CBHⅡ固定相显示出与 CBHⅠ固定相相反的手性识别能力，CBHⅡ固定相只能拆分少数几个 β-受体阻滞剂，但是其他一些对映异构体却在此类 CSPs 上得到了分离[276]。Marle 等[225]制备了基于完整 CBHⅠ及 CBHⅠ经酶解后得到的两个片段［核心（core）和柔性区＋结合结构域（flexible region＋binding domain）］的 CSPs，并研究了普萘洛尔在 CSPs 上的识别情况。研究[225]表明，两个片段都含有至少一个对普萘洛尔具有手性识别作用的位点，但柔性区＋结合结构域对普萘洛尔显示出更低的亲和性。这说明对普萘洛尔及其他对映异构体起手性识别作用的位点主要位于核心，即酶的主要部分。与完整的 CBHⅠ手性柱相比，核心片段手性柱显示出更高的手性识别能力，但保留因子却显著减小。对 CBHⅡ片段 CSPs 的研究[276]表明，CBHⅡ的主要手性识别位点位于核心。Divne 等[277,278]采用 X 射线晶体结构分析法研究了 CBHⅠ中酶活性位点的三维结构。研究[279]表明，CBHⅠ的结合位点为一条长度约 4nm 的隧道；普萘洛尔在 CBHⅠ上的手性识别是位于 Glu212 及 Glu217 上的羧基与普萘洛尔上的氨基相互作用和 Try376 与普洛萘尔上的萘基相互作用的结果。

Haginaka 等[280]将溶菌酶键合于 DSC 活化的氨丙基硅胶上，制备了溶菌酶 CSPs，以磷酸缓冲液和有机改性剂为流动相，碱性及中性手性化合物得到了分离，但酸性化合物没有得到分离。1995 年，Haginaka 等[281]制备了基于胃蛋白酶的 CSPs。碱性及中性对映异构体得到了分离，但酸性对映异构体没有得到分离；当使用 pH 7 的流动相连续通过手性柱时，胃蛋白酶丧失了手性识别能力[281]。

1999 年，Karlsson 等[282]将邻二醇基硅胶氧化为醛基硅胶，然后在醛基硅胶上键合淀粉葡萄糖苷酶，最后经还原氨化制备了淀粉葡萄糖苷酶 CSPs。他们考察了 3 种不同孔径（30nm、50nm 和 100nm）的邻二醇基硅胶对键合效率及手性识别能力的影响。淀粉葡萄糖苷酶在 50nm 硅胶上的键合量最高，同时相应的 CSPs 的手性识别能力和稳定性也最高。Karlsson 等[283]研究了有机改性剂的性质及浓度、离子强度、流动相 pH 及柱温对淀粉葡萄糖苷酶手性识别能力的影响。有机改性剂为异丙醇时，CSPs 的手性识别能力最高；对映异构体的保留及手性选择性均随异丙醇浓度的增加而增加[283]。

环氧基硅胶，及经 DSC、HSSI 和 1-乙基-3-（3′-二甲基氨基丙基）碳二亚胺活化的氨丙基硅胶用于青霉素 G 酰化酶（penicillin G-acylase，PGA）的键合，一些 2-芳基丙酸衍生物在制备的 CSPs 上得到了分离[284]。同时，基于环氧基硅胶的 PGA CSPs 在蛋白键合量、手性选择性等方面都优于其他 CSPs[284]。硅胶整体柱也用于 PGA CSPs 的制备[285]。相比于基于硅胶颗粒的 PGA CSPs，基于硅胶整体柱的 CSPs 具有更高的蛋白键合量，但其手性识别能力却有所下降，这可能是因为固定相的非特异性吸附随 PGA 键合量的增加而增加[285]。研究者[286~288]利用分子建模对接（molecular modeling and docking）对 PGA 的手性识别机理进行了研究。

10.5.2.4　其他蛋白质类手性固定相

Mano 等[289]于 1992 年制备了基于卵转铁蛋白的 CSPs，并用于碱性药物氮卓斯汀的分离分析。此外，这类 CSPs 还用于生物体液中对映异构体的分离分析[290]。

β-乳蛋白与 AGP 在氨基酸序列和二硫键的排列顺序非常相似[291]。然而，β-乳蛋白 CSPs 对所测试的溶质没有手性识别能力，同时所测试的大多数溶质在此类 CSPs 上的保留非常弱[291]。这说明 β-乳蛋白并不含有 AGP 所含有的某一特定区域或者此区域已被显著修饰[291]。

脂肪酸结合蛋白（fatty acid binding proteins，FABPs）是一类对内源性和外源性亲脂配体具有高度亲和性的低分子量蛋白。Wainer 等[292]制备了来源于鸡肝的 FABP CSPs，并成功分离了一些芳基丙酸及芳氧基丙酸化合物。

链霉亲和素与抗生物素蛋白的一级结构非常相似，它们都是四聚体蛋白。基于链霉亲和素的 CSPs 用于腺苷异构体的分离[293]。与生物素结合后，链霉亲和素 CSPs 的手性识别能力显著降低，这说明链霉亲和素 CSPs 中的生物素结合位点在手性识别过程中发挥着重要的作用。

10.6　冠醚类手性固定相

冠醚（crown ether）是一类具有一定大小空腔的大环类化合物，环的外侧是亲脂性的，内侧是富电子的氧原子，能与金属离子、胺阳离子等形成主-客体包结络合物。1975 年，Cram 等[294]首次发展了冠醚类 CSPs。冠醚类 CSPs 的手性识别机理主要基于固定相"空穴"的主-客体包结和氢键作用。虽然已经合成了大量的手性冠醚，但是被成功用作 CSPs 的手性冠醚种类还很有限。目前应用最为成功的冠醚类 CSPs 主要有两类：第一类为含手性 $1,1'$-联萘单元的手性冠醚；第二类为基于（+）-(18-冠-6)-2,3,11,12-四羧酸的 CSPs。冠醚类 CSPs 主要用于一级胺类手性化合物的分离，包括氨基酸及其衍生物、氨基醇等，随着研究的不断深入，一些二级胺、非胺类手性化合物也在此类 CSPs 上得到了分离[295]。

手性化合物中质子化的一级胺（R—NH₃⁺）通过 N—H…O 氢键在冠醚空腔内形成包结络合物对于有效的手性识别是不可缺少的。流动相中有机改性剂及酸性改性剂是影响冠醚类 CSPs 手性识别能力的重要因素[295]。冠醚类 CSPs 常用的流动相为含少量酸性改性剂的水溶液或水-有机溶剂的混合物。除应用最广泛的甲醇和乙腈外，乙醇、异丙醇、四氢呋喃同样也可用作此类 CSPs 的有机改性剂。对于基于不同冠醚的 CSPs，流动相中有机改性剂的浓度对手性识别能力的影响是不同的，同时也没有明确的规律。对映异构体在冠醚类 CSPs 上的保留特性可能取决于被分析物与 CSPs 间的亲脂相互作用和被分析物与流动相间的亲水相互作用的平衡[296]。流动相中酸性改性剂的目的是使被分析物中的一级胺质子化，R—NH₃⁺ 可改善被分析物在冠醚空腔内形成包结络合物。高氯酸、硫酸和三氟乙酸是最常用的酸性改性剂。同时，柱温也会影响冠醚类 CSPs 的手性识别能力[297,298]。

10.6.1　基于含手性 $1,1'$-联萘单元手性冠醚的手性固定相

Cram 等在硅胶[299]或聚苯乙烯树脂[300]上键合光学活性的双（$1,1'$-联萘）-22-冠-6，并用于分离消旋胺、α-氨基酸及氨基酸酯。但是这类 CSPs 的手性识别能力不高。1987 年，Shinbo 等[301]将光学活性的（$3,3'$-二苯基-$1,1'$-联萘）-20-冠-6 动态涂覆于商品化 C₁₈ 反相柱上（**52**，图 10-36），用于未衍生消旋氨基酸的分离。**52** 显示出很高的手性识别能力，已由

Daicel公司商品化，商品名为Crownpak CR。商品化的**52**已用于伯胺类化合物的分离，如手性伯胺[302]、手性环胺[303]、氨基醇[304]、β-氨基酸[305]。此外，一些手性药物[306]在此类CSPs上也得到了分离。由于**52**是涂覆型固定相，因此流动相中甲醇的量不能高于15%，否则涂覆于硅胶上的手性选择剂会流失。Shinbo等[307]在C_{18}柱上动态涂覆（6,6′-2-辛基-3,3′-二苯基-1,1′-联萘)-20-冠-6，制备了具有更高溶剂耐受性的CSPs（**53**，图10-36）。**53**的稳定性确实有所提高，但流动相中甲醇的比例仍然不能超过40%[307]。此外，由于**53**未商品化，目前其应用很少，仅限于分离α-氨基酸、1-苯基乙基胺和3-己内酰胺[307]。2001年，Hyun等[308]制备了基于（3,3′-二苯基-1,1′-联萘)-20-冠-6的键合型固定相（**54**，图10-36）。**54**显示出优异的溶剂耐受性，甚至纯甲醇也可用作此固定相的流动相[308]。**54**已成功用于包括α-氨基酸[308]、氨基醇[309]、非环胺及环胺[309]、氟喹诺酮类抗菌药[310]、妥卡尼及其类似物[311]、芳基-α-氨基酮[312]等消旋胺类化合物的分离。

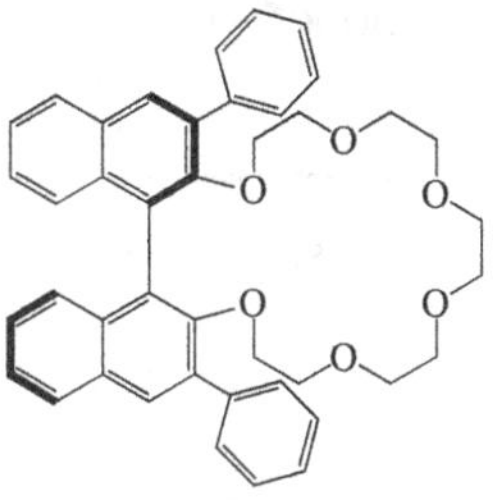

涂覆于C_{18}硅胶上

52

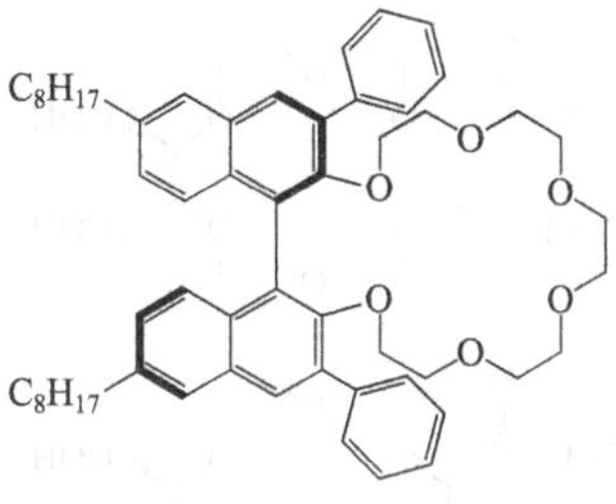

涂覆于C_{18}硅胶上

53

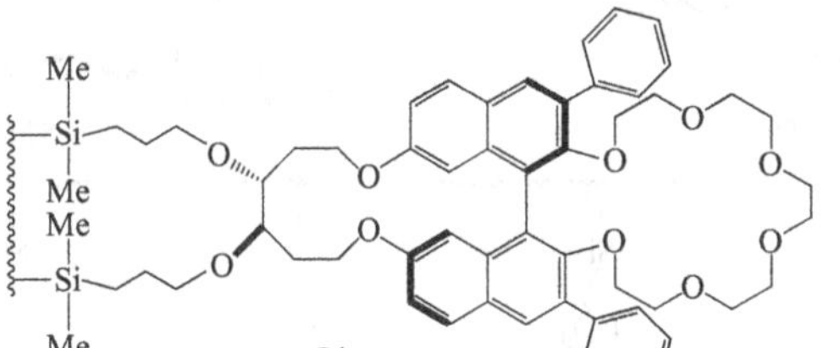

54

图10-36 基于含手性1,1′-联萘单元手性冠醚的CSPs（**52**～**54**）的结构

10.6.2 基于含四羧酸单元的手性冠醚CSPs

1998年，Machida等[313]及Hyun等[314,315]分别报道了基于（+)-(18-冠-6)-2,3,11,12-四羧酸（**55**，图10-37）的CSPs。Machida等[313]在2-乙氧基-1-乙氧碳酰基-1,2-二氢喹啉（EEDQ）存在的情况下将（+)-(18-冠-6)-2,3,11,12-四羧酸连接到氨丙基硅胶上，然后用乙酸酐处理上述硅胶。由于在制备过程中使用了偶联剂EEDQ，得到的固定相（**56**，图10-37）的结构在酰胺键的连接上有不确定性[313]。而Hyun等[315]制备的CSPs具有确定的结构（**57**，图10-37）。(+)-(18-冠-6)-2,3,11,12-四羧酸与乙酰氯反应得到相应的二酐化合物，然后在三乙胺存在的情况下与氨丙基硅胶反应，制得**57**[315]。最近Hyun等[316]还制备了基于（−)-(18-冠-6)-2,3,11,12-四羧酸的CSPs（**58**）。**57**与**58**中的手性选择剂具有相反的立体结构，通常手性化合物在这两类CSPs上的洗脱顺序相反[316]。**56**已成功用于α-氨基酸、氨基醇、1-(1-萘基)乙胺、丙氨酸-β-萘胺、α-甲基色胺和伯胺药物的分离[313]。虽然**56**在分离α-氨基酸方面比较成功，但是天冬酰胺、天冬氨酸、异亮氨酸、苏氨酸、缬氨酸在

56 上没有得到分离[313]。相比于 **56**，除脯氨酸（无伯胺基团）外，所有天然的及非天然的 α-氨基酸，包括二羟基苯丙氨酸、甲状腺氨酸、犬尿氨酸，在 **57** 上都得到了分离[315]。**57** 还用于各种胺[317]、氨基醇[297]、氟喹诺酮类抗菌药[297,314]、妥卡尼及其类似物[318]、β-氨基酸[319]、芳基-α-氨基酮[320]和二肽、三肽对映异构体[321]的分离。存在于 **57** 中的 N—H 基团、较短的间隔臂及残存的氨丙基可能会影响被分析物的铵离子在冠醚空腔内形成包结物，从而减弱固定相的手性识别能力。为了进一步提高 **57** 的手性识别能力，Hyun 等[322~324]对 **57** 进行改进，制备了新型 CSPs（**59~61**，图 10-37）。**59~61** 的手性识别能力一般高于 **57**[322~324]。此外，Hyun 等[325~327]还制备了稳定性更高的基于（＋）-(18-冠-6)-2,3,11,12-四羧酸的 CSPs（**62~64**，图 10-37）。

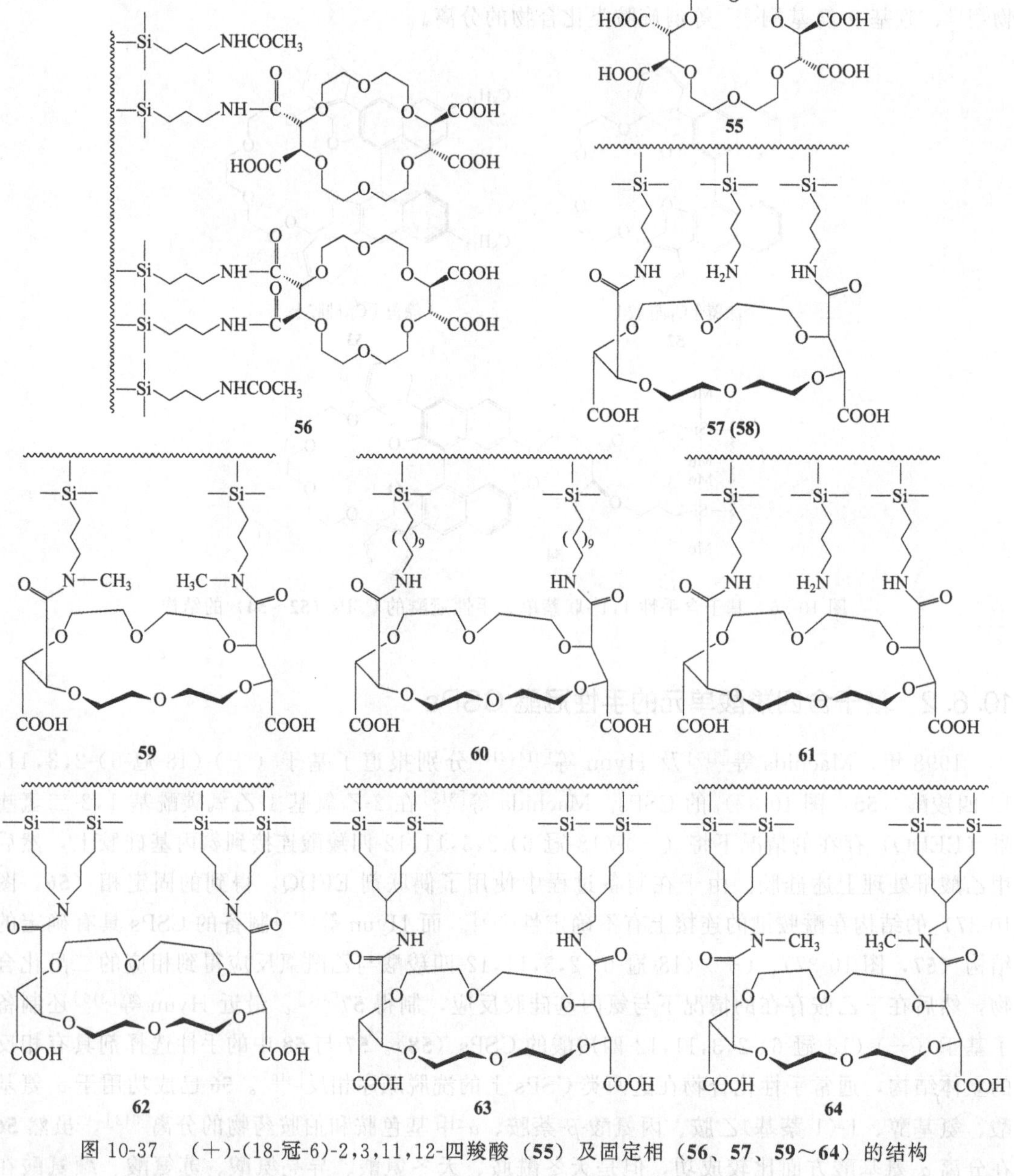

图 10-37　（＋）-(18-冠-6)-2,3,11,12-四羧酸（**55**）及固定相（**56**、**57**、**59~64**）的结构

10.7 配体交换类手性固定相

配体交换色谱法（ligand-exchange chromatography，LEC）是由 Helfferich[328]于 1961 年首次提出的，后经 Davankov 等[329]的深入研究发展，成为一种强有力的手性色谱分离方法。1971 年，Davankov 和 Rogozhin[330]在配体交换 CSPs 上首次实现了 HPLC 中对映异构体的完全分离。他们[330]在聚苯乙烯-二乙烯基苯微球上键合 L-脯氨酸，制备了配体交换 CSPs（65，图 10-38），同时在流动相中引入 Cu（Ⅱ）实现了氨基酸对映异构体的分离。此后，手性配体交换色谱法（chiral ligand-exchange chromatography，CLEC）在直接分离对映异构体及手性识别机理方面得到了广泛的研究[331]。在色谱分离过程中，金属离子和手性配体与被分离的对映异构体形成两个互为非对映异构体的三元络合物，根据两种络合物的动力学可逆性和热稳定性的差异实现拆分。被分析物与络合物间的可逆转化是一个相对缓慢的过程，从而会显著阻碍固定相中的传质，因此许多配体交换 CSPs 柱效很低[328,332]。

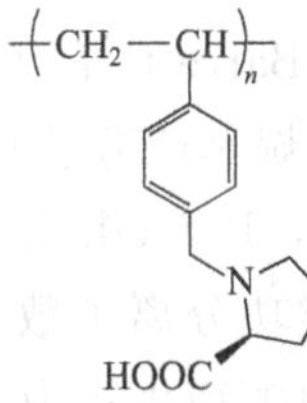

图 10-38 基于 L-脯氨酸的配体交换 CSPs（65）的结构

CLEC 中配合物的稳定性在很大程度上取决于中心金属离子的配位能力。Cu（Ⅱ）、Ni（Ⅱ）、Co（Ⅱ）、Fe（Ⅱ）、Fe（Ⅲ）、Zn（Ⅱ）、Cd（Ⅱ）等是最常用的金属离子。其中，Cu（Ⅱ）的配合物通常最稳定，同时 Cu（Ⅱ）能与多种手性配体形成具有高度立体选择性的三元配合物，所以在 CLEC 中 Cu（Ⅱ）被广泛使用，其次是 Ni（Ⅱ）和 Co（Ⅱ）。用于 CLEC 的手性选择剂包括光学活性氨基酸、哌可酸、哌啶酸、麻黄碱、酒石酸等，其中研究最多的手性配体为光学活性的氨基酸或哌可酸。α-氨基酸及其衍生物、二肽、α-羟基酸及相关药物（如甲状腺激素、α-甲基多巴胺等）在此类 CSPs 上得到了分离。

配体交换 CSPs 特别适于氨基酸及其衍生物、羟基酸和多肽等对映异构体的分离，其选择性高，样品不需柱前衍生[331,333]。但是相比于之后发展的其他 CSPs，配体交换 CSPs 存在分离的手性化合物的种类有限、流动相组成及操作方法相对复杂等缺点，因此这类 CSPs 的应用及重要性均明显下降[32,333]。Davankov 等[332~337]对配体交换 CSPs 进行了系统的综述。

配体交换 CSPs 主要分为涂覆型和键合型。根据键合基质的不同，又可分为以聚合物或无机基质为载体的配体交换 CSPs。

10.7.1 涂覆型配体交换 CSPs

涂覆型配体交换 CSPs 是将手性选择剂涂覆于硅胶等色谱基质上，然后用金属离子的水溶液平衡色谱柱，使固定相达到饱和状态。此类 CSPs 主要有以下两种类型。

10.7.1.1 将含 N-正烷基或其他疏水基团的手性配体涂覆于 C₁₈ 反相柱上

由于疏水基团和反相柱表面的疏水相互作用，手性选择剂能长久地被吸附于疏水填料的表面。这种方法的优点是制备过程简单，同时疏水固定相也参与分离过程，因而所制备的 CSPs 柱效及手性选择性高。其缺点是配体易流失、稳定性差。1980 年，Davankov 等[338]通过动态涂覆 N-n-烷基-L-羟脯氨酸于商品化 C₁₈ 色谱柱上，首次制备了涂覆型配体交换 CSPs。7 种消旋氨基酸的混合物在 10cm 长的色谱柱上于 35min 内获得了基线分离[338]，说明这类固定相具有高柱效及高选择性。Yamazaki 等[339]制备了基于 N-n-十二烷基-L-羟脯氨酸的涂覆型配体交换 CSPs，以含 Cu（Ⅱ）的乙酸盐缓冲液为流动相，成功分离了未衍生的苯丙醇胺及其衍生物。Oi 等[340]将 N,S-二辛基-青霉胺和 N,S-二辛基-N-甲基-D-青霉胺涂覆于 C₁₈ 反相柱上，制备了两种新型配体交换 CSPs，并成功分离了氨基酸及其衍生物、羟基酸、氨基醇等对映异构体。其中，以 N,S-二辛基-青霉胺为手性选择剂的 CSPs 显示出更高的手性选择性，并且非常适于含长链的消旋化合物（如色氨酸、扁桃酸）的拆分[340]。以 N,S-二辛基-青霉胺为手性选择剂的涂覆型配体交换 CSPs 已商业化。1995 年，Oi 等[341]制备了基于 Cu（Ⅱ）与 (R,R)-酒石酸单-(R)-1-(α-萘基)乙胺复合物的涂覆型配体交换 CSPs，分离了羧酸及胺类对映异构体。Barrett 等[342]在多孔石墨碳上涂覆 N-取代-L-脯氨酸制备了 5 种 CSPs，研究了取代基（如烷基或芳基）对 36 种消旋氨基酸在 CSPs 上的保留及手性选择性的影响。采用同样的方法，Remelli 等[343]制备了以 N-正癸基-L-菠菜素为手性选择剂的涂覆型配体交换 CSPs，并成功分离了数个未衍生的氨基酸及寡肽对映异构体。2004 年，Hyun 等[344]报道了以(S)-亮氨醇衍生物为手性选择剂的配体交换 CSPs，并用于 9 种 α-羟基酸的分离。2005 年，Natalini 等[345]制备了基于 O-苯基-(S)-丝氨酸的涂覆型配体交换 CSPs，未衍生的天然及非天然氨基酸对映异构体在此 CSPs 上获得了较好的分离。万谦宏等[346]以 N-十六烷基-L-羟脯氨酸、N-十六烷基-L-脯氨酸、N-十六烷基-L-丙氨酸为手性选择剂，制备了 3 种涂覆型手性配体交换 CSPs，用于分离 5 种 β-氨基酸。在优化的色谱条件下，对映异构体的 α 值高达 2.46。Natalini 等[347]的研究表明，以 (S)-三苯甲基-(R)-半胱氨酸为手性选择剂的涂覆型配体交换 CSPs 适用于未衍生氨基酸的分析分离及制备分离。2009 年，Zaher 等[348]在石墨碳上涂覆新霉胺二萘基衍生物制备了新型配体交换 CSPs，并对未衍生的氨基酸对映异构体进行了分离。

10.7.1.2 将手性聚合物涂覆于硅胶上

由这种方法制备的配体交换 CSPs 耐压性好，更适于 HPLC，但其交换容量和稳定性弱于以聚合物为载体的键合型配体交换 CSPs。Boue 等[349]在线型聚丙烯酰胺聚合物上接枝 L-脯氨酸，将手性聚合物涂覆于硅胶并引入 Cu（Ⅱ）后，分离了氨基酸对映异构体。Charmot 等[350]在硅胶上吸附手性聚合物，拆分了一系列氨基酸，其柱效为 1000～25000 塔板/m，α 值为 1.12～2.50。

10.7.2 键合型配体交换手性固定相

10.7.2.1 以聚合物为载体的键合型配体交换 CSPs

这类 CSPs 的优点是稳定性好，柱容量大，适于制备分离；其缺点是机械强度差，分离效率较低。1971 年，Davankov 等[333]将 L-脯氨酸键合于聚苯乙烯-二乙烯基苯微球上，首次实现了氨基酸对映异构体的拆分。此后，他们[351]制备了 L-羟脯氨酸修饰的聚苯乙烯树脂及 L-脯氨酸修饰的聚丙烯酰胺树脂，在这两种树脂上可实现常规氨基酸对映异构体的制备级分离。1989 年，Jeanneret-Gris 等[352]在聚丙烯酰胺上键合 1,2,3,4-四氢异喹啉-3-羧酸，并成功拆分了消旋 α-烷基-α-氨基酸。He 等[353]通过间隔臂将脯氨酸键合于亲水聚合物基质上，制备了新型配体交换 CSPs。所制备的 CSPs 对测试的氨基酸样品显示出高手性选择性，同时实现了氨基酸对映异构体的半制备分离。马桂娟等[354]以单分散 GMA-co-EDMA 树脂为载体合成了键合型 L-脯氨酸配体交换 CSPs，拆分了 6 种消旋氨基酸，并考察了色谱条件对分离的影响。孙杨等[355]利用 ATRP 技术将甲基丙烯酸环氧丙酯聚合在硅胶表面，然后在聚合物上接枝 L-苯丙氨酸，制备了新型配体交换 CSPs。

10.7.2.2 以无机基质为载体的键合型配体交换 CSPs

Gübitz 等[356~358]将组氨酸、麻黄碱、丙二胺、羟脯氨酸等手性配体键合到含环氧基团的硅胶上，发展了以硅胶为基质的键合型配体交换 CSPs。与以聚合物为基质的 CSPs 相比，此类固定相具有机械强度高、耐压、高效等优点，更适于 HPLC。1994 年，Gübitz 等[359]分别以（2-环己基）醋酸乙烯酯和 6-羟基-4-氧杂-8-氮杂-N-癸烯为间隔臂制备了键合型 L-脯氨酸配体交换 CSPs，氨基酸及其衍生物、二肽、羟基酸、巴比妥酸得到了较好的分离。Vidyasankar 等[360]通过分子印迹方法制备了键合型配体交换 CSPs。Hyun 等[361~365]制备了基于亮氨醇及（R）-苯甘氨醇衍生物的键合型配体交换 CSPs，并成功分离了 α-氨基酸、β-氨基酸、α-羟基酸及质子泵抑制剂，研究表明，流动相中有机改性剂的浓度对分离有很大影响。2006 年，Liu 等[366]在硅胶上键合壳聚糖制备了新型配体交换 CSPs，以含 Cu（Ⅱ）的溶液为流动相，对 α-氨基酸及 α-羟基酸进行了分离。2009 年，Li 等[367]通过点击化学方法制备了以 L-脯氨酸衍生物为手性配体的键合型 CSPs。

10.8 离子交换型手性固定相

自 1996 年开始，Lindner 等[368~372]发展了基于金鸡纳生物碱衍生物（主要是奎宁和奎宁丁的氨基甲酸酯类化合物）的阴离子交换型 CSPs，此类 CSPs 对酸性手性化合物显示出很高的手性识别能力。其中，基于奎宁（66，图 10-39）及奎宁丁（67，图 10-39）9-O-叔丁基氨基甲酸酯的 CSPs 已商品化，商品名分别为 Chiralpak QN-AX 和 Chiralpak QD-AX。随后，他们又制备了阳离子交换 CSPs（68，图 10-39），用于碱性手性化合物的分离。最近 Lindner 等在制备及表征金鸡纳生物碱类离子交换 CSPs 方面做了大量的工作。他们[373~376]制备了基于金鸡纳生物碱的、具有两性性质的离子交换 CSPs，部分 CSPs 的结构如图 10-40 所示。这类 CSPs 对离子手性化合物显示出广泛的手性识别能力，包括手性酸、手性胺及氨基酸和小肽等两性化合物在此类 CSPs 上得到了分离[373~376]。两性离子交换 CSPs 推荐使用弱酸性极性有机流动相，在此流动相模式下 CSPs 可实现三种离子交换模式：阴离子交换模式用于分离手性酸、阳离子交换模式用于分离手性胺及两性离子交换模式用于分离两性手性化合物。

Lindner 等[377]通过点击化学方法制备了以 1,2,3-三氮唑为间隔臂的金鸡纳生物碱氨基甲酸酯阴离子交换 CSPs，并在反相和极性有机相色谱模式下对酸性手性化合物进行了分离。最近的研究[378]表明，用刚性结构的 1,2,3-三氮唑代替柔性的硫醚间隔臂可增强金鸡纳生物碱 CSPs 的手性识别能力。Lindner 等[376]还研究了两性离子交换 CSPs 中烷基磺酸的链长及柔性对手性识别能力的影响。2010 年，文献 [379] 报道了匹立尼酸衍生物在叔丁基氨基甲酸酯奎宁和奎宁丁的阴离子交换 CSPs 上的分离，与在淀粉三（3,5-二甲基苯基氨基甲酸酯）CSPs 上的分离相比，一些对映异构体的洗脱顺序发生了变化。

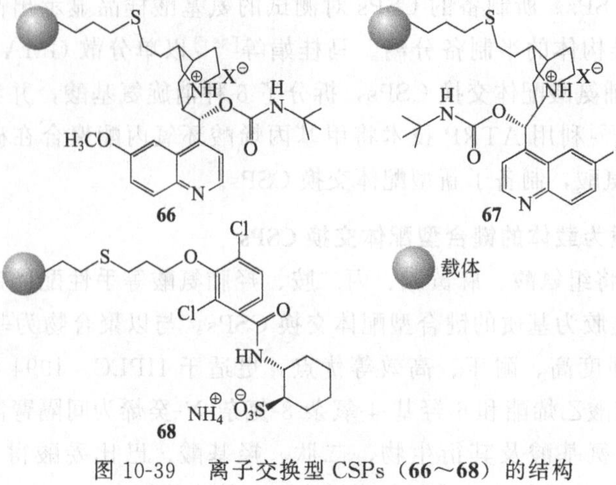

图 10-39　离子交换型 CSPs（**66**～**68**）的结构

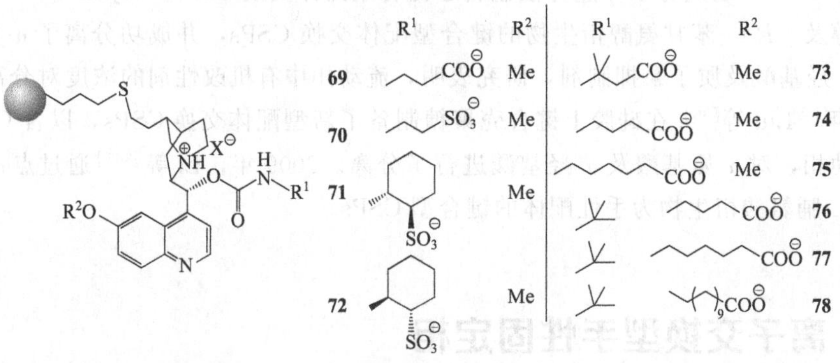

图 10-40　两性离子交换 CSPs（**69**～**78**）的结构

10.9　大环抗生素类手性固定相

大环抗生素是一类新型手性选择剂，分子中含有数个形状不一的环形结构，并含有多个手性中心和多种官能团，可与溶质产生多点、复杂的作用（如疏水作用、包结作用、偶极-偶极作用、氢键作用、空间排斥作用和离子作用等），因而显示出广泛的手性识别能力。通常它们的分子量在 600～2000 之间，可以是酸性、中性或碱性化合物，没有或略有紫外吸收。大环抗生素分子除含有疏水基团外，还含有亲水基团和一定数量的离子基团，因而它们具有良好的水溶性，作为流动相添加剂使用非常方便。

1994 年，Armstrong 等[380]将万古霉素（vancomycin）、硫链丝菌素（thiostrepton）及利福霉素 B（rifamycin B）键合到硅胶上，首次制备了基于大环抗生素的 CSPs，并在正相和反相色谱模式下分离了一系列手性化合物，开辟了手性分离科学中的新领域。此后，他们又陆续开发了以替考拉宁[381]（teicoplanin）、替考拉宁糖苷配基[382]（teicoplanin aglycone）、瑞斯托菌素 A[383]（ristocetin A）、A40926[384]、阿伏霉素[385]（avoparcin）为手性选择剂的 CSPs。

　　根据大环抗生素的结构特点，大环抗生素 CSPs 可分为三大类：糖肽类、柄状霉菌素类、多肽与氨基糖苷类。其中，糖肽类抗生素 CSPs 应用最为广泛和成功[386]。大环抗生素 CSPs 可在所有色谱模式下使用，具有适应性强、手性化合物拆分范围广、柱容量大、适于制备分离等优点。基于万古霉素、替考拉宁和瑞斯托菌素 A 的 CSPs 已商品化。

10.9.1　大环抗生素的结构特点

　　用作手性选择剂的糖肽类抗生素主要有阿伏霉素、瑞斯托菌素 A、替考拉宁、替考拉宁糖苷配基、万古霉素和万古霉素的两种衍生物。糖肽类抗生素在结构上（图 10-41）的共同点是：含有由数个大环稠合而成的糖苷配基，呈"提篮"状，并与糖类化合物相连。其中，万古霉素以二聚体形式存在，其余 3 种抗生素由几种结构相似的物质混合而成。此外，替考拉宁因含有 1 个疏水的酰基侧链，在溶液中易聚集成胶束而呈现一定的表面活性。

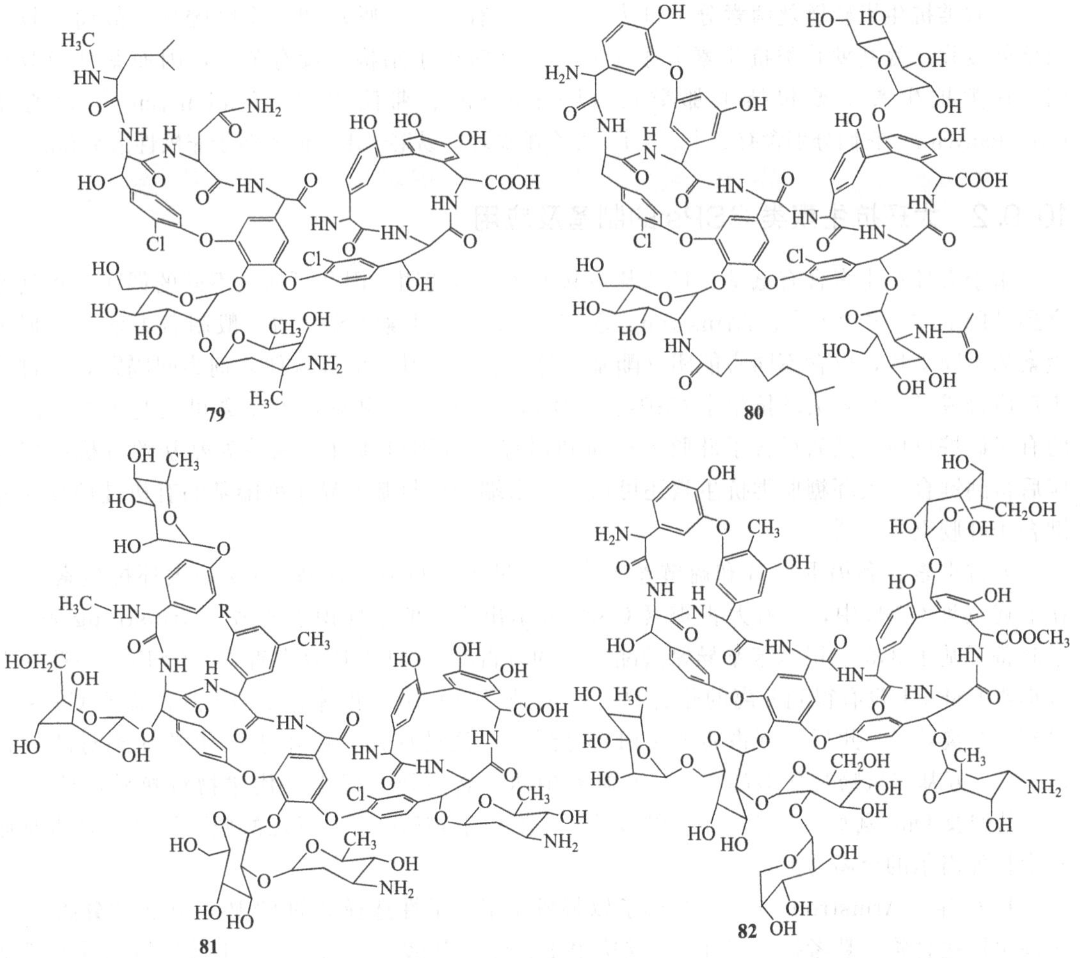

图 10-41　万古霉素（**79**）、替考拉宁（**80**）、阿伏霉素（**81**）和瑞斯托菌素 A（**82**）的结构

　　在柄状霉菌素类大环抗生素中，利福霉素 B 和利福霉素 SV 因最早应用于 CE 而占有较为重要的地位。它们在结构上呈现一个特征的柄状结构（图 10-42），脂肪链横跨于发色团苯

并氢醌之上。

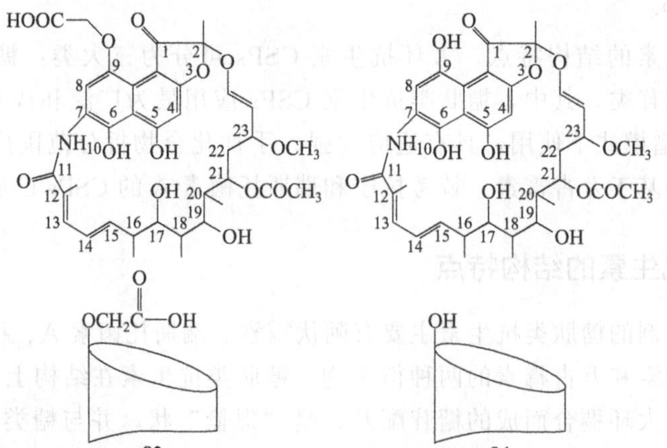

图 10-42　利福霉素 B（**83**）和利福霉素 SV（**84**）的结构

多肽类抗生素硫链丝菌素分子量为 1665，含有 1 个喹啉环和 5 个噻唑环，故而有较强的紫外吸收。氨基糖苷类抗生素分子量较小，同时由于结构中没有苯环，因而紫外吸收很弱。这类抗生素主要包括卡那霉素（kanamycin）、弗氏霉素（fradiomycin）、链霉素（streptomycin）。它们分别含有 2 个、3 个、2 个配糖环，易溶于水，但不溶于非极性溶剂和醇。

10.9.2　大环抗生素类 CSPs 的制备及应用

由于大环抗生素含有氨基、羟基及羧基等多种官能团，因此可通过不同的偶联剂将其键合到硅胶上[380,381,383,387]。Armstrong 等[380]介绍了抗生素 CSPs 的一般制备方法，根据抗生素的不同结构，以含不同官能团（酯基、氨基、环氧基）的硅烷偶联剂为间隔臂，通过两步反应合成了一系列大环抗生素 CSPs。大环糖肽类抗生素和硫链丝菌素可先与末端为羧基的有机硅烷反应，然后键合于硅胶上；而利福霉素 B 则可通过与末端为氨基的有机硅烷反应后得到键合。大环糖肽类抗生素还可通过与末端为环氧基或异氰酸酯基的有机硅烷反应后键合于硅胶上。

万古霉素、利福霉素 B 和硫链丝菌素是最早用来制备键合型 CSPs 的大环抗生素[380]。在上述三种 CSPs 中，只有万古霉素 CSPs 显示出广泛的手性识别能力。Armstrong 等[380]还制备了基于 3,5-二甲基苯基异氰酸酯衍生的万古霉素（DMP-万古霉素）CSPs。一些在万古霉素 CSPs 上没有得到分离的化合物，特别是羟嗪和阿尔噻嗪在 DMP-万古霉素 CSPs 上得到了分离[380]。此后，万古霉素 CSPs 得到了广泛的应用，已用于取代吡啶酮对映异构体[388]、芳基二氢嘧啶羧酸酯[389]、人血浆中西酞普兰及其脱甲基代谢物对映异构体[390]、α-氨基酸及 Dns-氨基酸[391]、环亚酰胺[392]、麦角生物碱[393]、双氯醇胺[394]等的分离及血浆中特他洛尔的分离与测定[395]。

1995 年，Armstrong 等[381]合成了以替考拉宁为手性选择剂的 CSPs，并成功分离了 90 多种手性化合物。替考拉宁 CSPs 已成功用于天然氨基酸及二肽[396]、非天然氨基酸及其他多种对映异构体[397]、氨基酸衍生物[398]、二级芳香氨基酸[399]、吲哚植物抗毒素的 2-氨基类似物[400]等对映异构体的分离及生物样品中沙丁胺醇及其代谢物的测定[401]。

在正相、反相或极性有机相色谱模式下，Armstrong 等[383]在瑞斯托菌素 A CSPs 上分离的手性化合物超过了 230 种。他们发现合成的 CSPs 稳定性良好，同时瑞斯托菌素 A CSPs 与万古霉素及替考拉宁 CSPs 的手性识别能力具有互补性。Armstrong 等[402]还研究了手性选择剂覆盖度及流动相组成对瑞斯托菌素 A CSPs 手性选择性的影响。

Illisz 等[403]、Issaq 等[404]分别对大环抗生素 CSPs 在分离氨基酸及小肽、多肽方面的应用进行了综述。此外，Illisz 等[405]对大环抗生素 CSPs 的手性识别机理进行了综述。Berthod 等[406]在 3 种流动相模式下在 4 种大环抗生素 CSPs 上分离了 71 种手性化合物，并研究了温度等对分离的影响。

近年来，一些新型大环抗生素 CSPs 相继出现。2006 年，Staroverov 等[407]在环氧基活化的硅胶上键合伊瑞霉素（eremomycin，一种糖肽类抗生素），制备了新型 CSPs，此 CSPs 对氨基酸对映异构体显示出高手性选择性。2007 年，文献［408］报道了基于硼霉素（boromycin）的 CSPs，一级胺手性化合物在此 CSPs 上得到了很好的分离。2009 年，Hsiao 和 Chen[409]以芳香异氰酸酯或异硫氰酸酯对硫链丝菌素进行衍生，制备了新型 CSPs，他们发现结构改造有利于手性芳香化合物的分离。2010 年，Armstrong 等[410]采用不同的键合方法制备了两种基于达巴霉素（dalbavancin，结构与替考拉宁类似）的 CSPs，并在 3 种流动相模式下用约 250 种外消旋化合物评价了其手性识别能力。流动相模式包括正相、极性有机相和反相色谱模式，而手性化合物则包括杂环化合物、手性酸、手性胺、手性醇、手性亚砜和硫亚胺、氨基酸及其衍生物和一些其他手性化合物。结果表明[410]，达巴霉素 CSPs 的手性识别能力与替考拉宁 CSPs 具有互补性。

10.10　合成聚合物类手性固定相

合成聚合物类 CSPs 的制备方法主要有以下 3 种：单体在手性催化剂等的作用下发生不对称聚合；手性单体聚合；通过分子印迹技术制备。

10.10.1　分子印迹型手性固定相

1972 年，Wulff 和 Sarhan[411]利用分子印迹技术（molecular imprinted，MIP）制备了含有手性识别能力空穴的交联聚合物。分子印迹技术是以待分析物为模板分子，与功能单体、交联剂等混合后，在引发剂的作用下发生聚合，洗脱除去模板分子后，得到 MIP 聚合物。待分析物与 MIP 聚合物中模板分子留下的空穴及空穴中的活性基团在大小、形状和官能团的定位等方面吻合，从而可以有效地识别模板分子或与之结构相似的外消旋化合物[412]。与传统的色谱分离技术相比，MIP CSPs 对分析物具有高度选择性、专一性、耐酸碱等优点。但 MIP CSPs 也存在以下缺点：一根色谱柱只能拆分数量有限的对映异构体化合物；结合位点的不均匀性及传质慢导致峰形宽且不对称。在低上样量时，进样量显著影响样品在 MIP CSPs 上的保留。分析物在 MIP CSPs 上的识别可通过氢键、离子、疏水等非共价作用力或形成如硼酸酯、希夫碱、缩醛或缩酮等可逆共价键实现。在 MIP CSPs 的制备过程中甲基丙烯酸、丙烯酰胺、乙烯基吡啶、乙烯基咪唑等是最常用的功能单体。目前研究者已制备了大量的 MIP CSPs，并用于氨基酸及其衍生物、多肽、蛋白质、核苷酸、药物、农药等手性化合物的分离分析。2010 年，研究者[413]首次在超临界流体 CO_2 中制备了 MIP

CSPs，并对色氨酸对映异构体进行了分离。

10.10.2 聚（甲基）丙烯酰胺类手性固定相

1974 年，Blaschke 等[414]合成了具有光学活性侧链的聚丙烯酰胺，此聚合物对扁桃酸显示出很好的分离能力。此后，大量手性聚丙烯酰胺和聚甲基丙烯酰胺类聚合物开始用作 HPLC CSPs，许多手性药物在此类 CSPs 上得到了制备级分离[35]。这类聚合物的一些典型结构如图 10-43 所示。他们主要是通过以下两种方法制备的：①将光学活性单体聚合为凝胶，在流动相中充分溶胀后装入低压色谱柱，此法制备的 CSPs 适于多种手性药物的制备分离；②将丙烯酰胺（甲基丙烯酰胺）单体键合于硅胶上，然后引发聚合，最后除去未键合的手性聚合物。这种 CSPs 显示出较高的耐压性能。聚合物结构的立构规整性显著影响聚（甲基）丙烯酰胺类聚合物的手性分离能力，但目前采用的自由基共聚法并不适于高立构规整性聚合物的合成。在聚合体系中加入三氟甲基磺酸镱、三氟甲基磺酸钇等路易斯酸能显著提高聚（甲基）丙烯酰胺类聚合物的立构规整性，从而改善聚合物的手性分离能力[415,416]。Tian 等[417]采用"接枝到（grafting to）"及"接枝于（grafting from）"技术制备了基于光学活性丙烯酰胺衍生物的刷型聚合物型 CSPs，并比较了制备的 CSPs 的识别能力。

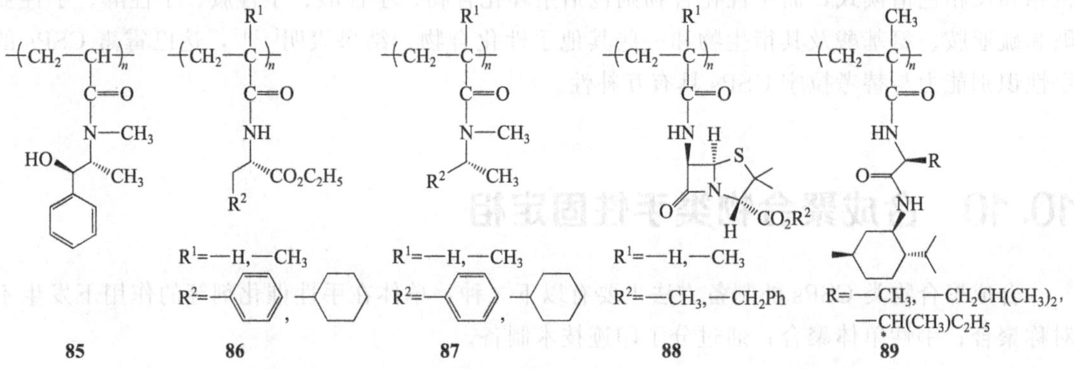

图 10-43 聚（甲基）丙烯酰胺类 CSPs（**85**～**89**）的结构

10.10.3 聚甲基丙烯酸酯类手性固定相

1979 年，Okamoto 等[418]首次合成了光学活性仅来自于主链螺旋结构的乙烯基类聚合物——聚甲基丙烯酸三苯甲酯（PTrMA，图 10-44）。Okamoto 等将不溶性 PTrMA 制成微球[419]或将可溶性 PTrMA 涂覆于大孔硅胶后[420]，装入色谱柱中，在 HPLC 中评价了其手性识别能力。PTrMA 显示出很高的手性识别能力，多类外消旋化合物，特别是芳香族化合物在此类 CSPs 上得到了分离。同时，PTrMA 对一些其他方法难以分离的手性化合物也表现出一定的识别能力[419]。PTrMA 的手性识别能力是由其稳定的主链螺旋结构和三苯基甲基共同产生的[421]。然而，聚甲基丙烯酸间三甲苯甲酯[422]［P(m-Me3TrMA)，图 10-44］同样具有螺旋结构，却几乎没有手性识别能力，因此聚合物的主链螺旋结构并不是聚合物具有手性识别能力的必要条件。

虽然 PTrMA 能拆分众多的手性化合物，但是流动相为甲醇时，其支链上的酯基易醇解[420]。为提高此类固定相的稳定性，Okamoto 等以甲基丙烯酸二苯基-2-吡啶酯[423]

（D2PyMA）、甲基丙烯酸二苯基-3-吡啶酯[424]（D3PyMA）为单体合成了单手螺旋聚合物。PD2PyMA 的手性识别能力与 PTrMA 相近[423]。此外，Okamoto 等[425]还合成了单手螺旋的聚甲基丙烯酸-1-苯基-二苯并环庚酯（PDBSMA），但其手性识别能力明显低于 PTrMA。上述聚合物的结构如图 10-44 所示。

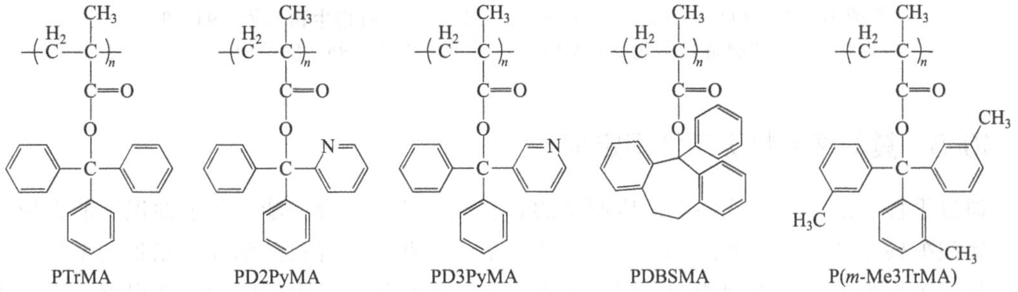

图 10-44 聚甲基丙烯酸酯类 CSPs 的结构

10.10.4 聚酰胺类手性固定相

包括聚 α-氨基酸（多肽）在内的许多聚酰胺，在 HPLC 中显示出较高的手性识别能力。1987 年，Doi 等[426]将聚 N-苄基-L-谷氨酰胺键合到聚苯乙烯微球上，并用于扁桃酸和乙内酰脲衍生物的拆分。Hirayama 等[427]制备了键合有聚 L-亮氨酸或聚 L-苯丙氨酸的聚甲基丙烯酸酯微球用于氨基酸衍生物的分离。

通过手性二胺和手性二羧酸或酯缩合制备的聚酰胺[428~430]（图 10-45）能够分离一些能与 CSPs 形成氢键的极性手性化合物，其手性识别能力依赖于手性单元的结构和与手性单元相连的基团。例如对于 **90**，含有偶数个亚甲基的聚酰胺的手性识别能力高于含奇数个亚甲基的聚酰胺[428]。2007 年，文献 [431] 报道了将（1R,2R）-（+）-1,2-二苯基乙二胺、1,4-苯基二异氰酸酯和对苯二甲酰氯的共聚物键合到氨丙基硅胶上，制备了两种新型聚合物型 CSPs。2008 年，Armstrong 等[432]合成了以反-（1S,2S）-环己二酸双-4-乙烯苯胺和反-N,N'-（1R,2R）-环己二基-双-4-乙烯基苯甲酰胺为功能单体的聚合物型 CSPs，在 HPLC 及 SFC 下分离了多类手性化合物。2011 年，Armstrong 等[433]制备了基于（1S,2S）-（-）-1,2-二苯基乙二胺衍生物（**93~95**，图 10-46）的 3 种新型聚合物型 CSPs，并在 HPLC 正相模式及 SFC 下评价了它们的手性识别能力。上述 CSPs 的优点是可以以 R,R 或 S,S 的形式制备，从而可在相同的流动相条件下实现洗脱顺序的反转。在 HPLC 及 SFC 下，所制备的 3 种 CSPs 的手性识别能力高于或与商品化手性柱 P-CAP-DP（**96**，图 10-46）相当[433]。

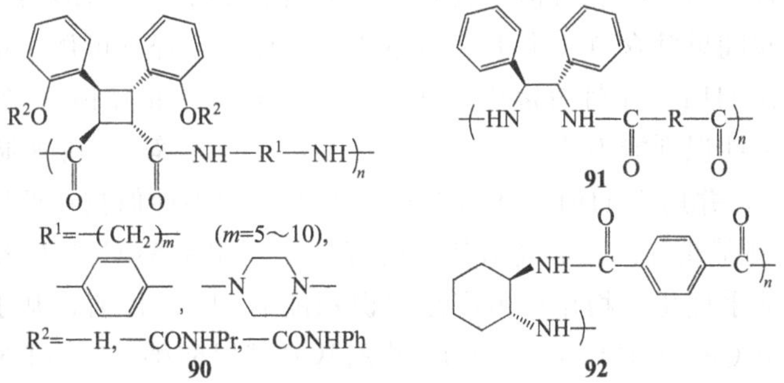

图 10-45 聚酰胺类 CSPs（**90~92**）的结构

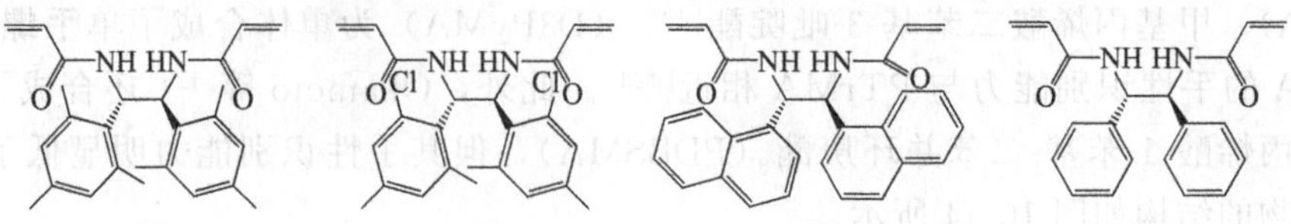

图 10-46　(1S，2S)-(—)-1,2-二苯基乙二胺衍生物单体（**93～95**）和制备商品化 P-CAP-DP 手性柱的单体（**96**）的结构

10.10.5　其他聚合物类手性固定相

通过手性二醇与二异氰酸酯反应制备的具有光学活性的聚氨酯，其手性识别能力取决于二异氰酸酯残基的结构。如由 1,3-二苯基丙二醇与脂肪族二异氰酸酯反应制备的聚氨酯对联萘酚显示出很高的手性识别能力，但由芳香二异氰酸酯制备的聚氨酯则手性识别能力大大降低[434]。2009 年，Xi 等[435]将 N-噁唑啉苯基马来酰胺与甲基丙烯酸甲酯的共聚物涂覆于硅胶上，并评价了 CSPs 的手性识别能力。当固定相中含有足够量的手性单元时，缬氨酸、天冬氨酸及苹果酸等在反相色谱条件下得到了部分拆分，而在正相色谱条件下联萘酚得到了分离[435]。

此外，含有亚砜结构单元的光活性聚苯乙烯衍生物[436]、由手性二乙烯醚环化聚合得到的聚冠醚[437]、对位含光学活性取代基的聚苯基乙炔衍生物[438,439]等聚合物也用于 HPLC 手性分离。

10.11　其他新发展的手性固定相

虽然现有的许多 CSPs 具有广泛的适用性和良好的手性选择性，但是仍存在一些特定结构的手性化合物（如含非极性手性中心的化合物、含多个手性中心的化合物及手性一级胺等）无法在现有的 CSPs 上得到有效的拆分。近年来，研究者开发了一些新型 CSPs，如限进介质 CSPs[174,440]、DNA 核酸适体（DNA aptamer）CSPs[441]、树状聚合物（dendrimer）类 CSPs[442]、寡糖类 CSPs[443]、合成大环化合物类 CSPs[444]、不对称有机催化剂类 CSPs[377,445,446]、钌复合物类 CSPs[447]、离子液体 CSPs[155,156]、环果聚糖衍生物 CSPs[448]等。下面对基于环果聚糖衍生物的 CSPs 进行介绍。

环果聚糖（cyclofructans，CFs）是由 6 个或更多个 D-呋喃果糖单元以 β-1,2 键连接而成的大环低聚糖。含有 6～8 个结构单元的 CFs 已商品化，分别缩写为 CF6（图 10-47）、CF7 和 CF8。每个呋喃果糖含有 4 个手性中心和 3 个羟基，羟基可用于衍生化。CFs 本身手性识别能力较低，在 HPLC 手性分离中应用有限，但衍生后的 CFs 对多类手性化合物显示出改善的、特异的手性识别能力[448]。2009 年，Armstrong 等[448]首次制备了基于烷基及芳基取代 CF6 的 CSPs，并用于 HPLC 手性分离。所测试的手性伯胺在低取代度的烷基氨基甲酸酯 CF6 上全部得到基线分离；而高取代度的芳基氨基甲酸酯 CF6 对大多数手性伯胺没有识别能力，但对其他手性化合物显示出广泛的识别能力[448]。目前，基于 CFs 的 CSPs 主要有异丙基氨基甲酸酯 CF6（IP-CF6）、(R)-萘乙基氨基甲酸酯 CF6（RN-CF6）和二甲基苯基氨基甲酸酯 CF7（DMP-CF7）。CF 衍生物类 CSPs 具有广泛的手性识别能力[448～452]。与

R-萘乙基氨基甲酸酯 *β*-环糊精 CSPs 相比，RN-CF6 更适于分离取代联萘基催化剂[452]。在所测试的 119 对胺类对映异构体中，93％的化合物（包括一些不含其他官能团的脂肪胺）在 IP-CF6 上得到了分离[449]。IP-CF6 是目前分离手性伯胺最为有效的 CSPs，同时使用有机溶剂和超临界流体时其手性识别能力优于冠醚类 CSPs。Armstrong 等[451]研究了 Betti 碱类似物在 IP-CF6 上的分离，并考察了流动相的组成、添加剂性质及浓度和分析物的结构对分离的影响。RN-CF6 与 IP-CF6 的手性识别能力具有互补性，119 对胺类对映异构体中的 98％在这两类 CSPs 上得到了分离[449]。对不同种类的手性化合物的分离结果表明，RN-CF6 与 DMP-CF7 的手性识别能力具有互补性；所测试的手性化合物中的 43％（包括酸、胺、金属配合物、中性化合物）在这两类 CSPs 上得到了分离[450]。CF 类 CSPs 可在所有的常用色谱分离模式（如正相、反相和极性有机相色谱模式）下使用，但通常在正相色谱模式下手性识别能力更高。同时，CF CSPs 样品负载量高，因此在制备分离中具有巨大的潜在应用价值。2011 年，AZYP 公司（Arlington，Texas，USA）商品化了基于环果聚糖的 4 类 CSPs[453]。

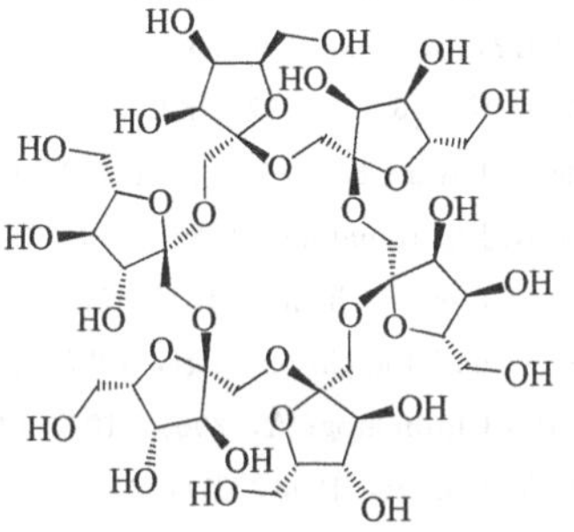

图 10-47　含 6 个单元的环果聚糖（CF6）的结构

10.12　展望

目前，基于 HPLC CSPs 的手性分离在手性分离领域仍占主导地位。在已发展的众多 HPLC CSPs 中，多糖类 CSPs 目前应用最为广泛，其次是环糊精类和大环抗生素类 CSPs。上述三类 CSPs 中最常用的手性选择剂分别是纤维素及淀粉衍生物、*β*-环糊精及其衍生物和糖肽类抗生素。

最近发展的一些新型 CSPs（如环果聚糖类 CSPs）显示出特异的手性识别能力，它们其中的一些固定相已经商品化。未来数年，HPLC CSPs 可能会在以下几个方面得到特别关注：整体柱 CSPs、以不对称有机催化剂为手性选择剂的 CSPs 及基于新型基质（亚 2μm 硅胶、氧化锆等）的 CSPs。同时，随着计算化学在手性识别机理方面的应用和发展，有效、稳定的手性选择剂的设计和筛选将会达到一个更高的层次。上述发展会进一步促进 HPLC CSPs 在生物化学、药学、环境及食品工业等领域的应用。

参 考 文 献

[1] 尤启冬，林国强. 手性药物的研究与应用. 北京：化学工业出版社，2004：30-42.

[2] Maier N M，Franco P，Linder W. J Chromatogr A，2001，906（1-2）：3-33.

[3] Thayer A M. Chem Eng News，2008，86（31）：12-20.

[4] Caner H, Groner E, Levy L, et al. Drug Discov Today, 2004, 9 (3): 105-110.

[5] Thayer A. Chem Eng News, 2005, 83: 49-53.

[6] Ikai T, Okamoto Y. Chem Rev, 2009, 109 (11): 6077-6101.

[7] Petersson P, Markides K E. J Chromatogr A, 1994, 666 (1-2): 381-394.

[8] Phinney K W. Anal Bioanal Chem, 2005, 382 (3): 639-645.

[9] Mangelings D, Heyden Y V. J Sep Sci, 2008, 31 (8): 1252-1273.

[10] Wang Z, Ouyang J, Baeyens W R G. J Chromatogr B, 2008, 826 (1): 1-13.

[11] Terabe S. Chem Rec, 2008, 8 (5): 291-301.

[12] Suntornsuk L. J Chromatogr Sci, 2007, 45 (9): 559-577.

[13] Van Eeckhaut A, Michotte Y. Electrophoresis, 2006, 27 (14): 2880-2895.

[14] Ali I, Aboul-Enein H Y, Gupta V K, et al. J Capillary Electrophor Microchip Technol, 2006, 9 (5-6): 85-99.

[15] Andersson S, Allenmark S G. J Biochem Biophys Methods, 2002, 54 (1-3): 11-23.

[16] Zhang Y, Wu D, Wang-Iverson D B, et al. Drug Discov Today, 2005, 10 (8): 571-577.

[17] Yao H, Tian Y C, Tade M O. Ind Eng Chem Res, 2008, 47 (15): 5585-5593.

[18] Tang M, Zhang J, Zhuang S, et al. Trends Anal Chem, 2012, 39: 180-194.

[19] Ward T J, Ward K D. Anal Chem, 2012, 84 (2): 626-635.

[20] Hesse G, Hagel R. Chromatographia, 1973, 6 (6): 277-280.

[21] Okamoto Y, Kawashima M, Hatada K. J Am Chem Soc, 1984, 106 (18): 5357-5359.

[22] Okamoto Y, Kawashima M, Hatada K. J Chromatogr, 1986, 363 (2): 173-186.

[23] Okamoto Y, Aburatani R, Fukumoto T, et al. Chem Lett, 1987, 16 (9): 1857-1860.

[24] Okamoto Y, Aburatani R, Miura S, et al. J Liq Chromatogr, 1987, 10 (8-9): 1613-1628.

[25] Zhang T, Kientzy C, Franco P, et al. J Chromatogr A, 2005, 1075 (1-2): 65-75.

[26] Yashima E, Yamamoto C, Okamoto Y. Synlett, 1998, (4): 344-360.

[27] Zhang T, Franco P. LCGC Eur, 2008, 9: 430-437.

[28] Yamamoto C, Hayashi T, Okamoto Y. Chem Lett, 2000, 29 (1): 12-13.

[29] Yamamoto C, Hayashi T, Okamoto Y. J Chromatogr A, 2003, 1021 (1-2): 83-91.

[30] Han X, An L, Cui H, et al. Chromatographia, 2011, 73 (11-12): 1043-1047.

[31] Chen X, Yamamoto C, Okamoto Y. Pure Appl Chem, 2007, 79 (9): 1561-1573.

[32] Okamoto Y, Ikai T. Chem Soc Rev, 2008, 37 (12): 2593-2608.

[33] Hess G, Hagel R. Liebigs Ann Chem, 1976: 996-1008.

[34] Francotte E, Wolf R M, Lohmann D, et al. J Chromatogr, 1985, 347: 25-37.

[35] Blaschke G. Angew Chem Int Ed Engl, 1980, 19 (1): 13-24.

[36] Blaschke G. J Liq Chromatogr, 1986, 9 (2-3): 341-368.

[37] Shibata T, Okamoto I, Ishii K. J Liq Chromatogr, 1986, 9 (2-3): 313-340.

[38] Okamoto Y, Kawashima M, Yamamoto C, et al. Chem Lett, 1984, 13 (5): 739-742.

[39] Ichida A, Shibata T, Okamoto I, et al. Chromatographia, 1984, 19 (1): 280-284.

[40] Francotte E. J Chromatogr A, 1994, 666 (1-2): 565-601.

[41] Inkster J A H, Ling I, Honson N S, et al. Tetrahedron Asymmetry, 2005, 16 (23): 3773-3784.

[42] Okamoto Y, Aburatani R, Hatada K. J Chromatogr, 1987, 389: 95-102.

[43] Yamamoto C, Yamada K, Motoya K, et al. J Polym Sci Part A: Polym Chem, 2006, 44 (17): 5087-5097.

[44] Shibata T, Sei T, Nishimura H, et al. Chromatographia, 1987, 24 (1): 552-554.

[45] Sugiura Y, Yamamoto C, Ikai T, et al. Polym J, 2010, 42 (1): 31-36.

[46] Katoh Y, Tsujimoto Y, Yamamoto C, et al. Polym J, 2011, 43 (1): 84-90.

[47] Chankvetadze B, Yashima E, Okamoto Y. J Chromatogr A, 1994, 670 (1-2): 39-49.

[48] Chankvetadze B, Yashima E, Okamoto Y. J Chromatogr A, 1995, 694 (1): 101-109.

[49] Yashima E, Yamamoto C, Okamoto Y. Polym J, 1995, 27 (8): 856-861.

[50] Peng L, Jayapalan S, Chankvetadze B, et al. J Chromatogr A, 2010, 1217 (44): 6942-6955.

[51] Dossou K S S, Chiap P, Servais A C, et al. J Sep Sci, 2011, 34 (6): 617-622.

[52] Dossou K S S, Chiap P, Chankvetadze B, et al. J Chromatogr A, 2009, 1216 (44): 7450-7455.

[53] Fanali S, D'Orazio G, Lomsadze K, et al. J Chromatogr A, 2010, 1217 (7): 1166-1174.

[54] Steinmeier H, Zugenmaier P. Carbohydr Res, 1987, 164 (1): 97-105.

[55] Vogt U, Zugenmaier P. Bunsen-Ges Ber Phys Chem, 1985, 89: 1217-1224.

[56] Vogt U, Zugenmaier P. Communication at the European Science Foundation Workshop on Specific Interaction in Polysaccharide Systems. Uppsada. 1983.

[57] Yashima E, Okamoto Y. Angew Chem Int Ed, 1998, 37 (8): 1020-1043.

[58] Kubota T, Yamamoto C, Okamoto Y. J Am Chem Soc, 2000, 122 (17): 4056-4059.

[59] Kubota T, Yamamoto C, Okamoto Y. Chirality, 2002, 14 (5): 372-376.

[60] Okamoto Y, Kaida Y, Hayashida H, et al. Chem Lett, 1990, 19 (6): 909-912.

[61] Kaida Y, Okamoto Y. J Chromatogr, 1993, 641 (2): 267-278.

[62] Ikai T, Yamamoto C, Kamigaito M, et al. Chirality, 2005, 17 (6): 299-304.

[63] Kaida Y, Okamoto Y. Bull Chem Soc Jpn, 1993, 66 (8): 2225-2232.

[64] Chassaing C, Thienpont A, Felix G. J Chromatogr A, 1996, 738 (2): 157-167.

[65] Chassaing C, Thienpont A, Soulard M H, et al. J Chromatogr A, 1997, 786 (1): 13-21.

[66] Felix G. J Chromatogr A, 2001, 906 (1-2): 171-184.

[67] Tang S, Li X, Wang F, et al. Chirality, 2012, 24 (2): 167-173.

[68] Dicke R. Cellulose, 2004, 11 (2): 255-263.

[69] Kondo S, Yamamoto C, Kamigaito M, et al. Chem Lett, 2008, 37 (5): 558-559.

[70] Shen J, Ikai T, Okamoto Y. J Chromatogr A, 2010, 1217 (7): 1041-1047.

[71] Sun B, Li X, Jin Z, et al. Chromatographia, 2012, 75 (23-24): 1347-1354.

[72] Zhang T, Francotte E. Chirality, 1995, 7 (6): 425-433.

[73] Chen X, Zou H, Ni J, et al. J Sep Sci, 2003, 26 (1): 29-36.

[74] 潘富友, 李晓芳, 李永龙, 等. 分析化学, 2011, 39 (1): 7-11.

[75] Chen J, Duan R, Zhang J, et al. Current Anal Chem, 2013, 9: 128-134.

[76] Francotte E. J Chromatogr A, 2001, 906 (1-2): 379-397.

[77] Zhang T, Nguyen D, Franco P, et al. Anal Chim Acta, 2006, 557 (1-2): 221-228.

[78] Zhang T, Schaeffer M, Franco P. J Chromatogr A, 2005, 1083 (1-2): 96-101.

[79] Cirilli R, Simonelli A, Ferretti R, et al. J Chromatogr A, 2006, 1101 (1-2): 198-203.

[80] Ghanem A. J Chromatogr A, 2006, 1132 (1-2): 329-332.

[81] Zhang T, Nguyen D, Franco P. J Chromatogr A, 2008, 1191 (1-2): 214-222.

[82] Yashima E, Fukaya S, Okamoto Y. J Chromatogr A, 1994, 677 (1): 11-19.

[83] Chen X, Zou H, Zhang Q, et al. J Chromatogr Sci, 2002, 40 (6): 315-320.

[84] Chen X, Liu Y, Qin F, et al. J Chromatogr A, 2003, 1010 (2): 185-194.

[85] Chen X, Zou H, Ye M, et al. Electrophoresis, 2002, 23 (9): 1246-1254.

[86] Chen X, Jin W, Qin F, et al. Electrophoresis, 2003, 24 (15): 2559-2566.

[87] Tang S, Liu G, Li X, et al. J Sep Sci, 2011, 34 (15): 1763-1771.

[88] Chankvetadz B, Ikai T, Yamamoto C, et al. J Chromatogr A, 2004, 1042 (1-2): 55-60.

[89] Liu Y, Svec F, Fréchet J M J, et al. Anal Chem, 1997, 69 (1): 61-65.

[90] Ling F, Brahmachary E, Xu M, et al. J Sep Sci, 2003, 26 (15-16): 1337-1346.

[91] Kimata K, Tsuboi R. US Pat 5302633. 1994-4-12.

[92] Franco P, Senso A, Minguillon C, et al. J Chromatogr A, 1998, 796 (2): 265-272.

[93] Minguillon C, Franco P, Oliveros L. J Chromatogr A, 1996, 728 (1-2): 415-422.

[94] Oliveros L, Lopez P, Minguillon C, et al. J Liq Chromatogr, 1995, 18 (8): 1521-1532.

[95] Minguillon C, Franco P, Oliveros L, et al. J Chromatogr A, 1996, 728 (1-2): 407-414.

[96] Franco P, Minguillon C, Oliveros L. J Chromatogr A, 1997, 791 (1-2): 37-44.

[97] Oliveros L，Senso A，Franco P，et al. Chirality，1998，10 (4)：283-288.

[98] Garces J，Franco P，Oliveros L，et al. Tetrahedron Asymmetry，2003，14 (9)：1179-1185.

[99] Oliveros L，Senso A，Minguillon C. Chirality，1997，9 (2)：145-149.

[100] Chen X，Qin F，Liu Y，et al. J Chromatogr A，2004，1034 (1-2)：109-116.

[101] Kubota T，Kusano T，Yamamoto C，et al. Chem Lett，2001，30 (7)：724-725.

[102] Kubota T，Yamamoto C，Yashima E，et al. Chirality，2003，15 (1)：77-82.

[103] Kubota T，Yamamoto C，Okamoto Y. J Polym Sci，Part A：Polym Chem，2003，41 (22)：3703-3712.

[104] Kubota T，Yamamoto C，Okamoto Y. J Polym Sci Part A：Polym Chem，2004，42 (18)：4704-4710.

[105] Chen X，Yamamoto C，Okamoto Y. J Chromatogr A，2006，1104 (1-2)：62-68.

[106] Chen X，Yamamoto C，Okamoto Y. J Sep Sci，2006，29 (10)：1432-1439.

[107] Enomoto N，Furukawa S，Ogasawara Y，et al. Anal Chem，1996，68 (17)：2798-2804.

[108] Breitinger H G. Tetrahedron Lett，2002，43 (35)：6127-6131.

[109] Francotte E. PCT WO Patent 96/27615. 1996.

[110] Francotte E，Zhang T. PCT WO Patent 97/044011. 1997.

[111] Francotte E. PCT WO Patent 97/49733. 1997.

[112] Francotte E，Huynh D. J Pharm Biomed Anal，2002，27 (3-4)：421-429.

[113] Ikai T，Yamamoto C，Kamigaito M，et al. Chem Lett，2006，35 (11)：1250-1251.

[114] Ikai T，Yamamoto C，Kamigaito M，et al. J Chromatogr A，2007，1157 (1-2)：151-158.

[115] Li J，Ikai T，Okamoto Y. J Sep Sci，2009，32 (17)：2885-2891.

[116] Qu H，Li J，Wu G，et al. J Sep Sci，2011，34 (5)：536-541.

[117] Tang S，Ikai T，Tsuji M，et al. Chirality，2010，22 (1)：165-172.

[118] Tang S，Okamoto Y. J Sep Sci，2008，31 (18)：3133-3138.

[119] Tang S，Ikai T，Tsuji M，et al. J Sep Sci，2010，33 (9)：1255-1263.

[120] Zhang S，Ong T T，Ng S C，et al. Tetrahedron Lett，2007，48 (31)：5487-5490.

[121] Peng G，Wu S，Fang Z，et al. J Chromatogr Sci，2012，50 (6)：516-522.

[122] Yashima E，Yamada M，Okamoto Y. Chem Lett，1994，23 (3)：579-582.

[123] Yashima E，Yamada M，Yamamoto C，et al. Enantiomer，1997，2 (3-4)：225-240.

[124] Yashima E，Yamamoto C，Okamoto Y. J Am Chem Soc，1996，118 (17)：4036-4038.

[125] Uccello-Barretta G，Vanni L，Balzano F. J Chromatogr A，2010，1217 (7)：928-940.

[126] Yamamato C，Yashima E，Okamoto Y. Bull Chem Soc Jpn，1999，72 (8)：1815-1825.

[127] Yashima E，Yamada M，Kaida Y，et al. J Chromatogr A，1995，694 (2)：347-354.

[128] Kasat R B，Wang N H L，Franses E I. Biomacromolecules，2007，8 (5)：1676-1685.

[129] Kasat R B，Zvinevich Y，Hillhouse H W，et al. J Phys Chem B，2006，110 (29)：14114-14122.

[130] Kasat R B，Chin C Y，Thomson K T，et al. Adsorption，2006，12 (5-6)：405-416.

[131] Fujimura K，Ueda T，Ando T. Anal Chem，1983，55 (3)：446-450.

[132] Kawaguchi Y，Tanaka M，Nakae M，et al. Anal Chem，1983，55 (12)：1852-1857.

[133] Chang C A，Abdel-Aziz H，Melchor N，et al. J Chromatogr，1985，347 (1)：51-60.

[134] Armstrong D W，Stalcup A M，Hitton M L，et al. Anal Chem，1990，62 (15)：1610-1615.

[135] Stalcup A M，Chang S C，Armstrong D W，et al. J Chromatogr，1990，513：181-190.

[136] Li S，Purdy W C. J Chromatogr，1992，625 (2)：109-120.

[137] Hargitai T，Kaida Y，Okamoto Y. J Chromatogr，1993，628 (1)：11-22.

[138] Zhang L F，Wong Y C，Chen L，et al. Tetrahedron Lett，1999，40 (9)：1815-1818.

[139] Ching C B，Fu P，Ng S C，et al. J Chromatogr A，2000，898 (1)：53-61.

[140] Chen L，Zhang L，Ching C B，et al. J Chromatogr A，2002，950 (1-2)：65-74.

[141] Ng S C，Chen L，Zhang L F，et al. Tetrahedron Lett，2002，43 (4)：677-681.

[142] Lai X，Bai Z，Ng S C，et al. Chirality，2004，16 (9)：592-597.

[143] Bai Z W，Chen L，Ching C B，et al. J Liq Chromatogr Relat Technol，2005，28 (6)：883-897.

[144] Poon Y F, Muderawan I W, Ng S C. J Chromatogr A, 2006, 1101 (1-2): 185-197.

[145] Muderawan I W, Ong T T, Ng S C. J Sep Sci, 2006, 29 (12): 1849-1871.

[146] Lai X, Ng S C. Tetrahedron Lett, 2003, 44 (13): 2657-2660.

[147] Lin C H, Chen C Y, Chang S W, et al. Anal Chim Acta, 2006, 576 (1): 84-90.

[148] Sebille B, Thaund N, Piguion J, et al. J Chromatogr, 1987, 409: 61-69.

[149] Thuaud N, Sebille B, Deratani A, et al. J Chromatogr, 1991, 555 (1-2): 53-64.

[150] Janus L, Carbonnier B, Deratani A, et al. New J Chem, 2003, 27 (2): 307-312.

[151] Ong T T, Wang R Q, Muderawan I W, et al. J Chromatogr A, 2008, 1182 (1): 136-140.

[152] Wang R Q, Ong T T, Ng S C. J Chromatogr A, 2008, 1203 (2): 185-192.

[153] Li X, Zhou Z, Dai L, et al. Talanta, 2011, 86: 452-456.

[154] Stalcup A M, Gahm K H. Anal Chem, 1996, 68 (8): 1369-1374.

[155] Zhou Z, Li X, Chen X, et al. Anal Chim Acta, 2010, 678 (2): 208-214.

[156] Wang R Q, Ong T T, Tang W H, et al. Anal Chim Acta, 2012, 718: 121-129.

[157] Stalcup A M, Chang S C, Armstrong D W. J Chromatogr, 1991, 540: 113-128.

[158] Zhou Z, Li X, Chen X, et al. Talanta, 2010, 82 (2): 775-784.

[159] Li X, Zhou Z, Xu D, et al. Talanta, 2011, 84 (4): 1080-1092.

[160] Zhong Q, He L, Beesley T E, et al. J Chromatogr A, 2006, 1115 (1-2): 19-45.

[161] Zhong Q, He L, Beesley T E, et al. Chromatographia, 2006, 64 (3-4): 147-155.

[162] Ilisz I, Berkecz R, Forró E, et al. Chirality, 2009, 21 (3): 339-348.

[163] Zhang Z, Zhang W, Luo W, et al. J Chromatogr A, 2008, 1213 (2): 162-168.

[164] Gong Y, Xiang Y, Yue B, et al. J Chromatogr A, 2003, 1002 (1-2): 63-70.

[165] Chelvi S K T, Young E L, Gong Y. J Chromatogr A, 2008, 1203 (1): 54-58.

[166] Zhao J, Tan D, Chelvi S K T, et al. Talanta, 2010, 83 (1): 286-290.

[167] Zhao J, Chelvi S K T, Tan D, et al. Chromatographia, 2010, 72 (11-12): 1061-1066.

[168] Si Ahmed K, Tazerouti F, Badjah-Hadj-Ahmed A Y, et al. J Sep Sci, 2007, 30 (13): 2025-2036.

[169] Chen X, Zhou Z, Yuan H, et al. J Chromatogr Sci, 2008, 46 (9): 777-782.

[170] Ai F, Li L, Ng S C, et al. J Chromatogr A, 2010, 1217 (48): 7502-7506.

[171] Lai X, Tang W, Ng S C. J Chromatogr A, 2011, 1218 (22): 3496-3501.

[172] Lai X, Tang W, Ng S C. J Chromatogr A, 2011, 1218 (33): 5597-5601.

[173] Zhang Z, Wu M, Wu R, et al. Anal Chem, 2011, 83 (9): 3616-3622.

[174] Wang H, Jiang P, Zhang M, et al. J Chromatogr A, 2011, 1218 (9): 1310-1313.

[175] Varga G, Tarkanyi G, Nemeth K, et al. J Pharm Biomed Anal, 2010, 51 (1): 84-89.

[176] Zhang Y, Guo Z, et al. J Chromatogr A, 2008, 1191 (1-2): 188-192.

[177] Wang Y, Ong T T, Li L, et al. J Chromatogr A, 2009, 1216 (12): 2388-2393.

[178] Wang Y, Young D J, Tan T T Y, et al. J Chromatogr A, 2010, 1217 (31): 5103-5108.

[179] Wang Y, Young D J, Tan T T Y, et al. J Chromatogr A, 2010, 1217 (50): 7878-7883.

[180] Guerrouache M, Millot M C, Carbonnier B. Macromol Rapid Commun, 2009, 30 (2): 109-113.

[181] Mikes F, Boshart G, Gil-Av E. J Chromatogr, 1976, 122: 205-221.

[182] Welch C J. J Chromatogr A, 1994, 666 (1-2): 3-26.

[183] Allenmark S, Schurig V. J Mater Chem, 1997, 7 (10): 1955-1963.

[184] Armstrong D W. LCGC Int, 1998, 4: 22-31.

[185] Gasparrini F, Misiti D, Villani C. J Chromatogr A, 2001, 906 (1-2): 35-50.

[186] Pirkle W H, House D W. J Org Chem, 1979, 44 (12): 1957-1960.

[187] Pirkle W H, House D W, Finn J M. J Chromatogr, 1980, 192 (1): 143-158.

[188] Pirkle W H, Däppen R. J Chromatogr, 1987, 404: 107-115.

[189] Pirkle W H, Finn J M. J Org Chem, 1981, 46 (14): 2935-2938.

[190] Pirkle W H, Welch C J. J Org Chem, 1984, 49 (1): 138-140.

[191] Pirkle W H, Schreiner J L. J Org Chem, 1981, 46 (24): 4988-4991.

[192] Pirkle W H, Welch C J, Hyun M H. J Org Chem, 1983, 48 (25): 5022-5026.

[193] Yang S K, Li X J. J Chromatotgr, 1984, 291: 265-273.

[194] Pirkle W H, Murray P G. J Chromatogr, 1993, 641 (1-2): 11-19.

[195] Pirkle W H, Murray P G, Burke J A. J Chromatogr, 1993, 641 (1-2): 21-29.

[196] Pirkle W H, Murray P G. J Chromatogr A, 1996, 719 (2): 299-305.

[197] Pirkle W H, Burke J A. J Chromatogr, 1991, 557: 173-185.

[198] Pirkle W H, Welch C J. J Liq Chromatogr, 1992, 15 (11): 1947-1955.

[199] Pirkle W H, Brice L J, Caccamese S, et al. J Chromatogr A, 1996, 721 (2): 241-246.

[200] Wolf C, Pirkle W H. J Chromatogr A, 1997, 785 (1-2): 173-178.

[201] Pirkle W H, Gan K Z. J Chromatogr A, 1997, 790 (1-2): 65-71.

[202] Tambute A, Begos A, Lienne M, et al. J Chromatogr, 1987, 396 (1-2): 65-81.

[203] Oi S, Shijo M, Tanaka H, et al. J Chromatogr, 1993, 645 (1): 17-28.

[204] Oi S, Miyano S, Yamashita J. Chem Lett, 1992, 21 (6): 987-990.

[205] Chen Y, Shiao M. Bull Chem Soc Jpn, 1992, 65 (12): 3423-3429.

[206] Pirkle W H, Bowen W E. J High Resolut Chromatogr, 1994, 17 (9): 629-633.

[207] Hyun M H, Min C S. Chem Lett, 1994, 23 (8): 1463-1466.

[208] Hyun M H, Jin S, Na M S, et al. Bull Korean Chem Soc, 1995, 16 (4): 344-348.

[209] Hyun M H, Hwang S R, Ryoo J J. Chem Lett, 1994 (6): 1021-1024.

[210] Lin C, Li F, Lin C. J Chromatogr A, 1996, 722 (1-2): 211-220.

[211] Taylor D R, Maher K. J Chromatogr Sci, 1992, 30 (3): 67-85.

[212] Pirkle W H, Lee W. Bull Korean Chem Soc, 2010, 31 (3): 620-623.

[213] Slater M D, Fréchet J M J, Svec F. J Sep Sci, 2009, 32 (1): 21-28.

[214] Wei W, Deng H, Chen W, et al. Chirality, 2010, 22 (6): 604-611.

[215] Cancelliere G, Ciogli A, D'Acquarica I, et al. J Chromatogr A, 2010, 1217 (7): 990-999.

[216] Choi H J, Ha H J, Shin M S, et al. J Liq Chromatogr Relat Technol, 2009, 32 (13): 1879-1890.

[217] Kacprzak K M, Lindner W. J Sep Sci, 2011, 34 (18): 2391-2396.

[218] Haginaka J. J Chromatogr A, 2001, 906 (1-2): 253-273.

[219] Haginaka J. J Chromatogr B, 2008, 875 (1): 12-19.

[220] Haginaka J, Seyama C, Kanasugi N. Anal Chem, 1995, 67 (15): 2539-2547.

[221] Oda Y, Asakawa N, Abe S, et al. J Chromatogr, 1991, 572 (1-2): 133-141.

[222] Domenici E, Bertucci C, Salvadori P, et al. Chromatographia, 1990, 29 (3-4): 170-176.

[223] Marle I, Karlsson A, Pettersson C. J Chromatogr, 1992, 604 (2): 185-196.

[224] Allenmark S. Chromatographic enantioseparation. Methods and applications: Chapter 7. 2nd ed. Ellis Horwood: New York, 1991.

[225] Marle I, Jonsson S, Isaksson R, et al. J Chromatogr, 1993, 648 (2): 333-347.

[226] Stewart K K, Doherty R F. Proc Natl Acad Sci USA, 1973, 70 (10): 2850-2852.

[227] Nakamura M, Kiyohara S, Saito K, et al. J Chromatogr A, 1998, 822 (1): 53-58.

[228] Simek Z, Vespalec R. J Chromatogr A, 1994, 685 (1): 7-14.

[229] Hofstetter H, Hofstetter O, Schurig V. J Chromatogr A, 1997, 764 (1): 35-41.

[230] Nakamura M, Kiyohara S, Saito K, et al. Anal Chem, 1999, 71 (7): 1323-1325.

[231] Erlandsson P, Nilsson S. J Chromatogr, 1990, 482 (1): 35-51.

[232] Andersson S, Allenmark S, Erlandsson P, et al. J Chromatogr, 1990, 498: 81-91.

[233] Haginaka J, Kanasugi N. J Chromatogr A, 1995, 694 (1): 71-80.

[234] Haginaka J, Kanasugi N. J Chromatogr A, 1997, 769 (2): 215-223.

[235] Mallik R, Jiang T, Hage D S. Anal Chem, 2004, 76 (23): 7013-7022.

[236] Mallik R, Hage D S. J Pharma Biomed Anal, 2008, 46 (5): 820-830.

[237] Mallik R, Wa C, Hage D S. Anal Chem, 2007, 79 (4): 1411-1424.

[238] Yao C, Qi L, Qian J, et al. Talanta, 2010, 82 (4): 1332-1337 .

[239] Wainer I W. Drug Stereochemistry: Analytical Methods and Pharmacology. Noctor T A G. 2nd ed. New York: Marcel Dekker, 1993: 377.

[240] He X M, Carter D C. Nature, 1992, 358: 209-215.

[241] Hermansson J. J Chromatogr, 1983, 269: 71-80.

[242] Haginaka J, Mastunaga H. Enantiomer, 2000, 5 (1): 37-45.

[243] Mallik R, Xuan H, Hage D S. J Chromatogr A, 2007, 1149 (2): 294-304.

[244] Hermansson J. Trends Anal Chem, 1989, 8 (7): 251-259.

[245] Gyimesi-Forras K, Szasz G, Gergely A, et al. J Chromatogr Sci, 2000, 38 (10): 430-434.

[246] Shiono H, Shibukawa A, Kuroda Y, et al. Chirality, 1997, 9 (3): 291-296.

[247] Kuroda Y, Shibukawa A, Nakagawa T. Anal Biochem, 1999, 268 (1): 9-14.

[248] Zsila F, Iwao Y. Biochem Biophys Acta, 2007, 1770 (5): 797-809.

[249] Miwa T, Ichikawa M, Tsuno M, et al. Chem Pharm Bull, 1987, 35 (2): 682-686.

[250] Kirkland K M, Neilson K L, McCombs D A. J Chromatogr, 1991, 545 (1): 43-58.

[251] Kirkland K M, Neilson K L, McCombs D A, et al. LCGC, 1992, 10: 322-342.

[252] Haginaka J, Seyama C, Kanasugi N. Anal Chem, 1995, 67 (15): 2539-2547.

[253] Sadakane Y, Matsunaga H, Nakagomi K, et al. Biochem Biophys Res Commun, 2002, 295 (3): 587-590.

[254] Kato I, Schrode J, Kohr W J, et al. Biochemistry, 1986, 26 (1): 193-201.

[255] Pinkerton T C, Howe W J, Ulrich E L, et al. Anal Chem, 1995, 67 (14): 2354-2367.

[256] Kuroda Y, Shibukawa A, Nakagawa T. Anal Biochem, 1999, 268 (1): 9-14.

[257] Haginaka J, Matsunaga H. Chirality, 1999, 11 (5-6): 426-431.

[258] Haginaka J, Matsunaga H. Anal Commun, 1999, 36 (2): 39-41.

[259] Haginaka J, Kagawa C, Matsunaga H. J Chromatogr A, 1999, 858 (2): 155-165.

[260] Zsila F, Matsunaga H, Bikadi Z, et al. Biochem Biophys Acta, 2006, 1760 (8): 1248-1273.

[261] Livnah O, Bayer E A, Wilchek M, et al. Proc Natl Acad Sci USA, 1993, 90 (11): 5076-5080.

[262] Miwa T, Miyakawa T, Miyake Y. J Chromatogr, 1988, 457: 227-233.

[263] Oda Y, Asakawa N, Abe S, et al. J Chromatogr, 1991, 572 (1-2): 133-141.

[264] Oda Y, Mano N, Asakawa N, et al. Anal Sci, 1993, 9 (2): 221-228.

[265] Oda Y, Mano N, Asakawa N, et al. J Liq Chromatogr, 1994, 17 (16): 3393-3409.

[266] Mano N, Oda Y, Asakawa N, et al. J Chormatogr, 1992, 623 (2): 221-228.

[267] Massolini G, De Lorenzi E, Ponci M C, et al. J Chromatogr A, 1995, 704 (1): 55-65.

[268] De Lorenzi E, Massolini G, Lloyd D K, et al. J Chromatogr A, 1997, 790 (1-2): 47-64.

[269] Mano N, Oda Y, Ishihama Y, et al. J Liq Chromatogr Relat Technol, 1998, 21 (9): 1311-1332.

[270] Wainer I W, Jadaud P, Schombaum G R, et al. Chromatographia, 1988, 25 (10): 903-907.

[271] Marle I, Karlsson A, Pettersson C. J Chromatogr, 1992, 604 (2): 185-196.

[272] Jadaud P, Wainer I W. J Chromatogr, 1989, 476: 165-174.

[273] Felix G, Descorps V. Chromatographia, 1999, 49 (11-12): 595-605.

[274] Isaksson R, Pettersson C, Pettersson G, et al. Trends Anal Chem, 1994, 13 (10): 431-439.

[275] Marle I, Erlandsson P, Hansson L, et al. J Chromatogr, 1991, 586 (2): 233-248.

[276] Henriksson H, Jonsson S, Isaksson R, et al. Chirality, 1995, 7 (6): 415-424.

[277] Divne C, Stahlberg J, Reinikainen T, et al. Science, 1994, 265 (5171): 524-528.

[278] Divne C, Stahlberg J, Teeri T T, et al. J Mol Biol, 1998, 275 (2): 309-325.

[279] Henriksson H, Stahlberg J, Koivula A, et al. J Biotechnol, 1997, 57 (1-3): 115-125.

[280] Haginaka J, Murashima T, Seyama C. J Chromatogr A, 1994, 666 (1-2): 203-210.

[281] Haginaka J, Miyano Y, Saizen Y, et al. J Chromatogr A, 1995, 708 (1): 161-168.

[282] Nystrom A, Strandberg A, Aspegren A, et al. Chromatographia, 1999, 50 (3-4): 209-214.

[283] Strandberg A，Nystrom A，Behr S，et al. Chromatographia，1999，50 (3-4)：215-222.

[284] Massolini G，Calleri E，De Lorenzi E，et al. J Chromatogr A，2001，921 (2)：147-160.

[285] Calleri E，Massolini G，Lubda D，et al. J Chromatogr A，2004，1031 (1-2)：93-100.

[286] Massolini G，Fracchiolla G，Calleri E，et al. Chirality，2006，18 (8)：633-643.

[287] Lavecchia A，Cosconati S，Novellino E，et al. J Mol Graph Mod，2007，25 (6)：773-783.

[288] Temporini C，Calleri E，Fracchiolla G，et al. J Pharm Biomed Anal，2007，45 (2)：211-218.

[289] Mano N，Oda Y，Miwa T，et al. J Chromatogr，1992，603 (1-2)：105-109.

[290] Mano N，Oda Y，Ohe H，et al. J Pharm Biomed Anal，1994，12 (4)：557-567.

[291] Massolini G，De Lorenzi E，Lloyd D K，et al. J Chromatogr B，1998，712 (1-2)：83-94.

[292] Massolini G，De Lorenzi E，Calleri E，et al. J Chromatogr B，2001，751 (1)：117-130.

[293] Ravelet C，Michaud M，Ravel A，et al. J Chromatogr A，2004，1036 (2)：155-160.

[294] Dotsevi G，Sogah Y，Cram D J. J Am Chem Soc，1975，97 (5)：1259-1261.

[295] Choi H J，Hyun M H. J Liq Chromatogr Relat Technol，2007，30 (5-7)：853-875.

[296] Hyun M H. J Sep Sci，2003，26 (3-4)：242-250.

[297] Hyun M H，Han S C，Cho Y J，et al. Biomed Chromatogr，2002，16 (5)：356-360.

[298] Zhang D，Li F，Kim D H，et al. J Chromatogr A，2005，1083 (1-2)：89-95.

[299] Sousa L R，Sogah G D Y，Hoffman D H，et al. J Am Chem Soc，1978，100 (14)：4569-4576.

[300] Sogah G D Y，Cram D J. J Am Chem Soc，1979，101 (11)：3035-3042.

[301] Shinbo T，Yamaguchi T，Nishimura K，et al. J Chromatogr，1987，405：145-153.

[302] Aboul-Enein H Y，Seringnese V. Biomed Chromatogr，1997，11 (1)：7-10.

[303] Walbroehl Y，Wagner J. J Chromatogr A，1994，680 (1)：253-261.

[304] Nishi H，Nakamura K，Nakai H，et al. J Chromatogr A，1997，757 (1-2)：225-235.

[305] Peter A，Lazar L，Fulop F，et al. J Chromatogr A，2001，926 (2)：229-238.

[306] Lee W，Hong C Y. J Chromatogr A，2000，879 (2)：113-120.

[307] Shinbo T，Yamaguchi T，Yanagishita H，et al. J Chromatogr，1992，625 (2)：101-108.

[308] Hyun M H，Han S C，Lipshutz B H，et al. J Chromatogr A，2001，910 (2)：359-365.

[309] Hyun M H，Han S C，Lipshutz B H，et al. J Chromatogr A，2002，959 (1-2)：75-83.

[310] Hyun M H，Han S C. J Biochem Biophys Methods，2002，54 (1-3)：235-243.

[311] Hyun M H，Min H J，Cho Y J. J Chromatogr A，2003，996 (1-2)：233-237.

[312] Hyun M H，Tan G，Cho Y. J Biomed Chromatogr，2005，19 (3)：208-213.

[313] Machida Y，Nishi H，Nakamura K，et al. J Chromatogr A，1998，805 (1-2)：85-92.

[314] Hyun M H，Jin J S，Lee W. Bull Korean Chem Soc，1998，19 (8)：819-821.

[315] Hyun M H，Jin J S，Lee W. J Chromatogr A，1998，822 (1)：155-161.

[316] Jin J Y，Lee W，Hyun M H. J Liq Chromatogr Relat Technol，2006，29 (6)：841-848.

[317] Hyun M H，Jin J S，Koo H J，et al. J Chromatogr A，1999，837 (1-2)：75-82.

[318] Hyun M H，Min H J，Cho Y J. Bull Korean Chem Soc，2003，24 (7)：911-915.

[319] Berkecz R，Sztojkov-Ivanov A，Ilisz I，et al. J Chromatogr A，2006，1125 (1)：138-143.

[320] Hyun M H，Tan G，Cho Y J. J Liq Chromatogr Relat Technol，2004，27 (2)：1671-1680.

[321] Conrad U，Chankvetadze B，Scriba G K. J Sep Sci，2005，28 (17)：2275-2281.

[322] Hyun M H，Cho Y J，Kim J A，et al. J Chromatogr A，2003，984 (2)：163-171.

[323] Hyun M H，Kim D H. Chirality，2004，16 (5)：294-301.

[324] Hyun M H，Cho Y J. J Sep Sci，2005，28 (1)：31-38.

[325] Hyun M H，Kim D H，Cho Y J，et al. J Sep Sci，2005，28 (5)：421-427.

[326] Hyun M H，Song Y，Cho Y J，et al. J Chromatogr A，2006，1108 (2)：208-217.

[327] Hyun M H，Cho Y J，Song Y，et al. Chirality，2007，19 (1)：74-81.

[328] Helfferich F. Nature，1961，189：1001-1002.

[329] Rogozhin S V，Davankov V A. Chem Commun，1971，10：490.

[330] Davankov V A，Rogozhin S V. J Chromagotgr，1971，60（2）：280-283.

[331] Davankov V A. J Chromagotgr A，1994，666（1-2）：55-76.

[332] Davankov V A. Enantiomer，2000，5（3-4）：209-223.

[333] Kurganov A. J Chromatogr A，2001，906（1-2）：51-71.

[334] Davankov V A. Adv Chromatogr，1980，18：139-142.

[335] Davankov V A，Kurganov A A，Bochkov A S. Adv Chromatogr，1983，22：71-116.

[336] Davankov V A. Chromatographia，1989（9-10），27：475-482.

[337] Davankov V A. J Chromatogr A，2003，1000（1-2）：891-915.

[338] Davankov V A，Bochkov A S，Kurganov A A，et al. Chromatographia，1980，13（11）：677-685.

[339] Yamazaki S，Takeuchi T，Tanimura T. J Liq Chromatogr，1989，12（12）：2239-2248.

[340] Oi N，Kitahara H，Kira R. J Chromatogr，1992，592（1-2）：291-296.

[341] Oi N，Kitahara H，Aoki F. J Chromatogr A，1995，707（2）：380-383.

[342] Wan Q，Shaw P N，Davies M C，et al. J Chromatogr A，1997，786（2）：249-257.

[343] Remelli M，Trombin D，Conato C. Chromatographia，2002，55（5-6）：301-306.

[344] Hyun M H，Kim J I，Cho Y J，et al. Bull Korean Chem Soc，2004，25（11）：1707-1710.

[345] Natalini B，Sardella R，Pellicciari R. Curr Anal Chem，2005，1：85-92.

[346] 陈磊，万谦宏. 分析化学，2006，34（6）：474-478.

[347] Natalini B，Sardella R，Macchiarulo A，et al. J Sep Sci，2008，31（4）：696-704.

[348] Zaher M，Ravelet C，Baussanne I，et al. Anal Bioanal Chem，2009，393（2）：655-660.

[349] Boue J，Audebert R，Quivoron C. J Chromatogr，1981，204：185-193.

[350] Charmot D，Audebert R，Quivoron C. J Liq Chromatogr，1985，8（10）：1769-1781.

[351] Zolotarev Y A，Myasoedov N F，Penkina V I，et al. J Chromatogr，1981，207（2）：231-236.

[352] Jeanneret-Gris G，Porret J，Bernauer K. Chromatographia，1990，29（9-10）：449-452.

[353] Yan H，Cheng X，Ni A，et al. J Liq Chromatogr，1993，16（5）：1045-1055.

[354] 马桂娟，常璐，龚波林，等. 色谱，2007，25（5）：723-727.

[355] 孙杨，徐飞，龚波林. 色谱，2011，29（9）：918-922.

[356] Gübiz G，Jellenz W，Löfler G，et al. J High Resolut Chromatogr，1979，2（3）：145-146.

[357] Gübitz G，Jellenz W，Santi W. J Liq Chromatogr，1981，4（4）：701-712.

[358] Gübiz G. J Liq Chromatogr，1986，9（2-3）：519-535.

[359] Gübitz G，Mihellyes S，Kobinger G，et al. J Chromatogr A，1994，666（1-2）：91-97.

[360] Vidyasankar S，Ru M，Arnold F H. J Chromatogr A，1997，775（1-2）：51-63.

[361] Hyun M H，Han S C，Lee C W，et al. J Chromatogr A，2002，950（1-2）：55-63.

[362] Hyun M H，Han S C，Whangbo S H. J Chromatogr A，2003，992（1-2）：47-56.

[363] Hyun M H，Han S C，Whangbo S H. Biomed Chromatogr，2003，17（5）：292-296.

[364] Hyun M H，Kin J I，Cho Y J，et al. Chromatographia，2004，60（5-6）：275-280.

[365] Ha J J，Choi H J，Jin J S，et al. J Chromatogr A，2010，1217（41）：6436-6441.

[366] Liu Y，Zou H，Haqinaka J. J Sep Sci，2006，29（10）：1440-1446.

[367] Fu C，Shi H，Qian G，et al. Chin Chem Lett，2009，20：1345-1347.

[368] Lammerhofer M，Lindner W. J Chromatogr A，1996，741（1）：33-48.

[369] Lammerhofer M，Maier N M，Lindner W. Am Lab，1998，30：71-78.

[370] Maier N M，Nicoletti L，Lammerhofer M，et al. Chirality，1999，11（7）：522-528.

[371] Mandl A，Nicoletti L，Lammerhofer M，et al. J Chromatogr A，1999，858（1）：1-11.

[372] Oberleitner W R，Maier N M，Lindner W. J Chromatogr A，2002，960（1-2）：97-108.

[373] Hoffmann C V，Pell R，Lammerhofer M，et al. Anal Chem，2008，80（22）：8780-8790.

[374] Hoffmann C V，Reischl R，Maier N M，et al. J Chromatogr A，2009，1216（7）：1147-1156.

[375] Hoffmann C V，Reischl R，Maier N M，et al. J Chromatogr A，2009，1216（7）：1157-1166.

[376] Wernisch S，Pell R，Lindner W. J Sep Sci，2012，35（13）：1560-1572.

［377］ Kacprzak K，Maier N M，Lindner W. J Sep Sci，2010，33 (17-18)：2590-2598.

［378］ Kacprzak K，Maier N M，Lindner W. J Chromatogr A，2011，1218 (11)：1452-1460.

［379］ Lammerhofer M，Pell R，Mahut M，et al. J Chromatogr A，2010，1217 (7)：1033-1040.

［380］ Armstrong D W，Tang Y，Chen S，et al. Anal Chem，1994，66 (9)：1473-1484.

［381］ Armstrong D W，Liu Y，Ekborg-Ott K H. Chirality，1995，7 (6)：474-497.

［382］ Berthod A，Chen X，Kullman J P，et al. Anal Chem，2000，72 (8)：1767-1780.

［383］ Ekborg-Ott K H，Liu Y，Armstrong D W. Chirality，1998，10 (5)：434-483.

［384］ Berthod A，Yu T，Kullman J P，et al. J Chromatogr A，2000，897 (1-2)：113-129.

［385］ Armstrong D W，Zhou Y. J Liq Chromatogr，1994，17 (8)：1695-1707.

［386］ Armstrong D W，Nair U B. Electrophoresis，1997，18 (12-13)：2331-2342.

［387］ Ekborg-Ott K H，Kullman J P，Wang X，et al. Chirality，1998，10 (7)：627-660.

［388］ Chen S，Liu Y，Armstrong D W，et al. J Liq Chromatogr，1995，18 (8)：1495-1507.

［389］ Kleidernigg O P，Kappe O C. Tetrahedron Asymmetry，1997，8 (12)：2057-2067.

［390］ Kosel M，Eap C B，Amey M，et al. J Chromatogr B，1998，719 (1-2)：234-238.

［391］ Lehotay J，Hrobonova K，Krupcik J，et al. Pharmazie，1998，53 (12)：863-865.

［392］ Aboul-Enein H Y，Seringnese V. Chirality，1998，10 (4)：358-361.

［393］ Tesarova E，ZarubaK，Flieger M. J Chromatogr A，1998，844 (1-2)：137-147.

［394］ Mohammed G A E，Hefawy M M，El-Majed A. J AOAC Int，2009，92 (3)：824-829.

［395］ Hefnawy M M，Asiri Y A，Al-Zoman N Z，et al. Chirality，2011，23 (4)：333-338.

［396］ Berthod A，Liu Y，Bagwill C，et al. J Chromatogr A，1996，731 (1-2)：123-137.

［397］ Peter A，Torok G，Armstrong D W. J Chromatogr A，1998，793 (2)：283-296.

［398］ Tesarova E，Bosakova A，Pacakova V. J Chromatogr A，1999，838 (1-2)：121-129.

［399］ Peter A，Torok G，Toth G，et al. Chromatographia，1998，48 (1-2)：53-58.

［400］ Gondova T，Petrovaj J，Kutschy P，et al. Chromatographia，2011，74 (11-12)：751-757.

［401］ Joyce K B，Jones A E，Scott R J，et al. Rapid Commun Mass Spectrom，1998，12 (23)：1899-1910.

［402］ Ekborg-Ott K H，Wang X，Armstrong D W. Microchem J，1999，62 (1)：26-49.

［403］ Illisz I，Berkecz R，Peter A. J Sep Sci，2006，29 (10)：1305-1321.

［404］ Issaq H J，Chan K C，Blonder J，et al. J Chromatogr A，2009，1216 (10)：1825-1837.

［405］ Illisz J，Berkecz R，Peter A. J Chromatogr A，2009，1216 (10)：1845-1860.

［406］ Berthod A，He B L，Beesley T E. J Chromatogr A，2004，1060 (1-2)：205-214.

［407］ Staroverov S M，Kuznetsov M A，Nesterenko P N，et al. J Chromatogr A，2006，108 (2)：263-267.

［408］ Wang C，Armstrong D W，Risley D S. Anal Chem，2007，79 (21)：8125-8135.

［409］ Hsiao Y L，Chen S. Chromatographia，2009，70 (7-8)：1031-1038.

［410］ Zhang X，Bao Y，Huang K，et al. Chirality，2010，22 (5)：495-513.

［411］ Wulff G，Sarhan A. Angew Chem Int Engl，1972，11 (4)：341-342.

［412］ Kempe M，Mosbach K. J Chromatogr A，1994，664 (2)：276-279.

［413］ da Silva M S，Vao E R，Temtem M，et al. Biosens Bioelectron，2010，25 (7)：1742-1747.

［414］ Blaschke G. Chem Ber，1974，107：237-252.

［415］ Isobe Y，Suito Y，Habaue S，et al. J Polym Sci Part A：Polym Chem，2003，41 (7)：1027-1033.

［416］ Morioka K，Isobe Y，Habaue S，et al. Polym J，2005，37 (4)：299-308.

［417］ Tian Y，Lu W，Che Y，et al. J Appl Polym Sci，2010，115 (2)：999-1007.

［418］ Okamoto Y，Suzuki K，Ohta K，et al. J Am Chem Soc，1979，101 (16)：4763-4765.

［419］ Yuki H，Okamoto Y，Okamoto I. J Am Chem Soc，1980，102 (20)：6356-6358.

［420］ Okamoto Y，Honda S，Okamoto I，et al. J Am Chem Soc，1981，103 (23)：6971-6973.

［421］ Yamamoto C，Okamoto Y. Bull Chem Soc Jpn，2004，77 (2)：227-257.

［422］ Okamoto Y，Yashima E，Ishikura M，et al. Polym J，1987，19：1183-1190.

［423］ Okamoto Y，Mohri H，Nakano T，et al. Chirality，1991，3 (4)：277-284.

[424] Nakano T，Taniguchi K，Okamoto Y. Polym J，1997，29（6）：540-544.

[425] Nakano T，Shikisai Y，Okamoto Y. Polym J，1996，28（1）：51-60.

[426] Doi Y，Kiniwa H，Nishikaji T，et al. J Chromatogr，1987，396：395-398.

[427] Hirayama C，Ihara H，Tanaka K. J Chromatogr，1988，450（3）：271-276.

[428] Saigo K，Chen Y，Yonezawa N，et al. Chem Lett，1985，14（12）：1891-1894.

[429] Okamoto Y，Nagamura Y，Fukumoto T，et al. Polym J，1991，23（10）：1197-1207.

[430] Saigo K. Prog Polym Sci，1992，17（1）：35-86.

[431] Huang S，Bai Z，Yin C，et al. Chirality，2007，19（2）：129-140.

[432] Han X，Remsburg J W，He L，et al. Chromatographia，2008，67（3-4）：199-210.

[433] Payagala T，Wanigasekara E，Armstrong D W. Anal Bioanal Chem，2011，399：2455-2461.

[434] Kobayashi T，Kakimoto M，Imai Y. Polym J，1993，25（9）：969-975.

[435] Xi X，Liu G，Lu W，et al. Polym，2009，50（2）：404-409.

[436] Kunieda N，Chakihara H，Kinoshita M. Chem Lett，1990，19（2）：317-318.

[437] Kakuchi T，Takaoka T，Yokota K. Polym J，1990，22：199-205.

[438] Yashima E，Huang S，Okamoto Y. J Chem Soc Jpn，Chem Commun，1994，15：1811-1812.

[439] Aoki T，Kobayashi Y，Kaneko T，et al. Macromolecules，1999，32（1）：79-85.

[440] Wang H，Xu D，Jiang P，et al. Analyst，2010，135（7）：1785-1792.

[441] Ruta J，Ravelet C，Desire J，et al. Anal Bioanal Chem，2008，390（4）：1051-1057.

[442] Huang S，Li S，Bai Z，et al. Chromatographia，2006，64（11）：641-646.

[443] Sun W，Yuan L. J Liq Chromatogr Relat Technol，2009，32（4）：553-559.

[444] Ema T，Hamada K，Sugita K，et al. J Org Chem，2010，75（13）：4492-4500.

[445] Lao W，Gan J. J Chromatogr A，2010，1217（42）：6545-6554.

[446] Dai Z，Ye G，Pittman C Jr，et al. J Chromatogr A，2011，1218（32）：5498-5503.

[447] Ali I，Gupta V K，Aboul-Enein H Y. Chirality，2010，22（4）：416-424.

[448] Sun P，Wang C，Breitbach Z S，et al. Anal Chem，2009，81（24）：10215-10226.

[449] Sun P，Armstrong D W. J Chromatogr A，2010，1217（30）：4904-4918.

[450] Sun P，Wang C，Padivitage N L，et al. Analyst，2011，136（4）：787-800.

[451] Aranyi A，Ilisz I，Pataj Z，et al. Chirality，2011，23（7）：549-556.

[452] Kalikova K，Janeckova L，Armstrong D W，et al. J Chromatogr A，2011，1218（10）：1393-1398.

[453] Beesley T E. LCGC Eur，2011，24（5）：270-276.

限进介质固定相

11.1 概述

　　液相色谱分析被广泛应用于药物研发、疾病诊断、动物制品分析、基因组学、蛋白质组学等领域，成为生物样品分析的重要手段。在这类样品分析中，大量蛋白的存在是高效色谱测定的主要障碍。当使用一些疏水性商品色谱柱（例如 C_{18} 柱）进行分析时，蛋白在填料表面产生的变性沉淀或不可逆吸附导致柱效迅速下降甚至柱子堵塞，严重影响了色谱方法的应用。类似现象也存在于环境样品的色谱分析中，由于环境样品中主要基质成分腐殖酸在色谱分析中难以洗脱，也使得柱效降低、柱压升高。为了除去大分子干扰成分并且富集低浓度的被分析物，在色谱测定前往往需要进行样品的净化和富集，传统的前处理方法是蛋白沉淀或液/液萃取，这些方法费时费力，是分析效率低的主要因素，这些过程导致的样品损失也成为分析误差的重要来源。

　　为了解决上述问题，20 世纪 80 年代研究者开始限进介质（restricted access media，RAM）的制备研究。RAM 是一种具有排阻蛋白和保留小分子双重功能的色谱分离材料[1,2]，也被称为限进材料（restricted access material）或限制进入固定相。以 RAM 作为色谱固定相，蛋白不被保留在前沿流出，而小分子待测组分则被结合并得到分离。由于避免了蛋白的不可逆吸附，RAM 可以应用于生物样品的直接色谱进样分析，省去了沉淀蛋白或液/液萃取的前处理过程。如果将 RAM 柱作为样品预处理柱和分析柱在线联用，可以最大程度地减少待测物的损失和提高分析效率。此外，使用 RAM 可以减少手工样品处理操作，适用于易感染的危险样品的测定。由于具有这些优点，限进材料在生物样品的高效测定中发挥了重要作用，其制备及应用方法得到了不断发展。近年来，一些结合了分子印迹、有序介孔或手性分离材料特性的新型限进介质被研制，使得 RAM 具备了更多的类型以及更好的选择性。除了体内药物、代谢物的测定外，限进介质也被应用于动物食品、环境样品以及多肽的分析。

11.2　限进介质的类型及制备方法

11.2.1　限进介质的结构特点及分类

限进介质具有排阻大分子和结合小分子的双重功能，为了避免大分子进入小分子结合层，需要在材料中形成大分子扩散屏障，屏蔽大分子的化学结构要具有生物相容性以避免蛋白变性，不会对于生物大分子有很强的结合作用。两种蛋白扩散屏蔽形式被应用于限进介质[1]，分别为物理屏蔽（physical barrier）和化学屏蔽（chemical barrier），RAM 也基于这两种屏蔽方式被分为两种类型。采用物理屏蔽方式的 RAM 利用介质中的小孔对于生物大分子进行排阻，这种类型的 RAM 一般采用孔径≤8nm 的填料进行制备，在小孔内键合有疏水、极性或离子型基团，而在孔外表面键合亲水性基团，以避免蛋白分子的变性和吸附。在应用时，蛋白等大分子不能进入填料中的小孔而在前沿流出，小分子则进入孔内被保留和分离。采用化学屏蔽形式的限进介质以亲水性大分子对于蛋白的扩散进行限制，一般是将亲水的高分子链或蛋白结合于疏水或离子型键合相的外层，或将短链疏水基团和亲水的高分子链混合键合在填料表面。大分子的扩散受到亲水性高分子链的阻碍，不能进入小分子结合层，不会形成沉淀或不可逆吸附，因此不被保留。

限进介质的另外一种分类方法由 Boos 和 Rudolphi 提出，他们根据材料的表面化学结构将限进介质分为双相（bimodal phases）和单相（unimodal phases）两种类型，材料的内外表面键合不同化学基团的 RAM 被称为双相型，而内外表面键合相同基团的 RAM 被称为单相型。

11.2.2　常规限进介质

对于针对疏水性、极性以及离子型小分子的传统 RAM，研究人员按照蛋白质排阻的方式和填料的表面结构对其进行了分类和命名，主要包括以下几种类型[2,3]：内表面反相（internal-surface reversed phase，ISRP）填料、屏蔽疏水相（shield hydrophobic phase，SHP）填料、半渗透表面（semi-permeable surface，SPS）填料、蛋白质涂覆 C_{18} 硅胶（protein coated ODS silica）填料和混合功能（mixed-functional phase，MFP）填料。

11.2.2.1　内表面反相填料

内表面反相（ISRP）填料的结构和工作机理如图 11-1 所示[3]。ISRP 是以物理屏蔽方式进行蛋白排阻的限进介质，在内表面反相的限进材料的制备中，除了对于材料孔径有一定的要求外，由于需要在孔内外键合不同的化学基团，因此要采用对于孔内外反应具有选择性的合成条件，主要采用的方法有以下三种。

第一种是借助于孔的尺寸选择性（size discrimination），进行孔尺寸选择性功能化反应（pore-size-specific functionalization），使形成亲水结构层的反应只在材料的孔外进行。具体有三种方式：①选择平均孔径≤8nm 的硅胶，首先在硅胶表面键合带有肽键或酯键的基团，然后使用一定分子量的生物酶进行水解反应，由于生物酶不能进入孔内，水解仅在硅胶外表面进行，在外表面形成具有生物相容性的化学结构[4~8]；②在合成一定孔径的分离材料后，

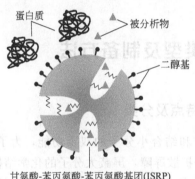

图 11-1 内表面反相填料的结构和工作机理[3]

应用大分子催化剂进行局部化学催化反应（topochemically selective hydrolysis），大分子催化剂只将材料外表面及大孔中的环氧基团水解，形成亲水性二醇结构[9,10]；③在一定孔径的硅胶外表面接枝亲水性高分子聚乙烯醇 [poly（vinyl alcohol），PVA]，由于孔的尺寸选择性，大分子聚乙烯醇只能接枝于小孔外表面，再将小分子亲和基团键合于硅胶小孔内[11]。

第二种是利用反应动力学差别进行限进介质的合成。William 和 Kabra 利用 perfluorobutyl-ethyl enedimethylsilyl-N-methylacetamide（PFBA）和多孔硅胶反应，因为 PFBA 带有"超快"离去基团——N-methylacetamidyl，与硅胶的反应时间比其扩散到孔内的时间短，而且加入的硅烷化试剂远低于饱和浓度，亲水的全氟丁基乙基二甲基硅烷基团（perfluorobutyl- ethylenedimethylsilyl，PFB）只键合在硅胶的外表面；然后将产物和带有亲脂基团的硅烷反应，由于硅胶外表面已经接枝了 PFB，亲脂基团（例如 C_{18}）只能键合在硅胶的孔内；再将产物和带有缩酮的硅烷反应，水解后形成二醇基，使表面进一步亲水化。这种限进介质被称为双区材料（dual zone material）[12,13]。

第三种是用浓盐酸水解，这是一种原则上可以制备具有不同内核的 ISRP 限进介质的简单方法[14]，这种方法是将反相硅烷化键合硅胶用浓盐酸在 100℃下处理 5h，由于硅胶小孔中的水解反应速率较慢，大部分烷基仍被保留；在大孔中，将键合相水解后的基团和 3-（2,3-环氧丙氧）丙基三甲氧基硅烷反应，引入二醇基团[14]。但研究证明，应用这种方法得到 ISRP 限进介质的牛血清蛋白（bovine serum albumin，BSA）的回收率较低，只有约 85%。

ISRP 主要有甘氨酸-L-苯丙氨酸-L-苯丙氨酸（glycine-L-phenylalanine-L-phenylalanine，GFF）、烷基二醇硅胶（alkyl diol silica，ADS）和高分子聚合物三种类型。

（1）GFF 型　1985 年 Hagestam 和 Pinkerton[4,5]首先发明了一种 ISRP 柱。他们认为，由于在人血浆蛋白中血清白蛋白（human serum albumin，HSA）的分子量最小、丰度最高，以球形固体模型进行估测的 HSA 半径约为 4nm，因此，采用孔径小于 8nm 的硅胶能够排阻 HSA，也能够屏蔽血浆中的大部分蛋白。GFF 型 ISRP 填料采用以孔径为 8nm 的硅胶进行合成。合成中首先在硅胶表面接枝约 $300\mu mol/g$ 的甘油丙基（glycerylpropyl），再通过共价键结合带有疏水基团的三肽——甘氨酸-L-苯丙氨酸-L-苯丙氨酸（GFF），然后用羧肽酶 A（carboxypeptidase A）进行水解反应。由于羧肽酶 A 不能进入硅胶孔内，孔中的三肽不能被水解，孔内表面仍保持疏水性[4,5]，硅胶孔外表面的三肽基团经酶解后成为亲水性强的甘氨酸残基。GFF 限进介质以体积排阻的方式排除分子量在 15000 以上的蛋白，在使用不超过 16% 有机溶剂和 0.1mol/L 磷酸缓冲溶液（pH 6.8）的流动相时，蛋白质的回收率为 99％±3％[16]。由于小分子可以进入小孔并进行分配，GFF 限进介质可以通过苯丙氨酸的 π-π 作用以及甘氨酸基团 C 端所带的负电荷形成的弱离子交换作用对小分子进行保留，其疏水性介于 C_8 和 C_{18} 之间[15]，保留特性与苯基柱类似。由于在 pH 4.2 时，血清蛋白带正电，而材料外表面在酶解后带有的甘氨酸残基在此条件下带负电，静电相互作用使蛋白质的回收率接近于零[16]，因此适合 GFF 限进介质的 pH 使用范围为 6～7.5。为了避免甘氨酸基团的影响，Pinkerton 用 N-叔丁氧基羰基-L-苯丙氨酸取代 GFF，由于 N-叔丁氧基羰基-L-苯丙氨酸酶解后为 N-叔丁氧基羰基，不带电荷，解决了这一问题[15]。

除此之外，Pinkerton 还报道了一些类似的 ISRP 限进介质的合成。一种方法是首先在硅胶表面键合疏水层，三种基团分别被用于键合反应，即甘油基-丙基-甘氨酰基-L-苯丙氨酸（glyceryl-propyl-glycyl-L-phenylalanine）、甘油基-丙基-甘氨酰基-L-苯丙氨酸-L-苯丙氨酸（glyceryl-propyl-glycyl-L-phenylalanine-L-phenylalanine）[5,16]和甘油基-丙基-甘氨酰基-L-苯丙氨酸-L-苯丙氨酸-L-苯丙氨酸（glyceryl-propyl-glycyl-L-phenylalanine-L-phenylalanine-L-phenylalanine）[16]，然后将硅胶外表面键合的基团通过羧肽酶 A 酶解形成亲水层，而硅胶孔径内部仍为疏水的多肽。另一种方法是首先在硅胶表面键合烷基胺（图 11-2），通过羰基活化试剂 1-(3-二甲氨基丙基)-3-乙基碳二亚胺将苯丙氨酸键合于硅胶表面，再用糜蛋白酶水解硅胶孔外肽键[6,7]，硅胶外表面形成的氨基与环氧丙醇反应成为亲水性结构。因为烷基胺的接枝率较高，这种方法合成的 ISRP 限进介质柱容量较大。

GFF 型 ISRP 柱虽然能够保留疏水性化合物，但对亲水性化合物的保留很弱，为了解决这个问题，研究工作者合成了 N-辛酰基氨基丙基（N-octanoylaminopropyl）型 ISRP[8]。在合成中，首先在硅胶表面键合 N-辛酰基氨基丙基，用多黏菌素酰化酶（polymyxin acylase）将孔外的 N-辛酰基酶解，再与环氧丙醇反应形成带有 N-(2,5-二羟丙基-氨丙基)基团的亲水表面。这种 ISRP 在 pH 3～7 范围内可以分析血清或血浆样品中的亲水性或疏水性药物，例如血清中的药物巴比妥、磺胺甲噁唑、利多卡因和苯巴比妥。

研究表明，将不同类型的基团接枝到硅胶表面，再进行酶解，理论上可以合成出外部为生物兼容结构，内部为烷基、苯基或离子交换基团的限进介质[16]。第一代 GFF 柱的柱效为 35000 塔板/m，第二代 GFF 柱的柱效可达 63000 塔板/m。

（2）烷基二醇硅胶型　第二类 ISRP 型限进介质是由 Boos 等合成的一系列名为烷基二醇硅胶（ADS）的填料，这种填料的外表面键合有高度亲水的二醇基，内孔键合有 C_4、C_8、C_{18} 或苯基等基团。在这种限进介质的合成中，首先通过硅烷化试剂在硅胶表面键合 3-[(2,3)-环氧丙氧]丙基甲基基团，然后将环氧基转化成烷基二醇；加入脂肪酰氯（如十八烷基酰氯、辛酰氯、丁基酰氯）进行酯化反应，再以酯切酶（例如脂肪酶、酯酶）酶解硅胶外表面的酯键，形成亲水性二醇基，采用硅胶的孔径为 6nm，截留分子量为 15kDa[17,18]。我国的刘国诠课题组进行了 ISRP 固定相的研究工作[19]。

在此基础上，Boos 等合成了第三类 ISRP 限进介质——离子交换二醇硅胶填料（ion-exchange diol silica，XDS）[18]。XDS 填料的内表面是带有磺酸基的阳离子交换基团[20]或带有二乙胺乙基[21]的阴离子交换基团，这类填料与烷基二醇硅胶填料的区别仅仅在于结合小分子的内核化学结构不同。阳离子交换和阴离子交换二醇硅胶填料分别对生物样品中的碱性药物和酸性药物具有良好的萃取能力。

（3）高分子聚合物型　以硅胶为载体的限进介质的缺点是只能在一定的 pH 范围内使用。1994 年 Fréchet 等报道了一系列材料的 ISRP 型限进介质[9, 10]，这类限进介质具有 pH

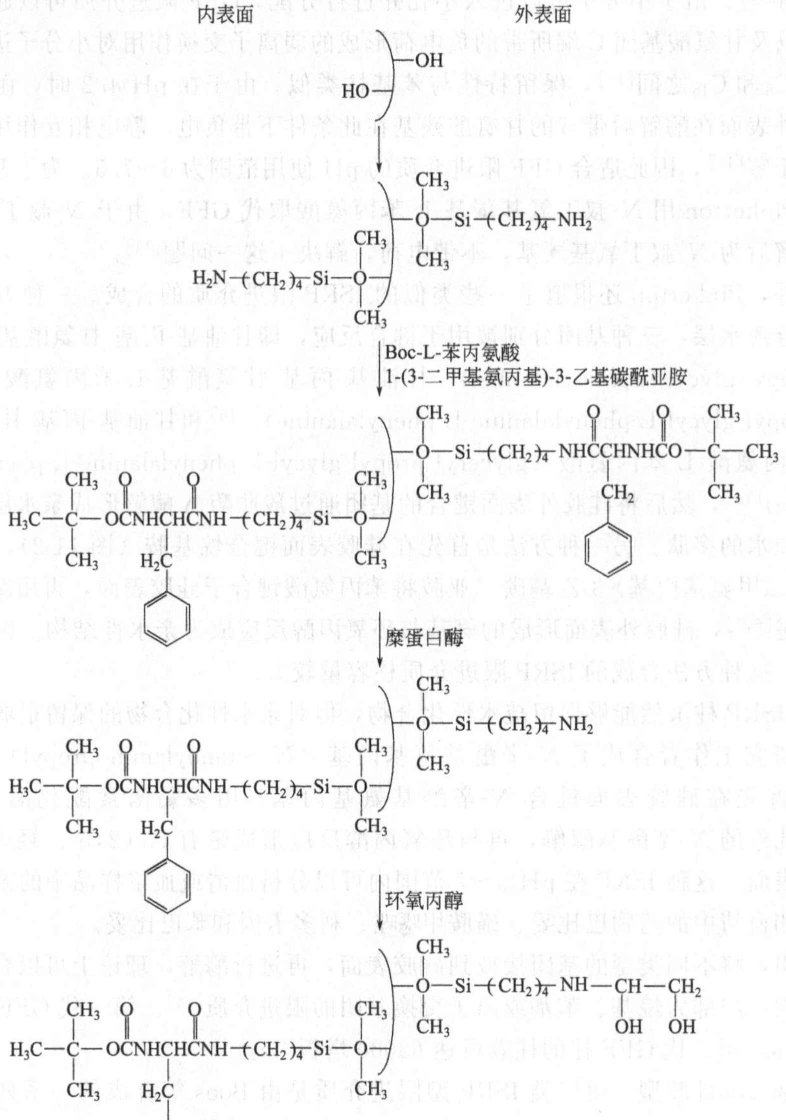

图 11-2 ISRP 型限进介质合成路线（通过烷基胺结合氨基酸）[6]

应用范围宽、选择性好的优点。Fréchet 等利用环己醇（cyclohexanol）作为致孔剂，分别以甲基丙烯酸缩水甘油酯（glycidyl metharylate）和乙二醇二甲基丙烯酸酯（ethylene dimethacrylate）分别为单体和交联剂，采用改良的悬浮聚合法制备了粒径为 10μm、平均孔径为 13.8nm 的单分散多孔高分子小球，在聚合中如果加入丁硫醇（butanethiol）为链转移剂，则孔径分布向小孔偏移。以聚苯乙烯磺酸 [poly（styrenesulfonic acid），分子量为141000] 进行催化水解反应，由于反应具有尺寸选择性，仅大孔内的环氧基团开环形成二醇基（图 11-3 中第一步）。然后，分别将微球与二乙胺、十八烷胺和苯酚反应，在小孔中引入十八烷基、氨基或苯基（图 11-3 中第二步），合成了三种大孔内表面亲水、小孔内键合有不同基团的高分子微球材料。材料对于蛋白的排阻率大于 92%，而且对于几种小分子药物显示了较强的保留和分离能力[9]。

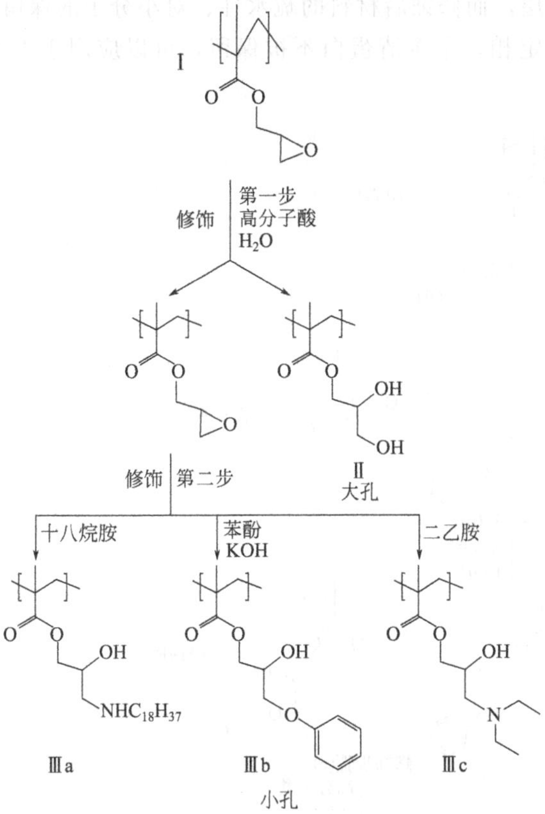

图 11-3　以聚苯乙烯磺酸为催化剂合成高分子聚合物限进材料[9]

Fréchet 研究组也报道了另一项高分子 ISRP 的研究工作（图 11-4）[10]。首先以悬浮聚合方法合成了聚（甲基丙烯酸缩水甘油酯-co-乙二醇二甲基丙烯酸酯）高分子微球，然后在 KOH 存在下采用温和的反应条件与苯酚反应，约 13％的环氧基团被苯环取代，其余生成二醇基［图 11-4 中修饰步骤(a)］；将微球与表氯醇（epichlorohydrin）反应，将二醇基转化为新的环氧基团［图 11-4 中修饰步骤(b)］；利用分子量为 5000 的聚苯乙烯磺酸［poly（styrenesulfonic acid）］进行催化水解［图 11-4 中修饰步骤(c)］，将聚合物大孔中的环氧基团水解成二醇，而小孔内的环氧基团仍被保留；再将小孔内的环氧基团转化成疏水的苯基［图 11-4 中修饰步骤(d)］。

这种限进介质的大孔表面含有苯基和二醇基，能够以疏水色谱的方式分离蛋白质，而小分子可以进入小孔，以反相色谱的机理分离。

1995 年 Hosoya 等报道了以多步溶胀、表面选择性修饰方法合成以聚苯乙烯为载体的限进介质的工作[22]。聚苯乙烯载体的优点是除了在整个 pH 范围内稳定外，对氯代碳氢化合物和苯系化合物具有选择性。合成中以 1μm 的聚苯乙烯为种子，在第一步溶胀后加入含有单体（苯乙烯或甲基丙烯酸甲酯）、交联剂（二乙烯基苯或乙二醇二甲基丙烯酸酯）的溶液，以过氧化苯甲酰为引发剂，在 80℃下进行聚合；在第二步中，在水溶性过硫酸钾的引发下以甘油单甲基丙烯酸酯和甘油二甲基丙烯酸酯（glycerol monomethacrylate and glycerol dimethacrylate）进行聚合，由于亲水单体不能进入疏水性聚合物内部，所形成的亲水性高分子主要在疏水性高分子微球外表面，这种方法被称为"表面选择性修饰"。表面亲水聚合物形成屏蔽蛋白的包覆层，而修饰后材料的疏水性、对小分子的保留能力及选择性基本保持不变。以这种材料为固定相，牛血清蛋白不被保留，可以应用于人血清中药物的直接进样分析。

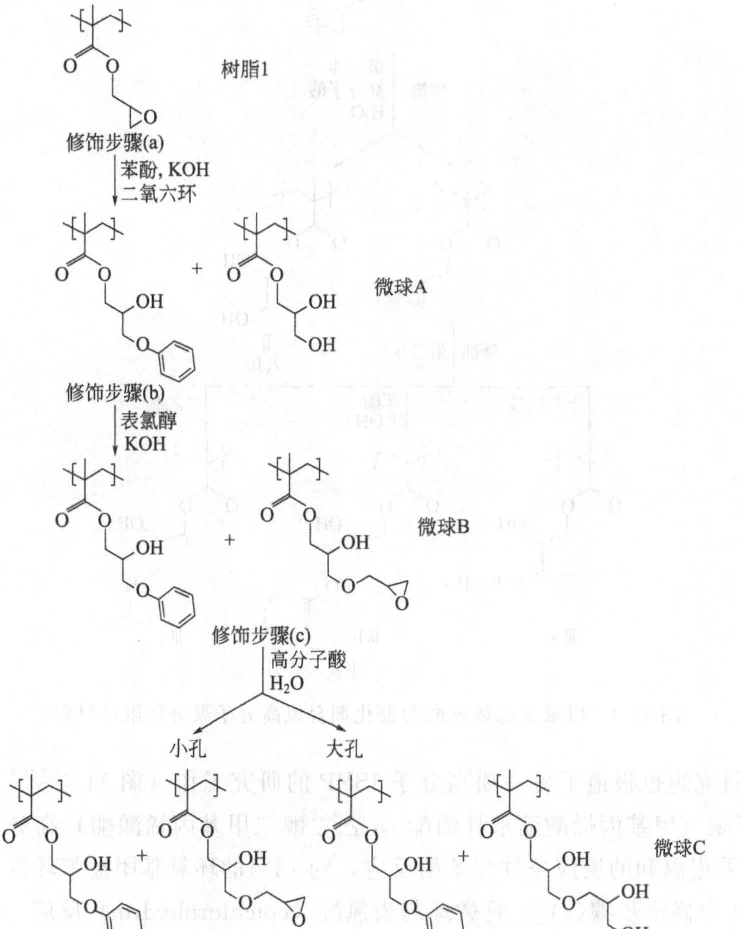

图 11-4　以孔尺寸选择性催化剂合成具有疏水和反相色谱特性的高分子限进材料[10]

11.2.2.2　屏蔽疏水相填料

1988 年 Gisch 和合作者发明了屏蔽疏水相（SHP）填料[23]，以硅胶为载体的屏蔽疏水相有两种不同类型：胶束键合型和嵌入网络型。在胶束键合型中，硅胶表面键合的疏水烷基在 ω 位被极性亲水基团取代；而嵌入网络型材料则通过在硅胶的内外表面键合包埋苯基的亲水性聚乙二醇（polyethylene glycol）而合成[24]。这类限进介质属于化学屏蔽类型，由于硅胶的孔不作为限制蛋白质等大分子的扩散屏障，无孔硅胶可以作为 SHP 型限进介质的载体使用。

胶束键合型 SHP 利用表面活性剂的亲水结构部分对蛋白进行屏蔽，在合成中，表面活性剂的疏水端通过物理吸附或共价键方式结合于 C_{18} 键合硅胶表面，其亲水端朝向流动相形成亲水性外表面，避免了蛋白的不可逆吸附。对于被物理吸附的表面活性剂来说，由于在水相条件下从 C_{18} 链上洗脱大量表面活性剂非常缓慢，因此表面活性剂能够被保留较长时间，但白蛋白（albumin）在低于临界胶束浓度的条件下能够与 Tween 或类似的表面活性剂结合，导致表面活性剂被带入流动相而流失，因此，共价键合表面活性剂的 SHP 更具有优越性。一种胶束键合 SHP 的合成方法是将 $N,N\text{-bis}(2'\text{-methylethyl})\text{-11-silyundecamide}$ 或 $\equiv Si(CH_2)_{18}CON(CH_2CH_2OCH_3)_2$ 键合到孔径为 10nm 的硅胶表面，其中 $-CON(CH_2CH_2OCH_3)_2$ 形成亲水性胶束层，疏水的内层由癸烷（decamethylene alkyl）基团构成，SHP 表面亲水性可通过增加环氧基团的重复单元来提高，比如使用 $-CON[(CH_2CH_2O)_mCH_3)]_2$，其中 m 可以为 1 或 2。

嵌入网络型 SHP 通过在硅胶表面键合的亲水性高分子网络对蛋白进行排阻，疏水基团镶嵌在高分子网络中（图 11-5）。在嵌入网络型的 SHP 中，小分子能自由地与高分子中的疏水区域作用而不影响网络的形状，高分子网络具有排阻蛋白质并保留小分子的作用。Supleco 生产的 Hisep 型限进介质将苯环镶嵌在亲水的聚乙二醇链中形成 SHP，除了疏水的基团外，还可以将碱性基团 $[-N(CH_3)_2$、$-N^+(CH_3)_3$、$-N^+(Bu)_3]$、酸性基团 $(-CO_2H$、$-SO_3H)$ 或其他有选择性的基团镶嵌在亲水的高分子链中。用 $-N^+(Bu)_3$ 修饰的 SHP 型限进介质能够增强对酸性物质的保留作用，酸性基团镶嵌的 SHP 限进介质可以分离不同碱性的化合物，并可以通过改变缓冲溶液的 pH 改变碱性分子的保留因子[24]。这两种 SHP 限进介质分别称为屏蔽阴离子交换限进介质和屏蔽阳离子交换限进介质。研究证明，在 $10\mu L$ 血清样品连续进 1000 次后，柱效、柱压和保留时间都没有发生变化[15]。

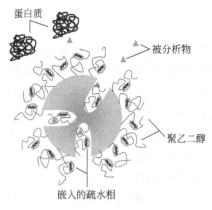

图 11-5　嵌入网络型屏蔽疏水相结构及工作机理示意图[3]

11.2.2.3　半渗透表面填料

Desilets 和 Regnier 在 1991 年发明了以聚乙二醇（polyethylene glycol，PEG）为亲水层的半渗透表面（SPS）填料[25]。与 ISRP 相比，SPS 的优点是其结合小分子的内核可以灵活选择，几乎任何填料均可，因此可以用于亲水性和疏水性化合物的检测，SPS 的保留因子为 ISRP 的两倍，分析重现性好[15]。与屏蔽疏水相（SHP）不同的是，SPS 使用大孔硅胶

（孔径为 30nm）以维持表面活性剂的稳定性。Regnier 研究组采用 C_8 和 C_{18} 键合硅胶，吸附或共价结合 Tween 系列聚乙二醇山梨醇酐单烷基醚（polyoxyethylene sorbitan monoalkylethers）或 Brij 系列聚氧乙烯烷基醚（polyoxyethylene alkylethers）非离子表面活性剂，进行 SPS 的制备。在 SPS 中，表面活性剂的疏水端与硅胶表面键合基团结合，不同基团如 $C_1 \sim C_{18}$、氰基、苯基、氨丙基、甘油丙基和硅羟基都可以通过共价及非共价结合方式结合聚乙二醇或其他表面活性剂形成亲水层，防止了蛋白质在填料表面的不可逆吸附，通过改变表面活性剂的密度，可以控制穿透亲水性网络的大分子尺寸。在应用中，血清蛋白的回收率与烷基种类、表面活性剂的涂覆程度和柱子的使用程度等因素有关。但是，物理吸附的表面活性剂在有机-水为流动相的条件下容易被洗脱，导致蛋白质回收率下降。例如，吸附表面活性剂的 C_8 柱在使用 0.05mol/L 磷酸（pH 6.5）/正丙醇（97：3）的流动相 44h 后，约有 55% 的表面活性剂被洗脱，蛋白质回收率降到 92%[25]。

Glunz 等应用改进的方法将 PEG 键合到烷基层上，载体是孔径为 10nm 的 5μm 硅胶，这种限进介质利用小孔的体积排阻效应去除蛋白质，疏水的烷基层可以是 C_4、C_8、C_{18}、氰基和苯基，血清蛋白的回收率为 97%±3%[16]，共价结合的半渗透表面填料结构及原理示于图 11-6。

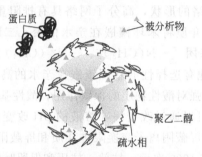

图 11-6 共价结合 PEG 的半渗透表面限进介质结构及工作机理示意图

11.2.2.4 混合功能填料

Haginaka 及合作者利用多步键合方法合成了混合功能（MFP）填料[26~28]。利用孔径为 5.5~8.0nm 的硅胶为基质以保证蛋白质不进入孔内，通过硅烷化反应在硅胶表面键合低密度的 3-缩水甘油醚氧基丙基（3-glycidoxypropyl）；再分别用苯基三甲氧基硅烷、丁基三甲氧基硅烷、辛基三甲氧基硅烷或 β-环糊精（β-cyclodextrin）与剩余的硅羟基反应；产物经高氯酸水解，3-缩水甘油醚氧基丙基形成带有二醇基的亲水结构链，而二醇基的覆盖率可以通过第一步反应中硅烷化试剂的加入量进行调节。在混合功能填料中，两种基团在硅胶内表面和外表面均匀分布，一般亲水性基团的长度要大于疏水性基团，可以对蛋白质进行屏蔽。当含蛋白质样品注入这种填料后，最初蛋白质的回收率较低，当填料的外表面吸附了蛋白质后，可以直接进样分析血清中的药物[25]，键合基团 β-环糊精的 MFP 可以用于手性分离[28]。

为了提高蛋白质的回收率，Haginaka 及合作者在合成上述混合功能型限进介质的基础上，再通过 3-(2,3-环氧丙氧填料)丙基三甲氧基硅烷酸性水溶液对材料进行处理，提高了亲水网络的覆盖度[27]，可以用于分离亲水性药物和疏水性药物。由于苯基三甲氧基硅烷、丁基三甲氧基硅烷、辛基三甲氧基硅烷的反应活性较低，在硅胶上先接枝 3-缩水甘油醚氧基丙基后再键合疏水基团比较困难，1992 年 Haginaka 报道了改进的方法合成混合功能型限进介质[29]，先在硅胶上接枝疏水基团，然后在酸性条件下和带有缩水甘油醚基团的硅烷化试剂反应以键合亲水的二醇基（图 11-7），这种合成方法得到的混合型限进介质的柱效和制备重现性较高。

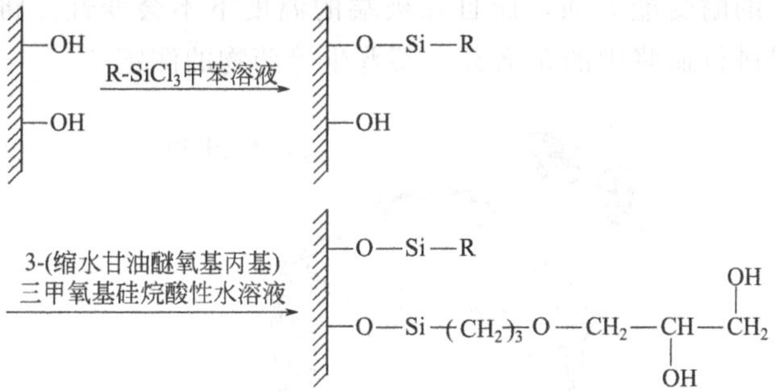

图 11-7　混合功能型限进介质合成过程

Kanda 等制备了硅胶表面涂覆有机硅高分子的混合功能型限进材料（polymer-coated mixed functional silica）。以孔径为 8nm、直径为 5μm 的硅胶为载体，以 1,3,5,7-四甲基环四硅氧烷（1,3,5,7-tetramethyl cyclotetrasiloxane）为单体进行反应，在硅胶表面形成 0.7nm 有机硅聚合层，这种高分子有 2.09mmol/g 的活性 Si—H 基团；在六氯合铂氢酸（hexachloroplatinic acid）存在下，加入苯乙烯或 1-辛烯，引入苯乙基或辛烷基疏水基团；接着在六氯合铂氢酸存在下，加入高分子聚合度为 16 的聚乙二醇烯丙基醚（polyoxyethylene allyl ether）形成亲水链，填料结构示于图 11-8。这种限进材料可以降低带正电溶质组分与硅胶表面的相互作用，在测定质子化的胺和螯合化合物时效率很高[30]。朱彭龄等合成了含不同基团及聚乙二醇链的混合型限进介质[31]，合成中以带有辛烷基（或苯基、氨基、氰基等）的硅烷化试剂与硅胶反应，再用一定分子量的聚乙二醇与硅胶表面残留的甲氧基（或乙氧基）反应形成亲水链，制备这类限进介质。

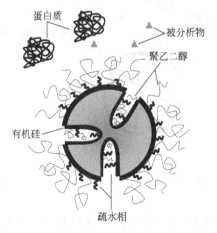

图 11-8　表面包覆有机硅聚合物的混合功能型限进介质的结构与工作机理示意图[3]

11.2.2.5　蛋白质涂覆 C_{18} 硅胶填料

Yoshida 等[32]在直径为 20~30μm、孔径为 12nm 的 C_{18} 键合硅胶颗粒的外表面涂覆牛血清蛋白或兔血浆，经甲醇淋洗后，在 C_{18} 键合相表面涂覆上失活的蛋白质，这层蛋白质可以防止样品中蛋白质被吸附，同时允许小分子组分进入硅胶孔内与键合的 C_{18} 作用[32]。Hermansson 和 Grahn 以糖蛋白（α_1-acid glycoprotein，AGP）包覆在 C_8 或 C_{18} 键合硅胶表面作为这类限进介质（图 11-9），AGP 的优点是在天然和固载形式下都很稳定，对于纯有机溶剂（例如醇和胺）的耐受能力强，而且在极端的温度下不会变性。将限进柱与 HPLC 分析柱在线联用，可以进行血浆中的布洛芬、萘普生等药物的测定[33]。

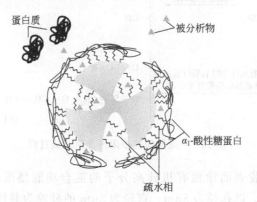

图 11-9　糖蛋白涂覆限进介质的结构与工作机理示意图

11.2.2.6　限进聚苯乙烯包覆硅胶固定相

原子转移活性自由基聚合（atom transfer radical polymerization，ATRP）是一种活性/可控聚合方法，ATRP 通过活性种与休眠种之间的快速动态平衡实现可控聚合，也可以在第一种单体聚合后加入第二种单体，并将休眠种活化后进行再聚合，从而实现键合不同特性聚合链的过程。徐丹等[34]采用 ATRP 合成了限进聚（苯乙烯-co-二乙烯基苯）包覆硅胶固定相材料（图 11-10）。

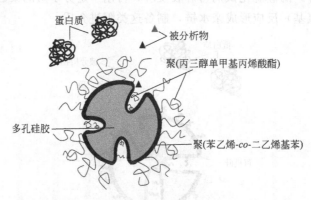

图 11-10　限进聚（苯乙烯-co-二乙烯基苯）包覆硅胶结构示意图[34]

这种材料通过在硅胶表面键合两种聚合物进行制备，内层为聚（苯乙烯-co-二乙烯基苯），外层为亲水性直链聚合物。在制备过程中，首先在硅胶表面接枝含有苄氯的 ATRP 引发剂、以表面引发接枝（grafting from）方式，在硅胶表面键合聚（苯乙烯-co-二乙烯基苯）[poly（styrene-co-divinylbenzene），poly（St/DVB）]［图 11-11（a）]；再继续以"grafting from"方式，在材料表面接枝聚（丙三醇单甲基丙烯酸酯）[poly（glycerol mono-methacrylate），poly(GMMA)]，形成亲水性大分子限进层［图 11-11（b）]。合成所用的空白硅胶孔径为 9nm，在包覆双层聚合物后，孔径减小至 4nm。材料在包覆 poly（GMMA）前后的疏水性分别为 1.54 和 1.50（以 $k_{乙苯}/k_{甲苯}$ 评价），说明接枝亲水层对于烷基苯保留能力的影响很小。双层聚合物包覆硅胶限进材料对于牛血清蛋白的排阻率为 99%，对于芳香类化合物具有很好的保留能力及选择性。

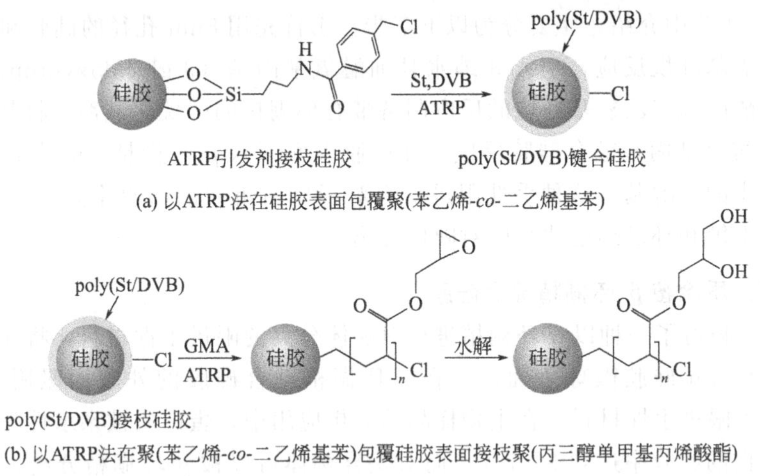

(a) 以ATRP法在硅胶表面包覆聚(苯乙烯-*co*-二乙烯基苯)

(b) 以ATRP法在聚(苯乙烯-*co*-二乙烯基苯)包覆硅胶表面接枝聚(丙三醇单甲基丙烯酸酯)

图 11-11　ATRP 法合成限进聚（苯乙烯-*co*-二乙烯基苯）包覆硅胶固定相

目前市场上已经有商品化的限进介质固定相，一些限进介质的商品名及其类型列于表 11-1。

表 11-1　商品化的限进材料

商品化产品名称	类别	厂商
Hisep[①]	屏蔽疏水相(shield hydrophobic phase)填料	Supelco
LiChrospher ADS（Alkyl-diol silica C_4，C_8 and C_{18}）	内表面反相(ISRP)填料	Merck KGaA
Pinkerton GFF	内表面反相(ISRP)填料	Regis Technologies
SPS	PEG 半渗透表面(PEG-semipermeable surface with C_4，C_8，C_{18}，CN and phenyl ligands)填料	Regis Technologies
BioTrap BioTrap MS	蛋白质涂覆 C_8 或 C_{18} 硅胶,蛋白质涂覆疏水高分子(protein-coated C_8 or C_{18} bond silica. protein-coated hydrophobic polymer)填料	Chrom Tech
Capcell Pak MF	混合功能(mixed-functional material)填料	Shiseido Co.，Ltd.
MAYI-ODS	甲基纤维素半渗透表面(methylcellulose-semipermeable surface with C_{18} bonded silica)填料	Shimadzu

① 目前商标改为 SUPELCOSIL™ Hisep™ HPLC Column，是 Sigma-Aldrich 产品。

11.2.3　手性限进分离介质

手性是生命构建单元的内在特性，生物系统的代谢和调节过程都具有手性选择性，因此，在药学和生物学等领域，手性异构体的拆分具有十分重要的意义。由于手性化合物的分离在生物、环境样品分析中应用很多，结合手性分离和限进介质双重功能的材料在生物、环境样品的分析中具有很好的应用潜力，不同手性限进分离材料的研究工作已被文献报道。

11.2.3.1 混合功能形式的手性限进材料

Haginaka 及合作者在 1990 年报道了 β-环糊精键合的混合功能型限进介质[28]。合成方法已在 11.2.2.4 节中介绍，主要分为以下三步：①首先用 8nm 孔径的硅胶和 3-缩水甘油醚氧基丙基三甲氧基硅烷反应，引入 3-缩水甘油醚氧基丙基（3-glycidoxypropyl）；②通过 β-环糊精和异氰酸丙基三乙氧基硅烷的反应制备带有环糊精的硅烷化试剂，将其和步骤①得到的 3-缩水甘油醚氧基丙基键合硅胶反应，在硅胶表面引入 β-环糊精；③水解硅胶中的环氧基团，形成亲水的二醇基。这种手性限进材料对于血清蛋白的回收率大于 90%，可以用于血清中的氯苯那敏和环己烯巴比妥的对映体分离。

11.2.3.2 蛋白质涂覆 β-环糊精键合硅胶

Félix 等[35]报道了一种以 β-环糊精进行对映体分离的限进手性材料，将 β-环糊精键合于孔径为 7nm 的 $5\mu m$ 硅胶微球表面，再在 β-环糊精键合硅胶的外表面吸附牛血清白蛋白（BSA），制备了限进手性材料。在生物样品的分析应用中，蛋白质被亲水性牛血清白蛋白涂层排阻，血清蛋白的回收率达到 99.7%，而对映异构体可以被 β-环糊精分离。但物理吸附的牛血清蛋白在高效液相色谱测定中不稳定是这种限进手性材料的局限性。

11.2.3.3 双相型糖肽类限进手性分离材料

Gasparrini 等制备了一种以糖肽类抗生素为手性分离基团的限进材料[11]。以 10nm 孔径的硅胶为载体，首先在硅胶表面引入异氰酸基团，然后借助于孔的尺寸选择性，使大分子聚乙烯醇（平均分子量为 22000）接枝于材料表面，再将糖肽类抗生素替考拉宁（teicoplanin）或替考拉宁苷元（teicoplanin aglycone）键合于硅胶孔内用于手性分离，这种材料也被称为双相材料（图 11-12）。

11.2.3.4 "梳状" 限进环糊精手性分离材料

王怀松等[36]以孔径 11.8nm 的硅胶为基质材料，β-CD 为手性选择试剂，通过原子转移自由基聚合（ATRP）法和点击化学法制备了一种 "梳状" 限进 β-CD 手性分离材料。合成主要分为以下四步：①在硅胶表面键合 ATRP 引发剂（2-溴异丁酰基）；②应用 ATRP 法在硅胶表面接枝聚（甲基丙烯酸甲基丁炔醇酯）[poly(2-methyl-3-butyn-2-ol methacrylate)，p(MBMA)]；③合成带有叠氮基团的 β-CD，通过点击化学法在硅胶表面键合 β-CD；④再继续以 ATRP 法接枝聚（丙三醇甲基丙烯酸单酯）作为亲水链（图 11-13）。

这种限进手性分离材料具有双化学结构层，内层为具有手性分离能力的 β-环糊精键合层，外层为屏蔽蛋白的亲水层。合成中采用 ATPR "grafting from" 方法接枝聚合物，接枝层更为均匀，也避免了物理吸附不牢固的缺点。限进手性分离材料能在近死体积的情况下排阻牛血清蛋白，对牛血清蛋白（32mg/mL）洗脱回收率达到 100%，血浆样品直接进样进行 HPLC 分析，对于氯噻酮和扁桃酸光学异构体具有很好的分离效果，分离因子 α 分别达到 1.30 和 1.45，图 11-14 说明材料的基本结构和功能。

11.2.4 介孔限进材料

有序介孔材料具有均匀可调的孔径和很大的比表面积，在样品的分离富集中显示了很强的优越性。在肽组学研究中，样品中大量高丰度蛋白的存在对于低丰度蛋白测定的影响是研究工作者面临的最大挑战，以介孔材料进行含蛋白生物样品中多肽的分离提取，可以借助其尺寸排阻功能有效降低高丰度蛋白的干扰，并选择性富集低分子量蛋白质或多肽（图 11-15），因此，介孔材料也属于一种以物理屏蔽方式排阻大分子蛋白的限进介质。介孔二氧化硅（或有机/无机杂化材料）、金属氧化物、碳纳米管及内外表面键合不同化学基团的介孔材料被应用于肽组学的研究，显示了特殊的优越性[39]。

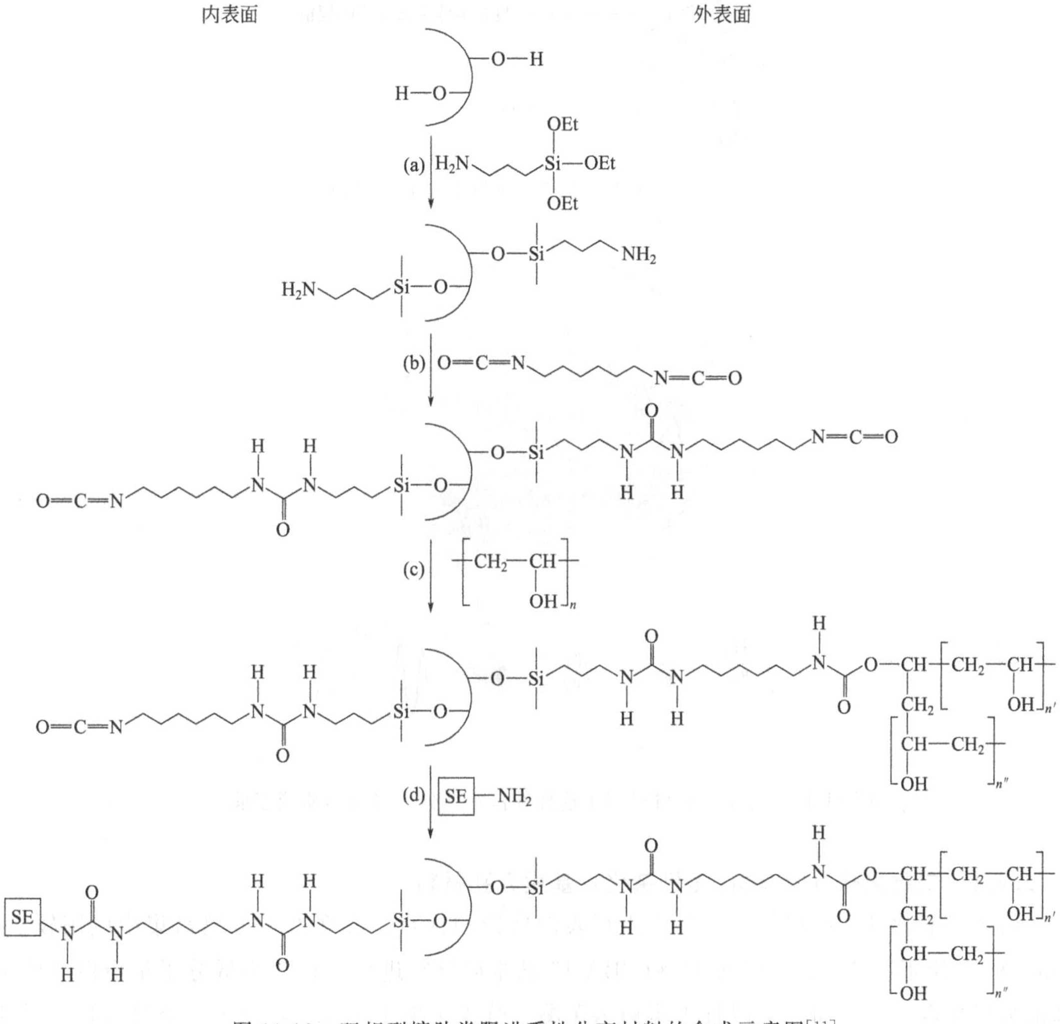

内表面　　　　　　　　　　　　　　　　外表面

图 11-12　双相型糖肽类限进手性分离材料的合成示意图[11]

SE—selector，表示手性选择剂替考拉宁或替考拉宁苷元

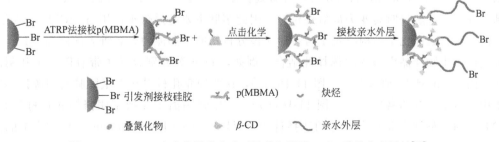

图 11-13　ATRP-点击化学法合成"梳状"限进 β-CD 手性分离材料[37]

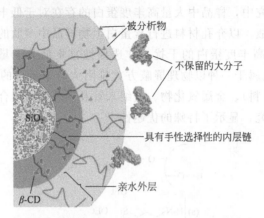

被分析物

不保留的大分子

具有手性选择性的内层链

亲水外层

SiO₂

β-CD

图 11-14　"梳状"限进 β-CD 手性分离材料[38]

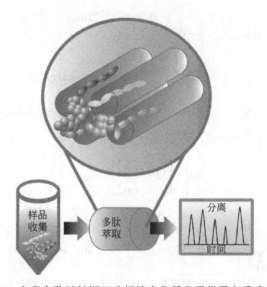

分离

时间

样品收集

多肽萃取

图 11-15　有序介孔材料用于选择性富集低分子量蛋白质或多肽[40]

11.2.4.1　二氧化硅（或有机/无机杂化）基质介孔材料

由于二氧化硅介孔材料具有易于进行表面修饰的优点，在多肽的分离富集中应用较多。Tian 等[41]用不同孔径的 MCM-41 和 SBA-15 纳米硅材料进行了血清中低分子量蛋白质或多肽的分离提取研究，研究中以标准蛋白溶菌酶（分子量为 14400Da）探讨了介孔材料的尺寸排阻效应，发现孔径为 2.05nm 的 MCM-41 可以截留 12kDa 以上的高分子量蛋白质（high-molecular weight protein，HMWP），并有效富集分子量为 1～12kDa 的多肽。Tian 等认为大部分硅羟基在煅烧时转变为硅氧烷桥键，因此多肽主要通过疏水作用与 MCM-41 结合。

由于材料表面化学结构决定了材料对于被分析物的亲和能力，各种表面修饰的介孔硅材料被应用于生物样品中多肽的选择性结合。例如，Tian 等分别合成了带有阳离子和阴离子交换基团的 MCM-41 纳米颗粒 ［图 11-16(a)］，这两种介孔材料在老鼠肝脏的内源性多肽的富集中显示了更好的富集效率 ［图 11-16(b)］，其中强阴离子交换基团修饰介孔材料 SAX-MCM-41 对于酸性多肽具有很好的选择性[42]。另外，钛（Ⅳ）［titanium(Ⅳ)]修饰的硅介孔材料被用于血清中的内源性磷酸化肽的有效提取[43]，带有不同官能团的介孔硅材料也被用于低分子量蛋白质（low-molecular weight protein，LMWP）的分离富集。

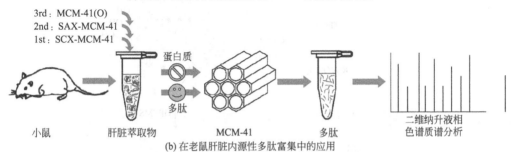

(a) 阳离子和阴离子交换基团修饰MCM-41介孔材料的合成

(b) 在老鼠肝脏内源性多肽富集中的应用

图 11-16　阳离子和阴离子交换基团修饰 MCM-41 介孔材料的合成
及其在老鼠肝脏内源性多肽富集中的应用[42]

MPTS—3-mercaptopropyltrimethoxysilane，3-巯基丙基三甲氧基硅烷；APTS—3-aminopropyltriethoxysilane，
3-氨丙基三乙氧基硅烷；UHP—urea hydrogen peroxides，尿素氢过氧化物；
TFAA—trifluoroacetic anhydride，三氟乙酸酐

11.2.4.2　介孔金属氧化物及有序介孔碳纳米管

TiO_2、ZrO_2 和 Al_2O_3 等金属氧化物由于表面的金属原子和氧原子的价态不饱和性而具有两性化合物的特点，在低 pH 下表现为路易斯酸，而在高 pH 下表现为路易斯碱。这种特性使其与磷酸根具有较强的可逆结合力，可用于磷酸化肽的富集。Nelson 等进行了介孔 TiO_2、ZrO_2 和 HfO_2 材料的合成及在磷酸化肽富集中应用的研究[44]，在 α-酪蛋白水解混合物的富集/质谱分析中，能够鉴别到 α-酪蛋白中 22 个磷酸化位点中的 21 个位点。

有序介孔碳纳米管（ordered mesoporous carbon，OMC）也被用于多肽提取，邹汉法研究组的研究结果说明，孔尺寸在 4.8nm 左右的碳纳米管的截止分子量为 10kDa，人类血液样品中的血清蛋白（HSA，67kDa，5nm × 7nm × 7nm）可以受到介孔材料的排阻而被去除[45]，由于具有更强的疏水性，有序介孔碳纳米管比有序介孔硅材料 MCM-41 显示了更高的吸附容量，以 OMC 和 2D LC-MS/MS 相结合，在 20mL 人血清中鉴定出 3402 个内源性多肽。

11.2.4.3　外表面修饰亲水性烷基二醇的介孔材料

为了避免材料对于蛋白的非选择性吸附，研究工作者制备了外表面修饰亲水基团的介孔材料。Qi Yanxia 等合成了一种外表面键合烷基二醇、孔内带有乙烯基的介孔材料[46]，用于

低分子量蛋白和多肽的萃取。合成中，首先以四乙氧基硅烷和乙烯基三乙氧基硅烷在模板存在下缩合；在保留介孔合成模板（表面活性剂胶束）的条件下与 ［3-(2,3-环氧丙氧)-丙基］三甲氧基硅烷反应；再用酸性乙醇洗脱模板并水解环氧基团，形成烷基二醇（图 11-17）。在与 ［3-(2,3-环氧丙氧)-丙基］三甲氧基硅烷反应时，由于介孔内表面受到胶束保护不参与反应，只有外表面键合了烷基二醇基团，从而得到孔内外表面化学基团不同的介孔材料。这种材料极大地减少了对于低分子量蛋白的非选择性吸附，提高了富集效率及选择性。另外，孔内引入的乙烯基减少了由硅羟基（—Si—OH）造成的多肽不可逆吸附，便于以有机溶剂进行洗脱和与质谱偶合。Wang Fei 等研制了另外一种外表面为烷基二醇的氧化钛/二氧化硅介孔材料，合成中以离子液体为致孔剂，选择钛/硅比为 1:10 进行介孔材料合成，采用同文献 ［46］相似的策略使烷基二醇基团键合于孔外表面，材料可以用于磷酸化肽的分离提取[47]。

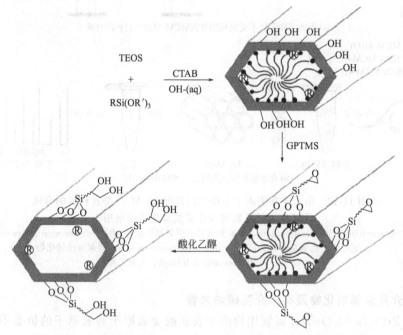

图 11-17　外表面修饰烷基二醇的乙烯基二氧化硅介孔材料的合成[46]

TEOS—tetraethoxysilane，四乙氧基硅烷；RSi (OR′)₃—vinyltriethoxysilane，乙烯基三乙氧基硅烷；

CTAB—cetyltrimethylammonium bromide，十六烷基三甲基溴化铵；

GPTMS— ［3- (2,3-epoxypropoxy) propyl］ trimethoxysilane，3- (2,3-环氧丙氧) 丙基三甲氧基硅烷

11.2.5　限进分子印迹材料

分子印迹聚合物（molecularly imprinted polymer，MIP）是一种通过分子印迹（molecular imprinting）技术制备的合成材料。分子印迹技术以印迹化合物作为模板，在印迹化合物和功能单体形成复合物或组装体后引发聚合，除去印迹分子后得到印迹聚合物。MIP 中存在与印迹分子互补的识别位点（印迹孔穴），具有类似于生物酶的选择性。此外，MIP 对溶液环境的耐受能力强于生物分子，而且可以对不同结构的目标分子量体裁衣进行制备。在复杂体系的分离中应用 MIP 可以简化步骤、提高分离效率，因此在色谱分离领域备受关注。近年来，研究工作者将分子印迹技术应用于限进材料的合成中，发展了结合两者

优势的分子印迹限进介质固定相，应用于生物样品和环境样品的选择性结合及直接进样分析。限进分子印迹聚合物材料包括了高分子微球、硅胶表面印迹材料、整体柱等不同类型。

11.2.5.1　限进分子印迹聚合物微球

高分子微球是分子印迹聚合物的主要形式之一，两种微球合成方法被应用于限进分子印迹材料的研究中。

（1）多步溶胀法合成表面亲水的限进分子印迹微球　多步溶胀法是一种制备均一粒径聚合物微球的合成方法，Haginaka 和 Tanaka 研究组以多步溶胀法制备了应用于固相提取的限进分子印迹微球[48,49]。以聚苯乙烯微球作为种子，经过三步溶胀后加入印迹组分（印迹分子、单体、交联剂）进行聚合，形成分子印迹微球；在含有印迹微球的聚合溶液中加入丙三醇单甲基丙烯酸酯（glycerol monomethacrylate，GMMA）作为亲水性单体，以丙三醇二甲基丙烯酸酯（glycerol dimethacrylate，GDMA）为交联剂，以过硫酸钾为引发剂，继续聚合后得到内核为分子印迹聚合物、外层为 poly（GMMA-co-GDMA）的限进分子印迹微球（图 11-18）。研究中发现，由于亲水性的 GMMA 及引发剂过硫酸钾不能够进入亲脂性印迹聚合物的内部，亲水性 poly（GMMA-co-GDMA）在分子印迹微球的外表面形成，不会导致孔容的大幅度降低[48]，所合成的材料对于牛血清蛋白（BSA）的排阻率可以达到 96%以上。

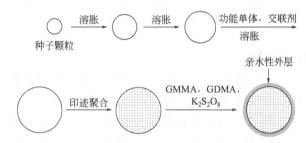

图 11-18　多步溶胀合成限进分子印迹微球
GMMA—glycerol monomethacrylate，丙三醇单甲基丙烯酸酯；
GDMA—glycerol dimethacrylate，丙三醇二甲基丙烯酸酯

Haginaka 和 Tanaka 研究组分别以多步溶胀法合成了限进 S-萘普生（S-naproxen)[48]、双酚 A（bisphenol A)[50]、芳基丙酸（2-arylpropionic acid)[51]和普萘洛尔（propranolol)[52]分子印迹聚合物，材料外表面包覆亲水性交联聚（丙三醇单甲基丙烯酸酯），可以应用于血清、生物体液和环境样品的直接进样固相提取。

（2）可逆加成-断裂链转移活性自由基沉淀聚合法制备限进分子印迹微球　可逆加成-断裂链转移自由基（reversible addition-fragmentation chain transfer，RAFT）聚合是一种活性自由基聚合法。这种聚合法将高活性的增长链自由基通过可逆钝化过程使其失活而成为共价键结构的休眠种，在建立活性种与休眠种之间的快速动态平衡中实现体系中自由基浓度的可控。另外，可以在一次聚合后加入不同单体，使休眠种活化后重新进行聚合，从而实现了活性自由基聚合过程。

可逆加成-断裂链转移自由基沉淀聚合（RAFT-precipitation polymerization）方法被应用于限进吡嘧磺隆分子印迹微球的合成[53]（图 11-19）。合成中首先以吡嘧磺隆为印迹分子，甲基丙烯酸为功能单体，乙二醇二甲基丙烯酸酯为交联剂，二硫代苯甲酸异丙苯基酯（cumyl dithiobenzoate，CDB）为链转移试剂，通过 RAFT 沉淀聚合法合成吡嘧磺隆分子印

迹微球；将印迹分子洗脱出去后，再通过 RAFT 接枝聚合法，在微球表面接枝聚（丙三醇单甲基丙烯酸酯）[poly（glycerol monomethacrylate），poly（GMMA）]。亲水性的 poly（GMMA）起到屏蔽蛋白而使其不能进入印迹内层的作用。以牛血清蛋白为样品，限进印迹微球固定相的蛋白排阻率为 98.8%；同时，材料仍对印迹分子（吡嘧磺隆）及其结构类似的磺酰脲除草剂具有很好的选择性。

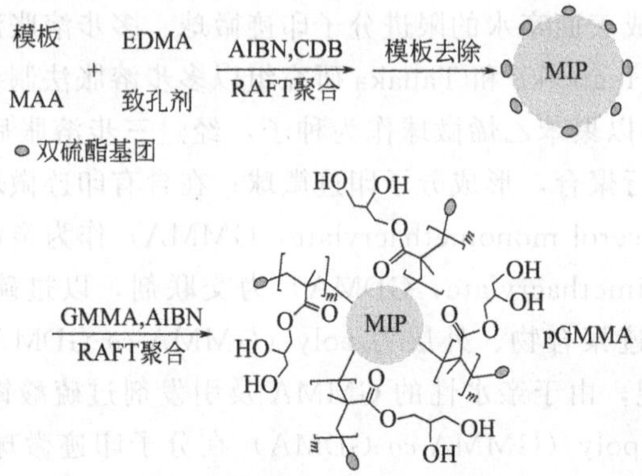

图 11-19 可逆加成-断裂链转移自由基沉淀聚合法合成限进吡嘧磺隆分子印迹微球

MAA—methacrylic acid，甲基丙烯酸；EDMA—ethylene dimethacrylate，
乙二醇二甲基丙烯酸酯；CDB—cumyl dithiobenzoate，二硫代苯甲酸异丙苯基酯；
AIBN—azodiisobutyronitrile，偶氮二异丁腈

11.2.5.2 限进表面印迹硅胶

将分子印迹层接枝于硅胶微球表面，可以得到机械强度好的有机/无机杂化色谱材料，如果应用表面引发活性自由基印迹聚合，可以在印迹接枝聚合后，通过材料表面的活性基团进行第二次聚合反应，在印迹层的表面接枝亲水性聚合链，得到限进表面分子印迹微球。Xu Wenjuan 等以引发转移终止剂（initiator-transfer agent-terminator，Iniferter）活性自由基聚合法制备限进磺胺二甲嘧啶分子印迹硅胶固定相[54]，合成方法如下。

（1）在硅胶表面接枝 N,N-二乙基二硫代氨基甲酸苄酯（benzyl N,N-diethyldithiocarbamate，BDC）基团，得到 Iniferter 接枝硅胶（Iniferter-silica）（图 11-20）。

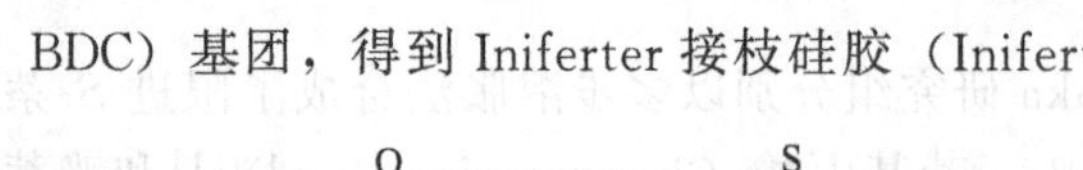

图 11-20 Iniferter 接枝硅胶

（2）通过引发转移终止剂（Iniferter）活性自由基聚合法，在硅胶表面接枝磺胺二甲嘧啶分子印迹聚合层 [图 11-21(a)]；再继续通过 Iniferter 法，在印迹层外接枝聚甲基丙烯酸缩水甘油酯，水解后形成亲水的聚（丙三醇单甲基丙烯酸酯）[图 11-21(b)]，起到屏蔽蛋白的作用。这种表面印迹的限进分子印迹微球对牛血清蛋白的排阻率达到 93.7%，可以用于生物样品中磺胺类药物的直接进样选择性提取。

11.2.5.3 限进分子印迹整体柱

将分子印迹和整体柱技术相结合可以制备分子印迹整体柱，这种分离柱同时具有传质速率快和选择性高的优点。董襄朝研究组应用可逆加成-断裂链转移（RAFT）活性自由基聚合方法制备了限进型克伦特罗分子印迹整体柱[55]。合成分为两步进行：第一步是以克伦特

罗（clenbuterol，CLE）为印迹模板，甲基丙烯酸为功能单体，乙二醇二甲基丙烯酸酯为交联剂，二苄基三硫代碳酸酯（dibenzyltrithiocarbonate，DBTTC）为 RAFT 试剂，在色谱柱管中进行聚合制备克伦特罗分子印迹整体柱；第二步是在整体柱中加入丙三醇单甲基丙烯酸酯（GMMA）和引发剂，通过 RAFT 活性聚合将聚（丙三醇单甲基丙烯酸酯）接枝于印迹整体柱材料的表面，得到限进型克伦特罗整体柱（图 11-22），整体柱对于牛血清蛋白的排阻率达到 98%，并且仍对于克伦特罗有很高的选择性结合能力。

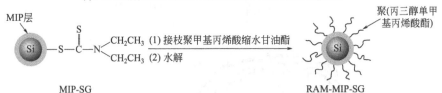

(a) Iniferter活性自由基聚合法合成磺胺二甲嘧啶表面印迹硅胶

(b) Iniferter活性自由基聚合法在印迹硅胶表面接枝聚(丙三醇单甲基丙烯酸酯)

图 11-21　以 Iniferter 活性自由基聚合法合成限进磺胺二甲嘧啶表面印迹硅胶

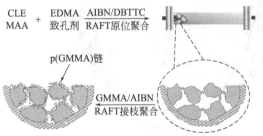

图 11-22　可逆加成-断裂链转移活性自由基聚合法制备限进型克伦特罗分子印迹整体柱[55]
MAA—methacrylic acid，甲基丙烯酸；EDMA—ethylene dimethacrylate，乙二醇二甲基丙烯酸酯；
CLE—clenbuterol，克伦特罗；p(GMMA) —poly(glycerol monomethacrylate)，
聚（丙三醇单甲基丙烯酸酯）

11.2.6　磁性限进材料

由于磁性分离比离心和过滤更加方便，磁性材料在细胞生物、微生物、分子生物学及环境样品分析中显示了优越性，近年来在分离领域得到了快速发展。在磁性材料表面包覆亲水性大分子限进层，可以减少样品中生物大分子和腐殖酸对于提取分离的干扰，也可以提高材料的亲水性。在磁性限进材料的研究中，物理吸附和共价键合两种方法被应用于在磁性材料中结合亲水性限进层。

11.2.6.1　限进型磁性微球

Ye 等[56]通过在功能化硅胶包覆的磁性微球表面吸附非离子化表面活性剂（Tween 或 Span）的方法制备了限进磁性微球（图 11-23）。合成中，首先以氧化共沉淀方法制备磁性 Fe_3O_4 纳米颗粒，通过和十二烷基三乙氧基硅烷反应合成 C_{12} 键合硅胶包覆的磁性颗粒；再将非离子化表面活性剂与微球共同分散于水溶液中，通过物理吸附进行表面包覆。这种材料

在环境样品和生物样品的分析中能够很好地分散于水溶液中，具有很好的抗干扰能力以及快速萃取和操作方便的特性。

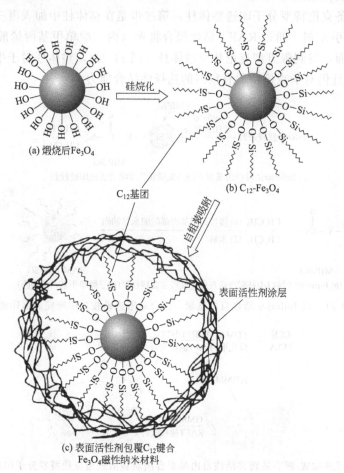

(a) 煅烧后Fe₃O₄

硅烷化

(b) C₁₂-Fe₃O₄

C₁₂基团

自组装吸附

表面活性剂涂层

(c) 表面活性剂包覆C₁₂键合
Fe₃O₄磁性纳米材料

图 11-23　表面活性剂包覆 C₁₂ 键合硅胶磁性限进材料[56]

Wang 等报道了另一种制备限进磁性微粒的方法，将 Fe_3O_4 和 SiO_2 溶胶混合后进行缩聚反应，合成磁性多孔硅胶微颗粒（粒径 2.2μm，孔径 6nm）；在其表面通过酯键键合 C_{18} 基团；再通过猪胰脂肪酶（porcine pancreatic lipase）进行水解，因为脂肪酶体积较大无法进入孔径为 6nm 的孔洞内部，仅磁性微球外表面的酯键被水解形成亲水性二醇基，而孔内的疏水烷基被完整保留。相对于 C_{18} 键合磁性微粒，这种限进型磁性微粒对于牛血清蛋白的吸附量大大降低，可以用于生物样品中药物的分离提取[57]。研究表明，甲氨蝶呤、甲酰四氢叶酸、叶酸能够在这种材料上保留，而牛血清蛋白被排阻，以这种限进磁性固相萃取材料与 HPLC 联用测定人血清中的三种药物，避免了内源性基质的干扰。

11.2.6.2　磁性介孔材料

（1）磁性介孔材料应用于多肽富集　磁性介孔材料是可以通过孔的尺寸选择性进行分离的磁性材料，主要应用于多肽的提取分离，将介孔材料包覆于磁材料的表面形成核壳式结构是磁性介孔材料常见的一种形式。其中一种合成方法是以表面活性剂为模板、以溶胶-凝胶方法合成有序介孔材料涂层，如果在溶胶-凝胶合成中以带有功能基团的硅烷化偶联剂为前驱体，则得到带有功能基团的磁性介孔材料，这种磁性介孔材料在多肽和低分子量的蛋白的分析中显示了很高的富集效率[58]。一些磁性金属氧化物介孔材料的包覆层以水热法合成，可以用于特殊结构多肽（例如磷酸化肽）的提取。例如，Ma 等[59]以水热法合成介孔 TiO_2 包覆磁性微球，并应用于磷酸化肽的富集。

（2）表面修饰的磁性介孔材料　通过表面修饰，可以得到带有功能基团的磁性介孔材料。Cai 研究组[60]以十八烷基三甲氧基硅烷与磁性介孔纳米微球反应，制备了表面带有十八烷基的 $Fe_3O_4/SiO_2/SiO_2$-C_{18} 磁性介孔材料（图 11-24）。研究显示，这种材料对疏水性化合物有很高的提取效率，同时由于介孔材料具有尺寸排阻功能，材料对牛血清蛋白和腐殖酸具有很高的抗干扰能力。

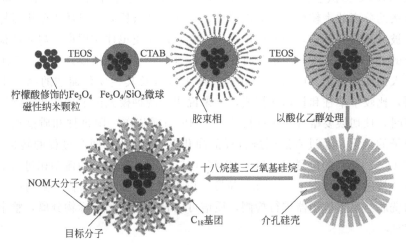

图 11-24　$Fe_3O_4/SiO_2/SiO_2$-C_{18} 磁性微球的制备及其大分子限进特性示意图[60]
TEOS—tetraethyl Orthosilicate，四乙基硅酸酯；CTAB—Cetyltrimethylammonium bromide，十六烷基三甲基溴化铵；
NOM—natural organic matter，天然有机物

11.3　限进介质的应用

对于复杂体系来说，液相色谱是重要的分析手段。通常的分析过程包括五个步骤：采样、样品处理、分离、检测和数据分析。一般来说，前两个步骤占用了约 80% 以上的分析时间，也是分析误差的重要来源。以限进介质作为固相提取材料，通过固相提取（solid-phase extraction，SPE）方式对于样品进行前处理，可以去除大分子干扰物并富集待测物，免去蛋白沉淀步骤，有利于提高分析效率、实现过程自动化和进行高通量分析。限进介质被应用于含大分子样品中的低分子量化合物的测定，所涉及的领域包括了医药研究、临床药物毒物分析、环境及食品分析、肽组学研究等方面，在被分析物富集及样品纯化方面起到了重要作用。

11.3.1　限进介质在色谱分析中的应用模式

限进介质的应用方式可以被划分为"单柱模式"（single column mode）和"偶合柱模式"（coupled column mode）。在"单柱模式"中，填充限进材料的色谱柱直接和检测器连接，既用于样品前处理也用于分离分析（图 11-25）；在"偶合柱模式"中，填充于塑料或不锈钢色谱柱中的限进介质被用于样品前处理，前处理过程通过在线或离线方式和分析柱偶合

（SPE/HPLC coupling），进行生物或环境样品中小分子化合物的测定[61]。

11.3.1.1 单柱模式

在"单柱模式"的应用中，限进柱被用于清除大分子并富集、分析待测小分子。在进样后，首先采用能够排阻蛋白并保留待测物的流动相进行样品的富集净化；再改变流动相将保留的化合物进行洗脱和分离。Satinsky等应用单一限进柱，以荧光或紫外检测器检测，分别进行了生物样品中呋塞米[62]、普萘洛尔[63]等几种药物的分析，整个分析时间为 10～20min。这种方法的优点是可以避免将固相提取和分析柱偶合时可能遇到的问题，省去了选择在线 SPE/HPLC 方法色谱条件的步骤，但是由于限进材料的柱效一般要低于商品分析柱，这种方法的分离效率较低，如果以紫外、荧光法进行检测，只适于分析目标组分单一的样品或测定被分析物的总量，因此应用很少。将限进介质单柱应用模式与质谱检测结合是解决分离问题的一种方法，由于质谱具有选择性，可以在单柱应用模式中进行多组分小分子分析，具有更大的应用潜力。Ortelli 等在血清中美沙酮及其主要代谢物的测定中，以质谱方法进行检测，比较了单柱和柱切换模式，结果说明，两种模式的准确性和重现性接近，只是在最低浓度时，柱切换要略好于单柱模式[64]。Papp 等以单一限进柱和质谱相连，进行血浆样品中小分子的测定，通过六通阀进行样品净化和洗脱/分析两个过程的转换（图 11-25），六通阀在图 11-25（a）的位置时，以水/甲醇（95∶5，体积比）为流动相进行上样并洗脱样品中的蛋白，然后切换到图 11-25（b）位置，以含 0.1% 甲酸的乙腈为流动相，以快速梯度将被分析物洗脱到质谱检测器进行检测，质谱可以将待测物和内标物分离，整个分析时间只需要 8min[65]。

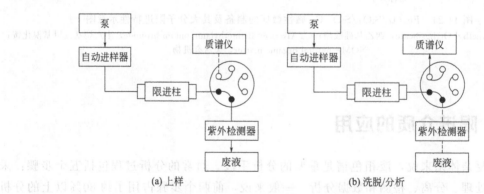

图 11-25　RAM 单柱模式用于血浆样品直接进样分析示意图[65]

11.3.1.2 偶合柱模式

在限进介质应用中，将限进固相提取/色谱分析进行联用的"偶合柱模式"是大部分工作所采用的方法，偶合柱模式分为离线（off-line）偶合和在线（on-line）偶合两种方式（图 11-26）。离线方式一般采用塑料管材的固相提取柱进行样品的富集和净化，样品在通过固相提取后通常需要浓缩后进行色谱分析；在线方式则应用柱切换技术直接将用于固相提取的限进介质柱与分析柱连接进行测定。

11.3.1.3 柱切换技术

柱切换技术被应用于多维柱色谱，也被应用于 SPE/HPLC 在线联用。这种技术通过柱切换阀连接固相萃取柱（SPE column）和分析柱（analytical column），进行固相萃取和分

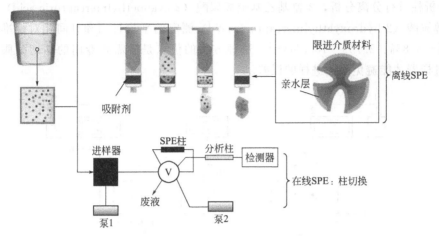

图 11-26 限进介质应用于离线和在线固相萃取[61]

离分析过程的转换。在 SPE/HPLC 分析中,首先以 SPE 柱对样品进行萃取、富集及净化,接着用流动相将 SPE 柱上吸附的待测组分洗脱转移到分析柱上,并进行下一步分离。使用固相萃取柱有许多优点,例如,相对于液液萃取和沉淀技术,SPE 方法更加省时、省力、样品使用量少、回收率高[15],而且能够对于较大体积的样品进行浓缩。因为限进介质除了能够去除样品中的生物基质外,还能分离和富集被分析物,以限进介质为 SPE 柱可以直接上样而不用预先沉淀蛋白,提高分析效率。柱切换技术需要多个色谱泵或配备柱切换阀,因此,对仪器硬件有一定要求是这种方法的局限性。另外,在分析条件的选择中,要求限进介质的洗脱流动相与分析柱用的流动相能够相匹配[15,66]。典型的柱切换装置由 SPE 柱、分析柱、柱切换阀和两个泵组成,分别用于将样品注入 SPE 柱和将 SPE 柱上吸附的组分洗脱至分析柱进行分析。在柱切换技术中,固相萃取柱和分析柱的连接分为反冲和正冲两种模式。

(1) 反冲模式 在反冲模式 (back-flush mode) 中,在 SPE 柱上注入样品与洗脱被分析物所用的流动相方向相反。由于在 SPE 柱上待测物一般集中在柱头,以反冲模式从 SPE 柱上洗脱可以使峰展宽降到最低,反冲模式是应用较多的模式。

一种反冲模式以两个六通阀分别进行样品的定量进样和柱切换。Christiaens 及其合作者通过限进介质柱 (LiChrospher ADS C$_4$) 与反相柱 (LiChrospher 100 RP-18) 联用的方式测定血浆样品中的醋酸环丙孕酮 (图 11-27)。当切换阀 7 在上样位置时 [图 11-27 (a)],用含 10% 乙腈的水溶液将血浆样品注入限进 SPE 色谱柱并冲洗 10min,将在 SPE 柱上保留较弱的蛋白质组分及杂质洗脱,同时平衡分析柱;当切换阀转到洗脱位置时 [图 11-27 (b)],用洗脱能力较强的乙腈/缓冲溶液 (46:54,体积比) 为流动相反冲,将保留在 SPE 柱上的被分析物转移到分析柱;4min 后将柱切换阀转到上样位置,再进行反相色谱分析,同时清洗、平衡 SPE 柱[67]。

另一种方法以 SPE 柱取代进样六通阀的定量环,即将 SPE 柱装在定量环的位置 (图 11-28),采用一个六通阀进行反冲模式的在线 SPE/HPLC 分析,也称进样管柱 (loop column) 法。这种方式只需一个泵,可以手动进样或使用自动进样器进样,然后进行梯度洗脱。Hou 等报道了使用限进介质柱与液相色谱柱联用分析尿样中硫醇尿酸代谢物的工作。尿样经离心后以 0.1% 甲酸水溶液为流动相,直接注射到位于切换阀进样管位置的 LiChrospher RP-8 ADS 限进介质柱中,再以反冲的模式将保留在限进介质柱上的组分转移

到 C_{18} 分析柱进行分离分析，2-氰基乙基硫醇尿酸（2-cyanoethylmercapturic acid）和 2-羟基乙基硫醇尿酸（2-hydroxyethylmercapturic acid）测定的平均日内和日间相对标准偏差分别为 2.4%～3.8%、2.7%～10.5%[68]。这种方法的优点是不需要专门的柱切换阀，但需要用自动进样器才能避免手动进样的误差。

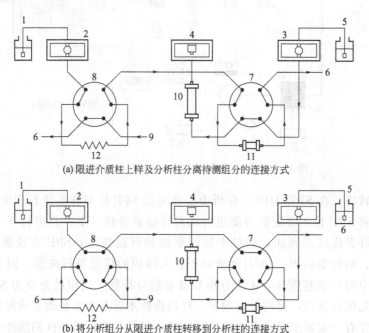

(a) 限进介质柱上样及分析柱分离待测组分的连接方式

(b) 将分析组分从限进介质柱转移到分析柱的连接方式

图 11-27　柱切换技术的反冲模式示意图[67]

1—上样流动相；2，3—液相色谱泵；4—检测器；5—分析流动相；6—废液；7—柱切换阀；
8—进样阀；9—样品；10—分析柱；11—限进材料预柱；12—定量环

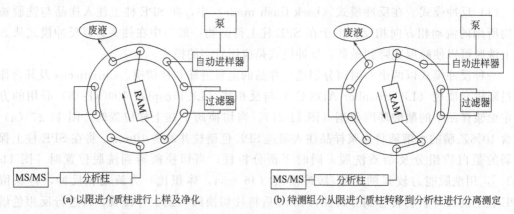

(a) 以限进介质柱进行上样及净化　　(b) 待测组分从限进介质柱转移到分析柱进行分离测定

图 11-28　以进样管柱方式进行限进介质固相萃取和液相色谱联用分析示意图[68]

（2）正冲模式　正冲模式（forward-flush mode）是另一种柱切换方式，在正冲模式中，将样品注入 SPE 柱与将被分析物从 SPE 柱上洗脱的流动相方向相同（图 11-29）。在样品净化后限进介质柱仍保留较多干扰物质的情况下，采用正冲模式可以选择性地将目标被分析物冲入分析柱，避免将可能的杂质冲入分析柱的柱头。Vázquez 等以 5cm 的 GFF-Ⅱ（ISRP，Pinkerton）为限进介质柱、以 Hypersil C_{18} 为分析柱，通过图 11-29 所示方式进行偶合，分析地下水中的三唑醇（triadimefon）和伊曲康唑（tetraconazole）。当切换阀在采样位置时，以乙腈/缓冲溶液（40∶60，体积比）为流动相，将 5mL 地下水样品注入限进介质柱；样品富集净化后，将切换阀转换到进样位置，提高流动相中乙腈浓度，以正冲模式将保留在 SPE 柱上的农药转移到分析柱；被分析物转移完毕后，切换阀转到采样位置，再用浓度梯度进行反相色谱分析，同时清洗、平衡 SPE 柱[69]。

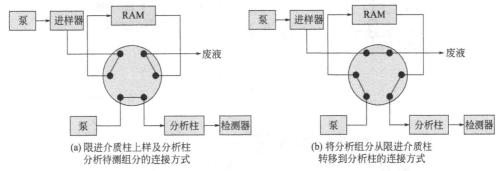

(a) 限进介质柱上样及分析柱　　　　　　(b) 将分析组分从限进介质柱
　　　分析待测组分的连接方式　　　　　　　　转移到分析柱的连接方式

图 11-29　限进介质固相萃取/液相色谱联用柱切换技术的正冲模式示意图

（3）串联的限进介质固相萃取　使用两根串联的限进介质（RAM）柱，可以分别对不同特性的目标组分进行富集和预处理。Yamamoto 及其合作者在 2011 年利用两根甲基纤维素涂布的 C_{18} 限进介质柱（Shimadzu MAYI-ODS）与反相色谱柱联用测定血液样品中的游离及脂质体包裹的多柔比星（doxorubicin）。分析过程主要分为三步：①样品首先经第一根 RAM 柱萃取血液中游离的多柔比星，将不保留的组分（包括微脂粒及其包裹的多柔比星）冲入第二根 RAM 柱；②将第一根 RAM 柱萃取的多柔比星反冲至 C_{18} 反相色谱柱进行定量检测；③在第二根 RAM 柱中，通过降低缓冲溶液的 pH 并添加离子对试剂五氟丙酸（pentafluoropropionic acid），将包裹在脂质体中的多柔比星释放并萃取，反冲至 C_{18} 分析柱上用酸性乙酸铵/乙腈缓冲溶液进行分析[70]。

11.3.1.4　限进介质萃取的其他方式

搅拌棒（stirring rod）萃取和管内（in tube）固相微萃取技术也被应用于限进介质固相萃取，这两种方式的优点是可以不使用或减少使用上样及净化溶剂。

Lambert 等将 LiChrospher RP-18 ADS 包覆于磁搅拌棒表面，对血浆中咖啡因及其三种代谢物进行吸附，洗脱后以 HPLC 进行分离测定，血浆中咖啡因的检测限达到 25ng/mL[71]。Mullett 等以 LiChrospher RP-18 ADS 为固相萃取剂，以管内微萃取和 HPLC 联用测定了人血清中的奥沙西泮、替马西泮等四种药物，检测限为 22～29ng/mL，管内固相微萃取技术可以和色谱仪的自动进样器结合（图 11-30），实现快速、自动化的操作过程[72]。

11.3.2　限进介质应用中的条件优化

11.3.2.1　限进介质的选择

限进介质有不同的种类，反相内层的疏水性不同在应用中也会产生不同的萃取效果，需要根据待测样品的性质进行选择。Petrovic 及其合作者在用反相限进介质与液质联用检测土壤中的内分泌干扰物时发现，使用疏水性较低的 LiChrospher ADS C_4 限进介质柱能够更有效地去除样品基质，基质组分在 LiChrospher ADS C_4 限进介质柱上的洗脱时间为 2.5min，

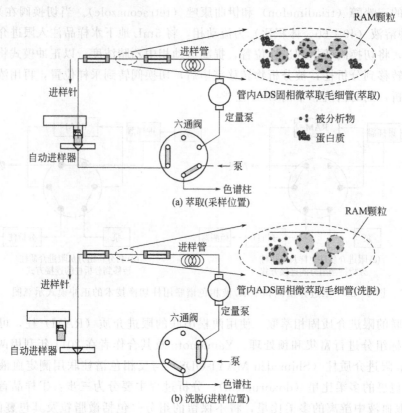

图 11-30　管内限进介质固相萃取测定血清中奥沙西泮等药物的过程示意图[72]

而在 LiChrospher ADS C$_8$柱和 LiChrospher ADS C$_{18}$柱上的保留时间超过 15min，而且回收率和柱效较低[73]。

离子交换限进介质可以应用于离子型待测物的选择性提取，和疏水结构的限进介质相比，离子交换限进介质对于离子型化合物有更强的保留能力。另外，载样容量大也是其在应用中的优点[74]。离子交换限进介质被应用于一些酸性、碱性药物的测定[75,76]，也被用于体液中多肽富集及组学研究[77,78]。

分子印迹限进材料具有很好的识别能力，可以用于特定结构化合物的选择性提取，因此，以分子印迹限进材料进行固相萃取可以提高效率，也有利于进一步分离测定。Haginaka 等以环己烯巴比妥分子印迹限进介质作为固相提取柱，和 C$_{18}$分析柱联用检测河水样中残留的镇静催眠药和抗癫痫药及其代谢产物。在分析过程中，以流速为 4mL/min 的乙酸铵缓冲溶液将 50mL 河水样品注入分子印迹限进固相萃取柱，样品净化后，以反冲的形式将被分析物转移到分析柱进行分析。和非印迹限进介质固相萃取柱相比，分子印迹柱有更高的选择性，苯巴比妥、异戊巴比妥测定准确度的相对误差在 12.7% 以下[79]。

11.3.2.2　色谱条件的选择

使用限进介质时，在流动相中加入有机溶剂可以有效地降低蛋白质与药物的结合程度，提高药物的回收率，降低样品中脂质和一些非目标疏水组分在提取柱上的保留。例如，由于牛奶样品中含有大量脂质，若用水为流动相上样，则对其洗脱能力较差。Oliveira 等发现在 pH 大于 6.5 的情况下，用含 2% 乙腈的缓冲溶液将牛奶样品注入限进介质柱可以防止蛋白质和脂质吸附在牛血清蛋白涂布的反相限进介质表面[80]。但流动相中有机溶剂超过一定比例会使蛋白质发生变性，同时也降低被分析物在限进柱上的保留[81]。有机溶剂性质不同，加入的浓度限度也有所不同，一些研究工作者所建议的几种有机溶剂的浓度限度为：乙腈≤25％，异丙醇≤20％，四氢呋喃≤10％。在蛋白质通过柱子后，可以提高流动相中有机溶剂的比例进行分析组分的洗脱。

另外，缓冲溶液的浓度、pH、盐浓度、有机溶剂添加量会影响蛋白质的折叠状态和所带电荷，因此蛋白质能否被限进介质吸附也和这些因素相关。Regnier 等报道在蛋白质变性的条件下分离，模型蛋白会被 SPS 型限进介质吸附[82]。Yu 和 Westerlund 使用 SPS 型和 ADS 型反相限进介质研究了流动相 pH 和组成对血浆样品中蛋白质回收率的影响，认为流动相的 pH 应当远离蛋白质的等电点。另外，因为白蛋白和大部分 α-免疫球蛋白和 β-免疫球蛋白的等电点为 4.7，分析血浆样品时应避免使用 pH 3～5 的缓冲溶液，以避免血浆中的蛋白质发生沉淀。在生理条件 pH 7.4 下分析弱酸性化合物时，可以在缓冲溶液中添加离子对试剂如四丁基胺盐，因为四丁基胺可以和带负电的血浆蛋白形成离子对，容易溶解在缓冲溶液中及被亲水限进介质表面排阻，从而提高蛋白质的洗脱回收率。Yu 的研究还发现使用带磺酸根的 N-(2-乙酰氨基)-2-氨基乙磺酸、4-羟乙基哌嗪乙磺酸和 3-(N-吗啡啉)乙磺酸这类两性离子的生物缓冲溶液可以提高蛋白质回收率，而使用带氨基的三羟甲基氨基甲烷和 N，N-双(2-羟乙基)甘氨酸缓冲溶液时蛋白质回收率较低[83]。

筛板材料的选择也影响到限进介质柱的寿命，由于蛋白质容易被不锈钢吸附，在流动相含 20％乙腈、0.1mol/L 磷酸盐缓冲溶液（pH 6.8）时，用 ISRP 柱连续进 100 次 10μL 血清样品，使用不锈钢筛板会引起柱效的降低和柱压的升高，使用孔径为 15μm 的 Teflon 筛板取代不锈钢筛板有助于解决这个问题[15]。

11.3.3　限进介质应用于生物样品中的药物分析

在药物发现和发展中，药物的代谢、毒性、药效学和生物利用度的研究均离不开体内药物分析；临床药物及毒物分析、违禁药物检测也都需要进行生物样品的测定。目前，大部分用于治疗的药物是非挥发性的小分子化合物，适合以液相色谱（HPLC）进行测定，质谱检测也越来越多地被应用于药物分析。若在分析中使用沉淀蛋白质的样品前处理方法，除了分析过程烦琐，也存在由于药物的共沉淀造成测定准确性降低的问题。另外，沉淀剂也可能影响质谱信号。应用限进材料进行样品前处理是解决这一问题的有效方法，也可以减小人对有传染性样品的接触以及样品被污染的概率。

11.3.3.1　测定生物样品中的药物小分子化合物

将限进介质填充柱作为固相萃取柱，通过柱切换阀与分析柱连接进行在线 SPE/HPLC 分析是 RAM 应用最多的方法，这种方法已经被应用于生物样品中儿茶酚[84]、醋酸环丙孕酮[67]、磺胺类药[54]、三氯二苯脲及其代谢物[85]、苯并咪唑[86]等多种药物的分析。研究证明，所建立的方法有很好的准确性及重现性，并具有较低的检出限。

以限进介质柱对于生物样品进行离线固相萃取（off-line solid-phase extraction），再以分析柱进行分离的方法，也被应用于生物样品中的药物分析。例如，Leon-Gonzalez 等用 Lichospher ADS 柱对于尿液进行离线固相萃取，以 Chromolith Performance RP-18e 整体柱进行分离，可以进行样品中 4 种拟除虫菊酯的分析[87]。

　　具有亲和配基的限进材料也被应用于亲和固相萃取。Rozet 等在测定尿液中的去甲肾上腺素、肾上腺素和多巴胺时，以亲和配基（硝基苯硼酸）修饰的限进介质柱进行样品净化和待测物富集，通过十通阀将亲和限进柱和反相分析柱在线连接，以电化学检测器检测，建立了固相萃取/液相色谱在线测定 3 种内源性儿茶酚的方法[84]。

　　将分子印迹和限进材料特点结合的限进型分子印迹聚合物在生物样品中的药物分析中显示了很大的优越性，分子印迹的内层使固相萃取材料具有更好的选择性，已经报道的被分析物包括苯巴比妥[88]、克伦特罗[55]、磺胺类药物[54]、β-受体阻滞剂[52]、萘普生[48]等。

11.3.3.2　生物样品中离子型化合物的固相萃取

　　使用疏水性内核的限进介质可以对很多有机小分子进行结合，但是其选择性较差，而且对亲水性化合物的保留相对较弱。离子交换限进材料对于离子型化合物有更强的保留能力，可以弥补疏水性内核限进介质的不足。含有强阳离子交换基团—SO_3 的限进材料 LiChrospher 60 XDS 被应用于生物样品中碱性药物的固相提取，文献报道了在线 SPE/HPLC 测定血浆中的阿托品[89]、菲诺特罗、普鲁卡因、索他洛尔、特布他林等药物的方法[75]。Kawano 等以甲基纤维素涂覆的强阳离子交换限进材料提取血浆中具有三环结构的抗抑郁药，以 C_{18} 分析柱和固相柱在线连接进行分离测定[90]。

　　Sato 等制备了甲基纤维素涂覆的弱阳离子交换限进材料，以其为固相萃取材料，通过柱切换和 ODS 柱连接，进行了血浆中舒必利、去甲丙咪嗪及奎尼的测定方法研究[91]。相对于强阳离子交换限进材料，使用弱阳离子交换限进材料可以通过酸性较弱、盐浓度较低的洗脱流动相将结合物洗脱下来，有利于降低流动相在分析柱上形成的背景信号。

　　表 11-2 列出了限进介质应用于生物样品中药物分析的部分文献。

表 11-2　限进介质应用于生物样品中的小分子化合物分析

样品	被分析物	限进介质	参考文献
人血浆	阿托品（atropine）	LiChrospher 60 XDS （SO_3/diol）	[89]
人血浆	邻氯青霉（cloxacillin）	LiChrospher 60 XDS （DEAE/diol）	[75]
血浆	干扰素 α_{2a}（interferon alpha$_{2a}$）	BSA 涂布硅胶	[92]
鼠血浆	游离及脂质体包裹的多柔比星 （released doxorubicin and liposomal doxorubicin）	Shimadzu MAYI-ODS	[70]
尿和血清	三氯二苯脲及其代谢物 （3,4,4-trichlorocarbanilide and metabolites）	LiChrospher RP-18 ADS	[85]
血清	甲氨蝶呤，甲酰四氢叶酸，叶酸（methotrexate，leucovorin and folic acid）	二醇/C_{18} 双层修饰的磁性材料	[93]
尿	甾体激素化合物 （steroid hormone compounds）	表面涂覆表面活性剂，内层接枝十二烷基的磁性纳米颗粒	[56]
全血溶血产物	他克莫司（tacrolimus）	糖蛋白涂覆的高分子限进材料	[94]
奶	酰胺咪嗪及其活性代谢产物 （carbamazepine and its active metabolite）	BSA 涂覆 C_{18} 硅胶	[95]

11.3.4　生物样品中的低分子量蛋白质和多肽的富集应用

研究工作者进行了限进介质柱与 HPLC/MS 在线耦合应用于蛋白质组学和多肽分析的研究，限进介质作为固相萃取柱，可以将样品中高丰度的白蛋白去除，对于多肽的富集更为有效[78,96]。限进介质也被应用于蛋白表达和调控的研究，在 TGF-β 刺激后的成纤维细胞表达模式的研究中，研究人员发现如果不经限进介质柱而进行二维凝胶电泳的话，分子量小于20kDa 的蛋白很难被检测，而以 ADS C_{18} 进行富集后，可以测到 400 个蛋白点[97]。

限进型离子交换二醇硅胶（ion exchange diol silica，XDS）被用于全血中血管紧缩素的富集测定，以 XDS 包覆的不锈钢丝作吸附，提取物用 HPLC/MS 进行分离测定，在 25～500pmol/L 的范围内定量线性关系良好，整个分析可以在 90min 完成[98]。阳离子交换限进固相提取/液相色谱/质谱方法也被应用于神经肽的富集分析[20]，Račaitytė 等以内表面带有磺酸根的阳离子限进介质对猪血浆样品进行净化，通过 HPLC/MS 在线耦合确定了三种神经肽，检测低限为 5nmol/mL，分析过程用时 21min。限进介质（Shiseido Capcell Pak MF SCX SG80）用于胃液中色氨酸的分析，通过单柱模式萃取分离，以荧光法检测，检测限达到 0.05mg/L，回收率为 77.4%～90.6%[99]。

限进介质及介孔材料在多肽和低分子量蛋白质分析中应用的部分文献列于表 11-3。

表 11-3　限进介质应用于选择性结合多肽和低分子量蛋白质分子

样品	被分析物	限进介质	参考文献
人血浆	多肽	有序介孔二氧化硅	[41]
体液	脂质和多肽	硅铝介孔材料	[100]
蛋白质酶解液和生物样品萃取液	磷酸化多肽	介孔 TiO_2 微球	[101]
蛋白质酶解液	磷酸化多肽	介孔 TiO_2、ZrO_2 和 HfO_2	[44]
卵黄高磷蛋白和 α-酪蛋白酶解液	低分子量磷酸化蛋白	表面修饰 Zr^{4+}、Ti^{4+} 和 Ga^{3+} 的介孔硅片	[102]
血清	多肽	有序介孔碳纳米管	[45]
人血浆	低分子量蛋白质和多肽	烷基二醇基-乙烯基介孔二氧化硅	[46]
α-酪蛋白酶解液	磷酸化多肽	外表面键合烷基二醇的硅-钛 MCM-41	[47]
全血	血管紧张素 1 和血管紧张素 2	强阳离子交换限进材料	[98]
血清	血清多肽	LiChrospher 60 XDS	[78]

11.3.5　环境分析应用

为了对于环境污染进行检测和控制，必须进行有效及高灵敏度的环境分析，因此，环境分析也成为分析领域的重要内容。除了工业生产的污染之外，动物和人类使用的药物经常以活性药物及其代谢产物的形式被排放到废水、地下水和河水中，也成为污染源之一。由于环境中的污染物浓度往往低于 10^{-9} 水平，而且样品的基质复杂，分析前样品的富集、净化通常是必不可少的过程。

在环境样品中，由环境中的有机物生物降解生成的腐殖酸是主要的基质组分，也是主要的色谱分析干扰物。腐殖酸是分子量从小于 700 到大于 200000 的酸性多组分混合物[103]，当进行环境样品测定时，分子量大的腐殖酸难以洗脱，导致柱效降低，腐殖酸形成的干扰峰也给体系分析造成困难。在分析酸性化合物时，腐殖酸会和酸性化合物一起被提取，由此形成的干扰尤为严重。

由于限进介质具有排阻大分子、结合小分子的能力，可以用于环境样品的腐殖酸去除和待测物的富集，起到萃取待测物、净化样品的作用。

四环素类药物是广泛应用的兽药之一，这些药物排放后会污染环境。Chico 及其合作者将河水样品经过 Oasis HLB 固相萃取盒萃取后，以 C_8 LiChrospher ADS 限进介质柱进行净化富集，再以 C_{18} 反相色谱柱进行分离，经柱后衍生后进行荧光检测，该方法回收率大于 85%，四环素（tetracycline）、土霉素（oxytetracycline）、金霉素（chlortetracycline）和多西环素（doxycycline）的检测限分别为 15ng/L、15ng/L、30ng/L、30ng/L[104]。

Petrovic 及其合作者报道了用限进介质固相萃取与液质联用检测土壤样品中两类内分泌干扰物的工作：其中一类是苯酚类化合物，如双酚 A（bisphenol A）、壬基酚聚氧乙烯醚（nonylphenol ethoxylates）、壬基苯酚（nonylphenol）等；另一类是天然雌激素，如雌二醇（estradiol）、雌激素三醇（estriol）、雌激素酮（estrone）等。将土壤样品中的待测物以限进介质柱进行提取，再以 HPLC/MS 进行分离测定，烷基苯酚类化合物、双酚 A 和类固醇性激素的检测限分别为 $0.5\sim2$ng/g、0.5ng/g 和 $0.5\sim5$ng/g[105]。

手性药物以外消旋混合物或单一对映体的形式进入体内。在环境中，对映体经历非生物过程和生物过程，不同对映体可能变化不同，因此对映体的比例可以成为手性药物在环境中变化的标志。Barreiro 等将牛血清蛋白涂布在 C_8 柱上作为限进介质，通过与手性柱联用，使用离子阱质谱仪进行检测，同时检测了废水中的兰索拉唑（lansoprazole）和泮托拉唑（pantoprazole）的对映体[106]。

分子印迹限进介质的高选择性也使其在环境样品的分离富集中具有优越性。Haginaka 等将分子印迹限进介质应用于河水中的药物及其代谢产物的检测，采用环己烯巴比妥分子印迹限进介质（RAM-MIP）作为固相提取柱选择性地结合河水中残留的镇静催眠药和抗癫痫药，RAM-MIP 柱通过柱切换和分析柱相连，以 LC-MS/MS 技术进行分离测定[79]。Hoshina 及其合作者将分子印迹限进介质应用于河水样品非甾体抗炎药（包括甲芬那酸、吲哚美辛、依托度酸和酪洛芬）的分析，以 MS 为检测器时，检测限达到 $0.1\sim0.15$ng/L[107]。Haginaka 等合成了 2-叔丁氨基-4-环丙氨基-6-甲硫基均三嗪（Irgarol）为印迹分子的 RAM-MIP，并应用于分离富集河水中微量的甲硫基三嗪灭草剂，以 RAM-MIP 为 SPE 柱，采用反冲柱切换技术，用紫外检测器检测西草净、莠灭净和扑草净，回收率大于 95%[108]。Sambe 及其合作者以双酚 A 的同位素异构体 $[^2H_{16}]$ 双酚 A 为模板分子，合成了 RAM-MIP，用于分离富集河水中双酚 A 类物质，将分子印迹限进介质固相提取柱和 C_{18} 反相色谱柱耦合，以负离子电喷雾检测，该方法具有很低的检测限[109]。

以可逆加成-断裂链转移自由基沉淀聚合方法合成的限进吡嘧磺隆分子印迹微球被用于土壤中磺酰脲除草剂的测定，以限进印迹材料为固相提取剂，与分析柱通过柱切换阀相连，以紫外检测器检测，吡嘧磺隆、苄嘧磺隆和氯嘧磺隆的方法回收率达到 81.9%~99.1%[53]。限进介质用于环境样品分析的部分文献列于表 11-4。

表 11-4　限进介质在环境样品分析中的应用

样品	被分析物	限进介质	参考文献
河水	四环素类药物	LiChrospher RP8 ADS	[104]
	非甾体抗炎药	氟芬那酸分子印迹限进材料	[107]
	抗癫痫药	环己烯巴比妥分子印迹限进材料	[79]
	双酚 A 及其卤化物的衍生物	[$^2H_{16}$]双酚 A 分子印迹限进材料	[109]
	甲硫基三嗪灭草剂	Irgarol 分子印迹限进材料	[108]
	甾类激素	RAM-C_{12}-Fe_3O_4 磁性纳米材料	[56]
废水	兰索拉唑和泮托拉唑对映体	RAM-BSA C_8	[106]
底泥	甾类性激素	LiChrospher RP4 ADS	[73]

11.3.6　食品分析应用

食品中的添加物、污染物以及成分分析是分析领域的重要内容，液相色谱是首选的应用手段之一。在植物、动物源食品的生长、收获及供应的不同阶段都会由于人为因素而引入污染物。这些污染物包括动物性食品中的药物残留、在农产品的生长过程中使用的农药、杀虫剂，以及在食品的保存过程中使用的防腐剂等[110]。食品样品基质复杂，在动物性食品的分析中，粗提物往往存在大量蛋白质和脂肪，对分离造成困扰，RAM 作为样品富集净化的固相提取材料，被应用于蛋、乳、组织（肉、脂肪、肝、肾等）、水产品的分析，发挥了很好的作用。另外，在蔬菜和水果中存在大量极性干扰物质，这些极性干扰物质给测定极性分析组分带来困难。Garcia 等使用限进介质为固相提取柱，通过 RAM 的分离模式去除这些干扰物质，很好地解决了以上问题[111]。限进介质用于食品分析的文献列于表 11-5。

表 11-5　限进介质应用于食品分析

样品	被分析物	限进介质	参考文献
蔬菜	苯甲酰脲	Pinkerton ISRP(GFII-S5-80)	[111]
蜂蜜	酚类内分泌干扰物	LiChrospher RP4 ADS	[112]
牛奶	氨苄西林	RAM-BSA C_8	[113]
	头孢类抗生素	BSA 涂覆的苯基键合硅胶	[80]
	磺胺类药物	磺胺甲嘧啶分子印迹限进材料	[54]
	四环素类药物	LiChrospher RP8 ADS	[104]
羊奶和牛奶	苯并咪唑及其代谢产物	LiChrospher RP4 ADS	[86]
鸡蛋	磺胺-6-甲氧嘧啶、磺胺二甲氧嗪及其衍生物	Hisep 屏蔽疏水材料	[114]
水产品	甲醛	Capcell pak MF Ph-1	[115]

参 考 文 献

[1] Cassiano N，Lima V，Oliveira R，et al. Anal Bioanal Chem，2006，384 (7)：1462-1469.

[2] Sadilek P，Šatínský D，Solich P. Trend Anal Chem，2007，26 (5)：375-384.

[3] Souverain S，Rudaz S，Veuthey J L. J Chromatogr B，2004，801 (2)：141-156.

[4] Hagestam I H, Pinkerton T C. Anal Chem, 1985, 57 (8): 1757-1763.

[5] Pinkerton T C, Hagestam I H. US 4544485. 1985.

[6] Hagestam I H, Pinkerton T C. J Chromatogra A, 1986, 351: 239-248.

[7] Hagestam I H, Pinkerton T C. J Chromatogra A, 1986, 368: 77-84.

[8] Haginaka J, Yasuda N, Wakai J, et al. Anal Chem, 1989, 61 (21): 2445-2448.

[9] Smigol V, Svec F, Fréchet J M J. J Liq Chromatogr Relat Technol, 1994, 17 (4): 891-911.

[10] Smigol V, Svec F, Fréchet J M J. Anal Chem, 1994, 66 (13): 2129-2138.

[11] Gasparrini F, Cancelliere G, Ciogli A, et al. J Chromatogr A, 2008, 1191 (1-2): 205-213.

[12] Williams D E. US 4941974. 1990.

[13] Williams D E, Kabra P M. Anal Chem, 1990, 62 (8): 807-810.

[14] Kimata K, Tsuboi R, Hosoya K, et al. J Chromatogr A, 1990, 515: 73-84.

[15] Anderson D. Anal Chem, 1993, 65 (12): 434-443.

[16] Pinkerton T C. J Chromatogr A, 1991, 544: 13-23.

[17] Boos K S, Rudolphi A, Vielhauer S, et al. Fresenius J Anal Chem, 1995, 352 (7-8): 684-690.

[18] Boos K S, Grimm C H. Trend Anal Chem, 1999, 18 (3): 175-180.

[19] 喻昕, 赵睿, 刘国诠. 色谱, 2001, 19 (2): 152-153.

[20] Račaitytė K, Lutz E S M, Unger K K, et al. J Chromatogr A, 2000, 890 (1): 135-144.

[21] Wagner K, Miliotis T, Marko-Varga G, et al. Anal Chem, 2002, 74: 809-820.

[22] Hosoya K, Kishii Y, Kimata K, et al. J Chromatogr A, 1995, 690 (1): 21-28.

[23] Gisch D J, Hunter B T, Feibush B. J Chromatogr B, 1988, 433: 264-268.

[24] Feibush B, Santasania C T. J Chromatogr A, 1991, 544: 41-49.

[25] Desilets C P, Rounds M A, Regnier F E. J Chromatogr A, 1991, 544: 25-39.

[26] Haginaka J, Wakai J. Chromatographia, 1990, 29 (5-6): 223-227.

[27] Haginaka J, Wakai J, Yasuda H. J Chromatogr A, 1990, 535 (1-2): 163-172.

[28] Haginaka J, Wakai J. Anal Chem, 1990, 62 (10): 997-1000.

[29] Haginaka J, Wakai J. J Chromatogr A, 1992, 596 (2): 151-156.

[30] Kanda T, Shirota O, Ohtsu Y, et al. J Chromatogr A, 1996, 722 (1-2): 115-121.

[31] 张海霞, 邓华, 刘满仓, 等. 分析化学, 2001, 29: 1003-1007.

[32] Yoshida H, Morita I, Tamai G, et al. Chromatographia, 1984, 19: 466-472.

[33] Hermansson J, Grahn A. J Chromatogr A, 1994, 660 (1): 119-129.

[34] Xu D, Dong X, Zhang H, et al. J Sep Sci, 2012, 35 (13): 1573-1581.

[35] Félix G, Campese D. Chromatographia, 2007, 66 (3-4): 159-164.

[36] Wang H, Jiang P, Zhang M, et al. J Chromatogr A, 2011, 1218 (9): 1310-1313.

[37] 王怀松. 原子转移自由基聚合法制备限进手性色谱固定相 [D]. 天津: 南开大学, 2011.

[38] Wang H, Xu D, Jiang P, et al. Analyst, 2010, 135 (7): 1785-1792.

[39] 魏黎明, 陆豪杰, 杨芃原, 等. 色谱, 2013, 31 (7): 603-612.

[40] Li F, Dever B, Zhang H, et al. Angrw Chem Int Ed, 2012, 51 (15): 3518-3519.

[41] Tian R, Zhang H, Ye M, et al. Angrw Chem Int Ed, 2007, 46 (6): 962-965.

[42] Tian R, Ren L, Ma H, et al. J Chromatogr A, 2009, 1216 (8): 1270-1278.

[43] Hu L, Zhou H, Li Y, et al. Anal Chem, 2009, 81 (1): 94-104.

[44] Nelson C A, Szczech J R, Dooley C J, et al. Anal Chem, 2010, 82 (17): 7193-7201.

[45] Qin H, Gao P, Wang F, et al. Angrw Chem Int Ed, 2011, 50 (51): 12218-12221.

[46] Qi Y, Wu D, Wei J, et al. Anal Bioanal Chem, 2010, 398 (4): 1715-1722.

[47] Wang F, Guan Y, Zhang S, et al. J Chromatogr A, 2012, 1246: 76-83.

[48] Haginaka J, Takehira H, Hosoya K, et al. J Chromatogr A, 1999, 849 (2): 331-339.

[49] Haginaka J. J Chromatogr B, 2008, 866: 3-13.

[50] Sambe H, Hoshina K, Hosoya K, et al. Analyst, 2005, 130: 38-40.

［51］ Haginaka J，Sanbe H. Anal Chem，2000，72：5206-5210.

［52］ Sanbe H，Haginaka J. Analyst，2003，128：593-597.

［53］ Yang M，Zhang Y，Lin S，et al. Talanta，2013，114：143-151.

［54］ Xu W，Su S，Jiang P，et al. J Chromatogr A，2010，1217 (46)：7198-7207.

［55］ Li X，Zhou M，Turson M，et al. Analyst，2013，138 (10)：3066-3074.

［56］ Ye L，Wang Q，Xu J，et al. J Chromatogr A，2012，1244：46-54.

［57］ Wang Y，Wang Y，Chen L，et al. J Magn Magn Mater，2012，324 (4)：410-417.

［58］ Sun L，Zhao Q，Zhu G，et al. Rapid Commun Mass Spectrom，2011，25 (9)：1257-1265.

［59］ Ma W F，Zhang Y，Li L L，et al. ACS Nano，2012，6 (4)：3179-3188.

［60］ Niu H Y，Li W H，Shi Y L，et al. Chem Commun，2011，47 (15)：4454-4456.

［61］ Cruz V M，Lucena R，Cárdenas S，et al. Anal Bioanal Chem，2010，397 (3)：1029-1038.

［62］ Huclová J，Šatínský D，Maia T，et al. J Chromatogr A，2005，1087 (1-2)：245-251.

［63］ Satinsky D，Serralheiro H S，Solich P，et al. Anal Chim Acta，2007，600 (1-2)：122-128.

［64］ Ortelli D，Rudaz S，Souverain S，et al. J Sep Sci，2002，25 (4)：222-228.

［65］ Papp R，Mullett W M，Kwong E. J Pharm Biomed Anal，2004，36 (3)：457-464.

［66］ Bovanová L，Brandšteterová E. J Chromatogr A，2000，880 (1-2)：149-168.

［67］ Christiaens B，Chiap P，Rbeida O，et al. J Chromatogr B，2003，795 (1)：73-82.

［68］ Hou H，Xiong W，Gao N，et al. Anal Biochem，2012，430 (1)：75-82.

［69］ Vazquez P P，Vidal J L M，Fernandez J M. Analyst，2000，125 (9)：1549-1553.

［70］ Yamamoto E，Hyodo K，Ohnishi N，et al. J Chromatogr B，2011，879 (30)：3620-3625.

［71］ Lambert J P，Mullett W M，Kwong E，et al. J Chromatogr A，2005，1075 (1)：43-49.

［72］ Mullett W M，Levsen K，Lubda D，et al. J Chromatogr A，2002，963 (1-2)：325-334.

［73］ Petrovic M，Tavazzi S，Barcelo D A. J Chromatogr A，2002，971 (1-2)：37-45.

［74］ Machtejevas E，Denoyel R，Meneses J M，et al. J Chromatogr A，2006，1123：38-46.

［75］ Rbeida O，Chiap P，Lubda D，et al. J Pharm Biomed Anal，2005，36 (5)：961-968.

［76］ Chiap P，Rbeida O，Christiaens B，et al. J Chromatogr A，2002，975 (1)：145-155.

［77］ Willemsen O，Machtejevas E，Unger K K. J Chromatogr A，2004，1025：209-216.

［78］ Hu L H，Boos K S，Ye M L，et al. J Chromatogr A，2009，1216：5377-5384.

［79］ Hoshina K，Horiyama S，Matsunaga H，et al. J Chromatogr A，2009，1216 (25)：4957-4962.

［80］ Oliveira R V，Cass Q B. J Agr Food Chem，2006，54 (4)：1180-1187.

［81］ Nunez O，Gallart-Ayala H，Martins C P，et al. J Chromatogr B，2013，927：3-21.

［82］ Wang H Q，Desilets C，Regnier F E. Anal Chem，1992，64 (22)：2821-2825.

［83］ Yu Z，Westerlund D. Chromatographia，1997，44 (11/12)：589-594.

［84］ Rozet E，Morello R，Lecomte F，et al. J Chromatogr B，2006，844 (2)：251-260.

［85］ Zhou X，Ye X，Calafat A M. J Chromatogr B，2012，881-882：27-33.

［86］ Garcia-Gomez D，Garcia-Hernandez M，Rodriguez-Gonzalo E，et al. Anal Bioanal Chem，2012，404 (10)：2909-2914.

［87］ León-González M，Plaza-Arroyo M，Pérez-Arribas L，et al. Anal Bioanal Chem，2005，382 (2)：527-531.

［88］ Hua K，Zhang L，Zhang Z，et al. Acta Biomaterialia，2011，7：3086-3093.

［89］ Rbeida O，Christiaens B，Hubert P，et al. J Pharm Biomed Anal，2005，36 (5)：947-954.

［90］ Kawano S I，Takahashi M，Hine T，et al. Rapid Commun Mass Spectrom，2005，19 (19)：2827-2832.

［91］ Sato Y，Yamamoto E，Takakuwa S，et al. J Chromatogr A，2008，1190 (1-2)：8-13.

［92］ Chaves A R，Silva B J G，Lancas F M，et al. J Chromatogr A，2011，1218 (21)：3376-3381.

［93］ Wang Y，Wang Y，Chen L，et al. J Magn Magn Mater，2012，324 (4)：410-417.

［94］ Neu V，Delmotte N，Kobold U，et al. Anal Bioanal Chem，2012，404 (3)：863-874.

［95］ Lopes B R，Barreiro J C，Baraldi P T，et al. J Chromatogr B，2012，889-890：17-23.

［96］ Rieux L，Bischoff R，Verpoorte E，et al. J Chromatogr A，2007，1149 (2)：169-177.

[97] Bratt C，Lindberg C，Marko V G. J Chromatogr A，2001，909（2）：279-288.

[98] Musteata F M，Walles M，Pawliszyn J. Anal Chem Acta，2005，537（1-2）：231-237.

[99] Lian W，Ma D J，Xu X，et al. J Dig Dis，2012，13（2）：100-106.

[100] Preianò M，Pasqua L，Gallelli L，et al. Proteomics，2012，12（22）：3286-3294.

[101] Tang J，Yin P，Lu X，et al. J Chromatogr A，2010，1217（15）：2197-2205.

[102] Hu Y，Peng Y，Lin K，et al. Nanoscale，2011，3（2）：421-428.

[103] Ishiwatari R. Geochem J，1971，5：121-132.

[104] Chico J，Meca S，Companyo R，et al. J Chromatogr A，2008，1181（1-2）：1-8.

[105] Petrovic M，Tavazzi S，Barcelo D A. J Chromatogr A，2002，971（1-2）：37-45.

[106] Barreiro J C，Vanzolini K L，Cass Q B. J Chromatogr A，2011，1218（20）：2865-2870.

[107] Hoshina K，Horiyama S，Matsunaga H，et al. J Pharm Biomed Anal，2011，55（5）：916-922.

[108] Sambe H，Hoshina K，Haginaka J. J Chromatogr A，2007，1152（1-2）：130-137.

[109] Sambe H，Hoshina K，Hosoya K，et al. J Chromatogr A，2006，1134（1-2）：16-23.

[110] Mohamed R，Guy P A. Mass Spectrom Rev，2011，30（6）：1073-1095.

[111] Garcia M D G，Martinez D B，Galera M M，et al. J Sep Sci，2004，27（14）：1173-1180.

[112] Rodriguez-Gonzalo E，Dominguez-Alvarez J，Garcia-Gomez D，et al. Electrophoresis，2010，31（13）：2279-2288.

[113] Moura F，de Almeida F G，Lopes B R，et al. J Sep Sci，2012，35（19）：2615-2620.

[114] Kishida K. Food Chem，2007，101（1）：281-285.

[115] Chen L，Jin H，Xu H，et al. J Agric Food Chem，2009，57（10）：3989-3994.

介孔材料固定相

12.1 概述

根据国际纯粹和应用化学联合会（IUPAC）的定义，多孔材料按孔径大小可分为三类：微孔材料（＜2nm）、介孔材料（2～50nm）和大孔材料（＞50nm）。1992 年，Mobil 公司研究人员以烷基季铵盐阳离子表面活性剂在溶液中形成的超分子结构为模板剂，通过溶胶-凝胶过程，在无机物与有机物之间界面引导作用下，自组装合成出 M41S 系列有序介孔氧化硅材料[1,2]。有序介孔材料的出现使分子筛的规则孔径从微孔范围扩展到介孔领域，这些具有特殊结构和性质的介孔材料已经成为化学、物理、材料等多学科的前沿和热点研究领域之一。

有序介孔材料具有较大的比表面积和孔体积、均一可调的孔径、可控的形貌、表面可功能化等一系列优点，在吸附、化学传感、生物医学、化工催化以及纳米材料合成等领域得到了广泛的研究和应用。同时，由于具有比表面积大、孔径可调、传质快和吸附量大等优点，有序介孔材料作为色谱固定相在高效液相色谱（HPLC）分离中也有良好的应用前景。本章将介绍二氧化硅、氧化锆、氧化钛、金属-有机骨架（MOFs）等介孔材料固定相及其在 HPLC 中的应用。

介孔材料固定相 { 硅基介孔材料固定相 { 纯硅基介孔材料固定相 / 改性硅基介孔材料固定相 ; 非硅基介孔材料固定相 { 过渡金属氧化物固定相 / 非氧化物固定相 }

图 12-1　介孔材料固定相分类

根据材料组成，介孔材料固定相可分为硅基介孔材料固定相和非硅基介孔材料固定相两大类（图 12-1）[3]。硅基介孔材料固定相又可分为纯硅基介孔材料固定相和改性硅基介孔材料固定相两类。非硅基介孔材料固定相则可分为过渡金属氧化物固定相和非氧化物固定相两类。

12.2 硅基介孔材料固定相

硅基介孔材料是最常用的介孔材料固定相，目前已成功用于从有机小分子到生物大分子的 HPLC 分离[4,5]。

12.2.1 纯硅基介孔材料固定相

1996 年，Grum 等[6]首次报道了介孔硅胶 MCM-41 用于正相高效液相色谱（NP-HPLC）分离的研究。在 500mL 十六烷基三甲基氯化铵水溶液（25%，质量分数）中加入 38.5 g 四甲基溴化铵，搅拌 30min 得到均一溶液，再加入 90.87g 硅酸钠水溶液（27% SiO_2，8.3%NaOH，质量分数）、62.5g Aerosil 200 和 500mL 去离子水，搅拌过夜。悬浮液 160℃加热 3 天，待冷却至室温，经过滤、去离子水洗涤、室温晾干后研磨，并在 500℃ 煅烧 12h 制备成 MCM-41。对比 MCM-41、氧化锆、氧化铝、氧化钛和商品化硅胶 LiChrospher Si 100 的 HPLC 分离结果发现，上述固定相的色谱分离性能与其酸碱特性直接相关。例如，具有碱性的氧化锆、氧化铝和氧化钛对碱性化合物的分离效果较好，得到的色谱峰对称且保留时间短，而含有酸性位点的 LiChrospher Si 100 和 MCM-41 对碱性化合物的保留明显增加。Grum 等[6]随后考察上述固定相分离中性多环芳烃分子的性能（图 12-2）。多环芳烃固有 π 电子体系通常作为路易斯碱，在分离过程中多环芳烃与固定相上的路易斯酸位点的相互作用起主导作用。LiChrospher Si 100 由于缺少路易斯酸位点而对多环芳烃没有保留。MCM-41 因为在煅烧过程中形成了路易斯酸（硅氧桥或铝的骨架）位点而有利于多环芳烃的保留，因此能得到较好的分离效果。含路易斯酸位点的氧化锆、氧化铝和氧化钛对多环芳烃的保留也明显增强。同时，氧化锆由于酸性最强而对多环芳烃的保留最强。由此可见，固定相的分离性能与其酸碱特性直接相关。此外，上述结果也表明介孔 MCM-41 在 HPLC 分离中具有良好的应用前景。

桥键型有机-无机杂化介孔材料由于具有比表面积大、孔结构有序、粒径分布均匀和孔径可调等特点，作为色谱固定相具有潜在的应用价值。Martines 等[7]以聚环氧乙烷-聚环氧丙烷-聚环氧乙烷三嵌段共聚物 P123 为模板剂，在酸性条件下采用两步法合成介孔硅胶 MSU-3 用于 HPLC 分离苯、萘、菲和联苯等中性化合物。由于该方法所合成的 MSU-3 粒径只有 200nm，用于 HPLC 分离时会产生很大的反压。因此，Martines 等仅填充了 6cm 长的色谱柱。但是，该色谱柱与 25cm 长商品化硅胶柱分离上述中性化合物的效果相当，表明 MSU-3 有着比商品化硅胶更好的分离性能。

Zhu 等[8]以三嵌段共聚物 P123 为模板剂，十六烷基三甲基溴化铵（CTAB）为共模板剂，乙醇为共溶剂，在酸性条件下合成了乙烷桥键型有序介孔材料（PME）。PME 表面光滑且形貌规则，粒径在 3～6μm 之间，不经化学改性可以直接应用于反相高效液相色谱（RP-HPLC）分离苯、萘、联苯、菲和芘等多环芳香化合物（图 12-3）。

Lian 等[9]以 1,4-二(三乙氧基硅基)-苯为硅源，三嵌段共聚物 P123 为模板剂，CTAB 为共模板剂，乙醇为共溶剂，在酸性条件下合成了球形苯基桥键型有序介孔材料用作 RP-HPLC 固定相。与商品化键合硅胶苯基色谱柱相比，桥键型苯基有序介孔材料对芳香类化合物具有更高的分离选择性。苯基桥键型介孔硅胶作为一种新的液相色谱填料具有很好的应用前景。

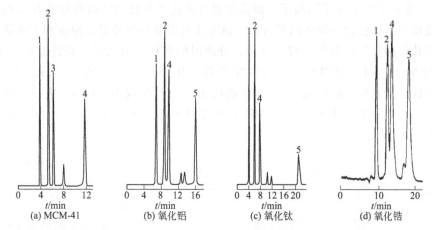

图 12-2 MCM-41、氧化铝、氧化钛和氧化锆分离多环芳烃色谱图[6]
被分析物：1—萘；2—蒽；3—芘；4—䓛；5—苯并蒽

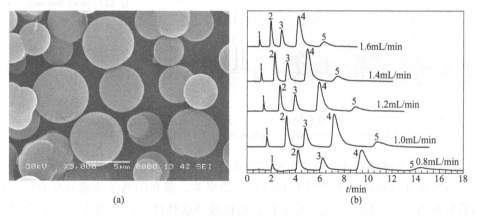

图 12-3 PME 的扫描电镜图（a）及不同流速条件下分离苯、
萘、联苯、菲和芘的色谱图（b）[8]
被分析物：1—苯；2—萘；3—联苯；4—菲；5—芘

针对生育酚同系物难以分离问题，Zhou 等[10]以三嵌段共聚物 P123 为模板，在强酸条件下水热合成了 SBA-15，制备方法如下：移取 15mL 水、60mL 2mol/L HCl，并称取 2g P123 于 100mL 烧杯中，在 40 ℃恒温水浴中剧烈搅拌至 P123 完全溶解（约 2h）。向反应混合物中缓慢滴加 4.25g 四乙氧基硅烷（TEOS），于 40 ℃水浴中搅拌 24h。将反应后的溶液转入聚四氟乙烯衬底的 100mL 高压反应釜中，在 100℃晶化 24h，冷却，抽滤，以去离子水洗涤，在红外灯下烘干。置于管式炉中，前 4h 逐渐升温至 500 ℃，并在 500 ℃焙烧 5h，以除去模板剂。所填充的 SBA-15 色谱柱在正己烷/乙醚（97：3，体积比）的流动相下实现了 α-生育酚、β-生育酚、γ-生育酚、δ-生育酚和 α-生育三烯酚、δ-生育三烯酚混合物的基线分离。

以传统表面活性剂为模板合成的介孔硅胶孔径一般小于 20nm，限制了其在生物大分子和天然产物分离中的应用。通常增加介孔硅胶孔径的方法有两种：一种是通过在后处理中引入扩孔剂，但该方法合成的硅胶孔径分布宽，机械强度低；另一种是在酸性条件下引入三嵌段聚合物方法，但该方法合成的硅胶的孔径分布仍然比较宽。因此，合成形貌规则且孔径分布窄的介孔硅胶仍然极具挑战。

Li 等[11]发展了以大分子阳离子表面活性剂合成孔径和粒径可调的介孔和大孔硅胶的新方法，并成功用于极性化合物的高效分离。该方法可以通过改变老化温度和表面活性剂的比例实现硅胶孔径和粒径的调控。权衡柱效、分离时间和柱压的关系，最终选取了 $1.7\mu m$ 的介孔硅胶 Q-MSS-3 用于 HPLC 分离极性嘧啶和核苷（图 12-4）。在 $0.2mL/min$ 流速条件下，该色谱柱分离胞嘧啶的柱效为 112080 塔板/m，且柱压仅为 5MPa。进一步提高流速至 $0.5mL/min$，虽然其柱压上升至 11.5MPa，但是柱效达到了 174280 塔板/m，是一种非常有潜力的 HPLC 固定相。

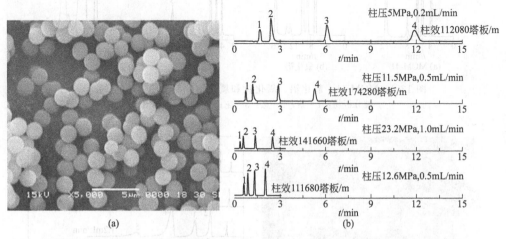

图 12-4　Q-MSS-3 的扫描电镜图（a）及 Q-MSS-3 分离极性化合物色谱图（b）[11]
被分析物：1—尿嘧啶；2—尿嘧啶核苷；3—5-氟胞嘧啶；4—胞嘧啶

Huang 等[12]在碱性条件下合成了形貌和孔径可控、比表面积大和孔径分布窄的乙烷桥联单分散有机介孔硅胶，并成功用于 HPLC 分离甲苯、萘和硝基苯等芳香化合物。该色谱柱具有良好的通透性、优异的化学稳定性、高柱效和选择性，适合用于 HPLC 分离芳香化合物。

合成粒径和孔径可控的色谱固定相对 HPLC 发展具有重要意义。Boissiere 等[13]以非离子表面活性剂为原料采用两步法合成球形 MSU 系列介孔二氧化硅，并应用于 NP-HPLC。该方法不仅可以通过改变氟硅比和反应温度实现 MSU-1 粒径（$1\sim10\mu m$）和孔径（$1.5\sim5.5nm$）的调控，还可用于大量制备机械强度高、比表面积大的单分散微球。对比 MSU-1 与商品化硅胶 Nucleosil 50-7 填充色谱柱对苯、萘、联苯和菲的分离，MSU-1 对上述芳香化合物的保留明显强于 Nucleosil 50-7，且对分子尺寸相近的萘和联苯有较好的分离。

Martin 等[14]针对合成介孔硅胶时容易团聚的问题，采用伪形貌合成法合成了粒径和孔径可控且不团聚的介孔硅胶 MCM-41（图 12-5），大大提高了传统方法合成的介孔硅胶的色谱分离能力。伪形貌合成法合成的 MCM-41 具有大的比表面积，可有效增加分析物的保留。与传统方法合成的硅胶相比，MCM-41 规则的孔隙结构使得它能在高流速下提供更快和均一的样品扩散速率，有效提高色谱柱效。因此，可以在不损失柱效的情况下实现目标物的快速分离。

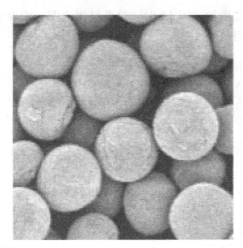

图 12-5　MCM-41 扫描电镜图[14]

12.2.2　改性硅基介孔材料固定相

表面修饰不仅可以调控介孔硅胶的孔径和表面性质，还可以增加介孔硅胶的水热稳定性和机械稳定性。因此，介孔硅胶的表面功能化为其进一步应用提供了良好的机遇。

1999 年，Karl 等[15]在酸性条件下制备了粒径为 $4 \sim 10 \mu m$ 的介孔硅胶 APMs，其比表面积是常规色谱硅胶的 $3 \sim 4$ 倍，通过表面键合 C_8 基团得到 C_8-APMs，并成功应用于 RP-HPLC 分离尿嘧啶、苯、萘和联苯，其分离效果明显优于商品化硅胶 Hypersil-C8（图 12-6）。

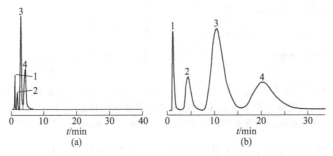

图 12-6　商品化硅胶 Hypersil-C8（a）及 C_8-APMs 分离尿嘧啶、苯、萘和联苯的色谱图（b）[15]
被分析物：1—尿嘧啶；2—苯；3—萘；4—联苯

Yang 等[16]在上述研究基础上，以水溶性聚合物为原料，以过氧化氢为氧化剂去除模板得到了比表面积大、机械强度高、分散性好和硅羟基密度高的球形介孔硅胶 MSS，通过表面键合 C_8 得到 C_8-MSS 介孔硅胶应用于 HPLC 分离，其分离多环芳烃的柱效和峰形均优于 C_8-APMs 色谱柱（图 12-7）。

Yasmin 等[17]采用准晶体转化法合成了高度有序的球形介孔硅胶 MCM-41，对比了 C_4 和 C_8 两个不同链长烷基配体修饰介孔硅胶的性能。由于空间位阻效应，C_8 只能修饰在硅胶外表面和孔窗，而 C_4 则可以同时修饰孔内、孔外的表面。色谱分离结果表明，硅胶的色谱分离能力与其烷基表面功能化程度和链长直接相关。随着烷基表面功能化程度的增加，目标物的分离度增加，同时由于烷基表面功能化程度的增加减少了硅胶表面的硅羟基，色谱峰形特别是碱性化合物的峰形得到了明显改善。此外，随着烷基链长的增加，固定相的疏水性也增加，目标物的保留也随之增加（图 12-8）。这些结果表明，表面功能化 MCM-41 介孔硅胶在色谱分离中有良好的应用前景。

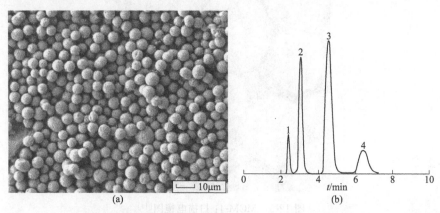

图 12-7　C$_8$-MSS 扫描电镜图（a）及 C$_8$-MSS 分离苯、萘、菲和芘的色谱图（b）[16]
被分析物：1—苯；2—萘；3—菲；4—芘

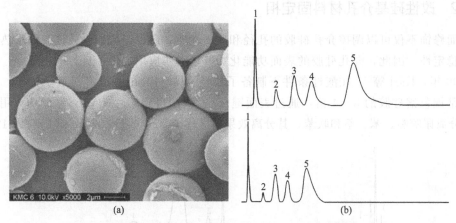

图 12-8　MCM-41 扫描电镜图（a）及 C$_8$（上）和 C$_4$（下）功能化 MCM-41 分离
尿嘧啶、甲苯、乙苯、醌茜和阿米替林的色谱图（b）[17]
被分析物：1—尿嘧啶；2—甲苯；3—乙苯；4—醌茜；5—阿米替林

　　Ide 等[18]采用喷雾干燥法合成了比表面积大、孔径分布窄、粒径为 1.8μm 的 MCM-41，通过 C$_{18}$ 表面功能化制备了 C$_{18}$-MCM-41。这种材料具有良好的稳定性，即使经过 300 次分离测试后其粒径分布和形貌均未发生明显改变（图 12-9）。与商品化硅胶的色谱分离能力进行比较，结果表明，强极性的分析物在 C$_{18}$-MCM-41 色谱柱上的容量因子是商品化硅胶的 2～4 倍，有望应用于强极性难分离化合物的色谱分离。

　　Thomas 等[19]以单一表面活性剂采用溶胶-凝胶法合成了比表面积为 1400m^2/g、粒径为 1μm 的球形介孔硅胶，并成功应用于多环芳烃等中性物质的 HPLC 分离。所合成球形介孔硅胶具有良好的尺寸选择性，实现了 16 种多环芳烃混合物的分离。该方法合成速率快，可以简单地通过模板分子的调控引入不同的功能基团，即可以根据需要设计具有不同功能基团的介孔固定相。例如，通过 C$_{30}$ 烷基链与 TEOS 的缩合引入 C$_{30}$ 基团可以分离胡萝卜素等较大的中性化合物。

　　键合介孔硅胶不仅应用于有机小分子的分离，还可以应用于高效分离生物分子。Yasmin 等[20]以 P123 为模板，以 CTAB 为助表面活性剂，在酸性条件下合成了孔径为

10nm 的球形介孔硅胶 SBA-15，并以不同链长的单一或三功能化的烷基链进行表面功能化制备了一系列具有良好化学稳定性的功能化 SBA-15 介孔硅胶，并成功应用于 HPLC 分离有机小分子和生物大分子。表面功能化程度和烷基链长度在色谱分离中起着关键作用，表面功能化程度越高，其色谱分离能力越优越。当然，表面功能化的覆盖率以及烷基链长的控制与目标物的溶解度和极性相关。

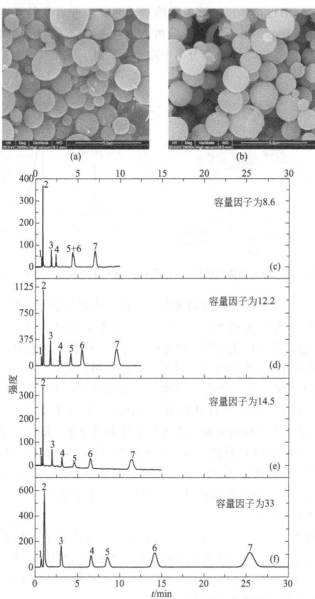

图 12-9　使用前（a）和使用 300 次分离之后（b）的 C_{18}-MCM-41 扫描电镜图及对比商品化硅胶 X-bridge（c）、Zorbax SB C18（d）、Luna C_{18}（e）和 C_{18}-MCM-41（f）色谱柱分离尿嘧啶、咖啡因、苯酚、苯乙酮、丙基-4-羟基苯乙酸、苯和甲苯的色谱图[18]

被分析物：1—尿嘧啶；2—咖啡因；3—苯酚；4—苯乙酮；5—丙基-4-羟基苯乙酸；6—苯；7—甲苯

　　Zhao 等[21]将 C_{18} 键合在介孔硅胶 SBA-15 上应用于毛细管液相色谱分离氨基酸、多肽和蛋白质等生物分子。C_{18}-SBA-15 由于具有更大的比表面积和均一的孔道结构，C_{18}-SBA-15 所填充的色谱柱取得了比常规硅胶更好的分离效果，实现了半胱氨酸、谷胱甘肽、6-巯基嘌呤和多巴胺 4 个生物分子混合物的分离。C_{18}-SBA-15 色谱柱还实现了肌红蛋白酶解液中多肽的高效分离，其中多肽亲水/疏水特性与其在 C_{18}-SBA-15 色谱柱上的保留直接相关。另外，溶菌酶、牛血清白蛋白、肌红蛋白和卵清蛋白在 C_{18}-SBA-15 得到了较好分离，且分离柱效均大于 10000 塔板/m，是一种适用于蛋白质分离的 HPLC 固定相。

合成大孔径的介孔硅胶用于大分子分离具有优势。Ma 等[22]以三嵌段共聚物 P123 为模板，以 CTAB 为助表面活性剂，以乙醇为助溶剂，两步法合成孔径可调的介孔硅胶。通过表面功能化得到 C_{18}-SiO_2，并用于 HPLC 分离人血清白蛋白、溶菌酶和牛血清白蛋白等蛋白质分子（图 12-10）。C_{18}-SiO_2 在色谱分离中除了显示出了反相保留机理，还体现了明显的分子筛效应。

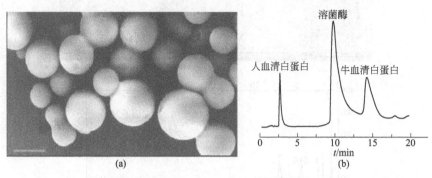

图 12-10　C_{18}-SiO_2 扫描电镜图（a）及 C_{18}-SiO_2 分离蛋白质色谱图（b）[22]

Wan 等[23]在 1,3,5-三甲苯和 KCl 的辅助下，以三嵌段聚合物 P123 为结构导向剂合成了孔径为 23nm、粒径为 4.5μm 的 SBA-15 球形介孔硅胶，通过表面功能化得到 C_{18}-SBA-15 用于 HPLC 分离。该色谱柱不仅能高效分离有机小分子（分离甲苯的柱效为 83333 塔板/m），还能有效分离多肽和蛋白质等生物分子，具有良好的应用前景。

将具有手性识别功能的有机小分子、环糊精、低聚糖或纤维素等功能化于硅胶表面，得到的手性介孔硅胶在手性分离中具有良好的应用潜力。1999 年，Carl 等[24]通过水热法在 MCM-41、MCM-48 和无定形硅胶表面共价键合手性识别分子（R）-萘乙胺，实现了二硝基苯的萘乙胺手性衍生物的 HPLC 分离。与无定形硅胶相比，MCM-41 具有最大的比表面积，其表面键合了最多的手性识别分子（R）-萘乙胺，因而取得最佳的分离效果。虽然 MCM-41 的分离度和柱效并不高，但是高选择性、较快分离速率和较低柱压使得 MCM-41 在手性分离中仍具有良好的应用潜力。

Ran 等[25]在碱性条件下合成了手性联萘介孔硅胶，并应用于 HPLC 手性分离。通过改变 pH 与手性前驱液的比例，可以实现介孔硅胶形貌和孔径的调控。手性联萘介孔硅胶不仅具有大的比表面积，还具有均一的 DABN 分布，其手性选择性优于 DABN 修饰的商品化硅胶，是一种有应用前景的手性吸附剂或固定相。

Ai 等[26]采用三元表面活性剂体系合成了粒径为 0.6～0.9μm 的介孔硅胶，通过 β-环糊精衍生物进行表面功能化，用于快速分离手性化合物。虽然该介孔硅胶的粒径为亚微米级，但在 2mL/min 条件下仍可保持较低的柱压。此外，由于该介孔硅胶有较大的比表面积，其 β-环糊精衍生物的装载量高达 32μmol/g，为其快速和高效分离手性化合物打下良好的基础。在 5cm 长的色谱柱上 2.5min 内就可实现手性化合物的分离，其选择性和分辨率与文献报道的 25cm 长的色谱柱相当，表明该介孔硅胶是一种很有潜力的手性色谱固定相。

Vega 等[27]在温和的酸性条件下通过低聚糖有机硅衍生物、硅胶前驱体和聚合物模板缩合，得到含有 1 个、3 个或 5 个糖单元的新型手性介孔硅胶 SBA-15 用于 HPLC 分离手性糖。结果表明，低聚糖修饰的 SBA-15 有很高的立体选择性，但是由于所制备的低聚糖修饰的 SBA-15 粒径分布较宽（0.1～20μm），其柱效并不高。

Du 等[28,29]以三嵌段聚醚 P123 为模板，四乙氧基硅烷为前驱体，在强酸性条件下合成了高比表面积、大孔径、微米级的球形 SBA-15。将纤维素-三（3，5-二甲基苯基氨基甲酸酯）（CDMPC）涂覆在氨丙基化的 SBA-15 微球上，作为手性固定相用于直接拆分手性化合物。手性化合物在所制备的新型手性固定相上具有较强的保留以及较高的分离因子。因此，高比表面积的介孔 SBA-15 微球适合作为手性色谱填料基质。

Wu 等[30]在无孔硅胶表面采用层层组装的方法合成了核壳型手性介孔硅胶用于手性分离。DACH 核壳型手性介孔硅胶具有均一的粒径（2.3μm）和孔径（2.6nm），实现了多种手性萘酚和菲酚的快速分离，其分离效果优于 DACH 功能化的介孔硅胶，非常适用于快速手性分离。

Liu 等[31]采用层层自组装的方法，以微米多孔 SiO_2 小球为核，将硅胶纳米粒子多层包覆，制备了核壳型 SiO_2/SiO_2 硅胶小球。透射电子显微镜表明，这种硅胶小球具有明显的核壳结构，氮气吸附实验证明，该硅胶小球是典型的介孔材料，具有良好的介孔结构和窄的孔径分布。将其作为基质制备核壳型 C_{18}-SiO_2/SiO_2 色谱固定相，该固定相的碳含量与未组装硅球制备的碳十八键合固定相相比有显著提高。对其渗透性考察表明，渗透性较未组装硅胶小球制备的碳十八键合固定相有明显提高。利用 8 种芳香类化合物对该新型固定相进行色谱性能评价，结果表明，这种核壳型 SiO_2/SiO_2 固定相对芳香性化合物的分离选择性有明显改善，并有很好的峰对称性，是一类具有良好发展潜力的固定相（图 12-11）。

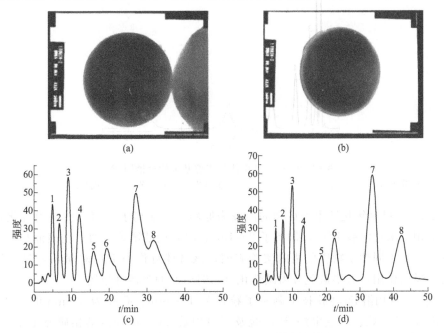

图 12-11　SiO_2（a）和核壳型 SiO_2/SiO_2（b）透射电镜图及 C_{18}-SiO_2（c）和
核壳型 C_{18}-SiO_2/SiO_2（d）分离芳香化合物色谱图[31]

被分析物：1—苯；2—甲苯；3—乙苯；4—异丙苯；5—2-甲基萘；6—芘；7—菲；8—蒽

12.3 非硅基介孔材料固定相

12.3.1 过渡金属氧化物介孔材料固定相

氧化锆具有优越的耐酸碱性和良好的机械强度，其作为液相色谱固定相的研究也逐渐引起人们的关注，目前已成为最常用的过渡金属氧化物介孔材料固定相，已成功用于中性、酸性和碱性化合物的分离。

Zhang 等[32]采用硬脂酸、环糊精和十二烷基磺酸钠动态改性氧化锆微球，研究了流动相中甲醇和改性剂浓度对苯酚、苯甲酸衍生物、苯胺衍生物及芳香烃类化合物的色谱保留行为的影响。结果表明，改性后的氧化锆表现出反相色谱性能。中性及碱性化合物的保留时间较短，色谱峰对称，酸性化合物保留时间较长，色谱峰拖尾严重。

Zhang 等[33]以自制 5 μm 球形氧化锆为基质，制备了十二烷基键合氧化锆 HPLC 固定相，考察了烷基取代苯、稠环芳烃、苯胺及吡啶衍生物、苯酚和硝基苯酚异构体等不同性质化合物在固定相上的保留行为（图 12-12），并与十二烷基键合硅胶固定相进行了比较。结果表明，中性和碱性化合物在氧化锆固定相上主要为反相色谱保留机理，而酸性化合物在氧化锆固定相上以反相色谱保留机理为主，但是氧化锆表面的 Lewis 酸性中心对溶质也存在一定程度吸附作用，导致色谱峰拖尾。

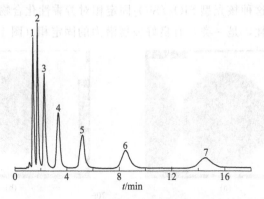

图 12-12 C_{12}-氧化锆分离烷基苯的色谱图[33]
被分析物：1—苯；2—甲苯；3—乙苯；4—正丙苯；5—正丁苯；6—正戊苯；7—正己苯

Zhang 等[34]以氧氯化锆水解得到的溶胶为原料，以非离子表面活性剂为乳化剂，以环己烷为有机相，采用溶胶-凝胶法制备了 $2\sim10\mu m$ 的氧化锆微球。通过比表面积、孔容、孔径测试及对 6 种不同性质物质的吸附实验表明，该微球可作为 HPLC 填料，且该微球对碱性化合物无吸附作用，有望避免分离碱性化合物时引起的色谱峰拖尾。

Feng 等[35]采用溶胶-凝胶技术制备了粒径为 $4\sim6\mu m$、孔径为 8.6nm 的氧化锆微球。分别以异丙醇/环己烷、二氯甲烷/环己烷及三氯甲烷/环己烷为流动相研究了苯酚衍生物、芳烃衍生物及苯胺等碱性化合物的保留行为。氧化锆对苯酚衍生物的保留较强，且色谱峰拖尾严重，中性化合物有一定程度的保留，碱性化合物能达到较好分离，且色谱峰对称（图 12-13）。由于氧化锆表面存在较多的 Bronsted 碱性中心和较少的 Bronsted 酸性中心，对碱性化合物的分离具有巨大优势。

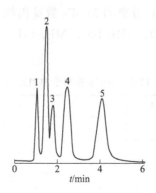

图 12-13　氧化锆分离碱性化合物色谱图[35]

被分析物：1—N,N'-二甲基苯胺；2—苯胺；3—邻硝基苯胺；4—间硝基苯胺；5—对硝基苯胺

　　Fu 等[36]报道了烷基膦酸改性锆镁复合氧化物 PZMS 用于反相色谱分离稠环芳烃的研究（图 12-14）。研究了稠环芳烃类化合物的结构与其保留值的关系，比较了烷基膦酸改性锆镁复合氧化物固定相和商品化硅胶 Zorbax ODS 对稠环芳烃异构体的选择性，并对可能的保留机理进行了讨论。以甲醇/水（75：25，体积比）为流动相，在烷基膦酸改性锆镁复合氧化物固定相上分离了 8 种稠环芳烃类化合物。该固定相具有典型的反相液相色谱的特征，但是其疏水性小于 Zorbax ODS 固定相。疏水作用为稠环芳烃类化合物与该固定相间的主要作用；同时，Lewis 酸碱作用也对化合物的保留有影响，因此，PZMS 固定相对稠环芳烃类异构体分离选择性优于 ODS 固定相。

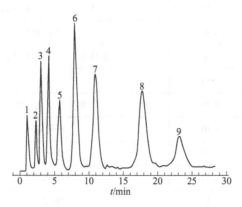

图 12-14　锆镁复合氧化物 PZMS 分离稠环芳烃色谱图[36]

被分析物：1—溶剂；2—苯；3—甲苯；4—萘；5—联苯；6—芴；7—邻三联苯；8—间三联苯；9—对三联苯

12.3.2　金属-有机骨架介孔材料固定相

　　金属-有机骨架（metal-organic frameworks，MOFs）是近年来涌现的一类新型介孔材料，它是以金属离子或金属簇为配位中心，与含氧、氮等杂原子的有机配体通过配位作用形成[37]。MOFs 具有比表面积大、孔隙发达、结构和性质多样、孔内外结构可修饰和孔径可调等优良性质，近年来在 HPLC 分离中显示出了良好的应用前景（表 12-1）。目前，MOFs 已成功应用于正相色谱、反相色谱以及同时应用于正反相色谱分离，分离目标物囊括了中

性、酸性、碱性以及手性等化合物。虽然已发现的 MOFs 种类众多，但受制于 MOFs 溶剂稳定性和形貌，能够应用于 HPLC 分离的 MOFs 数量仍然有限。目前，应用于 HPLC 分离的 MOFs 包括 MIL-47、MIL-53、MIL-100、MIL-101、ZIF-8 和 HKUST-1 等（图 12-15）[38~64]。

表 12-1　MOFs 应用于 HPLC 分离

MOFs	分离模式	目标物	参考文献
MIL-47	正相	二甲苯异构体	[40]
	正相	二甲苯、二取代苯	[43]
	正相	烯烃、烷基萘、二氯苯	[44]
	正相	乙基苯和苯乙烯	[42]
	反相	药物中间体	[57]
MIL-53	正相	二甲苯异构体	[41]
	正相	烯烃、烷基萘、二氯苯	[44]
	正相	乙基苯和苯乙烯	[42]
	正相	位置异构体	[48]
	反相	药物中间体	[57]
	反相	取代苯、多环芳烃、酸性、碱性化合物	[56]
HKUST-1	正相	烯烃、烷基萘、二氯苯	[44]
	正相	多环芳烃、乙基苯和苯乙烯	[45]
	反相	药物中间体	[57]
MOF-5	正相	多环芳烃、乙基苯和苯乙烯	[45]
Cd MOF	正相	染料	[46]
MIL-101	正相	取代芳香化合物	[47]
	正相	富勒烯	[49]
	正相	极性化合物	[50]
	反相	药物中间体	[57]
MIL-100	正相	取代苯胺	[58]
	反相	取代苯、取代胺	[58]
ZIF-8	反相	药物中间体	[57]
Chir-UMCM-1	正相	手性化合物	[51]
Cd(bpdc)	正相	手性化合物	[52]
ZnLBr	正相	手性药物	[55]
Cu2(d-Cam)2(4,4-bpy)	正相	手性化合物	[54]
Zn2(D-Cam)2(4,4-bpy	正相	手性化合物	[53]

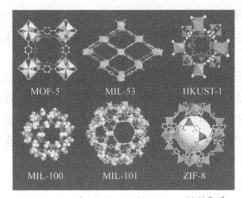

图 12-15　常用 HPLC 的 MOFs 结构[38]

12.3.2.1　MOFs 的制备

MOFs 的合成方法多样，包括溶剂（水）热法、室温搅拌法、机械研磨法、超声和微波辅助合成法等。MIL 系列 MOFs 以其优良的溶剂稳定性和分离性能在 HPLC 中极具应用潜力，以下介绍几种常用 MIL 系列 MOFs 的合成。

（1）MIL-47 的合成[64]　以 VCl_3、对苯二甲酸和去离子水（摩尔比 1∶0.25∶100）为原料，采用水热法在 200℃ 下反应 4 天即可得到 MIL-47。

（2）MIL-53 的合成[56]　在 30mL 的聚四氟乙烯反应釜内胆内依次加入 1300mg $Al(NO_3)_3 \cdot 9H_2O$、288mg 对苯二甲酸和 5.0mL 水，搅拌均匀后密封，放入烘箱 220℃ 反应 3 天。待反应釜温度降至室温，将反应产物转移至布氏漏斗内，抽滤，用超纯水反复淋洗，刮下白色固体，置于坩埚内于 100℃ 烘干，再将白色粉末放入 330℃ 马弗炉内烘 3 天除去未反应的对苯二甲酸，冷却后得黄白色 MIL-53 粉末。

（3）MIL-100 的合成[58]　将 687.5mg 均苯三甲酸、277.5mg 铁粉、25mL 去离子水、200μL 氢氟酸和 190μL 浓硝酸依次加入 30mL 的聚四氟乙烯反应釜内胆中，混合均匀密闭后放入 150℃ 烘箱中反应 12h。冷却至室温，过滤并用超纯水洗涤得橘红色固体。合成的 MIL-100（Fe）采用热水和热乙醇两步处理以除去未反应的物质。固体分别在 80℃ 热水和 60℃ 热乙醇中浸泡 5h 和 3h 洗涤，直到滤液无色。所得的 MIL-100（Fe）在 150℃ 真空干燥箱中活化 12 h。

（4）MIL-101 的合成[49]　在 30mL 的聚四氟乙烯的反应釜内胆内依次加入 800mg $Cr(NO_3)_3 \cdot 9H_2O$、332mg 对苯二甲酸、9.6mL 水和 0.1mL 氢氟酸（40%）。搅拌均匀后密封，放入 220℃ 的烘箱反应 8h。待反应釜温度降至室温，倒出反应液，离心（10000r/min，5min），弃去上清液，下层绿色固体用 DMF 充分洗涤 3 次除去 MIL-101（Cr）孔道内残留的未反应的对苯二甲酸，离心（10000r/min，5min）收集 MIL-101（Cr）固体，再用乙醇洗涤 3 次置换 MIL-101（Cr）孔道内的 DMF 溶剂，离心（10000r/min，5min）收集固体。最后将收集到的绿色粉末放入 150℃ 的烘箱活化 12h 即可。

12.3.2.2　MOFs 应用于正相色谱

2007 年，Nuzhdin 等[39]开展了手性 MOFs 填充玻璃柱常压液相色谱分离手性亚砜的研究，开创了 MOFs 应用于液相色谱分离的先河。同年，Alaerts 等[40]将 MIL-47 用于 HPLC 分离乙基苯和二甲苯同分异构体，以正己烷为流动相在 5cm 长的 MIL-47 填充柱上实现了乙基苯、间二甲苯和对二甲苯混合物的基线分离。基于 CH_3 与 MIL-47 对苯二甲酸配体的相互作用以及 MIL-47 孔道特殊的 "packing effect" 和疏水作用，MIL-47 在乙基苯和二甲苯同分异构体的分离中显示出良好的应用潜力。在此研究基础上，人们开展了一系列基于 MOFs 的 HPLC 分离研究。

2008 年，Alaerts 等[41]报道了 MIL-53 用于 HPLC 分离乙基苯和二甲苯、乙基甲苯和丙基甲苯等烷基芳香化合物的研究。虽然 MIL-53 与 MIL-47 有类似的骨架结构，但是 MIL-53 对烷基芳香化合物的选择性与 MIL-47 截然不同。MIL-53 对邻位取代芳香化合物有很高的选择性，可以选择性分离混合物中的邻位取代芳香化合物。实验证明，该邻位选择性是由 MIL-53 孔壁和特殊的孔道结构引起的。

为了进一步考察 MIL-47 和 MIL-53 的分离机理，Maes 等[42]开展了基于 MIL-47 和 MIL-53 的 HPLC 分离乙基苯和苯乙烯的研究。虽然 MIL-47 和 MIL-53 结构类似且都能实现乙基苯和苯乙烯的基线分离，但它们的分离机理完全不同。对 MIL-47 而言，分离乙基苯和苯乙烯与吸附熵无关，而对 MIL-53 而言，其对乙基苯和苯乙烯的分离是由吸附熵所决定的。随后，该课题组还报道了 $Cu_3(BTC)_2$、MIL-47 和 MIL-53 填充色谱柱用于 HPLC 分离乙基甲苯、二氯苯、甲基苯胺、甲基苯酚同分异构体和甲基取代萘的研究[43,44]。

MOFs 规则有序的孔道结构使得它具有良好的尺寸和形状选择性。2009 年，Ahmad 等[45]研究了 MOF-5 和 $Cu_3(BTC)_2$ 色谱柱用于 HPLC 分离苯、萘、蒽等芳香化合物，发现 MOF-5 和 $Cu_3(BTC)_2$ 对上述化合物具有良好的尺寸和形状选择性，芳香化合物形状和尺寸的微小差别对它们在色谱柱上的保留产生很大的影响。此外，含有金属空配位点的 $Cu_3(BTC)_2$ 不但实现了苯、萘等芳香化合物的基线分离，还实现了分子尺寸极其相近的乙基苯和苯乙烯的较好分离。上述结果表明，MOFs 不仅具有良好的尺寸选择性，MOFs 骨架上的金属空配位点在色谱分离中也起着重要的作用。

2010 年，Jiang 等[46]用相同的配体和金属离子可控合成了无孔、微孔和介孔的 MOFs，并研究了介孔 MOFs 对染料分子的 HPLC 分离。

上述基于 MOFs 的色谱柱大多以干法填充且采用单一溶剂为流动相，大大影响了 MOFs 色谱柱的选择性和柱效。Yang 等[47]采用高压匀浆法制备了 MIL-101 色谱柱，以正己烷/二氯甲烷混合物为流动相，实现了取代芳香化合物的高效、高选择性分离（图 12-16）。MIL-101 色谱柱分离乙基苯的柱效达到了 20000 塔板/m。MIL-101 色谱柱对邻位取代的芳香化合物有很高的选择性，可以在短时间内实现邻位取代芳香化合物的选择性分离。通过对该色谱柱的热力学研究发现，MIL-101 色谱柱对二甲苯、氯甲苯和二氯苯同分异构体的分离是由熵变控制的，而对乙基苯和苯乙烯的分离则是由焓变控制的。Yang 等[48]还开展了 MIL-53 色谱柱高效分离二甲苯、氯甲苯、二氯苯和硝基苯酚位置异构体的研究。上述结果表明，MOFs 在分离取代芳香化合物和位置异构体应用中具有良好的应用前景。

MOFs 还可用于富勒烯的高效分离。Yang 等[49]报道了 MIL-101 色谱柱高效分离富勒烯的研究。5cm 长的 MIL-101 色谱柱在 3min 内就可实现 C_{60} 和 C_{70} 混合物的高效、高选择性分离。MIL-101 色谱柱对 C_{70} 的选择性高达 17，对 C_{70} 的柱效达到了 13000 塔板/m（图 12-17）。MIL-101 对 C_{60} 和 C_{70} 的高效分离可能源于富勒烯和 MIL-101 之间吸附力、π-π 和分子间作用力的差异。MIL-101 色谱柱不仅能高选择性分离 C_{60} 和 C_{70}，而且还能高效分离 C_{76} 和 C_{78} 等高富勒烯。进一步研究 MIL-101 对富勒烯的分离热力学发现，MIL-101 分离富勒烯是吸热过程，且由熵变驱动。最终，MIL-101 色谱柱实现了碳灰混合物的分离。结果表明，MOFs 是一类非常有应用前景的用于高效分离富勒烯的色谱固定相。

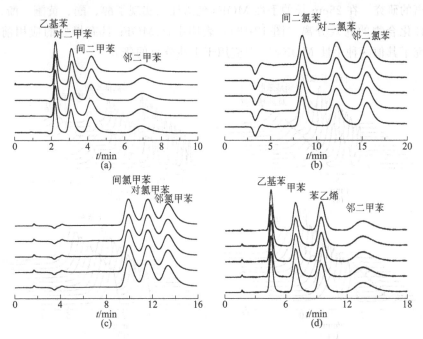

图 12-16 MIL-101 分离取代芳香化合物色谱图[47]

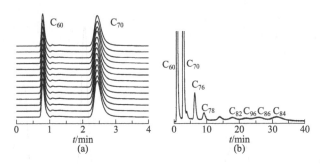

图 12-17 MIL-101 分离富勒烯色谱图[49]

上述基于 MOFs 的 HPLC 应用研究仅限于非极性或低极性化合物。极性化合物如药物分子或药物中间体的分离在化工和药物生产中起着重要作用，因此开发 MOFs 分离极性化合物的研究具有重要意义。Fu 等[50]报道了甲醇动态调控 MIL-101 金属空配位点用于快速和高效分离极性化合物的研究（图 12-18）。基于甲醇分子和目标物分子对 MIL-101 金属空配位点的竞争作用，通过在流动相中加入适量甲醇实现了对 MIL-101 金属空配位点状态的调控，最终实现了甲基苯胺、氨基苯酚和萘酚同分异构体的高效分离，为含有金属空配位点的 MOFs 用于 HPLC 分离极性化合物提供了一种有效的方法。

基于手性 MOFs 固定相的 HPLC 手性分离同样引起了人们的广泛关注[51~55]。Padmanaban 等[51]报道了手性 MOFs Bn-ChirUMCM-1 用于 HPLC 手性分离醇的研究。通过对初始合成的形貌不规则及粒径过大的手性 MOFs 进行研磨，制备了粒径分布窄且小于 100μm 的手性 MOFs，并应用于 HPLC 分离手性苯乙醇，选择性和分离度分别为 1.6 和 0.65，表明 Bn-ChirUMCM-1 在手性分离中具有良好的应用潜力。

Zhang 等[52]报道了粒径为 5μm 的手性 MOFs[(CH$_3$)$_2$NH$_2$][Cd(bpdc)$_{1.5}$]·2DMA 用

于手性分离的研究。在25cm长的手性MOFs色谱柱上实现了醇、酮、黄酮、酚、碱和胺等一系列手性化合物的高效分离（图12-19），表明手性MOFs具有极好的应用前景。随后，他们还研究了其他两种手性MOFs[53,54]应用于手性分离的研究。

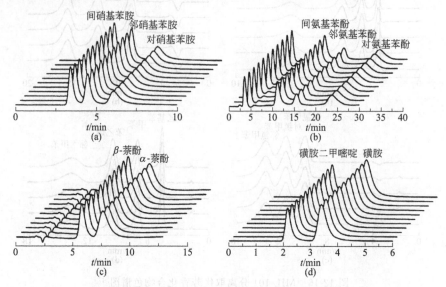

图12-18　MIL-101分离极性化合物色谱图[50]

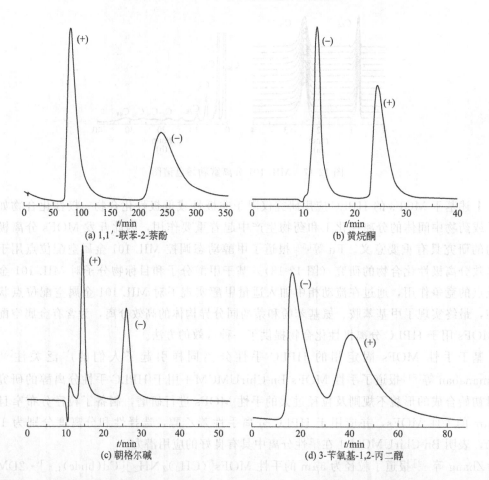

(a) 1,1′-联苯-2-萘酚

(b) 黄烷酮

(c) 朝格尔碱

(d) 3-苄氧基-1,2-丙二醇

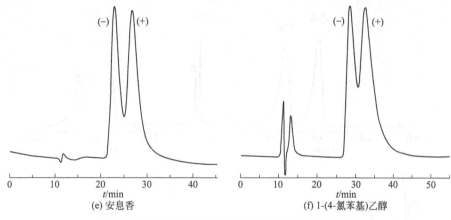

(e) 安息香　　　　　　　　(f) 1-(4-氯苯基)乙醇

图 12-19　手性 MOFs 应用于 HPLC 手性分离[52]

最近，Kuang 等[55]报道了手性 ZnLBr 用于 HPLC 分离手性药物的研究（图 12-20）。结果表明，ZnLBr 不仅具有良好的手性选择性，还具有严格的尺寸选择性（分子筛效应），在手性分离中具有良好的应用潜力。

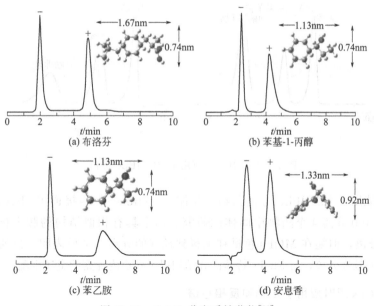

(a) 布洛芬　　　　　　　　(b) 苯基-1-丙醇

(c) 苯乙胺　　　　　　　　(d) 安息香

图 12-20　ZnLBr 分离手性药物[55]

12.3.2.3　MOFs 应用于反相色谱

上述基于 MOFs 的 HPLC 研究仅限于 NP-HPLC 模式，然而，RP-HPLC 在生命、环境和生物领域的应用极具吸引力，因此，亟须开展 MOFs 的 RP-HPLC 研究。

Liu 等[56]报道了 MOFs MIL-53 用于 RP-HPLC 分离中性、酸性和碱性化合物的研究（图 12-21）。基于 MIL-53 芳香性的孔壁和含对苯二甲酸酯的骨架结构，MIL-53 表现出比商品化 C_{18} 柱更强的疏水性。通过硫脲、苯酚、苯胺、苯甲醛、溴苯和萘 6 个探针分子研究了 MIL-53 的反相分离机理。MIL-53 分离溴苯的柱效是 23705 塔板/m。该色谱柱具有很好的稳定性，即使在使用 6 个月后，仍然保持着对上述探针分子良好的重现性。结果表明，MOFs 在 RP-HPLC 分离中具有良好的应用潜力。

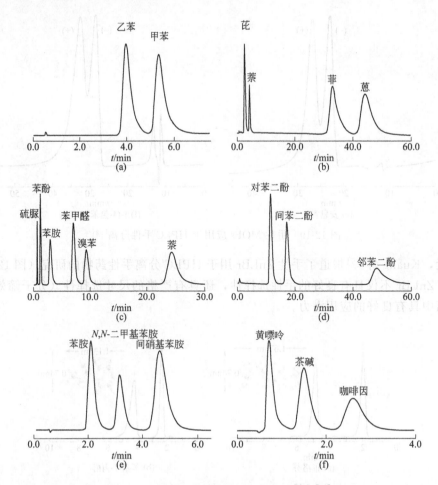

图 12-21 MIL-53 应用于 RP-HPLC 分离[56]

MOFs 还能用于 RP-HPLC 分离药物中间体。Centrone 等[57] 报道了 HKUST-1、MIL-47、ZIF-8 和 MIL-100 分离 4 个药物中间体的研究。两个具有相似结构的胺类化合物在商品化 C18 柱上无法分离，但能在 MOFs 色谱柱上得到较好的分离。结果表明，之所以 MOFs 能实现结构类似物的较好分离，与 MOFs 特殊的孔结构以及孔道内裸露的金属空配位点直接相关。

12.3.2.4 MOFs 同时应用于正相和反相色谱

MOFs 还能同时应用于正相和反相色谱分离。Fu 等[58] 报道了 MIL-100 同时应用于正相和反相色谱分离的研究。以苯、甲苯、乙基苯、萘、1-氯萘、苯胺和硝基苯胺为探针分子考察了 MIL-100 色谱柱的反相色谱分离，以氯苯胺和甲苯胺同分异构体考察了 MIL-100 色谱柱的正相色谱分离。基于 MIL-100 芳香性的骨架，表现出反相色谱分离性能。同时，基于氮原子与 MIL-100 骨架上的 Fe 金属空位点的相互作用，MIL-100 表现出优良的正相色谱分离性能。

12.3.2.5 基于 MOFs 复合物的 HPLC 分离

上述研究表明，MOFs 种类和性质多样，是一类非常有潜力的液相色谱固定相。然而，由传统方法合成的 MOFs 颗粒形状不规则、粒径分布较宽或颗粒较细，导致所填装的色谱柱柱效低、色谱峰不规则、柱压过高、重现性差，限制了 MOFs 在 HPLC 中的应用。为了解决上述问题，近年来基于 MOFs 复合物的 HPLC 研究逐渐引起人们的关注（表 12-2）。一方面，合成球形 MOFs 或将 MOFs 负于球形基质上形成球形 MOFs 复合物可有效解决 MOFs 形貌不规则、填充较差和柱压过高的问题；另一方面，制备 MOFs 掺杂整体柱可有效地将 MOFs 优异的分离性能和整体柱良好的通透性相结合，也可有效解决 MOFs 色谱柱柱压过高的问题。

表 12-2　MOFs 复合物应用于 HPLC

MOFs 复合物	分离模式	目标物	参考文献
HKUST-1@SiO$_2$	NP-HPLC	乙基苯和苯乙烯	[59]
R-MOF@SiO$_2$	NP-HPLC	手性亚砜	[62]
SOS@HKUST-1	NP-HPLC	二甲苯异构体	[60]
ZIF-8@SiO$_2$	RP-HPLC	内分泌干扰物、农药	[61]
UiO-66 monoliths	RP-HPLC	芳香化合物	[63]

Ameloot 等[59]和 Ahmed 等[60]分别在球形硅胶孔内和表面生长 Cu$_3$（BTC）$_2$ 晶体制备了单分散的 Silica@MOF 复合材料，结合 Cu$_3$（BTC）$_2$ 良好的色谱分离能力和球形硅胶良好的填装性质，实现了乙基苯、苯乙烯和二甲苯同分异构体的高效分离。

Fu 等[61]开展了 SiO$_2$@ZIF-8 复合微球作为色谱固定相，用于 RP-HPLC 分离内分泌干扰物和杀虫剂的研究（图 12-22）。以羧基修饰的硅球作核，以 ZIF-8 纳米晶作壳，采用层层原位生长的方式制备了具有核壳结构的 SiO$_2$@ZIF-8 复合微球。结果表明，SiO$_2$@ZIF-8 核壳微球同时具备硅球良好的填充性能以及 ZIF-8 良好的分离能力，能够在较低的柱压下快速、高效分离内分泌干扰物和杀虫剂，是一种稳定、有应用前景的复合材料。

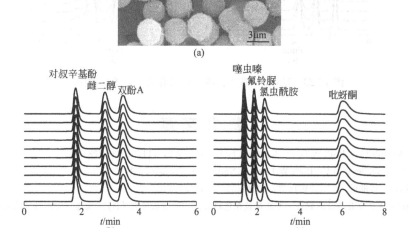

图 12-22　SiO$_2$@ZIF-8 复合物扫描电镜图（a）及 SiO$_2$@ZIF-8 复合物应用于分离内分泌干扰物（b）和农药（c）的色谱图[61]

Tanaka 等[62]报道了一种新型手性 MOF-SiO$_2$复合材料用于高选择性分离手性亚砜化合物的研究。当采用正己烷/乙醇（50：50）和正己烷/异丙醇（90：10）为流动相时，11 个手性亚砜化合物实现了较好分离。结果表明，手性 MOF-SiO$_2$复合材料在手性分离中具有良好的应用潜力。

Fu 等[63]开展了有机聚合物整体柱中掺杂 UiO-66 纳米颗粒，用于改善 RP-HPLC 整体柱分离小分子的研究（图 12-23）。以经典甲基丙烯酸整体柱的前驱溶液作为基质，制备了不同 UiO-66 掺杂量的整体柱。在 UiO-66 掺杂整体柱上实现了四组小分子：中性多环芳烃（苯、萘、芴、芘、䓛）、碱性芳香胺类（乙酰苯胺、4-氟苯胺、2-硝基苯胺、1-萘胺）、酸性苯酚类（间苯二酚、间甲苯酚、2,6-二甲酚、2,6-二氯酚）和萘取代物（1-萘酚、1-甲基萘、1-氯萘）的基线分离。与未掺杂 UiO-66 的整体柱相比较，结果表明，UiO-66 的掺杂整体柱能够明显改善小分子的分离，在分离分析领域有潜在的应用价值。

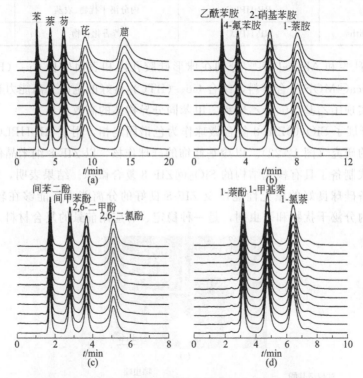

图 12-23　UiO-66 掺杂整体柱分离有机小分子色谱图[63]

参 考 文 献

[1] Beck J S, Vartuli J C, Roth W J, et al. J Am Chem Soc, 1992, 114: 10834-10843.

[2] Kresge C T, Leonowicz M E, Roth W J, et al. Nature, 1992, 359: 710-712.

[3] 徐丽，冯钰锜，达世禄，等. 分析化学，2004，32：374-380.

[4] 朱桂茹. 有机-无机介孔微球的制备、表征及其在色谱分离中的应用研究 [D]. 大连：中国科学院大连化学物理研究所，2007.

[5] Wang Y, Ai F, Ng S C, et al. J Chromatogr A, 2012, 1228: 99-109.

[6] Grun M, Kurganov A A, Schacht S, et al. J Chromatogr A, 1996, 740: 1-9.

[7] Martines M U, Yeong E, Persin M, et al. C R Chimie, 2005, 8: 627-634.

[8] 朱桂茹，杨启华，李灿. 色谱，2007，25：505-508.

［9］连东，张庆合，罗锡明，等. 分析测试学报，2010，29：120-125.

［10］周洁，仲海燕，尹良，等. 分析化学，2011，39：777-780.

［11］Li Y，Cheng S，Dai P，et al. Chem Commun，2009，1085-1087.

［12］Huang L，Lu J，Di B，et al. J Sep Sci，2011，34：2523-2527.

［13］Boissiere C，Kümmel M，Persin M，et al. Adv Funct Mater，2001，11：129-135.

［14］Martin T，Galarneau A，Di Renzo F，et al. Chem Mater，2004，16：1725-1731.

［15］Gallis K W，Araujo J T，Duff K J，et al. Adv Mater，1999，11：1452-1455.

［16］Yang L，Wang Y，Luo G，et al. Particuology，2008，6：143-148.

［17］Yasmin T，Müller K. J Chromatogr A，2010，1217：3362-3374.

［18］Ide M，Wallaert，Driessche I V，et al. Micropor Mesopor Mater，2011，142：282-291.

［19］Salesch T，Bachmann S，Brugger S，et al. Adv Funct Mater，2002，12：134-142.

［20］Yasmina T，Müller K. J Chromatogr A，2011，1218：6464-6475.

［21］Zhao J，Gao F，Fu Y，et al. Chem Commun，2002，752-753.

［22］Ma Y，Qi L，Ma J，et al. Colloids Surfaces A，2003，229：1-8.

［23］Wan H，Liu L，Li C，et al. J Colloid Interface Sci，2009，337：420-426.

［24］Thoelen C，Walle K V，Vankelecom I F J，et al. Chem Commun，1999，1841-1842.

［25］Ran R，You L，Di B，et al. J Sep Sci，2012，35：1854-1862.

［26］Ai F，Li L，Ng S C，et al. J Chromatogr A，2010，1217：7502-7506.

［27］Vega E，Marzabadi C，Kazakevich Y，et al. J Colloid Interface Sci，2011，359：542-544.

［28］杜明霞，徐茂震，邵鑫，等. 化学学报，2011，69：2747-2750.

［29］杜明霞，钱先华，王利平，等. 高等学校化学学报，2012，33：902-905.

［30］Wu X，You L，Di B，et al. J Chromatogr A，2013，1299：78-84.

［31］刘芹，张红丽，张志欣，等. 分析实验室，2011，30：1-5.

［32］张庆合，冯钰锜，严俐，等. 色谱，1999，17：229-231.

［33］张庆合，张玉奎，李彤，等. 分析化学，2002，30：134-139.

［34］张庆合，冯钰锜，达世禄. 色谱，1999，17：284-285.

［35］冯钰锜，张庆合，达世禄. 分析化学，1999，8：938-941.

［36］付红靖，冯钰锜，张庆合，等. 色谱，2000，18：194-197.

［37］Eddaoudi M，Moler D B，Li H，et al. Acc Chem Res，2001，34：319-330.

［38］Gu Z Y，Yang C X，Chang N，et al. Acc Chem Res，2012，45：734-745.

［39］Nuzhdin A L，Dybtsev D N，Bryliakov K P，et al. J Am Chem Soc，2007，129：12958-12959.

［40］Alaerts L，Kirschhock C E A，Maes M，et al. Angew Chem Int Ed，2007，46：4293-4297.

［41］Alaerts L，Maes M，Giebeler L，et al. J Am Chem Soc，2008，130：14170-14178.

［42］Maes M，Vermoortele F，Alaerts L，et al. J Am Chem Soc，2010，132：15277-15285.

［43］Alaerts L，Maes M，Jacobs P A，et al. Phys Chem Chem Phys，2008，10：2979-2985.

［44］Alaerts L，Maes M，van der Veen M A，et al. Phys Chem Chem Phys，2009，11：2903-2911.

［45］Ahmad R，Wong-Foy A G，Matzger A J. Langmuir，2009，25：11977-11979.

［46］Jiang H L，Tatsu Y，Lu Z H，et al. J Am Chem Soc，2010，132：5586-5587.

［47］Yang C X，Yan X P. Anal Chem，2011，83：7144-7150.

［48］Yang，C X，Liu S S，Wang H F，et al. Analyst，2012，137：133-139.

［49］Yang C X，Chen Y J，Wang H F，et al. Chem Eur J，2011，17：11734-11737.

［50］Fu Y Y，Yang C X，Yan X P. Langmuir，2012，28：6794-6802.

［51］Padmanaban M，Muller P，Lieder C，et al. Chem Commun，2011，47：12089-12091.

［52］Zhang M，Pu Z J，Chen X L，et al. Chem Commun，2013，49：5201-5203.

［53］Zhang M，Xue X D，Zhang J H，et al. Anal Methods，2014，6：341-346.

［54］Zhang M，Zhang J H，Zhang Y，et al. J Chromatogr A，2014，1325：163-170.

［55］Kuang X，Ma Y，Su H，et al. Anal Chem，2014，86：1277-1281.

[56] Liu S S, Yang C X, Wang S W, et al. Analyst, 2012, 137: 816-818.

[57] Centrone A, Santiso E E, Hatton T A. Small, 2011, 7: 2356-2364.

[58] Fu Y Y, Yang C X, Yan X P. J Chromatogr A, 2013, 1274: 137-144.

[59] Ameloot R, Liekens A, Alaerts L, et al. Eur J Inorg Chem, 2010, 3735-3738.

[60] Ahmed A, Forster M, Clowes R, et al. J Mater Chem A, 2013, 1: 3276-3286.

[61] Fu Y Y, Yang C X, Yan X P. Chem Eur J, 2013, 19: 13484-13491.

[62] Tanaka K, Muraoka T, Hirayama D, et al. Chem Commun, 2012, 48: 8577-8579.

[63] Fu Y Y, Yang C X, Yan X P. Chem Commun, 2013, 49: 7162-7164.

[64] Barthelet K, Marrot J, Riou D, et al. Angew Chem Int Ed, 2002, 41: 281-284.

色谱分离材料在生物样品分析中的应用

13.1 概述

生物样品一般组成十分复杂，组分含量动态范围宽，而且生物分子多具有复杂的物理化学性质，这对生物样品的预处理及高效液相色谱分离分析提出了巨大的挑战。随着人类基因组测序的完成以及新一代基因测序技术的快速发展，从整体上系统研究生物体的各种组学技术迅速发展起来，如蛋白质组学、代谢组学、糖组学、脂质组学等。由于蛋白质和代谢物等生物样品的复杂程度远高于基因组样品，高效分离是进行高覆盖率、高准确性定性定量分析的关键因素之一。由于生物样品物理化学性质复杂多样，如蛋白质分子量范围宽、溶解度差异显著和电荷性质多变等，单一种类的色谱分离固定相无法同时满足各种生物样品分离的需求。因此，针对特定生物样品特有的物理化学性质发展相应的色谱分离材料是进行生物样品高效分离分析的重要策略。近年来，针对蛋白质样品、多糖和代谢物小分子等生物样品已经发展出了多种色谱分离材料，并且得到了广泛应用，极大地推动了相关组学技术的快速发展，如用于磷酸化多肽富集分离的金属离子亲和色谱（immobilized metal-affinity chromatography，IMAC）材料和用于糖基化多肽与多糖富集分离的亲水色谱（hydrophilic interaction liquid chromatography，HILIC）材料等。由于蛋白质是生物体各种生物学功能的具体执行者，蛋白质科学也是当今生命科学研究的核心内容之一。因此，本章节将主要介绍新型色谱分离材料在蛋白质组特别是翻译后修饰蛋白质组分析中的应用。

在过去几十年的研究中，人们发现人类蛋白质组的复杂程度远远高于基因组。据估计，人类基因组包含了 20000～25000 个基因[1]，而蛋白质组中蛋白质的种类已经超过 10000000[2]，这意味着一个基因可以编码和产生多种蛋白质。基因重组、不同转录启动子和终止子以及转录模板的不同剪切都是同一个基因产生不同 mRNA 的原因，一个基因可以产生 5～6 个 mRNA 模板[3]。但是，促使蛋白质组学的复杂程度急剧增加的关键因素是蛋白质翻译后修饰。蛋白质翻译后修饰（post-translational modifications，PTMs）是指核糖体在以 mRNA 为模板完成蛋白质合成后，蛋白质的侧链和末端进行化学修饰或通过内源性蛋白水解酶剪切从而改变蛋白质物理化学性质的加工过程[4~6]。蛋白质翻译后修饰能够调节蛋白质的活性、引导蛋白质的定位和介导蛋白质与细胞内的物质（蛋白质、核酸、脂类等）的相互作用，几乎所有蛋白质生物学功能的执行都与翻译后修饰相关。现今，生物体内发现了超过 300 种蛋白质翻译后修饰，常见的包括蛋白质磷酸化、糖基化、泛素化、乙酰化、羟基化等。同一个 mRNA 模板可以翻译产生多种具有不同翻译后修饰的蛋白质分子[3]，从而使蛋白质组的复杂程度远超基因组。

另外，蛋白质在生物体内的含量差异巨大，如人血清中蛋白质的动态范围高达 12 个数量级，而翻译后修饰的丰度通常较低，在分离和检测过程中会受到高丰度蛋白质的严重干扰。例如，低丰度磷酸化多肽在进行液质联用分析时，由于受到大量高丰度非修饰多肽的干扰，基本上无法从蛋白质样品中通过质谱进行直接检测。此外，在生物体各种生理病理进程中各种翻译后修饰之间并不是独立运作的，在生物学功能的调节上存在着多种翻译后修饰之间的相互协同和抑制作用。例如，组蛋白上甲基化、乙酰化、磷酸化等翻译后修饰之间相互协同或抑制决定着相关基因片段是否进行表达。生物体内部有大量调控蛋白质翻译后修饰的蛋白酶，如激酶、磷酸酶、转移酶、配体酶以及蛋白水解酶等，蛋白质翻译后修饰处于高度的动态过程，而这些变化与各种生理病理过程息息相关，例如细胞周期调控、信号传导以及免疫响应等生命活动。多种翻译后修饰之间的相互协同和抑制作用在不同时间和不同生理状态下的高度动态变化对高效分离分析方法提出了更高的要求。仅对单一的翻译后修饰进行定性定量分析并不能解释相关的生理病理过程。综上所述，蛋白质和翻译后修饰蛋白质样品具有高度的复杂性，动态范围大，组成随时间高度动态变化且存在着复杂的相互协同和抑制作用，这对蛋白质和翻译后修饰蛋白质样品的分离分析方法提出了巨大的挑战，这也是当今蛋白质科学和分析化学研究的重要领域。蛋白质和翻译后修饰蛋白质分离分析方法的突破不仅可以极大地推动生物分析领域的发展，还为蛋白质科学、系统生物学以及临床医学等多个学科提供技术支持。而随着新型色谱填料的发展，复杂生物样品中蛋白质的高效预处理技术也取得了飞速的发展。

13.2 新型色谱分离材料在蛋白质组样品分析中的应用

13.2.1 细粒径填料、超高效液相色谱和多维色谱

在蛋白质组学大规模定性定量分析中，纳升液相色谱分离性能对蛋白质组定性覆盖率和定量准确度都起着至关重要的作用。提高纳升液相色谱分离能力是提高蛋白质组分析通量的一个重要因素[7~9]。液相色谱分离能力的提高一般有以下两种方法。第一种是使用小粒径色谱填料和高柱长以提高色谱柱的分离柱效。MacNair 等[10,11]将 $1.0\mu m$ 或 $1.5\mu m$ 粒径 C_{18} 硅胶填料填入内径为 $33\mu m$ 毛细管中，制作了柱长最长达 66cm 的液相色谱分离柱。该柱液相系统操作压力达到 40MPa，获得了超过 200000 塔板/m 的分离柱效。Shen 等[12~15]将 $3\mu m$ 粒径 C_{18} 多孔硅胶填料填入内径为 $15\sim75\mu m$ 的一系列毛细管柱，在操作压力为 70MPa 时获得了最好约 1000 个的峰容量。小粒径色谱填料的超细毛细管超长色谱分离柱具有超高效分离能力，然而其具有超高背压，难以在普通液相色谱系统中应用，并且超高效液相色谱系统的维护困难，限制了其在复杂样品分析中的应用范围。

第二种提高液相色谱系统分离能力的方法是应用多维液相色谱分离[17~19]。多维色谱分离是指结合两种或多种具有不同分离机理的色谱分离技术，将第一维色谱分离柱流出的分析样品截成多个馏分，再分别进入与第一维具有不同分离机理的另一种色谱进行分离。馏分分割得越多，多维分离效果越好，但需要有快速的第二维分离模式，否则整体耗时过长，因此一般搜集馏分数目都在 100 个以下。在多维液相色谱分离中，不同分离柱之间分离机理的正交性是影响整体分离能力的决定性因素，在理想状态两种分离机理完全正交的情况下，二维分离峰容量是两种分离模式单独分离时所得分离峰容量之乘积。在所有分离模式中反相分离具有最强的分离能力，并且其分离溶剂体系与电喷雾质谱兼容性最好，因此多维分离中一般均采用反相色谱分离作为最后一维分离系统与质谱直接相连[20~23]。在以肽段为分析对象的自下而上的蛋白质分析中，最常见的二维分离模式有强阳离子交换-反相分离（SCX-RP）[21,22,24,25]、强阴离子交换-反相分离（SAX-RP）[26~28]、高 pH 反相-低 pH 反相分离（high pH RP-low pH RP）[29~31]和等电聚焦-反相分离（IEF-RP）[32,33]等，其中 SCX-RP 分离模式由于正交性较好、容易实现且 SCX 分离体系所用溶剂容易置换，在蛋白质组酶解样品分离分析中应用最为广泛。

多维色谱分离可分为离线分离和在线分离两种模式，如图 13-1 所示。其中离线多维分离对分离样品的预分级更为充分，但是处理过程更多，容易引起样品污染和损失；在线多维色谱分离具有灵敏度高、样品损失少、分级中无样品污染以及易实现自动化操作等诸多优点。特别是在毛细管纳升液相色谱分离中，对于有限的蛋白质样品，在线多维分离成为提高色谱分离能力和质谱分析结果的最佳方法[34~36]。Yates 等[37~39]在同一根毛细管柱中先后填入反相 C_{18} 和强阳离子交换色谱分离填料，开发出了一种简单易行的在线二维色谱分离技术 MudPIT（multi-dimensional protein identification technology）。在该项策略中蛋白质酶解肽段混合物首先上样到强阳离子交换柱部分，然后使用台阶梯度盐溶液将肽段混合物顺序分级到反相部分，再对每个分级馏分分别进行线性梯度反相色谱分离和串联质谱检测。MudPIT 首次将蛋白质规模化鉴定，在定性定量蛋白质组学研究中得到广泛应用。此外，在多维色谱分析中，填充小粒径色谱填料的小内径毛细管超长色谱分离柱可以进一步提高系统分离能力，但是受到操作系统限制，不容易实现。

13.2.2　新型毛细管整体柱液相色谱

自 20 世纪 80 年代末出现以来，整体柱（monolithic column）因其制备简单、通透性好以及传质速率快等诸多优点，被广泛应用于电色谱、液相色谱和固相萃取等方面。对于细内径分离柱，整体柱在制备过程及重现性方面都优于相同尺寸填充柱。在液相色谱分离中，整体柱理论塔板高度随流速的增长速率要低于填充柱，适合于快速样品分离。在分析复杂样品时，整体柱抗污染能力也要强于填充柱[40~42]。随着蛋白质组学的发展，越来越复杂的生物样品，如人的血样、尿样、组织和细胞样品等的分析需求，对分析系统的分离能力及检测灵敏度都是严峻的挑战。而整体柱具有独特的多孔结构，与传统填充柱相比，具有更高的渗透性和传质速率，可以在低背压下实现高效和快速分离。另外，整体柱固有的多孔结构和高比表面积为蛋白质组学分析中亲和色谱柱或酶反应器的制备提供了理想衍生载体。因此，毛细管整体柱在蛋白质组学中的应用近年来受到了更多关注[43,44]。

13.2.2.1　整体柱在毛细管纳升液相色谱中的应用

无机硅胶整体柱机械强度和化学稳定性要高于有机整体柱，其表面硅羟基容易发生化学

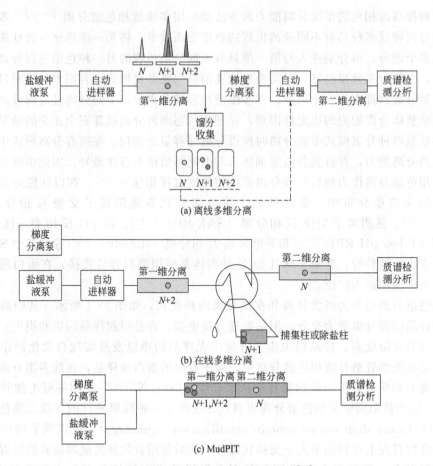

图 13-1　多种多维分离系统的组成[16]

修饰而具备多样化固定相性能。硅胶整体柱具有独立可调的通孔和中孔结构，也使其同时具有高渗透性和高柱效的特点。因此，硅胶整体柱适合于蛋白质组学中复杂样品分离。在 2004 年，Wienkoop 等[45,46]首先将 Tanaka 课题组制作的毛细管硅胶整体柱应用到蛋白质组学分析，从植物叶片组织的蛋白质酶解样品中鉴定到 1032 个蛋白质。Luo 等[47,48]制备了 10μm 和 20μm 内径不同柱长毛细管硅胶整体柱，证明其具有高检测灵敏度、高蛋白质组鉴定覆盖率的显著特点。Xie 等[49]制备了 75 μm 内径、60 cm 长毛细管硅胶整体柱，并在整体柱上拉制出了一体化电喷雾喷针直接与质谱偶联，具有较强蛋白质鉴定能力。有机聚合物整体柱制备简单，可供选择功能单体种类多，无须柱后衍生，与硅胶整体柱相比，具有更宽的 pH 操作范围，因此也被应用于蛋白质组学样品一维和多维毛细管纳升液相色谱与电喷雾质谱或基质辅助激光解吸电离-飞行时间质谱联用分析。Tholey 等[50]将聚苯乙烯-二乙烯基苯整体柱应用于高 pH 体系中磷酸肽的分离，获得了比酸性缓冲体系更高的质谱检测灵敏度。Luo 等[51~53]制备了聚苯乙烯-二乙烯基苯和聚对氯甲基苯乙烯-二乙烯基苯开管整体柱，并将其应用到蛋白质鉴定和多糖分析，具有很高的灵敏度。

聚甲基丙烯酸酯类整体柱被认为是力学性能最强的有机整体柱，Wu 等[54]首先将十二烷基甲基丙烯酸酯反相毛细管整体柱应用于电色谱对中性物质进行分离。有机聚合物整体柱虽然制备简单，但是孔径不易控制，分离柱效低于硅胶整体柱。Wang 等[55]系统考察了以甲基丙烯酸酯类功能单体合成的反相有机整体柱在蛋白质组分析中的分离性能，通过对致孔剂种类选择、配比优化、功能单体选择，分离柱长和分离梯度优化，显著提高了液相色谱系统分离峰容量和鉴定蛋白质数目。他们还利用 $25\mu m$ 内径反相整体柱制作成了长约 7cm 的毛细管整体柱电喷雾喷针。用以取代商品化空毛细管电喷雾喷针。该整体柱电喷雾喷针显著降低了分离柱后死体积对系统分离能力的影响，整个液相色谱分离体系分离峰容量提高 12.8%，准确定量蛋白质数目增加 130%[56]。基于该整体柱，他们还制备了一种带反相整体柱塞的填充毛细管柱，并在整体柱塞上拉制出整体柱一体化电喷雾喷针。该柱降低了填充毛细管柱的填充难度，使细颗粒填料可以更容易填入毛细管，结合了填充柱分离分辨率高和整体柱喷针不易堵塞、喷雾稳定、使用寿命长等优点，提高了色谱系统分离峰容量、分离柱使用寿命和蛋白质组鉴定重复性[57]。

硅胶整体柱孔径均匀且可调，分离效率高，但是制备复杂；有机整体柱制备简单，但是孔径不均匀，难以控制，因此近年来利用有机硅聚合而制作的杂化整体柱受到广泛关注[58,59]（图 13-2）。杂化整体柱孔径可调且易于制作，同时具备有机、无机整体柱的优点，对其聚合方式及应用方面的研究将是整体柱发展的一个重要方向。

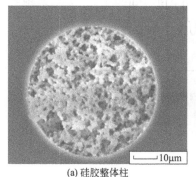
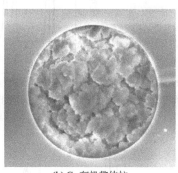
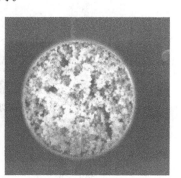

(a) 硅胶整体柱   (b) C_{12} 有机整体柱   (c) 无机-有机杂化整体柱

图 13-2 各类整体柱的横切面扫描电镜图

13.2.2.2 基于多面低聚倍半硅氧烷毛细管杂化整体柱用于整体蛋白质的分离

近年来随着蛋白质组学的快速发展，尤其是自上而下蛋白质组学的兴起，基于整体蛋白质的分离分析已经成为蛋白质组学面临的一个重要任务。常规的填充毛细管色谱柱往往采用大孔径的填料，如 30nm 和 100nm，以降低蛋白质分子低扩散系数和大体积带来的色谱峰展宽。但孔径的增大往往会降低填料的比表面积，从而减小有效柱容量；再者，在高流速下，由于蛋白质在孔道内扩散较小分子慢，色谱峰展宽明显。整体柱以其制备简易性、高比表面积、多样的表面修饰和良好的通透性，自 20 世纪 80 年代发明以来，一直被认为是常规填充柱的潜在的代替品。目前，有机整体柱作为反相固定相用于整体蛋白质分离较多，如 PS-DVB 和聚甲基丙烯酸酯类整体柱，并进行了十分详尽的研究。杂化整体柱综合了有机整体柱和硅胶整体柱的优点，在小分子分离分析中表现出极高的分离柱效。

Liu 等[60]基于多面低聚倍半硅氧烷（POSS）的毛细管杂化整体柱用于整体蛋白质的分离，并考察了流速、梯度时间、流动相添加剂以及柱长对整体蛋白质分离的影响。他们对比了基于相同功能单体月桂酸丙烯酸甲酯的有机整体柱和 POSS 基杂化整体柱的分离效率，POSS 基杂化整体柱由于具有更均一的固定相结构从而表现出更高的分离柱效和柱间分离重现性。同时，基于常用的 PS-DVB 整体柱和 C_{18} 填充柱，制备了对应的苯基杂化整体柱（BeMA-POSS）和 C_{18} 杂化整体柱（SMA-POSS）。通过对标准蛋白质的分离，研究发现，两种整体柱具有不同的选择性，苯基官能团的存在使其对某些蛋白质的分离表现出与其疏水性不相符的高分析柱效，如肌红蛋白和牛血清蛋白在 BeMA-POSS 上表现出更好的分离度。基于两者不同的分离选择性，他们开发了两种功能单体混合的 POSS 杂化整体柱（SMA-BeMA-POSS），该整体柱表现出更加均一的分离选择性。该整体柱固液传质速率快，在较高流速下柱效没有明显降低。他们将该整体柱用于蛋白质的快速分离，在 $3\mu L/min$ 的高流速下，10cm 的 $100\mu m$ 内径 SMA-BeMA-POSS 杂化整体柱在 2.5min 内可以有效分离 7 种蛋白质混合物。同时大肠杆菌细胞提取蛋白质在该整体柱上也得到良好的分离（图 13-3）。因此，优化后的 POSS 杂化整体柱以其对整体蛋白质优良的分离效率，在将来基于蛋白质分离的蛋白质组学，尤其是自上而下蛋白质组学研究中可以作为填充柱的有效代替品。

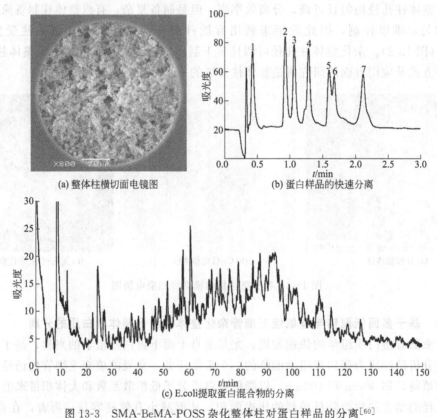

(a) 整体柱横切面电镜图　　　(b) 蛋白样品的快速分离

(c) E.coli提取蛋白混合物的分离

图 13-3　SMA-BeMA-POSS 杂化整体柱对蛋白样品的分离[60]

色谱柱：(b) 10cm×75μm I. D.；(c) 25cm×75μm I. D.

流速：(b) 3μL/min；(c) 750nL/min

检测波长：214 nm

进样量：(b) 5~7ng；(c) 1 μg

被分析物：1—核酸酶；2—溶菌酶 A；3—胰岛素；4—溶菌酶 B；
　　　　　5—牛血清蛋白；6—肌红蛋白；7—卵清蛋白

13.2.2.3　酶反应器材料

整体柱由于其独特的多孔结构，具有较大的比表面积和良好的渗透性，在亲和色谱分离中被广泛用作衍生载体。Rassi 等制备了基于聚甲基丙烯酸-缩水甘油酯乙烯二甲基丙烯酸酯（GMA-EDMA）中性以及中性和阳离子交换混合模式两种整体柱，在其表面衍生甘露聚糖或外源性凝集素实现了纳升液相色谱或电色谱对糖蛋白的亲和富集和分离[61,62]。另外，他们还将蛋白 A、蛋白 G 和 5 种多克隆抗体分别衍生到 7 根中性 GMA-EDMA 整体柱上，通过各种亲和色谱柱串联使用可以同时去除血清样品中 8 种高丰度蛋白质[63]。Feng 等[64]同样在 GMA-EDMA 整体柱上衍生 Con A，对癌症和正常小鼠尿样中糖蛋白进行了富集。另外，Feng 等[65,66]在无机硅胶整体柱上衍生 Fe^{3+}，Dong 等[67]在磷酸聚合物整体柱上衍生 Zr^{4+}，制备了固定金属亲和色谱（IMAC）整体柱，应用于磷酸肽的高选择性富集，取得了比商品化 IMAC 柱更高的富集效率和选择性。

　　酶反应器是蛋白质组学中一个重要研究方向，无机硅胶整体柱和有机聚合物整体柱均可以用于制作酶反应器。Feng 等[68]在 GMA-EDMA 整体柱上衍生胰蛋白酶，将酶解时间缩短到 1min，同时取得较高蛋白组鉴定覆盖率。Ma 等[69]在有机-硅胶杂化整体柱上衍生胰蛋白酶，对肌红蛋白酶解 30s 后通过反相纳升色谱分离质谱检测获得了 92％的蛋白覆盖率。另外，他们还构建了一个集在线蛋白变性、还原、酶解、分离、检测于一体的蛋白质分析平台，极大地缩短了蛋白样品前处理时间[70]。Tian 等制备了基于磺酸基的强阳离子交换整体柱，并将其应用于吸附型胰蛋白酶酶反应器的制备。其原理为：在酸性情况下将蛋白样品和胰蛋白酶混合上样到强阳离子交换整体柱，然后用 pH 8 左右缓冲溶液使整体柱内变为碱性激活胰蛋白酶酶解；经过约 2h 酶解后将强阳离子交换整体柱接入毛细管纳升液相色谱系统中与反相分离柱相连进行在线多维分离。由于强阳离子交换整体柱的高固载容量和高渗透性，该系统表现出高检测灵敏度，对 100000 个干细胞（stem cell）SILAC 样品进行大规模定量蛋白质组分析得到了超过 1000 个蛋白质定量信息[71]。

13.3　新型色谱分离材料在翻译后修饰蛋白质组分析中的应用

　　早期用于蛋白质翻译后修饰的分析方法包括放射性标记单个修饰蛋白质、靶向特定修饰抗体的 western 印迹分析和诱变修饰位点等，这些方法耗力耗时且通量低，无法产生足够的信息进行蛋白质结构和功能之间的相关性研究。近年来，随着基于液相色谱-质谱联用的蛋白质组学技术以及高特异性富集技术的快速发展，蛋白质翻译后修饰的分析方法以及相关生物学和临床研究获得了前所未有的发展。根据 2014 年 3 月更新的 Swiss-Prot 统计得到的结果分析，总共有 75227 个通过实验鉴定到的翻译后修饰，其中包括 40241 个磷酸化位点、7840 个乙酰化位点、5947 个 N-糖基化位点，另外还有 232891 个理论预测的位点[72]。在这一结果中，2006 年以后通过实验鉴定到的翻译后修饰位点是 2006 年以前报道结果的 3 倍，理论预测的位点相对于 2006 年以前的统计结果翻了一番[73]。可见，蛋白质组学技术能够有效提高蛋白质翻译后修饰鉴定的覆盖率。如图 13-4 所示，以 post translational modification 为关键字在 Web of Science 上进行检索，统计得到的结果显示，在 2000～2010 年的十年期间，每年发表的蛋白质翻译后修饰相关文献逐年增加。特别是在 2010 年以后，该方面相关文献的每年发表量出现了显著增加，说明蛋白质翻译后修饰的分析吸引了越来越多研究人员的注意，是目前的研究热点。

　　利用蛋白质组学技术对蛋白质翻译后修饰进行研究的分析流程如图 13-5 所示。

13.3.1　新型色谱分离材料在磷酸化蛋白质组分析中的应用

　　蛋白质磷酸化是指蛋白质的特定氨基酸残基上共价修饰磷酸根的过程。作为一种在原核

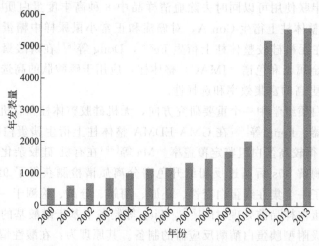

图 13-4 从 2000 年到 2013 年蛋白质翻译后修饰相关文献的年发表量示意图
（基于 Web of Science 数据进行统计）

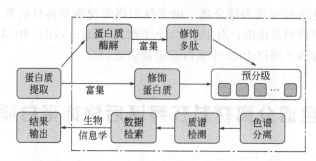

图 13-5 利用蛋白质组学技术对蛋白质翻译后修饰进行研究的分析流程

和真核生物中均广泛存在的翻译后修饰，蛋白质的可逆磷酸化在生物细胞的信号传导、增殖、生长和分化等方面发挥着重要的调控作用[74]。根据发生磷酸化的氨基酸残基的不同，蛋白质磷酸化可以分为 O-磷酸化、N-磷酸化、酰基磷酸化和 S-磷酸化。其中最广泛的是发生在丝氨酸（Ser）、苏氨酸（Thr）和酪氨酸（Tyr）残基上面的 O-磷酸化，其他类型的磷酸化由于丰度很低或者不稳定很难被质谱方法鉴定到[75]。在人类基因组序列中，编码蛋白激酶的基因约占到总序列的 2%[76]。在细胞的生命过程中，约 30%的蛋白质可能发生磷酸化修饰[77]。

尽管人们很早就已经意识到蛋白质磷酸化的重要意义，但是由于磷酸化蛋白质的丰度低且动态范围变化大，蛋白质磷酸化研究在过去几十年中进展缓慢。随着生物质谱和高效液相色谱技术的不断发展，磷酸化蛋白质组学技术极大地推动了蛋白质磷酸化分析技术的发展。近 10 年来，得益于高特异性的富集材料、高效分离方法和新型质谱仪等相关技术的发展，磷酸化蛋白质组学在规模化定性定量分析、位点的准确定位和功能分析等方面取得了巨大进步。PhosphoSitePlus 数据库作为目前收录磷酸化位点最全面的公共数据库，已经收录了超过 250000 个位点，远远超出了人们先前估计的 100000 个位点[78]。目前，基于质谱的磷酸化蛋白质组学分析方法已经成为蛋白质磷酸化分析领域最常用的分析策略之一。

固定化金属离子亲和色谱（immobilized metal affinity chromatography）是磷酸化蛋白质组学研究中最常用的磷酸化肽段富集技术[79~81]。IMAC 主要由色谱基质、螯合剂和金属离子三部分构成。IMAC 技术富集磷酸化肽段的原理如图 13-6 所示，色谱基质上通过螯合固定化的多元配位的金属离子，与磷酸化肽段的磷酸基团发生螯合和静电协同作用，使其特异性地从复杂的肽段混合物中分离和富集磷酸化肽段，这种螯合和静电的协同作用容易受 pH 和离子强度的影响，在高 pH 或者高浓度的竞争磷酸盐的缓冲溶液中，保留的磷酸化肽段很容易被重新释放出来。然而，IMAC 技术富集磷酸化肽也有自身的一些弱点，比如富含天冬氨酸和谷氨酸的酸性肽段或者组氨酸电子供体的肽段也会通过静电和螯合相互作用而被非特异性保留下来，因此会给磷酸化肽段的分析带来严重的干扰。许多研究者围绕如何改进 IMAC 对磷酸化肽段的富集性能做了大量的研究。本章节将着重介绍 IMAC 技术在磷酸化肽段的分离和富集中的应用。基于磷酸酯配基的固定化金属离子亲和色谱材料用于磷酸肽富集的原理如图 13-7 所示。

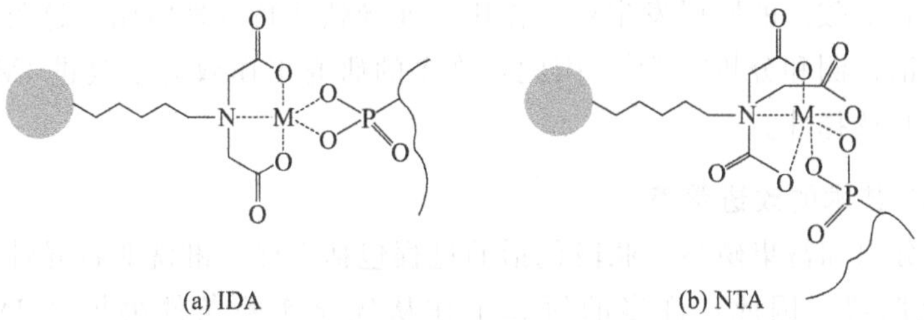

(a) IDA　　　　　　　　(b) NTA

图 13-6　IMAC 技术富集磷酸化肽段的原理[95]

（M 为 Fe^{3+}、Ga^{3+}、Al^{3+} 或 Zr^{4+}）

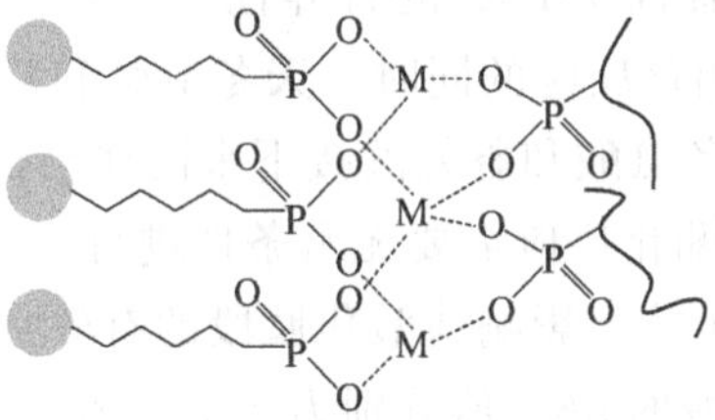

图 13-7　基于磷酸酯配基的固定化金属离子亲和色谱材料用于磷酸肽富集的原理

（M 为 Ti^{4+} 或 Zr^{4+}）

13.3.1.1　合理制备 IMAC

IMAC 对磷酸化肽段的富集是基于固定化金属离子的剩余螯合位点与磷酸根的螯合作用和静电作用。因此，如何合理制备 IMAC 对磷酸化肽段的富集有着决定性的作用。

首先，常规使用的 IMAC 仍然沿用色谱基质的模式，因此色谱基质会对 IMAC 富集磷酸化肽段有重要的影响。各种各样的色谱基质如琼脂糖[82]、纤维素[83~85]、聚苯乙烯[86,87] 和硅胶[88] 等，均可作为 IMAC 载体。然而，不少的研究者期望通过改进 IMAC 基质来提高 IMAC 的耐酸碱性能，减少 IMAC 富集过程中的样品损失和提高富集效率。Liu 等[89] 在毛细管内壁通过开管技术修饰上 IMAC。相比于商品化的 IMAC，开管 IMAC 分离和富集磷酸化肽段，展现出更好的富集效率和富集容量。Dunn 等分别用聚丙烯酸[90] 和高容量聚合物[91] 作 IMAC 的载体，改进了 IMAC 富集特异性和收率。近年来，该研究小组在致力于改进 IMAC 技术基质方面做了一些工作。Xu 等[92] 以多孔硅芯片为载体，衍生的 IMAC 能够在芯片上直接富集和检测磷酸化肽段。Pan 等[93] 在纳米孔径和高的比表面积的 MCM-41 修饰 IMAC，提供更为丰富的磷酸化肽段作用位点。Feng 等[94] 发展了硅胶整体柱 IMAC 材料，高比表面积和快速传质速率改进了磷酸化肽段的富集性能。

其次，IMAC 中螯合基团往往具有双官能团，一方面承担着官能化 IMAC，另一方面用于固定化金属离子的双重作用。目前，使用的螯合基团有三羧甲基乙二胺 [tris (carboxymethyl) -ethylenediamine，TED]、亚氨基二乙酸 [iminodiacetic acid，IDA，图 13-6(a)] 和次氨基乙酸 [nitrilotriacetic acid，NTA，图 13-6(b)]，其中以 IDA 和 NTA 应用最为广泛[95]。对于通常使用的六元配位的固定化金属离子（Fe^{3+}、Ga^{3+}、Ni^{2+}、Al^{3+} 和 Zr^{4+}），NTA 能够结合金属离子的四个配位点，而 IDA 能够结合金属离子的三个配位点[90,93,96,97]，因此 NTA 与固定化金属离子有更强的作用力。NTA 中余下的两个配位点和 IDA 中余下的三个配位点，能和磷酸化肽段中的磷酸基团发生配位和静电作用，从而分离和富集磷酸化肽段。同时，余下的配位点还能和富含电子供体如含组氨酸残基和酸性氨基残基（天冬氨酸和谷氨酸）的肽段发生相互作用，而导致非特异性吸附，这类肽段会严重干扰磷酸化肽段的质谱检测和分析[98,99]。因此，许多的研究工作致力于改进 IMAC 对磷酸化肽段的富集特异性和选择性。

13.3.1.2 IMAC 技术的改进策略

IMAC 技术分离和富集磷酸化肽段包括的过程包括上样、淋洗非特异性结合的肽段和洗脱结合的磷酸化肽段。因此，许多的研究工作从优化实验条件去提高 IMAC 的特异性。Ficarro 等[100]在 IMAC 富集前，通过酸性天冬氨酸和谷氨酸的甲酯化反应，从而减少 IMAC 对酸性肽段的非特异性吸附。近来，研究者通过亚硫酰二氯代替乙酰氯显示出更高的甲酯化反应效率，能够进一步提高 IMAC 的特异性[101,102]。然而，甲酯化反应通常并不会有 100% 的反应效率，而且甲酯化反应的同时，天冬酰胺和谷氨酸盐会发生脱酰胺反应产生天冬氨酸和谷氨酸。产生的天冬氨酸和谷氨酸接下来同样会被甲酯化，因此极大地增加了样品的复杂度[103,104]。此外，甲酯化反应需要无水条件进行，会造成样品极大的损失[105]。

对 IMAC 技术而言，pH 可能是影响磷酸化肽段的有效富集和回收的最主要的参数。据报道，磷酸、天冬氨酸和谷氨酸的 pK_a 值分别为 2.15、3.65 和 4.25[106,107]。IMAC 对磷酸化肽段的富集通常需要在酸性的环境下进行。磷酸化肽段的 pK_a 还会因为周围的非极性氨基酸残基而更低。磷酸化肽段只有在高于磷酸基团 pK_a 的 pH 时，才能有效地去质子化从而与 IMAC 结合。然而，酸性肽段在低于酸性氨基酸 pK_a 的 pH 时会质子化，质子化的酸性肽段因其电荷减少而难以被 IMAC 结合。因此，不同的氨基酸解离常数就提供了一个可以通过调节上样、淋洗和洗脱溶液的 pH 来提高 IMAC 的选择性的可能。IMAC 的上样缓冲溶液通常使用 0.1~0.25 mol/L（pH 2.7）的三氟乙酸（TFA）。Kobuko 等[107]用 0.1% TFA（pK_a 1.9）、50% 乙腈能够有效抑制非特异性的结合和提高磷酸化肽段的富集选择性。然而该方法并不能够得到理想的回收率。Nadassa 等[102]和 Lee 等[108]分别系统地考察和优化了 IMAC 技术。缓冲溶液（乙腈：甲醇：水=1:1:1，0.1% 乙酸或 0.01% 乙酸，pH 3.0）产生最好的富集特异性。Tsai 等[109]对 IMAC 的所有实验条件进行详尽的优化，发现通过控制 pH 能够改进 IMAC 的选择性。缓冲溶液中乙酸会抑制酸性肽段的结合，但同时也会竞争结合 IMAC，导致磷酸化肽段低的回收率，而 TFA 和甲酸（FA）表现出更小的立体位阻效应。Posewitz 等[110]对 Ga-IMAC 以及其他的过渡金属离子的磷酸化肽段富集的条件进行了考察，发现 Ga-IMAC 产生最好的富集性能。最近，Aryal 等[111]在参考前面优化的 IMAC 参数情况下，系统考察了 Ga-IMAC 的上样、淋洗和洗脱条件，结果发现，1% TFA

上样和 0.4 mol/L $NH_3 \cdot H_2O$ 洗脱能够产生最佳的富集性能。Seeley 等[112]选择用 Glu-C 蛋白内切酶而不是常用的胰蛋白酶，谷氨酸或者天冬氨酸的 C 端将会被切断，酶解肽段中仅存在一个酸性氨基酸残基。作者通过减少中酸性氨基酸残基来提高 IMAC 的特异性。Barnoui 等[113]在上样缓冲溶液中引入 1,1,1,3,3,3-六氟异丙醇发现能够提高 Fe-IMAC 的富集特异性。尽管修饰的 IMAC 技术能够改进磷酸化肽段的富集特异性和效率，介于 IMAC 本身对磷酸化肽段的歧视效应以及生物样品的高度复杂性，大规模的磷酸化蛋白质组分析仍然需要更有效的样品分离技术和磷酸化肽段富集技术。如图 13-7 所示，Zou 等采用磷酸酯为配基固定钛或锆离子，发展了新一代的 IMAC 色谱技术（Zr^{4+}、Ti^{4+}-IMAC）。与传统的 IMAC 材料相比较，该材料展示了更好的磷酸肽富集选择性和效率[114~116]。国内外的多个课题组均将其应用于磷酸化蛋白质组学的研究中[117~119]。为使该材料在磷酸化蛋白质组学研究中的应用更加广泛，该研究组在 2013 年进一步对该 Ti^{4+}-IMAC 材料的制备和富集磷酸化样品的流程标准化[120]。

13.3.1.3　金属氧化物亲和色谱

基于过渡金属氧化物与磷酸基团的亲和能力[121,122]，金属氧化物以及氢氧化物亲和色谱（metal oxide-hydroxide affinity chromatography，MOAC）是近几年最新发展的磷酸肽富集技术。金属氧化物比传统基于硅胶基质的 IMAC 技术更稳定，能够耐受 pH 1~14 的酸碱溶液，因此能够更好地满足分离和富集磷酸化肽的极端条件。TiO_2、ZrO_2、Al_2O_3、Nb_2O_5 和 Ga_2O_3 的 MOAC 应用于磷酸化肽段的分离和富集的研究均有报道。

（1）TiO_2　Pinkse 等[123]率先将 TiO_2 技术引入磷酸化蛋白质组学领域，利用 TiO_2 与磷酸基团的亲和能力实现了对磷酸化肽的分离和富集，并通过填充 TiO_2 微球作为预柱串联二维纳升毛细管液相色谱-质谱联用（2D-nano-LC-MS/MS）系统，提高了磷酸化肽的富集特异性和检测灵敏度。该系统能够有效地检测低至 125 fmol 的标准磷酸化肽。利用该方法，PKG 的两个新的磷酸化位点首次得到鉴定。尽管 TiO_2 显示出对磷酸化肽段较强的富集能力，但是由于 TiO_2 独特的两性离子交换性能（TiO_2：pK_a 4.4，pK_b 7.7），在低 pH 下，酶解产物中酸性肽段同样也会被质子化的 TiO_2 所保留，从而降低 TiO_2 的富集特异性。Larsen 等[124]在上样溶液中加入 2,5-二羟基苯甲酸（DHB），竞争性地排斥酸性肽段的非特异性结合而显著提高了 TiO_2 的富集特异性。相比于商品化的 IMAC，修饰的 TiO_2 可以显示出更高的富集特异性。基于该方法，Thingholm 等[125]开发了利用 TiO_2 填充的 pipette tip 分离和富集磷酸化肽段的方法。但是，在 LC-MS/MS 分析中，修饰剂 DHB 容易引起毛细管柱堵塞，抑制磷酸化肽段的离子化和降低分析灵敏度。进一步的研究中引入了其他的修饰剂来提高 TiO_2 的富集特异性[99,126]。Sugiyama 等[126]在上样和淋洗溶液中加入乳酸，显示出比 DHB 修饰的 TiO_2 更好的富集特异性，并将此技术应用于大规模的 Hela 磷酸化蛋白质组。Jensen 等[127]发现，在上样和淋洗溶液中加入羟基乙酸同样能够改进富集特异性。Yu 等[128]在淋洗溶液中加入谷氨酸铵盐，在改进富集特异性基础之上，有高达 84％的磷酸化肽段能被回收，优于 DHB 修饰的富集方法（70％）。Wu 等[129]则利用谷氨酸作为非特异性结合的抑制剂，同样能够改进 TiO_2 技术的富集性能。

综上所述，TiO_2 组合各种各样的抑制竞争结合的修饰剂提供了一个简单、易操作和高选择性的磷酸化肽分离和富集技术，而且该技术还与生物化学和细胞生物学实验中常使用的盐和缓冲溶液相兼容[127]。近来，TiO_2 包裹的金纳米颗粒[130]、TiO_2 填充的聚合物 MALDI

靶体[131]、TiO₂ 纳米离子形成的阵列 MALDI 靶体[132]以及包裹 TiO₂ 的磁性纳米离子[133]提供了更加简单、快捷、高容量和高通量的磷酸化肽段的富集和检测技术平台。当前，在磷酸化蛋白质组分析中，TiO₂ 正在成为一个重要的磷酸化肽段富集技术。

（2）ZrO₂　二氧化锆具有优良的物理化学性质以及机械稳定性和热稳定性，已广泛应用于色谱基质。与二氧化钛相似，二氧化锆在酸性条件下能够被质子化，且对磷酸基团有更强的亲和力[134]。Kweon 和 Hakansson[135]利用 ZrO₂ 对 α-酪蛋白和 β-酪蛋白的酶解产物进行选择性富集，并与 TiO₂ 和常规 IMAC 技术进行了比较。实验表明，TiO₂ 和 ZrO₂ 比常规 IMAC 技术有更高的选择性，再者 ZrO₂ 更偏向于富集多磷酸化肽段，而 TiO₂ 更偏向富集单磷酸化肽段。作者同时考察了 Glu-C 酶解和胰蛋白酶解，发现 Glu-C 酶解并不能显著降低酸性肽段的非特异性吸附。Sugiyama 等[126]通过加入 β-羟基丙酸（β-HPA）到上样缓冲溶液中，改善了富集选择性。Blacken 等[136]通过 ESI 轰击丙醇氧锆盐，产生的 ZrO₂ 可以直接功能化 MAIDL 靶体，实现对磷酸化肽段的原位的富集和检测。

（3）Al₂O₃、Ga₂O₃ 和 Nb₂O₅　相比于 TiO₂ 和 ZrO₂，Al₂O₃、Ga₂O₃ 和 Nb₂O₅ 在磷酸化蛋白质组富集方面也具有重要潜力。Wolschin 等[137]考察了 Al(OH)₃ 对磷酸化肽富集能力，发现选用 CHAPS（pH 6.1）和咪唑能够提高磷酸化肽的富集选择性，同时加入天冬氨酸盐和谷氨酸盐，可以抑制酸性肽段的非特异性吸附。作者同时还与 Al₂O₃ 做了进一步的比较，发现 Al(OH)₃ 的特异性要高于 Al₂O₃。Wang 等[138]利用高度有序的纳米孔径的氧化铝膜，能对低至 4×10^{-9} mol/L 的 β-酪蛋白的酶解产物的磷酸化肽进行选择性富集。为了简化磷酸化肽分离和富集，单独包裹 Al₂O₃[139]以及同时包裹 Al₂O₃ 和 TiO₂[140]的磁性纳米粒子分别应用于标准磷酸化蛋白酶解肽段与较复杂的磷酸化肽段的分离和富集，显示出良好的富集选择性。基于 Ga-IMAC 技术，Li 等[141]发展了 Ga₂O₃ 的分离和富集磷酸化肽段的方法。该技术中，磁性纳米粒子被用于负载 Ga₂O₃。实验表明，包裹的 Ga₂O₃ 显示出对磷酸化肽段的独特亲和力，而空白的磁性纳米粒子则不能富集磷酸化肽段。近来，Nb₂O₅ 也被应用于磷酸化肽段的富集。实验发现，DHB 和乳酸作为修饰剂均能提高选择性，并且 50%～100% 的磷酸化肽能够被回收。在对 K562 细胞的磷酸化蛋白质组分析中，在鉴定的上百个的磷酸化位点中，仅有 30% 的磷酸化位点能同时被 TiO₂ 和 Nb₂O₅ 鉴定。因此，其他金属氧化物富集技术的发展对现有大规模磷酸化蛋白质组分析提供了一个互补的方法[142]。

13.3.1.4　离子交换材料在磷酸化蛋白质分析中的应用

根据在缓冲溶液中肽段电荷性质的差异，应用离子交换色谱对肽段进行分级是蛋白质组学中复杂肽段分离的基本技术之一。当前，离子交换色谱也已经广泛应用于磷酸化肽段的分离。这种技术是基于磷酸化肽段和非磷酸化肽段在不同环境溶液中所带电荷不同而达到分离的目的。在碱性环境下，磷酸化肽段因磷酸基团较非磷酸肽具有更多的负电荷，与 SAX 的作用力更强。Nuhse 等[143]采用 SAX 对酶解肽段进行预分离，然后用 IMAC 对于预分离组分再次富集，结合 LC-MS/MS 对植物质膜的磷酸化蛋白质组进行了分析。Zhang 等[144]演示了 SAX 不但能够分离核苷，而且能从大量的非磷酸化肽段中分离和富集磷酸化肽段。Zou 等[145]同样采用 SAX 技术分离和富集磷酸化肽段，将其应用于鼠肝磷酸化蛋白质组的分析，具有较高的特异性，实现了其规模化分析。

在阳离子交换色谱中，磷酸肽由于含有带负电荷的磷酸基团，大部分单磷酸化肽段在酸性环境下（pH 2.7）带 1 个正电荷，多磷酸化肽段呈电中性或者带负电。而胰蛋白酶解产物大部分肽段因为 C-精氨酸或者赖氨酸和 N-端氨基带 2 个正电荷。因此，单磷酸化肽段相比于非磷酸化肽段有更低的作用力，能较早地被洗脱出来而得到分离，而多磷酸化肽段则不容易被保留。Gygi 等在 2004 年率先使用 SCX 分离和富集技术分别对鼠脑[146]和 Hela 细胞核[147]的磷酸化蛋白质组进行了分析。Trinidad 等[103]评价了基于单独的 SCX、IMAC 和 IMAC-SCX 三种磷酸化肽段分离技术，他们发现 SCX-IMAC 串联的磷酸肽鉴定数目较单一的 SCX 和 IMAC 提高了 3 倍。同时发现，酶解溶液中 1mol/L 的盐酸胍会抑制胰蛋白酶的活性，进而导致蛋白酶解的漏切率提高。磷酸化肽段因漏切会带有不均一的电荷，使其分布在所有的 SCX 分离组分中，不利于 SCX 分级。最近，Heck 等采用 Lys-C、Lys-N 和胰蛋白酶三种酶解联用技术和 SCX 分离，显著提高了细胞内的磷酸化蛋白和磷酸化肽段的鉴定量[148]。Villén 等[149]发现，基于 SCX 技术在磷酸肽的预分级过程中，磷酸肽所带电荷和肽段中组氨酸、赖氨酸和精氨酸残基所占比例都会影响磷酸肽的分级。

　　除了单独使用 SCX 和 SAX 模式对磷酸化肽段分离和富集，SAX 和 SCX 的混合模式被发展并应用于鼠肝[150]和 Hela 细胞核[151]的磷酸化蛋白质组分析。再者，组合 SCX 预分离和 IMAC 或 TiO$_2$ 的磷酸肽富集技术在大规模磷酸化蛋白质组分析中也得到了成功的应用。例如，Olsen 等[152]组合 SCX 和 TiO$_2$ 技术，鉴定了 Hela 细胞在表皮生长因子刺激下的 6600 个磷酸化位点。Gruhler 等[153]组合 SCX 和 IMAC 技术应用于酵母荷尔蒙激素的信号通路分析，发现了 139 个磷酸肽在应答荷尔蒙激素的刺激下至少存在两倍的上调。Wilson 和 Grady 等[154]组合 SCX 和 IMAC 以及 TiO$_2$ 技术，大规模分析了酵母有丝分裂的磷酸化蛋白质组，从 1194 个磷酸化蛋白中鉴定了 2887 个磷酸化位点。最近，Villén 和 Gygi 等[155]呈现了组合 SCX 预分离和 IMAC 技术在大规模分析磷酸化蛋白质组的具体的实验方案。尽管这一技术为大规模磷酸化蛋白质组的分析提供了一个强有力的手段，但是仍存在一定的局限性，如通常需要高达数毫克和数十毫克的蛋白样品和由复杂的实验操作导致的样品损失。

　　HILIC-IMAC 技术提供了另外一个深度分析磷酸化蛋白质组的方法。McNulty 和 Annan 等应用 HILIC 预分离生物样品中的多肽，多肽按照肽链长度、疏水性大小和极性的酸性肽段均一地分布在分离组分中。随后将 IMAC 应用于每个分离组分中磷酸化肽段的富集，结果表明，该方法比 SCX-IMAC 和单独的 IMAC 技术具有更好的富集特异性和回收率[156]。Albuquerque 等[157]用组合 IMAC 和 HILIC 的多维色谱技术对 DNA 损伤的酿酒酵母的磷酸化蛋白质组进行了分析。作者首先用 IMAC 技术对酶解产物中磷酸化肽段进行富集，再用 HILIC 对富集的磷酸化肽段进行分离，结合 LC-MS/MS，总共鉴定到来自于 2278 个磷酸化蛋白质的 8764 个非冗余的磷酸化肽段。

13.3.1.5　磷酸化蛋白质组学分析中的新型分离方法

　　虽然通过各种磷酸化富集材料可以实现从复杂的样品中特异性富集磷酸肽，但是获取的磷酸肽样品复杂程度依然很高，且不同磷酸肽的丰度差异很大。为了满足磷酸化蛋白质组学规模化深入分析的要求，通常需要在蛋白质或者肽段层次进行样品预分级。由于蛋白质溶解度较低且物理化学性质复杂，高效分离分级较为困难。随着 bottom-up 蛋白质组学的快速发展，肽段层次的磷酸肽多维分离技术展现出强大的分离能力。由于低 pH 的反相色谱分离模式可以与电喷雾质谱实现有效兼容，因此为了实现磷酸肽的高效多维分离，第一维的色谱分离模式必须与低 pH 的反相色谱分离机理具有良好的正交性。强阳离子交换色谱-反相色谱（SCX-RP）是当前磷酸化蛋白质组学分析中使用最广泛的分离模式。其他分离模式，例如强阴离子交换色谱（SAX）、亲水相互作用色谱（HILIC）和静电排斥亲水作用色谱（ERLIC）等，也可用于磷酸肽的多维分离分析。在传统的多维分离方法中，都是通过改变色谱柱的分离机理或者分离体系来实现相同样品分子在两个色谱模式的分离。

Zou 等发展了一种基于高低 pH 的反相-反相色谱分离新模式，通过将前后馏分的混合显著提高了多维分离的正交性。将该方法应用于人肝磷酸化蛋白质组的规模化分析，总共鉴定到了大约 10000 个磷酸化位点，这是当时单个组织鉴定到的最大的磷酸化位点数据集[29]。当前已经有很多针对磷酸化位点规模化分析的报道，但是能够鉴定到 20000 个以上磷酸化位点的研究却依然不多[118,158~161]。尤其是对于组织样品，虽然 Gygi 等和 Olsen 等分别从老鼠的 9 个和 14 个组织器官中鉴定到 36000 个和 31480 个磷酸化位点，但是从单个肝脏组织中鉴定到的磷酸化位点仅有 10000 个左右。Zou 等进一步发展了多种蛋白酶酶切组合的反相-反相色谱分离模式，该方法通过将第一维分级后的 Glu-C 酶切肽段进行胰蛋白酶酶切，改变了样品分子的性质，使两次反相色谱分离都是在最优的酸性条件下进行，实现了磷酸肽的高效分离和鉴定。通过该方法，该课题组从人肝脏组织样品中鉴定到了超过 20000 个磷酸化位点，这是当前单个组织器官中鉴定到的最大磷酸化位点数据集[162]（图 13-8）。

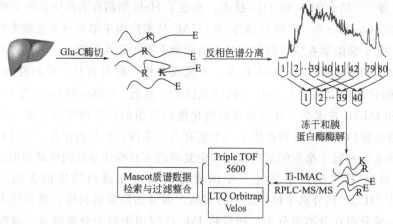

图 13-8　多种蛋白酶酶切组合的反相-反相色谱分离模式进行人肝磷酸化位点
规模化分析的工作流程示意图[162]

13.3.2　新型色谱分离材料在糖基化蛋白质组分析中的应用

糖基化是最为常见的蛋白质翻译后修饰之一，对蛋白质的折叠和构象的稳定、蛋白质活性等都具有重要影响。据报道，哺乳动物体内 50% 以上的蛋白质都会发生糖基化修饰，糖基化蛋白质参与了众多重要的生命过程，如蛋白质相互作用、免疫应答、细胞通信、细胞凋亡等[163~165]。同时，糖基化的蛋白质还与许多疾病密切相关，而异常的蛋白质糖基化已经成为癌症发生和发展的重要标志之一[164,166]。大部分临床应用的疾病生物标志物都是糖基化的蛋白质，如甲胎蛋白（α-fetoprotein，AFP）、癌症抗原 125（cancer antigen 125，CA125）、前列腺特异性抗原（prostate-specific antigen，PSA）等[167]。

根据糖链所连接的氨基酸残基和连接方式的不同，可以将蛋白质糖基化分为 N-连接糖基化、O-连接糖基化、C-连接糖基化和糖基化磷脂酰肌醇锚（GPI-anchored）（图 13-9）。N-糖基化的糖链连接在蛋白质天冬氨酸残基的侧链上，并且 N-糖基化肽段具有特定的氨基酸序列，符合 NXS/T/C 的通式（其中 X 可以是除了脯氨酸以外的任意氨基酸）；O-糖基化是糖链的还原末端连到蛋白质的丝氨酸（serine）或苏氨酸（threonine）残基侧链上，而根据糖链组成的不同又可以分为半乳糖酰胺（O-GalNAc）型和葡萄糖酰胺（O-GlcNAc）型，O-糖基化发生的序列比较广泛，目前没有发现特定的序列通式；C-糖基化是糖链的还原末端连到蛋白质的半胱氨酸残基侧链上；而 GPI-anchored 的糖基化是蛋白质通过肽链的 C 端共价连接的糖基磷脂酸肌醇锚定在膜脂上。其中 N-糖基化和 O-糖基化是目前研究最为广泛的糖基化类型。不同种类的糖基化，在细胞内的定位和糖链的组成上都有着很大的区别。N-糖基化和 O-GalNAc 的蛋白质主要分布在细胞膜和细胞的分泌液中，而 O-GlcNAc 的蛋白质则主要分布在细胞质和细胞核中。在糖链组成方面，N-糖链一般由一个五碳糖的核心和若干糖单元组成，可分为高甘露糖型、复杂型和杂合型三类，其组成符合特定的规律。O-GalNAc 类型的糖链一般以一个半乳糖酰胺（GalNAc）开始，其核心结构多变。据报道，该类糖基化的糖有多达 8 种糖型核心，糖链长度也不固定，一般分泌蛋白质上的糖链较短，而细胞膜蛋白质上的糖链较长；O-GlcNAc 类型的糖链的组成很简单，只有一个GlcNAc，该类糖基化与磷酸化之间能发生很密切的互换（cross-talk）。

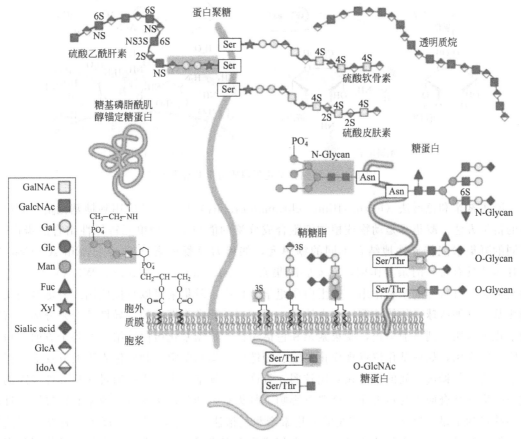

图 13-9　常见的糖基化类型[168]

13.3.2.1　N-糖基化蛋白质组学的分离富集策略

由于生物样品的高度复杂性和糖基化蛋白质的低丰度特性，对生物样品中的糖基化蛋白质进行特异性富集和高效分离是糖基化蛋白质组学研究的一个重要步骤，它可以降低样品的复杂程度，提高糖基化蛋白质及其位点鉴定的覆盖度。近年来，已经发展了多种多样的分离富集方法（图13-10），目前较为常见的分离富集方法有凝集素亲和色谱法、酰肼化学法、亲水作用色谱法、硼酸共价亲和色谱法和金属氧化物亲和色谱法等[169~171]。

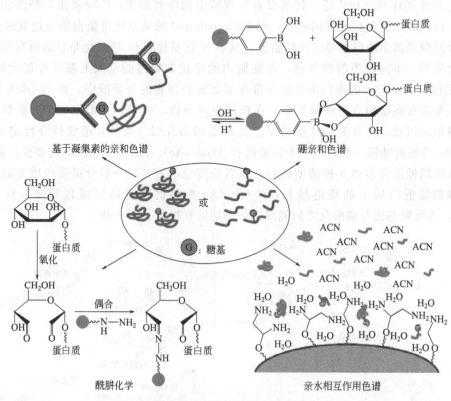

图 13-10　常见糖基化蛋白质组学的富集策略

凝集素亲和色谱法（lectin affinity chromatography）是最早被应用到糖基化蛋白质组学中的富集方法。凝集素是动物或植物细胞合成分泌的能与某种糖单元特异性结合的蛋白质。不同的凝集素能特异性地结合不同的糖单元，如伴刀豆凝集素（concanavalin A，Con A）对甘露糖具有特异的亲和作用，而麦胚凝集素（wheat germ agglutinin，WGA）对 N-乙酰葡萄糖胺具有特异的亲和作用。在蛋白质组学分析中，凝集素可以直接使用或者键合到某种固相基质（如微球、整体柱等）上来使用，通过对不同类型糖链的特异性结合来分离和富集糖基化蛋白质。到目前为止，凝集素亲和色谱法已经在糖基化蛋白质组学的各个方面都得到了广泛的应用，如糖基化位点规模化鉴定、糖链的富集和鉴定、肿瘤标志物的发现等。但是由于凝集素与糖链之间的作用相对比较弱，且许多非糖基化蛋白质能通过非特异性吸附的方式与凝集素结合而不易被去除，这严重影响了凝集素亲和色谱法的富集效率和特异性。针对这些缺点和不足，Mann 等对传统的凝集素亲和色谱法进行了改进，发展了一种基于超滤辅助酶解和糖基化肽段富集的技术，在一个超滤管中完成蛋白质的酶解和富集，并使凝集素亲和色谱法的富集特异性达到了 40%，这在很大程度上提高了糖基化位点鉴定的规模和效率。最终，他们通过该方法在小鼠血清和四种组织样品中共鉴定到了超过 6000 个糖基化位点[172]。

酰肼化学法（hydrazide chemistry）的主要原理是：糖链上顺式的邻位二羟基能够被高

碘酸钠氧化生成醛基，而醛基能与酰肼基团发生化学键合。因此，糖基化蛋白质样品经过高碘酸钠氧化糖链，然后与含有酰肼基团的高分子材料孵育，就能将样品中的糖基化蛋白质选择性地提取出来。该方法最早是由 Aebersold 等发明的，后期经过优化和改进，在很大程度上提高了该方法的特异性和富集效率[173～176]。目前，该方法能够从复杂的样品（如血清、组织等）中富集糖基化蛋白质，且特异性达到了 90％以上。该方法在糖基化位点规模化鉴定以及糖基化蛋白质定量分析中都得到了广泛的应用，极大地提高了对糖基化位点的覆盖率。但是酰肼化学法是一种糖型破坏性的富集方法，该方法会不可逆地破坏糖链结构，因此无法用于蛋白质上糖链的分析。近年来，分析化学家通过改进高碘酸钠的浓度和反应温度，可以选择性地只氧化糖链上的唾液酸，从而保留了大部分的糖链信息。目前，该方法被用于蛋白质上 N-糖链和 O-糖链的鉴定，并取得了不错的结果[171,177]。

亲水作用色谱法（HILIC）也是糖基化蛋白质组学常用的富集方法之一。随着糖基化蛋白质组学的发展，人们的关注点开始从糖基化位点的鉴定深入到位点上糖链的解析，因此要求富集后的样品中糖链是完整无破坏的。在早期的方法中，凝集素亲和色谱法对糖链没有破坏，符合糖链分析的要求，但是该方法的富集效率和特异性比较低，因此在很大程度上限制了其在糖链分析中的应用。酰肼化学法具有很高的特异性，然而它对糖链的不可逆破坏使得它不适合于糖链分析。在这种情况下，亲水作用色谱法被引入到蛋白质组学当中，并以其出色的富集特异性、对糖链的无破坏性和操作简单等优点被众多分析化学家所青睐。近年来，亲水作用色谱得到了很大的发展，从早期的琼脂糖柱、酰胺柱发展到现在的两性离子亲水作用色谱（zwitterionic HILIC）[178,179]、点击麦芽糖亲水作用色谱（click maltose HILIC）[180～182] 以及静电排斥亲水作用色谱（eletrostatic repulsion hydrophilic interaction chromatography，ERLIC）[183,184] 等，富集特异性也在不断提高。亲水作用色谱在大规模糖基化分析中的应用也越来越多。Zhang 等[184] 利用 ERLIC 对小鼠脑组织细胞膜蛋白进行糖基化肽段富集与分级，总共鉴定到了 922 个糖基化位点。Parker 等[185] 利用 HILIC SPE 从心肌组织中鉴定到了 936 个糖基化位点。此外，结合生物质谱技术，亲水作用色谱也被用于糖基化蛋白质上完整糖链的分析[186]。随着人们对糖基化蛋白质组分析要求的提高，更多的研究工作需要提供蛋白质上完整糖链的信息，而亲水作用色谱则可以在这些研究中得到更多的应用和发展。

硼酸共价亲和色谱法（boronate affinity chromatography）也是一种常用的糖基化肽段富集方法。其主要原理是：硼酸能够与任何含有顺式二羟基的化合物发生可逆共价作用，在碱性条件下共价结合，在酸性条件下分解。利用硼酸的这一特性，将硼酸或硼酸衍生物固定在材料上就可以用于糖基化肽段的分离富集。硼酸亲和色谱的优点是：可以富集所有类型的糖基化肽段，且只需改变 pH 便可将富集得到的糖基化肽段洗脱，操作简便。其缺点是：硼酸与蛋白质间有非特异性吸附作用的存在，因此在复杂的生物样品中，该方法的使用受到了很大的限制。近年来已经发展出了各种类型的硼酸亲和色谱材料，包括磁性纳米材料、介孔材料、整体柱等[187～189]，其富集效果也得到很大的提升。

金属氧化物亲和色谱法（metal oxide affinity chromatography，MOAC）也被用于糖基化肽段的富集，其代表材料是二氧化钛（TiO_2）。该方法主要是用于富集糖链中含有唾液酸糖基化肽段，其原理是：在酸性条件下，唾液酸上的羟基和羧基与钛原子能够产生多齿配位而牢固地结合在一起，非糖基化肽段被洗去，随后在强碱性条件下配位键被破坏，糖基化肽段被释放出来。该方法的特异性很高，可以达到 60％～70％，且能够保持糖链的完整性。

在最近的工作中，该方法被用于 Hela 细胞和小鼠组织样品中含唾液酸的糖基化蛋白质规模化分析[190]。

现阶段，如何提高糖基化蛋白质鉴定的灵敏度仍然是糖基化蛋白质组分析中的一个重要问题。Mann 等改进了凝集素方法，发展了基于超滤膜过滤的糖基化肽段富集技术，极大地提高了凝集素方法对糖基化肽段富集的特异性、位点鉴定的效率和规模，但是样品量消耗较大，不适合少量样品分析[191]。Zhou 等[192]利用强阳离子交换毛细管柱制备了蛋白酶反应器，将 ^{18}O 标记、去糖基化、胰蛋白酶酶解和肽段的分级分析集成到一个反应器中，大大减少了样品损失，但是该反应器缺少糖基化肽富集的策略，糖基化蛋白酶解产生的大量非糖基化肽段仍对糖基化肽的分析产生干扰。Zou 等发展了一种离心辅助的微反应器，集成了胰蛋白酶酶解、糖基化多肽的亲水富集和去糖基化等预处理步骤，从仅仅 10nL 人体血清中鉴定到了 92 个 N-糖基化位点，但是借助超滤膜进行蛋白质除盐可能会丢失大量的低分子量蛋白质[193]。因此，他们进一步发展了一种 C_{12}-HILIC 两相糖蛋白反应器，C_{12} 整体柱部分用于蛋白质除盐和胰蛋白酶酶解，HILIC 部分用于糖基化肽富集及去糖基化（图 13-11）。样品预处理时间由常规的大于 24h 缩短至约 3h，HRP 测试该反应器的分析效果，检测限可达 2.5 fmol。将该反应器用于 1μg HeLa 细胞蛋白的糖基化位点分析，三次平行分析共鉴定到 486 个 N-糖基化位点，总共消耗 3 μg 蛋白样品，说明该反应器样在微量样品的 N-糖基化位点分析中有很好的应用潜力[194]。

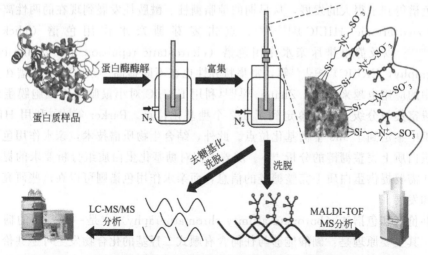

图 13-11　基于反相整体柱蛋白质酶解和亲水整体柱富集糖基化多肽的
蛋白质糖基化分析反应器[194]

由于 N-糖基化的重要作用，近年来有关 N-糖基化蛋白质组的规模化分析越来越多，包括细胞样品、小鼠或者大鼠的组织样品（如肝脏、脑、心脏等）。然而，有关人源 N-糖基化蛋白质的数据相对较少，均局限于血清或血浆样品，因此扩大人源 N-糖基化蛋白质的数据库非常迫切。Zou 等[195]通过结合多酶酶解策略、亲水作用色谱和酰肼化学富集方法以及两种不同类型的质谱分析鉴定方法建立了一种用于复杂生物样品中 N-糖基化蛋白质组大规模鉴定的系统（图 13-12）。他们首先采用点击麦芽糖亲水作用色谱对糖基化肽段进行富集，经 Triple-TOF 5600 质谱的一维 90min 梯度分析（1D LC-MS/MS）就可以从 40μg 人肝蛋白质样品中鉴定到超过 800 个 N-糖基化位点，而采用六个盐梯度的二维色谱（SCX-RPLC-MS/MS）时，在 200 μg 人肝蛋白质中鉴定到超过 1600 个 N-糖基化位点。这些数据充分说明了点击麦芽糖亲水作用色谱的卓越效果。其次，他们对酰肼化学的富集方法进行了改进和优化，发现当使用含有 2％ SDS 和 2％ Triton 的氧化缓冲溶液时，N-糖基化位点的鉴定数目能够提高 55％。此外，他们同时在肽段层次和蛋白质层次上进行了酰肼化学法富集，与单纯的肽段层次上的富集相比，鉴定数目提高了 34％。经考察发现，点击麦芽糖亲水作用色谱的富集特异性可以达到 60％～80％，而酰肼化学法的富集特异性则在 85％以上。最后将该系统用于人肝样品中 N-糖基化蛋白质的鉴定，共得到了 14498 条 N-糖基化肽段，对应 2210 个糖基化蛋白质和 4793 个 N-糖基化位点。这是迄今为止数目最大的人源糖基化蛋白质组数据。同时，通过 IPA 分析发现，这些蛋白质参与多种多样的生物学过程和功能，与多种肝脏疾病相关。

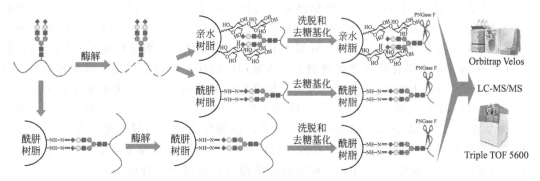

图 13-12　人肝蛋白质组糖基化规模化分析策略[195]

13.3.2.2　O-糖基化蛋白质组学的富集策略

与 N-糖基化蛋白质组学类似，由于 O-糖基化蛋白质的丰度非常低，因此需要特异性的富集方法将其从复杂的生物样品中富集出来。不同类型的 O-糖基化富集方法也有很多的不同。例如，O-GlcNAc 型糖基化的富集方法有 β-消除结合迈克尔加成法[196]、化学酶促标记法[197～199]、凝集素亲和色谱法[200,201]、单克隆抗体法[202]、酰肼化学法[203]、TiO_2 亲和色谱法[204]等，而 O-GalNAc 型糖基化的富集方法则主要有凝集素亲和色谱法[205,206]、酰肼化学法[177,207]、亲水作用色谱法[208]和多孔石墨化碳法[209]等。虽然有众多的富集方法，但是与 N-糖基化的富集相比，O-糖基化的富集更为困难，富集特异性和富集效果等都不够理想。

O-GlcNAc 型糖基化大规模分析中效果最好的富集方法是凝集素亲和色谱法和单克隆抗体法。凝集素亲和色谱法的作用原理是小麦凝集素（wheat germ agglutinin，WGA）与 O-GlcNAc 具有特异性的亲和作用。Vosseller 等[200]首先采用该方法从突触后致密物质中鉴定到 145 条 O-GlcNAc 糖基化肽段。近期，Trinidad 等[201]采用优化后的方法，从鼠类的突触中鉴定到了 1750 个 O-GlcNAc 糖基化位点和对应 641 个糖基化蛋白质，是迄今为止规模最大的 O-GlcNAc 糖基化数据集。单克隆抗体法也被用于 O-GlcNAc 糖基化的富集，Teo 等[202]采用该方法从 HEK293T 细胞中鉴定到了 200 多个 O-GlcNAc 糖基化蛋白质。虽然以上两种方法在 O-GlcNAc 糖基化大规模分析中具有良好的效果，但是它们都存在着一个共同的缺陷，就是富集特异性不高，在富集到糖基化肽段的同时往往伴随着很多的非特异性吸附，增加了质谱鉴定的难度。为了解决富集特异性的问题，研究者们发展了许多其他类型的富集方法，化学酶促标记法（chemoenzymatic tagging）就是一种特异性非常高的富集方法。化学酶促标记法是由 Gerald W. Hart 研究组发展而来的[198]，该方法的原理是：O-GlcNAc

糖基化蛋白质在半乳糖转移酶 GalT1 的作用下，能够特异性地在其 GlcNAc 糖单元后连接上一个半乳糖分子（Gal），若在 Gal 上修饰反应基团（如叠氮等）就能通过点击化学的方法将反应后的 O-GlcNAc 糖基化蛋白质特异性地富集出来。但是由于富集后的 GlcNAc 糖基化连接了 Gal、叠氮等其他基团，使其在质谱中难以鉴定，因此不适合大规模的分析。除以上方法外，还有诸如 β-消除结合迈克尔加成法、酰肼化学法、TiO_2 亲和色谱法等方法可以使用，但是它们的富集效果都有待提高。

由于 O-GalNAc 型糖基化的糖链组成和长度都与 O-GlcNAc 糖基化有较大的差别，因此它们的富集方法也各不相同。这类糖基化的富集方法主要有凝集素（Jacalin）亲和色谱法、酰肼化学法、亲水作用色谱法和多孔石墨化碳法四种。研究发现，凝集素 Jacalin 对 O-GalNAc 糖基化的核心-1（core-1）型糖链具有选择性的亲和力，可以用于富集带有该类糖链的糖基化肽段。Darula 等[205]使用 Jacalin 亲和色谱法对牛血清中的 O-GalNAc 糖基化肽段进行了富集并鉴定到 26 个 O-GalNAc 糖基化位点。近期该研究组又对此方法进行了改进，他们在 Jacalin 富集糖基化肽段之前增加了一步蛋白质层次上的富集以提高富集特异性，并且加入了离子交换和 ERLIC 进行二维分离，提高鉴定的覆盖率。最终他们从牛血清中鉴定到了 124 个 O-GalNAc 糖基化位点[206]。除此之外，Henrik Clausen 的研究组[210,211]也使用 VVA 凝集素（viciavillosa agglutinin）进行富集，该凝集素可以特异性地结合 O-GalNAc，因此可以对所有的 O-GalNAc 糖基化肽段进行富集。但是 VVA 凝集素法需要首先对分析的细胞进行基因干扰以阻断 O-GalNAc 糖链的合成路径，使得细胞合成的 O-GalNAc 糖基化蛋白质上的糖链只由单个 N-乙酰半乳糖胺组成。最终他们通过这种方法，从三种人类细胞中共鉴定到 856 个 O-GalNAc 糖基化位点。虽然这些糖基化位点不是细胞正常状态下鉴定到的，但是对 O-GalNAc 糖基化的研究也有很大的参考价值。

酰肼化学法是 N-糖基化蛋白质富集的一种重要方法，但是在 O-GalNAc 糖基化蛋白质富集中的应用较少，主要原因是在富集之后没有类似于 PNGase F 的糖链内切酶可以将 O-糖基化蛋白质从富集材料上释放下来。为此，Nilsson 等[177]对传统的酰肼化学法进行了改进，使其能够适合于唾液酸化的 O-GalNAc 蛋白质的富集。新方法的原理是：降低氧化糖链所用的高碘酸钠浓度（从 10 mmol/L 降低到 2 mmol/L），使糖链中仅有唾液酸能够被氧化成醛，而其他糖单元则保持不变。因此，只有唾液酸化的糖基化蛋白质能够被材料富集。最后，利用唾液酸在酸性、高温条件下会从糖链上降解的特性，将富集到的糖基化肽段从酰肼材料上释放出来。由于该方法能同时富集 N-糖基化蛋白质和 O-糖基化蛋白质，为提高O-糖基化的鉴定率，可以在富集前加入 PNGase F 将 N-糖基化去除。通过这种方法，Halim 等[207]从人脑脊液中鉴定到了 106 个 O-GalNAc 糖基化位点。

亲水作用色谱法和多孔石墨化碳法两种方法需要依赖于糖基化肽段的亲水性。但是与 N-糖基化肽段相比，O-GalNAc 糖基化肽段的亲水性并不高，因此这两种方法的使用不是很广，只用于一些简单样品的富集。近期，各种新型的亲水材料被发展出来并用于 N-糖基化蛋白质组学，其中包括 ZIC-HILIC 和 click maltose HILIC，它们都具有优良的亲水特性，因此在 O-GalNAc 糖基化肽段的富集中可能会有很高的应用前景。

13.4 介孔材料在蛋白质组学中的应用

新合成的蛋白质需要经过一系列酶的剪切以及修饰后，才能成为具有生物学功能的成熟蛋白质，而在蛋白质周期的末期，蛋白质又会被水解酶降解、清除。在蛋白质的周期循环过程中，蛋白质水解酶参与了蛋白质前驱体的剪切和蛋白质的降解过程，对于蛋白质的胞内定位、细胞周期、细胞的分化和迁移及细胞凋亡等生命活动具有重要的调控作用。因此，蛋白质水解酶的剪切也被认为是一种极其重要的翻译后修饰。

蛋白质在水解酶作用下产生的多肽片段曾一度被认为是毫无价值的生物垃圾（biological trash），然而近年来的研究发现，这些降解产生的碎片中蕴含着丰富的生物信息，能够反映机体内酶的活性，为疾病标记物的发现提供不可或缺的信息[212]，引起了研究者的广泛关注。与组织相比，血液样品容易获得且能实时记录人体生理状态，它已成为寻找疾病标记物的重要来源，而血液中的内源性肽对于疾病的早期诊断具有重要的意义。然而，血液中内源性多肽的丰度很低，并且存在着大量高丰度蛋白质及代谢产物的干扰，尤其血清中包含着复杂的蛋白质组成以及含量大于 12 个数量级的动态变化范围，这也极大地增加了内源性肽的分析难度。因此，内源性肽的选择性富集是其分析的关键。目前，应用于内源性肽及低分子量蛋白质碎片富集的策略主要有：① 离心超滤法[213,214]，它通过选择不同截留分子量超滤膜，实现多肽样品的分离，但是高丰度的蛋白质组分降低了其富集效率，而且样品中的盐类等小分子同时得到富集，需要经过脱盐处理，样品损失严重；② 有机溶剂沉淀法[215,216]，它通过高分子量的蛋白质在预冷的有机溶剂中形成沉淀去除高丰度蛋白质，然而蛋白质沉淀时会吸附大量的多肽，造成样品的损失，并且蛋白质的去除效果不完全；③ 不同官能基团修饰的磁性纳米材料富集（如 C_4、C_8、C_{60} 等）[217~220]，它主要是基于特定的相互作用保留内源性多肽，但是大量蛋白质会发生吸附，进而影响多肽样品的富集效率以及后续的质谱分析。因此，发展高效、高通量、高灵敏度的富集技术成为内源肽分析的关键。

近年来，由于介孔材料的孔径尺寸与蛋白质的尺寸相当，并且其特殊的物理性质及表面的功能修饰等，使其在蛋白质的样品前处理中具有重要的应用。

13.4.1　介孔材料富集低丰度蛋白质/肽段

许多低丰度蛋白质或多肽在生物体内承担着重要的生命功能，对这类物质的有效分析具有重要的生物学意义[221~227]。然而，样品中高丰度蛋白质及盐类等基体的存在，严重干扰了质谱的检测，限制了对低丰度蛋白质或多肽的分析和研究，因而低丰度蛋白质和多肽的高效富集是实现对其分析和检测的基础。发展高效、高灵敏度、高通量的富集技术是内源肽分析的关键。

介孔材料的孔径尺寸与蛋白质、多肽的大小处于同一数量级，使其在蛋白质分析和多肽组学分析方面具有重要的应用潜力[228,229]。如图 13-13 所示，当蛋白质分子的大小明显小于介孔材料的孔径尺寸时，蛋白质容易进入到孔道内表面，形成较高的蛋白质负载量。当蛋白质分子的大小明显大于材料的孔径尺寸时，蛋白质分子则无法进入到孔道内，形成对蛋白质的体积排阻作用，有利于实现蛋白质的去除。Deere 等[230]比较了两种不同孔径的 MCM-41 材料对于细胞色素 C 蛋白的吸附：当材料孔径为 4.5nm 时，蛋白质能够顺利进入其孔道的内部，并形成有效的吸附，吸附量达到 8mmol/g；当材料的孔尺寸为 2.8nm 时，蛋白质进入孔道的过程受阻，蛋白质吸附量降低到 1mmol/g。Tian 等[231]采用具有高度有序孔道结构的介孔硅材料（MCM-41，2nm）用于血浆中内源性肽的选择性富集：一方面，该材料的孔道尺寸小于大多数高丰度的蛋白质，通过介孔结构的体积排阻作用将蛋白质去除；另一方面，多肽进入到孔道的内部，并在内表面的疏水作用下保留，进而实现对内源性肽的选择性富集（图 13-14）。Chen 等[220~232]制备了具有磁性的 $Fe_3O_4@nSiO_2@mSiO_2$ 微球用于酶解多肽的富集，与传统富集材料相比，富集多肽的信噪比提高了 100 倍左右，具有更高的富集效率，并且该材料在外加磁场作用下即可实现快速分离，操作更加简便，可用于复杂生物样品中的内源性肽的富集。

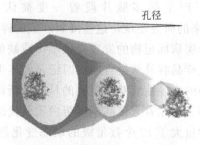

图 13-13　蛋白质在不同尺寸介孔材料中吸附示意图

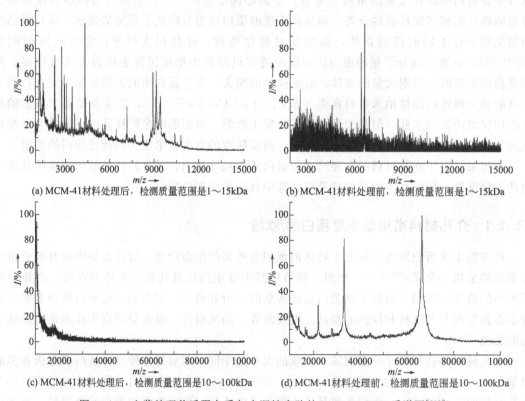

(a) MCM-41材料处理后，检测质量范围是1~15kDa　　(b) MCM-41材料处理前，检测质量范围是1~15kDa

(c) MCM-41材料处理后，检测质量范围是10~100kDa　　(d) MCM-41材料处理前，检测质量范围是10~100kDa

图 13-14　血浆处理前后蛋白质与内源性多肽的 MALDI-TOF 质谱图[231]

　　然而，由于硅基材料表面的疏水作用较弱，对多肽的保留能力弱，容易造成样品的损失。因此，增加多肽与材料间的相互作用，进而增强多肽在材料表面的保留作用成为关键。Tian 等[233]采用在酸性条件下富集，能够有效地增加内源性肽段的疏水性，进而提高了其富集效率。但是，上样液中酸度的改变会影响到血清样品中酶的活性，进而改变血清中内源性肽的组成，影响实验结果。此外，可以通过对材料表面进行改性，提高其对多肽的保留能力[234]。Li 等[235]通过在磁性介孔硅材料的表面引入 C_{18} 官能团，进而提高了多肽在材料上的保留能力，缺点是材料在水中的分散效果差，主要适用于环境样品中一些强疏水性的有机小分子等样品的富集。Liu 等[236]在磁性介孔硅材料的表面引入疏水性的 C_8 官能团，增加了多肽在材料上的保留，最终从小鼠的脑组织提取液中鉴定到 267 条内源性多肽，较该组前期发展的 $Fe_3O_4@nSiO_2@mSiO_2$ 微球的富集效果提高了 3.45 倍。Sun 等[237]也采用类似的方法，在磁性介孔硅材料的表面引入疏水性的 C_8 官能团，用于低分子量的低丰度蛋白质的选择性富集、除盐。然而，引入疏水基团的材料制备条件较难控制，容易引起包覆不均匀及材料的团聚等问题。Liu 等[238]使用有机-无机杂化的桥联试剂制备了介孔硅材料，其不但具有相对较强的疏水性，而且制备过程相对简单，在内源性肽富集方面具有重要的应用前景。此外，由于大多数肽段带有电荷，通过对材料表面改性，在孔道内部引入离子交换基团，进而实现对内源性多肽的高效富集。如图 13-15 所示，Tian 等[239]对 MCM-41 材料的内表面进行修饰，分别制备了阴离子交换和阳离子交换材料，并与 MCM-41 三种材料相结合，富集并分析了小鼠肝组织提取液中的内源性多肽。该方法有效地提高了内源性多肽的富集效率和覆盖度。但是 MCM-41 材料的后修饰过程复杂，并且容易受到材料自身的机械强度等性能的影响，进而影响材料的孔径尺寸对蛋白质的排阻效果。Wan 等[240]制备了有机-无机杂化有序介孔材料（PMOs），它的孔壁骨架中同时存在有机组分与无机组分，具有很好的疏水性和电负性，与表面修饰氨基（NH_2-PMOs）的材料相结合，同时富集蛋白酶解液中带有正电荷和负电荷的多肽，两种材料具有很好的互补性。但是该材料的孔径接近 10 nm，不具备蛋白质排阻效果，无法用于血清中内源性肽的高效富集。另外，Liu 等[241]通过采用磁性硅基介孔材料中修饰的 Cu^{2+} 与多肽 C 端的羧基间的相互作用，选择性地富集血清中的内源性肽。此方法能够结合离子亲和作用和体积排阻作用，实现了内源肽的选择性富集，缺点是其他脂肪酸也同时得到富集，干扰了富集样品的后续质谱分析。Zou 等发展出基于高度有序碳介孔材料（OMC）的血清内源性多肽的高效富集方法，实现血清内源性多肽的高通量质谱分析鉴定。运用 OMC 材料的反相色谱保留强的特点及其介孔孔道对大蛋白的体积排阻作用，克服了复杂样品中高丰度蛋白质对低丰度多肽富集的干扰，实现了血清样品中内源性多肽的高效选择性富集，从极微量血清（$20\mu L$）中鉴定到 3402 条非冗余多肽肽段，是一种高灵敏度、高通量的血清内源性多肽富集鉴定策略。

综上所述，介孔材料在低丰度蛋白质/多肽的富集方面具有重要的应用价值，同时其他新型基质的介孔材料以及不同功能基团修饰材料的制备也是其用于内源性肽高效富集的发展方向。

13.4.2　介孔材料富集修饰蛋白质或肽段

翻译后修饰的蛋白质在生物体内的丰度很低，其检测容易受到高丰度蛋白质的干扰[242,243]，因此，修饰的蛋白质/多肽的高效选择性富集也具有非常重要的生物学意义。其中，基于介孔材料的高比表面积和高度有序的介孔结构，将其用于翻译后修饰蛋白质样品的预处理也是一个新的热点和研究方向。

基于介孔材料的高比表面积、微观尺寸排阻作用以及便于功能化修饰等特性，它被广泛用于磷酸肽的富集研究。Hu 等[244]制备了固定化 Ti^{4+} 修饰的 MCM-41 材料用于血清中内源性磷酸肽的富集，该方法同时结合介孔材料的体积排阻作用和 Ti^{4+} 对磷酸肽的亲和作用，具有很高的富集效率（图 13-16）。缺点是材料的后修饰步骤复杂，并且 MCM-41 材料的孔壁较薄，机械强度差，对于磷酸肽富集过程中的酸、碱的耐受性较差。Zhang 等[245]将钛掺加到介孔材料的骨架中，制备的介孔材料（Ti-HMS）具有更高的比表面积，并且结构相对

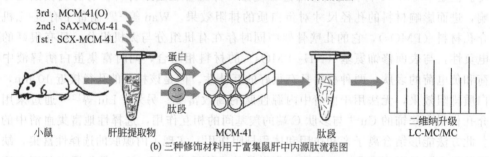

(a) 制备SCX-MCM-41和SAX-MCM-41材料流程图

3rd：MCM-41(O)
2nd：SAX-MCM-41
1st：SCX-MCM-41

小鼠　　肝脏提取物　　MCM-41　　肽段　　二维纳升级 LC-MC/MC

蛋白
肽段

(b) 三种修饰材料用于富集鼠肝中内源肽流程图

图 13-15　制备 SCX-MCM-41 和 SAX-MCM-41 材料流程图及
三种修饰材料用于富集鼠肝中内源肽流程图[239]

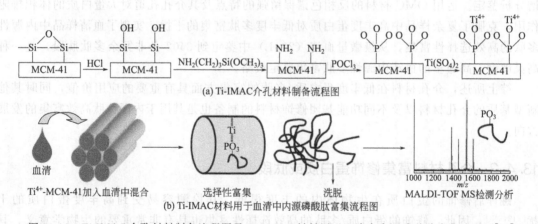

(a) Ti-IMAC介孔材料制备流程图

血清　　Ti⁴⁺-MCM-41加入血清中混合　　选择性富集　　洗脱　　MALDI-TOF MS检测分析

(b) Ti-IMAC材料用于血清中内源磷酸肽富集流程图

图 13-16　Ti-IMAC 介孔材料制备流程图及 Ti-IMAC 材料用于血清中内源磷酸肽富集流程图[244]

稳定，可以实现在中性条件下磷酸肽的高效富集。Zhang 等[246]在制备 SBA-15 介孔材料的过程中掺入钛，将其引入到材料的骨架结构中，制备方法相对简单，并且 SBA-15 材料的孔壁较厚，机械强度高。然而，在合成材料过程中钛的含量对于骨架结构的形貌影响较大，掺加钛的比例大于 8% 时容易影响到孔道的结构，而且硅基材料在强酸及强碱条件下结构容易被腐蚀，进而影响到孔的结构形貌及其体积排阻蛋白质的效果。Wang 等在介孔材料制备过程中，引入有机功能单体 1,2-二（三甲氧基硅基）乙烷（BTME）和二乙基磷酰乙基三乙氧基硅烷（PETES）作为反应试剂，成功合成了磷酸酯有机-无机杂化介孔材料。该材料经过一步反应即可合成，制备方法简单，表面磷酸功能基团数目多，且无伯胺基团的引入。此外，该材料结构中包含有桥联型的有机功能基团，与传统介孔硅材料相比，具有更好的 pH 稳定性，尤其能够耐受磷酸肽富集和洗脱时的强酸及强碱性条件。Zou 等基于材料的微观介孔结构的体积排阻作用和金属离子亲和作用，将 Ti^{4+} 修饰磷酸酯杂化介孔材料（Ti^{4+}-EPO）用于血清中内源性磷酸肽的选择性富集，并通过原位富集-二甲基化稳定同位素标记技术实现了其相对定量。该方法将所有的样品前处理步骤都集成到 Ti^{4+}-EPO 材料的介孔孔道内，并且结合 MALDI-TOF MS 检测具有操作步骤少、样品损失少、灵敏度高、通量高的优点。

金属氧化物（MOAC）[247~249] 的介孔材料不仅具有高度有序的介孔结构，并且对酸碱具有很好的耐受性，在磷酸肽的富集方面具有重要的应用。Yin 等[250,251] 通过纳米晶合成了具有三维介孔结构的亚微米 TiO_2 材料，用于低分子量的磷酸化蛋白质的富集。该材料表面经过亲水作用基团修饰，在水溶液中具有很好的分散性，并且具有较大的孔径以及高比表面积，与常规的 TiO_2 材料相比，其对于低分子量的磷酸化蛋白质富集效率更高。进一步调节孔道的尺寸，将其用于血清中内源性磷酸肽的选择性富集，该材料能够有效地消除蛋白质的干扰，具有很高的富集效率（图 13-17）[251]。此外，其他金属氧化物介孔材料 $CeO_2/ZrO_2/HfO_2$ 也广泛用于磷酸肽的富集[252,253]。Cheng 等[252] 制备的 $Fe_3O_4@SiO_2@mCeO_2$ 材料，不仅能够高效地富集磷酸化肽，并且通过 CeO_2 的催化作用，同时实现磷酸化肽的富集和标记。与硅基 IMAC 介孔材料相比，MOAC 介孔材料具有更强的酸碱耐受能力，结构更加稳定，能够有效排除蛋白质等对于样品检测的干扰。缺点是材料表面性质更加复杂，容易产生非特异性吸附，并且存在空间位阻效应影响了其对磷酸肽的选择性。现阶段，这类金属氧化物介孔材料主要侧重于简单样品的快速富集和检测，对于复杂生物样品的分析则受到限制，而其表面修饰等仍有待于进一步的研究。因此，强酸、碱耐受性、富集特异性高的介孔材料的制备将是磷酸肽样品前处理中新的发展方向。

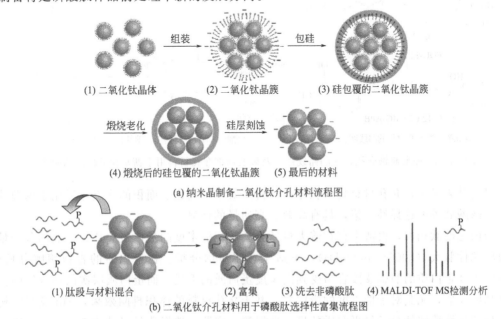

图 13-17　纳米晶制备二氧化钛介孔材料流程图及二氧化钛介孔材料用于磷酸肽选择性富集流程图[251]

　　此外，介孔材料在糖基化肽段富集方面的研究较少，这主要是由于糖链的存在使得糖肽分子量明显大于非修饰的肽段，从而不利于糖基化肽段的特异性富集。另一方面，介孔材料的高比表面积对于糖肽的选择性富集也很重要。Xu 等[188]将硼酸修饰介孔材料（FDU-12）用于糖基化肽段选择性地富集，该材料具有高比表面积的优势，有效地提高了硼酸基团的键合量，并且材料的孔径较大，不影响糖基化肽段的传质等，进而实现了糖肽的高特异性富集（图 13-18）。Wan 等[254]在硅介孔材料表面沉积一层 ZrO_2，制备了复合硅-锆介孔材料，并将其用于糖基化肽段的亲水作用富集，该材料具有很高的比表面积和良好的富集特异性。Zou 等发展了一种基于氧化有序介孔碳材料（O-CMK）的特异性富集多糖链的方法。它结合了材料微观介孔结构的体积排阻作用和碳材料与糖链之间的强相互作用，用于样品中酶解糖链的高效富集。此外，O-CMK 材料的水中分散性好，可以避免材料黏附管壁等造成的样品损失，有效地提高回收率。该富集方法与 MALDI-TOFMS 相结合，重现性好，可以用于多糖链的快速分析。将其用于血清样品中多糖链的富集，对健康人血清与肝癌患者血清中的多糖链含量进行差异分析，发现其中有 5 条糖链的含量在肝癌患者的血清中明显上调。采用一步法合成了硅-碳复合的介孔纳米材料（NP-MCM-C），即通过以硅介孔材料为载体，CTAB 同时作为模板剂和碳前驱体，经原位碳化得到的复合材料。这种方法可以通过改变硅介孔材料的孔径及粒子形貌实现对复合材料孔结构的调控。我们进一步将其用于血清中多糖链的选择性富集，并且与 O-CMK 材料进行比较，实验结果表明，该材料具有更高的多糖链富集效率。

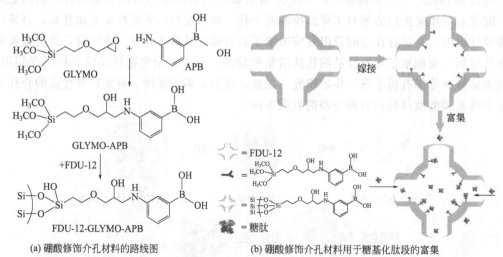

(a) 硼酸修饰介孔材料的路线图　　(b) 硼酸修饰介孔材料用于糖基化肽段的富集

图 13-18　硼酸修饰介孔材料的路线图以及硼酸修饰介孔材料用于糖基化肽段的富集[188]

　　以上结果显示，介孔材料具有孔径尺寸排阻效果和高比表面积的优点，适用于内源性多肽以及磷酸肽等的选择性富集，具有高效、高通量的优势。

　　与内源性肽相似，血清中存在着大量低分子量、低丰度的蛋白质碎片，它们的分子量较普通内源性肽大（5000～40000Da），不适于直接质谱分析。在蛋白质的直接酶解分析中，这些低丰度蛋白质的酶解肽段容易受到高丰度蛋白质的干扰，而蛋白质层次的预分级则会造成样品的损失，尤其对于低丰度的蛋白质。基于介孔材料的体积排阻效应，Min 等[255]构建了一种选择性酶解低分子量蛋白质的尺寸选择酶反应器。选择孔径尺寸为 5.7nm 的 SBA-15作为胰蛋白酶（3.8nm×3.8nm×3.8nm）的载体，将酶负载在材料的孔道内部。在蛋白质样品酶解过程中，小分子的蛋白质能够顺利地进入孔道内与胰蛋白酶接触，并被降解，而对于大多数高丰度蛋白质，其分子量较大，不能进入到孔道内酶解，进而实现了对于低分子量蛋白质的选择性酶解。如图 13-19 所示，他们进一步将介孔材料的表面修饰磁性纳米粒子，并将吸附胰蛋白酶的材料通过施加外部磁场固定，将其用于微流控芯片系统中，实现了低分子量蛋白质的快速、选择性酶解，具有高通量、高灵敏度的优势，适用于微量生物样品中低丰度蛋白质的检测[256]。

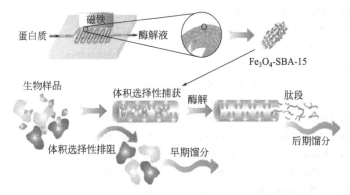

图 13-19　磁场固定基于介孔材料的固定化酶微反应器的结构示意图及
微反应器选择性酶解低丰度蛋白质流程图[256]

综上所述，基于介孔材料的固定化酶具有载量高、制备方便、酶解效率高、热稳定性好等优点，并且利用材料的尺寸排阻作用实现选择性酶切，在蛋白质组学样品前处理中具有重要的应用。通过介孔材料内外表面的修饰，实现两种及两种以上酶的固载，进而用于蛋白质的多酶酶切反应和选择性标记反应等。此外，介孔材料的孔径尺寸较小，传质阻力较大，限制了它在快速分析方面的应用，而较短的孔道结构能够有效地降低传质过程的影响，适合用于微量样品的快速分离，因而具有短孔道的硅基介孔材料以及相应的复合材料成为一个新的发展趋势。

13.5　总结

现代分析仪器、方法、技术还远远不能满足复杂生物样品对分析灵敏度、重复性、准确性和覆盖率的要求，因此发展高效生物样品分析方法和技术仍然是分析化学面临的一个巨大挑战。由于生物样品组成复杂且各组分动态分布范围巨大，发展新型色谱富集分离材料对于提高特定的生物样品的分析性能具有重要的作用。在过去的十年中，随着蛋白质组学的快速发展，各种类型的色谱富集分离材料也不断涌现，在提高蛋白质以及各种修饰蛋白质分析性能中起到了关键的作用。例如，现阶段的技术可以在一次实验中实现上万个蛋白质磷酸化位点的分离分析，这主要就是得益于高效磷酸肽富集材料、高分辨色谱分离材料和多维色谱分离技术的发展。新型色谱富集分离材料的发展仍然是未来生物样品分离分析的一个重要发展方向，必将在人们解析各种重要的生理病理过程中发挥重要的作用，极大地促进分析化学、生物学以及临床诊断技术的快速发展。

参 考 文 献

[1] International Human Genome Sequencing C. Nature, 2004, 431: 931-945.

[2] Jensen O N. Curr Opin Chem Biol, 2004, 8: 33-41.

[3] Ayoubi T A, van der Veen W J. Faseb J, 1996, 10: 453-460.

[4] Mann M, Jensen O N. Nat Biotechnol, 2003, 21: 255-261.

[5] 宋春侠, 秦洪强, 叶明亮, 等. 科学通报, 2013, 58: 1-10.

[6] 胡箎, 李艳梅. 科学通报, 2005, 50: 1061-1072.

[7] Ye M L, Jiang X G, Feng S, et al. Trac-trend Anal Chem, 2007, 26: 80-84.

[8] Domon B, Aebersold R. Science, 2006, 312: 212-217.

[9] Ishihama Y. J Chromatogr A, 2005, 1067: 73-83.

[10] MacNair J E, Lewis K C, Jorgenson J W. Anal Chem, 1997, 69: 983-989.

[11] MacNair J E, Patel K D, Jorgenson J W. Anal Chem, 1999, 71: 700-708.

[12] Shen Y, Zhao R, Berger S J, et al. Anal Chem, 2002, 74: 4235-4249.

[13] Shen Y, Zhang R, Moore R J, et al. Anal Chem, 2005, 77: 3090-3100.

[14] Shen Y, Tolić N, Masselon C, et al. Anal Chem, 2003, 76: 144-154.

[15] Shen Y, Moore R J, Zhao R, et al. Anal Chem, 2003, 75: 3596-3605.

[16] Motoyama A, Yates J R. Anal Chem, 2008, 80: 7187-7193.

[17] Link A J. Trends Biotechnol, 2002, 20: 8-13.

[18] Liu H, Lin D, Yates J R. Biotechniques, 2002, 32: 898, 900, 902.

[19] Lohaus C, Nolte A, Blüggel M, et al. J Proteome Res, 2006, 6: 105-113.

[20] Gilar M, Daly A E, Kele M, et al. J Chromatogr A, 2004, 1061: 183-192.

[21] Vollmer M, Hörth P, Nägele E. Anal Chem, 2004, 76: 5180-5185.

[22] Peng J, Elias J E, Thoreen C C, et al. J Proteome Res, 2003, 2: 43-50.

[23] Gilar M, Olivova P, Daly A E, et al. Anal Chem, 2005, 77: 6426-6434.

[24] Jiang X, Feng S, Tian R, et al. Proteomics, 2007, 7: 528-539.

[25] Jin W H, Dai J, Li S J, et al. J Proteome Res, 2005, 4: 613-619.

[26] Wagner Y, Sickmann A, Meyer H E, et al. J Am Soc Mass Spectrom, 2003, 14: 1003-1011.

[27] Dai J, Wang L S, Wu Y B, et al. J Proteome Res, 2008, 8: 133-141.

[28] Motoyama A, Xu T, Ruse C I, et al. Anal Chem, 2007, 79: 3623-3634.

[29] Song C, Ye M, Han G, et al. Anal Chem, 2010, 82: 53-56.

[30] Dowell J A, Frost D C, Zhang J, et al. Anal Chem, 2008, 80: 6715-6723.

[31] Gilar M, Olivova P, Daly A E, et al. J Sep Sci, 2005, 28: 1694-1703.

[32] Cargile B J, Sevinsky J R, Essader A S, et al. J Biomol Tech, 2005, 16: 181-189.

[33] Slebos R J C, Brock J W C, Winters N F, et al. J Proteome Res, 2008, 7: 5286-5294.

[34] Wagner K, Miliotis T, Marko-Varga G, et al. Anal Chem, 2002, 74: 809-820.

[35] Xiang R, Shi Y, Dillon D A, et al. J Proteome Res, 2004, 3: 1278-1283.

[36] Opiteck G J, Jorgenson J W, Anderegg R J. Anal Chem, 1997, 69: 2283-2291.

[37] Link A J, Eng J, Schieltz D M, et al. Nat Biotech, 1999, 17: 676-682.

[38] Washburn M P, Wolters D, Yates J R. Nat Biotech, 2001, 19: 242-247.

[39] Wolters D A, Washburn M P, Yates J R. Anal Chem, 2001, 73: 5683-5690.

[40] Svec F, Peters E C, Sýkora D, et al. J Chromatogr A, 2000, 887: 3-29.

[41] Zou H, Huang X, Ye M, et al. J Chromatogr A, 2002, 954: 5-32.

[42] Tanaka N, Kobayashi H, Ishizuka N, et al. J Chromatogr A, 2002, 965: 35-49.

[43] Wu Ra, Hu L, Wang F, et al. J Chromatogr A, 2008, 1184: 369-392.

[44] Zou H, Wu M, Wang F, et al. Se Pu, 2009, 27: 526-536.

[45] Wienkoop S, Glinski M, Tanaka N, et al. Rapid Commun Mass Spectrom, 2004, 18: 643-650.

［46］ Wienkoop S，Larrainzar E，Niemann M，et al. J Sep Sci，2006，29：2793-2801.

［47］ Luo Q，Page J S，Tang K，et al. Anal Chem，2006，79：540-545.

［48］ Luo Q，Tang K，Yang F，et al. J Proteome Res，2006，5：1091-1097.

［49］ Xie C，Ye M，Jiang X，et al. Mol Cell Proteomics，2006，5：454-461.

［50］ Tholey A，Toll H，Huber C G. Anal Chem，2005，77：4618-4625.

［51］ Luo Q，Yue G，Valaskovic G A，et al. Anal Chem，2007，79：6174-6181.

［52］ Yue G，Luo Q，Zhang J，et al. Anal Chem，2006，79：938-946.

［53］ Luo Q，Rejtar T，Wu S L，et al. J Chromatogr A，2009，1216：1223-1231.

［54］ Wu R，Zou H，Ye M，et al. Anal Chem，2001，73：4918-4923.

［55］ Wang F，Dong J，Ye M，et al. J Chromatogr A，2009，1216：3887-3894.

［56］ Wang F，Ye M，Dong J，et al. J Sep Sci，2008，31：2589-2597.

［57］ Wang F，Dong J，Ye M，et al. Anal Chim Acta，2009，652：324-330.

［58］ Wu M，Wu R，Li R，et al. Anal Chem，2010，82：5447-5454.

［59］ Wu M，Wu R，Wang F，et al. Anal Chem，2009，81：3529-3536.

［60］ Liu Z，Ou J，Liu J，et al. J Chromatogr A，2013，1317：138-147.

［61］ Bedair M，El Rassi Z. J Chromatogr A，2004，1044：177-186.

［62］ Bedair M，El Rassi Z. J Chromatogr A，2005，1079：236-245.

［63］ Jmeian Y，El Rassi Z. J Proteome Res，2007，6：947-954.

［64］ Feng S，Yang N，Pennathur S，et al. Anal Chem，2009，81：3776-3783.

［65］ Feng S，Pan C，Jiang X，et al. Proteomics，2007，7：351-360.

［66］ Feng S，Ye M，Zhou H，et al. Mol Cell Proteomics，2007，6：1656-1665.

［67］ Dong J，Zhou H，Wu R，et al. J Sep Sci，2007，30：2917-2923.

［68］ Feng S，Ye M，Jiang X，et al. J Proteome Res，2006，5：422-428.

［69］ Ma J，Liang Z，Qiao X，et al. Anal Chem，2008，80：2949-2956.

［70］ Ma J，Liu J，Sun L，et al. Anal Chem，2009，81：6534-6540.

［71］ Tian R，Wang S，Elisma F，et al. Mol Cell Proteomics，2011，10：679.

［72］ Khoury G A，Baliban R C，Floudas C A. Sci Rep，2011，1：10.

［73］ Lee T Y，Huang H D，Hung J H，et al. Nucleic Acids Res，2006，34：622-627.

［74］ Hunter T. Cell，2000，100：113-127.

［75］ Paradela A，Albar J P. J Proteome Res，2008，7：1809-1818.

［76］ Manning G，Whyte D B，Martinez R，et al. Science，2002，298：1912-1934.

［77］ Cohen P. Nat Cell Biol，2002，4：127-130.

［78］ Zhang H，Zha X，Tan Y，et al. J Biol Chem，2002，277：39379-39387.

［79］ Schreiber T B，Mausbacher N，Breitkopf S B，et al. Proteomics，2008，8：4416-4432.

［80］ Nita-Lazar A，Saito-Benz H，White F M. Proteomics，2008，8：4433-4443.

［81］ Yates J，Ruse C I，Nakorchevsky A. Annu Rev Biomed Eng，2009，11：49-79.

［82］ Andersson L，Porath J. Anal Biochem，1986，154：250-254.

［83］ Zaika A，Mozzherin D J，Tan C K，et al. Anal Biochem，1999，268：193-200.

［84］ Feuerstein I，Morandell S，Stecher G，et al. Proteomics，2005，5：46-54.

［85］ Feuerstein I，Rainer M，Bernardo K，et al. J Proteome Res，2005，4：2320-2326.

［86］ Shoemaker M T，Haley B E. Biochemistry-us，1993，32：1883-1890.

［87］ Aprilita N H，Huck C W，Bakry R，et al. J Proteome Res，2005，4：2312-2319.

［88］ Xi F，Wu J. J Chromatogr A，2004，1057：41-47.

［89］ Liu H，Stupak J，Zheng J，et al. Anal Chem，2004，76：4223-4232.

［90］ Dunn J D，Watson J T，Bruening M L. Anal Chem，2006，78：1574-1580.

［91］ Dunn J D，Igrisan E A，Palumbo A M，et al. Anal Chem，2008，80：5727-5735.

［92］ Xu S，Zhou H，Pan C，et al. Rapid Commun Mass Spectrom，2006，20：1769-1775.

[93] Pan C, Ye M, Liu Y, et al. J Proteome Res, 2006, 5: 3114-3124.

[94] Feng S, Pan C, Jiang X, et al. Proteomics, 2007, 7: 351-360.

[95] Gaberc-Porekar V, Menart V. J Biochem Biophys Methods, 2001, 49: 335-360.

[96] Li YC, Lin Y S, Tsai P J, et al. Anal Chem, 2007, 79: 7519-7525.

[97] Blacken G R, Gelb M H, Turecek F. Anal Chem, 2006, 78: 6065-6073.

[98] Neville D C, Rozanas C R, Price E M, et al. Protein Sci, 1997, 6: 2436-2445.

[99] Dunn J D, Reid G E, Bruening M L. Mass Spectrom Rev, 2009, 29: 29-54.

[100] Ficarro S B, McCleland M L, Stukenberg P T, et al. Nat Biotechnol, 2002, 20: 301-305.

[101] Moser K, White F M. J Proteome Res, 2006, 5: 98-104.

[102] Ndassa Y M, Orsi C, Marto J A, et al. J Proteome Res, 2006, 5: 2789-2799.

[103] Trinidad J C, Specht C G, Thalhammer A, et al. Mol Cell Proteomics, 2006, 5: 914-922.

[104] Seward R J, Perlman D H, Berg E A, et al. Abstract presented at 52nd ASMS conference on Mass Spectrometry and Allied Topics. Nashville, Tennessee. 2004.

[105] Stewart I, Thomson T, Figeys D. Rapid Commun Mass Spectrom, 2001, 15: 2456-2465.

[106] Pujato M, Navarro A, Versace R, et al. Biochim Biophys Acta, 2006, 1764: 1227-1233.

[107] Kokubu M, Ishihama Y, Sato T, et al. Anal Chem, 2005, 77: 5144-5154.

[108] Lee J, Xu Y, Chen Y, et al. Mol Cell Proteomics, 2007, 6: 669-676.

[109] Tsai C F, Wang Y T, Chen Y R, et al. J Proteome Res, 2008, 7: 4058-4069.

[110] Posewitz M C, Tempst P. Anal Chem, 1999, 71: 2883-2892.

[111] Aryal U K, Olson D J, Ross A R. J Biomol Tech, 2008, 19: 296-310.

[112] Seeley E H, Riggs L D, Regnier F E. J Chromatogr B: Analyt Technol Biomed Life Sci, 2005, 817: 81-88.

[113] Barnouin K N, Hart S R, Thompson A J, et al. Proteomics, 2005, 5: 4376-4388.

[114] Wang F, Song C, Cheng K, et al. Anal Chem, 2011, 83: 8078-8085.

[115] Yu Z, Han G, Sun S, et al. Anal Chim Acta, 2009, 636: 34-41.

[116] Zhou H, Ye M, Dong J, et al. J Proteome Res, 2008, 7: 3957-3967.

[117] Zhou H, Low T Y, Hennrich M L, et al. Mol Cell Proteomics, 2011, 10: 6452.

[118] Zhou H, Di Palma S, Preisinger C, et al. J Proteome Res, 2013, 12: 260-271.

[119] Wang X, Bian Y, Cheng K, et al. J Proteomics, 2013, 78: 486-498.

[120] Zhou H, Ye M, Dong J, et al. Nat Protoc, 2013, 8: 461-480.

[121] Connor P A, McQuillan A J. Langmuir, 1999, 15: 2916-2921.

[122] Liu G, Lin Y. Anal Chem, 2005, 77: 5894-5901.

[123] Pinkse M W, Uitto P M, Hilhorst M J, et al. Anal Chem, 2004, 76: 3935-3943.

[124] Larsen M R, Thingholm T E, Jensen O N, et al. Mol Cell Proteomics, 2005, 4: 873-886.

[125] Thingholm T E, Jorgensen T J, Jensen O N, et al. Nat Protoc, 2006, 1: 1929-1935.

[126] Sugiyama N, Masuda T, Shinoda K, et al. Mol Cell Proteomics, 2007, 6: 1103-1109.

[127] Jensen S S, Larsen M R. Rapid Commun Mass Spectrom, 2007, 21: 3635-3645.

[128] Yu L R, Zhu Z, Chan K C, et al. J Proteome Res, 2007, 6: 4150-4162.

[129] Wu J, Shakey Q, Liu W, et al. J Proteome Res, 2007, 6: 4684-4689.

[130] Lin H Y, Chen C T, Chen Y C. Anal Chem, 2006, 78: 6873-6878.

[131] Ekstrom S, Wallman L, Hok D, et al. J Proteome Res, 2006, 5: 1071-1081.

[132] Qiao L, Roussel C, Wan J, et al. J Proteome Res, 2007, 6: 4763-4769.

[133] Chen C T, Chen Y C. Anal Chem, 2005, 77: 5912-5919.

[134] Schafer W A, Carr P W. J Chromatogr, 1991, 587: 149-160.

[135] Kweon H K, Hakansson K. Anal Chem, 2006, 78: 1743-1749.

[136] Blacken G R, Volny M, Vaisar T, et al. Anal Chem, 2007, 79: 5449-5456.

[137] Wolschin F, Wienkoop S, Weckwerth W. Proteomics, 2005, 5: 4389-4397.

[138] Wang Y, Chen W, Wu J, et al. J Am Soc Mass Spectrom, 2007, 18: 1387-1395.

[139] Li Y，Liu Y，Tang J，et al. J Chromatogr A，2007，1172：57-71.

[140] Chen C T，Chen Y C. J Biomed Nanotechnol，2008，4：73-79.

[141] Li Y，Lin H，Deng C，et al. Proteomics，2008，8：238-249.

[142] Ficarro S B，Parikh J R，Blank N C，et al. Anal Chem，2008，80：4606-4613.

[143] Nuhse T S，Stensballe A，Jensen O N，et al. Mol Cell Proteomics，2003，2：1234-1243.

[144] Zhang K. Anal Biochem，2006，357：225-231.

[145] Han G，Ye M，Zhou H，et al. Proteomics，2008，8：1346-1361.

[146] Ballif B A，Villen J，Beausoleil S A，et al. Mol Cell Proteomics，2004，3：1093-1101.

[147] Beausoleil S A，Jedrychowski M，Schwartz D，et al. Proc Natl Acad Sci USA，2004，101：12130-12135.

[148] Gauci S，Helbig A O，Slijper M，et al. Anal Chem，2009，81：4493-4501.

[149] Villen J，Beausoleil S A，Gerber S A，et al. Proc Natl Acad Sci USA，2007，104：1488-1493.

[150] Dai J，Jin W H，Sheng Q H，et al. J Proteome Res，2007，6：250-262.

[151] Motoyama A，Xu T，Ruse C I，et al. Anal Chem，2007，79：3623-3634.

[152] Olsen J V，Blagoev B，Gnad F，et al. Cell，2006，127：635-648.

[153] Gruhler A，Olsen J V，Mohammed S，et al. Mol Cell Proteomics，2005，4：310-327.

[154] Wilson-Grady J T，Villen J，Gygi S P. J Proteome Res，2008，7：1088-1097.

[155] Villen J，Gygi S P. Nat Protoc，2008，3：1630-1638.

[156] McNulty D E，Annan R S. Mol Cell Proteomics，2008，7：971-980.

[157] Albuquerque C P，Smolka M B，Payne S H，et al. Mol Cell Proteomics，2008，7：1389-1396.

[158] Lundby A，Secher A，Lage K，et al. Nat Commun，2012，3：876.

[159] Olsen J V，Vermeulen M，Santamaria A，et al. Sci Signal，2010，3：3.

[160] Huttlin E L，Jedrychowski M P，Elias J E，et al. Cell，2010，143：1174-1189.

[161] Mertins P，Qiao J W，Patel J，et al. Nat Methods，2013，10：634-637.

[162] Bian Y，Song C，Cheng K，et al. J Proteomics，2014，96：253-262.

[163] Lowe J B. Cell，2001，104：809-812.

[164] Ohtsubo K，Marth J D. Cell，2006，126：855-867.

[165] Rudd P M，Elliott T，Cresswell P，et al. Science，2001，291：2370-2376.

[166] Montpetit M L，Stocker P J，Schwetz T A，et al. Proc Natl Acad Sci USA，2009，106：16517-16522.

[167] Ludwig J A，Weinstein J N. Nat Rev Cancer，2005，5：845-856.

[168] Varki A，Cummings R D，Esko J D，et al. Cold Spring Harbor. NY. 2009.

[169] Zhang L，Lu H，Yang P. Anal Bioanal Chem，2010，396：199-203.

[170] Alley Jr W R，Mann B F，Novotny M V. Chem Rev，2013，113：2668-2732.

[171] Nilsson J，Halim A，Grahn A，et al. Glycoconjugate J，2013，30：119-136.

[172] Zielinska D F，Gnad F，Wiśniewski J R，et al. Cell，2010，141：897-907.

[173] Zhang H，Li X J，Martin D B，et al. Nat Biotechnol，2003，21：660-666.

[174] Stahl-Zeng J，Lange V，Ossola R，et al. Mol Cell Proteomics，2007，6：1809-1817.

[175] Zhou Y，Aebersold R，Zhang H. Anal Chem，2007，79：5826-5837.

[176] Tian Y，Zhou Y，Elliott S，et al. Nat Protoc，2007，2：334-339.

[177] Nilsson J，Ruetschi U，Halim A，et al. Nat Methods，2009，6：809-811.

[178] Mysling S，Palmisano G，Højrup P，et al. Anal Chem，2010，82：5598-5609.

[179] Neue K，Mormann M，Peter-Katalinić J，et al. J Proteome Res，2011，10：2248-2260.

[180] Huang H，Jin Y，Xue M，et al. Chem Commun，2009，6973-6975.

[181] Yu L，Li X，Guo Z，et al. Chem-Eur J，2009，15：12618-12626.

[182] Zhu J，Wang F，Chen R，et al. Anal Chem，2012，84：5146-5153.

[183] Hao P，Guo T，Sze S K. Plos One，2011，6：16884.

[184] Zhang H，Guo T，Li X，et al. Mol Cell Proteomics，2010，9：635-647.

[185] Parker B L，Palmisano G，Edwards A V，et al. Mol Cell Proteomics，2011，10：6833.

[186] Scott N E, Parker B L, Connolly A M, et al. Mol Cell Proteomics, 2011, 10: 201.

[187] Chen M, Lu Y, Ma Q, et al. Analyst, 2009, 134: 2158-2164.

[188] Xu Y, Wu Z, Zhang L, et al. Anal Chem, 2008, 81: 503-508.

[189] Qi D, Zhang H, Tang J, et al. J Phys Chem C, 2010, 114: 9221-9226.

[190] Palmisano G, Lendal S E, Engholm-Keller K, et al. Nat Protoc, 2010, 5: 1974-1982.

[191] Zielinska D F, Gnad F, Wisniewski J R, et al. Cell, 2010, 141: 897-907.

[192] Zhou H, Hou W M, Denis N J, et al. J Proteome Res, 2009, 8: 556-566.

[193] Zhu J, Wang F, Chen R, et al. Anal Chem, 2012, 84: 5146-5153.

[194] Liu J, Wang F, Lin H, et al. Anal Chem, 2013, 85: 2847-2852.

[195] Zhu J, Sun Z, Cheng K, et al. J Proteome Res, 2014, 13: 1713-1721.

[196] Wells L, Vosseller K, Cole R N, et al. Mol Cell Proteomics, 2002, 1: 791-804.

[197] Rexach J E, Clark P M, Hsieh-Wilson L C. Nat Chem Biol, 2008, 4: 97-106.

[198] Wang Z, Udeshi N D, O'Malley M, et al. Mol Cell Proteomics, 2010, 9: 153-160.

[199] Rexach J E, Rogers C J, Yu S H, et al. Nat Chem Biol, 2010, 6: 645-651.

[200] Vosseller K, Trinidad J C, Chalkley R J, et al. Mol Cell Proteomics, 2006, 5: 923-934.

[201] Trinidad J C, Barkan D T, Gulledge B F, et al. Mol Cell Proteomics, 2012, 11: 215-229.

[202] Teo C F, Ingale S, Wolfert M A, et al. Nat Chem Biol, 2010, 6: 338-343.

[203] Klement E, Lipinszki Z, Kupihár Z, et al. J Proteome Res, 2010, 9: 2200-2206.

[204] Parker B L, Gupta P, Cordwell S J, et al. J Proteome Res, 2010, 10: 1449-1458.

[205] Darula Z, Medzihradszky K F. Mol Cell Proteomics, 2009, 8: 2515-2526.

[206] Darula Z, Sherman J, Medzihradszky K F. Mol Cell Proteomics, 2012, 11: 16774.

[207] Halim A, Rüetschi U, Larson G, et al. J Proteome Res, 2012, 12: 573-584.

[208] Zauner G, Koeleman C A M, Deelder A M, et al. J Sep Sci, 2010, 33: 903-910.

[209] Nwosu C C, Seipert R R, Strum J S, et al. J Proteome Res, 2011, 10: 2612-2624.

[210] Vakhrushev S Y, Steentoft C, Vester-Christensen M B, et al. Mol Cell Proteomics, 2013, 12: 932-944.

[211] Steentoft C, Vakhrushev S Y, Vester-Christensen M B, et al. Nat Methods, 2011, 8: 977-982.

[212] Anderson N L, Anderson N G. Mol Cell Proteomics, 2002, 1: 845-867.

[213] Zheng X, Baker H, Hancock W S. J Chromatogr A, 2006, 1120: 173-184.

[214] Johnson K L, Mason C J, Muddiman D C, et al. Anal Chem, 2004, 76: 5097-5103.

[215] Chen J, Anderson M, Misek D E, et al. J Chromatogr A, 2007, 1162: 117-125.

[216] Chen T, Gagliardo R, Walker B, et al. Peptides, 2005, 26: 2624-2628.

[217] Villanueva J, Philip J, Entenberg D, et al. Anal Chem, 2004, 76: 1560-1570.

[218] Villanueva J, Martorella A J, Lawlor K, et al. Mol Cell Proteomics, 2006, 5: 1840-1852.

[219] Villanueva J, Lawlor K, Toledo-Crow R, et al. Nat Protoc, 2006, 1: 880-891.

[220] Chen H, Qi D, Deng C, et al. Proteomics, 2009, 9: 380-387.

[221] Soloviev M, Finch P. Proteomics, 2006, 6: 744-747.

[222] King N L, Deutsch E W, Ranish J A, et al. Genome Biol, 2006, 7: 106.

[223] Schulz-Knappe P, Hans-Dieter Z, Heine G, et al. Comb Chem High T Scr, 2001, 4: 2070-2073.

[224] Schrader M, Schulz-Knappe P. Trends Biotechnol, 2001, 19: 55-60.

[225] Liotta L A, Petricoin E F. J Clin Invest, 2006, 116: 26-30.

[226] Tammen H, Schulte I, Hess R, et al. Comb Chem High T Scr, 2005, 8: 725-733.

[227] Tammen H, Hess R, Schulte I, et al. Comb Chem High T Scr, 2005, 8: 735-741.

[228] Li F, Dever B, Zhang H, et al. Angewandte Chemie, 2012, 51: 3518-3519.

[229] Hu L, Ye M, Zou H. Expert Rev Proteomic, 2009, 6: 433-447.

[230] Deere J, Magner E, Wall J, et al. Catal Lett, 2003, 85: 19-23.

[231] Tian R, Zhang H, Ye M, et al. Angewandte Chemie, 2007, 46: 962-965.

[232] Chen H, Liu S, Yang H, et al. Proteomics, 2010, 10: 930-939.

[233] Tian R, Ye M, Hu L, et al. J Sep Sci, 2007, 30: 2204-2209.

[234] Qi Y, Wei J, Wang H, et al. Talanta, 2009, 80: 703-709.

[235] Li Z, Huang D, Fu C, et al. J Chromatogr A, 2011, 1218: 6232-6239.

[236] Liu S, Li Y, Deng C, et al. Proteomics, 2011, 11: 4503-4513.

[237] Sun L, Zhao Q, Zhu G, et al. Rapid Commun Mass Spectrom, 2011, 25: 1257-1265.

[238] Liu F, Yuan P, Wan J J, et al. J Nanosci Nanotechno, 2011, 11: 5215-5222.

[239] Tian R, Ren L, Ma H, et al. J Chromatogr A, 2009, 1216: 1270-1278.

[240] Wan J, Qian K, Zhang J, et al. Langmuir, 2010, 26: 7444-7450.

[241] Liu S, Chen H, Lu X, et al. Angewandte Chemie, 2010, 49: 7557-7561.

[242] Macek B, Mann M, Olsen J V. Annu Rev Pharmacol, 2009, 49: 199-221.

[243] Khoury G A, Baliban R C, Floudas C A. Sci Rep, 2011, 1: 10.

[244] Hu L, Zhou H, Li Y, et al. Anal Chem, 2008, 81: 94-104.

[245] Zhang Y, Chen C, Qin H, et al. Chem Commun, 2010, 46: 2271-2273.

[246] 张宇, 秦洪强, 吴仁安, 等. 色谱, 2010, 28: 123-127.

[247] Thingholm T E, Larsen M R, Ingrell C R, et al. J Proteome Res, 2008, 7: 3304-3313.

[248] Ficarro S B, Parikh J R, Blank N C, et al. Anal Chem, 2008, 80: 4606-4613.

[249] Li Y, Liu Y, Tang J, et al. J Chromatogr A, 2007, 1172: 57-71.

[250] Lu Z, Ye M, Li N, et al. Angewandte Chemie, 2010, 122: 1906-1910.

[251] Lu Z, Duan J, He L, et al. Anal Chem, 2010, 82: 7249-7258.

[252] Cheng G, Zhang J L, Liu Y L, et al. Chem Commun, 2011, 47: 5732-5734.

[253] Wolschin F, Wienkoop S, Weckwerth W. Proteomics, 2005, 5: 4389-4397.

[254] Wan H, Yan J, Yu L, et al. Analyst, 2011, 136: 4422-4430.

[255] Min Q, Wu R, Zhao L, et al. Chem Commun, 2010, 46: 6144-6146.

[256] Min Q, Zhang X, Wu R, et al. Chem Commun, 2011, 47: 10725-10727.

索　引

（按汉语拼音排序）

B

白蛋白　253
半渗透表面填料　291
本体聚合　50，57
苯乙烯-二乙烯基苯聚合物微球　48
表面分子印迹法　60
表面修饰和功能化　29

C

沉积法　23
尺寸排阻色谱　5
串联的限进介质固相萃取　309
磁性介孔材料　304
磁性纳米材料　223

D

大环抗生素　266
单柱模式　306
蛋白质涂覆 C_{18} 硅胶填料　293
蛋白质涂覆 β-环糊精键合硅胶　296
点击化学　159，179，180，205，218，246，
　　　　248，253，265，297，360
淀粉　229
堆砌硅珠法　19
多孔硅胶　27
多面体寡聚倍半硅烷　175
多糖苯基氨基甲酸酯　230
多糖类手性固定相　228

E

二氧化硅　188
二氧化硅介孔材料　298

F

翻译后修饰蛋白质组分析　341
反冲模式　307

反相色谱　2
分散聚合　58
分散聚合法　50
分子印迹　219
分子印迹色谱固定相　56
分子印迹型手性固定相　65
复合金属氧化物微球固定相　108

G

改进 Stöber 法　25
改性技术　132
高内相比乳液聚合　127
高效液相色谱分离分析　341
固相萃取　306
冠醚　260
光引发聚合　126
硅胶色谱填料　14
硅胶微球　29
硅胶微球固定相　6
硅胶整体柱　9，138
过渡金属氧化物介孔材料　328

H

合成聚合物　269
核壳型硅胶填料　20
化学修饰　91，105
环果聚糖　272
环糊精　241
环氧开环聚合　178
混合功能填料　292
活性聚合　128
活性自由基聚合法　301

J

甲基丙烯酸酯类聚合物微球　48
键合型　228，244
胶束键合型 SHP　291

结合 pH 204
介孔材料 360
介孔材料固定相 319
介孔硅 221
介孔硅胶 25
介孔金属氧化物 299
介孔限进材料 296
金鸡纳生物碱 265
金属-有机骨架介孔材料 329
金属螯合物配体 53
金属离子亲和色谱 341
金属氧化物微球固定相 8
金属氧化物整体柱 10，187
聚苯乙烯整体柱 123
聚丙烯酰胺类整体柱 122
聚合物微球固定相 7，47
聚合物型键合手性固定相 64
聚甲基丙烯酸酯类整体柱 125

K

开环易位聚合 129
离线 306
离子交换色谱 4
离子交换型手性固定相 265
离子色谱 68

L

两步法 164
磷酸化多肽富集 341

M

酶 254
酶反应器 346

N

内表面反相填料 285

O

偶合 306
偶合柱模式 306

P

配体交换手性固定相 263
喷雾干燥法 19，23，26
硼亲和色谱 203
屏蔽疏水相填料 290

Q

嵌入网络型 SHP 291
亲和色谱 5
亲和色谱固定相 53
亲水作用色谱 3
球形硅胶 17
疏基点击聚合 130
区域选择性修饰 232
全多孔硅胶微球 17

R

染料类配体 55
溶胶-凝胶法 18，140，157，190
溶胀聚合 59
乳液聚合法 50

S

色谱法 1
色谱固定相 6
渗透性 148
生物样品的预处理 341
手性 227
手性分离 150，227
手性固定相 64，227
手性识别 241
手性限进分离介质 295
"梳状" 限进环糊精手性分离材料 296
手性药物 227
疏水作用色谱 4
刷型手性固定相 250
双相型糖肽类限进手性分离材料 296
顺式二羟基生物分子 203

T

糖蛋白 253

糖基化多肽与多糖富集　341
糖肽类抗生素　267
替考拉宁　266
天然多糖材料　47
天然配体　55
涂覆型　228，244
团队硼亲和　217

W

万古霉素　266
微球固定相　6

X

纤维素　229
纤维素三苯甲酸酯　229
限进表面印迹硅胶　302
限进分子印迹材料　300
限进分子印迹聚合物微球　301
限进分子印迹整体柱　302
限进介质　284
限进介质在色谱分析中的应用模式　305
限进型磁性微球　303
新型色谱分离材料　342
悬浮聚合法　50

Y

阳离子交换固定相　68
氧化锆微球固定相　87
氧化锆整体柱　188
氧化铝微球固定相　79

氧化铝整体柱　196
氧化钛微球固定相　100
氧化钛整体柱　192
药物分析　150
液相色谱　2
一步法　158
一锅法　167
阴离子交换固定相　69
有机-无机杂化整体柱　10
有机聚合物整体柱　9
有机整体柱　117
有序介孔碳纳米管　299

Z

杂化整体柱　156
在线　306
整体固定相　8
整体柱　8，187
整体柱的制备　126，140，157
正冲模式　308
正相色谱　3
种子溶胀法　51
柱切换技术　306
柱效　149
柱压降　149
自由基共聚法　236

其他

IMAC　53
Pirkle 型 CSPs　250